I0032753

Franz Xaver Freiherr von Zach

Allgemeine geographische Ephemeriden

51. Band

Franz Xaver Freiherr von Zach

Allgemeine geographische Ephemeriden
51. Band

ISBN/EAN: 9783744721189

Hergestellt in Europa, USA, Kanada, Australien, Japan

Cover: Foto ©berggeist007 / pixelio.de

Weitere Bücher finden Sie auf **www.hansebooks.com**

Allgemeine Geographische

EPHEMERIDEN.

Verfasset

von

einer Gesellschaft von Gelehrten,

und herausgegeben

von

Dr. F. J. Bertuch,

Großherzogl. Sachsen - Weimar. Legations - Rathe, Ritter des weissen Falken - Ordens, und mehrerer gelehrten Gesellschaften Mitgliede.

Ein und fünfzigster Band.

oder

Supplement-Band der ersten halben Centurie, das General-Register aller 50 Bände enthaltend.

Weimar,

im Verlage des Landes - Industrie - Comptoirs

1816.

Allgemeine

Geographische

EPHEMERIDEN.

Ein und funfzigster Band.

September bis December 1816.

VERMISCHTE NACHRICHTEN.

NACHTRÄGE

zu den

Geographischen Ortsbestimmungen.

Gesammelt von

F. G. Götze.

II.

ASIEN

und die dazu gehörenden Inseln.

Die Ortsbestimmungen für diesen Erdtheil, bei denen auch alle Längenangaben auf den 17 Grad 39 Min. von der königl. Sternwarte zu Greenwich gehenden Meridian, reducirt worden sind, zerfallen in zwei Hauptabtheilungen, als: I. die aus *Walter Hamilton's: The East India Gazetteer* (London, 1815. xv u. 862 S. 8.) (welches ungemein belehrende Lexicon sich aber nicht bloss auf Ostindien beschränkt, sondern auch über andere Länder Asiens sehr interessante Nachrichten ertheilt) entnommenen und II. die aus Reisebeschreibungen und Sammlungen, die diesen Erdtheil betreffen, gesammelten Ortsbestimmungen.

I.

Aus *Walter Hamilton's: The East-India Gazetteer* entnommene *Orsbestimmungen in Asien.*

Orte.	Ö. Länge. Gr.	Min.	Sec.	Breite. N. u. S.	Gr.	Min.	Sec.	Quellen.
Abu, Indien	90	59	0	N.	25	4	0	
Atur, (Abtoor,) Indien	96	27	0	—	11	40	0	
Acbarpura, (Acherboor,) Indien	100	9	0	—	26	27	0	
	100	9	0	—	26	23	0	

Orte.	Ö. Länge. Gr.	Min.	Sec.	Breite. N. u. S.	Gr.	Min.	Sec.	Quellen.
Acheen (Achi), Indien	103	3	0	N.	5	35	0	
Akora (Acura), Indien	98	45	0	—	33	14	0	
Ackwallah (Acavali), Indien	95	25	0	—	20	42	0	
Adeenagur (Adinagur), Indien	87	13	0	—	34	16	0	
Adilabad, Indien	97	4	0	—	19	40	0	
	94	2	0	—	21	4	0	
Adjuntee-Pass (Ajayanti), Indien	93	51	0	—	20	25	0	
Adoni, Indien	94	55	0	—	15	32	0	
Adriampatnam, Indien	97	9	0	—	10	20	0	
Advigarum, Indien	95	7	0	—	12	1	0	
Ager, Indien	93	42	0	—	23	44	0	
Agra, Indien	95	35	0	—	27	12	0	
Ahmedabad, Indien	90	15	0	—	22	58	0	
Ahmedpoor, Indien	103	41	0	—	19	59	0	
Ahmood (Amod), Indien	90	42	0	—	22	0	0	
Ahter (Atara), Indien	96	12	0	—	26	43	0	
Aibecca, Indien	94	12	0		9	0	0	
Ajitmul (Ajitmala) Indien	97	36	0	—	26	23	0	
Ajmeer (Ajamida), Indien	92	27	0	—	26	35	0	
Akrauny, Indien	91	53	0	—	26	23	0	
Allahabad, Indien	99	92	0	—	25	27	0	
Allambadij (Alambadi), Indien	95	34	0	—	12	8	0	
Allygunge (Aligunj), Indien	105	17	0	—	26	16	0	
Almora, Indien	97	19	0	—	29	35	0	
Aloor, Indien	97	42	0	—	14	40	0	
Alpoor (Alipoor), Indien	94	59	0	—	16	40	0	

Orte.	O. Länge.			Breite.				Quellen.
	Gr.	Min.	Sec.	N.u.S.	Gr.	Min.	Sec.	
Alvar, Indien	94	19	0	N.	27	41	0	
Alvarceil, Indien	45	41	0	—	8	50	0	
Alyghur (Alighar), Indien	95	49	0	—	28	0	0	
Alymchun, Indien	91	41	0	—	22	7	0	
Ambah - Ghaut, Paſs, Indien	91	19	0	—	17	5	0	
Ambahlah (Ambalaya), Ind.	93	56	0	—	30	21	0	
Amber (Ambeer), Indien	93	32	0	—	26	58	0	
Ambong, Indien	134	4	0	—	6	14	0	
Amboor, Indien	96	29	0	—	12	51	0	
Amboyna (Ambun), Insel, Mitte derselben, Indien	146	54	0	S.	3	40	0	
Amerkote (Amerakaza), Ind.	88	3	0	—	26	23	0	
Ammerpoor (Amarapura), Indien	100	5	0	—	27	31	0	
Ampora, Indien	93	50	0	—	31	34	0	
Amran, Indien	88	14	0	—	22	35	0	
Amretsir (Amrita Saras), Indien	92	4	0	—	31	34	0	
Anam, Indien	98	8	0	—	26	32	0	
Anambas- Nord-, ⎫ Inseln Chinesisches Meer	123	59	0	—	3	30	0	
— — Mittel-, ⎬	124	29	0	—	3	0	0	
— — Süd-, ⎭	124	4	0	—	2	20	0	
Anamsagur, Indien	94	11	0	—	16	7	0	
Anantapoorum (Anantapura), Indien	95	45	0	—	14	41	0	
Anantpoor (Anandapura), Indien	95	19	0	—	14	42	0	
Andapoorgur (Antapurghur), Indien	103	59	0	—	21	33	0	
Andeah, Indien	95	51	0	—	23	37	0	
Andicotta, Indien	93	48	0	—	10	54	0	

Orte.	Ö. L. Gr.	Ö. L. Sec.	Ö. L. Min.	Breite. N u. S.	Breite. Gr.	Breite. Sec.	Breite. Min.	Quellen.
Angenweel, Indien	90	34	0	N.	17	34	0	
Anumaloya, Indien	94	42	0		10	41	0	
Anjediva Ins. (Adjadwipa), Indien	91	39	0	—	14	44	0	
Anjengo (Anjutenga), Indien	94	30	0	—	8	39	0	
Annagoondi (Anugundi), Ind.	94	12	0	—	15	14	0	
Anontpoor (Anantapura), Indien	93	1	0	—	14	0	0	
Anopsheher (Anupasheher), Indien	95	52	0	—	28	21	0	
Antery (Antari), Indien	95	56	0	—	26	10	0	
Antongherry, Indien	95	49	0	—	19	45	0	
Aor, Ins., Indien	1.2	14	0	—	[illegible]	25	0	
Appole, Indien	106	38	0	—	25	9	0	
Aravacourchy, Indien	95	39	0	—	10	48	0	
Arawul, Indien	93	7	0	—	21	9	0	
Arcot (Arrucat), Indien	97	8	0	—	12	52	0	
Ardenelle (Ardhanhali), Ind.	94	44	0	—	11	48	0	
Ardingy (Urdhanga), Indien	96	43	0	—	10	9	0	
Aregh, Indien	92	50	0	—	16	56	0	
Arentis, Ins., Indien	132	49	0	—	5	14	0	
Ariancoopaan, Indien	97	35	0	—	11	54	0	
Arietoor (Aryatur), Indien	96	45	0	—	11	11	0	
Arisdong, Thibet	102	25	0	—	29	49	0	
Armacotta, Indien	96	34	0	—	9	43	0	
Armeatie, Indien	99	24	0	—	26	9	0	
Armegum, Indien	97	57	0	—	14	0	0	
Arnee (Aruni), Indien	97	3	0	—	12	39	0	
Aroul, Indien	97	39	0	—	26	56	0	
Arracan, Indien	110	44	0	—	20	40	0	

Orte.	Ö. L. Gr.	Ö. L. Min.	Ö. L. Sec.	Breite. N. u. S.	Breite. Gr.	Breite. Min.	Breite. Sec.	Quellen.
Arrah, Indien	102	21	0	N.	25	32	0	
Arval, Indien	102	23	0	—	25	15	0	
Ashra, Indien	94	29	0	—	23	4	0	
Askah, Indien	102	34	0	—	19	44	0	
Assewan (Asiwan), Indien	92	4	0	—	36	50	0	
Assodnagur, Indien	92	34	0	—	18	6	0	
Assye, Indien	94	19	0	—	20	14	0	
Atamalica (Atimallica), Ind.	103	2	0	—	21	1	0	
Attancal, Indien	94	37	0	—	8	40	0	
Attock (Atac), Indien	88	54	0	—	33	6	0	
Attyah, Indien	105	27	0	—	23	10	0	
Aubar, Indien	94	2	0	—	19	31	0	
Aurungabad, Indien	93	42	0	—	19	46	0	
Ava, Indien	113	37	0	—	21	51	0	
Awass (Avas), Indien	92	13	0	—	21	48	0	
Aytura, Indien	104	37	0	—	23	41	0	
Azimghur, Indien	100	49	0	—	24	6	0	
Azmerigunge (Agamide Gunj), Indien	108	44	0	—	24	33	0	
Baad, Indien	95	34	0	—	27	5	0	
Babaderpoor (Bahadarpur), Indien	93	47	0	—	21	15	0	
Babuan, Insel, nördlichste der Philippinen	139	39	0	—	19	43	0	
Backar (Bhacar), Indien	87	41	0	—	28	31	0	
Backergunge (Bacargunj), Indien	106	59	0	—	22	42	0	
Badar, Indien	93	11	0	—	16	40	0	
Badarwall, Indien	92	33	0	—	33	45	0	
Badaumy (Badami), Indien	93	25	0	—	16	6	0	

Orte.	Ö. L.			Breite.				Quellen.
	Gr.	Min.	Sec.	N. u S.	Gr.	Min	Sec.	
Badrachellum (Baadrachalam), Indien	107	6	0	N.	17	52	0	
Badroon, Indien	91	52	0		22	18	0	
Badruah, Indien	91	4	0		22	25	0	
Bagaroo, Indien	93	13	0	—	26	47	0	
Baghput (Bhagapati), Indien	94	46	0	—	29	0	0	
Bagnouwangie, Java	131	59	0	S.	8	15	0	
Bahar, Indien	103	16	0	N.	25	13	0	
Bahotty (Vahudavati), Ind.	89	35	0	—	33	7	0	
Bahry (Bari), Indien	95	14	0	—	26	47	0	
Baidyanath, Indien	97	19	0	—	29	56	0	
Bajulpoor, Indien	93	18	0	—	22	43	0	
Balasore (Valeswara), Ind.	104	52	0	—	21	31	0	
Balchorah, Indien	98	51	0	—	28	42	0	
Balecundah (Balikhanda), Indien	97	8	0	—	19	10	0	
Balhary (Valahary), Indien	94	34	0	—	15	5	0	
Balky (Phalaci), Indien	95	8	0	—	17	49	0	
Ballapilly (Balapali), Indien	96	17	0	—	15	45	0	
Ballapoor, Indien	95	11	0	—	21	19	0	
Balny, Indien	95	20	0	—	10	26	0	
Bambarah, Indien	85	29	0	—	24	46	0	
Bambere, Indien	91	40	0	—	21	18	0	
Bamian (Bamiyan), Persien	84	36	0	—	34	30	0	
Bamoo, Indien	114	35	0	—	24	0	0	
Bamori, Indien	97	14	0	—	29	16	0	
Bampoor, Indien	93	22	0	—	24	44	0	
Bamragur (Pamaraghar), Indien	102	51	0	—	21	4	0	
Banaul, Indien	91	57	0	—	33	55	0	

Orte.	Ö. L. Gr.	Min.	Sec.	Breite. N. u. S.	Gr.	Min.	Sec.	Quellen.
Banawara, Indien	93	53	0	N.	13	14	0	
Banca, Insel *), Indien	142	39	0	—	1	50	0	
Bancapoor, Indien	92	55	0	—	14	58	0	
— — — —	93	24	0	—	13	33	0	
Bancook, Siam	118	49	0	—	13	40	0	
Bandeegur, Indien	99	4	0	—	23	32	0	
Banga (Bhanga), Indien	109	49	0	—	24	51	0	
Bangaloor (Bangalur)u, Ind.	95	25	0	—	12	57	0	
Banglor (Bangaluru), Ind.	95	41	0	—	12	47	0	
Banguey, Ins., Indien	135	4	0	—	7	15	0	
Banhangur, Indien	100	14	0	—	24	4	0	
Banjarmassin, Indien	132	34	0	S.	3	0	0	
Bansi (Vansi), Indien	100	32	0	N.	27	7	0	
Bantam, Indien	133	42	0	S.	6	4	0	
Bar, Indien	105	25	0	N.	25	28	0	
Barahat, Indien	96	1	0	—	30	48	0	
Baraïche, Indien	99	15	0	—	27	31	0	
Barbareen, Ceylan	97	34	0	—	6	33	0	
Barcelore (Bassururu), Ind.	92	25	0	—	13	37	0	
Bareily, Indien	97	0	0	—	28	22	0	
Barenda (Perinda), Indien	93	20	0	—	11	19	0	
Bareny (Varanya), Cashmere	—	—	—	—	34	30	0	
— Cashmere	92	2	0	—	34	18	0	
Barreah, Indien	91	42	0	—	22	53	0	
Barwah, Indien	96	34	0	—	25	24	0	
Bary (Bari), Indien	98	31	0	—	27	16	0	
Basoudha (Vasudrá), Indien	95	52	0	—	23	54	0	
Basseen, Indien	90	33	0	—	19	18	0	

*) Diese kleine Insel liegt an der Nordostspitze der Insel Celebes.

Orte.	Ö. L. Gr.	Ö. L. Min.	Ö. L. Sec.	Breite. N. u. S. Gr.	Breite. Min.	Breite. Sec.	Quellen.
Baswa-Rasa-Dursa, Insel, Indien	92	6	0	N. 14	16	0	
Batacolo, Ceylan	99	29	0	N. 7	45	0	
Batany (Patany-Hook), Insel Gilolo, Indien	146	27	0	S. 0	9	0	
Batavia, Java	124	30	0	S. 6	10	0	
Bate (Shunkodwara), Insel, Indien	87	0	0	N. 22	22	0	
Bàtheri, Indien	96	9	0	30	49	0	
Battalah (Vutala), Indien	92	42	0	— 31	34	0	
Battecollah (Batucala), Ind.	92	16	0	— 13	56	0	
Battowall, Indien	92	29	0	— 19	52	0	
Battulaki, Haven auf Magindanao	132	39	0	— 5	42	0	
Baypoor, Indien	93	31	0	— 11	12	0	
Bazaar, Indien	88	55	0	— 33	19	0	
Beacul (Vyacula), Indien	92	48	0	— 12	22	0	
Beawull, Indien	93	27	4	— 21	9	0	
Bedamungalum (Betumungalum), Indien	98	3	0	— 33	49	0	
Bednore (Bridururu), Indien	92	45	0	— 13	49	0	
Beeder, Indien	95	27	0	— 17	47	0	
Beejapoor, Indien	92	40	0	— 19	54	0	
Beenishenr, Indien	101	59	0	- 28	21	0	
Beggah (Bhiga), Indien	102	59	0	— 24	25	0	
Behawulpoor, Indien	89	9		— 30	4	0	
Beiduru, Indien	92	22	0	— 13	49	0	
Bejapoor (Vijayapura), Ind.	93	21	0	— 17	9	0	
— — — —	92	56	0	— 21	20	0	
— — — —	104	14	0	— 26	55	0	
Bejiporam, Indien	99	47	0	— 18	6	0	

Orte.	Ö. L. Gr.	Ö. L. Min.	Ö. L. Sec.	Breite. N. u. S	Breite. Gr.	Breite. Min.	Breite. Sec.	Quellen.
Bejuhrah (Bijorah), Indien	108	49	0	N.	24	7	0	
Bejwarah, Indien	93	14	0	—	31	26	0	
Belah, Indien	97	19	0	—	26	46	0	
Belande, Indien	89	38	0	—	21	6	0	
Belaspoor, Indien	96	54	0	—	28	56	0	
Belgaum (Bulagrama), Ind.	101	6	0	—	18	42	0	
Belgram, Indien	97	42	0	—	27	13	0	
Belinda, Indien	98	54	0	—	25	54	0	
Belluspoor, Indien	94	0	0	—	31	35	0	
Bellumcondah, Indien	90	33	0	—	16	22	0	
Belour, Indien	97	34	0	—	26	52	0	
Belugura, Indien	93	57	0	—	13	27	0	
Benares, Indien	100	39	0	—	25	30	0	
Bencoolen, Sumatra	119	42	0	S.	3	30	0	
Bengermow, Indien	97	52	0	N.	36	53	0	
Beore, Indien	93	51	0	—	19	10	0	
Bernaghur (Virnagur), Indien	105	52	0	—	24	16	0	
Bernaver, Indien	94	58	0	—	29	10	0	
Besouki, Java	131	9	0	—	7	45	0	
Betaiser, Indien	96	7	0	—	26	58	0	
Bettiah, Indien	102	19	0	—	26	47	0	
Beyhar (Vihar), Indien	107	1	0	—	26	18	0	
Bezoara (Bijora), Indien	98	6	0	—	16	32	0	
Bhadrinath (Vadarinatha), Indien	97	17	0	—	30	43	0	
Bhagwuntgur, Indien	93	31	0	—	26	7	0	
Bhajepoor (Bajpur), Indien	98	37	0	—	28	3	0	
Bharéh (Bharragurry), Ind.	103	4	0	—	26	50	0	
Bhatgan (Bhatgong), Indien	103	24	0	—	27	32	0	

Orte.	Ö. L. Gr.	Min.	Sec.	Breite. N.u.S.	Gr.	Min.	Sec.	Quellen.
Bhuwani-Kudal, Indien	95	26	0	N	11	25	0	
Bhehera, Indien	89	50	0	—	32	2	0	
Bheil (Bhalsa), Indien	88	41	0	—	31	29	0	
Bhind, Indien	96	26	0	—	36	34	0	
Bhiroo, Indien	97	44	0	—	19	51	0	
Bhongaung, Indien	96	46	0	—	27	15	0	
Bhorset, Indien	90	44	0	—	22	21	0	
Bhurtpoor (Bharatapura), Indien	95	7	0	—	27	13	0	
Biana (Byana), Indien	94	55	0	—	26	56	0	
Bickut, Indien	96	31	0	—	25	43	0	
Bidzeegur (Vijayaghar), Indien	100	49	0	—	24	37	0	
Bijanagur (Vidynagur), Ind.	94	13	0	—	15	14	0	
Bijeygur, Indien	95	50	0	—	27	47	0	
Bijore, Afghanistan	88	22	0	—	34	8	0	
Bilarah, Indien	92	31	0	—	25	50	0	
Bilesur (Bileswara), Indien	91	24	0	—	17	53	0	
Bilgy, Indien	92	32	0	—	14	23	0	
Bilsah (Bilvesa), Indien	95	29	0	—	23	33	0	
Bimlipatum (Bhimalapatan), Indien	101	14	0	—	17	50	0	
Bindrabund (Vrindavana), Indien	95	17	0	—	27	37	0	
Bindikee, Indien	98	13	0	—	26	3	0	
Bindorah, Indien	97	10	0	—	26	2	0	
Birchee, Indien	92	16	0	—	21	20	0	
Birhemabad (Brahmabad), Indien	97	20	0	—	27	8	0	
Bisano, Insel, Indien	142	44	0	—	2	5	0	
Biseypoor (Viswapura), Ind.	99	2	0	—	27	18	0	

Orte.	Ö. L. Gr.	Ö. L. Min.	Ö. L. Sec.	Breite. N. u. S.	Breite. Gr.	Breite. Min.	Breite. Sec.	Quellen.
Bissengur (Vishnughar), Indien	103	35	0	N	23	6	0	
Bissenpraag (Vischnuprayaga), Indien	97	18	0	—	30	36	0	
Bissolee, Indien	92	31	0	—	32	2	0	
Bissolie, Indien	96	29	0	—	28	20	0	
Bissunpoor (Vishnapoor), Iudien	105	4	0	—	23	4	0	
Biswah (Viswa), Indien	98	39	0	—	27	20	0	
Bissy (Vesi), Indien	97	34	0	—	20	48	0	
Boad (Bodha), Indien	101	57	0	—	20	50	0	
Bobilee, Indien	102	7	0	—	18	47	0	
Bogariah, Indien	104	31	0	—	24	53	0	
Boggah, Indien	101	52	0	—	2	4	0	
Boglipoor, Indien	104	20	0	—	25	11	0	
Bogwanpoor (Bhagavanpura), Indien	101	19	0	—	25	0	0	
Bogwangola (Bhgavangola), Indien	106	8	0	—	24	21	0	
Bohandevi, Indien	95	51	0	—	30	36	0	
Bombay, Indien	80	17	0	—	18	58	0	
Bonna, Insel, Indien	145	44	0	S.	3	0	0	
Bonnawasi, Indien	92	51	0	N.	14	27	0	
Bonghir, Indien	96	44	0	N.	17	18	0	
Bonhara, Indien	91	12	0	N.	21	7	0	
Bontain, Bay, Celebes	137	26	0	S.	5	33	0	
Boodicotta (Buddhacata), Indion	95	57	0	N.	12	51	0	
Boogebooge (Bhujabhuj), Indien	87	24	0	—	23	15	0	
Boondee (Bundi), Indien	93	14	0	—	25	26	0	
Boordhana, Indien	94	59	0	—	29	18	0	

Orte.	Ö. L. Gr.	Ö. L. Min.	Ö. L. Sec.	Breite. N. u. S.	Breite. Gr.	Breite. Min.	Breite. Sec.	Quellen.
Boorhanpoor, Indien	93	59	0	N.	21	20	0	
Boosnah, Indien	107	18	0	—	23	31	0	
Bopal, Indien	95	6	0	—	23	16	0	
Borneo, Stadt, Indien	13[illegible]	2[illegible]	0	—	4	56	0	
Borow, Indien	90	1	0	—	22	33	0	
Boujepoor (Bhojapura), Ind.	101	48	0	—	25	36	0	
Bouslagur (Bhonslagar), Ind.	·00	7	0	—	20	40	0	
Boutan, Insel, Indien	116	49	0	—	6	32	0	
Bowal, Indien	108	12	0	—	23	57	0	
Brahminabad, Indien	85	29	0	—	24	46	0	
Brala, Insel, Indien	121	19	0	—	4	55	0	
Broach, Indien	90	45	0	—	21	41	0	
Brodrah (Brodern), Indien	91	3	0	—	22	13	0	
Buboorara, Indien	—	—	—	—	24	10	0	
Buckrah, Indien	100	43	0	—	26	54	0	
— — —	102	47	0	—	26	2	0	
Budagoon (Badavan), Indien	96	43	0	—	28	3	0	
Buddoo (Buddhu), Indien	92	17	0	—	32	35	0	
Buddruck (Vadarica), Indien	101	23	0	—	28	5	0	
Budgebudge (Bhujabuj), Indien	105	50	0	—	22	29	0	
Bugano, Insel, Indien	120	4	0	S.	5	20	0	
Bujana, Indien	89	4	0	N.	22	55	0	
Buldamchetty, Indien	102	37	0	—	23	10	0	
Bulrampoor, Indien	99	49	0	—	27	22	0	
Bundermalanca, Indien	99	46	0		16	28	0	
Bunjarree Ghaut, Indien	98	59	0	—	21	15	0	
Bunnoo, Indien	87	59	0	—	32	56	0	
Buntwalla, Indien	92	48	0	—	12	48	0	
Bunwoot, Insel, Indien	142	7	0	—	7	14	0	

Orte.	Ö. L. Gr.	Ö. L. Min.	Ö. L. Sec.	Breite N. u. S. Gr.	Breite Min.	Breite Sec.	Quellen.
Buralle, Indien	95	11	0	N. 20	36	0	
Burdee, Indien	100	6	0	— 24	37	0	
Burdwan, Indien	105	36	0	— 23	15	0	
Burgundah, Indien	98	58	0	— 17	52	0	
Burhampoor (Burhanpur), Indien	106	53	0	— 24	3	0	
Burias, Ins., Philippinen	140	39	0	— 13	0	0	
Burmool, Indien	104	49	0	— 20	21	0	
Burramootee, Indien	92	10	0	— 18	14	0	
Burruah (Bharua), Indien	104	24	0	— 20	47	0	
Burrumghaut, Indien	99	4	0	— 27	5	0	
Burseah, Indien	95	11	0	— 23	42	0	
Burwa (Bharwa), Indien	102	25	0	— 23	20	0	
Burwarah, Indien	93	47	0	— 26	0	0	
Bussea, Indien	102	50	0	— 22	58	0	
Bustee (Basti), Indien	100	17	0	— 26	48	0	
Buxar, Indien	101	37	0	— 2	25	0	
Buxedwar Pass (Pasaka), Indien	109	8	0	— 25	47	0	
Buxipoor (Bakshipura), Indien	106	35	0	— 23	48	0	
Buxygunge, Indien	106	38	0	— 25	15	0	
Bydell, Indien	105	49	0	— 25	37	0	
Bygonbarry (Vaicantha-Bari), Indien	107	39	0	— 24	46	0	
Byraghur (Vairaghar), Indien	100	39	0	— 20	25	0	
Cabul, Afghanistan	86	13	0	— 34	31	0	
Cabyna, Insel bei Celebes	139	32	0	S. 5	18	0	
Calagody (Calaghudy), Indien	96	9	0	N. 9	13	0	

Orte.	Ö. L. Gr.	Ö. L. Min.	Ö. L. Sec.	Breite. N. u. S.	Breite. Gr.	Breite. Min.	Breite. Sec.	Quellen.
Calanore *), Indien	92	39	0	N.	31	51	0	
Calastry, Indien	97	22	0	—	13	42	0	
Calcutta (Fort-Williams), Indien	106	7	0	—	22	33	0	
Calian, Indien	90	51	0	—	19	17	0	
Calicut (Calicodu), Indien	93	6	0	—	11	18	0	
Calicoote (Calicuta), Indien	103	0	0	—	10	26	0	
Caligaun (Caligrama), Ind.	101	35	0	—	28	40	0	
Callacaud, Indien	95	23	0	—	8	31	0	
Callacoit, Indien	97	20	0	—	9	53	0	
Callianpoor (Calianpura), Ind.	92	27	0	—	13	18	0	
Calliany (Calyani), Indien	95	12	0	—	17	22	0	
Callinger, Indien	98	4	0	—	24	58	0	
Calliondroog (Calyanadurga), Indien	94	48	0	—	14	30	0	
Caltura, Indien	97	33	0	—	6	42	0	
Calymere Point, Indien	97	33	0	—	10	20	0	
Camandoo, Indien	93	29	0	—	32	26	0	
Cambay (Camboja), Indien	90	24	0	—	22	23	0	
Cambodia, Indien	112	14	0		1	0	0	
Cananore, Indien	93	6	0	—	11	52	0	
Candahar, Afghanistan,	83	13	0	—	33	0	0	
Candhar, Indien	95	16	0	—	18	56	0	
Candy, Ceylon	98	26	0	—	7	23	0	
Canton, China	120	53	0	—	23	7	0	
Canyapura, Indien	92	41	0	—	12	44	0	

*) Dieses *Calanore* liegt gegen 15 geogr. M. östlich von der Stadt *Lahore*, da in der nach dieser Stadt genannten Provinz noch ein anderer gleichnamiger Ort zwischen 31 und 32 Grad nördlicher Breite liegt.

Orte.	Ö. L. Gr.	Ö. L. Min.	Ö. L. Sec.	Breite N.u.S.	Breite Gr.	Breite Min.	Breite Sec.	Quellen.
Cap u. *Button-Inseln*, Indien	113	27	0	S.	5	58	0	
				S.	5	49	0	
Capaluan, eine der Philippinen	—	—	—	N.	30	15	0	
Carculla, Indien	92	43	0	N.	13	12	0	
Carimon-Java, Ins., Indien	127	54	0	S.	5	46	0	
Carmulla (Carimalla), Ind.	93	11	0	N.	18	23	0	
Carnaprayaya, Indien	96	54	0	—	30	17	0	
Carnaul, Indien	94	27	0	—	29	41	0	
Carnicobar, Ins., Indien	110	32	0	—	9	8	0	
Cornoul, Indien	95	37	0	—	15	50	0	
— — —	102	39	0	—	26	16	0	
Caroor, Indien	95	51	0	—	10	55	0	
Carrar, Indien	91	54	0	—	17	25	0	
Carwar (Cadawada), Indien	91	41	0	—	4	49	0	
Carwaree, Indien	96	31	0	—	14	3	0	
— — —	97	44	0		15	12	0	
Cashmeere (Serinagur), Ind.	92	22	0	—	34	20	0	
Cashy, Indien	100	28	0	—	28	42	0	
Catanduanes, Ins., Philippinen	142	9	0	—	15	0	0	
Catarmahal (Chaturmahal), Indien	97	17	0	—	29	40	0	
Catmandoo (Cashithamandir), Nepaul	103	18	·		27	33	0	
Caugmarry (Cagmari), Ind.	107	27	·	—	4	15	0	
Caulabaugh (Khsharabag), Indien	88	25	0	—	3[illegible]	11	0	
Caulahandy, Indien	100	54	0	—	20	7	0	
Caunpoor (Khanpura), Indien	98	0	0	—	26	30	0	
Caval, Indien	92	59	0	—	12	3	0	

Orte.	Ö. L. Gr.	Min.	Sec.	Breite. N. u. S.	Gr.	Min.	Sec.	Quellen.
Caverypatnam, Indien	96	1	0	N.	12	29	0	
Caveryporum, Indien	95	34	0	—	11	49	0	
Cavite, Philippinen	138	27	0	—	14	44	0	
Cayagan Sooloo, Inseln, östliche Meere	136	29	0	—	7	0	0	
Cayvarum, Indien	96	0	0	—	13	30	0	
Cera, Insel, westlich von Timorlaut	149	29	0	—	—	—	—	
Ceram-Laut, Inseln am Ostende der Insel Ceram	147	39	0	S.	3	55	0	
Chacky (Chaki), Indien	104	4	0	N.	24	33	0	
Chagaing, Indien	113	39	0	—	21	54	0	
Chaloo, Indien	106	54	0	—	28	18	0	
Chambah, Indien	93	12	0	—	32	28	0	
Chanda (Chondra), Indien	93	48	0	—	21	5	0	
— — — —	97	33	0	—	20	3	0	
Chandahnee, Indien	92	20	0	—	33	21	0	
Chandail (Chandala), Ind.	95	2	0	—	23	43	0	
Chandere (Chandri), Indien	92	15	0	—	20	18	0	
Chandernagore, Indien	106	5	0	—	14	23	0	
Chandgerry, Indien	97	4	0	—	13	33	0	
— — (Chandragary), Indien	93	42	0	-	13	47	0	
Chandpoor, Indien	92	47	0	—	22	49	0	
— — —	94	47	0	—	12	27	0	
Chandragiri, Indien	98	53	0	-	29	9	0	
Chandragupti, Indien	108	10	0	—	23	17	0	
Chandree, Indien	96	4	0	—	24	50	0	
Chaprough, Indien	97	15	0		33	20	0	
Charwar (Chorwa), Indien	94	13	0	—	22	10	0	
Chassirkong, Thibet	97	15	0	—	33	30	0	

Orte	Ö. L. Gr.	Ö. L. Min.	Ö. L. Sec.	Breite N.u.S.	Breite Gr.	Breite Min.	Breite Sec.	Quellen.
Chatterpoor (Chattrapura), Indien	97	32	0	N.	24	57	0	
Chattoor, Indien	95	34	0	—	9	40	0	
Chatzan, Nepaul	87	22	0		31	8	0	
Cheesapany, Napaul	103	9	0	—	27	23	0	
Chekwall, Indien	89	55	0	—	32	39	0	
Cheribon, s. Sheribon	—	—	—	—	—	—	—	
Chica-Cavii, Indien	95	27	0	—	11	51	0	
Chickacole, s. Cicuale	—	—	—	—	—	—	—	
Chichautta, Indien	107	4	0	—	26	32	0	
Chienpoor (Chinapur), Ind.	93	52	0	—	21	57	0	
Chickoory (Chikuri), Indien	92	29	0	—	16	23	0	
Chilmarry (Chalamari), Ind.	106	21	0	—	25	25	0	
Chillambarum Bagodas, Ind.	97	31	0	—	11	27	0	
Chimneer, Indien	97	33	0	—	20	35	0	
Chinabalabaram, Indien.	95	35	0	—	13	26	0	
Chinapatam, Indien	95	3	0	—	12	39	0	
Chinampetta, Indien	95	47	0	—	9	41	0	
Chinchew (Chang-), Bay, Cochin-China	—	—	—	—	13	50	0	
Chingleput, Indien	97	35	0	—	12	56	0	
Chiniropooram (Chinraya patau), Indien	94	19	0	—	12	53	0	
Chinnachin, Indien	99	14	0	—	30	29	0	
Chinoor, Indien	94	13	0	—	15	40	0	
— — —	97	47	0	—	19	8	0	
Chinsura (Chinchura), Ind.	105	59	0	—	22	52	0	
Chiring, Indien	97	19	0	—	30	0	0	
Chitlong, Nepaul	103	31	0	—	27	29	0	
Chitore, Indien	92	9	0	—	25	15	0	

Orte.	Ö. L. Gr	Ö. L. Min.	Ö. L. Sec.	Breite. N. u. S.	Breite. Gr.	Breite. Min.	Breite. Sec.	Quellen.
Chitpoor, Indien	98	26	0	N.	21	20	0	
Chittapet, Indien	97	5	0	—	12	25	0	
Chitteldroog (Chitra-Durga), Indien	94	8	0	—	14	10	0	
Chittore (Chitur), Indien	96	49	0	—	13	12	0	
Chittra, Indien	102	37	0	—	24	18	0	
Chitway (Setava), Indien	93	41	0	—	10	23	0	
Chonger, Indien	97	22	0	—	33	27	0	
Chookiany - Somtoo, See, Indien	95	29	0	—	34	47	0	
Cheomoorty (Sumurti), Ind.	96	33	0	—	33	48	0	
Choenpoor, Indien	95	57	0	—	23	17	0	
Choerhut, Indien	99	27	0	—	24	29	0	
Choprah, Indien	92	58	0	—	21	12	0	
Choul, Indien	90	35	0	—	18	33	0	
Choutea, Indien	103	8	0	—	23	26	0	
Chowpareh, Indien	88	29	0	—	32	10	0	
Chuganserai, Afghanistan	87	47	0	—	34	56	0	
Chuka, Butan	107	6	c	—	27	20	0	
Chumpaneer, Indien	91	16	0	—	22	31	0	
Chunarghur, Indien	100	33	0	—	25	9	0	
Chunder (Chandra), Afghanistan	80	8	0	—	29	8	0	
Chupparah, Indien	97	41	0	—	22	22	0	
Chuprah, Indien	102	25	0	—	25	46	0	
Cicacole (Maphus-Bunder), Indien	101	36	0	—	18	21	0	
Clapps (Cocos-), Inseln, Indien	120	4	0	S.	7	5	0	
Cochin, Indien	93	47	0	N.	9	57	0	
Cocos-Inseln, Indien	113	49	0	N.	3	2	0	

Orte.	Ö. L. Gr.	Ö. L. Min.	Ö. L. Sec.	Breite. N. u. S.	Breite. Gr.	Breite. Min.	Breite. Sec.	Quellen.
Cocorah, Indien	94	44	0	N.	23	43	0	
Codopahar, Indien	97	41	0	—	25	17	0	
Cogilpatty, Indien	95	32	0	—	9	15	0	
Coille, Indien	103	20	0	—	26	27	0	
Coilere-Pettah, Indien	95	42	0	—	9	25	0	
Coimbetoor, Indien	94	45	0	—	10	55	0	
Colabba, Insel, Indien	90	32	0	—	18	39	0	
Colaircotta, Indien	98	59	0	—	16	38	0	
Colangodow, Indien	94	28	0	—	10	42	0	
Colar, Indien	95	58	0	—	13	8	0	
Colarpoor, Indien	95	49	0	—	20	56	0	
Coleshy (Calesi), Indien	94	50	0	—	8	12	0	
Colgong (Caligrama), Indien	104	49	0	—	25	14	0	
Colinda, Indien	108	45	0	—	22	58	0	
Collarass, Indien	95	21	0	—	25	13	0	
Collegul-Pettah, Indien	94	53	0	—	12	13	0	
Colna (Khalana), Indien	107	17	0	—	23	11	0	
Columbo, Ceylon	97	29	0	—	7	2	0	
Combooconam, Indien	97	4	0	—	11	0	0	
Combumpadao, Indien	97	35	0	—	17	23	0	
Comercolly, Indien	106	50	0	—	23	52	0	
Comery, Indien	96	10	0	—	9	18	0	
Commin, Indien	96	34	0	—	15	31	0	
Comillah, Indien	108	41	0	—	23	28	0	
Comorin, Cap (Cumari), Indien	95	14	0	—	7	57	0	
Comtah, Indien	98	28	0	—	21	35	0	
Conchon (Canchana, Golden), Indien	106	21	0	—	25	1	0	

Orte.	Ö. L. Gr.	Min.	Sec.	Breite. N.u.S.	Gr.	Min.	Sec.	Quellen.
Cond'pilly, Indien	98	2	0	N.	16	39	0	
Condavir (Canadavir), Ind.	97	44	0	—	16	10	0	
Conjeveram (Canchipura), Indien	97	24	0	—	12	48	0	
Conkair, Indien	99	54	0	—	20	48	0	
Contanagur (Cantinagara), Indien	106	13	0	—	25	46	0	
Cooloo (Raghunatpura), Indien	93	27	0	—	33	20	0	
— Indien	102	19	0	—	20	40	0	
— Indien	102	56	0	—	20	18	0	
Cooloor, Indien	94	41	0	—	16	4	0	
Coopang, Timor	141	49	0	S.	10	10	0	
Cooserah (Cusara), Indien	103	20	0	N.	25	6	0	
Cootra, Indien	97	7	0	—	25	45	0	
Corachie, Indien	84	55	0	—	24	51	0	
Coringa (Caranga), Indien	100	8	0	—	16	49	0	
Corinjah (Caranjah), Ind.	96	41	0	—	21	13	0	
Corsee (Carsi), Indien	92	35	0	—	16	40	0	
Corumbah (Carumbe), Ind.	102	42	0	—	23	21	0	
Cospoor (Cuspura), Indion	110	49	0	—	25	0	0	
Cossimbazar, Indien	105	54	0	—	24	10	0	
Cossimcotta, Indien	100	49	0	—	33	10	0	
Cote-Caungra (Cata-Khan-Kharu), Indien	92	21	0	—	32	30	0	
Cottacotta, Indien	96	26	0	—	15	16	0	
Cottapatam, Indien	96	54	0	—	9	58	0	
Cottee, Indien	101	19	0	—	24	21	0	
Coulan (Culan), Indien	94	19	0	—	8	49	0	
Courchier, Indien	99	16	0	—	15	49	0	
Covelong (Covel), Indien	98	0	0	—	12	44	0	

Orte.	Ö. L. Gr.	Ö. L. Min.	Ö. L. Sec.	Breite V. u. S.	Breite Gr.	Breite Min.	Breite Sec.	Quellen.
Cowl, Coel (Covil), Indien	95	42	0	N.	27	54	0	
Cowl-Durga (Covil-Durga), Indien	92	50	0	—	13	37	0	
Crissey, s. Gressec	—	—	—	—	—	—	—	
Croondah, Indien	92	55	0	—	19	21	0	
Crunganore (Cadungulur), Indien	93	42	0	—	10	15	0	
Cudapah (Kirpa), Indien	96	39	0	—	14	28	0	
Cudalore (Cadalur), Indien	97	31	0	—	11	44	0	
Cuddren, Indien	—	—	—	—	24	26	0	
Cudjwa, Indien	98	12	0	—	26	5	0	
Cullatoor, Indien	96	8	0	—	9	2	0	
Culna (Khulana), Indien	106	0	0	—	23	13	0	
— Indien	107	11	0	—	22	50	0	
Culpee, s. Kalpy	—	—	—	—	—	—	—	
— (Calpi), Indien	106	14	0	—	22	6	0	
Cundapoor (Khandapur), Indien	93	11	0	—	19	37	0	
Cundwah, Indien	93	57	0	—	22	2	0	
Curaconda (Curakhanda), Indien	97	14	0	—	16	1	0	
Curcondah, Indien	96	3	0	—	17	4	0	
Curipum, Indien	101	15	0	—	18	47	0	
Currah (Khara), Indien	99	3	0	—	25	41	0	
Currode, Indien	100	57	0	—	19	52	0	
Currucdeah (Caracdeh), Ind.	103	52	0	—	24	26	0	
Curruckpoor, Indien	104	11	0	—	25	8	0	
Currumaſs, Indien	95	53	0	—	28	0	0	
Curumah, Indien	103	22	0	—	24	19	0	
Curypum (Curibhum), Ind.	101	26	0	—	19	40	0	

Orte.	Ö. L. Gr.	Min.	Sec.	Breite. N. u. S.	Gr.	Min.	Sec.	Quellen.
Cussee, Indien	106	42	0	N.	23	4	0	
Cutdki, Indien	92	27	0	—	14	52	0	
Cutchuborry (Cachabati), Butan	107	48	0	—	26	42	0	
Cuttack, Indien	103	49	0		20	31	0	
Cutieruh, Indien	97	30	0	—	28	3	0	
Cutwa, Indien	105	49	0	—	23	37	0	
Dabul (Duwalayar), Indien	90	34	0	—	17	45	0	
Dacca (Dhaca), Indien	107	50	0	—	23	44	0	
Dalmow, Indien	98	42	0	—	26	3	0	
Dalapiri, Philippinen	138	59	0	—	19	15	0	
Damvuw, Indien	90	40	0	—	20	22	0	
Damsony, Butan	105	48	0	—	27	5	0	
Daoud, Indien	92	5	0	—	23	7	0	
Daoudcaundy, Indien	111	15	0	—	[illegible]	30	0	
Daoudnagar, Indien	105	6	0	—	25	0	0	
Daraporam (Dhamapuram), Indien	95	17	0	—	10	45	0	
Darmapooram (Dharmapuram), Indien	96	0	0	—	12	11	0	
Darra (Dhara), Indien	104	43	0	—	24	43	0	
Darwar (Fulteabad), Indien	93	14	0	—	18	40	[illegible]	
— — — —	92	30	0	—	15	30	0	
Davanagiri, Indien	93	41	0	—	14	24	0	
Davis, Insel, Philippinen	141	39	0	—	—	—	—	
Debalpoor, Indien	91	20	0	—	[illegible]	43	0	
Deb-Rowell, Indien	89	25	0	—	28	56	0	
Decknull (Dackshinalaya), Indien	103	34	0	—	21	1	0	
Decla (Digaloa), Indien	92	45	0	—	12	6	0	

Orte.	Ö. L. Gr.	Ö. L. Min.	Ö. L. Sec.	Breite. N. u. S.	Breite. Gr.	Breite. Min.	Breite. Sec.	Quellen.
Deccan, Indien	94	19	0	N.	22	49	0	
Deeg, Indien	94	56	0	—	27	30	0	
Dehindah, Indien	95	26	0	—	20	53	0	
Delaoud, Indien	95	5	0	—	23	36	0	
Delft, Insel, bei Ceylon	97	45	0	—	6	35	0	
Delhi (Dilli), Indien	94	48	0	—	28	43	0	
Dellamcotta, Butan	106	11	0	—	26	59	0	
Denaïcott, Indien	94	50	0	—	11	8	0	
Deognr, Indien	93	41	0	—	19	5	0	
Deogur (Devaghur), Indien	104	19	0	—	24	50	0	
Deonella (Deonhully), Ind.	95	33	0	—	13	15	0	
Deopoor (Devapura), Indien	104	12	0	—	24	4	0	
Derah - Ismael - Khan, Afghanistan	88	29	0	—	31	45	0	
Derriah - Khaw, Indien	83	41	0	—	31	36	0	
Desbara (Desavara), Indien	90	23	0	—	21	44	0	
Deucar, Indien	99	49	0	—	28	9	0	
Devaprayaga, Indien	06	10	0	—	30	9	0	
Devicotta (Devicata), Ind.	91	34	0	—	11	60	0	
Dewaghur (Devaghar), Ind.	93	59	0	—	24	56	0	
Dewan (Divan), Indien	99	39	0	—	22	18	0	
Deworcote, Serinagur	95	41	0	—	30	59	0	
Dewargunge, Indien	107	1	0	—	25	7	0	
Dewelmurry (Devalayamari), Indien	99	27	0	—	19	14	0	
Deyrah, Serinagur	94	24	0	—	30	19	0	
Dhelli, auf Timor	148	9	0	—	8	35	0	
Dhoolpoor (Dholapur), Ind.	95	34	0	—	26	43	0	
Dhore, Indien	91	44	0	—	28	39	0	
Diamond - Insel, Indien	111	51	0	—	15	51	0	

Orte.	Ö. L. Gr.	Ö. L. Min.	Ö. L. Sec.	Breite N. u. S. Gr.	Breite Min.	Breite Sec.	Quellen.
Diamper (Udyamapura), Cochin	94	16	0	N. 9	55	0	
Didwana, Indien	92	33	0	— 27	20	0	
Dinagepoor, Indien	106	19	0	— 25	47	0	
Dinapoor, Indien	102	[illegible]	0	— 25	38	0	
Dindigul, Indien	95	44	0	— 10	22	0	
Dingulwara, Indien	91	32	0	— 3	15	0	
Dinding, Insel, Straſse von Malacca	—	—	—	— 4	15	0	
Ditteah (Dattya), Indien	96	11	0	— 25	43	0	
Diw (Divipa, die Insel), Indien	88	39	0	— 20	43	0	
Doda Bailea, Indien	95	4	0	— 13	30	0	
Doessah, Indien	102	55	0	— 23	11	0	
Doho, Indien	97	29	0	— 26	9	0	
Dolcah (Dholca), Indien	90	4	0	— 22	47	0	
Doliah (Dolia), Indien	90	5	0	— 22	47	0	
Domea, Tunkin	123	39	0	20	40	0	
Domus, Indien	90	32	0	— 21	5	0	
Dondra, Cap, Ceylon	98	19	0	— 5	50	0	
Doonah (Duna), Indien	103	42	0	— 22	48	0	
Doondeakera (Dundyacara), Indien	98	19	0	— 26	12	0	
Doorydrooy, Indien	95	4	0	— 13	27	0	
Dooryghaut (Durighat), Indien	101	10	0	— 26	15	0	
Doudpoor (Daudpoor), Ind.	100	49	0	— 19	36	0	
Douparra, Indien	96	43	0	— 15	43	0	
Dowletubad (Deoghir, Deoghur), Indien	93	41	0	19	52	0	
Dubaree (Dobari), Indien	94	2	0	— 20	4	0	

Orte.	Ö. L. Gr.	Min.	Sec.	Breite. N.u.S. Gr.	Min.	Sec.	Quellen.
Dubboi (Dhubay), Indien	91	14	0	N. 22	4	0	
Duchenparah (Dakshinpara), Cashmere	92	37	0	— 34	51	0	
Dunda-Raipoor, Indien	90	34	0	— 18	19	0	
Dundah, Indien	—	—	—	— 24	58	0	
Dungye, Indien	101	56	0	— 25	14	0	
Dunteewarah (Dantivara), Indien	90	24	0	— 24	55	0	
Durbungha (Durbhunga), Indien	103	56	0	— 26	7	0	
Durrajah (Durrajya), Ind.	94	48	0	— 23	28	0	
Durrampoor (Dhurmapur), Indien	91	2	0	— 20	34	0	
Dwaraca (Dwarica), Indien	86	54	0	— 22	21	0	
Ecdala, Indien	108	24	0	— 24	4	0	
Edegherry (Ithyari), Indien	97	21	0	— 14	51	0	
Eder, Indien	90	42	0	— 23	35	0	
Eechaak (Itchauk), Indien	103	25	0	— 24	10	0	
Eetcoure (Itcurar), Indien	102	56	0	— 24	18	0	
Einura (Yennoor), Indien	92	55	0	— 13	5	0	
Elephanta, Insel, Indien	90	39	0	— 18	57	0	
Elgandel, Indien	96	59	0	— 18	29	0	
Ellmore, Indien	101	49	0	— 18	24	0	
Ellore, Indien	98	49	0	— 16	45	0	
Embehoty, Indien	98	49	0	— 26	42	0	
Emenabad (Aminabad), Indien	91	21	0	— 32	9	0	
Engano, Insel, Indien	119	59	0	S. 5	20	0	
Enore (Enur), Indien	98	5	0	N. 13	13	0	
Erouad (Erodu), Indien	95	29	0	— 11	19	0	
Erroor, Indien	93	18	0	— 13	48	0	

Orte.	Ö. L. Gr.	Ö. L. Min.	Ö. L. Sec.	Breite N. u. S.	Breite Gr.	Breite Min.	Breite Sec.	Quellen
Etaweh, Indien	96	37	0	N.	26	46	0	
Ewunpilly, Indien	98	34	0	—	18	50	0	
Eynapoor (Ainapoor), Indien	92	49	0	—	16	50	0	
Fajepoor, Indien	93	39	0	—	21	12	0	
Fardapoor (Varadapur), Indien	93	51	0	—	20	29	0	
Ferozegoor, Indien	95	1	0	—	16	18	0	
Ferozepoor, Indien	91	37	0	—	31	5	0	
Firazabad, Indien	95	59	0	—	27	9	0	
Firozeh, Indien	92	52	0	—	29	17	0	
Firozepoor, Indien	94	27	0	—	27	55	0	
Fort-William, s. *Calcutta*.	—	—	—		—	—	—	
Fort St. David, Indien	97	36	0	—	11	46	0	
Fringybazur, Indien	108	2	0	—	23	33	0	
Fuegos, Insel, Philippinen	140	54	0	—	9	25	0	
Fuga, Insel, Philippinen	139	9	0	—	19	0	0	
Fulta (Phalata), Indien	105	59	0	—	22	19	0	
Furruckabad (Farakhabad), Indien	97	12	0	—	27	23	0	
Furrucknagur, Indien	94	20	0	—	28	30	0	
Futteghur (Fataghar), Ind.	97	13	0	—	27	22	0	
Futtipoor, Indien	94	13	0	—	27	5	0	
Futtypoor, Indien	92	46	0	—	27	51	0	
Fyzabad, Indien	99	49	0	—	26	46	0	
Galkiest, Ceylon	97	30	0	—	16	59	0	
Gandapoor (Ghandhapur), Indien	92	50	0	—	19	54	0	
Gangpoor, Indien	101	49	0	—	22	4	0	
Gangoutri (Gangotari), Indien	95	48	0	—	31	4	0	

Orte.	Ö. L. Gr.	Ö. L. Min.	Ö. L. Sec.	Breite. N. u. S.	Breite. Gr.	Breite. Min.	Breite. Sec.	Quellen.
Ganjam, Indien	102	58	0	N.	19	23	0	
Garewdan, Indien	98	32	0	—	33	8	0	
Garnudi (Gurunadi), Ind.	107	50	0	—	22	59	0	
Gaukarna, Indien	92	4	0	—	14	2	0	
Gautumpoor (Gautamapur), Indien	97	54	0	—	26	10	0	
Gawelgur (Gayalghur, Ghurgawil), Indien	95	31	0	—	21	6	0	
Gaya, Insel, Indien	133	41	0		7	0	0	
Gayah, Indieu	102	44	0	—	24	49	0	
Gazgotta (Gajacata), Indien	106	4	0	—	25	50	0	
Gazypoor, Indien	101	12	0	—	25	35	0	
Gellicunda (Jalakhanda), Indien	96	51	0	—	15	4	0	
Gentiah, Indien	109	33	0	—	25	10	0	
Gergonge (Ghirigrama), Indien	110	49	0	—	25	35	0	
Ghassa, Butan	106	42	e	—	28	0	0	
Gheroud, Indien	91	58	0	—	21	58	0	
Gheriah (Corepatam), Ind.	90	45	0	—	16	33	0	
Ghinouly, Indien	95	11	0	—	29	55	0	
Ghizni, Indien	86	1	0	—	33	30	0	
Ghourbound (Ghorband), Indien	85	32	0	—	34	55	0	
Ghyseabad, Indien	97	35	0	—	22	8	0	
Gilion, Insel, Indien	131	19	0	S.	7	5	0	
Gingee, Indien	97	13	0	N.	12	15	0	
Girout, Indien	66	23	0	—	27	13	0	
Goa (Govay), Indien	91	21	0	—	15	30	0	
Gouch (Goak), Celebes	137	0	0	—	5	13	0	
Goalparah (Govalpara), Indien	108	11	0	—	26	8	0	

Orte.	Ö. L. Gr.	Min.	Sec.	Breite. N.u.S.	Gr.	Min.	Sec.	Quellen.
Gocauk, Indien	92	45	0	N.	16	20	0	
Gogo (Goga), Indien	89	51	0	—	21	43	0	
Gohud, Indien	96	0	0	—	26	21	0	
Golconda (Golkhanda), Indien	96	14	0	—	17	18	0	
Gomano, Insel, Indien	145	19	0	S.	1	55	0	
Goodoor, Indien	95	30	0	N.	15	46	0	
Goohaut (Gohat), Indien	88	19	0	—	32	51	0	
Goolgunge, Indien	103	17	0	—	24	26	0	
Goolpussra, Indien	102	49	0	—	27	1	0	
Goomsur (Gomahesdwara), Indien	101	30	0	—	19	53	0	
Goondipooram, Indien	101	30	0	—	18	59	0	
Goonony-Telloo, Celebes	140	39	0	—	0	30	0	
Gooty, Indien	95	14	0	—	15	9	0	
Goracpoor, Indien	101	1	0	—	26	45	0	
Goraguut (Ghoraghaut), Indien	106	49	0	—	25	13	0	
Gow, Indien	102	24	0	—	25	1	0	
Gressec, Java	129	29	0	S.	7	9	0	
Gualior (Gualiar), Indien	95	53	0	N.	26	18	0	
Gubi, Indien	94	49	0	—	13	7	0	
Gugah, Indien	85	46	0	—	24	50	0	
Gujerat, Indien	91	4	0	—	32	35	0	
Gujundergur, Indien	93	35	0	—	15	45	0	
Gulgundah (Golkhanda), Indien	99	59	0	—	13	46	0	
Gummipollam, Indien	95	58	0	—	22	53	0	
Gundgole, (Ghandagola), Indien	93	21	0	—	15	27	0	
Gunduck, Indien	93	59	0	—	16	49	0	

Orte.	Ö. L. Gr.	Min.	Sec.	Breite N.u.S.	Gr.	Min.	Sec.	Quellen.
Gungapatam, Indien	96	52	0	N.	14	27	0	
Guntoor, Indien	97	59	0	—	16	12	0	
Gurdaiz, Indien	86	32	0	—	33	31	0	
Gurrah, Indien	98	4	0	—	23	10	0	
Gurrumcondah, Indien	96	19	0		13	55	0	
Gurudawa, Indien	95	49	0	—	30	22	0	
Hajagunge (Hajigunj), Ind.	107	32	0	—	23	31	0	
Hajypoor, in Bahar	103	0	0	—	25	41	0	
— — in Lahore	92	30	0	—	31	26	0	
Haldubary, Indien	105	38	0	—	26	20	0	
Hangwellé, Ceylon	97	42	0	—	7	1	0	
Hansoot (Hansavati), Indien	90	38	0	—	21	32	0	
Hansy (Hansi), Indien	93	49	0	—	28	40	0	
Harihara, Indien	93	37	0	—	14	24	0	
Hariorpoor (Udiarpur), Indien	104	31	0	—	21	52	0	
Harlem, Insel, bei Ceylon	97	33	0	—	9	41	0	
Harponully, Indien	93	57	0	—	14	47	0	
Harowty (Haravati), Indien	95	51	0	—	24	18	0	
Haslah (Hasela), Indien	93	11	0	—	33	20	0	
Hasser (Aseer), Indien	94	0	0	—	21	32	0	
Hastee (Hasti), Indien	94	32	0	—	19	32	0	
Hatras (Hathras), Indien	95	39	0	—	27	40	0	
Heldi, Indien	—	—	—	—	24	52	0	
Henery, Insel, Indien	90	19	0	—	18	42	0	
Heriuru, Indien	94	16	0	—	13	46	0	
Hettowra (Etowdah), Ind.	103	1	0	—	27	14	0	
Hidjellee (Hijali), Indien	105	49	0	—	21	50	0	
Hilsah, Indien	102	59	0	—	25	18	0	
Hindia (Hindya), Indien	94	49	0	—	22	31	0	

Orte.	Ö. L. Gr.	Ö. L. Min.	Ö. L. Sec.	Breite N. u. S. Gr.	Breite Min.	Breite Sec.	Quellen.
Hindoloo, Indien	103	24	0	N. 20	23	0	
Hindone, Indien	94	39	0	N. 26	45	0	
Hissar (Hisar), Indien	92	32	0	N. 28	41	0	
Hog-Insel, Indien	132	34	0	S. 7	5	0	
Hooghly, Indien	106	7	0	N. 22	54	0	
Hookery, Indien	92	26	0	— 16	13	0	
Hooly-Onore, Indien	93	10	0	— 13	44	0	
Horispoor (Harshapur), Indien	93	6	0	— 31	30	0	
Hoseepoor, Indien	101	56	0	— 26	25	0	
Hossein-Abdaul, Indien	89	82	0	— 33	0	0	
Hossobetta, Indien	92	39	0	— 12	42	0	
Hosso-Durga, Indien	92	52	0	— 12	10	0	
Hubely (Hoobly), Indien	92	49	0	— 15	24	0	
Hulloh, Indien	91	11	0	— 22	37	0	
Humpapura, Indien	94	15	0	— 12	4	0	
Hurda (Huruda), Indien	94	57	0	— 22	24	0	
Hurdwar (Huridwar), Indien	95	41	0	— 29	57	0	
Hurrepoor, Indien	93	10	0	— 32	6	0	
Hurrial (Arayalaya), Indien	106	56	0	— 24	19	0	
Husseinabad, Indien	95	32	0	— 22	40	0	
Husseinpoor, Indien	95	52	0	— 28	44	0	
Hustnapoor (Hustinanagara), Indien	95	35	0	— 29	7	0	
Huttany, Indien	92	59	0	— 16	59	0	
Hyderabad, Indien	86	20	0	— 25	22	0	
Hyderbunghee, Indien	89	4	0	— 33	20	0	
Hydergur, Indien	99	2	0	— 26	37	0	
Hydershy (Hydershahi), Indien	97	14	0	— 17	24	0	

Orte.	Ö. L. Gr.	Min.	Sec.	Breite. N.u.S	Gr.	Min.	Sec.	Quellen.
Ifshwar, Indien	94	47	0	N.	23	24	0	
Ikery (Ikeri), Indien	93	46	0		14	6	0	
Inakonda, Indien	97	13	0	—	16	1	0	
Indoor (Indura), Indien	96	30	0	—	16	47	0	
Indore (Indura), Indien	95	41	0	—	18	23	0	
— Indien	93	49	0	—	22	51	0	
Ingeram, Indien	100	4	0	—	16	46	0	
Innycotta, Indien	96	29	0	—	20	35	0	
Irjah (Iriab), Afghanistan	86	42	0	—	33	54	0	
Islamabad, Indien	109	21	0	—	22	22	0	
— — —	91	46	0	—	34	6	0	
Issurdu (Iswarada), Indien	9[illegible]	49	0	—	26	20	0	
Istamnagur, Indien	102	54	0	—	25	17	0	
Istampoor, Indien	95	10	0	—	23	19	0	
Itchapoor, Indien	102	39	0	—	19	8	0	
Jacotta (Jayacata), Indien	93	40	0	—	10	14	0	
Jaetfull, Indien	97	11	0	—	18	48	0	
Jaffierabad (Jafarabad), Indien	94	15	0	—	17	52	0	
Jaffrabad (Jafarabad), Ind.	89	10	0	—	20	53	0	
Jafna, Ceylon	97	48	0	—	9	45	0	
Jagepoor (Jehazpoor), Ind.	104	14	0	—	20	50	0	
Jaghere (Jaghira), Indien	91	51	0	—	27	21	0	
Jagraum (Jayagrama), Ind.	92	39	0	—	30	47	0	
Jahil, Indien	92	17	0	—	27	9	0	
Jahjow, Indien	95	31	0	—	26	59	0	
Jaiver, Indien	96	7	0	—	28	9	0	
Jajarcote (Jharjhara Cuta), Indien	99	9	0	—	29	39	0	
Jalah, Indien	93	44	0	—	26	23	0	

Orte.	Ö. L. Gr.	Min.	Sec.	Breite. N. u. S.	Gr.	Min.	Sec.	Quellen.
Jalalgunge, Indien	107	7	0	N.	25	30	0	
Jalooan, Indien	97	2	0	—	24	47	0	
Jamboe, Indien	91	59	0	—	33	0	0	
Janagur (Jayanagur), Indien	88	56	0	—	23	35	0	
Japara, Java	128	33	0	S.	6	28	0	
Jarasoo, Indien	93	38	0	N	26	36	0	
Jaugemow (Samow), Ind.	97	52	0	—	26	25	0	
Jaulda (Jalada), Indien	103	43	0	—	23	22	0	
Jaumoad, Indien	94	46	0	—	21	13	0	
Jayes, Indien	99	9	0	—	26	15	0	
Jaynagur, Indien	102	4	0	—	24	1	0	
Jeghederpoor (Jaghirdarpur), Indien	100	0	0	—	19	26	0	
Jegurry, Indien	91	56	0	—	18	16	0	
Jehanabad, Indien	93	0	0	—	21	18	0	
Jehenabad, Indien	99	44	0	—	25	13	0	
Jehungseal, Afghanistan	89	19	0	—	30	54	0	
Jelalabad, Indien	97	16	0	—	27	45	0	
— — —	87	25	0	—	34	6	0	
Jelasir (Jaleswara), Indien	95	52	0	—	27	30	0	
Jellasore (Jaleswara), Indien	105	4	0	—	21	50	0	
Jellinghy, Indien	106	21	0	—	24	8	0	
Jelpesh, Indien	106	24	0	—	26	28	0	
Jelpigory, Indien	106	4	0	—	26	30	0	
Jemalnaig, Indien	96	7	0	—	14	48	0	
Jemaulabad, Indien	93	3	0	—	13	0	0	
Jengapoor, Indien	103	54	0	—	20	14	0	
Jesrotch, Indien	91	58	0	—	32	28	0	
Jesselmere, Indien	89	55	0	—	27	44	0	

Orte.	Ö. L. Gr.	Ö. L. Min.	Ö. L. Sec.	Breite. N.u.S.	Breite. Gr.	Breite. Min.	Breite. Sec.	Quellen.
Jesswuntnagur (Yasavantnagar), Indien	96	29	0	N.	26	34	0	
Jhansi, Indien	89	24	0	—	25	31	0	
Jhansu-Jeung, Indien	106	2	0	—	28	50	0	
Jhurjhoory (Jharjhari), Indien	102	59	0	—	27	4	0	
Jigat-Point, Indien	86	46	0	—	22	12	0	
Jionpoor (Juanpoor), Indien	100	18	0	—	25	45	0	
Joana, Java	128	49	0	S.	0	40	0	
Johnston's, Insel, östliche Meere	148	51	0	N.	3	11	0	
Johore, Indien	121	44	0	—	1	40	0	
Jokagur, Indien	94	19	0	—	26	4	0	
Joogdea (Yugadewa), Ind.	108	51	0	—	22	50	0	
Joosaud, Indien	91	6	0	—	26	4	0	
Josimath (Jyotimata), Ind.	97	17	0	—	20	34	0	
Joudpoor (Yudhapur), Ind.	90	57	0	—	26	27	0	
Jouly-Mehser, Indien	93	9	0	—	22	23	0	
Judimahoe, Indien	102	59	0	—	20	19	0	
Juggernauth (Jagatnatha), Indien	103	44	0	—	19	49	0	
Jukah, Indien	—	--	—	—	25	0	0	
Julgam, Indien	92	6	0	—	18	6	0	
Julmee, Indien	93	43	0	—	24	35	0	
Jumbosier (Jumbhusira), Indien	90	37	0	—	22	5	e	
Junagur, Indien	88	12	0	—	21	48	0	
Jungerpoer, Indien	91	17	0	—	23	40	0	
Jungeypoor (Jangalpur), Indien	105	52	0	—	24	28	0	
Junglebarry (Jungalbati), Indien	108	21	0	—	24	27	0	

Orte.	Ö. L. Gr.	Min.	Sec.	Breite. N. u. S.	Gr.	Min.	Sec.	Quellen.
Junkseylon (Jun - Sylan), Insel, Indien	—	—	—	N.	7	50	0	
				N.	8	27	0	
Junnere, Indien	91	30	0	—	19	3	0	
Junoh, Indien	103	22	0	—	23	23	0	
Jurree (Juri), Indien	95	12	0	—	25	34	0	
Jushpoor, Indien	101	46	0	—	22	30	0	
Jyupur (Juyapur), Indien	100	25	0	—	18	23	0	
Jyenagur, Indien	93	19	0	—	26	56	0	
Jyhtpoor, Indien	98	29	0	—	25	14	0	
Kabrouang, Insel, östliche Meere	144	14	0	—	3	60	0	
Kadirgunge (Cadarganj), Indien	96	41	0	—	27	50	0	
Kalatoa, Insel, östliche Meere	139	39	0	S.	7	15	0	
Kalbergah (Calbarga), Ind.	94	47	0	N.	17	17	0	
Kalkoons, oder *Turkey-Inseln*, Indien	132	39	0	S.	6	0	0	
	133	39	0	S.	7	0	0	
Kalpy (Calpi), Indien	97	27	0	N.	26	10	0	
Kanoge, Indien	97	31	0	—	27	5	0	
Karah, Indien	90	24	0	—	22	46	0	
Karakeeta, Insel, östliche Meere	143	4	0	—	3	7	0	
Karasjee, Indien	93	7	0	—	17	26	0	
Karguuw (Caragruwa), Ind.	93	14	0	—	21	54	0	
Karical (Caricala), Indien	97	33	0	—	10	55	0	
Karouly (Keruli), Indien	94	39	0	—	26	35	0	
Kedarnah (Kedara Nattha), Indien	96	58	0	—	30	53	0	
Kedgeree (Kijari), Indien	105	55	0	—	21	45	0	
Keelan, Insel, Indien	145	34	0	S.	3	15	0	

Orte.	Ö. L. Gr.	Min.	Sec.	Breite. N. u. S. Gr.	Min.	Sec.	Quellen.
Keerpoy (Cripa), Indien	105	23	0	N. 22	46	0	A
Keffing, Insel, Indien	147	39	0	S. 3	50	0	
Kelat (Killat), Baluhshistan	85	36	0	N. 29	6	0	
Kellamangalum (Killa-Manglum), Indien	95	44	0	— 12	35	0	
Kelpoory, Indien	97	18	0	— 28	59	0	A
Keydee (Curdi), Indien	102	28	0	— 22	46	0	
Khasgunge (Khajganj), Indien	96	15	0	— 27	52	0	A
Khemlasa, Indien	96	15	0	— 24	15	0	A
Kheroo, Thibet	103	24	0	— 28	13	0	
Khooshalghur (Khashshalghar), Indien	92	52	0	— 15	29	0	
Khordzir, Baluhshistan	84	39	0	— 30	30	0	
Khyrabad, Indien	98	24	0	— 27	29	0	
Kilkary, Indien	96	32	0	— 9	15	0	
Kimedy (Cumadi), Indien	101	50	0	— 18	48	0	
Kinatoor, Indien	96	58	0	— 12	15	0	
Kirthipoor (Kintipura), Nepaul	103	16	0	— 27	30	0	
Kirwal, Indien	95	52	0	— 24	2	0	
Kishenagur, Indien	92	40	0	— 26	32	0	
Kishtewar, Indien	92	59	0	— 34	7	0	
Kisser, Insel bei Timor	144	42	0	S. 8	5	0	
Kistnapatnam (Krishnapatan), Indien	97	55	0	N. 14	19	0	
Kistnagherry (Krishnaghiri), Indien	96	2	0	— 12	32	0	
Kisty, Afghanistan	87	42	0	— 29	18	0	
Kohaut, Afghanistan	87	59	0	— 33	6	0	
Konapoor (Conapur), Indien	92	11	0	— 15	34	0	

Orte.	Ö. Länge. Gr.	Min.	Sec.	Breite. N. u. S. Gr.	Min.	Sec.	Quellen.
Konjeur (Kondojurry), Indien	103	24	0	N. 21	34	0	
Koondah, Indien	101	26	0	— 24	11	0	
Koorbah (Curava), Indien	100	47	0	— 22	25	0	
Koorwey, Indien	95	56	0	— 24	11	0	
Kopaul (Capala), Indien	93	45	0	— 15	28	0	
Korah, Indien	98	19	0	— 26	6	0	
— — — —	—	—	—	— 23	38	0	
Korjehaak, Indien	90	43	0	— 32	40	0	
Koshab (Khush-ab), Afghanistan	89	38	0	— 31	44	0	
Kotoh (Cata), Indien	93	27	0	— 25	11	0	
Koyar, Indien	96	14	0	— 20	6	0	
Karkatoa, Insel, Indien	122	54	0	S. 6	9	0	
Kundal (Cundala), Indien	108	57	0	N. 23	12	0	
Kundapur, Indien	92	26	0	— 13	33	0	
Kurgommah (Cargama), Ind.	100	4	0	— 23	11	0	
Kurrahbaugh (Khsharabagh), Afghanistan	85	36	0	— 33	28	0	
Kyndee, Indien	102	44	0	— 24	15	0	
Kyranghur (Kshiragur), Indien	99	11	0	— 21	27	0	
Kyreeghur, Indien	98	30	0	— 28	18	0	
Labooan, Insel bei Borneo	132	39	0	— 5	20	0	
Lacaracoonda (Lakerikhanda), Indien	104	54	0	— 23	48	0	
Lados, Inseln, Indien (deren Mitte)	107	19	0	— 6	5	0	
Ladronen-Inseln, Mitte der grösseten, östliche Meere	131	23	0	— 21	52	0	
Lahar, Indien	96	38	0	— 26	13	0	

Orte.	Ö. Länge. Gr.	Min.	Sec.	Breite. N. u. S.	Gr.	Min.	Sec.	Quellen.
Lahdack, Indien *)	95	49	0	N.	35	0	0	
Lahore, Indien	91	27	0	—	31	50	0	
Lahory-Nepaul, Indien	102	34	0	—	27	42	0	
Lantagur, Nepaul	101	58	0	—	29	5	0	
Laour, Indien	108	41	0	—	25	8	0	
Lassa (Lahasa), Thibet	109	4	0	—	29	30	0	
Latta-Latta, Insel, bei Gilolo	144	29	0	S.	0	20	0	
Lincapan, Insel, Indien	137	49	0	N.	11	40	0	
Loghur (Lohagar), Indien	91	20	0	—	18	49	0	
Logur, Indien	98	49	0	—	20	25	0	
Lohurdunga, Indien	102	41	0	—	23	28	0	
Lelldong, Pafs, Indien	95	55	0	—	29	52	0	
Lolljee, Thibet	102	41	0	—	30	15	0	
Lontur-Pulo, Insel, Indien	115	30	0	—	7	30	0	
Looseegna, Indien	101	37	0	—	24	20	0	
Louer, Indien	92	29	0	—	20	25	0	
Lewyah, Indien	102	29	0	—	26	36	0	
Lübeck, Insel, bei Java	130	24	0	S.	5	48	0	
Luckput-Bunder, Indien	—	—	—	N.	23	47	0	
Lucknow, Indien	98	34	0	—	26	51	0	
Luckypoor (Laksmipur), Indien	108	22	0	—	22	56	0	
Ludehaunah, Indien	93	11	0	—	30	53	0	
Lunawara (Lavanavara), Indien	91	25	0	—	23	5	0	
Luzon, Insel, Philippinen	137	39	0	—	13	0	0	
	141	39	0	—	19	0	0	

*) Die Lage dieses Ortes ist noch nicht genau bestimmet.

Orte.	Ö. L. Gr.	Ö. L. Min.	Ö. L. Sec.	Breite N. u. S.	Breite Gr.	Breite Min.	Breite Sec.	Quellen.
Macao, China	131	14	0	N.	22	13	0	
Macassar, Celebes	136	59	0	S.	5	10	0	
Macheria, Indien	96	34	0	—	16	8	0	
Mackwa, Indien	101	3	0	—	18	33	0	
Maclahsaul, Indien	95	13	0	—	21	54	0	
Macowall (Makhaval), Indien	93	37	0	—	31	14	0	
Mactan, Insel, Philippinen	141	27	0	—	10	30	0	
Madghery (Madhu-giri), Indien	94	54	0	—	13	33	0	
Madigeshy, Indien	94	55	0	—	13	48	0	
Madras (Mandirraj), Ind.	98	4	0	—	13	5	0	
Madura, Indien	95	52	0	—	9	51	0	
Maggeri (Magadi), Indien	95	16	0	—	12	57	0	
Magindanao, Philippinen	142	17	0	—	7	9	0	
Mahabalipuram, Indien	95	57	0	—	12	23	0	
Mahe (Mahi), Indien	93	17	0	—	11	42	0	
Mahim, Indien	90	27	0	—	19	39	0	
Mahmudabad, Indien	97	4	0	—	27	19	0	
Mahmudpoor, Indien	107	13	0	—	23	24	0	
Mahomdy, Indien	97	58	0	—	27	56	0	
Mahoor, Indien	96	12	0	—	20	4	0	
Mahowl, Indien	100	21	0	—	26	18	0	
Mahrajegunge, Indien	105	26	0	—	26	4	0	
Mailcotta (Mailcotay), Ind.	94	31	0	—	12	38	0	
Maissore (Mysore, Mahesasura), Indien	94	31	0	—	12	16	0	
Maissy, (Mahesi), Indien	102	46	0	—	26	20	0	
Malacca, Indien	119	51	0	—	2	14	0	
Malativoe, Ceylon	98	46	0	—	9	17	0	

Orte.	Ö. L. Gr.	Min.	Sec.	Breite. N. u. S. Gr.	Min.	Sec.	Quellen.
Malavilly (Maleyavali), Indien	94	55	0	N. 12	23	0	
Malda (Malada), Indien	105	43	0	— 25	3	0	
Malnore, Indien	92	57	0	— 30	22	0	
Mallown (Malwan), Indien	90	59	0	— 16	4	0	
Malluver, Indien	100	29	0	— 20	34	0	
Maloor, Indien	95	48	0	— 13	0	0	
Malpoorah, Indien	93	24	0	— 31	26	0	
Mampava, Borneo	116	49	0	— 0	21	0	
Manah, Indien	97	19	0	— 30	45	0	
Manapary (Manipara), Ind.	95	56	0	— 8	39	0	
— — — —	96	9	0	— 10	39	0	
Manaswary, Insel, Indien	152	0	0	— 0	51	0	
Mancote (Marscata), Indien	92	7	0	— 32	44	0	
Mandawee, Indien	87	13	0	— 22	15	0	
Mandowee, Indien	93	27	0	— 32	54	0	
— — — —	91	4	0	— 21	13	0	
Mangalore (Mangalur), Ind.	92	39	0	— 12	49	0	
Mangapett, Indien	98	44	0	— 18	14	0	
Manghelly (Mangalalaya), Afghanistan	89	39	0	— 33	12	0	
Manicpoir, Indien	99	4	0	— 25	47	0	
Manilla, Philippinen	138	29	0	— 14	38	0	
Mancap, Insel, bei Borneo	120	36	0	S. 3	0	0	
Manipa, Insel, bei Ceram	145	[illegible]	0	N. 3	21	0	
Mankiam, Insel, bei Gilolo	145	30	0	— 0	20	0	
Manowly, Indien	92	49	0	— 15	58	0	
Manwas (Manavasa), Indien	99	22	0	— 24	13	0	
Mansir (Manasara), Indien	91	59	0	— 32	50	0	
Maratura-Inseln, bei Borneo, Mitte derselben	136	14	0	— 2	15	0	

Orte.	Ö. L. Gr.	Ö. L. Sec.	Ö. L. Min.	Breite. N u. S.	Breite. Gr.	Breite. Sec.	Breite. Min.	Quellen.
Marelia, Indien	97	14	0	N.	15	16	0	
Margeesserah, Indien	95	2	0	–	13	55	0	
Maronda, Indien	92	46	0	–	26	43	0	
Maros, Celebes	137	14	0	S.	4	51	0	
Martaban, Indien	115	9	0	N.	16	30	0	
Masulipatam (Mausalipatan), Indien	98	50	0	–	16	5	0	
Mashanegur (Mahesanagar), Afghanistan	88	45	0	–	33	47	0	
Maswey, Indien	98	10	0	–	27	4	0	
Mathura, Indien	95	16	0	–	27	32	0	
Matoun, Indien	96	25	0	–	24	19	0	
Matura, Ceylon	98	14	0		5	52	0	
Mawbellypoor (Mahabalépura), Indien	102	39	0	–	25	20	0	
Meangis-Inseln, östliche Meere, Mitte	144	39	0	–	5	0	0	
Meanree, Indien	–	–	–	–	24	40	0	
Medny (Miani), Indien	89	54	0	–	32	10	0	
Meduck, Indien	95	59	0	–	17	50	0	
Meegheouny-Yay, Indien	112	29	0	–	19	53	0	
Meerat (Meerta), Indien	91	53	0	–	26	35	0	
Meercaserai, Indien	109	9	0	–	22	48	0	
Meercot (Mircuta), Indien	85	9	0	–	33	31	0	
Meerjaow (Midijay), Indien	92	15	0	–	14	27	0	
Mego, Insel, bei Sumatra	118	44	0	S.	4	0	0	
Mehiawun, Indien	97	59	0	N.	26	18	0	
Melah, Indien	91	12	0	–	25	49	0	
Melcapoor, Indien	94	18	0	–	21	4	0	
Menddyghaut (Mhendighat), Indien	96	36	0	–	27	30	0	

Orte.	Ö. L. Gr.	Min.	Sec.	Breite. N. u. S.	Gr.	Min.	Sec.	Quellen.
Mer, Indien	—	—	—	N.	23	32	0	
Merat, Indien	95	12	0	—	29	1	0	
Mercura, Indien	93	37	0	—	12	30	0	
Mergui, Indien	116	4	0	—	12	12	0	
Merritch (Marichi), Indien	92	39	0	—	16	56	0	
Merud (Marudu), Indien	92	15	0	—	18	15	0	
Meyahoon, Indien	112	47	0	—	18	19	0	
Midnapoor, Indien	105	4	0	—	22	25	0	
Minporee (Minapuri), Ind.	96	38	0	—	25	10	0	
Mirzanagur, Indien	106	52	0	—	22	56	0	
Mirzapoor, Indien	101	14	0	—	25	10	0	
Miselar, Insel, bei Sumatra	108	9	0	—	1	39	0	
Mioa, Insel, östliche Meere	—	—		S.	8	28	0	
Mocomoco, Sumatra	118	49	0	S.	2	31	0	
Mocwanpoor, Indien	102	57	0	N.	27	28	0	
Mohaun (Mahan), Indien	98	37	0	—	27	4	0	
Monchaboo, Indien	113	53	0	—	22	40	0	
Moneah, Indien	102	35	0	—	25	38	0	
Monghir, Indien	104	17	0	—	25	23	0	
Monishwar (Mayeoswara), Indien	92	4	0	—	18	16	0	
Moodgul, Indien	94	26	0	—	16	16	0	
Mooloopetty, Indien	96	32	0	—	9	15	0	
Mooltan, Indien	88	58	0	—	30	35	0	
Mooner (Manir), Indien	100	19	0	—	25	12	0	
Moorley (Murali), Indien	106	15	0	—	23	7	0	
Moorleydurseray (Muralidhura serai), Indien	96	19	0	—	7	1	0	
Morshedabad, Indien	105	54	0	24	—	11	0	
Morabad, Indien	93	7	0	—	26	40	0	
Moradabad, Indien	96	24	0	—	28	52	0	

Orte.	Ö. L. Gr.	Min.	Sec.	Breite. N. u. S.	Gr.	Min.	Sec.	Quellen.
Mount-Dilly, Indien	92	59	0	N.	12	0	0	
Moutapilly (Mutapah), Ind.	97	55	0	—	15	36	0	
Mow, Indien	103	3	0	—	25	47	0	
— — —	96	57	0	—	27	34	0	
— — —	99	59	0	—	24	37	0	
Mowah, Indien	103	30	0	—	25	33	0	
Mozgurrah, Indien	89	30	0	—	29	48	0	
Muckealah, Indien	90	22	0	—	32	33	0	
Muckondabad, Indien	99	3	0	—	24	15	0	
Muckud, Afghanistan	88	50	0	—	32	22	0	
Muckundnauth (Mucundanatha), Indien	101	29	0	—	29	28	0	
Muckundgunge, Indien	103	14	0	—	23	59	0	
Muckundra, Indien	93	51	0	—	24	48	0	
Muddee, Indien	87	1	0	—	22	5	0	
Mufanagur, Indien	97	39	0	—	26	11	0	
Muganayakana Cotay, Ind.	94	37	0	—	13	8	0	
Muglee, Indien	96	44	0	—	13	10	0	
Mulayne, Indien	97	49	0	—	27	4	0	
Mulhara (Mulahara), Ind.	97	34	0	—	25	0	0	
Mullapoor (Mulapur), Ind.	98	55	0	—	27	40	0	
Mullungur, Indien	97	11	0	—	18	20	0	
Multuppy, Indien	96	15	0	—	22	19	0	
Munduim, Indien	94	43	0	—	12	31	0	
Mundlah (Mandalar), Ind.	98	49	0	—	22	44	0	
Munglore, Afghanistan	88	54	0	—	34	13	0	
Mungulhaut (Mungalahata), Indien	106	59	0	—	25	59	0	
Munnipora (Manipora), Ind.	111	59	0	—	24	20	0	
Murichom, Bootan	107	7	0	—	27	6	0	

Orte.	Ö. L. Gr.	Min.	Sec.	Breite. N. u. S.	Gr.	Min	Sec.	Quellen.
Murkutchöe, Indien	103	24	0	N.	24	23	0	
Mustaphabad, Indien	94	26	0	—	30	20	0	
Mutcherhutta (Matsyahata), Indien	98	19	0	—	27	22	0	
Muteodu, Indien	94	4	0	—	13	40	0	
Mutgur, Indien	100	46	0	—	26	45	0	
Mutshipara (Matsyapar), Indien	93	24	0	—	30	58	0	
Muzaffernaour (Muzafarnayar), Indien	96	4	0	—	29	27	0	
Muzifferabad (Muzafarabad), Afghanistan	90	1	0	—	34	4	0	
Mycondah, Indien	93	49	0		14	16	0	
Myer, Indien	98	29	0		24	21	0	
Nadone (Nudon), Indien	93	26	0	—	31	59	0	
Nagul (Nagalayin), Indien	95	46	0	—	29	43	0	
Nagamangalam, Indien	94	30	0	—	12	49	0	
Nagheri (Nagari), Indien	97	24	0	—	13	19	0	
Nagjeri, Indien	93	29	0	—	21	25	0	
Nagorbussy (Nagarabashi), Indien	102	44	0	—	25	53	0	
Nagore (Nagara), Indien	97	34	0	—	10	49	0	
— Indien	104	59	0	—	23	56	0	
Nagpoor (Nagapura), Ind.	97	24	0	—	21	9	0	
Nahn, Indien	94	46	0	—	30	41	0	
Namboody, Indien	90	[illegible]	0	—	19	15	0	
Nancowry, Ins., Nicobaren	111	22	0	—	7	57	0	
Nandaprayaga, Indien	97	1	0	—	30	22	0	
Nandoor (Nandaver), Indien	100	4	0	—	17	27	0	
Nanka, Rhede, Nanka-Inseln, Indien	123	20	0	S.	2	22	0	

Orte.	Ö. L. Gr.	Ö. L. Min.	Ö. L. Sec.	Breite N. u. S.	Breite Gr.	Breite Min.	Breite Sec.	Quellen.
Nanparah, Indien	99	5	0	N.	27	52	0	
Nappah, Indien	90	54	0	—	22	27	0	
Narangabad, Indien	98	9	0	—	27	45	0	
Narangur (Narayanaghar), Indien	105	14	0	—	22	11	0	
Narasinghapoor, Indien	94	42	0	—	12	8	0	
Narayongunge, Indien	108	14	0	—	23	37	0	
Nariad, Indien	90	58	0	—	22	42	0	
Narikee, Indien	95	59	0	—	27	18	0	
Narlah (Naralaya), Indien	100	44	0	—	19	50	0	
Narnallah (Narayanalaya), Indien	95	9	0	—	21	40	0	
Narnoul, Indien	93	47	0	—	28	4	0	
Narsingah (Narasingha), Indien	102	59	0	—	20	41	0	
Narsipoor, Indien	99	29	0	—	16	21	0	
Nassau-Inseln, s. *Poggy-Inseln*	—	—	—	—	—	—	—	
Nassuck, Indien	91	35	0	—	19	49	0	
Nataana (Navathana), Ind.	96	[illegible]7	0	—	20	7	0	
Natal (Natar), Sumatra	116	44	0	—	0	18	0	
Nattradacotta (Na'tha-Radhacata), Indien	95	49	0	—	8	46	0	
Nattam, Indien	95	54	0		10	17	0	
Nattore (Nat'haver), Ind.	106	34	0	—	24	25	0	
Natunas-Inseln, nördliche, Chinesisches Meer	126	39	0	—	4	45	0	
— südliche, Chinesisches Meer				—	2	0	0	
Navacott, Indien	101	0	0	—	28	57	0	
Neamutseral, Indien	89	20	0	—	33	30	0	
Neelacundah (Nilacant'ha), Indien	89	28	0	—	32	38	0	

Orte.	Ö. L. Gr.	Ö. L. Min.	Ö. L. Sec.	Breite. N. u. S. Gr.	Breite. Min.	Breite. Sec.	Quellen.
Neelab, Indien	88	32	0	N. 32	50	0	
Neelgunge, Indien	98	21	0	— 26	47	0	
Neelgur, Indien	88	32	0	— 21	30	0	
Negapatum (Nagapatana), Indien	97	34	0	— 10	45	0	
Negomba (Nagambha), Ceylon	97	28	0	— 7	19	0	
Negrais, Cap, Indien	110	54	0	— 16	0	0	
— — Insel, Indien	110	58	0	16	2	0	
Nehrwalla (Patana), Indien	90	9	0	— 24	25	0	
Nelliseram, Indien	92	51	0	— 12	16	0	
Nelloor (Nilaver), Indien	97	34	0	— 14	6	0	
Nelway (Nilwai), Indien	93	14	0	— 23	14	0	
Nerbudda (Nurmada), Ind. Fluſs, dessen Quelle	99	54	0	— 22	54	0	
Nerinjapettah, Indien	95	1	0	— 1[illegible]	35	0	
Newly (Navalaya), Indien	94	4	0	— 15	35	0	
Niagur, Indien	99	50	0	— 22	22	0	
Nidycavil (Nadicavil), Ind.	95	53	0	— 11	51	0	
Nilcund (Nilacantha), Ind.	103	29	0	— 27	51	0	
Nilcundah, Indien	96	29	0	— 16	55	0	
Nirmul, Indien	97	12	0	— 19	18	0	
Nizampatam, Indien	98	14	0	— 15	50	0	
Noakote (Naracata), Nepaul	103	0	0	— 27	43	0	
Noanagur (Navanagara), Indien	87	54	0	— 22	20	0	
Nogarcott (Nagaracata), Nepaul	103	44	0	— 28	2	0	
Nooldroogh, Indien	94	16	0	— 17	42	0	
Noony (Lavani), Indien	104	47	0	— 24	28	0	
Noorabad, Indien	95	45	0	— 26	25	0	

Orte.	Ö. L. Gr.	Ö. L. Min.	Ö. L. Sec.	Breite N.u.S.	Breite Gr.	Breite Min.	Breite Sec.	Quellen.
Nornagur (Nurnagur), Ind.	108	44	0	N.	23	45	0	
Neori, Indien	—	—	—	—	25	8	0	
Nowada, Indien	103	19	0	—	24	54	0	
Nowagur (Navaghur), Ind.	99	34	0	—	21	55	0	
Nowpoorah (Naupura). Ind.	91	24	0	—	21	6	0	
Nuckergaut (Lakrighat), Ind.	95	55	0	—	30	3	0	
Nuddea, Indien	105	3	0	—	23	25	0	
Nnghz. Afghanistan	87	7	0	—	33	17	0	
Nujibabad, Indien	95	55	0	—	29	39	0	
Nuldingha, (Naladunga), Indien	106	46	0	—	23	25	0	
Nundubar (Nandavar), Ind.	91	55	0	—	21	17	0	
Nundovum. Indien	100	19	0	—	18	23	0	
Nundydroog (Nandidurga), Indien	95	32	0	—	13	22	0	
Nurpoor, Indien	92	41	0	—	32	12	0	
Nurrah (Nara), Indien	100	24	0	—	21	2	0	
Nusserabad (Naserabad), Indien	93	30	0	—	20	56	0	
Nusserilabad (Sackur), Ind.	93	59	0	—	17	20	0	
Nusserpoor (Nusirpura), Indien	86	49	0	—	25	28	0	
Oaka (Oka), Indien	87	9	0	—	22	14	0	
Oclaseer, Indien	90	49	0	—	21	37	0	
Odepoor, Indien	95	59	0	—	23	58	0	
Odeypoor, Indien	91	42	0	—	25	28	0	
— — — —	101	17	0	—	22	37	0	
Ogurrapurra (Agurupura), Indien	103	14	0	—	21	23	0	
Omercuntue (Amaracantara), Indien	99	54	0	—	22	53	0	
Omerseer, Indien	—	—	—	—	23	43	0	

Orte.	Ö. L. Gr.	Ö. L. Min.	Ö. L. Sec.	Breite. N.u.S.	Breite. Gr.	Breite. Min.	Breite. Sec.	Quellen.
Ommerypoor (Amerapura), Indien	94	49	0	N.	20	23	0	
Omrattee (Ameravati), Ind.	95	54	0	—	20	59	0	
Omree (Amari), Indien	5	43	0	—	21	7	0	
Ongole (Angula), Indien	97	40	0	—	15	31	0	
Ongologur (Angulaghar), Indien	102	40	0	—	20	36	0	
Onore (Hanavara), Indien	92	19	0	—	14	18	0	
Oochinadroog (Ujayini-Durga), Indien	92	34	0	—	14	32	0	
Oojain (Ujayini), Indien	93	29	0	—	23	12	0	
Oonjara, Indien	93	47	0	—	25	51	0	
Ootapallium (Ulapali), Ind.	95	9	0	—	9	50	0	
Ootatoor, Indien	88	37	0	—	11	7	0	
Ootradurgum (Utara-Durga), Indien	94	57	0	—	12	58	0	
Ootrimaloor (Uttaramalur), Indien	97	29	0	—	12	33	0	
Orfy (Ari), Indien	97	14	0		25	58	0	
Otticotta (Aticata), Indien	97	40	0	—	13	21	0	
Otungura, Indien	103	18	0	—	23	0	0	
Ouddanulla (Udaya-Nulla), Indien	105	24	0	—	25	55	0	
Oude, Indien	99	49	0	—	26	45	0	
Oudghir (Udayaghiri), Ind.	96	3	0	—	18	19	0	
Ouller, See, Cashmere, Mitte desselben	91	29	0	—	34	22	0	
Ouncha (Uncha), Indien	96	31	0	—	22	23	0	
Oussoor, Indien	95	39	0	—	12	45	0	
Pachéte (Pacher), Indien	104	29	0	—	23	26	0	
Packanga, Indien	–	–	–	—	3	32	0	
Padah (Padma), Indien	102	24	0	—	22	0	0	

Orte.	Ö. L.			Breite.				Quellen.
	Gr.	Min.	Sec.	N. u. S.	Gr.	Min.	Sec.	
Padany, Sumatra	117	24	0	S.	0	48	0	
Padoouh, Indien	96	32	0	N.	21	53	0	
Pagahm, Indien	112	14	0	—	21	9	0	
Painomjeung, Tibet	108	49	0	—	29	0	0	
Palurhy (Palasy), Indien	94	57	0	—	11	47	0	
Palamcotta (Pallincutta), Indien	97	21	0	—	11	26	0	
— — — Indien	95	29	0	—	8	42	0	
Palamow, Indien	95	49	0	—	23	52	0	
Palcote (Palacata), Indien	102	39	0	—	22	58	0	
Palee (Pali), Indien	97	28	0	S.	27	32	0	
Palembang, Sumatra	122	29	0	N.	2	48	0	
Palemerdy, Indien	96	2	0	—	9	26	0	
Palhaunpoor, Indien	90	14	0	—	24	44	0	
Palgunge, Indien	103	55	0	—	42	5	0	
Palicaudcherry (Palighaut), Indien	94	29	0	—	10	50	0	
Palkah (Palica), Indien	92	52	0	—	32	58	0	
Palla, Insel, östliche Meere	143	9	0	—	3	5	0	
Palpah, Nepaul	100	34	0	—	28	11	0	
Pamper, Cashmere	90	52	0	—	34	19	0	
Panagur Indien	97	54	0	—	23	20	0	
Panaroocan, Java	131	39	0	S.	7	40	0	
Panchberarah, Cashmere	92	39	0	N.	34	32	0	
Pandar, Indien	92	53	0	—	33	17	0	
Pangootarran, Insel, Sooloo Archipelag	138	9	0	—	6	9	0	
Panha, Indien	96	49	0	—	30	18	0	
Paniany, Indien	93	39	0	—	10	44	0	
Pannah (Purna), Indien	97	56	0	—	24	43	0	
Panniput (Panipati), Indien	94	29	0	—	29	23	0	

Orte.	Ö. L. Gr.	Ö. L. Min.	Ö. L. Sec.	Breite. N.u.S.	Breite. Gr.	Breite. Min.	Breite. Sec.	Quellen.
Pantura, Ceylon	97	3	0	N.	6	50	0	
Panwell, Indien	90	52	0	—	19	0	0	
Pappal, Borneo	—	—	—	—	5	40	0	
Paragong (Paragrama), Bootan	107	0	0	—	27	43	0	
Parkundy (Parakhandi), Indien	93	17	0	—	24	19	0	
Parnella (Parnalaya), Ind.	91	54	0	—	16	50	0	
Parupanada, Indien	103	34	0	—	11	2	0	
Passage, Ins., bei Sumatra	115	34	0	—	2	31	0	
Passarowan, Java	130	49	0	S.	7	36	0	
Passir, Borneo	133	49	0	S.	1	45	0	
Patan, Indien	93	29	0	N.	25	17	0	
Patatan, Borneo	133	44	0	N.	5	50	0	
Paternoster - Inseln	135	39	0	S.	7	0	0	
Patery, Indien	94	47	0	N.	19	18	0	
Patgong (Patragrama), Ind.	106	34	0	—	26	18	0	
Patincor, Indien	96	14	0	—	9	41	0	
Patna (Padmavati), Indien	102	54	0	—	25	37	0	
Patree, Indien	89	14	0	—	22	50	0	
Pattan, Indien	93	12	0	—	19	29	0	
— (Patu), Nepaul	102	19	0	—	27	31	0	
Pattealah (Patyalaya), Ind.	93	12	0	—	30	18	0	
Paukputtan (Ajodin), Ind.	93	9	0	—	30	20	0	
Pauugaow (Panagrama), Indien	93	51	0	S.	18	14	0	
Pawanghur, Indien	91	59	0	—	16	52	0	
Peddabalabaram, Indien	95	26	0	—	13	17	0	
Peddapore (Padmapura), Indien	99	54	0	—	17	5	0	
Pedra Blanca, Klippe im Chinesischen Meere.	132	36	0	—	22	19	0	

Orte.	Ö. L. Gr.	Min.	Sec.	Breite. N. u. S. Gr.	Min.	Sec.	Quellen.
Peergaum (Pirgrama), Ind.	92	41	0	N. 18	32	0	
Pegu, Indien	113	51	0	— 17	40	0	
Peinghee, Indien	111	29	0	— 18	31	0	
Pelaighe, Indien	92	47	0	— 25	51	0	
Peloudah, Indien	94	24		— 26	36	0	
Peling, Insel, bei Celebes	140	39	0	—	—	—	
	141	39	0	— —	—	—	
Pemgur (Poongur), Indien	94	14	0	— 22	28	0	
Pennatore, Indien	94	34	0	— 8	25	0	
Pera, Insel, Indien	116	51	0	— 5	50	0	
Periapatam (Priya-Patana), Indien	94	4	0	— 12	21	0	
Peringasry, Indien	96	19	0	— 9	38	0	
Permacoil (Parmaculam), Indien	97	32	0	— 12	13	0	
Persaim (Bassein), Indien	112	39	0	— 16	50	0	
Persaumah (Parasu-Rama), Indien	104	11	0	— 26	1	0	
Perwuttum, Indien	96	16	0	— 15	57	0	
Peshawer, Afghanistan	88	16	0	— 33	22	0	
Petalnaiy (Patala Nuyaca), Indien	95	54	0	— 9	13	0	
Petlad, Indien	90	39	0	— 22	27	0	
Petlabwad, Indien	92	29	0	— 23	22	0	
Pettipoor (Patipura), Ind.	100	4	0	— 17	5	0	
Pettycotta (Paticata), Ind.	97	1	0	— 10	21	0	
Peyaung, Indien	97	54	0	— 0	27	0	
Phari, Thibet	106	[illegible]	0	27	58	0	
Pillere, Indien	95	47	0	— 13	32	0	
Pillibeet, Indien	97	24	0	— 28	30	0	
Pipley (Pipali), Indien	105	4	0	— 21	42	0	

Orte.	Ö. L. Gr.	Min.	Sec.	Breite. N. u. S. Gr.	Min.	Sec.	Quellen
Piply, Indien	103	44	0	N. 20	8	0	
Piploud (Pippalavati), Ind.	94	14	0	— 21	44	0	
Pirhala, Indien	88	27	0	— 32	25	0	
Plassey (Palasi), Indien	105	54	0	— 23	45	0	
Poggy- (Nassau) *Inseln*, (Pulo-Paggi), nördliche Spitze bei Sumatra	—	—	—	S. 2	18	0	
— — südliche Spitze. Der sie trennende Canal: See Cockup	—	—	—	S. 3	16	0	
Point-Palmiras, Indien	108	17	0	S. 2	40	0	
Point-de-Galle, Ceylon	104	54	0	N 20	45	0	
Point-Pedro, Ceylon	97	54	0	— 6	0	0	
Polloor, Indien	98	4	0	— 9	52	0	
Polo, Insel, Philippinen	96	54	0	— 12	10	0	
	—	—	—	— 15	0	0	
Poloonshah, Indien	98	49	0	— 17	35	0	
Ponarum, Indien	96	59	0	— 11	26	0	
Pondicherry (Puducheri), Indien	97	37	0	— 11	56	0	
Pontiana, Borneo	136	9	0	S. 3	0	0	
Poolsepoor, Indien	100	9	0	N. 27	28	0	
Poonah (Puna), Indien	91	39	0	— 18	30	0	
Poonakhaa, Indien	107	24	0	— 27	56	0	
Poonar, Indien	95	52	0	— 20	9	0	
Poorbunder, Indien	87	29	0	— 21	37	0	
Poorunder (Parandara), Indien	91	44	0	— 18	16	0	
Pocrwah (Purwa), Indien	98	23	0	— 26	28	0	
Poovaloor, Indien	98	54	0	— 11	6	0	
Pootellam, Ceylon	97	30	0	— 8	5	0	
Porca, Indien	94	3	0	— 9	23	0	

Orte.	Ö. L. Gr.	Ö. L. Min.	Ö. L. Sec.	Breite. N. u. S.	Breite. Gr.	Breite. Min.	Breite. Sec.	Quellen.
Portonovo, Indien	97	31	o	N.	11	30	o	
Positra, Indien	86	5[illegible]	o	—	22	23	o	
Powally, Indien	95	38	o	—	9	39	o	
Powanghur (Pavanghar), Indien	90	18	o	—	22	31	o	
Pratas-Inseln, östl. Meere	134	24	o	—	23	50	o	
Priaman, Sumatra	117	22	o	S.	0	[illegible]6	o	
Prinz von Wallis Insel, (Pulo Penang, Betelnut Island), Indien	117	58	o	N.	5	25	o	
Proome (Peeage Mew), Ind.	112	39	o	—	18	50	o	
Pubna, Indien	106	51	o	—	24	0	o	
Puckoli, Indien	89	47	o	—	33	16	o	
Pucouloe (Paclu), Indien	107	34	o	—	24	8	o	
Puducotta (Puducata), Ind.	[illegible]6	38	o	—	10	20	o	
Pullicat (Valiacata), Indien	98	4	o	—	13	26	o	
Pulmary, Indien	93	4[illegible]	o	—	19	59	o	
Pulo-Brasse, Insel, bei Sumatra	112	9	o	—	5	39	o	
Pulo Cannibus, Insel, bei Java	127	4	o	S.	7	50	o	
Pulo-Condore, Inseln, östliches Meer	1[illegible]4	21	o	N.	8	40	o	
Pulo-Mintao, Insel, bei Sumatra	105	39	o	—	—	—	—	
Pulorum, Banda, Insel, Ind.	147	24	o	—	5	35	o	
Puloway, Insel, bei Sumatra	113	24	o	—	5	53	o	
Pulwall, Indien	94	57	o		28	11	o	
Punda (Punyada), Indien	91	42	o	—	15	20	o	
Punderpoor (Punyadharapura), Indien	92	41	o	—	17	56	o	
Pundua, s. *Putrah*	—	—	—	—	—	—	—	

Orte.	Ö. L. Gr.	Ö. L. Min.	Ö. L. Sec.	Breite. N. u. S.	Breite. Gr.	Breite. Min.	Breite. Sec.	Quellen.
Pundy (Punyada), Indien	102	19	0	N.	18	43	0	
Punganoor, Indien	96	21	0	—	13	19	0	
Punugga, Bootan	107	2	0	—	7	23	0	
Purneah, Indien	106	2	0	—	25	45	0	
Purrah (Punduah), Indien	105	48	0	—	25	9	0	
Putan Somnaut (Putana Somanatha), Indien	88	2	0	—	20	57	0	
Quantong, China	114	34	0	—	24	2	0	
Quinhone (Chincheu), Bay, Cochinchina	—	—	—	—	13	52	0	
Rachouty, Indien	95	28	0	—	18	26	0	
Rahat, Indien	97	39	0	—	25	32	0	
Rahdunpoor, Indien	98	29	0	—	24	0	0	
Rahny (Rahany), Indien	97	42	0		25	53	0	
Rahoon (Rahn), Indien	93	14	0	—	31	5	0	
Raisseen, Indien	95	26	0	—	23	19	0	
Rajamundry, Indien	98	33	0	—	16	50	0	
Rajanagur, Indien	100	53	0	—	23	22	0	
Rajegur (Rajaghar), Indien	94	6	0	—	23	50	0	
— — Indien	97	44	0	—	24	41	0	
Rajoor (Rajavara), Indien	97	39	0	—	19	56	0	
Rajoorah (Rajavara), Ind.	94	54	0	—	18	38	0	
Rajpoor (Rajapura), Indien	90	42	0	—	16	48	0	
Ramagiri (Ramaghiri), Ind.	95	12	0	—	12	44	0	
Ramergh, Indien	97	11	0	—	18	31	0	
Ramghaut (Ramaghata), Indien	96	1	0	—	28	12	0	
Ramgunge, Indien	98	14	0	—	26	37	0	
Ramgur, Indien	103	20	0	—	23	38	0	
— — — —	102	14	0	—	20	38	0	

Orte.	Ö. L. Gr.	Min.	Sec.	Breite. N. u. S.	Gr.	Min.	Sec.	Quellen.
Ramisser (Rameswaram), Indien	93	0	0	N.	21	4	0	
Ramisseram (Rameswaram), Insel, bei Ceylon	97	0	0	—	9	17	0	
Ramkewra (Rawacumara), Indien	91	59	0	—	18	41	0	
Ramnad (Ramanat'ha), Ind.	96	28	0	—	9	[illegible]	0	
Ramnode (Ramanatha), Indien	95	42	0	—	25	6	0	
Rampoor (Ramapura), Ind.	95	21	0	—	23	15	0	
— — — —	96	37	0	—	28	50	0	
Randier, Indien	90	42	—	—	21	16	0	
Rangamatty, Indien	107	39	0	—	26	9	0	
Rangoon (Yanghong), Pegu	113	48	0	—	16	47	0	
Ranny - Bednore (Rani-Bednur), Indien	93	21	0	—	14	33	0	
Rannypoor, Indien	96	55	0	—	25	13	0	
Rantampoor (Ranotampura), Indien	94	4	0	—	26	2	0	
Raree, Indien	91	9	0	—	15	50	0	
Rattolaw (Rayatula), Ind.	89	54	0	—	22	3	0	
Ravree (Rari), Indien	90	11	0	—	18	2	0	
Rawaad, Indien	89	51	0	—	33	5	0	
Raybaugh, Indien	92	39	0	—	16	46	0	
Reddygodum (Retigharum), Indien	103	20	0	—	16	53	0	
Reher, Indien	96	23	0	—	29	23	0	
Rehio (Rio, Riya), Indien auf der Insel Bingang	122	14	0	—	37	0	0	
Rembang, Java	128	57	0	S.	6	40	0	
Renapoor (Renapura), Ind.	94	3[illegible]	0	N.	10	20	0	
Resoulabad, Indien	97	26	0	—	28	38	0	
Retpoorah (Retipura), Ind.	96	0	0	—	21	19	0	

Orte.	Ö. L. Gr.	Ö. L. Min.	Ö. L. Sec.	Breite N.u.S	Breite Gr.	Breite Min.	Breite Sec.	Quellen.
Rewah (Reva), Indien	90	4	0	N.	24	37	0	
Rewary (Revari), Indien	94	42	0	—	28	13	0	
Rhotas (Rahatas), Indien	101	37	0	—	24	38	0	
Riao, Insel, östliche Meere	145	39	0	—	2	30	0	
Rogonatgunge (Roguuatha-Yanj), Indien	103	59	0	—	23	15	0	
Rogonatpoor, Indien	104	23	0	—	23	32	0	
Rolpah, Indien	99	44	0	—	29	22	0	
Roma, Insel, östliche Meere	144	59	0	—	7	35	0	
Rooderpoor (Roodrapura), Indien	97	8	0	—	29	1	0	
Roopoor, Indien	93	29	0	—	31	7	0	
Rounda, Indien	93	26	0	—	20	54	0	
Roy Bareily, Indien	98	51	0	—	26	16	0	
Rudraprayaga, Indien	96	41	0	—	30	19	0	
Runala (Runalaya), Indien	91	59	0	—	21	17	0	
Runypoor, Indien	106	44	0	—	25	47	0	
Rupnagur (Rapangara), Ind.	92	37	0	—	26	43	0	
Russona, Thibet	103	19	0	—	28	3	0	
Russoolpoor (Rasulpura), Indien	99	4	0	—	25	57	0	
Rutlamgur, Indien	93	5	0	—	23	40	0	
Rutnagiri (Ratnagiri), Ind.	90	42	0	—	17	1	0	
Ruttunpoor (Ratnapura), Indien	100	12	0	—	22	16	0	
Ryacotta (Raya-Cotay), Indien	95	56	0	—	12	30	0	
Ryagudd, Indien	101	5	0	—	19	1	0	
Rychoor, Indiem	94	56	0	—	15	59	0	
Rydroog, Indien	94	41	0	—	14	49	0	
Ryepoor, Indien	100	5	0	—	21	17	0	
Rynobad (Ghainabad), Ind.	109	23	0	—	14	49	0	

Orte.	Ö. L. Gr.	Min.	Sec.	Breite. N.u.S.	Gr.	Min.	Sec.	Quellen.
Sadras, Indien	97	55	0	N.	12	27	0	
Saffinaff, Insel, östl. Meere	135	39	0	S.	5	0	0	
				S.	6	0	0	
Saganeer, Indien	93	29	0	N.	26	49	0	
Sahabad, Indien	94	49	0	—	25	26	0	
Saharunpoor, Indien	95	2	0	—	30	15	0	
Sahranpoor, Indien	94	55	0	—	30	0	0	
Saibgunge (Sahabganj), Indien	106	25	0	—	26	15	0	
Saint-Barbe's-Insel, östliche Meere	125	19	0	—	—	—	—	
— *Julian's-Insel*, östliche Meere	124	29	0	S.	0	49	0	
— *Matthew's-Insel*, Indien	141	39	0	—	5	0	0	
	142	39	0	—	6	0	0	
— *Thome*, Indien	98	1	0	N.	13	1	0	
Saipoor (Shahipura), Ind.	100	29	0	—	24	2	0	
Sakkar, Indien	94	17	0	—	17	4	0	
Salianah, (Salheyan), Ind.	99	16	0	—	29	2	0	
Sallee (Sali), Indien	90	59	0	—	22	27	0	
Saloon (Salavan), Indien	99	3	0	—	26	2	0	
Saloor, Indien	100	55	0	—	18	26	0	
Samanan, Indien	93	27	0	—	30	2	0	
Samanap auf Madura, Ind.	131	39	0	S.	7	5	0	
Samand, Afghanistan	—	—	—	N.	28	11	0	
Samarang, Java	125	17	0	S.	6	54	0	
Sambah (Sambhú), Indien	91	47	0	N.	32	34	0	
Sambass, Borneo	127	4	0	—	1	3	0	
Samber (Sambhara), Indien	92	59	0	—	26	55	0	
Samboangan, *Magindanao*, Philippinen	149	49	0	—	6	45	0	

Orte.	Ö. L. Gr.	Min.	Sec.	Breite. N.u.S. Gr.	Min.	Sec.	Quellen.
Samguum (Syamagrama) Ind.	88	23	0	N. 14	33	0	
Samrongur (Semroan, Ghursemrour), Nepaul	103	9	0	— 26	45	0	
Sancot, Indien	97	12	0	— 30	10	0	
Sunda, Indien	—	—	—	— 20	6	0	
Sandy, Indien	97	37	0	— 27	18	0	
Sangamsere (Sangamasara), Indien	90	54	0	— 17	11	0	
Sangara (Sancara), Indien	95	51	0	— 23	37	0	
Sangur (Sangghur), Indien	93	29	0	— 23	50	0	
Sanjore (Sanjara), Indien	89	55	0	— 26	3	0	
Sanyashygotta (Sanyasighat), Indien	105	54	0	— 26	33	0	
Soparousa, Insel, bei Amboyna	—	—	—	S. 3	40	0	
Sapata, Insel, östl. Meere	116	49	0	N. 10	4	0	
Sarangur (Saranaghar), Ind.	10[illegible]	5	0	— 19	40	0	
Sarangpoor, Indien	94	9	0	— 23	38	0	
Sarapilly (Sarapalli), Indien	97	37	0	— 14	14	0	
Sarhaut (Srihaut), Indien	104	30	0	— 24	14	0	
Sarmatta, Insel, östl. Meere	146	54	0	S. 8	10	0	
Sarowy, Indien	90	59	0	N. 25	34	0	
Saseram (Sisumrama), Ind.	101	42	0	— 25	0	0	
Sasnee (Sasam, Rule), Indien	95	43	0	— 27	45	0	
Satanagur (Satnagar), Indien	95	55	0	— 17	56	0	
Satarah, Indien	91	42	0	— 17	50	0	
Satimangalum, Indien	94	59	0	— 10	28	0	
Sutteram (Sitarama), Ind.	94	32	0	— 12	9	0	
Sattiaveram, Indien	100	24	0	— 12	58	0	
Sautgur (Sathgadam), Ind.	96	33	0	— 17	15	0	

Orte.	Ö. Länge. Gr.	Min.	Sec.	Breite. N. u. S. Gr.	Min.	Sec.	Quellen.
Savendroog (Suvarnadurga), Indien	95	8	0	N. 12	56	0	
Saymbrumbacum (Swayambrahma), Indien	97	42	0	— 13	2	0	
Seadouly (Sadulla), Nepaul	103	44	0	— 27	13	0	
Sealkote, Indien	91	37	0	— 32	44	0	
Secundra (Alexandria), Indien	96	0	0	— 27	45	0	
— — — Indien	95	13	0	— 28	38	0	
— (Secundura, Alexandria), Indien	97	14	0	N. 26	23	0	
See-Beeroo, Insel, bei Sumatra	115 / 116	39 / 36	0 / 0	S. 1	30	0	
Seebah, Indien	93	13	0	N. 31	39	0	
Seebgunge (Sivaganj), Indien	106	51	0	— 25	3	0	
Seeor (Sehore), Indien	94	49	0	— 23	12	0	
Seerdhuna, Indien	95	7	0	— 29	11	0	
Seerpoor (Sirapura), Indien	106	59	0	— 24	38	0	
Seetacoon (Sitacun), Indien	108	15	0	— 22	37	0	
Selang, Insel, Molucken	145	19	0	S. 0	48	0	
Sendwah, Indien	75	8	0	N. 21	48	0	
Senrab, Indien	98	4	0	— 25	18	0	
Seouny, Indien	97	42	0	— 22	4	0	
— — — —	94	45	0	— 22	21	0	
Sera (Sira), Indien	94	34	0	— 13	37	0	
Serampoor (Sriramapura), Indien	106	5	0	— 22	45	e	
— — Indien	104	3	0	— 24	6	0	
Serinagur, Indien	96	54	0	— 30	11	0	

Orte.	Ö. L. Gr.	Ö. L. Min.	Ö. L. Sec.	Breite. N. u. S.	Breite. Gr.	Breite. Min.	Breite. Sec.	Quellen.
Seringapatam (Sri-Ranga-Patana), Indien	94	30	0	N.	12	26	0	
Seronge, Indien	95	39	0	—	24	8	0	
Serpoor (Sarapura), Indien	97	47	0	—	19	41	0	
Serrs, Indien	101	57	0	—	24	50	0	
Seven Islands, the, bei Banca	122	59	0	S.	1	10	0	
Severndroog (Suvarnadurga), Insel, Indien	91	32	0	N.	17	47	0	
Sewan, Indien	102	4	0	—	26	11	0	
Seysumah, Indien	93	16	0	—	24	55	0	
Shadowrah, Indien	95	26	0	—	24	20	0	
Shahabad, Indien	94	7	0	—	30	12	0	
— — — —	97	34	0	—	27	39	0	
Shahjehanpoor, Indien	93	57	0	—	23	28	0	
— — — —	97	32	0	—	27	51	0	
Shairgur, Indien	97	0	0	—	28	40	0	
Shamly (Syamalaya), Ind.	94	49	0	—	29	33	0	
Shanavas, Afghanistan	90	18	0	—	30	41	0	
Shandorah, Indien	94	39	0	—	30	26	0	
Shahnoor (Sivanur), Ind.	93	1	0	—	15	1	0	
Shapoor, Indien	92	24	0	—	32	19	0	
— — — —	96	2	0	—	22	19	0	
Shapoorah (Shahpura), Indien	92	48	0	—	26	43	0	
Shawpoor (Shahpura, Ind.	101	2	0	—	23	34	0	
Sheergotta (Shir-Ghat), Indien	102	34	0	—	24	32	0	
Sheikpoor (Shaik-Pura), Indien	103	33	0	—	25	8	0	
Shekarpoor (Shacapura), Indien	87	28	0	—	28	47	0	

Orte.	Ö. L. Gr.	Ö. L. Sec.	Ö. L. Min.	Breite. N. u. S.	Breite. Gr.	Breite. Sec.	Breite. Min.	Quellen.
Shekoabad (Shachoabad), Indien	96	11	0	N.	27	6	0	
Shellam, Indien	96	39	0	—	11	40	0	
— — *Great-*, Indien	96	12	0	—	11	39	0	
Shellum, Indien	97	6	0	—	13	8	0	
Shepoory, Indien	94	49	0	—	25	25	0	
Sher, Indien	94	34	0	—	23	58	0	
Sheregur, Indien	91	3	0	—	30	55	0	
Sheribon (Cheribon), Ind.	116	12	0	S.	56	43	0	
Shevagunga (Sivagunga), Indien	96	9	0	N.	9	54	0	
Shevagurry (Sivagurry), Indien	95	11	0	—	9	23	0	
Shevelpatore, Indien	95	22	0	—	9	31	0	
Sholapoor, Indien	93	19	0	—	17	43	0	
Sholavanden, Indien	95	49	0	—	9	50	0	
Shujawalpoor (Suzawelpur), Indien	94	24	0	—	23	24	0	
Shumsabad, Indien	89	54	0	—	32	16	0	
Shundrabendy (Sundrivanadeh), Indien	95	24	0	—	9	35	0	
Siam, Königreich Siam	113	4	0	—	14	5	0	
Siao, Insel, bei Celebes	142	44	0	—	2	48	0	
Sibniras (Sivanivasa), Indien	106	28	0	—	23	25	0	
Sibuyan, Insel, Philippinen	104	9	0	—	12	30	0	
Siclygully (Sancriguli), Indien	106	19	0	—	25	12	0	
Sikar, Indien	92	44	0	—	27	32	0	
Silhet, Indien	109	19	0	—	24	55	0	
Sillah-Mew, Indien	112	9	0	—	20	50	0	
Sillee, Indien	105	34	0	—	23	20	0	

Orte.	Ö. L. Gr.	Ö. L. Min.	Ö. L. Sec.	Breite. N. u. S. Gr.	Breite. Min.	Breite. Sec.	Quellen.
Simlasore, Indien	98	34	0	N. 20	29	0	
Simoga (Siva-Mogay), Indien	92	17	0	— 13	51	0	
Sincapoor (Singapura), Indien	101	39	0	— 1	24	0	
Sindkera, Indien	92	19	0	— 21	11	0	
Sindoory, Indien	119	19	0	— 22	7	0	
Singboom (Singha-bhuma), Indien	103	34	0	— 22	37	0	
Singepoorum, Indien	101	3	0	— 19	35	0	
Singhea, Indien	102	54	0	— 25	52	0	
Singhericonda, Indien	97	41	0	— 15	14	0	
Singumnere, Indien	92	19	0	— 19	46	0	
Sinkel, Sumatra	105	41	0	— 2	15	0	
Sintalshervo, Indien	96	57	0	— 15	44	0	
Sirgoojah, Indien	101	29	0	— 23	5	0	
Sirhind, Indien	93	34	0	— 30	40	0	
Sirinagur (Srinagara), Indien	97	34	0	— 25	6	0	
Sirsex (Siras), Indien	103	14	0	— 25	22	0	
Sitivacca (Situaque), Ceylon	97	52	0	— 7	2	0	
Soaghun, Indien	92	29	0	— 23	12	0	
Soane (Sona), Fluſs, Indien Qu. Meilen desselben	99	54	0	— 22	53	0	
Soderah, Indien	91	9	0	— 32	27	0	
Sohagepoor, Indien	99	24	0	— 23	29	0	
Sohaul, Indien	98	31	0	— 24	40	0	
Sohnpoor. Indien	101	24	0	— 20	47	0	

Orte.	Ö. Länge. Gr.	Min.	Sec.	Breite. N. u. S.	Gr.	Min.	Sec.	Quellen.
Somalpet, Indien	95	39	0	N.	19	49	0	
Sompre, Cashmere	91	4	0	—	34	17	0	
Sonehut, Indien	100	12	0	—	23	33	0	
Soolo, Insel, östl. Meer	138	39	0	—	6	0	0	
Soonda (Sudha), Indien	92	37	0		14	34	0	
Soondia, Indien	—	—	—	—	24	58	0	
Soonel, Indien	93	42	0	—	24	21	0	
Soonergong (Swernagrama), Indien	109	22	0	—	23	39	0	
Soongur, Indien	91	27	0	—	21	8	0	
Soonput (Sanapat), Indien	94	32	0	—	29	0	0	
Soopoor, Indien	94	24	0	—	25	43	0	
Sooropoor (Surapura), Indien	94	39	0	—	16	45	0	
Soorootoo, Insel, östliche Meere	126	19	0	S.	1	45	0	
Soory, Indien	105	11	0	N.	23	54	0	
Soosneer, Indien	93	49	0	—	23	55	0	
Soosoo, Sumatra	114	49	0	—	3	45	0	
Sooty, Indien	105	41	0	—	24	26	0	
Sourabhaya, Java	—	—	—	S.	7	11	0	
Sourera, Indien	102	16	0	N.	19	53	0	
Sravana-Belgula, Indien	94	22	0	—	12	45	0	
Sri-Permaturu, Indien	97	41	0	—	12	59	0	
Srimuttra, Indien	94	59	0	—	26	41	0	
Suan, Indien	104	4	0	—	25	15	0	
Subbulgur, Indien	95	49	0	—	29	48	0	
Suckut, Indien	93	24	0	—	32	41	0	

Orte.	Ö. L. Gr.	Min.	Sec.	Breite. N. u. S.	Gr.	Min.	Sec.	Quellen.
Sugouly, Indien	102	44	0	N.	26	43	0	
Sultangunge, Indien	97	54	0	—	26	59	0	
Sultanpoor, Indien	99	42	0	—	26	18	0	
— — — —	89	19	0	—	30	48	0	
— — — —	92	24	0	—	31	18	0	
— — — —	92	1	0	—	21	35	0	
Sumaun, Indien	96	44	0	—	27	6	0	
Sumbhoonauth (Sambhuratha), Nepaul	103	17	0	—	27	33	0	
Sumbhulpoor, Indien	101	26	0	—	21	33	0	
Sumbul, Indien	96	11	0	—	28	38	0	
Sumishore (Someswara), Indien	101	54	0	—	27	19	0	
Sundeela, Indien	98	9	0	—	27	5	0	
Sunta-Bednore, Indien	94	42	0	—	14	18	0	
Surajeghur, Indien	103	54	0	—	25	14	0	
Surajepoor, Indien	98	16	0	—	26	10	0	
Surat (Surashtra), Indien	90	42	0	—	21	13	0	
Surout, Indien	94	47	0	—	26	51	0	
Surrool, Indien	105	21	0	—	23	39	0	
Sursuty (Saraswati), Indien	93	6	0	—	29	13	0	
Susedoon, Indien	93	9	0	—	20	20	0	
Sutalury, Indien	107	49	0	—	22	38	0	
Swally (Sivalaya), Indien	90	29	0	—	21	5	0	
Sydabad, Indien	95	36	0	—	27	30	0	
Sydaporum, Indien	97	24	0	—	14	11	0	
Szriam, Indien	113	50	0	—	16	49	0	
Tababellah, Indien	92	59	0	—	23	16	0	
Tacoalum, Indien	97	29	0	—	13	4	0	
Tegal, Java	126	34	0	S.	6	44	0	

Orte.	Ö. L. Gr.	Ö. L. Min.	Ö. L. Sec.	Breite. N.u.S.	Breite. Gr.	Breite. Min.	Breite. Sec.	Quellen.
Tagolanda, Insel, bei Celebes	142	44	0	N.	2	10	0	
Tahej, Indien	88	6	0	—	23	17	0	
Tahmoor, Indien	98	49	0	—	27	41	0	
Tahnesir (T'hanusar), Indien	94	9	0	—	30	0	0	
Tahnum, Nepaul	101	49	0	—	28	41	0	
Tajyauw, Indien	93	34	0	—	16	47	0	
Talnere, Indien	92	34	0	—	11	11	0	
Tamaracherry, Indien	93	42	0	—	11	21	0	
Tambah, Indien	91	14	0	—	17	28	0	
Tambekkan, Indien	103	9	0	-	27	25	0	
Tanah, Indien	91	20	0	-	21	21	0	
Tandah (Tarrah), Indien	105	54	0	—	24	49	0	
Tanete, Indien	137	14	0	S.	4	14	0	
Tanjore, Indien	96	51	0	N.	10	45	0	
Tanksal, Indien	94	32	0	-	30	51	0	
Tanna (Thana), Indien	90	42	0	—	19	10	0	
Tanore (Tanur), Indien	93	34	0	—	16	55	0	
Tapanooly, Sumatra	116	29	0	—	1	40	0	
Tarabad, Indien	91	59	0	—	20	38	0	
Tarrahpoor, Indien	104	19	0	—	25	7	0	
Tassisudon (Tadissoo Jeung), Bootan	107	9	0	—	27	50	0	
Tatta, Indien	85	56	0	—	24	44	0	
Taujepoor, Indien	105	54	0	—	25	45	0	
Taullah-Mhokee, Indien	93	24	0	—	32	5	0	
Taunda, Indien	100	17	0	—	26	33	0	
Tauree, Indien	103	29	0	—	24	31	0	

Orte.	Ö. L. Gr.	Ö. L. Min.	Ö. L. Sec.	Breite N.u.S.	Breite Gr.	Breite Min.	Breite Sec.	Quellen.
Tavoy, Indien	115	54	0	N.	14	48	0	
Taya, Insel, bei Sumatra	122	44	0	—	0	48	0	
Teary, Indien	96	42	0	—	24	46	0	
Tellichery (Tali-Chari), Indien	93	15	0	—	11	44	0	
Tello, Celebes	137	9	0	S.	5	5	0	
Tenasserim, Indien	116	29	0	N.	11	42	0	
Ternate, Insel, Molucken, Mitte derselben	144	59	0	—	5	0	0	
Tervengary (Teruvanvana Angady), Indien	93	39	0	—	11	2	0	
Teshooloomboo (Skiggatzee-Jeung), Thibet	106	46	0	—	29	4	0	
Therah (Tarrah), Indien	89	36	0	—	24	20	0	
Theraud, Indien	89	37	0	—	24	37	0	
Thiagur, Indien	96	51	0	—	11	45	0	
Ticao - (St. Hyacintha), *Insel*, Philippinen	141	19	0	—	12	30	0	
Tickary, Indien	102	34	0	—	24	58	0	
Tidore, Insel, Molucken	145	4	0	—	0	45	0	
Timaan, Insel, Indien	121	44	0	—	2	52	0	
Timapet, Indien	96	6	0	—	16	30	0	
Timerycotta, Indien	96	59	0	—	16	17	0	
Timor-Laut, Insel, östliche Meere	149	39	0	—	—	—	—	
	150	39	0	—	—	—	—	
Tinevelly, Indien	95	29	0	—	8	45	0	
Token-Besseys, Insel, bei Booton	141	35	0	S.	5	40	0	
Tolour, Insel, Salibabo, Indian	144	9	0	N.	4	0	0	
				—	5	0	0	
Tondi, Indien	93	44	0	—	9	43	0	

Orte.	Ö. L. Gr.	Ö. L. Min.	Ö. L. Sec.	Breite. N. u. S.	Breite. Gr.	Breite. Min.	Breite. Sec.	Quellen.
Tongho, Indien	114	19	0	N.	18	50	0	
Tonk-Rampoorah, Indien	93	37	0	—	26	7	0	
Tooljapour (Tulyapura), Indien	94	6	0	—	18	7	0	
Tooloombah, Afghanistan	89	54	0	—	30	58	0	
Toòmoon, Indien	96	40	0	—	25	8	0	
Tooreyoor, Indien	96	27	0	—	11	11	0	
Toree, Indien	102	41	0	—	23	42	0	
Toreff (Taraf), Indien	108	57	0	—	24	0	0	
Tournaghaut, Pafs, Indien	91	4	0	—	17	47	0	
Tourattea, Celebes	137	4	0	S.	5	7	0	
Tranquebar (Turangaburi), Indien	97	34	0	N.	11	0	0	
Travancor, Indien	94	51	0	—	8	30	0	
Treman, Indien	96	50	0	—	11	1	0	
Trichinopoly (Trichinnapali), Indien	96	29	0	—	10	50	0	
Tricoloor (Tricolur), Indien	96	59	0	—	11	59	0	
Trimapoor, Indien	96	34	0	—	10	21	0	
Trincomale, Ceylon	99	2	0	—	8	31	0	
Trinomaly (Tirunamali), Indien	96	49	0	—	12	16	0	
Tripossoor (Tripasur), Indien	96	36	0	—	13	9	0	
Tripatoor, Indien	95	21	0	—	12	32	0	
— — — —	95	19	0	—	10	10	0	
Tripetty (Tripati), Indien	97	12	0	—	13	31	0	
Tripontary, Indien	93	59	0	—	9	57	0	
Tritany, Indien	97	24	0	—	13	9	0	

Orte.	Ö. L. Gr.	Min.	Sec.	Breite. N.u.S.	Gr.	Min.	Sec.	Quellen.
Trivalénoor, Indien	97	9	0	N.	11	51	0	
Trivandapatam, Indien	94	34	0	—	8	27	0	
Trivatoor, Indien	97	19	0	—	12	38	0	
Trividy, Indien	97	19	0	—	11	44	0	
Trumiian, Indien	96	26	0	—	10	11	0	
Tuduru, Indien	93	4	0	—	13	40	0	
Tulgom (Tilligom), Indien	91	19	0	—	18	46	0	
Tumcuru, Indien	94	51	0	—	13	15	0	
Tumlock, Indien	105	41	0		22	17	0	
Tuppel, Indien	95	9	0	—	28	5	0	
Turbah, Indien	102	44	0	—	22	34	0	
Turivacaray (Torovocara), Indien	93	29	0	—	13	7	0	
Turon-Bay, Cochinchina	—	—	—	—	16	7	0	
Tuticorin, Indien	96	2	0	—	8	54	0	
Ummerapoor (Amarapura), Indien	113	36	0	—	21	55	0	
Umnabad (Aminabad), Indien	92	6	0	—	18	51	0	
Umrut (Amrita), Indien	92	57	0	—	20	40	0	
Upipu, Indien	90	25	0	—	13	16	0	
Ustee, Indien	96	31	0	—	21	18	0	
Vadagary, Indien	95	4	0	—	9	12	0	
Vadaghery (Vadacurray), Indien	93	19	0	—	11	35	0	
Valvar, Indien	90	44	0	—	22	17	0	
Va-doopettah, Indien	95	40	0	—	9	36	0	
Varthah, Afghanistan	89	19	0	—	31	47	0	
Vaypen, Indien	93	46	0	—	9	48	0	
Vazirabad (Monara), Indien	91	7	0	—	32	25	0	

Orte.	Ö. L. Gr.	Ö. L. Min.	Ö. L. Sec.	Breite. N.u.S.	Breite. Gr.	Breite. Min.	Breite. Sec.	Quellen.
Vele - Rete, Inselgruppe, östliche Meere	139	9	0	N.	21	55	0	
Vellum, Indien	96	46	0	—	10	40	0	
Velore, Indien	96	52	0	—	12	55	0	
Vencatigherry (Vanaketughiri), Indien	97	11	0	—	13	56	0	
Veniambady, Indien	96	21	0	—	12	42	0	
Ventivatum, Indien	97	4	0	—	12	10	0	
Veramally, Indien	96	14	0	—	10	26	0	
Vieravandy, Indien	97	22	0	—	12	5	0	
Victoire, Insel, östliche Meere	123	9	0	—	1	39	0	
Victoria, Fort, Indien	90	34	0	—	17	56	0	
Vijanagram (Vijayanagara), Indien	101	9	0	—	18	4	0	
Vincatgherry, Indien	96	17	0	—	13	2	0	
Vingorla, Indien	91	1	0	—	15	54	0	
Virague, Indien	96	54	0	—	18	11	0	
Viranchipura, Indien	96	44	0	—	12	56	0	
Virapelle (Varapali), Indien	93	49	0	—	10	0	0	
Virnaugh, Indien	91	52	0	—	34	0	0	
Vizgapatam, Indien	101	7	0	—	17	42	0	
Vizianagur (Vijayanagara), Indien	102	24	0	—	19	21	0	
Volconda, Indien	96	44	0	—	11	19	0	
Wageeoo, Neuguinea, Piapi, Haven daselbst	147	54	0	S.	0	5	0	
Wagnagur, Indien	89	37	0	N.	21	3	0	
Wandicotta, Indien	95	59	0	—	14	44	0	
Wandipoor, Indien	107	29	0	—	27	50	0	

Orte.	O. L. Gr.	Min.	Sec.	Breite. N. u. S	Gr.	Min.	Sec.	Quellen.
Wandiwash, Indien	97	19	0	N.	12	29	0	
Wankaneer, Indien	88	34	0	—	22	27	0	
Warangol, Indien	96	42	0	—	17	52	0	
Warrior, Indien	97	4	0	—	11	15	0	
Wassah, Indien	90	31	0	—	22	39	0	
Werad, Indien	91	27	0	—	17	39	0	
Wolajanagur, Indien	97	9	0	—	12	55	0	
Wombinellore, Indien	95	49	0	—	11	44	0	
Wudwan, Indien	89	16	0	—	22	29	0	
Yauly, Indien	96	40	0	—	20	25	0	
Yaynangheoum, Indien	112	14	0	—	20	28	0	
Yellapura, Indien	92	34	0	—	14	57	0	
Yowl, Inseln, bei Wageeoo	148	39	0	—	—	—	—	
Zebu, Insel, Philippinen	140	39	0	—	—	—	—	
	141	39	0	—	—	—	—	

II.

Aus verschiedenen Reisebeschreibungen und Journalen ausgezogene Ortsbestimmungen in Asien und dessen Inseln.

Orte.	Ö. L. Gr.	Ö. L. Min.	Ö. L. Sec.	Breite. N. u. S.	Breite. Gr.	Breite. Min.	Breite. Sec.	Quellen.
Ahmetpoore, O. Indien	—	—	—	N.	19	56	40	Pearson, Colbrooke.
Akamapett, Hindostan	—	—	—	—	13	40	32	— —
Akarumpauk, Hindostan	—	—	—	—	13	47	39	— —
Almora, Hindostan	97	31	45	—	30	36	0	Webb, Raper.
Arambaukum, Hindostan	—	—	—	—	13	31	36	Pearson, Colbrooke.
Arnoll, Fort, O. Indien	—	—	—	—	19	28	0	Mc. Auer.
Augenweel, O. Indien	—	—	—	—	17	35	0	— —
Aumwalla, Hindostan	—	—	—	—	21	23	1,2	Pearson, Colbrooke.
Badrinath	97	17	45	—	30	43	0	Webb, Raper.
Bagdad	61	49	25	—	—	—	—	Beauchamp.
Bagghesvar, Zusammenfluſs und Bildung des Gogradah	97	31	45	—	29	55	0	Webb, Raper.
Ballaute, O. Indien	—	—	—	—	20	17	40,2	Pearson, Colbrooke.
Bancut, Fl. Mündung, O. Indien	90	30	0	—	17	57	0	Mc. Cluer.

Orte.	Ö. L. Gr.	Ö. L. Min.	Ö. L. Sec.	Breite N.u.S.	Breite Gr.	Breite Min.	Breite Sec.	Quellen.
Bassum, Fort, O. Indien	—	—	—	N.	19	20	0	Mc. Cluer.
Baupetta, O. Indien	—	—	—	—	15	54	32	Pearson, Colbrooke.
Bombay, Hav., O. Indien	90	18	90	—	18	56	0	Mc. Cluer.
Brimsing, O. Indien	—	—	—	—	18	1	51	Pearson, Colbrooke.
Bunpoor, O. Indien	—	—	—	—	22	26	41	— —
Burrampore, O. Indien	—	—	—	—	19	18	5	— —
Calcutta, O. Indien	106	11	52,5	—	22	33	10,55	— —
— Sternwarte das.	106	5	47	—	—	—	—	Stephan, Lee
Casbin, Persien	67	13	0	—	36	19	0	Beauchamp.
Chicoortee, O. Indien	—	—	—	—	15	34	45,5	Pearson, Colbrooke.
Chintuwilsa, O. Indien	—	—	—	—	18	2	17,1	— —
Chorakootee, O. Ind.	—	—	—	—	20	59	9	— —
Chunderbund, O. Indien	—	—	—	—	22	46	52,5	— —
Chundole, O. Indien	—	—	—	—	10	0	15,2	— —
Contuba, Insel, O. Indien	—	—	—	—	18	38	30	Mc. Cluer.
Corzelare, Fl., Nord Seite, O. Indien	—	—	—	—	13	15	1,5	Pearson, Colbrooke.
Cosseeboogame, O. Indien	—	—	—	—	18	45	5,8	— —
Damoan, O. Indien	—	—	—	—	20	23	0	Mc. Cluer.
Dantoonlamp, O. Indien	—	—	—	—	21	57	40	Pearson, Colbrooke.
Dantuhnlamp, Hindostan	—	—	—	—	21	57	40	— —
Dasguun, Dorf, O. Indien	90	53	0	—	18	3	0	Mc. Cluer.

Orte.	Ö. L. Gr.	Min.	Sec.	Breite. N.u.S.	Gr.	Min.	Sec.	Quellen.
Daumduspoor, O. Indien	—	—	—	N.	21	36	2, 8	Pearson, Colbrooke.
Deoprajag, Hindostan	96	10	45	—	30	9	0	Webb, Raper.
Diu, Fort, O. Indien	—	—	—	—	20	43	0	Mc. Cluer.
Dschidda, Arabien	56	56	30	—	28	0	1	Bruce.
Dsjaggernaut, Hindostan	—	—	—	—	19	41	50	Pearson, Colbrooke.
Dsjamutri, Hindostan	96	10	45	—	31	23	0	Webb, Raper.
Ellmuchillee, O. Indien	—	—	—	—	17	33	14	Pearson, Colbrooke.
Ellore, Hindostan	—	—	—	—	16	42	17, 15	— —
				—	16	42	41, 5	
Gangutri, Hindostan	96	38	45	—	31	4	0	Webb, Raper
Ganjam, Hindostan	103	47	52	—	19	23	32	Pearson, Colbrooke.
Godoopoolloore, O. Indien	—	—	—	—	17	8	33, 5	— —
Gogo, O. Indien	—	—	—	—	21	41	0	Mc. Cluer.
Guluhpuhlluhre, Hindostan	—	—	—	—	17	8	33, 5	Pearson, Colbrooke.
Habra-Gaut, O. Indien	—	—	—	—	22	34	18, 1	— —
Ichapor, O. Indien	102	30	39	—	19	6	45	— —
Ichaujepoore, Fluſs, N. Seite, O. Indien	104	4	0	—	20	51	57	— —
Ispahan, Persien	—	—	—	—	—	—	—	Beauchamp.
Jaggernaut, Ost-Indien	69	30	0	—	19	41	50	Pearson, Colbrooke.
Jellasore, O. Indien	—	—	—	—	21	46	53	— —
Kajahnogur, Hindostan	—	—	—	—	17	4	35	— —

Orte.	Ö. L. Gr.	Min.	Sec.	Breite. N u. S	Gr.	Min.	Sec.	Quellen.
Kajahnudree, (Kajahnudrih), Hindostan	—	—	—	N.	16	58	43, 6	Pearson, Colbrooke.
	—	—	—	—	16	58	42	
Kalingapatam, Hindostan	101	50	25, 5	—	18	21	16, 8	— —
Kaunse-Baunse, Hindostan	—	—	—	—	21	13	52, 3	— —
Kennery, Insel, Ost-Indien	—	—	—	—	18	43	30	Mc. Cluer.
Khutnagur, O. Indien	—	—	—	—	22	3	50	Pearson, Colbrooke.
Koomreah, Fluſs, N. Seite, O. Indien	—	—	—	—	20	43	13	— —
Kossinkotta, Hindostan	100	36	45	—	17	42	30	— —
Kouvare, Hindostan	—	—	—	—	14	5	12, 6	— —
Kulliparoo, O. Indien	—	—	—	—	18	28	39	— —
Kundawilsa, Hindostan	—	—	—	—	18	6	1, 3	— —
Kussei, Fluſs, O. Indien	—	—	—	—	22	22	11, 3	— —
Kutword-Talaub, O. Indien	—	—	—	—	19	3	0, 5	— —
Madras, Hindostan	97	44	51	—	13	14	31, 8	— —
Maloodee, O. Indien	—	—	—	—	19	32	36, 5	— —
Manickpatam, O. Indien	—	—	—	—	19	41	50	— —
Marintoy, Insel, S. Spitze, Philippinen	145	39	45	—	1	40	0	Meares.
Masapoor, O. Indien	—	—	—	—	22	46	16, 5	Pearson, Colbrooke.
Masulipatam, Hindostan	98	41	48	—	16	10	32	— —
Midnapuhr, Fort, O. Indien	—	—	—	—	22	25	8, 3	— —

Orte.	Ö. L. Gr.	Ö. L. Min.	Ö. L. Sec.	Breite. N.u.S.	Breite. Gr.	Breite. Min.	Breite. Sec.	Quellen.
Mokurrumpoor, O. Indien	—	—	—	N.	22	12	32,1	Pearson, Colbrooke.
Mokurrumpuhr, Hindostan	—	—	—	—	22	12	32,1	— —
Mooaumillodooro, O. Indien	—	—	—	—	14	51	42,1	— —
Moodenoore (Muhdenuhr), Hindostan	—	—	—	—	16	24	38,8	— —
Munsoor Cottah, O. Indien	—	—	—	—	19	17	5,5	— —
Muomilloduhro, Hindostan	—	—	—	—	14	51	42,8	Pearson, Colbrooke.
Murwah, Fluſs, Mündung desselben, O. Indien	—	—	—	—	19	10	30	Mc. Cluer.
Narrainpoore, O. Ind.	101	2	27	—	18	5	18,7	— —
Naumluspuhr, Hindostan	—	—	—	—	[illegible]	36	28	— —
Nayrpett, O. Indien	—	—	—	—	13	56	8	— —
Norraindeowal, O. Indien	—	—	—	—	22	38	30	— —
Ollore, Hindostan	—	—	—	—	14	12	3,8	— —
Ongole (Wungole), Hindostan	—	—	—	—	15	29	18,2	— —
Palmyra, Asiatische Türkei	54	48	45	—	33	58	0	Bruce.
Peddapore, O. Indien	99	45	4	— —	17 17	4 4	35 45,5	Pearson, Colbrooke.
Peeply, O. Indien	—	—	—	—	20	7	11	— —
Peelmulkilsa, O. Ind.	101	1	54,3	—	17	43	32	— —
Peram, Insel, O. Ind.	—	—	—	—	21	0	0	Mc. Cluer.
Piaghee, O. Indien	—	—	—	—	19	28	50	Pearson, Colbrooke.
Pihlmulkilsa, Hindostan	101	1	54,3	—	17	43	32	— —

Orte.	Ö. L. Gr.	Min.	Sec.	Breite. N. u. S.	Gr.	Min.	Sec.	Quellen.
Pihpley, Hindostan	—	—	—	N.	20	7	11	Pearson, Colbrooke.
Pillare, Fluss, N. Ufer O. Indien	—	—	—	—	14	28	35	— —
Ruamgnga, Fl., Quelle dess., Hindostan	97	7	45	—	30	7	0	Webb, Raper.
Ranuka Taulau[illegible], O. Indien	—	—	—	—	21	6	46	Pearson, Colbrooke.
Samboigan, auf Magindaño	140	7	45	S.	6	58	0	Meares, Douglas.
Santipollum, Hindostan	—	—	—	N.	17	49	42,4	Pearson, Colbrooke.
Schintuwilsa, Hindostan	—	—	—	—	18	2	17,1	— —
Schorukutih, Hindostan	—	—	—	—	20	59	9	— —
Schunderbund, O. Ind.	—	—	—	—	22	46	52,5	— —
Sciacole, Hindostan	—	—	—	—	18	17	1	— —
Searbett, Insel, O. Ind.	—	—	—	—	20	35	32	Mc. Cluer.
Severndrog, Insel, O. Indien	—	—	—	—	17	47	40	— —
Sicacollum, Hindostan	—	—	—	—	16	12	4,3	Pearson, Colbrooke.
Simachillum, O. Ind.	—	—	—	N.	17	46	28,8	— —
Sobanruka, Fl., O. Ind.	104	40	18	—	21	45	18,5	— —
Sobaurum, Hindostan	—	—	—	—	17	46	59,2	— —
Sealwaunum, O. Indien	—	—	—	—	16	58	8,5	— —
Sowlagunda, bei Kuttak, Hindostan	—	—	—	—	20	26	33,5	— —
Srinagur, O. Indien	96	22	45	—	30	11	0	Webb, Raper.
St. Georg, Fort in Madras, O. Indien	98	12	45	—	13	14	0	Chamier.
Sutlawaunum, O. Indien	—	—	—	—	17	18	33	Pearson, Colbrooke.

Orte.	Ö. L. Gr.	Ö. L. Min.	Ö. L. Sec.	Breite N. u. S.	Breite Gr.	Breite Min.	Breite Sec.	Quellen.
Terrapore-Bay, O. Indien	—	—	—	N.	19	51	0	Mc. Cluer.
Timorgudka, Hindostan	—	—	—	—	18	12	24,2	Pearson, Colbrooke.
Tonding u. *Matoor*, O. Indien	—	—	—	—	17	12	45	— —
Trivatore, Hindostan	97	45	41,5	—	13	9	[illegible],4	— —
Vachpollam, O. Ind.	—	—	—	—	15	46	27,5	— —
Versoah, O. Indien	—	—	—	—	19	7	0	Mc. Cluer.
Victoria, Fort, O. Ind.	—	—	—	—	17	58	0	— —
Vincateuhillum, Hindostan	—	—	—	—	14	19	57	Pearson, Colbrooke.
Viperee, Hindostan	—	—	—	—	13	5	5,35	— —
Vizacpatam, Hindostan	100	54	30	—	17	41	45	— —
Vizianagur Palan, O. Indien	101	13	33	—	18	5	52,3	— —
Vanegur, Bucht, O. Indien	—	—	—	—	21	3	9	Mc. Cluer.
Yermunbender, Hindostan	—	—	—	—	15	46	27,5	Pearson, Colbrooke.
Zyghur, O. Indien	—	—	—	—	17	20	30	Mc. Cluer.

III.

A F R I K A

und die dazu gehörenden Inseln.

Orte.	Ö. L.			Breite.				Quellen.
	Gr.	Min.	Sec.	N. u. S.	Gr.	Min.	Sec.	
Adowa, Abyssinien	—	—	—	N.	14	7	57	Bruce.
— — —	—	—	—	—	14	12	30	Salt.
Addergey, Abyssinien	55	33	45	—	13	24	56	Bruce.
Alexandrien, Aegypten	47	57	15	—	31	11	32	— —
Arkiko, Sennaar	57	16	15	—	15	35	5	— —
Assa-Nagga, Nubien	—	—	—	—	19	30	0	— —
Axum, Abyssinien	—	—	—	—	14	6	36	— —
Badjura, Aegypten	—	—	—	—	26	3	0	— —
Beyla, Abyssinien	—	—	—	—	13	42	4	— —
Cap Mahomed	—	—	—	—	27	54	0	— —

Orte.	Ö. L. Gr.	Min.	Sec.	Breite. N. u. S.	Gr.	Min.	Sec.	Quellen.
Chandi (Chondi), Nubien	51	4	30	N.	16	38	45	Bruce.
Chiggre, Nubien	—	—	—	—	20	51	30	— —
Dendera, Aegypten	—	—	—	—	26	10	0	— —
Dixan, Abyssinien	57	47	30	—	14	57	55	— —
— — —	57	18	15	—	14	59	55	Salt.
Dsjar, Nubien	—	—	—	—	23	26	30	Bruce.
Emfras, Abyssinien	55	18	15	—	12	12	38	— —
Furschaut, Aegypten	—	—	—	—	26	3	30	— —
Gardafui, Cap	69	1	45	—	11	50	6	Salt.
Gerri, Sennaar	—	—	—	—	16	15	0	Bruce.
Gerri, Abyssinien	—	—	—	—	16	50	0	— —
Gondar, Abyssinien	55	12	45	—	12	34	30	— —
Gooz, Nubien	52	0	15	—	17	57	2[illegible]	— —
Habadsji, Abyssinien	—	—	—	—	14	30	0	— —
Halfaja, Sennaar	50	29	0	—	15	45	54	— —
Helena, St., Insel	11	51	0	S.	15	55	0	Pariser Längenbureau.
Har Cacamaht, Abyssinien	—	—	—	N.	13	1	33	Bruce.
Horma	—	—	—	—	23	0	30	— —
Kella, Abyssinien	—	—	—	—	14	14	34	— —
— — — —	—	—	—	—	14	27	49	Salt.
Kosseir	51	44	0	—	26	7	51	Bruce.
Loheia	60	28	0	—	15	40	52	— —
Masuah, Insel, Abyssinien	57	16	15	—	15	35	5	— —
Nil, vornehmste Quelle des, Abyssinien	54	35	15	—	10	59	25	— —
Rabac	—	—	—	—	22	35	30	— —
Rosetto, Aegypten	—	—	—	—	31	24	15	— —

Orte.	Ö. L. Gr.	Min.	Sec.	Breite. N.u.S.	Gr.	Min.	Sec.	Quellen.
Schelikut, Abyssinien	40	37	17	—	13	21	34	Salt.
Schiggre, Nubien	—	—	—	—	20	58	30	Bruce.
Sennaar, Abyssinien	51	10	15	N.	13	34	36	Bruce.
Sih, Abyssinien	56	59	25	—	15	7	45	Salt.
Sire, Abyssinien	55	40	0	—	14	4	35	Bruce.
Syene, Aegypten	51	9	0	—	24	0	45	— —
Tcherkin, Abyssinien	—	—	—	—	13	7	35	— —
Teawa, Abyssinien	—	—	—	—	14	2	4	— —
Tripoli, Stadt an Afrika's N. Küste	30	57	45	—	32	54	0	Blaquière.
Yambo	55	56	15	—	24	3	35	Bruce.

IV.

A M E R I C A

und die dazu gehörenden Inseln.

Orte.	Ö. L. Gr.	Min.	Sec.	Breite. N.u.S.	Gr.	Min.	Sec.	Quellen.
Abitibi-See, Posten am, Canada	298	34	45	N.	48	45	10	Turnor, Hutchins.
Araure, S. *America*	293	42	0	—	9	15	0	Velasquez.
Banks's Haven, N.WKüste Americas	242	45	45	—	56	35	0	Dixon.
Cap Georgiana, NW.Kü-Americas	244	21	45	—	57	35	0	Portlock.
Cocke, Insel	314	40	15	—	10	46	30	Deposito della marina.
Coro, Stadt, S. America	307	52	23	—	11	9	0	— —
Cumana	313	30	0	—	10	37	37	Dauxion Layvayssé.
Cumberland-House, Canada	275	33	47	—	53	56	40	Turnor, Hutchins.

Orte.	Ö. L. Gr.	Ö. L. Min.	Ö. L. Sec.	Breite. N.u.S.	Breite. Gr.	Breite. Min.	Breite. Sec.	Quellen.
España, Puerto de, Trinidad	316	1	45	N.	—	—	—	v. Humboldt.
Gloucester - House, Canada	290	36	46	—	52	24	20	Turnor, Hutchins.
Guanare, S. America	293	57	0	—	8	14	0	Mascaro, Ribera.
Hudsons - House, Canada	270	12	25	—	53	0	32	Turnor, Hutchins.
Königin Charlotten - Ins., NW. Küste America's	247	39	45	—	51	45	0	Dixon,
	244	11	45	—	54	19	0	Portlock.
Macanao Cap, Insel Margaretha	313	12	57	—	—	—	—	v. Humboldt.
Morida, Stadt	306	48	0	—	8	3	0	— —
Michipicoton, Canada	—	—	—	—	47	56	10	Wales.
Moose, Fort Canada	296	43	21	—	50	40	23	Turnor, Hutchins.
Mulgrave's Haven, NW. Küste Americas	237	39	45	—	59	30	0	Dixon.
Prinz - Wallis - Fort, Canada	283	27	15	—	58	57	32	Wales.
Pompator, Haven, Insel Margaretha	313	48	45	—	10	30	0	Deposito della marina, v. Humboldt.
Port Meares, NW. Küste Americas	245	33	45	—	54	51	0	Meares, Douglas.
Portlocks Haven, NW. Americas	243	9	45	—	57	49	0	Portlock.
Puerto Cabello, S. America	309	22	57	—	10	28	22	D'Auxion Layvessé.
Quito	298	57	28,4	—	—	—	—	Oltmanns, aus Bouguers Papieren.
Scarborough, W. Indien, Tabago	314	54	25	—	11	8	10	Dauxion Layvayssé.

Orte.	Ö. L. Gr.	Min.	Sec.	Breite. N. u. S.	Gr.	Min.	Sec.	Quellen.
Tabago, Insel, NOst Spitze	317	12	30	N.	11	12	13	Dauxion, Layvayssé.
— — — SW. Spitze	316	50	10	—	11	7	30	Churruca.
Tocuyo, S. America	307	20	0	—	9	35	0	Hidalgo, Velasquez.
Trading Bay, NW. Küste America's	227	25	15	—	60	50	0	Portlock.
Truxillo, Stadt	307	38	0	—	8	26	0	Deposito, della Marina
Villa rica, Brasilien	333	27	0	—	19	52	15	v. Eschwege.
York Fort, Canada	285	5	0	—	57	1	48	Turnor, Hutchins.

V.

AUSTRALIEN.

Orte.	Ö. L. Gr.	Min.	Sec.	Breite. N. u. S.	Gr.	Min.	Sec.	Quellen.
Abdon, Papuas-Insel	150	54	45	N.	0	0	30	Hamilton.
Ajou-Baba, Papuas-Ins.	150	59	45	—	0	24	0	— —
Cap l'Averdy, Neuguinea	—	—	—	S.	5	35	0	Bougainville
Cap der guten Hoffnung, Neuguinea	145	4	45	—	0	0	0	Forrest.
Dory-Harbour, an der N. Küste von Papuas	152	14	45	—	4	8	0	Hamilton.
Grampus-Insel, Sporadische Inseln	163	20	45	N.	24	44	0	Meares, Douglas.
Hooper's-Insel, Sporadische Insel	191	22	45	S.	4	0	0	Marshall.
Howe's-Insel, Neuholland	176	39	45	—	51	36	0	Ball.
Lot's Weib, Sporadische Inseln.	160	2	45	N.	29	50	0	Meares, Douglas.

Orte.	Ö. L.			Breite.				Quellen.
	Gr.	Min.	Sec.	N.u.S.	Gr.	Min.	Sec.	
Macouleys u. *Courtin's-Inseln*, Sporad. Inseln	198	38	22	S.	30	11	0	Watts.
Matthäus-Fels, Sporadische Inseln	191	20	45	—	22	22	0	Marshall.
Norfolk, Insel, Sidney-Bay das., Sporad. Ins.	185	40	45	—	29	4	40	King.
Port-Jackson, Neuholland	168	56	15	—	33	52	30	Malaspina, Oltmanns.
	168	57	53	—	33	51	28	aus Malaspinas Papieren
— — — —	168	55	45	—	33	52	0	Gilbert.
Sallawatty, Papuas Ins.	148	39	45	—	—	—	—	Hamilton.
Smilt's-Insel, Sporadische Inseln	191	22	45	—	—	—	—	Marshall.
Wheituhtäckih, Sporadische Inseln	217	58	54	—	18	52	0	Bligh.

General-Register.

über sämmtliche funfzig ersten Bände der A. Geogr. Ephemeriden.

(Die röm. Ziffern bezeichnen den Band, die arab. Ziffern die Seitenzahl desselben.)

A.

Aa, XX, 145.
Aach, L. u. Br. XIII, 485.
Aach, Fl. (Schweiz) III, 470.
Aachen,
V. N. Nachricht von einem in der Gegend von Aachen befindlichen, in geographischer Rücksicht merkwürdigen Denkmale, nebst Bemerkungen über die darauf Bezug habende trigonometr. Aufnahme des linken Rheinufers, XLIX, 488.
Bevölk. 1806. XL, 424.
Aad der Stamm, XXXII, 142.
Aalborg, Br. VII. 435 — Kirchenliste (1803) XIII, 378.
Aalen, L. u. Br. VIII, 315. XII. 486. XL. 324.
Aarau, L. u. Br. I, 245. IV. 265. 267. VIII, 250. X, 253. XIX. 509. — Höhe, VI, 270.
Aarberg, L. u. Br. VI, 267.
Aargau, Canton.
Ch. R. (*Scheurmann*) Ch. v. d. Canton *Aargau*, eingetheilt in 11. Bezirke u. 48 Kreise, 1803. XIX, 508.
V. N. Eisenbergwke. XVIII, 381. — Forstbotanische Baumschule, XVII, 125.
Abaeu, L. u. Br. II, 894.
Abagaitongèss, L. u. Br. XLIX, 204.
Abaides (od. Ababdes, Abaldes) die (Afr.), XII, 561.
Abaken, Fl. II, 65.
Abakanskoi Ostrog (Sibir.) Br. XVI, 499.
Abbay (auf d. Ins. Luzon) Vulkan, XLIX, 330.
Abbeville, VI, 241.
Abbots - Leigh (Somersetshire) XXII. 185.
Abensberg, L. u. Br. VIII, 315. XX, 199.
Aberdeen, L. u. Br. XIV, 497. XVIII, 286. — Bevölkr. XI, 413.
Abgschütz, Höhe, X, 396.
Abiad (Afr.) III, 54.
Abila, L. u. Br. II, 399.
Abino, Sp. VI, 311.
Abitibbi - See - Haus (N. A.) L. u. Br. IX, 539.
Abkassen, die (Mingrelien) XXXI, 147.
Åbo, Hauptmschft.
Ch. R. *Hällström*, Ch. d.

Hauptmannschaft Åbo und Biörneborg. 1799.
Åbo, Stadt XVIII, 172. — L. und Br. II, 512, 526. XI, 374. XXXI, 107. XL, 74. 342. XLI 422. — Universit. XVII, 281. — Bevölk. d. Diöces. XII, 643.
Abou-Afsi, Kanal (Aegypt.) X, 470
Abou-el Chaik (Santon) L. u. Br. VII, 160.
Abru (Afr.) XLVII, 274.
Abruzzo, III, 166
Abukir, V. 86. 261. — L. u. Br. VII, 160.
Abyssinien. III, 56. XII, 530. V. N. Ueber *Bruce* u. eine neue Ausg. seiner Reise nach Abyssinien. XI, 617. XV, 118. Bemerk. über *Bruce*, nach Lord *Valentia's* Reisen. XXXV, 478. *H. Salt* A voyage to Abyssinia; d. i. Reisen nach und in Abyssinien, unternommen auf Befehl der Brit. Reg. in d. J. 1809. u. 1810. Mit einer Nachricht von den Portug. Niederlassungen an der östl. Küste von Afrika, 1815. XLIX, 228. *Salt* Mission nach Habesch. XXXIII, 345. — Nachr. von *Salt* und seiner zweiten Reise nach Habesch. XLI, 122. — Bekehrungsgesch. zum kathol. Glauben. VI, 33.
Acapulco, (S. Amer.) L. u. Br. XIII, 503. XVIII, 288.
Acari (S. Amer.) III, 344.
Accra (Afr.) XLVII, 315.
Achen, See u. Wirthshaus. Höhe. IV, 167.
Achilles, Grabmal des. VII, 26. 59.
Achmim, Kanal von (Aegypt.) V, 501.
Achssya od. *Achsriket*, XL, 174.
Achtiar (od. Sewastopol), Haven von IX, 143. XL, 133.
Achtuba, Seitenzweig der Wolga, II, 64.
Acqui, Bisth. XII, 383.
Acra, Ins. III, 581.
Acropolis Pergamos, VII, 40.
Adams - Island (Marques. Ins.) I, 134.
Adana, L. u. Br. XIV. 91.
Adelhausen (Baden), XLIII, 44.
Adelmannsfelden, XL, 643.
Adelsberg (Krain.) L. u. Br. XXXV, 67.
Aden (Strab.) XIV, 25. *A. Rommel*, über Aden in Arab. XX, 412.
Adgis, oder Pilgrimme in Afr. X, 332.
Admiralitäts - Bay, L. und Br. VIII, 151.
Admiralitäts - Inseln, L. u. Br. VI, 47.
Admiralitäts - Strafse, III, 416.
Admiralsschnecken - Insel (b. Neuholl.) XI, 155.
Adolphseck (b. Schwalbach) XLVIII, 451.
Adria (Italien), L. und Br. XXXV, 67.
Adschyghar (Ind.) XLIX, 56.
Aërostat, neues Sternbild. III. 619.
Aerschot (Frankr.) XXXV, 67.
Afghanen, die, II, 322 f. XX, 275. XL, 312. vergl. Alanen.
Afrika, XLVI, 120.
A. Das afrikan. Institut in England, XLVII, 158.

Kurze Geschichte der Engl Afrikanischen Handelsgesellsch. XLIII, 269.
Notizen über *Ali - Bey el - Abassi's* od. *Dom Domingo Badia y Leblich's* Reis. in Afr. u. in Asien, XLVIII, 127.
1) *Leo's* aus Afrika Reis. in Afrika, VIII, 309.
Dr. *Tilesius*, Vorläufige Nachricht von *Damberger's* Reise durch Afrika, vom Vorgebir. der guten Hoffn. bis Marocco. In einem Auszuge. VI, 385. vergl. VII, 303.
R. *Ali - Bey - el - Abassi* Voyage en Afrique et en Asie, pendant les années 1803 — 1807. Paris, 1814. T. 1 — III. XLVIII, 434.
The Narrative of *Rob. Adams*, a Sailor, who was vrecked in the year 1810. on the western coast of Afrika, was detamed three geais in Slaverg by the Strabs of the great deserte, and resided several month of that perad in the eity of Tombuktoo. Lond. 1816. L, 445.
W. G. Brown, Travels in Afrika, Egypt and Syria, from the year 1792 to 1798. Lond. 1799. V, 83. 146. vergl. V, 385.
P. Jac. Bruns, Versuch einer systemat. Erdbeschreibung der entferntesten Welttheile, Afrika, Asien, America u. Südindien. — Afrika — I — VI, Th. Nürnb. 1791 — 1799. VI, 509.
J. *Leo*, Beschreibung v. Afrika. — A. d. Ital. übersetzt u. mit Anmerk. versehen v. *G. W. Lorsbach*, V. Bd. 1805. XX, 303.
v. Wimpfen, Briefe eines Reisenden etc. vergl. England.
Ch. R. *A. Arowsmith*, Afr. (in 4 Bl.) 1802. XI, 613.
Reinecke, Ch. v. Afrika Weimar, 1800. IX, 365.
Deguignes, Uebersicht der auf der Nationalbibl. zu Paris befindl. Arab. Manuscripte über d. Geographie Afrika's. II, 559.
A. v. Einsiedel, zu Bon Mahomed Mahmud Alcazuin histor. geograph. Beschreibung von Afrika, unter den Arab. Alls. d. Escurial. III, 542.
Nachrichten über den Afrikan. Reisend. *Brown*. III, 101. 106. — Ueber dessen Tod, XLV, 246.
Nachrichten über *Jac. Bruce*. III, 106.
V.N. Auszug aus dem 6ten Bericht der Directoren der Engl. Afrikan. Gesellschaft. XLII, 238. — Ueb. Mungo Park u. Andere — XLVII, 105. L, 97. — Neuer Bericht d. Direct. d. Engl. Afr. Gesells. 1811. XLIII, 109.
Ueber die Begriffe, welche man sich zu d. Zeit, als die Portugiesen das Cap Bojador umschifften, von Afrika machte (m. 2. Ch. nach Marin Sanut u. And. Bianco) X, 176.
Etymologische Erklärung des Namens Afrika, IX, 89. — Ueber d. neuesten Versuche zur Civilisation von Afrika. XL, 232. — Missionsposten.

XLV, 119. — Afrikanische Zeitung. XVI, 109. — Statist. Tabelle (1815) XLIX, 418. —

Geograph. Veränderungen in den J. 1802. XI, 191. (1803.) XIII, 34. (1804.) XVI, 25. (1805.) XIX, 31. (1806.) XXII, 63. (1807). XXV, 47. (1808.) XXVIII, 140. (1809 1815.) XLIX, 414.

Ortsbestimmungen von Afrika u. den dazu geh. Ins. XLI, 495.

Bevölkerung. XIII, 49. XXXII, 36.

Das *nördliche* Afr.

A. *Rennell's* Charte des nördl. Afrika. 1798. III, 53. 379. 437.

B.R. *F. Hornemann*, Voyage dans l'Afrique septentr. depuis le Caire jusqu'à Mourzouk, Capitale du Royaume de Fezzan, suivi d'Eclairciss. sur la Géogr. de l'Afrique par *Rennel*. Traduit de l'Anglais par *Labaume* et augmenté de notes et d'un mémoire sur les *Oasis* par *Langlès*. 1803. XI, 717.

Ch. R. *Güssefeld*, Charte vom Nilstrom, Aegypt., Nubien u. Habesch, od. den nordöstl. Theil von Afrika begreifend. Weimar, 1800. IX, 365.

Reinecke, Charte der Nordküste Afrika's etc. Weimar, 1802. IX, 365.

J. Rennel, A map shewing the Progress of Discovery and improvement in the Geogr. of North-Afrika. 1798. corrected 1802. XI, 467.

V.N. *D. Ludw. Frank*, Reisen in N. Afrika. XI, 125. XIII, 386.

Adanson's Reisen. XIII, 386.

Karavanenwege, XI, 471.

Ortsbestimmungen im Inn. v. Nord-Afrika XI, 470. — von der nördlich. Küste. XXXI, 94.

Das *Innere* von Afr. XVIII, 115.

A. *Heeren*, Kannte Herodot bereits den Joliba-Strom? III, 133. vergl. III, 103.

Lacépède, Ueber d. grossen Landrücken im Innern von Afrika. (A. d. Franz.) XXX, 335.

B.R. *Bryan Edwards* Proceedings of the Association for pormoting the discovery of the interior Parts of Afrika. Vol. II. P. 1. I, 209.

A. Dureau de la Malle, Géographie phys. de la mer noire, de l'Intérieur de l'Afrique et de la Méditerranée. Paris, 1807. XXVI, 308.

Mungo Park, Reise in das Innere von Afrika, in d. J. 1795 — 1797. Nebst einem Worterb. der Mandingo Sprache u. einem Anhange geograph. Erläuterungen von Rennell. A. d. Engl. Mit 1 Ch. u. Knpf. Hamburg, 1799. V, 348.

Mungo Park's Reisen etc. Mit Kupfern. Berlin, 1799. V, 343. vergl. V, 385.

Mungo Park, The Journal of a Mission to the Interior of Afrika in the

y. 1805. etq. To which is prefieed an Acceeunt of the Lifs of M. Park Lond. 1815. XLVIII, 26.

C N. *Blumenbach*, Ueber Hornemann's Reise nach dem Innern Afrika, I, 116.

Derselbe, Ueber Hornemann's u. Park's Reise I, 368.

Ders. und Andere über Mungo Park's Reise in das Innere von Afrika. I, 120. 212. 367. 700. — 2te Reise, XVII, 127. XVIII, 125. 253. 498.

Blumenbach's Rechtfertigung der Afrikan. Association in England. I, 119.

Broussonet's Beiträge üb. d. Innere v. Afrika. II, 558.

De Lalande, Mémoire suf l'Intérieur de l'Afrique. I. 351.

Don *Domingo Badia y Leblick* u. Don Simon de Rochas *Clemente*, Reisen im Innern von Afr. XI, 100.

V. N. *F. Hornemann's* Reise in das Innere von Afrika etc. herausgegeb. v. *K. König*. Mit 3 Charten. Weimar, 1802. X, 185. vergl. XI, 239. XIII, 270. XIV, 117. LVII. 124.

Levaillant's zwei Reisen ins Innere von Afrika. Neue Ausgabe. XIII, 486.

Ueber *Swellengrebels* Reise ins Innere v. Afr. III, 145. IV, 173.

Reisen in das Innere von Afr. durch Lord *Caledon* veranstaltet. XXXI, 123. XXXII, 100.

Notizen über das Innere v. Afr. XXXIX, 367. — Salzminen im Innern Afr III, 55.

Ueber die Civilisirung des innern Afr. u. den neuesten Zustand d. Sclavenhandels. XL, 114.

Neue Englis. Entdeckungsreisen in d. Inn. v. Afr. unter Capt. *Tuckey*, 1816. XLIX, 486. — unt. Major *Paddie*, XLIX, 488. — unt. Maj. *Perry*, XLIX, 490.

Schicksale der verschiedenen Reisenden ins Innere von Afrika. XXXV, 229. — Nachrichten üb. M. Park, 1804. XXI, 473. XLII, 238. XLV, 479.

Mungo Park's Wiedererscheinung in Afrika, 1809. XXXII, 223. — Nachr. von M. Park's Leben u. dessen zwei Reisen in das Innere von Afr. XXXIII. 344. XLIX, 243.

Röntchen's und *Mungo Park's* Tod XXXVIII, 244. XLIV, 437.

Reisenachrichten von *Röntchen*, XXXIX, 250.

Das *südliche* Afr.

A. *Heeren*: Ueber die Verpflanzung des Kameels nach dem Cap und den zu erwartenden Nutzen, besonders für die Erforschung des südl. Afrika's und d. Handels mit demselben. III, 239.

B. R. *J. Barrow*; An Account of Travels in to the Interior of Southein Afr. in the y. 1797 and 1798. etc. and Sketchek of the various tribes of inhabitants sourrounding sett-

lement of Goode - Hope etc. Lond. 1801. VII, 345. 2. Th. XIV, 486. Neue Ausg. XX, 123.
J. Campbell: Travels in South - Afrika unterdaken at the request of the Missionary Society. 1815. L, 182.
D. A. Lichtenstein, Reisen im südl. Afrika in d. J. 1803 — 1806. I. Theil 1811. XXXV, 311. 2. Th. 1812. XXXVIII, 200. vergl. XXXIII, 189. 197.
v. Wimpfen, Briefe eines Reisenden, herausgeg. von *Rehfues*, 1815. 1. — 3. B. L, 49.
Oestliche Küste von Afr.
B. R. *Will. White*, Journal of a voyage from Madras to Columbo and Da Lagas Bay, on the Eastreu coast of Afrika in the y. 1798; with a vocabulary of the language etc. m. Kupf. Lond. 1800. V, 437.
Westliche Küste von Afr.
B. R. *P. La Barthe*, Voyage etc. vergl. Senegal
J. M. Dav. Golberry, Fragmens d'un vogage en Afrique, fait pendant les années 1785 — 1787. dans les contrées occident, de ce continent etc. avec une carte générale d'Afrique et des Plans et des dessins. Paris, 1802. 2 Bde. X, 213.
L. de Grandpré, Voyage de la côte occidentale d'Afrique, fait dans les années 1786 et 1787. etc. suivi d'un voyage fait au cap de bon ne esperance contenant la description militaire de cette colonie. Paris, an 9. VIII, 32.
Afrikanische Inseln.
B. R. *Bory de St. Vincent*, Voyage dans les quatre principal. Isles des Mers d'Afrique (1801 et 1802) Avec l'histoire de la Traversée du Capit. *Baudin* jusqu'au Port Louis de l'Isle Maurice. XV, 446.
Agadeer, (Afr.) L, 458.
Aegäisches Meer, s. Meer, *Aegäisches.*
Agamemnon's Grab b. Mykenä, XLIX, 332.
Agana, od. S. Ignatio de Agana (auf Guam) XXI, 269.
Agathen (Afr.) XI, 21.
Agiru, II, 52.
Agoona.
A. *Meredith*, Nachrichten über die Landsch. Agoona auf der Goldküste in Afrika, datirt vom 20ten December 1809. XXXIX, 386.
Agra (Ind.) XI, 247. XLIX, 57.
V. N. *Tronside*, Merkwürdige Gegenstände zu *Agra* in Calcutta. XI, 247.
Hunter: Reise v. Agra nach Oujein. XVIII, 179.
Agram, L. u. Br. XV, 83. XL, 228.
Agrigan, Ins. XXI, 274.
Aguada de S. Carlos (auf Porto Rico) L. u. Br. II, 394.
Aguigan, Ins. XXI, 271.
Aguin, Bai. L, VII, 440.
Agunah, (Afr.) XLVII, 3[illegible]2.
Ägypten, IV, 446.
A. *Andréossy*, Untersuchungen des Menzaleh-See's, nebst einer Charte V, 491.

Andréosfy, Ueber das Thal der Natronseen und den Fluſs ohne Wasser. V, 406.

Denon's Rede, gehalten im Institut zu Cairo bei seiner Zurückkunft aus Ober Ägypten. V, 395.

(*Du Bois Aimé*) Ueber die Arab. Stämme in der Wüste v. Ägypten. XLV, 143. XLVI, 48.

Malus, Beschreibnng einer Reise auf dem Tanitischen Arme des Nils. V, 513.

(*Quatremère*) Ueber die in Ägypten ehemals und jetzt wohnenden Arabis. Stämme. XLI, 8.

L. Reynier, Ueber die Verehruug der Schlangen in Aegypten. XIX, 184.

(*Savaresi*) Einige Züge zur Schilter. des heutigen Aegyptens XLIII, 307.

Seetzen, Dr. Auszug eines Briefs desselben an den Hrn. von Hammer zu Wien. (1808) XXXII, 113.

Shulkowsky, Beschreibung der Reiseroute von Cairo nach Selahie. VI, 193.

Ueber d. neueste Kunde von Aegypten verglichen mit der ältern XXIV, 171. 249.

Vorläufige Nachricht v. dem jetzt zu Paris erschienenen groſsen Französ. Werke über Aegypten: Description de l'Egypte etc. 1810. XXXII, 355. vergl. XXXVII, 368.

Aegypten, was es war ist und seyn könnte. Berlin. 1799. VII, 165.

Aegypten in histor. geograph. physikals und wissenschaftl. Hinsicht. Berlin u. Leipzig, 1799. VII, 168.

B. R. *John Antes*, Observations on the Manners and Customs of the Egyptians, the overflowing of the Nile and its Effects, with remarks of the Plague etc. London. 1800. VII, 384.

Abd-Allatif, medicin arabe de Bagdad, Relation de l'Egypte; suivi de divers extraits d'Ecrivains orientaux et d'un Etat des Provinces et des villages de l'Egypte dans le XIV. Siècle; le tout traduit et enrichi de notes historiques et critiques par Mr. *Sylvestre de Sacy*. 1810. XXXIV, 189.

Briefe über die neuesten Ereigniſse in Aegypten. 1798. VII, 165.

Browne, Travels etc. s. Afrika.

Champollion, jeune, l'Egypte sous les Pharoons etc. T. I. Introduction geograph. 1811. XXXVI, 79.

Description de l'Egypte, ou Recuil d'observations et de recherches, qui ont été faites en Egypte pendant l'Expedition de l'armée française, publié par les ordres de Napoléon. 1ère Livr. Paris, 1809. XLI, 25. 185. 288. 444. XLIII, 319. 458. 2d. Livr. 1813. XLIV, 407. verglichen XXXII, 355. XXXVII, 368. XLI. 123. XLVI, 123.

A. I....d, Tableau de l'Egypte pendant le sejour de l'armée française etc., 1803, XI, 630. XII, 330.

P. E. H....n, Conquêtes des Français en Egypte: ouvrage où on a joint à la déscription géographique l'Histoire des revolutions etc. avec une nouv. Carte des cit. Mentelle et Chanlaire. Paris, an 7. IV, 504.

W. Hamilton, Aegyptiaca, oder Beschreib. des Zustandes des alten und neuen Aegyptens etc., A. d. Engl., 1814. XLIII, 217.

Kurze Beschreib. Aegyptens. Tübingen, 1799. VII, 165.

Mémoires sur l'Egypte, publiés pendant les campagnes du Général Bonaparte, dans les années VI—IX. à Paris, an 8. V, 369. Tom. II. (les années VII—IX.) Paris, an 10. X, 315. Tom. III, 1802. et T. IV, 1803. XI, 368, 712.

Et. Quatremère, Mémoires géograph. et histor. sur l'Egypte et sur quelques Contrées voisines. T. I et II. 1811. XXXV, 330.

Reynier: De l'Egypte après la bataille d'Héliopolis et considerations générales sur l'organisation phys. et polit. de ce pays. Paris, 1802. X, 322.

Jos. Schrödters, See- u. Landreise nach Ostindien und Aegypten etc. in den J. 1795—1799. Leipz. 1800. VII, 165.

C. S. Sonnini, Voyage dans le haute et basse Egypte. Paris, an 7. V, 246.

Volney: Voyage en Syrie et en Egypte, pendant les années 1783—1785. Paris, an 7. VI. 232.

Wittmann, Travels etc. siehe Türkei.

Ch. R. Charte von Aegypten im Kriegsdepot zu Paris. XII, 702.

E. Mentelle et *C. H. Chanlaire*, Carte physique et polit. de l'Egypte. Paris, 1798. VI, 83.

C. N. *Blumenbach*, über Hornemann's Reise in Aegypten, III, 105, 193.

Décade égyptienne, III, 186. IV, 446.

V. N. *Anderson's* Journal von der Expedition gegen Aegypten unter Sir Ralph Abercrombie, XI, 151.

Conté, Ueber Kunst und Gewerbe der Aegypter, VII, 207.

Denon, Voyage dans la basse et haute Egypte etc. Paris, 1802, 2 Bände, 141 Kupfert. Im Auszug, X, 260, 330, 455, 1539. — Dasselbe in's Engl. übersetzt von *Arthur Aikin*. London 1802, X, 369.

Fauvel's, Reisen in Unter-Aegypten, X, 380.

Voyages de *Mirza-Abu-Taleb-Khan* etc. s. Asien

Fr. L. Norden, Voyage d'Egypte et de Nubie, nouv. édit. soigneusement conferée sur l'original etc. *L. Langles*. Paris, 1795 bis 1798, VIII, 460.

Pièces officielles relatives aux opérations militaires et politiques du

Général Buonaparte. Paris. VIII, 77.
Spilsburg, Beschreib. der Operationen der unter Sir Sidney Smith gestandenen Corps. XI, 101.
Dr. Wittmann's Bericht von den Operationen der Türken in Syrien u. Aegypten. XI, 101.
Auszug eines Brief's aus Cairo. VIII, 170.
Geograph. Veränderungen im Jahr 1801, IX, 116. (1804) XVI, 26.
Entfernung verschiedener Orte Aegypten's von einander. X, 317.
Basis und Messung bei Alexandria. IV. 46.
Ortsbestimmungen. IV, 62.
Ueber das grosse Werk des Aegyptischen Institut's XXII, 210.
Ueber die Maasse der alten Aegypter. XVIII, 360.
Gebräuche der alten Aegypter. XLIII, 458.
Französische Colonie in Aegypten. VIII, 77.
Charakter der Aegypter. V, 262. X, 478.
Ahanta, (Afr.) XLVII, 276.
Åhl Turmsta, (Schwed.) L. u. Br X, 115.
Ahremberg, Herzogth., Geographische Veränderungen im J. 1806. XXII, 34.
Ajada-Muessa-Ali, (Afr.) L, 455.
Ajax, Grabhügel des. VII, 28.
Ajazzo, L. u Br. III. 504.
Aichach, Gericht (Baiern) XI, 610.
Aïdab, Wüste.
A. Beschreibung der Wüste Aïdab. XXXIX, 42.
l'Aigle, (Frankr.) Meteor- und Steinregen (1803). XII, 499.
Aigues-Mortes. XXXVIII, 109.
Ailah oder Akaba, (Arab.) XIV, 19.
Ain, Dept. des, Geogr. Stat. Beschreib. XXXI, 448.
Ainos, der, XXXIV, 270.
Aisne, Dept., Bevölk. und Abgab. IX, 385. — Geogr. stat. Beschr. X, 428.
Aix, Ins., (b. Frankr.) L, 69.
— (Savoyen).
A. Nachricht über Aix in Savoyen und seine merkwürd. Bäder. XLVI, 389.
— (Dept. der Rhonemünd.) Tressenmanuf. VI, 241.
Akaba s. Ailah.
Akermann, L. u. Br. II, 32. XVI, 207. XIX, 232.
Akka oder Akre, L. u. Br. XIV, 93.
Akmetschet oder Simferopol. IX, 139. XL, 125. L. u. Br. XIX, 232.
Akre s. Akka.
Al-Ahhsa, (Arab.) XIV, 27.
Ålana, Br. IX, 125.
Aland, Insel. III, 526. XVIII, 172.
Alanen, die,
A. *Rommel*, Ueber den ursprüngl. Wohnsitz d. Alanen u. Afghanen. XX, 275.
Alasey, Berg. L. und Br. X, 65.
Alava, Prov. (Span.) X, 54. XXVI, 295. XLIX, 346.
Alba Carolina s. Carlsburg.
Alba Juliae, s Weissenburg, (Ungarn).
Albanien, XVII, 88. — Albanier XLIX, 325.
A *Dominikus*, Albanien od. Schirwan und Daghestan. XX, 151.

B. R. *Pouqueville*, Voyage etc. s. Türkei.
Albano See, XXXI, 326.
Albany oder het Zaurefeld, (s. Afr.) L, 185.
Albatrofs, Ins. L. u. Br. VII, 554.
Alboran, L. u. Br. VII, 423.
Alborg, Stift, Kirchenliste. 1814, L, 262.
Alby. VI, 241.
Alcacer do Sal. VIII, 532.
Alcala de Henarez (Span.) XXXV, 67.
Alcassar, (Afr.) L. und Br. XLVIII, 437.
Alcobaça, IX, 38. XIII, 206.
Aldebaran, III, 547. Bedekkung des, IV, 43.
Alençon, XXXVI, 218.
Alep, L. u. Br. VII, 177.
Aleppo, XVII, 326. — Bevölkerung. IV, 410. — L. XII, 246.
Ales, (Sard.) III, 155.
Aleschins, Salinen von, II, 53.
Alessandria, (Ob. Ital.) Bisthum. XII, 383.
— — (Ob. Ital.) Stadt. Festungswerke. XVII, 307. — Bevölker. (1806) XL, 424.
Aleu, FI. II, 65.
Aleutea, X, 137.
Aleuten, die, XL, 207.
Alexandrette, oder Scanderoon. XLVI, 313. — L. u. Br. VII, 177, 439. IX, 524. XIV, 91. XV, 222. XVIII, 287. XXIV, 423.
Alexandria, (Aegypt.) V, 85. L. und Br. IV, 47, 60, 63. VII, 160, 437. IX, 524. XXIII, 110. — Haf. V, 249.
A. *Nouet*, Berichterstattung über die Beobachtung zur Bestimmung der geogr. Lage von Alexandrien u. der Abweichung der Magnetnadel. VI, 108.
Alexandria, (auf Cephalonia) II, 65.
Algarvien, IX, 46. XIII, 207. — Bevölk. der einzelnen Districte (1797) XIII, 207.
Algesiras, (Span.) L. u. Br. XXXV, 67.
Algher, (Sard.) III, 151.
Algier, III, 584. XVI, 124. — Br. VII, 427. — Handel, XVII, 66.
B. R. Nachrichten und Bemerkungen über die Algierischen Staaten. 1. Th. II. 579. IV, 19, 116.
Algol, Period. Lichtwechsel. I, 472, 594. — Gröfste Verdunkelung am 23. Jan. u. d. 15. Febr. 1798. I, 594. und am 16. Febr. bis 10. März 1798. I, 606. Zeittafel des kleinsten Lichts für 1798. I, 595.
A. *Wurm*, Ueber die Lichtveränderung des Stern's Algol, sammt einer Anweisung sie zu beobachten. II, 210.
Al-Hhag'r, oder Al-Hhadschar, *Hajar*. (Arab.) XIV, 27.
Al-Hhedscher, oder Al-Hheg'r (Arab.) XIV, 21.
Alineska, oder Alashka, Insel. II, 61.
Alicante, L. u. Br. VII, 423.
Alingsås, (Schwed.) XXXVI, 187. Manuf. XXXI, 46.
Ali-Pascha, XLVIII, 165.
Alkmaar, (Holland) L. u. Br. I, 637. IX, 64. XI, 658.
Alkora, (b. Valencia) Porzelanfabrik. I, 114.
Al-Kufsur, od. d. alte Theben. V, 91, 401. X, 541. VII, 160.

Allahabad, bei'm Zusammenfluſs des Jumna und Ganges. XI, 247.
Allenburg, (Preuſs.) L. u. Br. X, 66.
Allendorf, (an der Werra) L. u. Br. II, 486.
Allenstein, L. u. Br. XX, 207.
Aller, Dept. der (Westphalen), Gröſse u. Bevölker. XLI, 75.
Ch. R. *C. F. Weiland*, Charte von dem Depart. der Aller des Königr. Westphalen etc. Weimar, 1812. XXXIX, 243.
Alloa, Bevölk. XI, 413.
Allstedt, (Thüring.) Br. IV, 453.
Almarha, Br. XLVIII, 438.
Almeida, (Portug.) XIII, 205.
Almen, die, eine Art Bajaderen in Aegypten. X, 334.
Alp, die Wirtembergische.
A. Statist. Nachricht vom Flachsbau auf der Wirtemberg. Alp. VIII, 287.
B. R. *Jer. Höslin's* Beschreibung der Wirtembergischen Alp, mit landwirthschaftlichen Bemerkungen. Tübingen, 1798. VIII, 301.
Alpen, Vorzüge derselben vor den Pyrenäen. I, 327. III, 365.
B. R. *J. G. Ebel*. Ueber den Bau der Erde in dem Alpengebirge zwischen 12 Längen und 2—4 Breitengraden Zürch, 1808. XXVIII, 78, 152, 206.
C. U. v. Salis u. *Steinmüller*, Alpina, eine Zeitschrift, d. genauen Kenntniſs der Alpen gewidmet. 1. Band. 1806. XXII, 71. 2—3. Stück. 1807 u. 1808. XXIX, 363. 4. Band 1809. XXXI, 327.
Alpen, Dept. der obern. Geogr. stat. Beschreib. XLIII, 207.
— Savoyische.
B. R. *Fischer's* Bergreisen etc. 2. Th. XVI, 431.
Al-Safra, (Aegypt.) V, 503.
Altagine od. Attagine, Lage? II, 480.
Altai, I, 162.
Alta-Maura, Bevölk. III, 369.
Altan-Nor, od. die goldne See, ein Salzsee, (Ruſsl.) II, 61, 365.
Alta-Vela, (S. Domingo) Br. II, 394.
Altburg, (Schwab.) L. und Br. II, 637.
Altdorf, (bei Nürnb.) L. u. Br. XXV, 465. — Auffind. eines groſsen Steinkohlenlagers. XXXIV, 334.
Alt-Eids-Fiord, (Norw.) XXXIII, 427.
Alten, (Lappl.) L. und Br. XVIII, 175.
Altenburg, (bei Bamberg) XXXVII, 448.
Altengaard, (Norw.) XXXIII, 427.
Altenkamp, Schloſs. IV, 194.
Altenkirchen, (Grafschaft Sayn.) Bevölk. XIV, 246.
Alten-Rhein, (Schweiz) L. u. Br. II, 472. X, 255.
Alten-Steig, (Schwab.) L. u. Br. XXXIII, 180.
Alte Welt, s. Erdbeschreibung, alte.
Altona, Kirchenliste, 1814. L, 262.
Altorf, (Schweiz) L. u. Br. VI, 267.
Altsattel, (Böhmen) IV, 365.
Altschaar Hörn, III, 613.

Altstedten, (Schweiz) L. u. Br. III, 472. VI, 265. X, 255.
Alusta, (Krim) XL, 158.
Alvarez - Insel, I, 540.
Alwah - *Oasis*, (Afr.) III, 102.
Alxnapöhnen, (Litthauen) L. u Br. XII, 484.
Alzey, III, 385.
Amalagan, Ins. XXI, 273.
Amarante, (Portug) IX, 41.
Amasieh, L. u. Br. II, 465.
Amasra, L. u. Br. II, 35.
Amassero, oder Amestras? XII, 187. L. u. Br. VII, 177. XII, 188.
Amazonen, die, (Asien).
A. *Rommel*. Ueber d. Amazonen XX, 265.
— — die, (America) XXII, 92.
Amazonenfluſs, (Amer.) X, 170.
Amberg, Stadt, (Oberpfalz).
B. R. *Jos. v. Destouches*, statist. Beschreibung der Stadt Amberg, 1809. XXXV 186.
Amboina, Insel, L. und Br. VI, 49. VIII, 155.
A. Statist. Gemälde der Inseln *Amboina* und *Banda*, nebst allgem. Bemerkungen über die Gewürzinseln; von einem Engländer. XXXII, 364.
Ameisenhügel, groſse, (Süd-Afr.) L, 186.
Amelia, (Ital.) III, 504.
America.
A. *N. Buache's* Untersuchungen über die Insel Antillia und über den Zeitpunct der Entdeckung von America. (A. dem Franz.) XXIV, 129. vergl. XI, 109.
B. R. *Delametherie* Notice d'un Voyage aux tropiques exécuté par M. M. Humboldt et Bonpland en 1799 bis 1804. Paris, 1804. XVI, 324. vergl. XVI, 457. — Dasselbe a. d. Franz. in's Teutsche übersetzt. Erfurt, 1805. XVI, 324.
Deuber. Geschichte der Schiffahrt im Atlantischen Ocean; zum Beweis, daſs America schon lange vor *Chr. Colombo* u. auch der Compaſs, das Mittel zu groſsen Seereisen, vor *Flavio Gioja* entdeckt worden sey. Angehängt ist *Chr. Colombo's* eigner Bericht an Raphaël Sanxis, den Schatzmeister d. Königs von Spanien. Bamberg, 1814. XLVII, 193.
Ch. A. Fischer, Beiträge zur genauen Kenntniſs d. Spanischen Besitzungen in America. A. d. Span. übersetzt und mit einigen Anmerk. begleitet, 1802. XII, 581.
Hegewisch und *Ebeling*, American. Magazin etc. 1. Bd. Hamburg, 1795 bis 1797. V, 144.
Voyage de M. M. *Humboldt* et *Aimé Bonpland*. I. Partie — Physique générale et relation historique du voyage. I. Vol. — Essai sur la Géographie des Plantes, accompagné d'un Tableau physique des Regions équinoxiales etc. pendant les années 1799 bis 1803. Paris et Tubingue, 1807. XXIII, 453. — Dasselbe Teutsch bearbeitet. XXIII, 453. — vergl. XVII, 122. XXII, 486. XXVI, 457. XXX, 117. XXXIII, 227.
Voyage de *Humboldt* et *Bonpland*, I. Partie. — Re-

lation historique — Atlas pittoresque. — Auch unter dem Titel: Vues des Cordillères et monumens des peuples de l'Amérique; par Mr. de *Humboldt*. Paris, 1810. 1—2te Liefer. XXXVII, 305. — Vergl. XXXI, 368. — 3te Liefer. XL, 43. — 4te u. 5te Liefer. XLII, 438. —

Voyage de *Humboldt* et *Bonpland*, IV. Partie. — Astronomie et Magnétisme. 1 — 5te Liefer. 1809. XXXII, 38, 187, 439. — 6—8te Lief. XXXIV, 170. — 9te Lief. XLI, 173.

A. de Humboldt et *Aimé Bonpland*, Voyage aux Regions équinoxiales du nouveau Continent (1799 bis 1804) etc. T. 1. Paris, 1814. XLVI, 425. — Dasselbe Teutsch übersetzt. XLVIII, 51.

*M****, Choix des lettres édifiantes etc. XXXI, 177.

Christoph Gottl. v. Murr, Nachrichten von verschiedenen Ländern des Span. America. Aus eigenhändigen Aufsätzen einiger Missionare der Gesellschaft Jesu. 1. Theil. 1810. XXXI, 186.

Jabbo Oltmanns, Untersuchungen über die Geographie des neuen Continents etc. 1. Theil 1810. XXXII, 38, 187, 439. Vergl. XLI, 125.

Severin Vater, Untersuchung über America's Bevölkerung aus dem alten Continente, 1810. XXXII, 57.

von Zimmermann, Taschenbuch d. Reisen, Achter Jahrgang. 1. Abtheil. XXVII, 445.

Ch. R. *T. W. Streit*, Charte von America. Weimar, 1810. XXXII, 81.

V. N. Reise des Hrn. *von Humboldt* u. *Bonpland* ins Innere v. America. XXIII, 227.

Alex. v. Humboldt's und *Jabbo Oltmanns*. XLI, 125.

Hugh Williamson, über das Klima in verschiedenen Theilen America's, 1811. XLII, 250

Hrn. *v. Humboldt's*, Angabe aller Importen in das Span. America. XLIX, 504.

Geograph. Veränderungen in den J. 1799 — 1800. VII, 22. (1801) IX, 117. (1802) XI, 191. (1803) XIII, 35. (1804) XVI, 29. (1805) XIX, 32. (1806) XXII, 64. (1807) XXV, 48. (1808) XXVIII, 141. (1809—1815) XLIX, 418.

Ortsbestimmungen von America und den dazu gehörigen Inseln. XLIII, 511. XLIV, 439. — Höhenbestimmungen in den Tropenländern d. neuen Continents aus Bonpland und Humboldt's Reisen. XLIII, 384.

Bevölkerung. XIII, 45. XXII, 36.

Handel. XXIV, 94.

Der merkwürdigste Brief d. Chr. Colombo. XXXVIII, 98.

America, Nord- II, 36, 42, 43, 61, 331, 336, 390. III, 331, 416.

A. Kurze Geschichte der Entdeckung der Nord-West-Küste von America seit 1539 bis gegen das

Ende des 18ten Jahrh. Im Auszug aus *C. P. Claret Fleuriet's* Abhandl. über diesen Gegenstand und bis auf Vancouvers Entdeckungen fortgeführt. VIII, 95, 191.

(*Clarke*) Reise auf dem Missuri bis zum stillen Meere. XXXIII, 355.

Nachricht von der Entdeckungsreise zweier Spanischen Schiffe nach der N. W. Küste von America, i. J. 1792. XV, 293.

Ueber d. Winde in Nord-America und die Strömungen im Mexicanischen Meerbusen. XIII, 295.

B. R. *M. E. Descourtitz*, Voyage d'un Naturaliste etc. au Continent de l'Amérique septentrionale etc. Paris, 1809.

Voyages des Capitaines *Lewis* et *Clarke*, depuis l'embouchure du Missouri, jusqu'à l'entrée de la Colombie dans la mer pacifique, fait dans les années 1804 — 1806 etc. redigé en Anglais par *Patrice Gass*; et traduit en Français par Mr. *J. Lallemant*. Avec des notes, deux lettres du Capitaine Clarke et une Carte gravée par Tardieu. 1810. XXXIII, 392.

Alex. M'Kenzie, Voyages from Montreal on the river St. Laurence trough the continent of North-America to the frozen and pacific oceans in the y. 1789 and 1793. Lond. 1801. IX, 153. 226.

Zebulon Montgomery Pike, Exploratory Travels through the Western-Territories of North-America etc. (1805 - 1807). Lond. 1811. XXXVI, 428.

Vancouver, Russische Niederlassungen auf der Nordwestküste von America. II, 346.

The Weld, Travels through the states of North-America and the provinces of Upper- and Lower-Canada, 1795 bis 1797. IV, 6.

v. Wimpfen, Briefe eines Reisenden etc. Vergl. England.

von Zimmermann, Taschenbuch d. Reisen. 3ter Jahrgang. XIII, 81. 4ter Jahrgang. XV, 445. 5ter Jahrgang. XIX, 85.

Ch. R. *Arrowsmith*, A Chart of Part of North-America, from Cap Hatteras to Cape Canso. Lond. 1801. VII, 455.

Arrowsmith, A Map exhibiting all the new Discoveries in interior Parts of North-America. 1802. IX, 451, 537.

Carte des états unis, avec la Canada, la Nouvelle-Ecosse, le Nouveau-Brunsvic et Terre-Neuve. Dressée par *Lapie* et gravée par *Tardieu*. Paris, 1806. XXIII, 499.

Reichard, Charte von N. America etc. 1804. vervollständigt 1813. XL, 481.

V. N. Nachrichten von dem glücklichen Erfolg, der von den Quäkern gemachten Versuche, die Wilden Nord-America's zu civilisiren. XLV, 112.

Davidoff und *Chwostoff*, Reise nach d. N. W. Küste

America's. 2 Bde. mit Kupfern und Charten 1813. XLIII, 123.

Ebeling's, America. 2te Aufl. IV. 282.

Neue Reisen. VIII, 372.

Missionsberichte. XLV, 120.

America, Nord-, Freistaaten von, XIII, 115. XXIV, 238.

A. *v. Ferrer*, Längenbestimmungen. II, 394.

Uebersicht der neuesten Staatskunde der sechszehn Freistaaten v. Nord-America. VIII, 475.

Volksmenge d. Freistaaten von Nord-America im Jahre 1801. XIV, 30.

Zahl sämmtl. Bewohner der N. A. Freistaaten nach den einzelnen Staaten u. Territorien, mit Unterscheidung des Geschlechts und des Alters der ansässigen Personen u. Angabe der Anzahl der sonstigen freien Einwoh. und Sclaven. XL, 41.

B. R. *J. E. Bonnet*, Etats-Unis de l'Amérique à la fin du XVIII. Siecle. Paris X, 324.

Chr. Dan. Ebeling, Erdbeschreib. u. Geschichte von America. — Die vereinigten Staaten v. Nord-America. 1 — 5ter Band. Hamb. 1793—1799. V, 136.

Fr. A. Michaux, Voyage à l'Oueste d. Monts Alleghanys dans les états de l'Ohio, du Kentucky et du Tennessée et retour à Charleston par les hautes Carolines etc. (1802) 1804. XV, 308.

W. Priest, Travels in the uniteds States of Amer. (1793 — 1797) 1802. XII, 340.

C. F. Volney, Tableau du Climat et du sol des Etats unis d'Amérique; suivi d'éclarcissemens sur la Floride, sur la colonie française au Scioto, etc. 1802. XIII, 38.

v. Zimmermann, Allgemeine Uebersicht Frankreichs von Franz I. bis auf Ludwig XVI. und der Freistaaten von N. America, von ihrem Entstehen bis auf die heutigen Zeiten, etc. Braunschw. 1800. XI, 194.

v. Zimmermann, Taschenbuch d. Reisen. 4ter Jahrg. 1805. XV, 443. 5ter Jahrg. XIX, 85.

Ch. R. *Güssefeld*, Charte v. d. vereinten Staaten Nord-america's nebst Louisiana u. Florida, berichtigt im Sept. 1802 v. A. Fr. Götze. Weimar, 1813. XL, 70.

C. H. Reichard, Die vereinigten Staaten von Nord-America etc. 1809. XXXIV, 206.

Sotzmann's Atlas zu Ebeling's Erdbeschreib. 9 Bl. V, 163.

V. N. *Lewis* u. *Clarke*, Reisen nach dem Missisipi. XIII, 393.

The British Spy, or Letters to a member of the British Parliament, written during a tour through te United States, by a young Englishmann of Rank. 1806. XX, 375.

(*Stanley Griswold*) Nachricht von dem in den N. A. Freistaaten seit dem 11ten Dec. 1811, vorzüglich in der Nähe des Missisipi

sich ereigneten Erdbeben. XLIII, 285

Beabsichtigte Gründung einer Nord. Amer. Colonie an dem Columbia Flusse. XLV, 367.

Besitznahme d. Länder zwischen dem Mississipi und dem Fluſs Perdido für die vereinten Staaten von N. Amer. 1810. XXXIV, 200.

Beitritt von Florida zur Union etc. 1810. XXXIV, 434.

Finanzen, XI, 377. XX, 122. 488. (1812.) XXXVII, 236. (1812 u. 1814.) XLIX, 124.

Blick auf die N. Amer. Freistaaten zu Ende des Jahres 1815. XLIX, 101.

Geograph. Veränderungen. (1803) XIII, 35. (1804) XVI, 29. Vergl. America.

Tabelle der Bevölker. 1790. 1800. 1810. XLVI, 370.

Statist. Gemälde nach Herrn Blodget von 1784. 1804. 1807 u. 1809. XLVI, 372.

Zunahme der Bevölker. von 1790—1800. XI, 515. Bevölker. 1810. XXXVII, 370. — (1812) XXXVIII, 243.

Ueber die Benennung: N. Americanische Freistaaten. XIII, 374.

Bibliothek für die Legislatur. XV, 385.

Handelsschiffe, XVIII, 490.

Innere Schiffahrt. XIII, 116.

Statistische Tabelle von 1774—1803. XVI, 252. (1800) XXVIII, 143. (1803) XIII, 37. (1804). XVI, 31. (1805) XIX, 36.

Staatsausgaben für das Jahr 1805. XVI, 364.

Handel, XXI, 344.

Ausfuhr (1802 u. 1803). XVIII, 124.

Sitten und gesellschaftl. Leben. XXIV, 208. XXVI, 382.

Theehandel. L, 188.

America, Süd-

A. *Alex. v. Humboldt*, Barometrische Nivellirung der Hauptpunkte zwischen Carthagena u. Santa Fé in Süd-America. IX, 310. 389.

B. R. *Don Felix d'Azara*, Voyages dans l'Amérique méridionale etc. Publiés d'après les manucrits de l'auteur avec une notice sur sa vie et ses écrits par *C. A. Valkenaer*, enrichis des notes par *Cuvier*, suivis de l'histoire naturelle des oiseaux du Paraguay et de la Pata par le même auteur, traduite d'après l'original espagnol et augmontée de notes par *M. Sonnini*. Paris 1809. XXIX, 58. 176.

Helms (Antoine Zacharie), Voyage dans l'Amérique méridionale etc. Avec un Appendice contenant la Description la plus complète et la plus exacte des Possessions ou Colonies espagnoles dans l'Amérique méridionale etc. Paris, 1812. XL, 430.

Alex. v. Humboldt, Reisen um die Welt u. durch das Innere von Süd-America. — Lesebuch für die Jugend. Hamb. 1805. XVI, 324.

J. B. *Leblond*, Voyages aux Antilles et à l'Amérique méridionale (1767 bis 1802.) T. I. 1803. XLIII, 439. vergl. XXXIX, 351.

v. Zimmermann, Taschenbuch d. Reisen, 5ter und 6ter Jahrg. XIX, 85. XXII, 90. 7r. Jahrg. XXV, 166.

Ch. R. Carte de la Rivière de le Plata depuis son Embouchure jusqu'à Buenos-Ayres, d'après les Plans levés en 1789 et 1794. par plusieurs Officiers de la Marine d'Espagne etc. 1801. XI, 221.

Cartes des Côtes de l'Amérique méridionale depuis la Parallèle 36° 30' Lat. Süd jusqu'au Cap de Horn etc. 1801. XI, 221.

Lapie, Carte de l'Amérique méridionale, dressée en 1809. d'après les cartes de la *Cruz de Jefferys* etc. 1814. XLV, 93.

C. Mannert, Charte v. Süd-Amer. Nürnb. 1803. XII, 608.

Mapa geographico de America meridional dispuesto y gravado par D. *Juan de la Cruz Cano y Olmedilla* etc. Londres publicado por *Faden*, Ekere ide 1799. 6 Bl. V, 271. vergl. VI, 574.

V. N. Ueber die, theils zur Zeit der Eroberung Süd-America's, theils noch gegenwärtig wild-lebenden Südamericanisch-Indianischen Völker in den Prov. von Buenos-Ayres, in Paraguay und den angränz. Ländern. XXIX, 399. (Mit einer Charte.)

Ueber die zum XI. Bandes 2ten Stücks gehörige Charte von Süd-America. XI, 242.

v. Humboldt, Reisenachrichten, XII, 239. 256. 640. XIII, 502 XIV, 509. XV, 116. 384 XVI, 482.

Botanische Reise von Span. Gelehrten (unter Herrn Sessé), XIII, 57. Einige Notizen vom Span. Süd-America. XVIII, 88.

Ausführl. Notiz von de la Rochelle's und Faden's neuester großen Charte von Süd-America, in 4 Bl. XXXVII, 107

Henry Bolingbroke, Voyage to the Demerary, containing a statistical account of the settlements there and of those of Essequebo, Berbice and other contiguous rivers of Guyana. XXXIV, 106.

Revolution in Süd America (1811), XXXV, 373. Neuer Staatenbund in S. America (1811), XXXVI, 377.

Tafel der durch Herrn *v. Humboldt's* Beobachtungen gewonnenen Ortsbestimmungen in S. America. XXXII, 417. XXXIV, 175.

Ortsbestimmungen XLV, 97. — an der West-Küste von Süd-America. XI, 227.

Nachricht von *Thadd. Häncke* und seinen geogr. Forschungen in S. Amer. XXVIII, 376.

Gezimmer der Erde. IX, 388.

Missionsberichte, XLV, 120.

Amherstburg (Ob. Canada), VI, 313.
Amicon, Hauptquelle der Indigirka. L. u. Br. X, 65.
Amiens. XXXVI, 216. — Zahl der Einw. VI, 241. VII, 141. (1806.) XL, 424.
Ammersee (Bayern). XI, 610.
Ammonium (Afr.). III, 137.
Ampurias (Sard.) III, 155.
Amretsir (Ind.). LIX, 59.
Amsterdam, Ins. II, 270. XXI, 40. L. u. Br. VIII, 150.
—— Stadt, Länge u. Breite. I, 637. III, 160. 392. 563. IV, 316. 343. 500. VII, 433. VIII, 157. IX, 64. 522. XI, 374. 658.
B. R. *P. G. Wittsen Geisbeeck*, Tableau d'Amsterdam ou Guide des Etrangers par cette ville. Amsterdam. 1807. XXV, 454.
Ch. R. Choro-Hydrograph. Kaart der Environs van Amsterd. (Depot Gen. van Oorlog.) XXXVIII, 233.
C. N. *van Beeck Calcheen*, beobachtete Polhöhen v. Amsterd. I, 364.
V. N. Literar. Gesellschaft von *Felix Meritis*. I, 364.
Sternwarte, ihre Einrichtung u. Instrumente. I, 364.
Bevölk. XIII, 29. XVI, 357. XVII. 113. XL, 424.
Anabara, Fl. II, 59.
Anacapri, Höhe. III, 477.
Anadoli, XV, 466.
Anamabuh (Afr.), XLVII, 275.
Anamur'sche Kreis (am Kaucasus), XLV, 397.
Anatajan, Ms. XXI, 272.
Ancona, L. u. Br. IV, 63. XXV, 473.
Ancyra, siehe Angora.
Andadschan, Hauptst. vom Lande Pergánah. XL, 172.
Andalusien, III, 452.
Andaman, Ins. V, 576.
Andamanische Inseln.
A. Beitrag zur Kunde der Geschichte der Andamanischen Inseln. (Aus dem Französ.) XXVII, 256.
Andechs, Berghöhe, IX, 19.
Andelys (Eure-Dep.), XI, 242.
Andes (Amer.), XII, 381. XXIII, 490. Höhe, I, 329. II, 378. mineral. Beschaffenh. III, 67.
Andorre.
V. N. (*Mercadier*). Das Pyrenäenthal Andorre, oder das Republikchen in der Republik. XIX, 108.
Ueber die Verhältnisse des Span. Thals Andorre zu Frankreich. XXXII, 106.
Andrarum (Schweden), XXXVI, 178.
Andros, Ins. VIII, 221.
Andujar (Span.), L. u. Br. XXXV, 67. XLI, 487.
Anegada de Fuera, L. u. Br. II, 394.
Angad (Algier), III, 581.
Angerburg (Preufs.), L. u. Br. XVI, 234.
Angerman, Fl. (Schwed.) XXXV, 274.
Ch. R. *Oemsköld* u. *Hermelin*, Charte von Angermandland, Madelpad und Jämtland etc. 1797. VIII, 529.
Angers, Einwoh. VII, 144. (1806.) XL, 424.
Anglesea, Insel.
B. R. *G. L. Lentin*, Briefe über die Insel Anglesea, vorzüglich über das dasige Kupferbergwerk und die dazu gehörigen Schmelzereien u. Fabriken. Leipzig, 1800. VIII, 51.

Angola (Afr.), VI, 411. VIII, 34.
Angora, XLVI, 10. L. und Br. II, 465. XV, 364.
Anges, Fl. XIV, 187.
Anguiacu, Strom (Span. Amer.), III, 73.
Anhalt, Fürstenthümer.
B. R. D. *Th. Fr. K. Arnold*, Neues vollständ. geogr. statist. topogr. u. histor. Lexicon der Fürstl. Anhaltisch. Schwarzb. Reufs. und Herzogl. Sächsischen Lande, nebst dem Erfurter Gebiete und der Grafschaft Blankenhain. 1802. XII, 77.
Ch. R. *Sotzmann*, Specialcharte vom Herzogthum Magdeburg, der Grafschaft Mansfeld, d. Fürstenth. Anhalt u. Blankenburg und der Abtei Quedlinburg nebst dem gröſsten Theil der Alt-Mark, des Fürstenth. Halberstadt u. der Grafsch. Wernigerode. 2 Sect. 1800. VI, 318.
V. N. Areal, Bevölk. und Einkünfte, (1815.) XLIX, 160.
Contingent, XXVI, 389.
Anhalt-Köthen, Fürstenthum. Constitution (1811.) XXXIV, 333.
Anhalt-Zerbst, Fürstenth.
C. N. Erbvertheilung des Fürstenth. Anhalt-Zerbst unter die 3 Fürstl. Häuser Dessau, Köthen u. Bärenburg. I. 352.
Anjenko (Ind.), V, 34.
Anjuan oder Hinzuan, Ins. XIV, 171. XLIV, 242.
A. *De Court*, Nachr. von der Insel Anjuan. XIV, 171.
Anke, Fort (Java) II, 279.
Annaberg (b. Eger), L. u. Br. III, 599. Höhe III, 600.
Annobonn, Ins. L, 72. L. u. Br. L. 72.
Annoi. II, 65.
Ansbach, Fürstenth. — Bevölker (1803.) XXXI 309.
A. Populations Nachrichten von den Fürstenthüm. Ansbach und Baireuth im Jahre 1804. XXI. 275.
Ch. R. *M. F. Cnopf*, Ch. von d. Fürstenth. Ansbach (1763), verbess. 1805. bei Homann's Erb. XX, 110.
Ansbach, Kreis.
C. N. *Dr. Jolin*, Ueber die Landesvermess. d. Ansbachischen Kreises. III, 206.
— Stadt. L. u. Br. XX, 111. Höhe III, 209.
Anson, Ins. (Arsacid.) XXIII, 268
Antakiu, L. u. Br. XIV, 92.
Antibes, L. u. Br. IX, 262.
Anticosti, Ins. (b. N. Amer.) L. u. Br. IX, 541.
Antigua Veracruz, L. u. Br. II, 394.
Antillen, Inselgr. — Ortsbestimmungen. XXVI, 80. XXXII, 458.
Antillia.
A. *N. Buache's* Untersuchungen über d. Insel Antillia und über den Zeitpunkt der Entdeckung von America. (A. d. Französ.) XXIV, 129. vergl. XI, 109.
A. *v. Ferrer*, Längen- u. Breitenbestimmungen. II, 394.
B. R. *J. B. Leblond*, Voyages aux Antilles et à l'Amérique méridionale, commencé en 1767 et fini en 1802 etc. T. I. Paris, 1813. XLIII, 439.

Ch. R. Carte générale du Golfe de Méxique et de l'Archipel des Antilles. 1807. XXVI, 78.
Antinoë, Ruinen von Länge und Breite. VII, 160.
Anti-Paro. II, 53.
Antisana, Höhe. I, 99. XXIII, 497.
Antongil (auf Madagascar), L. und Br. II, 507. 574. VIII, 156.
Antwerpen, XXXVI, 210. — L. und Br. IX, 64. XVIII, 284. — Bevölk. (1806.) XL, 424. — Vergrösserung (1811.) XXXVI, 439.
Anwall, Gebirge. III, 586.
Aölis, XXXIV, 48.
Aorsen, die,
A. *Rommel*, über den geographischen Sitz der Aorsen, Awaren u. Hunnen. XX, 271.
Aosta, Piemont. XII, 735. XIII, 270
Apenninen, III, 365. IV, 166. — Erscheinung von brennendem Gas in den — L, 257.
Apenrade, L. und Br. XXII, 339.
Aperode, Handel. VIII, 94.
Apia, Ins. III, 336.
Apollinopolis, (Aegypt.) X, 545.
Apollonia, (Afr.) XLII, 267.
Apollo-Tempel im Thal Thymbra. VII, 31.
Aport-Horn, Berg. Höhe. X, 396.
Appenzell, Canton. III, 351, 355.
— Stadt. L. u. Br. VI, 267.
Aquabuja, (in den Apenn.) L, 257.
Aquapendente, L. u. Br. III, 504.
Äquatorial-Instrument. III, 609.
Aquila, Bevölk. III, 369.
Aquileja, (Ital.) L. und Br. XXXV, 67.
Äquinoctial-Puncte, III, 274.
Arabien.
A. *Cloupet*, Bemerkungen auf einer, im Jahr 1788, in das glückliche Arabien gethanen, Reise gesammelt. XXXIII, 325.
Rommel, über Arabien. XX, 409.
Rommel, über die Eintheilung von Arabien. XIV, 11.
Geograph. Bemerkungen und Fragen über einige Oerter in Arabien, dem Hrn. Dr. *Seetzen* mitgegeben vom D. *Rommel*. XIV, 19.
B. R. *J. Griffiths*, Travels etc. XVII, 317. XXI, 61. siehe Europa.
Ch. R. *Arrowsmith* etc. siehe Asien.
V. N. Arabische Handschriften für die Astronomie wichtig. III, 542.
Schilderung der Araber. VII, 245.
Arabische Stämme im Algier. IV, 116.
Arab. Stämme im Aegypten. XLI, 8. — in der Wüste v. Aegypten. XLV, 143.
Araber im südl. Afrika. L, 192.
Araber in der Berberei, L, 394.
Araber auf Socotora. XXXIII, 152.
Karawanenstrafse durch die grofse Wüste von Aleppo bis nach Medina und Mekka. XXXVI, 341.

Politischer Zustand. (1808) XXVIII, 130. (1809 bis 1815.) XLIX, 406.
Arabis. Pferde. XXXII, 142. XLV, 58. XLVI, 71.
Arabog, L. u. Br. XLVIII, 437.
Arad, L. u. Br. XL, 228.
Aragonien, Bevölk. I, 83.
Aranda de Duero. (Span.) X, 240. L. u. Br. XL, 487.
Ararat, Berg. XLVI, 23.
Arau, s. Aarau.
Araucanen, die
A. Schilderung der Araucanen, eines von Chili unabhängigen Volkes. XLIV, 3.
Arauco, II, 41.
Araxes, Fl. XLVI, 17.
Araya, Halbinsel. XLVI, 449.
Arbåga-Canal (Schwed.) XXXV, 27.
Arboga, (Schwed.) L. und Br. X, 116.
Arbusgebirge, (Sard.) III, 151.
Archangel, Gouvernement, Ch. R. siehe Rufsland.
— — Stadt. L. und Br. I, 256. XVIII, 286. XXVI. 353, XL, 74. — Handel. I, 206. — Klima. I, 303.
Archew, Fl., III, 583.
Archipelagus, Griech. XIV, 189. Vergl. Levante.
B. R. *J. Galt*, Letters from the Levant etc. 1813. XLIX, 323.
C. N. *Beauchamp*, geogr. Ortsbestimmungen im Griech. Archipel u. auf der südl Asiatischen Küste des Schwarzen Meeres. I, 124.
V. N. Fauvels Reisen (im Auszug). X, 376.
Archostoli. II, 55.
Arcot. (Ind.) V, 28.
Arcueil, Dorf (bei Paris), Wasserleitung u. Bleiche. XX, 471.
Ardelz, L. u. Br. VI, 267.
Ardenburg, L. u. Br. XVIII, 284.
Aremberg, Herzogth. — Verlust im Lünev. Frieden. IX, 51.
Arendal, (Norw.) XXXVIII, 352.
Arensberg, Br. IV, 163.
Arensburg, Kreis oder die Prov. Oesel.
Ch. R. *Mellin*, Ch. des Arensburgischen Kreises. Berlin, 1798. IX, 177.
— Stadt. L. u. Br. IX, 178. XXVI, 353.
Argenton. VIII, 514.
Argos, Stadt. XLIX, 330.
Arguin, Ins. (b. Afr.) X, 40. geogr. Lage. XI, 597.
Argun, Fl. (Sibir.) Ausflufs aus dem Dolai-Nos. Br. XVI, 497.
Ariano, Bevölk. III, 369.
Ariquiba, (Span. America) III, 71.
Arizzo, (Sard.) III, 152.
— Gebirge. III, 151.
Arklons, Baronie (Ireland.) X, 403. 409.
Arlanza, Fl. IV, 36.
Arlanzon, Fl, IV, 36.
Armenia, XLVI, 26.
B. R. *Morier*, Voyage etc. siehe Persien.
Arnoheim, III, 385.
Arnstein, (b. Mansfeld).
Äroë, Insel, (Ostsee).
Ch. R. siehe Dänische Inseln.
Arolsen, Br. IV, 163.
Aromery, Ins. XXXI, 419.
Aroka, L. und Br. II, 289. IX, 262. X, 534.
Arraberg, Schlofs (Oestr.) L. u. Br. XXXII, 264.
Arracan, (Ind.) Handel.

Arras, XXXVI, 216.
Arrecise, (auf Abacu) L. u. Br. II, 394.
Arrib, (Algier) III, 585.
Arriège, Dept. — statist. Angaben. XI, 642.
Arsaciden-Inseln, od. Salomons-Inseln, od. Neu-Georgien. I, 580. XXXV, 163.
A. *Bratring*, Ueber Neu-Georgien od. die Arsacideninseln. XXIII, 253.
Arsagar, (Rufsl.) V, 66.
Arseo, (Algier) III, 584.
Arsi-Grath, (bei Oberwalden) Höhe. X., 305.
Arsinoë, (Aegypt.) XII, 654. XXXII, 130.
Arsk, (Rufsl.) XX. 321.
Arta, (ehem. Ambracia) Meerb. von. II, 57.
Artillerie-Versuche in Meudon. II, 76.
Arzerum, L. u. Br. XV, 223.
Asbestleinwand, XXXVII, 303.
Ascanio, See. XLVI 8.
Ascensao, Insel (?) XV, 256. XXXI, 418.
Ascensaon, Ins. II, 35.
Asch, Herrsch. III, 174.
Asch, St. (Würtemb.) Einw. VIII. 290
Aschaffenburg, Fürstenth. XII, 521.
Aschendorf, IV. 195.
Asea, Ins. III, 336.
Asien, XLVI, 112.
A. Die Asiatische Gesellschaft. XIII, 401.
Dr. G. W. Becker, Ueber einige wenig berücksichtigte Lücken in der Asiat. Länderkunde, deren Ausfüllung nöthig u. möglich wäre. XLII, 375.
Dominikus, Fragmente über Asien. XX, 129.
Rommel, Erörterungen über einige Gegenstände der alten Geographie Asiens. XX, 257. 406.
B. R. The Asiatic annual Register or View of the history of Hindostan and of the Politics, Commerce and Literature of Asia. For the y. 1800. London IX, 421. (1801) XI, 65.
Asiatic Researches. Vol. the V. Lond. 1799. V, 522. Vol. VI. XVIII, 176. Vol. VII. XII, 252.
Fr. Aug. Marschall von Bieberstein, Beschreibung der Länder zwischen den Flüssen *Terek* und *Kur* am Caspischen Meere. Mit einem botan. Anhange. Frankf. a. M. 1800. VI, 510.
Dr. Cl. Buchanan, Neueste Untersuchungen über den gegenwärtigen Zustand des Christenthums und der biblischen Literatur in Asien. A. d. Engl. von *M. Chr. H. Blumenbach*. 1814. XLIX, 68.
Büsching's Erdbeschreibung. 5 Th. 3 Abth. — Asien. — Bearbeitet von *F. G. Wahl*, 1805. XVIII, 292. 11. Th. 4. Abth. 1808. XXVI, 438.
H. Fr. v. Diez, Denkwürdigkeiten von Asien etc. 1. Th. 1811. XXXVIII, 78.
Jul. v. Klaproth, Asiatisches Magazin. 1. Bd. Weimar, 1802. X 434.
Jul. v. Klaproth, Archiv für Asiat. Literatur, Geschichte u. Sprachkun-

de. 11ter Bd. 1810. XL, 170.
von Zimmermann, Taschenb. der Reisen. 8 Jahrg. 1. Abth. XXVII, 445. 2. Abth. XXX, 85.
Ch. R. *Arrowsmith*, Asia. Lond. 1801. VII, 169. 262.
A. Γαζη πιναξ γεωγραφικος της Ασιας, 1802. XXV, 324.
C. N. *De la Lande*, Ueber Beauchamp's Reise nach Asien. I, 466. II, 25. 76. 171. 480.
V. N. *Bergmann*, Reise durch Hochasien. XVIII, 495.
P. *Jefremor's*, Wanderungen durch einige Gegenden des hohen Mittelasiens im J. 1781. 3te Ausg. 1811. XXXVI, 491.
Voyages de *Mirza-Abu-Taleb-Khan* en Asie, en Afrique et en Europe, pendant les années 1799 bis 1803, écrits par lui même en persan, suivie d'une Refutation des idées, qu'on a en Europe sur la liberté des femmes d'Asie; le tout traduit de l'anglais en français par M. *J. C.*, *J.* 1811. XXXV, 371.
Major *Ousely's* Sammlung Morgenländ. Manuscripte und Gemälde, etc. XXI, 349.
Französische Bearbeitung der Researches Asiatiq, ou Mémoires de la société, établie au Bengale etc. traduits de l'Anglais par *A. Labaume*, revus et augmentés de notes pour la partie orientale, philologique et historique par M. *Langlès* et pour la partie des sciences exactes et naturelles par M. M. *Cuvier*, *Delambre*, *Lamark* et *Olivier*, Paris, 1805. XXVII. 113.
Geographische Veränderungen in d. J. 1799 — 1800. VII, 21. (1801) IX, 115. (1802) XI, 191. (1803) XIII, 33. (1804) XVI, 23. (1805) XIX, 29. (1806) XXII, 60. (1807) XXV, 46. (1808) XXVIII. 128, (1809—1815) XLIX, 403.
Etymologie des Namens Asia. IX, 89.
Bevölkerung. XIII, 49. XXXII, 36.
Statist. Tabelle, XLIX. 412.
Missionsberichte, XLV, 121.
Orts - Bestimmungen, XXXVII, 484. XL, 493. XLI, 489.
Asien, Klein.
A. Auszug aus Hrn. v. *Heidenstam's* Tagebuche seiner Reise von Smyrna nach Gart. XI, 133.
B. R. *I. Griffiths.* Travels etc. XVII, 317. XXI, 61. s. Europa.
Morier, Voyage etc. s. Persien.
G. A. Olivier, Reise durch Persien und Klein-Asien. Leipz. 1808. XXV, 211.
Wittmann, Travels etc. s. Türkei.
Ch. R. Entwurf zu einer Charte von Klein-Asien. Auf der Sternwarte Seeberg bei Gotha. 1799. III. 290.

Mannert, Charte etc. s. Türkei.
V. N. *Chandler's* Reisen nach Griechenland und Klein-Asien, übersetzt u. mit Anmerk. von *J. P. Servois* und *Barbié du Bocage*. 1806. XX, 490.
C. *Wilkinson's* Tour through Asia minor and the greek Islands. XXI, 350.
Asinara, Ins. III, 158.
Asiom-Hissar, L. u. Br. II, 465.
Asivestadt, (Schwed.) XXXV, 253.
Askersund, (Schwed.) L. u. Br. XVI, 249.
Asow, (Rufsl.) L. u. Br. XXII, 100.
Asow'sches Meer, s. Meer, Asow'sches.
Aspacura, *Scha-tschen*, L. u. Br. X, 436.
Aspermont-Linden, Grfsch. Verlust im Lünev. Frieden. IX, 51.
Assenede, L. u. Br. XVIII, 284.
Assfård, (Ind.) XL, 174.
Assiut, V, 84.
Assonsong Insel. (Ladron.) od. Assumption. XXI, 274. L. u. Br. XXI, 390.
Assuan, oder Syene. (Ober-Aegypten). V, 91.
Assuny, (S. America) XII, 382.
Assumption, Insel, s. Assonsong.
Asti, Bisth. XII, 383.
Astorga, (Span.) L. u. Br. XXXV, 67. — XL, 487.
Astrachan, Gouvernement. II, 365. — Nomadisirende Kalmücken in — XV. 106.
— Stadt. V, 66. XXXII, 111. L. und Br. VII, 174. XIX, 236. Weinbau. V, 68. Fischerei. V, 72.
B. R. *Osererkawsky*, Beschreib. etc. s. Kola.
Äsyetes, Grab des, VII, 52.
Atacana, (Sp. Amer.) III, 64.
Athen; XLVIII, 305.
Athos, Berg, Höhe. XXXIV, 57.
Atlantis, Insel.
B. R. *Fr. Vincent*, s. Canarien-Insel.
Atlantisches Meer, s. Meer, Atlantisches.
Atlasse, od. Chartensammlungen, s. Erdbeschreibung, Himmelskunde und die einzelnen Länder.
Atlasgebirge, Bewaffnung dieser Berggegend. VII, 329.
Ätna, III, 366. XXIX, 133.
Atomiris, Ins. L. u. Br. XV, 261.
Atryb, (Aegypt.) V, 514.
Atschihn, (Ind.) XLIX, 54.
Atschinsk, (Rufsl.) XX, 333.
Attica, VI, 221.
Attoc, od. Attac. XLIX, 60.
Attraction, III, 490.
Atzwang, Höhe. IV, 167.
Au, Kapelle, (Schweiz.) L. u. Br. III, 472.
Aube, Dept. geogr. stat. Beschreibung. L, 203.
Aubenas, L, I, 284.
Auch, (Frankr.) VIII, 515.
Auer, Höhe. IV, 167.
Auerburg, IX, 20.
Aufkirchen, L. u. Br. XXII, 255.
Aufnahme, militär. (vergl. Situationszeichnung). — (*v. Lecoq*.) über militär. Aufnahme im Kriege. III, 280.
Aujezd, (Mähren) L. u. Br. XXI, 72.

Augsburg, Stadt. — L. u. Br. III, 164 VIII, 315. IX, 18. XX, 199. Bevölk. XIII, 125. XVI, 357. XXXI, 309. — Industrie. VIII, 415.
— Stift
B. R. *von Seyfried*, statist. Nachrichten etc. XVI, 426. siehe Stift.
Augusta, Grafschaft, (Ober-Canada) VI, 297.
Augustowo, (Neu-Ostpr.) XI, 338.
Auklands, Lord- (Inselgr.) XLI, 248.
Ausich, (Ostfrl.) XXIX, 455.
Aussee, (Oesterreich) XXXV, 346. Salzwerke XLVII, 81.
Australien, XXVIII, 150. XLIV, 116. vergl. Neu-Holland.
B. R. *Baudin*, Voyage de Decouvertes aux Terres Australes etc. 1800—1804. Publié par M. *Louis Freycinet* Paris, 1815. L, 339.
Voyage de *D'Entrecasteaux*, envoyé à Recherche de La Perouse, publié etc redigé par M. *de Rossel*. Paris, 1808. XXX, 354.
M. Flinders, A voyage to terra Australis (1801 bis 1803) II vol with an Atlas. Lond. 1814. XLIV, 294. XLV, 340. vergl. XI, 62 XIV, 511. XLI, 124. XLIX, 225.
Peron, Voyage de découvertes aux Terres Australes etc. pendant les années 1800 — 1804. Paris, 1807. XXV, 437. vergl. XXII, 221. — Dasselbe in's Teutsche übersetzt von *Ehrmann*, XXVI, 345. und von *Hausleutner* 1. Band, 1808. XXXIV. 277.
J. F. Plant, Handbuch einer vollständig Erdbeschreibung u. Geschichte Polynesiens od. des fünften Erdtheils Fortges. v. *Th. Fr. Ehrmann*, und *J. H. G. Heusinger*. Leipzig, 1799. VI 175.
v. Zimmermann, Australien in Hinsicht der Erd-, Menschen- und Producten Kunde; nebst einer allgem. Darstellung des *grofsen Ocean's*, etc. 1 Bd. 1. u. 2. Abth 1810 XXXV, 45, 160. vergl. XXX, 185.
Ch. R. Charts etc. for Capt. *Flinders* voyage etc. XX, 377 XLV, 216.
V. N. Geograph Veränder. in d. J. 1799 u. 1800. VII, 23 (1803) XIII, 36. (1804) XVI, 31 (1805) XIX, 34. (1806) XXII, 66 (1807) XXV, 49. (1809 — 1815) XLIX, 4 9.
Ortsbestimmungen. XLV, 487 — Bevölk. XIII, 50. — Austral. Zeitung. XVI, 110. XVIII, 251.
Capt. *Flinders* Meinung über *La Perouse's* Verunglückung. XXXI, 124.
Auvergne.
V. N. *Brieude*, Observations économiques et politiques sur la chaine de montagnes ci-devant appellées d'Auvergne, 1802. XI 370, 642.
Lacoste, Observations sur les Volcans de l'Auvergne, 1803 XII, 498.
Auxerre, L. u. Br. IV, 313, 500. VII, 420. — Bevölk. XI, 642.
Ava, od. Miamma, (Sitz der Birmahnen).
B. R *Mich. Symes*, An account of an Einbassy to the Kingdom of Ava. Sent by the Governor General

of India in the year 1795. Lond. 1800. V, 560. VI, 156, 253, 318.
Avestadt, (Schwed.) VIII, 401. — L. und Br. X, 115. XLIII, 479.
Aveiro, (Portug.) IX, 39.
Aveiron, (Dept. de l').
V. N. *Amans - Alexis Monteil*, Descript. du Départ. de l'Aveiron. Paris, 1802. X, 357.
Geograph. statist. Beschreibung. XXXII, 51.
Avenches.
V. N. Avenches in der Schweiz und aufgefundne alte Inschrift, aus den Papieren eines Reisenden v. J. 1811. XXXVII, 232.
Aversa, Bevölk. III, 369.
Avignon, Bevölk. VII, 144. (1806) XL, 424.
Awaren, die.
A. *Rommel*, etc. s. Aorsen.
Awatza-Bay, (Asiat. Rufsl.) L. u. Br. VII, 174.
Awinti, s. Oujein.
Azamer, L. u. Br. XLVIII, 437.
Azegtao, VIII, 522.
Azinheira, (Portug.) XIII, 206.
Azorische-Inseln.
A. *v. Ferrer*, Längenbestimmungen. II, 395.
B. R. *T. A.*... History of the Azores or Description of the Gouvernement, Laws, Religion etc. 1813. XLVII, 43.
Azteken, die, (Mexico) XLII, 439.
Azua, (S. Domingo) IX, 243, 246.

B.

Baaden, siehe Baden.
Babacon-Bay, Ch. R. siehe Torbay.
Babacos Inseln. II, 391.
Babylon, Umgebungen von, XLV, 73.
V. N. Claud. James *Rich*, Memoir on the Ruins of Babylon, 1805. L, 255
Bachmut, (Rufsl.) XXII, 100.
Bachtschisarai, (Rufsl.) IX, 140, XL, 126.
Bacs, Oesterreich. Gesp., Kanal Kaiser Franz, VIII, 554.
Badajoz, (Span.) VIII, 519. Bevölk. X, 343. Contrebande X, 242.
Baden, Markgrafschaft, Kurfürstenthum, Grofsherzogthum.
B. R. *Geograph. stat. topogr. Beschreibung*. von d. Kurfürstenth. Baden, mit einer illumin. Charte. Karlsruhe 1804. 1. Th. XXI, 431.
Das *Grofsherzogth. Baden* nach seinen 10 Kreisen u. Amtsbezirken etc. topographisch skizzirt. Karlsruhe, 1810. XXXIII, 307. — 2te Auflage. 1814. XLIV, 203.
Kolb's histor. stat topograph. Lexicon von dem Grofsherzogth. *Baden* etc. 1. Bd. A—G. 1813. XLIII, 42. 2. Band. H—N. 1814. XLVIII, 219.
Ch. R. *v. Pflummern*, Charte etc. s. Würtemberg.
F. W. Streit, Charte etc. s. Würtemberg.
J. G. Tulla, Charte d. Grofsherzogth. Baden etc. Karlsruhe, 1811. XXXVII, 337.

v. Zuccheri, Charte, s. Würtemberg.
V. N. *Ch. Fr. Müller*, Ankündigung wegen Erscheinung einer Specialcharte u. einer Schulcharte vom Grofsh. Baden. XXXIII, 87.
Bevölkerung, (1812) XL, 118, 428. — und Contingent. XXVI, 384.
Bevölker. sämmtlicher Städte. XLIV, 218.
Tabelle über d. Eintheilung d. *Volksmenge*, (1813) XLIV, 212.
Eintheilung der sämmtlichen Badischen Länder. (1802) XI, 488. XIII, 16. XVI, 508. XVIII, 252. (1807) XXIV, 354.
Neuest. *Finanzétat*, (1808) XXVII, 341.
Geograph. Veränderungen durch den Lüneviller Frieden. IX, 51. — durch den Prefsburger Frieden. XIX, 433. XX, 78. (1806) XXII, 27, 375. (1807) XXV, 18. (1809 — 1815) XLIX, 143.
Ländertausch mit Hessendarmstadt. XII, 261. — und Gränzberichtigung m. Würtemberg 1810. XXXIII, 333.
Neue *Länderorganisation*. (1809) XXXI, 122, 364.
Statistische Notiz von der *Rhein Goldwäsche* im Grofsh. Baden. XXXVIII, 104.
Statist. Notizen, (1804, 1805, 1809) XXXI, 236.
Statist. Tabellen. XII, 520. XIV, 516 XV, 252. (1808) XXVIII, 41
Statist. Uebersicht. 1816) L, 261.
Titel des Kurfürsten von Baden. XIX, 261.
Neuer Grofser *Titel* des Grofsherz. (1810) XXXIV, 103.
Baden'sche, *das*, Oberland. XL, 442.
Baden, im Murgthal. XII, 457. XLIII, 45.
B. R. *J. L. Müller*, Beschreibung von Baden bei Rastadt und seiner Umgebungen. 1. u. 2. Th. 1810. XXXVI, 87.
— (Oesterreich) L. u. Br. XXXII, 265. — Eiserne Brücke über den *Aubach*, bei etc. XLIII, 266.
B. R. Naturschönheiten u. Kunstanlagen der Stadt Baden im Oesterreich. u. ihrer Umgebungen, 1804. XIV, 221.
Ch. R. Charte der Stadt Baden u. ihrer Umgebungen. 1805. XIX 382.
— Burg. XLVIII, 452.
Badenweiler, XLIII, 46.
Baffa, L. und Br. XLVIII, 438.
Bagaruh, (Afrika) L, 110.
Bagdad, Paschalik.
B. R. M.** Description du Paschalik de Bagdad, suivée d'une Notice historique sur les Wahabis et de quelques autres pièces relatives à l'histoire et à la litérature de l'Orient. Paris. 1809. XXX 58.
— Stadt. L u Br II. 512. VII, 177. VIII, 155. XI, 142. XV, 242.
Bagnèses, (südl. Frankr.) XXXV. 379.
Bahahura, (Afrika) VI, 444.
Bahama Inseln.
B. R *Kinnen*, A Tour etc. XVI, 195. s. Westindien.

Bahama-Canal. L. u. Br. II, 394.
Ch. R. Carte réduite d'une partie du Vieux Canal de Bahama et des Bancs adjacents etc. Au Dépôt général de la Marine, 1802. XIII, 189.
Bahhrein, (Arab.) XIV, 29.
Båhus, Landschaft in Schweden. XXXI, 28. XXXVI, 193.
— Schloſs, XXXI, 39. XXXVI, 89.
Bajazid, XLVI, 26.
Baidar, Thal. (Krim) XL, 145.
Baiern, Kurfürstenthum, Königreich.
A. — Geograph. statistische Uebersicht der vielen reichhaltigen *Mineralquellen* im Königreich Baiern. XXXIV, 113, 167. — vergl. XVIII, 485.
Beschreibung der *Mineralquellen* in dem Main- und Rezatkreise des Königreichs Baiern. XL, 391.
B. R. Kurze Beschreibungen, auch einfache Anzeige der Ritterordenscommenden, der Collegiatstifte, der Abteien, Probsteien und Klöster in Baiern. Regensburg, 1799. VIII, 125.
A. Fikenscher, Beiträge zur genaueren Kunde der Königl. Baierischen Monarchie. 1. Bd. (Fürstenthum Baireuth.) 1811. XXXVII, 433.
Jos. Hazzi, statist. Aufschlüsse üb. d. Herzogth. Baiern, aus ächten Quellen geschöpft. 1. Bd. 1801. IX, 16. 2. Bd. XI, 606. 3. u. 4. Bd. XX, 95.
G. H. Keyser, Statistik des Königr. Baiern. Erster Cursus. München, 1809. XXXIV, 408.
Desselben Umriſs d. Geographie und Statistik von Baiern. 1811. XXXVI, 91.
B. R. *Post-Handbuch* für das Königr. Baiern. 1812. Nebst einem Meilenzeiger und der neu verbesserten Post-Charte von *Coulon*. München, 1812. XXXIX, 225.
J. G. Prändel, Erdbeschreibung der gesammten Pfalzbairischen Besitzungen. 1. u. 2. Abtheil. 1805. XXIII, 84. vergl. XVIII, 485.
Desselben Geographie der gesammten Pfalzbairischen Erbstaaten, in's Kurze gefaſst. 1806. XXIII, 84.
Statistische Aufschlüsse über die, durch d. Reichsdeputationsschluſs (d. 25. Febr. 1803) an das Kurhaus Baiern gekommenen, im Bair. Kreise liegenden, Entschädigungs-Länder. 1. Heft. 1805. XVII, 484.
E. T. v. Uklanski, Briefe etc. vergl. Polen.
Ch. R. Nachricht von den älteren Charten Baierns und von der neuen Baierschen Landesvermessung. XIX, 93. XX, 200. vergl. XVIII, 481.
Charte von Baiern im Kriegsdepot zu Paris. XII, 701.
A. v. Coulon, Postcharte von Baiern. 1810. XXXIV, 202. vergl. XXXIX, 225.
Güssefeld, Charte vom Königr. Baiern etc. Weimar, 1808. XXVI, 180.

Güssefeld, Charte vom Königr. Baiern, nach seinen dermal. Bestandtheilen und der neuesten Eintheilung in 15 Kreise, berichtigt im August 1808. Weimar. XXVI, 451.

D. C. F. Herdegen, Königreich Baiern. 1806 Herausgegeben von *L. Rheinwald*. XXII, 344.

C. Mannert, die Bairische Monarchie in 2 Bl. Nürnb. 1808. XXVIII, 477.

Ad. v. Riedl, Reiseatlas von Baiern etc. nebst kurzen Beschreibungen alles dessen, was auf und an jeder d. gezeichneten Straßen f. d. Reisenden merkwürdig seyn kann. Fünfte Liefer. 1796–1800. XVIII, 460. XX, 194.

Desselben Strom-Atlas von Baiern – Donaustrom, Inn, Isar, Lech, Loisach, Ammerfluſs, hydrographische Charte in 4 Bl. München, 1806 XXI, 208. XXV, 98. XXVII, 461.

Desselben hydrographische Charte von Baiern, der oberen Pfalz u. Neuburg. 1807. XXVII, 465.

Die Baiersche Monarchie nebst Würtemberg, Baden, Würzburg, Baireuth, Salzburg u. d. Innviertel, aus *D. E. Sotzmann's* neuer Charte von Teutschland besond. herausgegeb. Nürnberg, 1808. XXVIII, 479.

Taschenatlas für Baiern. Das Königr. Baiern in 15 Kreise getheilt, nebst einer Uebersichts Charte. 1809. XXXII, 204.

Topographisch militär. Atlas vom Königr. Baiern nebst d. Fürstenth. Lichtenstein, in 41 Sect. Weimar, 1813. XLI, 211.

Groſser topogr. Atlas d. Kgr. Baiern. 1. u. 2. Blatt. XL, 209. 3 u. 4. Bl. XLVIII, 81. 5 u. 6. Bl. L, 91.

V. N. *Flurl's* Beschreibung der Gebirge v. Baiern u. d. Oberpfalz. XVIII, 485.

Graf, Versuch einer pragmat. Geschichte der Baier. u. Oberpfälz. Mineralwässer etc. 1805. XVIII, 485.

Bevölkerung, (1812) XL, 118. 426. — der gröſseren Städte. XL. 426.

Brandassecuranzcommission, Einnahme und Ausgabe im J. 1800. X, 174.

Neueste Organisation d. *Cultus*. XXXIX, 129 — *Eintheilung* des Kgr 1810. XXXIII, 215.

Forstorganisation, (1804) XV, 245.

Geographische Veränderungen durch d. Lüneviller Frieden. IX, 50. durch den Preſsburger Frieden, (1805) XIX, 397. XX, 71. (1896) XXII, 16. (807) XXV, 14. (1808) XXVIII, 33. (1809 — 1815) XLIX, 129.

Baiern.

V. N. *Gränzenberichtigung*. mit Würzburg (1810) XXXIII, 216. — und *Länderaustauschung* mit Würtemberg (1810) XXXIII, 333. — *Tauschvertrag* zwischen d. Kön. v. Preuſsen und d. Kurfürsten v Pfalzbaiern. XIII, 122. Vertheilung der neu acquirirten Gebietstheile vom *Inn*- und *Hausruckviertel* (1810) XXXIV, 332.

Baiersche *Königswürde*, XIX, 259.
Eintheilung des Baierschen *Militärs* in 4 Brigaden (1802) XII, 122.
Königl. Baier. Geh. Central-*Plan*-*Kammer*, XX, 125.
Schuldentilgungs-Commission, 1811. XXXVI, 260.
Statist. Bemerkungen, XXXI, 310.
Statist Tabellen, (1800) VII, 24. (1801) IX, 120. (1802) XI, 193. (1803) XIII, 37 (1804) XVI, 31 (1805) XIX, 36. (1808) XXVIII, 33. (1815) XLIV, 133.
Ausführliche *Titulatur* des Kurfürsten. XV, 385.
Urbarmachung öder Gründe, von 1799—1803. XIII, 516 (1804) XIX, 126.
Abbildung u. Beschreibung des neuen, nach den Beitritt zum Rheinbunde veränderten Königl. Baier. *Wappens* u. *Reichssiegels*, XXVIII, 526
Baierscher Kreis.
Geogr. Veränd. (1802) XI, 171 (1803) XIII, 19. 1804. XVI, 31.
Baikal, See, II, 60. XX, 352.
Bajo de la Gallega, L. und Br. II, 394
— *del Pazaro*, L. u. Br. II, 394.
Baireuth, Fürstenthum.
B. R. *Fikenscher*, Statistik des Fürstenth Baireuth, 1. Th. 1811. XXXVII, 433.
Ch. R. *M. F. Cnopf*, Charte d. (Kgl. Preufs.) Fürstenth. Baireuth (1761), berichtigt herausgeg. bei Homann's Erben. 1805. 2 Bl. XX, 110.
C. F. Hammer, Charte v. d. Fürstenth. Bamberg u. Baireuth, oberhalb d. Gebirgs. 1807. XXV, 102.
V. N. Bevölkerung. (1803) XXXI, 309. — Populations-Nachrichten; s. *Ansbach*. Uebergabe an Baiern. 1810. XXXII, 343.
Baireuth, Stadt; d. Fräul- u. Herzogenbrunnen bei, XL, 402.
Bakhan, Fl., (Rufsl.) V, 76.
Baku, Safranbau. XLV, 385.
Balaklawa, oder Palakion, IX, 145. XL, 141.
Balasore, (Berar) VII, 150.
Baldenburg, L. u. Br. XIX, 373.
Balearische Inseln.
B. R. *André Grasset de St. Sauveur* jeune, Voyage dans les Iles Baléares et Pithiuses; fait dans les années 1801—1805. Paris, 1807. XXVI, 45.
Balg, (Baden) XLIII, 47.
Balga, (Preufsen) III, 410.
Balgach, (Schweiz) L. u. Br. III, 472.
Baliboe, Meerenge von, XII, 121.
Ballinacor, Baronie. (Ireland) X, 403.
Ballon, Bg., Höhe. II, 502. IV, 419
Ballymurtagh, (Ireland) X, 404.
Balmhorn, das, Höhe, VI, 264. X, 399.
Baltimore (N. Amer.), XIII, 115.
Baltinglas (Irland), X, 408.
Baltisches Meer. s. Meer, Baltisches.
Baltisch Port (Esthland), L. u. Br. XVIII, 208.
Baltrum, Insel.
A. *Heinmeyer*, Bemerkungen über etc. XIII, 129.

Bambak, XLV, 394.
Bambara (inner. Afrika), I, 211. 702. II, 66.
Bamberg, Hochstift, Fürstenthum.
B. R. *J. Roppelt*, histor. topograph. Beschreibung des Kaiserl Hochstifts u. Fürstenth. Bamberg, nebst einer neuen geogr. Originalcharte dieses Landes in 4 Bl. 1te und 2te Abtheil. Nürnb. 1801. X, 248.
v. Seyfried, Statistische Nachrichten etc. XVI, 426. s. Stift.
Ch R *C. F. Hammer*, Charte etc. s. Baireuth.
Klebe, Charte etc. XIX. 514. s. Würzburg.
J. Roppelt, Charte von dem Hochstift u. Fürstenthum Bamberg. Nürnb. 1801. VIII, 158. vergl. X, 248.
V. N. *Bevölkerung*, XXVI. Verlust durch Abtretung, IX, 526.
Kurfürstl. Baiersche Organisation. 1805. XVI, 254.
Bamberg, Domkapitel, Verlust durch Abtretung, IX, 526.
Bamberg, Stadt, Bevölker. XVI, 254. XXVI, 388.
Bambuk, Goldbergwerk, I, 211. 662. 701. XVIII, 311. X, 42. 217. 222.
A. *Ehrmann*, Kritischer Versuch über die Kunde von Bambuk. (Mit einer Charte.) XII, 568.
Bammaku, am Niger, II, 261.
Banc de sept Brasses, III, 338.
Bance - Insel (bei Afr.), L, 110.
Banda, Insel. vergl. Amboina.
Bangalor (Ind.), V, 37.
Banique (St. Domingo), IX, 242
Banka, Insel (mit d. reichsten Zinnbergw. d. Welt), XII, 600.
Bankasoy (Siam), X, 510.
Banks Insel, L. u. Br. VIII, 154. IX, 456.
Banks Strasse, Entdeckungen in der etc. XV, 37.
Bann Ried (Schweiz), III, 463.
Bantam (Insel Java), XVI, 365.
Baraba, Steppe in Sibirien, XX, 341.
Barahras, die, (Afrika), X, 332. XLI, 189
Baradello, Castell bei Como. L. u. Br. II, 290. VII, 427.
Baragehem, Land am rothen Meer. XII, 557.
Barbagies (Sardinien), III, 150.
Barbar, Land im innern Afrika. XII, 541.
— — Ort. XII, 547. 561. 564.
Barca, s. Barka.
Barcelona (Spanien), L. u. Br. I, 284 III, 592. IV, 153 156. VII, 423. XXXII, 42. — Bevölker. X, 59. 245. — Handel, XXI, 242.
— — (S. America), L. u. Br. II, 400. VII, 441.
Barcelonette (Spanien), Bevölkerung. IV, 313.
Bareck, Insel. XXXI, 119.
Barèges (in den Pyrenäen), XXXV, 387.
Bargusinsk (Rufsl.), XVII, 243.
Bari, Bevölker. III, 369. XL, 426.
V. N. *Follier*, Excursionen in die Umgegend von

Bari u. Monopoli. XLVI, 376.
Barro, Haven, (Spanien). IV, 34.
Barka (Afrika).
A. Die Wüste Barka, ein geograph. Versuch. XXII, 129.
Barletta, III, 369.
Barlingas, Insel. Br. VII, 422.
Barnagore, XI, 250.
Barnaul, L. u. Br. VII, 174.
Barnstaple (England), XXI, 204.
Baroluher, die, XXI, 35.
Barometer, vergl. Höhenmessungen.
Regelmäſsige tägliche Veränder. des Barometerstandes zur See zwischen den Wendekreisen. XXI, 352.
Berechnung der Höhe für jeden Barometerstand, XXV, 500.
Barraconda (Afrika), I, 210.
Barrackpore, XI, 250.
Bartenstein (Preuſsen), L. u. Br. XVII, 342.
Bartfeld, Gesundbrunnen. X, 275. — L. u. Br. XIX, 223.
Barthen (Preuſsen), L. u. Br. XVII, 342.
Barthine, L. u. Br. II, 33.
Bartschali, XLV, 393.
Bartschin, L. u. Br. XXXI, 468.
Bas, *Batz*, Französ. Insel, XI, 641.
Basel, Canton.
Ch R. C G. F. D***, Carte typométrique du Canton de Basle, divisée en Districts. V, 581.
Haas, Charte v. Canton Basel. I, 107.
Basel, Bisthum, Verlust im Lüneviller Frieden. IX, 52.
Basel, Stadt, XIX, 125. L. u. Br. VI, 265 267. VII, 433. VIII, 259. X, 252. Höhe, VI, 270. X, 254.
B. R. *G. H. Heinse*, Beschreibung von Basel und seinen pittoresken Umgebungen. Ein Taschenb. etc 1811. XXXIX, 224.
Basilicata, III, 370.
Basis-Messung, vgl. Gr. Mess.
— von Perpignan u. Melun. II, 552. III, 28.
— v. Lieursaint, III, 29.
— bei Hounslow-Heath und High-Nook. III, 23.
— von Bangalore (Indien), XXI, 196.
Baskische Provinzen.
A. *Hassel*, die Baskischen Provinzen und das Königreich Navarra, geograph. und statistisch geschildert nach *Marchena*. XXVI, 113. 286
Baskisches Volk, XLIX, 344.
Basra, L. u. Br. VII, 177. XV, 224.
Baſs-Straſse, XLV, 3.
Ch R. *Matth. Flinders*, Observations on the Coasts of Van Diemensland, on Baſs's Strait and its Islands and on Part of de Coasts of New South-Wales, intended to accompany the Charts of the late Discoveries, in those Countries. Lond. 1801. Mit 3 Chart. VII, 550.
V. V. Ueber die neuentdeckte Baſs-Straſse in Neu-Holland. (Mit einer Charte.) VI, 535. vergl. XXI, 368.
Entdeckungen in der Baſs-Straſse. XV, 37.

Bassora, II, 562. Bevölk. IV, 411.
Bastia, III, 259 265.
Batavia (Ins. Java), XXI, 40. XXXVI, 377. XLIX, 60. L. u. Br. II, 420. VII, 439. XLIII, 222.
B. R. *Tombe*, Voyage etc. XXXIV, 595.
Batavische Republik, vergl. Holland, u. (Kgr.) Niederlande.
B. R. *E. Maascamp*, Afbeeldingen van de Kleeding, Zeden en Gewoonten in de Bataafsche Republik met den Aanvang der negentiende Eenw. No. I—XVI, XXII, 207.
Ch. R. *Stieler*, Charte der Batav Republ. etc. Weimar 1801. IX 62.
V. N. Höheninhalt, II, 499
Geogr. Veränd. (1799 u. 1800) VII, 8. (1801) IX, 99. (1802) XI, 178 (1803) XIII, 28. (1804) XVI, 16. (1805) XIX, 18. XX, 94.
Landmacht, XVIII, 122. 374.
Staatsausgaben, (1803) XI, 378 (1804) XIV, 241. (1805) XVI, 364
Statistische Tab. (1800) VII, 24. (1801) IX, 120. (1802) XI, 193. XIII, 28. (1803) XIII, 37. (1804) XVI, 31. (1805) XIX, 36.
Trigonometr. Messung, auf Befehl des Franz. Directoriums. IV, xxix.
Batenburg (d. alte Batavorum oppidum), VIII, 371.
Bath (Engl.), Bevölk. IX, 572. XI, 413. — Rennbahn, XXI, 240.
Bath (N. Amer.), V, 116.
Batha (Kgr. Fez), VII, 342.
Bathurst (Neuholl.), L. u. Br XLIX, 485.
Batnier (Hindostan), XIX, 326 f.
Baudet, Spitze. VI, 294.
Bauladu (Sardinien), III, 151.
Bauland, das,
Ch. R. *H. Haas*, Specialcharte etc. vergl. Odenwald.
Baumanns-Inseln, II, 248.
Bavian's Kloof, Herrnhutergemeinde zu, VIII, 383.
Bayendir, XI, 141.
Bageux, L. u. Br. IV, 312. 500. VII, 421.
Bayonne, VIII, 516. X, 238. XXXVI, 221.
Beachy, Rhede von, VIII, 383.
Beaupré, Insel, L. und Br. VI, 49.
Bedingen, Amt, (Grafsch. Ruppin) IX, 353.
Bednor (Indien), V, 17.
Bedriacum, s. Ustiano.
Bedschahs, die,
A. Ueber die Bedschahs am Meere von Kolzum. XXXVIII, 425.
Beduinen, V, 89. VI, 206. X, 269. XLV, 144. XLVI, 72.
Beering's Insel, I, 160. 526. II, 61. III, 341. X, 135. L u. Br. VIII, 101.
Beering's Strafse, I, 160. 526. II, 61. III, 341. VIII, 101. X, 135.
Beeroo, Königr., (Afrika) II, 68.
Beetjuanas, die, XXXVIII, 205. s. Buschwanen.
Begtaschi, die, XLVIII, 208.
Behle, L. u. Br. XXXI, 465.
Beira (Portug.), XIII, 204.
Bela, XLIX, 475.
Belbeys, VI, 201. L. u. Br. VII, 160.

Belgien, vergl. Niederlande.
B. R. *Ch. Oudiette*, Dictionnaire géogr. et topogr. des XIII. Dépts., qui composaient les Pays Bas Autrichiens etc. 1804. XIX, 69
Ch. R. *L. Capitaine et P. G. Chanlaire*, Carte des XIII. Depts. de la Belgique et de la rive gauche du Rhin etc. 6 Bl. IV, 138.
V. N. Notiz über d. *Ferrari*'sche Charte v. Belgien. XLIII, 116.
Belgrad, XLIV, 61. L. u. Br. XVI, 94. XXVI, 468.
Belida (Afr.), III, 585.
Bellavista (Span. America), III, 59
Bellinzona, L. u. Br. VI, 267 X, 535.
Bellovar, L. u. Br. XL, 228.
Beludschistan, L, 47.
V. N. *H. Pottinger*, Travels in Beloochistan and Sinde. 1816. XLIX, 474. L, 43.
Belvy (Sardin.), III, 151.
Bembridge, L. u. Br. VII, 431.
Benares, XI, 248. XXXIII, 280. — Sternwarte, V, 530.
Benatek, L. u. Br. XV, 80.
Benavente (Port.), L. u. Br. XXXV, 67.
Bender, L. u. Br. II, 32. VII, 557. XIX, 232. XL, 228. XLI, 207
Bendorf, (Grafschaft Sayn), Bevölker. XIV, 246.
Beneadi (Aegypten), X, 469.
Benedictbeuern, XI, 606.
Beneseh (Aegypt.), X, 465.
Benettuti, III, 151.
Benevento, Fürstenth. III, 370 — Bevölk. XL, 426. Wappen d. Fürstenthums. XXVII, 476.
Benevento, Stadt, Bevölk. XL, 426.
Bengalen, X, 308. XVIII, 3. Ein und Ausfuhr, (1795 bis 1799) XI, 71.
Benin, Königreich.
A. Kurze Geschichte der neuesten Franz. Niederlassung in Benin etc. XI, 20.
Legroing's kurzer Bericht v einer Reise nach Benin. XII, 304
Palisot Beauvois, über die Einwohn. des Königr. Benin auf der Westküste des trop. Afrika's. VII, 405.
V. N. *Palisot - Beauvois*, Flore d'Oware et de Benin. 1803. XII, 1776.
Beninfluſs, XII, 305.
Benisuef (Aegypt), X, 460.
Ben Lomond, Bg. (Schottl.), V, 544.
Ben Nevis (Schottl.), Höhe. III, 365.
Benowa (inner. Afr.), II, 67.
Bentheim, Grafschaft, XIV, 517.
Berar, Marattenfürstenth.
B. R. *D. R. Leckie*, Journal of a Route to Nagpore, by the Way Cuttar, Burrosumber etc. in the y. 1790. Lond. 1800. VII, 148.
Berauner Kreis (Böhmen), IV, 365
Berberei, III, 54. 136. 139. 579
A. *Dupuis*, Abriſs d. Bevölkerung der westlichen Berberei. L, 389.
Berbern, die, IV, 26.
Dr. *Seetzen*, über die Berbern XLV, 70.
Berchtesgaden, Fürstenth., Flächeninhalt u. Bevölk. XLV, 107.
Ch. R. Vergl. Salzburg.

Berchtesgaden, Mfl., L. u. Br. I, 686. II, 166. XXII, 216. — Salzwk. VIII, 414.
Berdiczow, I, 198.
Bergonium (Schottl.), Ruinen. V, 558.
Berg, Herzogth., Grofsherzogthum. XXIX, 132.
A. *J. F. Benzenberg*, über die Fortschritte der Bergischen allgem. Landesvermessung im Jah. 1806. XXIV, 382.
Neue *Eintheilung* des Grofsherzogth. Berg. (Mit einer Charte) XXIX, 173.
Ch. R. *Stamm*, Charte der Haupt-Fabrik- u. Manufakturörter des Herzogth. Berg. XII, 234. 521.
J. W. Streit, vergleiche *Hessen-Darmstadt*.
Topograph milit. Atlas von dem Grofsherzogth. Berg u. d. Kaiserl. Franz. Dept. d. Lippe. 13 Bl. Weimar 1813. XLII, 98.
V. N. Bevölk. (1812) XL, 118. 428.
Geogr. Veränder. (1808) XXVIII, 42.
Siegel, XXII, 242.
Bergamo, L. u. Br. II, 290. X, 535. — Bevölker. XL, 425.
Berge, s. Gebirge.
B. R. *Ch. A. F. Fischer*, Bergreisen. 1r. u. 2r. Thl. 1804. XVI, 431.
Bergen, (Norwegen) Stift, Bevölker. XI, 643.
— — (Norw.) Stadt, III, 534. XIII, 138. — L. u. Br. VII, 435, XI, 734. XL, 74. 342.
— — Präpositur auf Rügen. X, 246.
— — *op Zoom*, L. u. Br. I, 637. IX, 64. XI, 658. XVIII, 285.
Berghülen, Einw. VIII, 290.
Bergstrafse, XL, 443.
Bergzeichnung, V, 280. X, 388.
Backenberg's Theorie zu einem besseren Ausdruck der Bergzeichnung. II, 213.
Berhampore, am Baugrutti. XI, 249.
Berings-Insel, s. *Beerings*.
Berlin, L. u. Br. I, 284. II, 120. 335. 510. III, 86. IV, 320. 454. VII, 428. IX, 52. XI, 143. XV, 368. XL, 74. Höhe IX, 19. — Bevölk. XXI, 93. — Königl. Eisengiefserei, XXI, 244. — Geburts- u. Sterbelisten, (1800) X, 168. (1801) X, 170 (1802) XII, 111. (1803) XIII, 504. 521. (1804) XVII, 113. (1806) XXIII, 369. (1807) XXVI, 386. — Missions-Anstalt, XVI, 509. — Königl. Porcellän-Fabrik, XVII, 115.
B. R. *J. Ch. Gädike*, Lexicon von Berlin, und der umliegenden Gegend etc. Berlin, 1806. XXII, 460.
Ch. R. Militärische Situationscharte d. Gegend um *Berlin*, *Potsdam* u. *Spandau*. (Vom K. Preufs. Generalstab) 1810. XXXVIII, 379.
v. Both, Plan v. Berlin und der umlieg. Gegend. 1810. XXXIV, 208.
Schneider, Togograph. Charte, hundert Quadratmeilen um Berlin. 1811. XXXVI, 102.
J. C. Selter, Grundrifs von Berlin. 1804. XV, 368.
— — Grundrifs von Berlin u. seinen nächsten Umgebungen. 1809. XXXI, 210.

Berlingas - Insel, L. u. Br. IX, 5 o. XXIV, 421.
Bermudische Inseln.
V. N. Dr. Fr. Andr. *Michaux*, Nachrichten über die Bermud. Inseln, vorzüglich über die Insel *St. Georg* XXII, 246.
Bern, Canton.
B. R. Reise auf die Eisgebirge des Cantons Bern, u. Ersteigung ihrer höchsten Gipfel im Sommer 1812. Mit ein. Charte der bereisetenGlätscher. 1813. XLII, 88.
V. N. Bernh. *Jubino's* Specialcharte. I, 248.
Bern, Stadt, L. und Br. VI, 265. VII. 433.
B. R. N. *König*, Description de la ville de Bern etc. 1810. XXXII, 277.
Ch. R. J. *Bollen*, Plan von d. Stadt u. d. Bezirke Bern. 1811. XXXVII, 342.
Bernal-Chico, L. u. Br. II, 394.
Bernal-Grande, L. u. Br. II, 394.
Bernay, Bevölk. XI, 242.
Bernburg, vor dem Berge, Br. XXXII, 264.
Bernegg, (Schweiz) L. und Br. III, 472. X, 255.
Berracoe. Holländ. Fort auf der Goldküste Afrika's, XLVII, 314.
Besançon, L. u. Br. X, 532. Bevölker. VII, 144. XL, 424.
Beschtau, Fluſs. (Ruſsl.) V, 76
Bessarabien, vergl. Ruſsland.
A. Bemerkungen über Bessarabien und d. östl. Theil d. Moldau. (m. 1 Charte) XXXIX, 133.
B. R. P. *Sumarakoff's* Reise durch die Krim u. Bessarabien, im Jahr 1799. Aus dem Russ. von J. *Richter*. Leipz. 1802. IX, 358.
Bethelsdorp, L, 185.
V. N. *Depping*, Nachr. üb. d. Mission Bethelsdorp in Afr. XLVIII, 238.
Betmaschinen b. d. Kalmükken, V, 128. in Thibet, VII, 230.
Betschen, (Meseritzische Kreis) VIII, 21.
Bevésiers, L. u. Br. VII, 434.
Bevölkerung, im Allgemeinen, vergl. Volksvermehrung.
B. R. E. E. *Duvillard*, Analyse et tableaux de l'influence de la petite vérole sur la mortalité à chaque âge, et de celle, qu'un préservatif tel, que la vaccine, peut avoir sur la population et sur la longévité. Paris, 1806. XXI, 55.
Bex, (Schweiz) Salzsiedereien VIII, 422.
Beykaneer, Land in Ostind. XIX, 318. — Stadt, XIX, 319.
Beylan, Br. XIV, 91.
Bialystock, Kammerdepart. IX, 87, 277. — Kreis, XI, 337.
Ch. R. Semitographische Charte, enthaltend d. Provinz Bialystock. St. Petersburg, b. K. Chartendepot. 1811. XXXVIII, 230.
— Stadt, XI, 337. L. u. Br. II, 117. III, 406. X, 392. XIII, 105. — Vergröſserung. XVII, 115.
Bibelgesellschaft.
A. Kurze Uebersicht dessen, was die im J. 1804 errichtete Bibelgesellschaft zur

1814 geleistet hat. XLVII, 174.
Biberach, (Schwaben) L. u. Br. XXXII, 201. XL, 324.
Bicknnecz, XLIX, 175.
Bidschuga - Inseln, X, 44, 229. XI, 599. Handel, VIII, 312.
A. Die Insel Bulama u. d. Bidschuga- (od. d. Bissagotischen) Inseln auf der Westküste v. Afr. XX, 385.
Biel, (od. Bienne) L. u. Br. VI, 267.
Bieler See, Höhe. VI, 270.
Bielaja, Fluss in Sibirien. XX, 349.
Bielefeld, Leinwandmanuf. XLI, 71. Eintheilung des (K. Westphäl.) Bezirks etc. XLI, 67.
Bieloserik, L. und Br. XIX, 229
Bjélsk, (Polen) XI, 337. L. u. Br. XXI, 329.
Bjélsk'sche Kreis, XI, 337.
Bienen, (S. Amer.) III, 63.
Bienne, s. Biel.
Bigorre, Höhe des Mittagshorns von, I, 99.
Bii, Fl. II, 65.
Bilbao, I, 88. Bevölker. IV, 343. X, 239.
Biledulgerid, III, 136, 139, 439
Billenhausen, Bevölk. VIII, 290.
Binzdorf, (Schwaben) L. u. Br XII, 486.
Biobbio, Fluss. II, 41.

* * *

Biographische Notizen.

Abul - Fedha, VI, 42.
Adanson, Jean Baptiste, IX, 378. XIII, 383.
— Michel, IX, 379.
Amerigo Vespucci, XXIII, 124.
Andreossy, X, 32. XI, 385.
Anich, Peter, XXIV, 353.
Anson, Lord Georg, XVII, 385
d'Anville's, V. N., Barbié du Bocage's Verzeichniss der Werke d'Anville's. XI, 735.
v. Archenholz, XXXVIII, 116.
Arthur Phillip, XXIV 465.
d'*Azara*, Don Felix, XXIX, 244.
Bacler Dalbe, Alb. Louis, XVIII, 111.
Ballois, Louis, XIII, 394.
Barbié du Bocage, XII, 372, 619.
Barry, Georg, Dr. XXI, 470.
Batthyany, Graf, III 412.
Beaumarchais, IV, 145.
Bernier, Peter Franz. VII, 199. XV, 379.
Billefin, VII, 198.
Björnstähl, Jacob Jonas, XXI, 109.
v. Bleul, Joh, Heinr. XXX, 195.
Blumenbach, Joh. Friedr. XXXII, 214.
Bogdanich, Dan. Emrich, X, 183
Borda, Charles, III, 395, 517.
Borry - Saint Vincent, VII, 198.
Boscovich, Rob. Jos., III, 434
de Bougainville, Louis Antoine, XII, 97. XXXVI, 135.
Bredow, Gabr. Gottfr. XLIV, 431.
Broussonet, VII, 196.
Browne, Mlle XLV, 246.
Bugge, Thomas, III, 655.
Busbeck, Augier Giselin de, XXV, 354.
Callet, François, III, 91.
Cassini, Familie von. V. N. Nachrichten von der Cassinischen Familie und der Verbreitung der Bibel bis

durch sie bewerkstelligten grofsen Charte von Frankreich. VIII, 264.
Cassini, Johann Dominikus, VIII, 361.
Cavendish, Thomas, XXIV, 331.
Chabert, Jos. Benih. von, XXI, 340.
Cluver, Philipp, XIII, 268. XXXVI. 491.
Collot, Victor, XVIII, 125.
Colombo, Christoph, XXXI, 112. XXXII, 101.
Comeiras, Victor, XIX, 256.
Condamine, Carl Marie de la, XVII, 498.
Conté, N. J., XXII, 229.
Copernikus, Nicol., XIII, 118. dessen Grab. II, 375.
Coronelli, Vincent, XXVI, 480.
Dalberg, Karl Theodor, Freiherr von, (Grofsherz. von Frankfurt u. Fürst-Primas) Einige Notizen zu dessen Portrait, XXXVI, 241.
Delahaye, Wilh. Nicol., X, 71.
Detlev, Christian Ludwig, siehe Eggers, Baron von.
Doppelmayr, Joh. Gabr., XX, 116.
Drake, Francis, XXIV, 350.
Duperron, Abrah Hyacinth Anquetil-, XVI, 362.
Edrisi, XIII, 418.
Eggers, Baron von, L, 122.
Ernst II, Herzog zu Sachsen Gotha u. Altenburg, XIX, 114.
Euler, Leonhard, XXII 365.
Fer, Nicol., de, XII, 368.
Ferraris, Johann Graf von, XLIV, 437
Fixlmillner, P. Placidus, IV, 484.
Fleurieu, Charles Claret de, XXXVII, 241.
Flinders, Matthew, XX, 377. XLV, 127. XLVI, 131. XLIX, 226.
Forster, J. R, der Vater. XII, 116.
— G., der Sohn. XII, 116.
Frank, Ludw., XVI, 366.
Gentil, Jean Baptiste Jos., X, 82.
Giörwell, XXXVI, 262.
Goodrike, II, 211.
Gosselin, Pascal François Joseph, X, 353.
Grandpré, Louis Marie Joseph, O-hierde, XII, 257.
Grellmann, XVI, 120.
Grienberger, II, 407. IV, 75.
Güssefeld, Franz Ludwig, XXVI, 255.
Haas, Wilh., (in Basel) geograph Ehrendenkmal für denselben in Basel. 1800. VI, 370.
— Grofsherzogl. Hessischer Obristlieut. XXXIII, 210.
Hacquet, XLVIII, 248.
Hamelin, VII, 196.
Hesse's Tod auf St. Thomas. III 113.
Homann, Joh. Baptista, VIII, 466.
Houghton's Tod zu Terra in Afr. II, 69.
Huber, Ludw. Ferdin. XVI, 120
Hunter, Joh. Capit. XXIII, 357.
Huon's Tod, II, 274.
Ibn Hhauckal, IX, 332.
Kästner, Abraham Gotthelf, IV 368. Denkmal, gesetzt von Fr. A. Herz zu Braunschweig Oels. VII, 91.
Keppler, Joh. XXV, 117.
Kindermann, Joseph Karl, XI, 477.
Kirch, Christoph, III, 522, 547.

Kirch, Gottfr., III, 109, 178, 391, 522. IV, 26.
Küttner, Karl Gottlob, XVI, 507. XXXI, 231.
Labat, P. J. Baptiste, XXI, 467.
De *Lalande*, Joseph Hieronymus François, I, 609. XXV, 492. XXXIII, 73.
Langle's, de. Ermordung auf Moouna II, 48
La Place, Peter Simons de, IV, 70, 176.
Le Monnier, Pierre Charles. III, 625.
Lehmann, Joh. Geo. (Major) XXXVI, 262.
Leo, aus Afrika. VII, 309.
Lingschoten, J. H. von, XXII, 496.
L'Isle, Claude de, X, 93.
— Guillaume de, X, 179.
Mayer, Joh. Rudolf, XLII, 371.
— Tob. III, 117. IV, 76. XX, 492.
Maskelyne, Nevil, XIX, 386.
Méchain, XV, 383.
v. Meermann, XLVIII, 249.
Mendoza y Rios, Don Joseph, II, 568.
Mentelle, Edm. XI, 756.
Mercator, Gerhard, XII, 511.
Messier, Charles. X. 581.
v. Metzburg, G. Ignat., Freiherr. I, 706.
Millin, Aubin Louis, XXXVI, 111.
Mulgrave, Const. Joh, Lord. XXIII, 243.
Munoz, Juan Baptiste, III, 413.
Muradjea d'Ohson, XXIV, 234.
Norberg, Matthias, XXI, 251.
Norden, Friedr. Ludw., XIV, 507.
Olbers, Wilh., IV, 283.
Pallas, Peter Sim., XXXVII, 125.
Paucton's Tod, II, 171.
Peron, François Auguste, XX, 250. XXXIV, 319.
Petit Radel, VIII, 281
Peutinger, Conrad, XXIX, 510.
Pierson's Tod, II, 276.
Pingré, Alexandre-Guy-, IV, 537.
Pinkerton, XVIII, 493.
Potocki, Graf J., XVI, 490.
Putschkin, XVII, 506.
Raitsch, X, 277.
Raleigh, Walther, XX, 378.
v. Reimers, Heinr. Christoph, XXXVIII, 514.
v. Riedl, Adrian, XXIX, 415.
Rochon, Alexis, XIV, 364.
Schirach, XVI, 120.
v. Schlötzer, Aug. Ludw., XXX, 420.
Schmettau, Graf Samuel, XI, 495.
Schröter, Joh. Heinr., als Astronom. III 549.
v. Schrötter, XLVIII, 248.
Seezen's Tod in Arab. XLVIII, 247.
Semler, Christoph, IV, 75.
Sonnini de Menoncour, Charles Sigisbert, XXXIX, 130.
Sprengel, M. C., XIII, 524.
v. Struve, Johann Christian, XXXVIII, 513.
v. Textor, XXXVII, 374.
Thomas, George, (General) XIX, 182
Thunberg, Carl Peter, XVII, 104.
Toaldo, Jos., I, 236.
Tondu, Achille, (od. Lebrun) I, 125.
Tycho Brahe, XIII, 382.
Valyi, Andr., XII, 99.

Vancouver, II, 92. Grabmal, XXII. 491
Volkmann, Joh. Jac., XII, 515.
Wadström, Carl Bernhard, XXXIII, 85.
Wallich, Joh Ulrich, XXX, 204.
Wansleben, J. M., XI, 759.
v. Zimmermann, XLVIII, 121.

* * *

Biörneborg, Hptmnschaft. Ch. R. s. Åbo.
Bir, Adsjik, L. u. Br. XIV, 91.
Bir-Hout (Arabien), XXXII, 121.
Birianer (Afrika), VI, 395. 404.
Birjussa, Fl. (Sibirien) XX, 348.
Birket el Karûn, See (Aegypten), XXXII, 114.
Birmahnen, VI, 253, 318. vergl. Ava.
B. R. *v. Zimmermann*, Taschenbuch der Reisen, 10ter Jahrg. XXXVI, 222.
Birmingham, Grafsch., Geographische Lage VIII, 63.
— — Stadt, II, 140. Einwohner, IX, 572. XI, 413. XIII, 64.
Birnbaum (Meseritz. Kreis), VIII, 12.
Biscara (Algier), III, 589.
Biscaris (Afr.), III, 588. IV, 25.
Biscaya, VIII, 516. X, 54. 220. XXVI, 286. XLIX, 345. — Verlust der Privilegien. XVIII, 120.
V. N. *Lacramendi's* Wörterbuch u. Grammat. der Biscayischen Sprache. IV, 343.
Bisceglie, Bevölk. III, 369.
Bischoffsburg (Preufsen), L. u. Br. XX, 207.
Bischoffszell, L. u. Br. VI, 267.
Bisnagar, Ind Reich, V, 12. X, 439.
Bissagos-Inseln, s. Bidschuga-Insel.
Bissao, Insel, XX, 404. L. u. Br. XI, 599.
Bitonto, Bevölk. III, 369.
Bitzregneren, Höhe, X. 396.
Bitzfeld (Würtemb.), Br. II, 184.
Bizati, Haven, (Eur. Türkei.) L. u. Br. XXXII, 48.
Bizistock, Höhe, X, 395.
Blackmoor-Hill (Ireland), X, 403.
Blanca, an der Küste von Caracas, L. u Br. II, 400.
Blankenburg, Fürstenthum. A. Statistis. Notizen etc. XVI, 399. s. Wolfenbüttel.
Blankenburg, Stadt, (am Harze) L. u. Br. XXXV, 67.
Blankennese (Holst.), XIII, 136.
Blankenstein (Hessen), XLVIII, 149.
Blanquillas, L. u. Br. II, 394.
Blasenstein des Menschen in 6 Substanzen zerlegt. II, 552.
Blaser od. *Pfeifer* (Kaukas. Bg), I, 561.
Blato-See (Böhmen), I, 121.
Blatten (Schweiz), III, 354. L. u. B. III, 472.
Blaubeuren, L. u. Br. XL, 324.
Bleking, Hauptmannschaft. Ch. R. *Hermelin* u. *Hallström* etc. s. Jönköping.
Bleſs, Bg. Höhe, L, 34.
Blessington, Ireland, X, 408.
Blexen, L. u. Br. XI, 723.

Blickfeuer, Gebr. zu Ortsbestimmungen. XIX, 253.
Block, Ankerplatz, L. u. Br. VII, 457.
Blomoe, Norwegen, III, 534.
Bludens, L. u. Br. VI, 267.
Blumberg, L. u. Br. XXXII, 202.
Blumenfeld, L. u. Br. XXXII, 202.
Blüsen, oder Feuersignale. III, 303. 615.
Bnigliffa (Algier), III, 585.
Bnischatt (Algier), III, 585.
Bniusa (Algier), III, 585.
Bobbin (Rügen), X, 245.
Bocyro (Spanien), IV, 35.
Bodega, Puerto de la, Br. VIII, 107.
Bodensee, Höhe, VI, 270. X, 254.
B. R. *G. L. Hartmann*, Versuch einer Beschreib. d. Bodensee's. 1808. XXX, 79.
C. N. Ueber *Feer's* trigonometrische Aufnahme d. oberen Theils des Bodensee's. I, 386.
Bodenteich, L. u. Br. XLVIII, 90.
Bogafe, Thurm von, L. u. Br. VII, 160.
Bogaz, Thurm von, L. u. Br. VII, 160.
Bogda, See, (Rufsl.) V, 67.
Böhmen, Königreich.
B. R. *Al. David*, geogr. Ortsbestimm. des Marienbergs bei Krulich, u. Annabergs bei Eger, od. der östlichen und westlichen Gränze Böhmens. III, 595.
Ch. R. *a Bock* et *Polach*, Bohemia in XVI circulos divisa, notitiis plurimis illustra, limitibus, viis post *Milleri* editionem ex actis publicis emendatis etc. 1808. XXVII, 207.
Güssefeld, Charte vom Königr. Böheim. 1799. III, 171. IV, 364.
K. J. Kipferling, Charte von Böhmen, nach den astronom. Bestimmungen des H. Canon. *David* etc. Wien 1806. XXIV, 327.
Kreybich, Ch. v. Königr. Böhmen, nach den Ortsbestimmungen des Astronomen *David* etc. 1807. XLII, 357.
v. Liechtenstern, das Königreich Böhmen, mit seinen Angränzungen, bearbeitet und gezeichnet von *Jos. v. Schorer*. Wien 1808. XXVIII, 106.
— — Charte des westl. Oesterreichs, nämlich d. Böhmischen Länder etc. XXVIII, 476.
Topograph. milit. Atlas vom Königr. Böhmen, in 25 Sect. Weimar 1813. XLI, 211.
V. N. *Al. David*, Geogr. Otsbestimmungen. I, 121. 127. XLII, 357. vergl. XXIV, 328.
Bevölkerung, VIII, 308. (1796 u. 1802) XIII, 520. (1813) XLVI, 271.
Industrie, Glas, Tuch- u. Leinwandhandel. XXII, 244.
Statistische Bemerkungen. XXXI, 314.
Bohrmaschine von Seyffert, II, 91.
Bohus, s. Bâhus.
Bois - Blank, VI, 313.
Bokistock, Höhe, X, 395.
Bolgeresk (Asiat. Rufsland), L. u. Br. VII, 174.
Boli, L. u. Br. II, 465.
Boliago, XLVIII, 21.

Bollinghausen (Ostfriesl.), XI, 514.
Bolkenhain - *Landshut*'sche Kreis, s. Fürstenthum Schweidnitz.
Bologna, Länge, II, 514. III, 367. VII, 426. XI, 373. XIII, 357.
Bevölker. XIX, 263. XL, 425. — Abtragung der Festungswerke. (1805) XVIII, 254.
Bolswerd, Bevölker. VII, 391.
Bolton (Engl.), II. 140.
Bombay (Indien), V, 43. L. u. Br. VII, 180. — Handel nach China, I, 185. Societät, XVIII, 490.
Bommel, L. u. Br. XI, 658. XXXV, 67.
Bona, oder *Blaid el Aneb* (Afr.), III, 586. 690.
Bonaparte, Ins. (in d. Ind. Meer), L. u. Br. XXXV, 67.
Bonarcado (Sard.) III, 150.
Bondu (inn. Afr.), I, 701. X, 43.
Bonoa, Insel, L. u. Br. VI, 48.
Booberack, Fl., III, 585.
Boo - sha - la, Ins., X, 367.
Booshuana - Nation, siehe Buschwanen.
Bopal (Ind.), XVIII, 183.
Bores (Schwed.), XXXI, 47.
Boraso (Ind.), XVIII, 182.
Bordeaux, X. 238. XXXVI, 219. — Bevölk. VII, 144. (1806) XL, 424. — Schifffahrt, XIX, 26. — Weinhandel, XX, 467.
Borgo, Diöces (Finnland), Bevölk. (1802) XII, 776.
Borgousin, L. u. Br. XLIX, 204.
Borissoglebsk, Br. XXXII, 266.
Borkum, Insel, XIII, 133. — L. u. Br. XXIX, 455.
Bormio, L. u. Br. VI, 267
Borneo, Insel, XXI, 11.
A. Notizen von der Insel Borneo, aus Französ. officiellen Berichten. XXVII, 274.
Bornheim, III, 385.
Bornholm, Insel, verglich. Dänische Inseln.
B. R. *P. N. Skougaard*, Beskrivelse over Bornholm, 1ster Theil. 1804. XXXVII, 176.
Fr. Thaarup, Kort Oversigt over Bornholms Amt. 1810. XXXVII, 176.
Bornu (inn. Afr.), III, 55.
Borodo, Insel, XI, 23.
Börringen, Einw. VIII, 290.
Bosa (Sardin.), III, 151.
Bosdorf (b. Treuenbrietzen), L. u. Br. XLV, 421.
Bosnien, vergl. Servien u. Rumeli.
Bossiney, s. Trevena.
Bosphorus, Thrazischer,
A. *Choiseul Gouffier*, Ueb. die Entstehung des Thrazischen Bosphorus. XVIII, 257.
Boston (N. Amer.), L. u. Br. VII, 457. XXIII, 501. — Wasserleitung, XII, 768.
Botany - Bay, III, 482. XXI, 4. XXIV, 470. — Colonieen, II, 357.
Bothnien, vergl. Lappland.
Bothnien, *West* -, XLV, 450. — Ortsbestimm. XX, 444.
B. R. *C. P. Hallström*, Förtekning pa de orters geografiska bredd och längd in Westerbottns Höfdingedöme, söm blifvit, bestämde genom astronomiska observationer. 1803. XX. 443.
Ch. R. *A. Swab* u. *Clas Wallman*, Wäster Bott-

u. Schwedisch Lappmark. 1796. VIII, 526.
Bothnier, *West-*, XVIII, 173.
Botol-Taboco-Xima, Insel, L. u. Br. VII, 265.
Botzen, Höhe, IV, 167. — Handel, VIII, 413.
Bouca, Insel, s. Anson.
Bougainville, Insel, XXIII, 269. — L. u. Br. VI, 47.
Bouillon, Herzogth., Wiederherstell. dess. XLVI, 266.
Boula, Insel, L. u. Br. VI, 47.
Boulama (Africa), I, 653. 661. 664.
Boulogne (Frankr.), L, 67.
Bourbon, Insel, III, 307. L. u. Br. IX, 31.
B. R. An Account of the conquest of the Island of Bourbon, with an Appendix of the present state of that Island, by an Officer of that Expedition. Lond. 1811. XLVI, 332.
Bory de St. Vincent, Voyage etc. XV, 446.
Bourton (Grafsch. Stafford), L. u. Br. VIII, 62.
Boutin, L. u. Br. VII, 263.
Boxholm (Schweden), VIII, 401.
Bozzolo, L. u. Br. II, 290.
Brabant, Depart., XXXI, 300. Fabriken, XXXI, 301.
B. R. *van de Graaff*, Historisch statist. Beschryving etc. 1807. XXXI, 298.
Braccio Cisalpino, III, 521.
Braddock, (N. Amer.), V, 122.
Braffu's, die, (Afr.), XLVIII, 274.
Bragernaes (Norw.), XXXVI, 196.
Bräkke (Norw.), XXXVIII, 351.
Braminen, die, XXI, 195. 197.
Brandeis, Herrsch., (Böhmen), XVIII, 119.
Brandenburg, Mark, vergl. Obersachsen, und *Mark*.
B. R. Ueber d. Alt-Mark. Ein Beitrag zur Kunde d. Mark Brandenburg. 1 Th. Stendal 1800. VIII, 501.
A. Bratring, stat. topogr. Beschr. d. gesammt. Mark Brandenb. 1. u. 2. Bd. 1804. XXI, 179.
Ch. R. *Güssefeld*, Charte von d. Kön. Preuss. Provinzen Brandenburg und Pommern etc., nach ihrem dermal. polit. Bestande und ihrer neuesten Eintheil. in Regierungsbezirke eingerichtet. 1815. XLVIII, 339.
Topograph. milit. Atlas der Mark Brandenburg, nebst dem Antheil an Magdeb., in 23 Bl. Weimar 1809. XXIX, 99.
Brandenburg, Stadt, III, 86. L. u. Br. VI, 350. VII, 429. VIII, 315. XII, 483.
Brandenburgisches Scepter, neues Sternbild, III, 178.
Brandywine, Fluss, IV, 8.
Bransk (Polen), XIII, 110. L. u. Br. XXI, 329.
Gegend um Bransk als Probestich, XIV, 256.
Brasilien, II, 470. XV, 104. XXI, 36. XXXIII, 452.
A. Ueber die Diamantgruben in Brasilien. XXXIX, 289.
B. R. *J. J. da Cunha de Azavedo Coutinho*, Ueber Brasilien und Portugals Handel mit seinen Colonien. Aus dem Portug. übersetzt v. *C. Murhard*.

1808. XXVII, 326. vergl. X, 311.
Andr. Grant, Histoire du Brésil etc. Traduit de l'Angl. 1811. XLII, 418.
Th. Lindley, Narrative of a Voyage to Brasil. 1805. XVII, 206.
V. N. *v. Eschwege*, Neueste Notizen und Beobachtungen über Brasil. XLVIII, 104.
Feldner, Neueste Nachrichten v. Brasil. XLV, 235.
v. Langsdorf's Mission nach Brasilien. XLII, 116.
Mawe's Travels through and Remarks on Brasil. Lond. 1812. XLII. 101.
Siebers's Reise in Brasilien. XVIII, 500.
Rob. Southey's Gesch. v. Brasil. 1811. XLII, 248.
Druck d. Eingebornen. XXI. 36 — Geogr. Veränder 1808. XXVIII, 148.
Ortsbestimmungen verschiedener Punkte an den Küsten. XXI, 338.
Portugiesen daselbst, XXI, 37.
Statistische Tab. 1808. XXVIII, 149.
Bratsken oder *Buräten*, II, 73. IX, 267. XX, 350. 355. 357.
Braunau, L. u. Br. I, 358. XXII, 216. XXXV, 67.
Braunsberg (Preufs.), Einwohner. VIII, 444.
Braunschweig, Stadt, L. u. Br. III, 202. 546. VIII, 157. IX, 520. XVI, 444. XVII, 214 XXXIX, 93.
Braunschweig - Lüneburgische Lande, Kurf. u. Herzoglich.
Ch. R. *Hogreve* u. *Heiliger* etc. vergl. Nieder-Sachsen.
Braunschweig - Hannover, Kurfürstenth., Königr.
A. Der neue Königl. Hannöversche Guelphen-Orden. L, 267.
B. R. *M. A. B. Mangourit*, Voyage en Hannovre. (1803 et 1804) VIII, 438.
Ch. R. Charte vom Kurfürstenth. Hannover und angränz. Landen. etc. 1804. XVII, 348.
Charte von Hannover, welche die sämmtl. Besitzungen d. Königreichs von England in Teutschland begreift. (Im Kriegsdepot zu Paris), XII, 644. 703.
F. W. Ohsen, Neuvermehrte Postcharte d. Kur-Braunschweigischen und angränzend. Lande. 1804. XVIII, 72.
Neueste Postcharte vom Kurf. Hannover, nebst den angränz. Ländern. 1805. XVII, 128.
Sotzmann, Charte v. d. Königr. Hannover, nebst den angränzend. Ländern. Nürnb. 1815. XLIX, 92.
Topograph. milit. Atlas von dem Königr. *Hannover*, dem Grofsherzogth. *Oldenburg*, Herzogthum *Braunschweig*, Fürstenth. *Lippe*, und dem Gebiete der Freien Stadt *Bremen*, in 26 Sect. Weimar 1816. L, 226.
Braunschweig - Hannover.
V. N. *Henrichs*, Apperçu statistique de l'Electorat d'Hannovre dans son état actuel et de ce qu'il deviendroit par la réunion aux états du Roi de Prusse. Paris 1801. VIII, 79. XII, 262.

Astronomisch bestimmte Punkte, III, 545.
Geographische Veränd. (1809 — 1815) XLIX, 136.
Gewinnst und Verlust durch d. Indemnisations-Tractat. XVIII, 101.
Erklärung d. Englischen Hofes wegen der neuen *Königswürde* von Hannov. (1814) XLV, 238. — Linnenhandel, IX, 282.
Statistische Tab. (1800) VII, 24 (1801) IX, 120. (1802) XI, 193. (1815) XLIX, 139.
Territorial - Eintheil. der mit dem Königreich Westphalen vereinigten Hannöverschen Lande. XXXII, 217. s. Königr. Westphalen.
Braunschweig-Wolfenbüttel.
A. Bestand des Braunschweig - Wolfenbüttelschen Landes in dem Jahre 1814. XLV, 413.
Ch. R. Special Charte des Herzogth. Braunschweig, nach seiner neuesten Eintheilung in Bezirke und Kreisgerichte, in 9 Sect. Weimar 1815. XLIX, 86.
V. N. Geogr. Veränder. (1809 — 1815) XLIX, 154.
Bray Head, Vorgebirge, (Ireland) X, 404.
Brda, Fl. (Polen), XL, 270.
Breaker, L. u. Br. VIII, 154. IX, 456.
Brecknockshire.
V. N. *Th. Jones*, History of the County of Brecknock. 1805. XVIII, 498.
Breda, Bezirk.
Kais. Franz. Decret in Betreff der Eintheil. d. Bezirks v. Breda. XXXIV, 95.
—— Stadt, L. u. Br. IX, 64. 522. XI, 658. XVIII, 285. XXIV, 422. — Bevölker. XIII, 29.
Bredelar, Kloster, Br. IV, 163.
Breede Bugt, III, 528.
Bregançon, Fort, (Frankr.) L. u. Br. XXXV, 67.
Bregenz, L. u. Br. VI, 265. X, 254. XV, 80. XXXII, 203. XXXV, 67.
Breisach, XLIII, 47.
Breitenbestimmung, Geographische, s. Längen- und Breitenbestimmung.
Bremen, L. u. Br. I, 285. II, 268. IV, 360. VII, 429. VIII, 157. 254. 315. IX, 521. XV, 493. XVII, 496. — Bevölkerung, XXXII, 37. XL, 424. XLIX, 164.
V. N. *Gildemeister*, Triangulirung des Gebiets von Bremen. II, 268.
Heinecke, Charte v. d. Gebiete der Reichsstadt Bremen. III, 317. XXIII, 354.
Bremerbaacke, L. u. Br. XI, 723. XV, 493.
Bremerlehe, L. u. Br. VIII, 254. XI, 723. XV, 493.
Bremgarten, L. u. Br. VI, 267.
Brenner, Bg., Höhe, IV, 167.
Brera, Höhe, II, 293. — Sternwarte, III, 435.
Brescia, L. u. Br. II, 290. XIII, 356. — Bevölker. XL, 425.
Brescou, L. u. Br. XXXV, 67.
Breslau, L. u. Br. I, 285. 285. VII, 463. VIII, 157. XXIV, 95. — Handel, XVIII, 378. XX, 468. Kirchenliste, (1814) L, 262. Münzamt, XVIII, 107. — Steinkohlen - Verbrauch, XVII, 245.

B. R. *C. Chr. Rencke*, Breslau; ein Wegweiser für Fremde u. Einheimische, mit einem neuaufgenommenen Plane der Stadt u. der Festungswerke vor der Belagerung 1806. XXX, 293.
Ch. R. Plan von Breslau und d. ehemal. Festungswerken, gestochen von *Endler*. XXXI, 213.
Brest, L. u. Br. XVIII, 284. Bevölk. VII, 144.
Bretzenheim, Fürstenth., Verlust im Lüneviller Frieden. IX, 52.
Breulingen (Schwab.), L. u. Br. XII, 487.
Brevig (Norw.), XXXVIII, 351.
Brezno - Banga, *Brisen*. XIX, 222.
Bribiesca (Span.), VIII, 517.
Bridgewater, Admiral Blake's Geburtsort. III, 80.
Brieg, Fürstenth., XI, 48. 54. s. Schlesien.
—— Stadt, Bevölk. XVII, 246.
Briel, L. u. Br. XXXV, 67.
Brienz, L. u. Br. VI, 267.
Briesen, L. u. Br. XXXI, 467.
Brigg, L. u. Br. VI, 267. Höhe, VI, 270.
Brignole (Provence), III, 153
Brilon, Br. IV, 163.
Brindes, *Brindisi*, *Brundusium*. XLVI, 377.
Bristenstock, Bg. (Schweiz), Höhe, X, 257.
Bristol. L, 58. Bevölk. IX, 572. XI, 413.
Bristol - Canab, Ebbe und Fluth. III, 129.
Britannische Inseln, vergl. Grofsbritannien.
Ortsbestimm. VII, 434.
Brives (Frankr.), VIII, 525.
Brixen, L. u. Br. XXXV, 67. Höhe, IV, 167.
Brock, am Bug, L. u. Br. XIII, 106. XXXV, 461.
Brocken, Berg, L. u. Br. XXXV, 67.
Brockenhaus, das, L. u. Br. XVI, 214. 445.
Bromberg, L. u. Br. XXXI, 467.
Bromberger- (oder *Netz-*) *Kanal*, XXXII, 78. 107. XL, 270.
Brömserburg, am Rhein. XLVIII, 452.
Brood, L. u. Br. XL, 228.
Brooklyn, auf Long-Island, XIII, 116.
—— in Jersey, XIII, 116.
Brossen, der, Höhe, X, 398.
Bruchsal, L. u. Br. XIII, 84.
Bruck (Oesterr.), L. u. Br. XXXV, 67.
Brügge, XXXVI, 213. — L. u. Br. VIII, 315. IX, 64. — Bevölk. XVII, 338. XL, 421.
Bruk (Schweiz), L. u. Br. VI, 267.
Brünn, L. u. Br. XXI, 72.
Brunsbüttel, L. u. Br. XI. 723.
Brunswick - Haus (N. Amer.), L. u. Br. IX, 539.
Brusa, XIV, 187.
Brüssel, XXXVI, 212. — L. u. Br. IV, 314. 500. V, 322. VIII, 157. — Bevölk. XL, 424.
Brüsten, der, Höhe, X, 3 7.
Buarcos, (Portug.) XIII, 205.
Bubainen, Gr., (Littauen) L. u. Br. XII, 484.
Bubasta, (Thal Basta in Aegypten) V, 516.
Bucarelli, Haven. L. u. Br. VIII, 165.
Buccari, L. u. Br. XL, 228.
Bucharei, I, 140, 141.

Buchberg, Höhe, IV, 419.
Buchdruckerpresse, ein neues Sternbild. III, 619.
Buchen, (Schwaben) L. und Br. XXXII. 201.
—. (Schweiz) L. u. Br. III, 472.
Buchhorn, L. u. Br. X, 254.
Buchsbaum, in Engl. einheimisch. III, 78.
Buchserhorn, Höhe. X, 395.
Bucintro, Levante. VI, 76.
Buckelwasser, Bach in der Grafschaft Glatz. XI. 47.
Buckenhof, Gesundbr. XL, 406.
Buda, Länge. IX, 521.
Budduso, (Sardin.) III, 150.
Budisin, L. IV, 454.
Budug, XLV, 385.
Budweis, L. u. Br. XXI, 72.
Budwowe, Fl. III, 585.
Buena vista Mariana, Insel. Siehe Tinian.
Bueno, (auf Cuba) L. u. Br. II, 394.
Buenos-Ayres, Provinz. III, 58, 61, 74.
A. Nachr. v. d. jetzigen Zustande (1802) der Proviuz Boenos-Ayres in Süd-America. X, 287.
B. R. vergl. Paraguay.
V. N. Handel. XII, 584. — Ortsbestimmungen. XXIX, 186. — Tabellarische Uebersicht der Volksmenge. XXIX, 186.
— — — Stadt. L. u. Br. XI, 223.
Bufa, Insel. III, 336.
Bufarik, (Algier) III, 585.
Bughari, (Afr.) VI, 404.
Bugia, (Afr.) III, 586.
Buhd, VI, 318.
Buhm, (Afr.) L. 110.
Buhno, Fl. (Afr.) L, 109.
Bukarest, XI, 239. L. u. Br. XL, 228. XLI, 205.
Bukowina, XVII, 328.
B. R. Jos. *Rohrer*, Bemerk. auf einer Reise v. d. Türk. Gränze üb. d. Buckowina, Schlesien u. Mähren nach Wien. 1804 XVII, 327.
Bulach, *Neu*-, (Schwaben) L. u. Br. XXXIII, 180.
Bulama, *Bulam*, Insel. L. u. Br. XI, 509
A. Die Insel *Bulama*, und die Bidschuga-Inseln etc. XXI, 385.
B. R. Ph. *Beaver*, African Memoranda; relative to an attempt to establish a Brittish Settlement on the Island of Bulama etc. in the y. 1792, 1805. XIX, 336.
Bulawadi, L. u. Br. XV, 364.
Bulga, (Preußen) L. u. Br. XII, 483.
Bullom, (Afr.) L, 109.
Bulukbaschen, die, XLIV, 60.
Bunasbashi, VII, 37.
Bünden, s. Graubünden.
Bundelkund, VII, 152.
A. Nachrichten v. d. Diamantgruben in der Prov. Bundelkund in Hindostan. XXXIX, 287.
Bunkowaja, (Rußl.) Seidenfabrik. V, 57.
Bunzlau, Bevölk. VIII, 403.
Buonaventura, Colonie auf der N.W.Küste v. Amer. II, 342.
Buramputer, VI, 345. VII, 234.
Buräten, s. Bratsken.
Burgbornheim, Wildbad. XL, 407.
Burgdorf, L. u. Br. VI, 267. Händel. XIX, 254.
Burgen, der, Höhe. X, 395.
Burgeo, Insel. L. u. Br. IX, 542.

Burghaſsler, L. und Br. II, 491.
Burghausen, Rentamt. (Baiern) Bevölk. und Gröſse. IX, 23.
Burgos, (Spanien) VIII, 517. X, 55, 240. — L. und Br. XXXV, 67 XL, 487.
Burgowce, X, 274.
Burkartshain, L. III, 568.
Burlington, Bay. VI, 308.
Burmanisches Reich.
Petroleum - Quellen, XVIII, 187. — Religion, Cosmographie etc. XVIII, 188.
Burmola, (Malta) III, 591.
Bursa, L. u. Br. II, 465. XV, 362.
Burscheid, Abtei. Verlust im Lüneviller Frieden. IX, 53.
Buschmänner, VI, 389. VII, 370, 377. XXII, 144, 157, 161, 165. XXXV, 317. XXXVIII, 204. L, 188.
Buschwanen, die, L, 191.
A. J. *Barrow's* Auszug aus dem handschriftl. Tagebuche einer in den Jahren 1801 u. 1802 unternommenen Reise nach *Litaku*, der Residenz des Haupts der *Buschwana*, als dem äuſsersten Puncte des inneren Süd-Afrika, wohin bis jetzt Europäer gedrungen sind. (Aus d. Engl.) Mit 1 Charte. XXII, 140, 257.
Dr. *H. Lichtenstein*; über die Beetjuanas (mit einer Zeichnung). XXIII, 3.
B. R. J. *Barrow*, A Voyage to Cochinchina in the y. 1792 etc. To which is annexed an Account of a Journey made in the y. 1801 and 1802. to the residence of the Cheef of the *Booshuana*-Nation etc. London, 1806. XXI, 33.
Bussaco, Kloster (Portug.) XIII, 204.
Bussora, VII, 226. s. Thibet.
Butrinto, VII, 21.
Buttons-Insel, (N. Amer.) L. u. Br. IX, 539.
Buxar, am Ganges, XI, 248.
Byragur, (Indien) XXI, 193.
Bzura, Fl. (Polen) XL, 260.

C.

Cabenda, (Afr.) VIII, 44, 47.
Cabezo di Don Juan, (Carthagena) II, 485.
Cabo, s. Cap.
Cabra, am Nigerfluſs. VII, 325.
Cabras, See. III, 151.
Cabrera, L. u. Br. VII, 423.
Cabul,
B. R. *Mountstuart Elphinstone*. An account of the Kingdom of *Caubul*, and of the Countries, who are to it in Persia, Tataria and India subjected, with a view upon the nation of *Afghans* and an History of the Duran Monarchy etc. 1815. XLIX, 174.
Cabylen, (Afr.) III, 586. IV, 26.
Caccagatschi, am Hugly, XI, 250.
Cacheó, in Afr. am St. Domingofluſs. X, 45.
Cacongo, (Afr.) VI, 419.
Cacous, s. Cagots.
Cadix, XXXVII, 292. L. u. Br. I, 21, 237, 540. II, 394. IV, 349. VII, 423. XIII, 93. XXXI, 187. — Bevölk. X, 72, 242. — Handel und Schifffahrt. I, 88, XX, 463.

A. Ch. A. *Fischer*. Ansichten von Cadiz. III, 441.
Ch. R. C. *Mare*. Die Stadt und Festung Cadiz mit ihren Umgebungen. Berlin, 1811. XXXV, 223.
Netto, Stadt, Festung und Bay von Cadiz u. Ins. *Leon*, nebst einem Theil der Andalusischen Seeküste. Dresd. 1810. XXXV, 223.
Caen, XXXVI, 218. — L. u. Br. IV, 319, 500. — Bevölkerung. VII, 144. XL, 424.
Caerphili's merkwürd. Ruinen. II, 138.
Cafer, s. Kaffer.
Cagliari, XXXV, 67. Bevölkerung. III, 151.
Cagots, *Cacous*, *Caqueux*. XXXV, 390.
A. Nachrichten von den Cagots in Frankr. I, 509.
Cahors, VIII, 515.
Caiza, (Span. Amer.) III, 64.
Cakena, *Casena*, (inn. Afr.) II, 560.
Cakon, (inn. Afr.) II, 560.
Calabria citra. III, 370.
— — ultra. III, 370, 505.
Calais, L. IV, 318.
Calcutta, L. u. Br. VII, 180. XLV, 421.
V. N. *Ironside*, merkwürd. Gegenstände zu Agra und Calcutta. XI, 247.
Caldas de Gerez, (Portugal) IX, 40.
Caldas de Rainha, (Portug.) IX, 37.
Caldeiras, auf d. Azor. Ins. St. Miguel. XLVII, 54.
Calenberg, Fürstenthum.
A. Ertrag des Calenberger Licents in d. Jahren 1796, 1797 u. 1798. VII, 120.
Calender, s. Kalender.
Calicut, V, 20.
Californien, Eintheil. und Producte. II, 42, 342.
— Meerbusen von, XVII, 377.
Caligo, See. III, 151.
Calipia, III, 653.
Callabaugh, XLIX, 176.
Callao, (Span. Amer.) III, 60, 71. — L. und Br. VII, 181. XXXII, 48.
Callicolone, (Klein-Asien.) VII, 32.
Calmar, L. u. Br. XL, 74.
Calvados, Dept.
Geograph. statist. Beschreibung. XLIV, 287.
Calvert's Insel, L. und Br. IX, 456.
Calw, (Schwaben) L. u. Br. XXXIII, 180, XL, 324.
Camaldoli, (Italien) III, 366.
Camanchen, die, s. Jetans.
Cambodia, Königr. XI, 544.
— vergl. Tonquin.
— — Fluſs, XI, 526.
Cambridge, (Amer.) L. I, 173. III, 161.
— — (Engl.) L, 58.
Caminha, (Portug.) XIII, 204. — L. u. Br. XL, 487.
Camor, Berg. (Schweiz) III, 354.
Campan, in den Pyrenäen. XXXV, 383.
Campania.
B. R. *Breislack*, Voyages physiques et lithologiques dans la Campanie; avec la Carte générale de la Campanie d'après *Zannoni*. Traduit du manuscr. Ital. et accompagné de notes par le General *Pommereuil*. Paris, 1801. VIII, 435.
Campbeltown, Bevölkerung. XI, 413.
Campidano, III, 151.

Campo, auf Elba. X, 505. — Bevölk. XI, 481.
Campodia, Königr. XXI, 41.
Campos, Canal von, (Spanien) X, 56.
Canada, IV, 13.
A. (Gray) Neueste Notiz aus u. über d. Nordamericanische Landschaft Canada. XXXII. 22. vgl. XXXIV, 104.
B. R. *J. Weld*, Travels etc. s. Nord-America.
V. N. Nord-West-Compagnie in, IV, 14.
Canada, *Ober*-
A. Kurze topogr. Beschreibung der Provinz Ober-Canada; mit einer Charte. IV, 289.
Dav. Will. Smyth. Kurze Beschr. der Prov. Ober-Canada. Aus dem Engl. m. e. Charte. VI, 289.
B. R. *D'Arcy Boulton*. Sketch of H. M. Province of Upper-Canada. Lond. 1805. XXIV, 427.
Canada, *Nieder*-
V. N. Nachrichten über Canada. (Aus *Lambert's* Reisen in Nieder-Canada.) XXXIX, 119.
Canai, auf der Insel St. Antonio. III, 158.
Cananor, V, 20. — L. u. Br. XXXV, 67.
Cañar. Fort. (American.) XXXVI, 321.
Canara, Ind. Reich. V, 17. VII, 402.
B. R. *Buchanan*. Reise etc. 2te Aufl. XLI. 61.
Canarienvögel, XLVI, 434.
Canarische Inseln. III, 332. XXXIV, 63. XLVI, 433, L, 70.
B. R. *Bory de St. Vincent*. Essai sur les îles fortunées et l'antique Atlantide, ou Précis sur l'histoire génér. de l'Archipel des Canaries. 1803. XII, 250, 473.
Candi, Kgr. auf Ceylon. XI, 586, 703. vergl. Ceylon.
A. Auszug aus dem Tagebuche der Engl. Gesandtschaftsreise von Columbo n. d. Hofe von Candi. XII, 36.
Auszug aus Major *Johnston's* Nachr. von seiner Expedition nach Candi, im J. 1804. XLIII, 416.
— Stadt, XI, 587. XII. 645.
Candia, Ins. II, 51, 57. VIII, 226. Gröfse, astronom. bestimmt. IV, 63.
Canfranc, (Arragonien) II, 485.
Canigou, Höhe. I, 99. X, 212.
Cannonao, Wein. III, 152.
Cano, (inn. Afr.) II. 559.
Canso, Gut, (N. Amer.) L. u. Br. IX, 541.
Canstadt, Br. II, 185. Bevölkerung. XVI, 357.
B. R. *Memminger*, Canstadt und seine Umgebungen. 1812. XLI, 437.
Cantal, Höhe. II, 502.
Canton, (China) XXXIII, 389. — Bevölk. I, 152.
A. Theehandel d. Europäischen Nationen in Canton. I, 179.
Cap, vergl. Vorgebirge.
— das, oder Vorgebirge der guten Hoffnung, vergl. Vorgebirge d. gut. Hoffnung.
— *Anguille*, auf Neufundland, L. u. Br. IX. 542.
— *Aniwa*, L. u. Br. VII, 263. VIII, 155.
— *Baba*, L. u. Br. XXXII, 48.
— *Barbara*, II, 51.
— *Barren*, L. und Br. VII, 554.

Cap Bault, auf Neufundland. L. u. Br. IX. 542.
— Bevésiers, L. XXIV, 422.
— Bianco, (Afr.) III, 365.
— Blanc, (Syrien) L. u. Br. XXXII, 48.
— Blanquez, III, 37, 41.
— di Cagliari, III, 150.
— Canso, L. u. Br. VII, 457. IX, 541.
— Cantin, (Afr.) III, 54.
— Cara, L. II, 33.
— Caroubé, I, 368.
— Carwa, (Indien) L. u. Br. XXXV, 68.
— Charles, (N. Amer.) L. u. Br. IX, 539.
— Chelidonia, (Europ. Türkei) L. u. Br. XXXII, 48.
— de la Circoncision, bestrittenes Daseyn. I, 579.
— Coast, (Afr.) XLVII, 272.
— Codera, auf der Küste von Caracas. L. u. Br. II, 400. VII, 441.
— Collnet, (Nord-America) L. u. Br. IX, 455.
— Comorin, L. u. Br. VII, 180.
— Corrientes, L. VIII, 155.
— Corso, III, 365.
— de Creux, L. u. Br. VII, 423.
— Crillon, L. u. Br. VII, 263.
— de Cruz, (auf Cuba) L. u. Br. II, 394.
— Dagerort, L. u. Br. IX, 178. XXXIX, 107.
— Dame Marie, L. u. Br. IX, 524.
— Diggs. (N. Amer.) L. u. Br. IX, 539.
— Dilli, V, 17.
— Diu, (Indien) L. u. Br. XXXV, 86.
— Docra, (Berberei) L. u. Br. XXXII, 48.
— Doro, L. u. Br. XXXII, 48.
Cap Ducato, (Leukate) II, 54.
— Edgecumbe, L. u. Br. XL, 301, 302.
— d'Espichel, L. u. Br. VII, 423. XXIV, 421.
— Espartel, L. VII, 437.
— Farewell, (N. Amer.) L. u. Br. IX, 543.
— Fearweather, L. und Br. VIII, 154. IX, 456.
— Ferrat, Messaff. III, 582.
— Finisterre, L. u. Br. VII, 423.
— Flattery, L. u. Br. VIII, 193. IX, 456.
— de 3 Forcas, L. VII, 439.
— Foulweather, L. u. Br. VIII, 154, 193. IX, 455.
— François, L. II, 398. VIII, 440.
— Frio, L. u. Br. XV, 259. XXXI, 418.
— di Gallura, III, 50.
— de Gata, L. u. Br. VII, 423.
— Gatte, (auf Cypern) L. u. Br. XXXII, 48.
— Gavarea, (Kamtschatka) L. u. Br. VII, 174.
— Greenville, L. u. Br. VIII, 154.
— Gregory, L. u. Br. VIII, 154, IX, 455.
— Guardafui, (Afr.) III, 54.
— Guibert, oder Capra, II, 55.
— Henry, L. u. Br. VII, 457.
— Hinchinbrook, L. u. Br. XVIII, 287.
— Hinlopen, L. u. Br. II, 400.
— Hone, (Algier) III, 581.
— Horn, L. VIII, 155.
— Howe, L. u. Br. VII, 554.
— d'Istria, (Illyrien) L. u. Br. XXXV, 67.
— Lectum, L. u. Br. XXXIV, 50.

Cap Lezard, L. u. Br. XXIV, 423.
— *Lindersnäs*, L. und Br. XL, 422.
— *Logudoro*, III, 150.
— *Lopatka*, L. u. Br. VII, 175.
— *der Löwinn*, L. und Br. XXIV, 424.
— *di Machichaco*, L. u. Br. VIII, 423.
— *Mayo* L. u. Br. II, 400. VII, 457.
— *Mondego*, L. u. Br. XL, 487.
— *de Monte*, III, 366.
— *Monte Nero*, I. 216.
— *Monty*, L. und Br. VII, 184.
— *Nepean*, (Terres des Arsac.) L. u. Br. VI. 47.
— *Nord*, s. Nordcap.
— *Noto*, auf d. Insel Niphon, L. u. Br. II, 37. VII. 185. VIII, 155.
— *Oropesa*, L. u. Br. VII, 424.
— *Ortegal*, L. u. Br. VII, 423
— *Palacrum*, II, 51.
— *Passaro*, III 355.
— *Pembroke*, (N America) L. u. Br. IX, 540.
— *de Penas blancas* de Puerto Rico, L. u. Br. II, 394.
— *Pilares*, L. u. Br. VIII, 155.
— *Prior*, L. u. Br. VII, 423.
— *de Puerto Rico*, L. u. Br. II, 394.
— *Rama*, V, 17.
— *Ras-Abiad*, L. XLVIII, 437.
— *Ras-Abumohammed*, Br. XLVIII, 438.
— *Rasat*, (Berberei) L. u. Br. XXXII, 49.
— *Raze*, (Neufundl.) L. u. Br. IX, 543.
Cap Reikianes, (Island) III, 558. 562.
— *de la Roca*, L. und Br. VII. 423. XXIV, 421. XL, 487.
— *Sable*, L. u. Br. VII. 457. IX, 542.
— *Salizano*, (Cypern) L. u. Br. XXXII, 49.
— *Salon*, L. u. Br. VII, 423.
— *Samana* de S. Domingo, L. u. Br. II, 394. VII, 440.
— *Sangaar*, L. u. Br. VII, 262.
— *St. André*, (Cypern) L. u. Br. XXXII, 49.
— *St. Antoine*, (S Amer.) L. u. Br. XI, 223.
— *St. Blaise*, L. VIII, 360.
— *St. George*, (Neufundl.) L. u. Br. IX, 543.
— *St. James*, (N America.) L. u. Br. IX, 456.
— *St. Juan*, (Feuerland) L. u. Br XXXI, 420.
— *St. Lucas*, I, 42.
— *St. Marie*, L. u. Br. VII, 423 XXIV, 421.
— *St. Marie*, (an d. Münd. des Gambia) L. u. Br. XI, 598.
— *St. Vincente*, IX, 45. L. u. Br. VII, 423, 554. XXIV, 421.
— *di Sassari*, (Sardinien) III, 365.
— *Serra*, (Afr.) III, 365.
— *Sidari*, II. 51.
— *di Sopra*, III. 150.
— *di Sotto*, (Sardin.) III, 150.
— *Spartimento*, III, 653.
— *Speard*, (Neufundl.) L. u. Br. IX, 543.
— *Südwest*, (Van Diemensl.) L. u. Br. VII, 554.
— *Swaine*, L. u. Br. XVIII, 287.
— *Swatoi*, II, 61.

Cap Tscherchembeh, L. XII, 184.
— *Tenes*, L. VII, 437.
— *Tiburon*, L. VII, 440.
— *Tornese*, II, 55.
— *de Trafalgar*, L. u. Br. VII, 423.
— *Tscherchembi*, (am Schwarz. M.) L. II, 33.
— *verd*.
Cap Verdische Inseln. II, 420 XI, 218.
— *Verella*, L. u. Br. VII, 181.
— *Worstenholm*, (N. Amer.) L. u. Br. IX, 540.
Capalibri, *Capoliveri*, (auf Elba) X, 505. Bevölk. XI, 381.
Capitanata, III, 370.
Capo, s. Cap.
Capoliveri, s. Capalibri.
Caprahan, See, L. 109.
Capraja, Bevölk. XI, 381.
Capri, Insel. III, 475.
Capstadt, auf dem Vorgeb. d. gut. Hoffnung. VII, 350. L. u. Br. VIII, 359. IX, 524. XXXV, 67.
A. *Semple*, Beschreib. der Capstadt etc. XIV, 3.
Capua, Bevölk. III, 369.
Caracas, General Capitanat. XXI, 143. — Handel. XXI, 167. Truppenzahl. XXI, 158.
Caracas, Stadt, L. u. Br. II, 399. VII, 441. — Oeffentl. Vergnügung., Schulen und Sitten d. Einwohner. XXI, 174.
Caracca, III, 446
Caraïben, die, X, 526.
A. *Quandt*. Enträthselung eines ethnograph. Mährchens. XXXVII, 408. vgl. XXVII, 325.
B. R. *de Jong*, Reize naar de Caraïbische Eilanden in de J. 1780 en 1781 Haarlem, 1807. XXIX, 216.
Caranges, III, 64.
Carapanatuba, Fl. IX, 119.
Carbonera, Castell u. Flecken (Span.). IV, 35.
Carcater, (Afr.) VI, 453.
Carlisle, (Engl.) XX., 207.
Carlobago, IV, 275. — L. u. Br. IV, 279, XV, 86. XL, 228.
Carlo-Forte, (auf der Insel S. Pietro) III, 158.
Carlsbad, L. u. Br. XV, 80.
Carlsberg, (Teutschl.) L. u. Br. XXXII, 48.
Carlsburg, (Siebenbürgen) III, 177. — L. u. Br. III, 111, 163, 349, 604. IX, 181, 52.. Sternwarte. III, 111.
B. R. *Ant. Martonfi*. Initia astronom. speculae Batthyan. Albens. etc. III, 601.
Carlscrona, L. u. Br. II, 122. VI, 530. VII, 435. XL, 74, 342 XLI, 422.
Carlskoga, (Schweden) L. u Br. XVI, 249.
Carlstadt, oder *Warmeland*, Hptmusch. (Schweden)
Ch. R. *Hallström*, Charte etc. 1808. XXXII, 316.
Carlstadt, (Schwed.) XXXV, 23.
— — (Siebenbürgen) L. u. Br. XL, 228. — Sternwarte. II, 499. Straſse zwischen Carlstadt und Fiume. IV, 294. XIX, 14.
Carmona, (Span.) L. u. Br. XXXV, 67. XL, 487.
Carnac, (Ruinen v. Theben) L. u. Br. VII, 160.
Carnolet, Lustschloſs bei Mentone. XVI, 333.
Carolina, (Spanien) Colonie. X, 242.
— — (Span.) Stadt, L. u. Br. XXXV, 67.

Carolina, *Süd*-,
B. R. *J. Drayton*, A View of South-Carolina etc. 1802. XX, 292.
Caroliner-Strafse, IV, 296.
Carolinische od. *Neu-Philippinische* Inseln, III, 334. 339. XXXV, 161.
Caroor (Indien), V, 27.
Carora (Terra firma), Cochenillenbau XXI, 145.
Carpathen, s. Karpathen.
Carpio (Spanien), L. u. Br. XXXV, 68.
Carrick, Insel. VII. 243.
Carrion, Fl. IV, 36.
Carron (Schottland), XXI, 206.
Carterets-Insel, XXIII, 275.
Carthagena, L. u. Br. IV, 400. 500. VII, 422. 423. IX, 519. XXXII, 187.
Carthago, s. Karthago.
Carwar (Indien), V, 30.
Carysforte (Ireland), X, 408.
Casal Maggiore, L. u. Br. II, 290.
Casan, s. Kasan.
Casarabonela (Spanien), XXXVII, 303.
Casbine, s. Caswin.
Cascamasca (Süd-America), XII, 257.
Caschau, Br. IV, 535.
Casena, s. Cakena.
Caserta, Bevölk. III, 369.
Cashna, *Gahna* (Afr.), III, 143. 194.
Caspisches Meer, s. Meer, Caspisches.
Cassel, bei Mainz; Verbindung mit Frankr. XXV, 374.
—— (Hessen), L. u. Br. VII, 429. XLIX, 370. — Bevölk. XVI, 357. — Zustand, 1811. XLI, 70.
B. R. Cassel in histor. topograph. Hinsicht, nebst einer Geschichte u. Beschreibung v. Wilhelmshöh etc. XXV, 212.
Cassius, Berg, Br. XV, 225.
Cassoppo, Cassiope, II, 52.
Cassos, s. Cagot.
Castel-Sardo (Sardih.), III, 152. 156.
Castilien, *Alt*-, VIII, 517. XLIX, 347.
Castillo de Seberino, L. u. Br. II, 394.
Castle-Hill (Neu-Süd-Wales), XLV, 15.
Castle-town-Höhle (Engl.), I, 424.
Castor's, Doppelstern, Annäherung, III, 166.
Castries, Bay, L. u. Br. VII, 183.
Castro-Urdiales, II, 484.
Caswin, od. *Casbine* (Pers.), XLVI, 40. — L. u. Br. VII, 178.
Catalonien, XLIX, 345. — Bevölk. I, 82
Catanzaro, Bevölk. III, 369.
Cathai (ndl. China), I, 140.
Cathie, V, 300.
Cattaro, L. u. Br. XV, 87.
V. N. Einige Nachrichten von den Buchten v. Cattaro. (M. e. Ch.) XX, 248.
Caubul, s. Cabul.
Caucasien, s. Kaukasien.
Caucasus, s. Kaukasus.
Cavada (Span.), L. u. Br. XXXV, 68.
Cavaillon (Frankr.), L. u. Br. XXXV, 68.
Cavour, Felsen von, Höhe. XVIII, 493.
Caxamarca (Peru), Höhe. XXIII, 497.
Cayambe, Bg. (S. America), Höhe. XLII, 444.
Cayambeorcou, Höhe. I, 99.
Cayeli, Insel. VI, 49.
Cayenne, s. Guyana.
Cayo Largo, oder Canal de Bahama, s. Bahama.

Cayo de Lobos, L. u. Br. II, 394.
Cedro, Flumentoso, Fl. III, 150.
Celebes, Insel.
B R. *Dav. Woodard* Narrative etc. with a Description of the Island of Celebes etc. 2de Edit. 1805. XVII, 312.
Celle (Braunschweigisch), L. u. Br. I, 237. III, 349. 545. IV, 105. 112. 318. VIII, 655. XXXIX, 93.
Cephalonia, Ins. II, 64. VI, 78. XLVIII, 163. XLIX, 119.
Cerigo (Cythera) II, 56. X, 235. XLVIII, 164. XLIX, 120. — L. u. Br. XXXIV, 453.
B. R. *A. L. Castellan*, Lettres etc. vergl. Morea.
Cerigotto, Aegyla, II, 57. L. u. Br. XXXIV, 453.
Cerro de la Claucilla (Süd-America), Länge IX, 327.
Cervia, L. u. Br. XIII, 357.
Cervin (Wallis), Höhe. VI, 270.
Ceylon, Singhala, XXXIII, 283. XXXVI, 402. XLIII, 417. XLIX, 73. vergleiche *Candi*, Königreich.
A. *Tolfrey's* Nachricht von den Casten auf Ceylon. XXXVII, 25.
B. R. *Hugh Boyd's* Gesandtschaftsreise nach Ceylon. Mit histor. statistischen Nachrichten v. dieser Insel, und d. Leben des Verfassers von *L. D. Campbell* Aus d. Engl. Hamb. 1802. XI, 591.
J. Haafner, Lotgevallen of eene Reise van Madras over Tranquebar naar het Eiland Ceilon. Harlem 1806. XXXIX, 445.
Rob. Percival, An account of the Island of Ceylon etc. to which is added a journal of an ambassy to the conrt of Candy. 1813. XI, 577.
Valentia, Voyages and Travels etc. XXXIII, 276.
V. N. Religionsbegriffe d. Cingalesen. XXI, 189. 198. XLIX, 72.
Cetimbra, VIII, 522.
Cha oder *Chia*, Name des Thee's, I, 179.
Chagain, VI, 322.
Chagré-Fluſs, I, 87.
Chaibar (Arab.) XIV, 22.
Chainuquos (Afr.) VI, 396.
Chalons sur Marne, Bevölkerung. VII, 144.
Chalwett, die, XLVIII, 208.
Cham, Markgrafschaft.
V. N. Ueber die nördliche Ausdehnung des Markgrafthums *Cham* u. *Nabburg* im Anfange d. XIII. Jahrhunderts. X, 174.
Cham, L. u. Br. XX, 200.
Chamalusen, Fl., I, 87.
Chamounis, Höhe. II, 602.
Chandernagor, XI, 250. — L. u. Br. VII, 180.
Chapa Cunha (Portugal), Eisenhammer. XIII, 203.
Charente, Fl., L, 69.
Charkow, Statthalterschaft, II. 62.
—— Stadt, I, 197.
Charlottenburg, Bevölker. XVI, 357.
Charlotten-Insel, groſse, I, 579.
Charons See (Aegypten), XII, 655. 674.
au Chat, Insel, VI, 295.
Chatham (Ob. Canada), VI, 315.

Chatham-Island, V, 576.
Chateauroux, VIII, 514.
Chaves (Portug.) XIII, 202.
Chelicotte, Landschaft im nordwestl. Amer. XI, 382.
Chelm, L. u. Br. XV, 81.
Chemischer Apparat, neues Sternbild. III, 620.
Chemnitz (Erzgebirge), Bevölkerung. VIII, 393.
Chenaux écartés, VI, 295.
Chendaouyeh (Aegypt.) X, 345
Cherbourg, Rhede von, VIII, 383. 386.
V. N. (*La Lande*) Der Haven von Cherbourg. XII, 503. — Vollend. des Havens. 1813. XLII, 111.
Cherokesen.
V. N. Auszug einer Reise zu d. Völkerstämmen der Creeks und Cherokesen in Nord-America, von *Pallisot-Beauvais*. IX, 461.
Cherqui, L. u. Br. VII, 181.
Cherson, *Chersonesos*, I, 197. IX, 149. XL, 137. — L. u. Br. II, 32. XVI, 207. XIX, 232. vergl. Taurien.
V. N. *J. Potocki*, hist. ancienne du Gouvern. de Cherson. 1804. XVI, 117. 489.
V. N. Ueber die Charte der Gegend v. Cherson, Odessa und Bender. XIX, 520.
Chesapeak-Bay (N. Amer.), XIII, 116.
Chezinz, L. u. Br. XV, 81.
Chicacotta, VII, 227.
Chichas, Provinz im Spanischen Amer. XII, 586.
Chichester (Grafschaft Sussex), L. u. Br. VIII, 67.
Chiclana, III, 450.
Chienti, Fl. III, 505.
Chieti, Bevölk. III, 369.
Chili, Fruchtbark. u. Handel. II, 40. 348.
B. R. *Monir*, Voyage etc. s. Persien.
Chilöe-Inseln.
A. Beschreib. d. Archipelagus der Chilöe-Inseln. XLIII, 393.
Chilok, II, 73.
Chilon, II, 41.
Chimay-Bay, XI, 549.
Chimborazo, Höhe. X, 212. XII, 257. XXIII, 497. XL, 46.
China, *Sina*, *Schina*, XXXIII, 386.
A. *De Guignes*, Bemerk. über *Barrow's* Reise nach China. XXIII, 129.
Dr. *Hager*, Ueber die Bekanntschaft der alten Griechen mit China, und über den Zug einer griechischen Karawane in das Land der Seren. XVII, 283.
Statistische Nachrichten von China, ausgezogen aus Sir *G. Staunton's* Reisebeschreib. der Engl. Gesandtschaft des Grafen *Macartney* nach China, im Jahre 1793. I, 138.
B. R. *J. Barrow*, Travels in China etc. from Pekin to Canton. Lond. 1804. XV, 339. XVI, 52. 183. 2te Aufl. XX, 123.
H. M. Elmore, The British Mariners Directory etc. X, 507. XII, 600. siehe Indien.
M. De Guignes, Voyage à Peking, Manille, et l'Ile de France, fait en 1784 — 1801. Paris 1808. XXVIII, 173.
Sam. Holmes (Sergeant-Major), Journal during his attendance as one of the Guard on Lord Macartney's Embassy to Chi-

na and Tartary, 1792 bis 1793. II, 418.

Holmes, Voyage en Chine et en Tartarie etc. Auquel on a joint les Vues, Costumes etc. de la Chine par *M. W. Alexandre* etc. Ouvrage traduit de l'Angl. par M. M**, revû et publié avec des observations sur les relations politiques etc. par *Langlès*. T. I. et II. XVI, 299.

China.

B. R. Choix des *lettres édifiantes* etc. XXXI, 177.

Moreau de St. Mery, Voyage de l'ambassade de la Compagnie des Indes Orientales Hollondaise vers l'Empereur de la Chine en 1794 et 1795, tiré du journal de *A. E. van Braaen-Houkgeest* etc. II, 131.

Sonnerat, Voyages aux Indes Orientales et à la Chine depuis 1774 jusqu'en 1781 etc. Paris 1806. XXVII, 78.

G. Staunton, An authentic account of an Embassy from the King of Great Britain to the Emperor of China, taken chiefly from the papers of his Exc. the Earl of *Macartney* etc. II, 131. XIII, 487.

Translations from the original Chinese; with notes, Canton 1815. XLIX, 446.

v. Zimmermann, Taschenbuch der Reisen, 9ter Jahrg. 1te Abtheil. XXXI, 322.

Ch. R. *A. Arrowsmith*, Asia. 1801. VII, 181.

V. N. *Alexandre* (dessinateur attaché à l'Ambassade du Lord Macartney), Vues, Costumes, Moeurs et Usages de la Chine, gravés par *S. Simon* d'après l'original publié à Londres. 1802. 6. Lief. X, 356.

Auszug aus dem Tageb. eines Begleiters d. *Russ. Gesandtsch.* an den Hof von Peking. XXI, 219.

Authentische Nachrichten von d. *Russ. Gesandtschaft* nach China, im J. 1805 und 1806. XX, 208. 317; vergl. XVII, 121. 392. XVIII, 119. XXV, 243.

F. Marsham, Elements of the Chinese Grammar, with a preliminary dissertation on the characters and the colloquial medium of the Chinese, and an Appendix containing the Jahyot of Confucius. 1814. L, 124.

Walther's Reise nach Madras u. China. XLIX, 230.

Uebersetzung der *Bibel* in der Chines. Sprache. XLII, 249.

Zustand des *Christenthums* in China. XLIX, 70.

Gärten der Chinesen, XX, 360.

Geographische Veränd. (1804) XVI, 24. (1809 bis 1815) XLIX, 410.

Chinesis. *Hofzeitung*. XXXV, 245.

Kunstfertigk. der Chinesen. XX, 358.

Missionsberichte a. China. XV, 382.

Polit. Zustand. (1808) XXVIII, 138.

Statist. Tabelle. (1808) XXVIII, 139.
Vergleichung der Türken u. Chinesen. XLVII, 465.
Chinalaph, Fl. III, 583.
Chinalug, Distr. XLV, 335.
Chinchen-Bay, od. *Quinion*, Haven. XI, 534.
Chincoor, *Chicoor*, *Chicoree*, *Chintywur* (Indien), XXI, 117.
Chinsurah, am Hugly, XI, 250.
Chios, XVII, 325.
Chirigua, L. u. Br. XLVIII, 438.
Chirurgische Feldzüge des Hrn. Larrez. XXXIX, 358.
Chittagony, V, 561.
Chiucu (S. Amer.), III, 344.
Chiwa, Land in der grofsen Tatarei. XIV, 426 — Geogr. Lage. XXII, 102.
B. R. Schicksale des Persers *Wasilij Michailow* unter den Kalmücken, Kirgisen u. Chiweusern. 1804. XV, 425.
V. N. Kurze Nachricht von dem Lande Chiwa. XXV, 107.
Karawanen von Orenburg n. Chiwa. XIV, 427.
Chiwa, Stadt, L. u. Br. XXII, 103. — Einwohn. u. Häuserzahl. XXII, 103.
Chmelewka (Rufsland), XX. 233.
Chodshand (Ind.), XL, 174.
Cholula, Pyramide von, (Amer.) XXXVII, 311.
Chorinski Bratskii, Nomad. Volk in Rufsland. XVII, 243.
Chorol, Fl. u. Stdt. II, 363.
Chorzellen, L. u. Br. XXXII, 77.
Choschothey (China), I, 141.
Chotin, L. u. Br. XIX, 227.
Chowpara (Berar), VII, 152.
Christen in Algier, II, 119.
Christiania, Ins. (Griech. Archipel) L. u. Br. XXXII, 48.
—— (Norweg.), VIII, 398. XXXIII, 412. XXXVIII, 360. — L. u. Br XL, 342. XLI, 422. — Univers. XXXVI, 245. XXXVIII, 115. 358.
Christiansand (Norwegen), XXXIII, 438. — L. u. Br. XI, 734.
Christians Öe, Festung.
B. R. *Chr. V. Hertel*, Nye udförlig Beskrivelse over den vigtige danske Soefaestning Cristiansoe etc. Aalborg 1809. XXXVII, 177.
—— Insel.
V. N. Beschreib. der Dänischen Erdholmen oder kl. Inseln Christians-Öe u. Friedrichsholm. XXVI, 193. (Mit einem Chärtch.)
Christians-Sund, III, 534. VII, 435. — L. u. Br. XL, 342.
Christianstadt (Schweden), VIII, 402.
Christineham (Schweden), XXXV, 33.
Chronometer, Zeithalter, von *Grant*, II, 15. von *Emery*, II, 18 19. — auf d. Seeberge. II. 371. 372.
Taschenchronometer zu Längenbestimmungen. X, 102.
A. *Fr. Götze*, Ueber *Th. Mudge's* Zeithalter. XIX, 129.
Chrysopolis, II, 53.
Chunnar, am Ganges. XI, 247.
Chuprak, am Gonduck. XI, 248.

Chuquisaca, La Plata (Span. America), III, 65.
Chur, Coire (Schweiz), L. u. Br. VI, 265. — Oekonom. Gesellschaft. XIII, 125.
Churin (Span. Amer.) III, 64.
Chusan - Bay, II, 421.
Cimbrishamm (Schweden), III, 525.
Cimolis, Insel. VIII, 223.
Cintra, Berge von, VII, 219.
—— Stadt. VIII, 522.
Circars, die, XLV, 314.
Cisalpinische Republik.
Geogr. Veränd. (1799 u. 1800) VII, 10. (1801) IX, 103.
Statist. Tab. (1801) IX, 120.
Civita (Sardinien), III, 155.
Civita Castellana. III, 366.
Civita vecchia XIII, 357.
Cizique, Cizycus, L. u. Br. II, 33. XV, 220.
Clagenfurth, s. Klagenfurth.
Clair, See. VI, 314.
Clausenburg, L. u. Br. III, 163. XV, 80. — Sternw. II, 499.
Claussen, Höhe. IV, 167.
Clausthal, L. u. Br. XVI, 445. XVII, 214.
Clermont - Ferrand, Bevölk. VII, 144. XL, 424.
Cleve, Herzogth. — Verlust durch Abtretungen. VIII, 308.
Clyde, Fl. (Schottl.) V, 540. XXI, 206.
Cobbé (Afr.), V, 148. L. u. Br. V, 150.
Coblenz —
B. R. *W. A. Günther*, topograph. Geschichte der Stadt Coblenz, von ihrem Entstehen bis z. Schlusse des 18ten Jahrhund. 1815. XLVIII, 322.
Coburg, L. u. Br. III, 109. 350. IV, 105. 115. 396. 500. VIII, 418. XI, 374. XIV, 225. XVI, 44.
Coburgische Lande, vergl. Sachsen - Coburg.
Coca, Thee von Paraguay. III, 68.
Chochin (Ind.), L. u. Br. VII, 180. XXXV, 68.
Cochinchina, vergl. Tunkin.
A. *Chapman*, Beschr. einer Reise n. Cochinch., nebst einer Sizze der Erdbeschreibung dieses Landes, und einigen Nachrichten von den Sitten und Gebräuchen und der Geschichte seiner Bewohn. XI, 521. vergl. XII, 642.
B. R. *J. Barrow*, A voyage to Cochinchina in the y. 1792 and 1793. Lond. 1806. XXI, 33.
V. N. *J. Koffleri*, HistoricaCochinchinae descriptio etc. edid. *Ch. Th. de Murr.* 1804. XVII, 126.
Christenthum daselbst. XXV, 124.
Cocos Insel, Haifische in der Bucht von. II, 347.
Cofre de Perote (Neu - Spanien), XLII, 441. L. u. Br. II, 391. — Höhe. II, 397. XXIII, 497.
Cogni, L. u. Br. II, 465.
Cohaut, XLIX, 177.
Cohetoon, Fl. (N. Amer.) V, 116.
Coimbatoor, Coimbettore, (Ind. Provinz) V, 36. VII, 302.
Coimbra, IX, 38. L. u. Br. IV, 319. 399. 500. XVIII, 284. XXIV, 422. — Sternwarte, XIII, 397. — Univers. XVI, 503.
Col de Balaguet, L. u. Br. IV, 158. XXXII, 43.

Col de Balme, Höhe. III, 365.
— *de Ferret*, Höhe. IV, 168.
— *des Ortes*. IV, 31.
— *de la Seigne*, Höhe. IV, 168.
Cola, (Gouvern. Archangel) Kupferminen. XXIV, 364.
Colbaton, Dorf am Montserrat. XI, 278.
Colberg, L. u. Br. VIII, 256.
Colchis, XXXII, 115.
A. *Dominikus*. Colchis od. Imerette, Guriel, Mingrelien. XX, 142.
Rommel. Ueber d. Colchier, Lazier u. Mingrelier. XX, 407.
Coleuum, auf d. Ins. Morter. XI, 699.
Colgong, am Ganges. XI, 249.
Cölln, s. Kölln.
Collo, (Algier) III, 586.
Colmar, L. u. Br. VII, 420.
Cololis, s. Coloris.
Colombes, L. IV, 318.
Colombo, (auf Ceylon) XI, 581. — Belagerung. 1796. XXXIV, 402.
Colonia del Sacramento (S. Amer.) L. u. Br. XI, 223.
Colonien.
B. R. *Hegewisch*. Geogr. und hist. Nachr., die Colonien der Griechen betreffend etc. Altona. 1803. XXX, 66.
Ch. Montlinot. Essai sur la Transportation comme recompense et la Deportation comme peine. I, 663.
de Pradt. Les trois âges des Colonies etc. Paris, 1802. VIII, 506.
V. N. *Labarthe*. Annales maritimes et coloniales. II, 559. III, 96.
Colorado, Fl. (S. America) XI, 225.
Coloris, oder *Cololis*, die, (Algier) IV, 23.
Columbia, (Süd-Carolina) Univers. XV, 385.
— — Bai u. Fluss. (N. W. Küste v. Amer.) II, 340.
Beabsichtigte Gründung einer Nordamerican. Colonie an dems. XXXIV, 219. XLII, 367.
Columbo, s. Colombo.
Columbretes, los, L. u. Br. VII, 423.
Cometen.
B. R. *W. Olbers*. Abhandlung über die leichteste und bequemste Methode, die Bahn eines Cometen aus einigen Beobachtungen zu berechnen. I, 435. II, 95.
V. N. *Hennert's* Dissert. sur la théorie des Comètes etc. I, 436.
Cometen - *Atmosphäre*, ohne Strahlenbrechung. III, 114.
Cometen - *Bahn*, von *Burkhardt* berechnet. II, 79. IV, 443. — *De la Place's* verbess. Methode. II, 80. — Ueber die Bahn d. Cometen von 1799. IV, 280, 366, 466. — Preisaufgabe, die Bahn des Cometen von 1770 betreffend. III, 432.
Cometen-*Bedeckung*. II, 87.
Cometen-*Beobachtungen und Berechnungen*. I, 127, 366, 371, 602, 679, 690. II, 76, 492. III, 115, 296, 310, 397, 537, 621. IV, 49, 169, 261, 270, 349, 448, 452.
Dichtigkeit, oder *Durchsichtigkeit*. I, 129, 133, 226. 601. 602.

Einwirkung auf unser Sonnensystem. II, 268.
Furcht in Paris. I, 482.
— *Rückkehr?* I, 502, 622. IV, 286.
Cometen - *Sucher.* III, 621. 633.
Unendliche *Zahl* der Cometen. III, 621.
Comino, Insel. III, 591, 652.
Commerson, Fluss. (Afr.) L, 109.
Como, L. u. Br. IX, 520. X, 534. XXXV, 68.
— See.
A. *Oriani.* Höhe der Seen von Como und Lugano, und des Lago Maggiore über der Meeresfläche. II, 292.
Compass.
A. Ueber die Erfindung des Compasses. XXXI, 405.
Compensations Pendel, von Eisen - und Zinkstangen. III, 322.
Comporta, VIII, 523.
Conandagua, (N. Amer.) V, 117.
la Conception, Ladron. Ins. siehe Alamagam.
Conception, (Chili) II, 41. L. u. Br. VII, 441.
Conception-Spitze, (N. America) L. u. Br. IX, 455.
Condatchy - Bay (Ceylon). Perlfischerei. XI, 580.
Conde, (Portug.) L. u. Br. XL, 487.
Conko (Afrika) III, 482.
Coni, (Ital.) Bisthum. XII, 383.
— (Stadt) III, 365.
Conjunctions - Berechnungsart, III, 502.
Constantine, (Afr.) Provinz III, 581, 586, 589.
— — Stadt. III, 588.
Constantinogorsk, (Russl.) V, 76.
Constantinopel, VII, 133. 138. XIV, 193. XVII, 87. 240, 319. XIX, 245 f. L. u. Br. II, 28. 32. XV, 220. — Bevölk. IV, 411, — Mathematische Schule und Türkische Druckerei I, 129.
A. *Fr. Murhard.* Eine Skizze von der Nordküste des Havens von Constantinopel. XII, 283.
Desselben Beschreibung d. Basars zu Constantinopel. XII, 389.
Constantinopel.
B. R. Lettres sur Const. de M. l'Abbé *Sévin,* écrites au Comte de Caylus; suivies de plusieurs lettres de *Peyssonel* — sur l'Empire Ottoman etc. Revû par *Bourlet de Vauxcelles.* 1802. XII, 207.
Pouqueville, Voyage etc. XVI, 347. XVII, 73. siehe Türkei.
Voyage à Constant., en Italie, et aux Iles de l'Archipel, par l'Allemagne et la Hongrie. Paris, IV, 414.
Voyage en Krimée, suivi de la relation etc. X, 518. siehe Krim.
V. N. *Melling,* Malerische Reise. XI, 365. XII, 374. XIII, 389. XVIII, 246.
Von *Reimers* u. *Murhard,* Constantinopel u. St. Petersburg etc. s. Journalistik.
Constanz, s. Costanz.
Conversion, Sp. (N. Amer.) L. u. Br. IX, 455.
Cook's - Fluss, III, 331.
— *- Strasse,* I, 160. 578.
Coolebroke - Dale, (Shropshire) XXII, 184.
Coorga, (Indien) V, 43.

Copiapo, III, 342.
Copten, V, 90.
Coptische Klöster, im Natron-Thal. V, 87. 424. X, 471.
Coptos, s. Keft.
Coruir, Land (Indien) XXI, 191.
Corana, Land (S. Afrika) L, 190.
Corbach, Br. IV, 163.
Cordilleras, s. Andes.
Cordova, (Spanien) X, 58. L. u. Br. XXXV, 86. XL, 487.
-- (Span. Amer.) III, 61. XII, 584.
Corea, Halbinsel.
B. R. *v. Zimmermann*. Taschenbuch d. Reisen, 9ter Jahrgang, 2te Abtheilung. XXXV, 78.
Corfu, Insel. VI, 66. XLIX, 118.
A. *G. A. Olivier's* Bericht von seiner im J. 1798 unternommenen kl. Reise durch die Insel Corfu. XXVI, 265.
B. R. *d'Arbois*. Mém. sur les 3 Dept. de Corcire, d'Ithaques et de la mer Egée. II, 50.
— Stadt, L. u. Br. XXXIV, 453.
Corinth, XLIX, 330. — L. I, 129. III, 165. VII, 556.
Cornelii Münster, Abtei. Verlust im Lünevill. Frieden. IX, 53.
Cornua, *Korna*, am Euphrat. II, 563.
Cornwall, (Canada) VI, 295.
Cornwallis, Silberbergwerk. V, 386.
Corny, VII, 250.
Coro, (Terra Firma), Cochenillenbau. XXI, 145.
Coroa, Insel. III, 336.
Coromandel, Küste.
B. R. D'*Haafner*, Reize in eenen Palanquin of Lotgevellen en merkwaardige Aautukeningen of eene Reize langs de Kusten Orixa en Coromandel. 1ter Deel. Amsterd. 1808. XXVI, 446. XXVIII, 460.
Corrèze, Departement.
Geogr. statist. Beschreibung. XXXI, 454. vergl. XII, 259.
Corsica, vergl. Italien. VIII, 250, 313.
B. R. *G. Feydal*. Moeurs et coutumes des Corses. III, 251.
Ch. R. *Stieler*. Charte von Corsica und Sardinien etc. Nürnberg, 1805. XXVII, 97.
V. N. (*Arrighi*) Voyage de Lycomède en Corse etc. Paris, 1806. XX, 484.
Ueber die Gröfse von Corsica nach □ Meilen. II, 285. 382.
v. Zach, üb. *Tranchots* grofse und genaue trigonometrische Messung und Charte v. d. Insel Corsica. I, 468
Bevölk. XIII, 50. XXXV, 120. — Geogr. Veränder. 1799 u. 1800. VII, 15.
Corsöer, Haven auf Seeland, Plan dess. III, 121.
Corte, L. VII, 426.
Cortryk, Courtray. XXXVI, 213.
Corunna, (Span.) L. u. Br. XXXII, 45.
Corvo, Azor. Insel. XLVII, 74.
Cos, Insel. XIV, 191.
Cosenza, Bevölk. III, 369.

Cosmographie.
B. R. *Mentelle.* Cours de Cosmographie etc. VIII, 122.
Cossir, am rothen Meere. V, 93.
Costa de la Florida, L. u. Br. II, 394.
Costanz, L. u. Br. VI, 265. X, 253. XIII, 485. XXXV, 68.
B. R. *v. Seyfried.* Statist. Nachr. etc. XVI, 426. siehe Stift.
Costnitz, s. Costanz.
Côte d'or, Dept.
Geogr. statist. Beschreibung. XXXI, 433.
Cotopaxi, (Amer.) Vulkan, XXXVII, 314.
Cottbus, Herrschaft.
A. Was hat das Königliche Haus Sachsen an d. ehemaligen Preufs. Herrsch. *Cottbus* und *Peitz* in der Niederlausitz gewonnen? XXIX, 337.
Cottonera, (Malta) III, 591.
Coudras, Insel. (N. Amer.) L. u. Br. IX, 541.
Courtray, s. Cortryk.
Covilhao, (Portug.) XIII, 205.
Cracau, s. Krakow.
Crangonor, (Ind.) V, 35.
Crankhill - Moor, (Engl.) VI, 498.
Crasto, (Portug.) IX, 43.
Credit, Fl. VI, 307.
Creek's, die,
A. Die Creek. Indianer, L, 152.
V. N. Auszug einer Reise zu den Völkerstämmen der Creeks u. Cherokesen in N. America, von *Pallisot-Beauvai.* IX, 461. 560.
Crema, L. u. Br. II, 290.
Cremona, L. u. Br. II, 290. — Bevölk. XL, 426.
Cremsmünster, s. Kremsmünster.
Creuse, Departement.
Geogr. statist. Beschreibung. XLIV, 279.
Croatien, vergl. Dalmatien und Ungarn.
Flächeninhalt u. Volksmenge. XXII, 484. — Ortsbestimmungen. XXXI, 499.
Croc, Haven. (Neufundl.) L. u. Br IX, 542.
Crone, (Polen) L. und Br. XXXI, 467.
Cronebane, (Ireland) X, 404.
Crofs - Sund, L. u. Br. VIII, 154. 195.
Croton, III, 358.
Croughan, Berg. (Ireland) X. 404.
Cru - Metopon, (Krim) XL, 158.
Csáktornya, (Ungarn) L. u. Br. VIII, 452.
Cuba, Insel. XII, 583.
A. *v. Ferrer.* Längenbestimmungen. II, 394.
Crença, (Quito) Höhe, XXIII, 497.
Cuerbo, Azor. Ins. L. u. Br. II, 395
Culm, (Preufsen) L. u. Br. XXXI, 467.
Culmsee, (Preufsen) L. u. Br. XXXI, 467.
Culmination der Gestirne, III, 276.
Cultia, *Pultia.* (inn. Afr.) II, 559.
Cultur.
B. R. *Ph. A. Nemnich.* Tagebuch einer der Cultur und Industrie gewidmeten Reise. Tübingen, 1809. XXX, 77. XXXVI, 209.

Cumana, (Span. S. Amer.) Gouvern.
Bevölker. XXI, 157. — Truppenzahl. XXI, 158.
Ortsbestimmungen der benachbarten Inseln der Küste von Cumana und Neu-Andalusien. XXXII, 266.
— — Stadt, X, 169. XLVI, 445. — L. u. Br. XI, 375. XXXII, 48. XLVI, 448.
Cumberlands Haus, (Nord-America) L. und Br. IX, 539.
Curapatuba, siehe Carapanatuba.
Curland, siehe Kurland.
Curmi, (Malta) III, 591.
Cusco, (Span. Amer.) III, 58. 67.
Cüstrin, L. und Br. VIII, 265.
Cuxhaven, III, 302. 613. — L. u. Br. III, 615. XXXV, 68.
Cuxhavener grosse Baacke, L. u. Br. XI, 723.
Cycladen, die grossen, oder neuen Hebriden. XXXV, 171.
Cyclopisches Mauernsystem, XXXV, 234.
Cylindre, Berg. Höhe. VIII, 337.
Cyme, XXXIV, 43.
Cypern, I, 368.
Cyrene, (Afrika.) III, 135. 137.
Czacza, (Ungarn) L. u. Br. XVII, 101.
Czarnikou, L. u. Br. XXXI, 465.

D.

Dachauer Moos, (Bayern), XVIII, 463.
Dachberg, Höhe, X, 396.
Dagelet, L. u. Br. VII, 185. 263.
Dagerfelden, Eisenbgwk., XVIII, 381.
Daghestan, XLIII, 108. XLVI, 102.
Dagsnes, (Schweden) Landsitz, XXXI, 51.
Dahla, Fl. (Schweden) Wasserfälle, XXXV. 251.
Da Lagao-Bay, (Afr.) L. u. Br. V, 437.
Dalekarlien, (Schweden), XXXV, 256.
Dalekarlier, die, XXXV, 29.
Dalli-Stock, Höhe, X, 395.
Dalmatien, III, 411. X, 231.
Ch. R. – *G. A. de Capellaris*, Carta noviss. della Dalmazia, Albania, Croazia, Bosnia con le Provincie confinanti del Cragno, Schiovonia, Coriziano, Veneziano, Raguses, Papalino e Neapoltano. Wien 1806. XXV, 224.
J. L. Güssefeld, Charte von Dalmatien od. d. östl. Theil des Kgr. Italien etc. Nürnberg 1806. XXIV, 227.
C. Mannert, etc. vgl. Italien.
Pinneti, Carta postale, vgl. Kgr. Ital.
M. de Traux, Charte von Dalmatien u. d. Gebiet von *Ragusa*, aus ächten Quellen gezogen u. bearbeitet. Herausgegeb. v. *Schreyvogel* und *Riedl*, 1810. 8 Bl. XXXIII, 317. 346.

V. N. — Voyage histor. etc. s. Istrien.
Dalmatow, (Rufsl.) Kloster das., XX. 335.
Dalrymple, Port, L. u. Br. VII, 559.
Damas, II, 561. L. u. Br. XIV, 93.
Damask s. *Damas*.
Damiette, (Aegypten) V, 502.
Dänemark, XVIII, 101. 375.
B. R. — *Küttner*, Reise durch Teutschland, Dänemark, Schweden, Norwegen u. einen Theil v. Italien, in d. J. 1797 u. 1799. Leipz. 1800. VIII, 389.
Rasmus Nyerup's Hist. statist. Schilderung von Dänemark u. Norwegen, aus d. Dän. übersetzt u. herausgegeben v. *Gardthausen*. 1. Bd. 1804. XIX, 77.
Reisen durch einen Th. v. Sachsen und Dänem. etc. Altona 1813. XLVIII, 314.
Reisen durch Schottland etc. vgl. Schottland.
Fr. Thaarup, Ausführl. Anleitung zur Statistik. d. Dän. Monarchie. 1—4 Th. 1812. — 1815. XLIX, 186.
Ch. R. — *Lange*, Charte v. Dänem., Schleswig und Holstein. 1791. I, 107.
V. N. — *J. P. Catteau*, Tableau des Etats Danois, envisagés sous le rapport du Mécanisme social. Paris 1802. XI, 732.
Lowenörn, von d. Dän. See-Charten-Archiv, III, 524.
Swinton, Voyage en Norwège, en Danemark, et en Russie, dans les années 1788 — 1791. Paris 1801. VIII, 458.
Armee, (1809) XXXI, 117.
Bevölker. III, 367. XI, 754. XXX, 329.
Ebbe u. Fluth an der Dän. Küste, III, 125.
Kön. Dän. Mandat wegen einer Veränder. im *Geldwesen* in den Kgr. Dänem. und Norw., wie auch d. Herz. Schleswig und Holstein, XL. 366.
Geograph. Veränderung 1799. und 1800. VII, 18. (1803) XIII, 31. (1804) XVI, 20. (1805) XIX, 25. (1806) XXII, 57. (1807) XXV, 42. (1809 — 1815) XLIX, 275.
Geogr. *Landmeile*, III, 533. — Geogr. *Landmessung*, XXXI, 125., 237. — *Landwirthschaft*, V, 321.
2 *Obergerichte*, XVII, 389. — Ortsbest. XXXII, 490.
Seehandel, XXI, 421. —
Seemacht, (1803) XII, 646. XIII, 397. (1805) XIX, 392. XX, 437. (1806) XXI, 98.
Statist. Tab. (1800) VII, 24. (1801) IX, 120. (1802) XI, 193. (1803) XIII, 37. (1804) XVI, 31. (1805) XIX, 36. (1815) XLIX, 276.
Statist. Notizen (1814) XLII, 119.
Theehandel, I, 186.
Dänische Inseln.
Ch. R. — *D. L. Güssefeld*. Die Dänischen Inseln in d. Ostsee, als Seeland, Fünen, Laaland, Falster, Moen, Bornholm, Lan-

geland etc. Nürnb. 1807. XXIV, 230.
Danemora (Schweden) Bergwerk. VIII, 400.
Dannenberg, (Nied. Sachs.) L. u. Br. XXXIX, 93.
Danzig, vgl. *Polen*. L. u. Br. I, 285, 541. II, 5. 13. 14. 121. 500. IV, 396. 501. III, 86. VII, 429. XXV, 469. XLI, 94. 422. — Bevölk. XVII, 381. XXX, 37.
A.—*Pet. Krüger's* Vorschl. etc. I, 643. s. Königsberg.
B. R. *v. Duisburg*, Versuch einer histor. topograp. Beschr. der freien Stadt Danz. 1809. XXXIII, 173.
Ch R. — Charte der Stadt und des Havens v. Danzig und der umliegend. Gegend. Weimar, 1807. XXIII, 222
J. B. Engelhardt, Plan von d. Gegend v. Danzig im Anfang d. J. 1807 entworfen. XLII, 457.
Koch, Plan des Territorii der freien Stadt Danzig. 1808. XXVII, 335.
V. N.—Wachsthum d. Stadt Danzig unter d. Preufs. Reg. v. J. 1793 — 1807. XXIV, 86.
Darau (Aegypten) XII, 566.
Darbeida, L. u. Br. XLVIII, 437.
Dardanellen (Asiat. Schlofs) VII, 27. XIV, 187. — L. und Br. II, 33. VII, 177. XV, 220.
Darfur, (N. Afr.) III, 102. V, 83. 146. 392. — L. u. Br. III, 102.
A.—Durch wen wurde das Reich *Fur* od. *Darfur* d. Europ. zuerst bekannt? XXXVIII. 3.
Lapanouse, über d. Karawanen von Darfur nach Aegypten. XIII, 273. vgl. XII, 548.
Darkehmen, L. u. Br. XIV, 234.
Dar-Kulla, (Afr.) V, 152.
Darmouth, vgl. *Torbay*.
Darmstadt, L. u. Br. IV, 68. 451. — Kirchenliste (1814) L, 262.
Ch. R.—*J. E. Bechstedt*, Situationscharte v. Darmstadt, u. d. umlieg. Gegend. XXIX, 396.
Dartmoor (Engl.) XXI, 204.
Daschimak-Nor, (Sibirien) Br. XVI, 498.
Daurien, (Südl. Sibir.) V, 186.
Davisland, III, 334. 342. XVI, 490. L. u. Br. XVII, 415.
A.—*v. Krusenstern*, über d. Daseyn v. Davisl., XVII, 397.
Daxata Kantschen, L. und Br. X, 436.
Daximonitis, Ebene von, XLVI. 12.
Debretzin, L. u. Br. XL, 228.
Decan, (Hindostan) IV, 435. V, 11. XLVI, 112. — unterirdische Höhlen. XVII, 125.
Decimal-Eintheilungs-System; — Einführung bei astronom. Berechnungen, I, 475. III, 50.
B. R.—*J. Ph. Hobert* und *Ludw. Ideler*, Neue trigonometr. Tafeln für d. Decimal-Eintheilung des Quadranten berechn. IV, 127.
Declinations-Charte, magnet, s. Magnet.

Deda, Br. IV, 534.
Deggendorf (Baiern) L. u. Br. XX, 200.
Delaware, Fl. (N. Amer.) XIII, 116.
Deleb, Land (inn. Afr.) XII, 549.
Delft, L. und Br. XXXV, 68.
Delfzyl, Bevölkerung. VII, 391.
Delhi (Hindostan), Handel. X, 308. Sternwarte. V, 529.
Deliklicheli, (?) II, 33.
Delmenhorst, L. u. Br. VIII, 251. XV, 493.
Delphi, X, 377. XLVIII, 303.
Delta (Aegypten), X, 333.
Demerary, (Guiana) Holländ. Colonien u. Plantagen, XXI, 99.
Dendara, *Denderah*, *Tentyris* (Aegypten), V, 268. 400. — L. und Br. VII, 160.
Denna (inneres Afrika), I, 706.
Dennstetten, Einwoh. VIII, 290.
D' Entrecasteaux - Strafse, VI, 46. XII, 430. — s. Vandiemensland.
Dera Ismael Khan, XLIX, 176.
Derbent (Rufsl.) L. u. Br. XXII, 101. — Weinbau XLV, 332.
Derbet, e. Hauptzweig der Kalmücken. I, 142. V, 64.
Derwent - River, inn. Mündung, L. und Br. VII, 554.
Derwische, die, XLVIII, 206.
Desechee, L. und Br. II, 394.
Desouk (Aegypten), X, 336.
Dessau, L. u. Br. II, 374. XXIII, 106.
Ch R.—*Vieth*, Plan d. Stadt Dessau, u. d. umlieg. Gegend. 1809. XXXII, 415.
Detern (Ostfriesl.) XI, 514.
Detroit, od. Fort Pontchartrain, L. u. Br. VI, 317.
— - Strafse, VI, 313. 314.
— - Strom, VI, 317.
Deusen, (Afr.) VII, 344.
Deutschland, sieh. *Teutschland*.
Devon, Grafsch.
Ch. R. Benj. *Donn*, The county of Devon, etc. Lond. b. Faden 1799. VIII, 68.
Dewer, IV, 196.
Dexen, (Ostpreufs.) III. 404. — L. u. Br. II. 374. III, 406. 409. XVII, 342.
Diableret, Höhe, X, 399.
Djama - Ovasi, Ebene von, XI, 141.
Diarbekir, *Diarbekhr*, L. u. Br. VII, 177. XI, 141. — Bevölk. IV, 411. — Handel. VII, 260.
Djauzdjan, *Djourdjan*, vgl. Dschordschan.
Dibeh, (Münd. d. See's Menzaleh,) L. u. Br. VII, 160. XXXV, 68.
Dido, die, Volk. XLVI, 91.
Djebel Hazen Ins., L. und Br. XLVIII. 437.
Diebes - Inseln, s. Ladronen.
Dieboldsau, Schweiz, L. u. Br. III, 472. X, 155.
Djedda, s. *Dsidda*.
Diepholz, L. u. Br. XXXV, 68.
Diessen (Baiern) L. u. Br. XX. 199.

Dietrichsberg, b. Vach, L. u. Br. XXV, 290.
Diggai, (inn. Afr.) I, 212.
Digurchi, L. und Br. VII, 232.
Dijon, XXI, 57. Bevölker- (1810) XL, 424.
Dillingen, L. u. Br. I, 285. 415. II, 435. XIII, 484.
Dinapore, am Ganges. XI, 248.
Dindigul, (Indien) V, 36.
Diomedes Inseln, II, 61.
Dioscurias, XX, 143.
Dirschau, L. u. Br. VIII, 247. XLI, 94.
Dirschkeim (Preufs.) L. u. Br. XII, 483.
Dischingen (Schwbn.) L. u. Br. XII, 486.
Distelhausen, XIII, 126.
Ditteah, (Indien) XVIII, 182.
Dniepr, Fl., Schiffbarmach. II, 26.
Dobrzyn (Polen) XI, 339. — L. u. Br. XIII, 106. XXXV, 68.
Dödi, Höhe, VI, 264. XLII, 369.
Dohna (b. Dresd.) XXXVII, 447.
Dokkum, Bevölk. VII, 391.
Dola-e-Nor, (Sibirien) Br. XVI. 497.
Doldenhorn, Höhe, X, 399.
Dole, Bevölkerung XXII, 309.
la Dole, Bg., Höhe, II. 502. VI, 264.
Dolmarberg, b. Meiningen, L. und Br. XVIII. 339. XXV, 290.
Dombrawa'sche Kreis (Polen) XI, 336.
Domburg, L. u. Br. XXXV. 68.
Dominik, Ins. s. Ohiwasa.
Domnau, (Preufsen) L. u. Br. XVII, 342.
Domo d'Ossola, L. u. Br. X, 535. VI, 265. Höhe, VI, 270.
Don, Fl. (Ob. Canada) VI, 305.
Don, Fl. (England), XXI, 206.
Don, Fl. (Rufsl.), Weinbau an dems. V, 80.
Donau, Fl.
V. N. — Gefälle der Donau von Ingolstadt bis Ofen, nach d. Bestimmung des Hrn. *G. R.* u. *P. Heinrich* z. Regensburg. XXXVIII, 509.
Donaueschingen (Schwbn.) L. u. Br. XVII, 487.
Donauwerth, XI, 610. XXXI, 309. — L. und Br. III, 164. XIII, 484. XIV, 225. XXXV, 68.
Donetzk, (Rufsl.) L. u. Br. XXII, 100.
Dongola, (Afr.) III, 54.
Donnersberg, der, XXXIII, 47.
— Dept.
B. R. — *J. Bodmann*, Annuaire statist. du Depart. du Mont. Tonnère, pour l'an 8, 9 et 10. XXXIII, 42.
Doornik, XXXVI, 214.
Dörbön-Oirat, oder die 4 Verbündeten, ein Hauptstamm der Mongolen. I, 412.
Dordogne, Dept.
Geogr. statist. Beschr. XXXII, 177.
Doria, Dept. Gröfse u. Bevölk. XII, 736.
Dorismuische (Liefld.) Klima, I, 303.
Dorla, Voigtei, vgl. Eichsfeld.
Dornhan, (Schwbn.) L. u. Br. XII, 486.

Dornstätten, (Schwbn.) L. u. Br. XII, 486.
Dorpat, *Dörpt*, Kreis, vgl. Liefland u. Rufsland.
Dorpat, L. u. Br. II, 454. XLV, 423. XLIX, 205. — Handel, I, 299. XXXV, 68. XXXIX, 107.
Dortmund, L. u. Br. XXXV, 68.
Dortrecht, L. u. Br. I, 637. IX, 64. XI, 658. — Bevölk. XIII, 29.
Döse, Dorf, III, 302.
Doubs, Dept.
Geogr. statist. Beschr. XXXII, 181.
Douce, Bg. (Ireland) X, 403.
Dounibatz, Br. XLVIII, 437.
Dovrefield, (Norw.) XXXIII, 417.
Dower, IX, 201.
Downie, (inn. Afrika) II, 160.
Drakensteen, Weinbau das. VII, 361.
Drau, Fl. IV, 308.
Dreh-Wage, u. Dreh-Kraft III, 295.
Dreieck's Berechn. in Rücksicht auf d Kugelförmige Gestalt d. Erde. III, 192. — Messung, nöthige Vorsicht dabei. III, 39. 44.
Drengfurt (Preufs.) L. und Br. XVII, 342.
Dresden, L. u. Br. I, 541. II, 506. 511. III, 569. IV, 395. IX, 521. XVIII, 285. XXIV, 422. XL, 74. — Kirchenliste (1814) L, 264.
Ch. R.—*Kühlemann* u. *Prüwig*, Plan von der Stadt Dresd. u. ihren Umgebungen, gest. v. *Bach*, 1813. XLIV, 237.
Drhowl, s. *Worlik*.
Driburg (bei Paderborn). XLVIII, 449.
Dringenberg, Br. IV, 163.
Drohycin, (Polen) XI, 337. — L. u Br. XXI, 329.
Drohycin'sche Kreis, XI, 337.
Drome, Dept.
A. (*Collin*) Beiträge zur genaueren Kenntnifs etc. XIV, 264. vergl. XXXI, 453.
Dromedar-Berg, der, L. u. Br. XXIV, 424.
Dronthelm, Stadt, III, 532. 534. XXXIII, 418. XXXV, 289. — L. u. Br. IV, 430. VII, 435. XI, 734. XL, 74. 342.
Drontheim, Stift, Bevölk. XI, 643. XVIII, 375.
Drosten-Sihls, IV, 196.
Druckerei, Vervollkommnung der von König neu erfundenen Druckerei, L, 260.
Druiden-Altäre, im Frankreich, XV, 264.
Drusen, Land der,
B. R.—*J. G. Worbs*, Gesch. u. Beschreib. der Drusen in Syrien. Görlitz 1799. VII, 167.
Geschichte einer Drusenfamilie. Frankf. a. M. 1808. XXVII, 433.
Dschagatai (China), I, 140.
Dschidda, *Djedda*, *Gedda*, (Arab.) XIV, 23. XXXII, 116. XXXIII, 226. L. und Br. XVIII, 437.
Dschordschan, (Persien), XLIV, 413.
Dschufutkalé, Judenfestung (Krim), XL, 128. XLV, 192.
Dschungipore, s. Baugrutti, XI, 249
Dsheig, XLV, 385.

Dsidda, s. *Dschidda.*
Duaba, Nomadenvolk. VII, 230.
Dubina (Kurl.), Br. XXXII, 267.
Dubitza, Br. IV, 230. 464.
Dublin, XLVI, 213. — L. II, 612. IX, 523. — Bevölk. XVIII, 254. 500.
Duderstadt.
B. R. — *J. Wolf*, Gesch. u. Beschr. d. Stadt Duderstadt. 1803. XII. 230.
Duero, Fl. IV, 36.
Duff's Inseln, V, 229.
Dugurr, die, XLVI, 94.
Duida, Höhe des, XXIII, 497. Vulcan v., L. u. Br. IX, 325.
Duisburg, L. u. Br. XVIII, 285.
Dumbarton, V, 540. — Bevölk. XI, 413. — Magnet. Felsen, V, 541.
Düna, Fl. I, 303.
Dunbar, Bevlk. XI, 413.
Dundas-Insel, L. u. Br. IX, 456.
— Strafse, VI, 316.
Dundee, Bevölk. XI, 413.
Dunformline, Bevölk. XI, 413.
Dunfries, Bevölker. XI. 413.
Dungenefs, L. u. Br. VII, 434.
Dunkerque, s. *Dünkirchen.*
Dünkirchen, Br. III, 164. — Bevölk. VII, 144. — Haven, VIII, 387.
Dunnose, L. und Br. VII, 434. XXIV, 422.
Dunnstaffnage (Schottl.) V, 550.
Duomo d'Ossola, s. *Domo d'Ossola.*
Duratschewo, Dist. (Rufsl.) Fabriken, XX, 225.
Durlach, XLIII, 48.
Düsseldorf, L. und Br. XXXV, 68. — Bevölker. XVIII, 254.
Dwina, Fl. I, 303.
Dybeh, Nilmünd., V, 501.

E.

Ebbe u. *Fluth*, in d. Nordsee III, 121. in d. Ostsee und im Mittell. M., III, 124.
A. — *v. Löwenörn*, Bemerk. üb. Ebbe u. Fluth, an d. Dän. u. Norweg. Küsten, III, 121.
C. N. — *De Lalande*, Traité du Flux et Reflux, I, 490.
Müller, Ueber Ebbe u. Fluth in d. Nordsee. I, 490. 698.
De la Place, neue Theorie etc. I, 491. — Mémoire sur etc. I, 677.
Ebersdorf, L. u. Br. XXXV, 68. — Höhe. XVIII, 486.
Ebersteinburg (Murgthal), XLVIII, 150.
Ebingen, (Schwaben) L. u. Br. XII, 488.
Ebrach, Abtei, Verlust d. Abtrit. IX, 526.
Ecija, (Andalusien) X, 58. — L. u. Br. XXXV, 69. XL, 487.
Edam, L. und Br. XXXV, 68.
Eddy-*Stone*, Klippe, L. u. Br. VI, 47. XXIV, 422. — Leuchtthurm, III, 80.
Edelstetten, Herrschaft, (Schwaben) XIV, 384.
Edfou, Tempel zu, L. u. Br. VII, 160.
Edinburg, XXI, 206. — L. u. Br. IX, 523. — Bevöll. XI, 413. XII, 728. — Mu-

sikalischer Wettstreit, I, 431.
Edystone, s. *Eddystone*.
Edrisi,
A. — *Rommel*, Ueb. d. Edrisi uud dessen Geograph. XIII, 418. XIV, 244.
Edsvold, (Norw.) XXXVIII, 362.
Eger, Fl. Gefälle dess. III, 600.
Eglisau, VI, 267.
Egnatia, XLVI, 377.
Eichberg, (Schweiz) L. u. Br. III, 472.
Eichener-See, der, (Baden) XLIII, 49.
Eichsfeld, das. Gröfse und Bevölk. (1803) XIII, 496. (1804) XIX, 393. Geogr. Eintheilung (1803) XIII, 497.
Ch. R. — *J. G. Lingemann*, Specialcharte vom *Eichsfelde*, der Grfsch. *Hohnstein*, Preufs. Antheils, od. d. Herrschaft *Lohm* u. *Klettenberg*, d. Nordhäusisch. u. Mühlhäus. Gebiets, d. Voigtei *Dorla*, u. die Ganerbschaft *Treffurt* etc. Weim. 1806. XXII, 465.
J. G. Lingemann, Specialcharte v. Eichsfelde, od. d. jetz. drei Harzbezirken des Kgr. Westphalen, Heiligenstadt, Duderstadt u. Nordhausen etc. entworfen i. J. 1806. u. nach d. neuen Bezirkseintheil. berichtigt im J. 1808. Weimar. XXVI, 469.
Eichstädt, Hochstift, Verlust durch Abtret. IX, 526.
B. R. — v. *Seyfried*, statist. Nachr. etc, XVI, 426. s. Stift.
Ch. R. — *C. J. Hommer*, Ch. v. dem Fürstenth. Eichstädt, nebst d. Herrsch. Pappenheim u. andern. Gränzländ. 1806. XXV, 105.
Eichstädt, Stadt, L. u. Br. I, 596. II, 123. III, 348. IV, 105 109. 454. XIV, 225. XXXV, 63.
Eichwiese, Kapelle (Schw.) L. u. Br. III, 472.
Eiger, Bg. Höhe, VI, 264. X, 399.
Einhorn, das, Vermuthung über, XXI, 334.
Einsiedlen, die Klosterkirche zu, Höhe, X, 397.
Eisenach, Fürstenth.
Ch. R. *F. W. Streit*, Charte von d. Fürstenth. Eisenach u. d. angränzenden Ländern. Weimar 1810. XXXIII, 66. berichtigt v. *Weiland*, 1815. XLVIII, 230.
v. *Rhein* u. *Streit*, vgl. Gotha.
Eisenerz, (Oesterr.) XVII, 112.
Eisen-Ried, (Schweiz) III, 463.
Eisgarn, (Oesterr.) L. u. Br. IV, 315. 500. VI, 519.
Eisgebirge i. Kanton Bern, s. Bern.
Eis-Meer s. *Meer*, - *Eis*-
Ekatharinenburg, XX, 333.
— L. u. Br. I, 266. VII, 174. X, 64. 127. XIX, 237. XLV, 372.
V. N. v. *Herrmann*, Beschr. d. Gewerke, welche unter d. Aufsicht d. Oberbefehlshab. vom Katharinenburg. Bergwesen stehen. 1807. XXXVI, 255.
Ekatharinoslaw, II, 363.
Ekholum, Ins., L. u. Br. XVIII, 208.

Ekliptik, s. *Erdbahn.*
Elaea, XXXIV, 44.
El-Araisch, s. *Larasch.*
El-Arisch, *Larissa*, V, 300.
Elba, Ins. III, 504.
A. — Notizen von d. Insel Elba, XXXI, 373.
Leop. Chevalier's Nachricht v. d. Ins. Elba. XXI, 286.
Lachevardière, Nachr. über die Insel Elba, X, 497.
B. R. — *Arsenne Thiebaut de Berneaud*, Voyage à l'isle d'Elbe, suivi d'une notice sur les autres Isles de la mer Tyrhanienne. Paris 1808. XXVII, 170.
(Hierzu ein Chärtchen, XXVIII, 111.)
Ch. R. — *Ch. Picquet*, Carte de l'Isle d'Elbe, dressée d'après *Puissant*. 1814. XLV, 362.
Charte v. d. Ins. Elba, im Kriegsdepot z. Paris. XI, 22. XII, 701.
V. N. — Geogr. Veränder. (1802) XI, 187. — Organisation (1802) XI, 380. XIV, 124. — Einverleib. in Toscana (1815) XLIX, 125.
El Bahar Sahara L, 469.
Elbe, Fl. Ebbe u. Fluth, III, 131. — Gebiet, XXII. 415. — Quellen, X, 420.
Ch. R. — Charte von einem Theil des Elbstroms; s. Nordsee.
Elberfeld, Kirchenl. (1814) L 262.
Elbing, L. u. Br. II, 373. III, 406. IV, 105. 112, 316. 501. VII, 429. VIII, 257. Häuserzahl. XXII, 415.
Elbingerode, L. und Br. XXXV, 68.
Elbmündungen, Dept. der; vgl. Frankr.
V. N. — Bevölk. XXXV, 107. — Strbau. (1811) XXXV, 244.
Elbrus, (Kaukasusgeb.) V, 78.
Eld-Eyärne (b. Island) III, 562.
El Dorado.
A. — *Ehrmann*, El-Dorado. Ein Beitrag zur krit. Untersuch. d. geogr. Fabeln verflossen. Zeiten. XXV, 136. 483.
Nic. Federmann, u. sein merkwürd. Zug ins Goldland d. n. Welt. XLVI, 145.
Erzählung eines Franzosen v. d. *Welserischen* Unternehmungen u. ihr. abgeschickten Leute Benehmen i. d. vermeinten Goldlande. Nebst d. neuesten Nachr. v. Venezuela. XLVI, 183.
Elektrisirmaschine, neues Sternbild, III, 620.
Elephantine, Insel, (Aegypten) X, 545. 547. XLIII, 329.
Elethyia (Aegypten) Gemälde der Grotten zu, XLIII, 458.
Eleuth, *Eluth*, s. *Oelot.*
Elfdal, (Schweden).
B. R. — Berättelse etc. (Bericht vom Porphyrwerk zu Elfdal im östl. Thalland, auf Befehl d. Direction herausgeg. 1802. XVII, 481.
El-Feiüm, Prov. (Aegypt.) XXXII, 113. 128.
Elfsborg, od. *Wenersborg*, Hauptmannsch. (Schweden).
Ch. R. — *Forssell*, Ch. etc. 1808. XXXII, 317.

Elfwedal, (Schweden) Porphyrbrüche, XXXV, 255.
El-Gazie, (Afr.) L, 447.
El-Hhabt, L. XLVIII, 437.
Elias, Höhle des Prophet. XLVI, 92.
Eliasberg, (N. W. Küste v. Amer.), Br. VIII, 109. Höhe, XXIII, 497.
Elisabethgrad, L. und Br. XIX, 230.
Elisabethtown (Ob. Canada) VI, 298.
Elkabla, (Afr.) L, 454.
Ellbogen (Böhmen), IV, 365.
El-Mardje, VI, 197.
El-Menyeh, VI, 201.
Elsas, vgl. Rhein-Dept.
B. R. v. *Eggers*, Bemerk. auf einer Reise durch d. südl. Teutschland, d. Elsas u. d. Schweiz, in d. J. 1798 u. 99. 1. Bd. VIII, 416. 2 und 3. Bd. XII, 348.
Elsfleth, L. und Br. VIII, 254. XV, 493. XXXV, 68.
Elton'sche See (Rufsl.) V, 67.
Elua, das grofse, VI, 33.
Elvas, VIII, 519. VI, 97.
El-Wadjih, Br. XLVIII, 438.
El-Wadi-Tor, Br. XLVIII, 438.
Elwangen, Landvoigtei. Eintheilung der (Neu-Wirtemb.) Landvoigtei etc. XI, 376.
Elwangen, Stadt, L. u. Br. XL, 324. — Univers. XL, 514.
Emba, Fl. Ausflufs, L. u. Br. XXII, 102.
Emden, XII, 112. 260. 517. — L. u. Br. XXIX. 455. XXXV, 68. — Bevlk. XIII, 121.
Emmerich, L. u. Br. XVIII, 285.
Empfing, (Baiern) Bad. XVIII, 485.
Ems, Dept. vergl. Frankreich.
Ch. R. *v. der Faorea*, Kaart van het Depart. van de Eems, verdeeld in zeven Ringen. Amsterd. 1799. VII, 390.
V.N. Bevölk. (1811) XXXV, 116. — Strafsenb., XXXV, 244.
Enare, (Lappland) L. u. Br. XXXV, 68.
Encomienda de la Claveria, II, 484.
Endeavour, Fl., Mündung L. XXIV, 423.
Engelberger Thalh. (Schwz.) Höhe, X, 394.
Engelthal, Abtei, XIII. 520.
Engen, L. u. Br. XXXII, 202.
England, vgl. Grofsbritannien.
A. Ueber England's Handel nach dem *Schwarzen Meere*; nebst drei officiellen Actenstücken aus d. Engl. Gesandtschafts-Archiv zu Constantinopel gezogen, XXXVII, 270.
B. R. *J. L. Ferri de St. Constant*, Londres et les Anglais. IV T. 1804. XV, 315.
W. Gilpin, Observations on the western parts of England, relative chiefly to pittoresque beauty. To which are added a few remarks on the pittoresque beauty of the isle of *Wight*. III, 77.
W. C. Oulton, the Travellers Guide; or Engl. Itinerary etc. Lond. 1805. XXII, 180.

Rich. Warner, A walk trough some of the western Counties of Engl. Lond. 1800. VI, 495.

V. Wimpfen, Briefe eines Reisenden geschrieben aus Engl. u. Frankr., einem Th. v. Afr. u. aus Nordam. Aus der Franz. Handschrift übers. v. *P. F. Rehfues*. I. — III. Bd. 1815. L, 49.

Ch. R. *J. Andrews*, Historical Atlas of Engl., (1—5 Lief.) I, 97. (6—9 Lief.) II, 147. (10. Lief.) IV, 39.

The *British Atlas*; comprising a complete series of County - Maps and Plans of Cities and principal Towns, intended to illustrate and company the *Beauties of Engl. and Wales* etc. 1804. 21 Bl. XIX, 375.

Carte particulière de la Côte orientale d'Angleterre etc. Au dépôt gén. de la marine 1804. XIV, 494. vergl. XXIV, 457.

Carte de l'Isle de *Wight* et de la côte adjacente de Hampshire. Au Dep. g. d. l. m. 1804. XIV, 495.

Plan de Tor-Bay, Babacon - Bay et de l'entrée de Darmouth. Au Dep. gen. d. l. m. 1804. XIV, 495.

V. N. Ueber *Arrowsmith's* neue große *Charte* von Engl. und *Wales* in 18 Bl. u. über d. *Flächeninhalt* von Engl. u. Wales. L, 120.

Charte von Engl. in d. Philosoph. Transact. 1797. I, 351.

Uebersicht der in den letzten 7 Jahren (1806 — 1813) in England erschienenen *Geograph. Schriften* u. *Charten*. XLV, 366. 473. XLVI, 251. 367. XLVII, 124. XLVIII, 118. vgl. XLVI, 137. (1811) XXXVI, 133.

Berichte üb. d. neueste Englis. *Literatur* (1814) XLV, 122. (1815) XLIX, 219.

Abgaben, III, 367.

Engl. *Armentaxe*, (1802) XV, 119.

(*W. Walton*) Amtsbericht v. d. Betrage der im Umlauf seyenden *Noten* d. Engl. *Bank*. 1803. XIV, 249.

Bankozettel in England 1811. XXXVI, 134.

Baumwollen - Einfuhr (1809). XXXII, 222.

Baumwollen - Manuf. XIX, 251.

Bevölk. VI, 247, IX, 571. —

Bevölk. u. Flächeninh. d. Grafschaften XL, 215.

Budget (1812) XXXVIII, 511.

Colonien in Neu - Süd-Wales. II, 350.

Tabellar. Uebersicht d. *Kirchl. Eintheil.* v. Engl. u. Wales, der Zahl der Parochien u. d. angebl. Einkünfte der Bisthümer vor Einführ. d. Landtaxe. XVIII, 76.

Handel in China. I, 184. — Handels - Etablissem. in Indien. II, 330. — Uebermacht in Ostindien. II, 318.

V. N. — Engl. *Industrie*. XLV, 482.

Kurze Gesch. d. Engl. *Landesvermessung.* III, 18.

Bestand d. *Marine* (1816). XLIX, 398.

Besitznahme v. *Owhyhee* 1809. II, 345.

Ortsbestimm. XXXIX, 461.

Innere *Schiffahrt.* IV, 29.

Engl. *Seecharten.* III, 532.

Statist. Notizen (1816). XLIX, 398.

Vortheile v. den *Steinkohlen.* I, 421.

Stimmung d. Engl. Nation 1803. XII, 769.

Theeacte, 1784. I, 184.

Uebersicht des Englis. *Zeitungewesens.* XXXVII, 234.

Was Engl. in d. J. 1750. bis 1799 geborgt hat? V, 190.

Enkhuyzen, XXIII, 74. — L. u. Br. IX, 64.

Ennebeuren, Bevölk. VIII, 290.

Enneeapuh, Ins., L. u. Br. IX, 455.

Enos, L. VII, 556.

Enschede, L. u. Br. I, 248.

Entdeckungsreisen, allgem., vgl. Erdumschiffung.

Entrecasteaux, s. *D'Entrecasteaux.*

Entre Minho e Duero, Prov. IX, 40.

Entry, Insel, (N. Amer.) L. u. Br. IX, 541.

Entwerfungsarten, s. Projection.

Eperies (Ungarn) L. u. Br. XIX, 223. — weibl. Erziehungsanstalt, X, 277.

Epirus —

A. *Barbié du Bocage*, Beschreib. v. Epirus. Mit Anmerk. u. Vergleich. d. alten u. neuen Zustandes. XVII, 416.

Erdbahn, *Ekliptik.*

Schiefe der Erdbahn, näher bestimmt, II, 252. III, 177. 273. 422. 501. 546. 564. IV, 140.

Erde —

A. Entwurf u. Ausführung oder der Chevalier *de Robilant* u. d. Frhr. *Alex. v. Humboldt.* XXIX, 427.

Historische Uebersicht des Problems über d. *Figur* d. Erde nebst d. Veranlassungen zu d. neuen Gradmessung in Lappland u. d. Endresultaten ders. XXI, 129.

J. Hall, Ueber d. Revolutionen d. Erdoberfläche. XLVII, 131.

W. Trg. Krug, Entw. einer neuen, der Natur und Vernunft gemäfsen Eintheil. der Erdoberfläche. VII, 493.

Playfair, Ueber d. mittlere Dichtigk. d. Erdkugel. XLVII, 3.

J. A. Rimrod, Ueber d. Bildung der Erdoberfläche; bes. auch d. Gegend v. der Ostsee von Hanover bis Cölln. (Hierzu d. Charte der Niederung d. Lahn.) XXIII, 435. — Die Fortsetz. hiervon, oder: Ueber eine besondere Art von Thälern an den Niederungen der Flüsse u. Bäche. XXIV, 117.

B. R. *J. G. Ebel*, Ueber d. Bau der Erde in d. Alpengebirge zwischen 12 Längen — u. 2—4 Breitengraden, nebst einigen Betrachtungen über d. Gebirge und den Bau der

Erde überhaupt. Zürich 1808. XXVIII, 78. 152. 296. vgl. XXIX, 284.
V. N. Abplattung d. Erde III, 49. 51. 191. 563. IV, XXXVI, 42. 256. 355. XII, 120.
Allmäliches Erkalten u. Abnahme d. Atmosphäre II, 146.
Zusammentreffen mit einem Cometen, III, 500.
Störung der Erde durch d. Venus I, 349. 613. — durch den Mond, III, 496.
Ueber die Abnahme d. Wassers auf der Erde, XII, 113.
Erdbeschreibung, Erdkunde.
Geschichte der, — vgl. Reisebeschreibungen.
A. Allgem. Uebersicht der sämmtl. geograph. statist. Veränderungen u. d. Fortschritte der allgem. Erdkunde, so wie d. besond. Länder- u. Völkerk., (in d. J. 1799 u. 1800.) VII, 3. (1801) IX, 97. (1802) XI, 163. (1803) XIII, 3 (1804) XVI, 3. (1805) XIX, 3. (1806) XXII, 3. (1807) XXV, 3. vergl. XXVI, 389. 1808 XXVIII, 3. 115. (1809 — 1815) XLIX, 31.
Ueber die geogr. Literatur, ihren gegenwärtigen Umfang u. ihre noch auszufüllende Lücken. XXVIII, 255.
Ehrmann, Skizzirte Geschichte d. geographischen Entdeckungen. Ein chronol. Uebersicht aller bemerkenswerthen Land- und See-Reisen älterer und neuerer Zeiten, welche zur Erweiterung der allgemein. Erd- und besondern Länder- und Völkerkunde beigetragen haben. XXX, 121, 211.
B. R. *A. J. Höpfner*, Die Entdeckungen des 19ten Jahrhunderts, in Rücksicht d. Länder- und Völkerkunde etc. 1. Bd. 1805. XX, 306.
Aug. Zeune, De historia Geographiae. 1802. XI, 457.
Erdbeschreibung, allgemeine.
A. *Ehrmann*, Ueber geographische Kritik. XI, 414.
Dr. *Ph. Holzmann*, Grundriss eines Systems der geogr. statist. u. polit. Länderkunde. XXXV, 385.
Rommel, Ueber d. Geographie und d. geograph. Styl. XXI, 393.
Derselbe: Ueber den Edrisi und dessen Geographien. XIII, 418. XIV, 243.
B. R. Archiv für Geographie, Historie, Statistik u. Kriegskunst. 1. Jahrg. 1810. Wien. XXXII, 294.
Bruns, Allgem. Erdbeschreibung. 1ster Theil. Die aussereuropäische Geographie von Asien, Afrika, America und Australien. XIX, 355. XXIII, 194.
A. L. Bucher's Betrachtungen über die Geographie und über ihr Verhältniss zur Geschichte u. Statistik. Mit 1 Charte. 1812. XLIV, 221.
Büsching's Erdbeschreibung — *Asien*, nämlich *Hindostan* u. *Dekan*; nebst den Inseln Lakdiven, Maldiven u. Ceylon. Ausgearbeitet von *Fr. G. Wahl*. Hamb. XVIII, 292. XXVI, 438.

Büsching, neue Erdbeschreibung. — Europa — Schweden. Vermehrt und verbessert herausgegeben von *Fr. Rühs*. Hamburg, 1807. XXIV, 437. — Portugal u. Spanien, von *C. D. Ebeling*. Hamb. 1808. XXVI, 171.

Dicuili, liber de mensura orbis terrae, ex duob. codd. mscr. Bibliothecae Imper. nunc primum in lucem editis a. c. *A. Valckenaer*. Paris, 1807. XXVII, 147.

Djurberg, Utförlig Geographie. 1. Th. 2te Aufl. 1801. XI, 346. - 4. Theil. 1806. XXXIII, 50.

Desselben Bihang til utförliga Geographien. 1802. (auch unter dem Titel: Beschreibung von Ceylon, Cuba, Jamaica) XI, 348.

Desselben Geographie för Ungdom. 3te Aufl. 1800. XI, 349.

Erdbeschreibung, allgemeine.

B. R. *Dreifsig*, Beschreib. aller Länder, Völker und Städte der Erde. 4 Bände. XIII, 220.

Laurent Echard, Dictionnaire géogr. portatif des quatre parties du Monde, traduit de l'Anglais par *Vosgien*; Nouv. Edit. par *J. Fr. Bastien*. 1800. XII, 213. — Nouv. Edit. par *Barthélemy*. 1809. XLIV, 308.

J. G. Galetti, Vollständ. geogr. Taschen - Wörterbuch oder alphabet. Darstellung aller Länder, Städte etc. Leipzig, 1807. XXVI, 341.

Desselben Allgem. Weltkunde, oder geogr. statist. histor. Uebersichtsblätter aller Länder etc. Mit 20 General - und Special-Charten. Leipzig, 1807. XXVI, 342.

Gaspari's Lehrbuch etc. 2ter Cursus, 4te Aufl. — Cartons dazu. 1803. XII, 478. — 5te Auflage. 1804. XV, 122.

Desselben Allgemeine Einleit. in die Geographie zur vollständ. Kenntnifs der Erde. Weimar, 1814. XLIII, 352.

Desselben Allgemeines Jahrbuch der Geogr. und Statistik f. d. J. 1800. V, 242.

Gråberg, Annali di Geografiae Statistica. 1802. IX, 531.

Desselben Leçons élémentaires de Cosmographie, de Géographie et de Statistique etc. 1813. XLI, 156.

L. de Grandpré, Dictionnaire universel de Géographie maritime etc. 1803. XII, 332.

Ibn Hauckal, Ketâb Messâlik und Memâlik (oder allg. Erdbeschreibung) Translated from a Manuscript by *Will. Ouseley*. Lond. 1800. IX, 330. 430. 505.

Henning, Leitfaden bei'm method. Unterrichte in d. Geographie, besonders f. Aeltern und Lehrer in Elementarschulen. Mit 12 Holzschnitten. Iferten, 1812. XLIII, 354.

J. C. Herold, Versuch eines Handbuchs d. Geo-

graphie u. Statistik. 1ster Theil. (Mathemat. und phys. Erdbeschr.) 1815. L, 350.

Hoeck, Handbuch der neuesten Erdbeschr. und Statistik. 1803. XIII, 220.

W. Jäger, Geogr. hist. statist. Zeitungs-Lexicon, neu bearbeitet von *Mannert*. 1. Th. A—H. Nürnberg, 1805. XXIII, 332.

R. v. L.... Hieroglyphen oder Blicke aus dem Gebiete der Wissenschaft in die Geschichte des Tages. Dresd. 1809. XXVIII, 332.

Malte-Brun, Précis de la Géographie universelle. (T. I. et II.) XXXVI, 198. XXXIX, 307. (T. III.) XXXIX, 420. vergl. XXXI, 109. XXXVI, 255. (T. IV.) XLVI, 140.

Desselben in's Teutsche übersetzt von *W. v. Zimmermann*. Leipzig, 1812. XXXIX, 436.

Fr. Meisner, Lehrbuch der Erdbeschreibung etc. Nach Gaspari bearbeitet. Wien, 1806. XXV, 320.

Μελετιου γεωγραφια παλαια και νια, κ. τ. λ. ἐξέδόϑη ἤδη το δευτερὸν ὑπὸ Ανϑιμου Γαζη. Εν Βενετια. 1807. XXXVII, 63.

Mentelle, Cours de Cosmographie, de Géogr., de Chronologie, et d'Histoire ancienne et moderne. 1801. VIII, 122. 2te Edit. 1801. XIV, 317.

Mentelle et *Malte-Brun*, Géographie univers. mathémat., physique et polit. 15 Bände u. 43 Charten. X, 360. XII, 650. 763. XIII, 52. XIV, 194. XIX, 343.

Chr. A. Müller, Neueste allgem. Geographie der gegenwärtigen Zeit. 1. Bd. 1803. XIII, 220.

Osterwald, Cours de Géographie etc. Edit. refondue etc. par *Berenger*. T. I. et II. 1804. XIII. 221.

Reinecke, Die Erde, od. Schilderungen der Natur und Sitten der Länder u. Völker. 1. Th. 1803. XII, 714.

Rosenstein, Dictionnaire de Géographie moderne et universelle, précédé d'un coup d'oeil sur la Géographie mathémat. et physique. 1813. XL, 513.

J. Chr. Schedel, Neues u. vollständ. geogr. Lexicon für Kaufleute u. Geschäftsmänner etc. 1. u. 2. Band. A—M. 1802. XIII, 330.

G. H. Silverstolpe, Allmänn Geographie. 1804. XIX, 204.

Chr. G. Dan. Stein, Handbuch der Geographie nach d. neuesten Ansichten für d. gebildeten Stände etc. Leipzig, 1808. XXVII, 452.

Desselben Geogr. statistisches Zeitungs-, Post- und Comtoir-Lexicon. Leipzig, 1811. XLIV, 314.

P. A. Winkopp, Neuestes Zeitungs-, Reise-, Post- und Handlungs-Lexicon. 1. Band. A—D. 1802. XIII, 331.

A. Zeune, Gäa. Versuch einer wissenschaftlichen Erdbeschreibung. 2. Aufl. 1811. XXXVII, 83.

· von *Zimmermann*, Die Erde und ihre Bewohner nach den neuesten Entdeckungen. I. Th. Guinea. II. Th. Westindien. XXXIV, 417.
V. N. — Allgemeines geogr. Lexicon. Weimar, 1805. XVII, 393.
Nachricht von *G. Chanlaire's* geograph. Cabinet. VIII, 74. 162.
Ferlet, Observations littéraires, critiques, politiques, militaires, géograph. Paris, 1801. VIII, 370.
Vorschlag, den sechsten Erdtheil in die Geographie einzuführen. XXXI, 233.
Kapautanaki, Allgem. Geographie in Neugriech. Sprache. 1814. XLV, 372.
Bemerkungen über die von Herrn *Lindner* beabsichtigte Verbesserung d. geograph. Unterrichts. XXI, 355.
D. L. M... Géographie statist., hydraulique, mineral., histor., polit., commerciale et industrielle de toutes les parties du monde. Paris, 1806. XX, 489.
Mémorial topograph. et militaire, siehe Kriegsdepot.
Dr. *Playfair's* System d. Erdbeschreibung. XIX, 393.
Erdbeschreibung, alte,
A. *Bredow*, Epistolae Parisienses. Lips. 1812. XL, 280.
Grotefend, Gegenbemerkungen über Homer's Geographie. XLVIII, 255.
Rommel, Von der Römer Germanischer Länder- und Völkerkunde, zu den Zeiten des Tacitus. XXI, 398.
Ukert, Ueber die Behandlung der alten Geographie. XLIV, 125.
Dessen Untersuchungen über die Geographie des Hekatäus und Damastes. XLIV, 351.
Dessen Bemerkungen über Homers Geographie. XLV, 249.
Derselbe: Ueber die Art d. Griechen u. Römer, die Entfernungen zu bestimmen, besonders über das Stadium. XLII, 3. 121. 253.
B. R. *G. Bredow*, geographiae et uranologiae Herodoteae specimina. 1804. XVI, 294.
Dutheil, *Coray* et *Gosselin*, Géographie de Strabon, traduite du Grec. T. I. 1805. XIX, 200.
Funke, Wörterbuch der alten Erdbeschreibung. Weimar, 1800. VI, 529. vgl. V, 480.
Gosselin, Recherches sur la Géogr. systémat. et positive des Anciens. T. I. et II. IV, 227, 321, 404.
G. D. Köler, Allgem. Geogr. der Alten. 1. Th. (Mathem. geogr. und Kosmologie) 1803. XIV, 68.
Mannert, Geographie d. Griechen und Römer. VI. Theil. 1801. XI, 439.
Jam. Rennel, The geographical system of Herodotus etc. 1800. V, 427.
Ukert, Geographie der Griechen u. Römer von d. frühesten Zeiten bis auf

Ptolemäus. 1. Th. 1. Abth. 1816. L, 178.
Ch. R. Nouvelle Atlas portatif et classique de Géographie ancienne et moderne etc. XXI, 322.
Funke, Atlas der alten Welt, in 12 Charten, gezeichnet von *Vieth*. Weimar, 1800. VI, 527. vergl. V, 480.
Lapie, Atlas classique et universel de la Géographie ancienne et moderne (39 Charten). Paris, 1812. XXXVIII, 481.

Erdbeschreibung, bildende, vergl. Landcharten, Projection.
B. R. *Dupain-Triel*, Mémoire explicatif de la Géographie perfectionnée par de nouvelles méthodes de nivellemens etc. 1804. XVI, 319. vgl. XIV, 245.
Ch. R. *Reichard*, Wort an diejenigen bildenden Geographen, welche aus Reisebeschreibungen zu arbeiten Lust haben. XV, 204, 357, 465, 527.

Erdbeschreibung, mathematische und physische, vergleiche Erde.
A. *Ukert*: Haben die Griechen versucht, die Gröfse der Erdkugel zu bestimmen oder nicht? XLI, 129.
B. R. — *Frank*, Persien und Chili, als Pole der physischen Erdbreite und Leitpuncte zur Kenntnifs der Erde. 1813. XLIII, 361.
Dr. *A. Gelbke*, Allgem. Darstellung der Oberfläche der Weltkörper unsers Sonnensystems, besonders der Erde, des Mondes, der Venus und des Merkurs etc. 1811. XLII, 82.
Herold, Versuch eines Handb. d. Geogr. u. Statistik. 1. Th. (mathemat. u. phys. Erdbeschr.) 1815. L. 350.
Imm. Kant's, phys. Geographie. 2 Bände. Mainz und Hamburg bei Gottfr. Vollmer. 1803. XII, 63.
Dieselbe, herausgegeb. von Dr. *Fr. Rink*. 2 Bde. Königsb. 1802. XII, 63.
Kries, Lehrbuch d. mathemat. Geogr., mit 7 Kupfertaf. 1814. XLV, 88.
Putsche, Tellurium, od. Versuch einer sinnl. Darstellung u. fafsl. Beschreibung des Laufs der Erde und ihres Mondes um die Sonne. 1805. XIX, 100.
Ch. R. *A. G. Meifsner*, Beschreibung und Gebrauch einer geograph. Uhrtafel, nebst dem dazu gehörigen Instrumente; sowohl für den Gebrauch bei dem Unterricht in d. Geographie, als auch zu astronom. Aufgaben, die Zeit durch die Sonne, nebst ihrer Höhe über die Horizonte für jede Polhöhe zu bestimmen. Leipz. 1803. XVI, 230.
V. N. Ueber die Fortschritte der Geographie, besonders der mathemat. und physikal., von d. J. 1799 bis 1808. XXVI, 210.

Erdbeschreibung.
Atlasse und Erdcharten.
A. *J. Fr. Bertuch*. Einige Bemerkungen über zwei der ältesten handschriftl. Weltcharten in der Chartensamml. Sr. Durchl. des

Herzogs von Weimar. XXXIV, 33.

Edrisi's Weltcharte, von *Bredow*. IX, 197.

Ueber den angekündigten Atlas des ganzen Erdkreises, nach d. neuesten astronom. Bestimmungen und mit d. neuesten Entdeckungen in die Central-Projection auf 6 Tafeln entworfen von *Chr. Gottl. Reichard*. Weimar, 1803. XII, 129, 761. (Mit einer Erläuterungs-Tafel und einer kleinen Probecharte) vergl. II, 411.

B.R. — *Woltersdorf's* Repertorium der Land- u. Seecharten, so wie der vorzüglichsten Grundrisse u. Ansichten der merkwürd. Städte. 1. Th. 1813. XLI, 326.

Ch.R. — Atlas zu *Galetti's* geograph. Taschenwörterbuch f. Reisende. 20 Ch. XXVI, 341.

Atlas minimus universalis, in 43 Charten. Weimar, 1804. XIII, 522. 2te Edit. XIX, 105.

Neuester *Handatlas* zum Gebrauche für Schulen, für Kaufleute, vorzüglich aber für Reisende aus allen Ständen. Leipzig, XXVI, 342.

Nouvel *Atlas* portatif et classique de Géographie ancienne et moderne etc. XXI, 322.

Verkleinerter *Handatlas* in 60 Charten. Weimar, 1806. XIX, 364.

Supplemente zu dem *grofsen Handatlas* des geographischen Instituts zu Weimar. I—IV. Liefer. XXXVI, 109. vergl. XIV, 118.

Gaspari, Neuer methodischer Schulatlas, entworfen von *Güssefeld*, 2ter Cursus. 4te Ausgabe. XII, 492.

Lapie, Atlas classique et universel de la Géographie ancienne et moderne. (39 Cartes) Paris, 1812. XXXVIII, 481.

M. A. Lesage, Atlas historique et géographique etc. Paris, 1804. XVI, 80. 2te Aufl. XIX, 394.

Collection des Cartes géogr., dirigées par *Malte-Brun*, dressées par *M. M. Lapie* et *Poirson* etc. 1804. 24 Bl. XLI, 459.

Mentelle et *Malte-Brun*, Atlas composé de 45 Cartes etc. 1804. XVII, 223.

F. A. Schrämbl, allgem. Teutscher Atlas, in 136 Charten. 1800. X, 146.

* * *

Allgemeine *Weltcharte*, auf welcher alle neue Entdeckungen eines Lapérouse, Wilson etc. dargestellt sind, nach Mercators Projection. Berlin, IX, 165.

Neue *Weltcharte*, welche die Lage der ganzen Erdkugel nach d. natürlichen Projection und Richtung darstellt etc. Leipzig, 1810. XL, 330.

L. Brion, Mappe-Monde philosoph. et polit., où sont tracés les Voyages de Cook et de la Pérouse. Paris, 1800. VII, 460.

J. A. Ekker, Die obere oder nördliche u. die untere oder südliche Halb-

kugel der Erde auf den Horizont von Wien stereographisch entworfen, 1800. VIII, 151. — Hierzu: Beschreibung uud Gebrauch einer neuen Weltcharte in zwei Hemisphären, welche auf den Horizont von Wien entworfen etc. Wien, 1800. VIII, 153.

H. Keller, Erdcharte nach der Bonne'schen Projection, alle für die Erdkunde ergiebigen Entdekkungsreisen zu Wasser u. zu Lande, von der Mitte des 9ten Jahrhunderts bis jetzt darstellend. Weimar, 1814. XLIII, 368.

Lesage: Les Fastes Napoléennes de 1796 — 1806. Mappemonde historique — L'Europe en Janvier 1808. Das contrées transrhenanes ou l'Allemagne politique en 1808. Paris, 1808. XXVII, 102.

J. B. Poirson, Mappe Monde. I, 576. vgl. I, 44.

Reichard, Oestl. Halbkugel der Erde, mit Bezeichnung der merkwürd. Seereisen in der Lambertschen Projection entworfen. Nürnberg, 1813. XLII, 451.

Desselben westl. Halbkugel der Erde etc. XLIV, 109.

J. F. M. Schmidt, Gebirgs- u. Gewässercharte der Erde. 1te u. 2te Hälfte. XLIII, 87.

D. F. Sotzmann, Die beiden Halbkugeln der Erde, nach den neuesten Entdeckungen entworf. Nürnberg, 1807. XXVI, 349. vgl. XXVII, 243.

V. N. *De Beuge*, neue Hemisphären. XXXIX, 123.

Desselben Physische Erdcharte. (1813) XLII, 109.

Chrysologue de Gy's, Erdplanisphären. XI, 260.

Gio. Maria Cassini, Atlante geografico universale, in 182 Bl. XVIII, 497.

Patteson, a general and classical Atlas. 1804. XIX, 266.

Erdgloben, *Erdbälle*.

A. *F. Sickler*, Ideen zu einem vulcanischen *Erdglobus*, oder zu einer Darstellung, aller auf der Oberfläche unsers Erdkörpers verbreiteten ehemal. und jetzigen Vulcane, nebst den für den Naturphilosophen daraus sich ergebenden Resultaten. (Nebst einer Hemisphären-Charte) XXXVIII, 121.

B. R. *J. H. Voigt*, Kosmographische Entwickelung der vornehmsten Begriffe und Kenntnisse, welche bei der zweckmäfsigen Benutzung der künstl. Erd- und Himmelskugel erforderlich sind etc. 1810. XXXII, 296.

Ch. R. Neuer Erdglobus von 1 engl. Fufs im Durchmesser, nach *Cary's* new terrestrial globe und den besten Hülfsquellen. Weimar, 1810. XXXII, 296. — verbessert 1812. XL, 69.

M. Bardin, The new twelve Inch British terrestrial Globe, representing the accurate positions of the principal Known Places of the Carth from the Discoveries of Captain Cook and subsequent circumnavigators to the

present periode. London, 1800. VIII, 339.
C. Covens, Nouveau globe terrestre dressé d'après les observations les plus recentes et assujetti aux observations astronomiques avec les routes des différens voyages etc. 1802. XX. 447.
J. G. Franz, Erdglobus von 1½ Pariser Fuſs im Durchmesser etc. entworfen von *Sotzmann* in den Jahren 1801—1806. Nürnberg, XXIX, 236. vergl. XXV, 120. XXVII, 351.
Schwitzk'y und *Strunz*, Erdbälle für Sehende und Blinde, aus Holzteig. Berlin, 1810. XXXIV, 83.
A. Zeune, Erdbälle für Sehende und Blinde. Berlin, 1809. XXXII, 88.
V. N. Verzeichn. u. Abbild. aller derj. Erd- und Himmelsgloben, welche im Verlag des Geogr. Instit. zu Weimar verfertigt werden, und zu haben sind. XXXII, 329.

Erdumschiffung, *Entdekkungsreisen*, *allgemeine*.

A. Bericht von Capt. *Baudin's* Entdeckungsreise bis zur Insel Timor. Aus einem Briefe von *Riedlé* etc. XI, 146. XIV, 117. — vgl. II, 388. XII, 373.
Beitrag zur Geschichte v. Chph. *Middleton's* Seereise, um eine nördliche Durchfahrt zu finden. XX, 155.
B. R. *Baucorel*, Collection abrégée des Voyages anciens et modernes autour du monde. Paris, 1808. XXXIV, 278.
v. Krusenstern, Reise um die Welt in den Jahren 1803—1806. 1. Theil. 1810. XXXI, 410. XXXIII, 31. 2. Theil. XXXIV, 267. — 2. Th. 1. Abth. 2. Ausgabe. 1811. XXXVI, 250. 3. Th. XLII, 325. — vgl. XII, 509. XIII, 117. XV, 104, 253. XVI, 252, 353, 491, 505. XLIII, 124.
G. H. v. Langsdorf, Bemerkungen auf einer Reise um die Welt in den Jahren 1803—1807. Frankf. a. M. 1812. 1. Band. XXXIX, 62. 2. Bd. XL, 292. vergl. XXXIV, 322. XXI, 238.
Voyage de *La Pérouse* autour du Monde. Par M. L. A. *Milet-Mureau*; mit einem Atlas du Voyage (69 Bl.) I, 665. II, 35. vgl. I, 677. vgl. XI, 103. XIII, 398, 489. XIV, 117. 509. XLIX, 255.
Etienne Marchand, Voyage autour du Monde pendant les années 1790, 1791 et 1792. précédé d'une introduction historique; auquel on a joint des recherches sur les terres australes de *Drake* et un examen critique du Voyage de *Roggeween*; avec Cartes et Figg. par *Fleurieu*. Paris, VII, 64. vergl. I, 134, 577.
J. Pagès, Nouveau Voyage autour du Monde, en Asie, en Amér. et en Afr. en 1788, 1789 et 1790; précédé d'un voy. en Italie et en Sicile etc. II, 141.
Pigafetta, Premier voy. autour du Monde, sur l'escadre de Magellan,

pendant les années 1519 bis 1522; suivi de l'extrait du Traité de Navigation du même auteur, et d'une notice sur le chevalier *Mart. Behaim*, avec la description de son globe terrestre. Paris, 1801. VIII, 13.

J. Turnbull, A voyage round the world in the y. 1800—1804 in which the author visited the principal Islands in the Pacific Ocean and the Engl. settlements of Port-Jackson and Norfolks-Island. III Vol. 1805. XIX, 160.

Dieselbe, in's Teutsche übersetzt. Hamburg, 1806. XIX, 174.

G. Vancouver, A voyage of discovery to the North Pacific Ocean and round the world. II, 330.

Ch. R. *Atlas* zur Reise um die Welt, des Capt. *von Krusenstern*. XXXIII, 39. XLIII, 470.

V. N. Don *Balmis's* Reise um die Welt. XXI, 474.

Bougainville, über Weltumschiffungen und das Treffen bei Abukir. II, 174. 653.

Entdeckungsreisen durch *Franzosen*, XVI, 486.

u. *Kotzebue*, Bemerkungen über *Hoppner's* Engl. Uebersetzung von *v. Krusenstern's* Reise etc. XLIII, 124.

Juri Lisjanskij, (Krusensterns Reisegefährte) Reise um die Welt in den Jahren 1805 u. 1806. 2. Th. 1812. XLIII, 123.

Nachricht über *Malaspina*. II, 390. 564. III, 415. XI, 261.

La Pérouse's Schicksal. XI, 103. XIII, 398. 489. XIV, 117. 509. XLIX, 255.

Nachrichten von *Riche*, Naturforscher a. *D'Entrecasteaux's* Entdeckungsreise. II, 269.

Des Schiffs *Rurik* neue Russ. wissenschaftl. Entdeckungsr. (1815) XLVIII, 102. XLIX, 254. (Unter d. Flott-Lieuten. *v. Kotzebue*.)

Des Russ. Schiffs *Suwarow* neue Erdumschiffung. XLIV, 436. XLV, 236.

Erding (Baiern), L. u. Br. XX, 199. XXII, 215. XXXV, 68.

Erdmännleinsloch, XLVII, 220.

Eregri, am schwarz. Meere. L. u. Br. II, 33. VII, 177. XII, 189.

Eremiten, die. (L. u. Br.) VI, 48.

Erfurt, Gebiet, Bevölker. XL, 118. 428.

Ch. R. *Güssefeld*, Charte v. Erfurter Gebiet, nebst der Herrsch. Blankenhain und Untergleichen. 1803. XIV, 229.

—— Stadt. L. u. Br, VIII, 157. XXXV, 69. — Kirchenliste. (1803) XIII, 378.

Erie, Fort, L. u. Br. VI, 309. 317.

—— See, (N. Amer.) XIII, 113.

Eriwan, L. u. Br. XXII, 101.

Erlangen, L. u. Br. IV, 454. XIV, 225. XXV, 465. XXXV, 69.

Erlau (Ungarn) L. u. Br. II, 509. 515. IV, 236. VIII, 455. XIX, 223. XXXV, 69.

Erment, Hermionthis, (Aegypten) X, 545. XLIII, 326.
Ernesttown (Ob. Canada), VI, 300.
Errifi, die. L. 391.
Erwite, Br. IV, 163.
Erzerum, XLVI, 15. — L. u. Br. II, 465.
Erzgebirge; Betrag der Mineralien von 1772—1800. IX, 284. — Statist. Notizen über d. Bergbau im — XXXVIII, 515.
Erzkanzlerischer Kurstaat. V. N. — Ueber die Benennung: Erzkanzlerischer Kurstaat. XIII, 374. Bevölkerung. XVI, 120 f. — Militär. XII, 644. — Organisation der Besitzungen etc. XII, 521. XIII, 20. — Titel des Kurerzkanzl. XVII, 125.
Escurial, III, 512. 593. 624. — L. u. Br. XXXV, 69.
Esens, L. u. Br. XXIX, 465.
Eskienderûn, siehe Alexandrette.
Eskilstunna, Eisenwaaren von — VIII, 398.
Eski-Schehr. L. u. Br. II, 465. XV, 363.
Esné, *Latopolis*, (Aegypten) X, 545. XII, 566. XLIII, 320. — L. u. Br. VII, 160.
d'Esperanza, Kloster, (Azor. Insel St. Miguel) XLVII, 65.
Essachosen (Schottl.), V, 546.
Essen, IV, 277.
Essen, Fürstenthum. XXII, 243.
Eßlingen, Grundriß von, III, 117.
Essonne, Pl. Neue Verbindung der Seine u. Loire vermittelst der Essonne, II, 481. — Pulverfabrik. VII, 141.
Estaing, Bay. L. u. Br. VII, 263. 264.
Esthen, die, I, 306.
Esthland, vergl. Livland. Ch. R. — *Mellin*. 1) Der Reval'sche Kreis, 2) d. Baltischport'sche Kreis, 3) d. Weissenstein'sche Kreis. 1796. XVIII, 205.
D. G. Reymann's Charte von Esthland, Livland, Curland u. Semgallen etc. auf 4 Bl. Berlin 1802. XXXIX, 105.
Estrella, Gebirge. IX, 43.
Estremadura, Prov. (Portug.) XIII, 205.
Estremos (Portugal), VIII, 519.
Esseck, L. u. Br. XVI, 94.
Etablissement du port, Havenzeit. III, 11.
Etable, L. u. Br. XXXV, 69.
Ethnographie, s. Völkerk.
Etlingen (Baden), XLIII, 49.
Etrurien, Königr. S. Toscana.
Etsch.
V. N. — Charte der Länder zwischen der Etsch und Adda; im Kriegsdepot zu Paris. XI, 11.
—— *Etsch*, *Ober-*, Dept. Eintheil. 1810. XXXIII, 221.
Ettal, Kloster, (Baiern) XI, 608.
Eubrig, Berg, Höhe. X, 397.
Eudemisch, XI, 139.
Eudiometer, Unvollkommenheiten aller jetzigen. II, 176.
Eulengebirg, Höhe. X, 422.
Eupatoria, *Koslew*, *Koslow*. IX, 142. — L. u. Br. II, 32. XII, 481. XIX, 232. — Ausfuhr im Jahre 1794.

I, 197. — Ruinen. XL, 139.
Euphrat, Fl. VII. 250. XLV, 79. XLVI, 14. — Lauf der, XV, 471.
Eure - Departement.
B. R. — Voyage des élèves du Pensionnat de l'école centrale de l'Eure dans la partie occidentale du Dept. etc. 1800. XII, 422.
V. N. Geogr. statist. Beschreibung. XXXII, 175. vergl. XI, 241.
Eure u. *Loir*, Dept.
Geogr. statis. Beschreibung. XXXI, 433.
Europa.
A. C. *Kruse*, Probe der Gatterer'schen Charte zur Geschichte der Völkerwanderung etc. XVI. 377.
B. R. — *Edm. Dan. Clarke*, Travels in various countries of Europe, Asia and Afr. P. I. Russia, Tartary, and Turkey. 1810. XXXVII, 161.
Europa, nach seinen politisch-geograph. Veränderungen, seit Ausbruch der Franz. Revolution dargestellt in Charten und statist. Tabellen. 1te Lief. Weimar 1807. XXIV, 65. 2te Lief. (vom Sept. 1806 bis Dec. 1810) Weimar 1811. XXXIV, 168. 3te Lief. (vom Mai 1812—1816) XLIX, 439.
Chr. A. Fischer, Bergreisen. 2 Th. 1804. X, 431.
J. C. Franz, Handbuch der Erdbeschreibung von Europa, insbesondere von Teutschl. 1803. XIV, 303.
J. Griffiths, Travels in Europe, Asia minor, and Arabia. 1805. XVII, 317. XXI, 61.
G. Hassel, statist. Umriss der sämmtl. Europ. Staaten etc. 1. u. 2. Heft. 1805. XX, 184.
G. Hassel u. Dr. *Heinr. Schorch*, Allgem. Europ. Staats- u. Addrefs-Handbuch f. d. J. 1809. Weimar 1809. XXIX, 448. — 2r. Bd. für das Jahr 1811. XXXV, 429. (1812) 2ter Band, XXXIX, 76. für das Jahr 1816. 1r. Bd. 1te Abth. (Teutsche Bundesstaaten mit Oesterr. u. Preussen.) XLIX, 442. — 2ter Band 1ste Abth. L, 476.
Allgemeines genealogisches u. Staatshandbuch. 64ster Jahrg. 1811. 1. Bd. Frankf. a. M. XXXII, 428.
Jepson Oddy, European commerce, shewing new and secure channels of trade with the Continent of Europe etc. Lond. 1805. XXI, 414.
Koch, Tableau des revolutions de l'Europe depuis le bouleversement de l'Empire romain en occident jusqu'à nos jours etc. Paris 1807. In's Teutsche übersetzt von *Sander*, mit einer Vorrede von *Buchholz*. Berl. 1807. XXVII, 141.
Kunz, Versuch eines Handbuchs der reinen Geographie von Europa, als Grundlage zur höhern Militär-Geograph. 1812. XLI, 310.
J. M. Freih. v. Liechtenstern, Statist. Uebersicht der sämmtl. Europ. Staaten, nach ihrem Zustand in der zweiten Hälfte des Jahres 1806. dargestellt. Wien 1807. XXVII, 95.

Kor. Mannert. Statistik der Europ. Staaten. Bamberg 1805. XXII, 314.

J. Meermann, Eenige Berichten omtrent het Noorden en Noordoosten van Europa. 2 Th. 1804. XX, 106.

Dr. *Jos. Milbiller*, Handbuch der Statistik d. Europäisch. Staaten. Landshut 1812. XLI, 310.

Europa.

B. R. *J. F. Ockart*, Europens monarchische u. republikan. Staaten, nach ihrer Gröfse, Macht, und wechselseitigen Verhältnissen in statist. polit. Gemäld. dargestellt. 1ste, 2te u. 3te Lief. 1804. XX, 432.

C. Ritter, Europa. Ein geogr. histor. statist. Gemälde. 1r. Th. 1804. XVI, 311.

Fr. G. Voigtel, Geneal. Tabellen, zur Erläuterung der Europ. Staatengeschichte. 1801. XXXVI, 441.

Ch. R. — *Europa*, für den grofsen Handatlas, nach dem Frieden von Friedrichshamm u. Wien berichtigt. Weimar 1809. XXX, 389.

Europa, für den Bürgerschulen Atlas etc. Weimar. 1809. XXX, 389.

Charte v. Europa, nebst den Angränzungen von Asien, Afrika, in 6 Bl. etc. Wien 1811. XXXIX, 232.

Neueste Post- und Generalcharte von Europa etc. Wien 1807. XXVI, 84.

Neueste Post- und Generalcharte von Europa etc. in 4 Blättern. Wien XXXIX, 344.

Lauf- und *Flufsbecken* des Ebro in 6, der Elbe in 8, der Garonne in 4, der Loire in 6, der Maas in 6, der Oder in 6, des Po in 6, des Rheins in 10, des Rhone in 6, der Schelde in 2, der Seine in 6, der Weichsel in 8, der Weser in 3, und der Yssel, Ems und Weser in 6 Blättern. XL, 333. XLIII, 233.

J. B. de Bouge, Carte de l'Europe etc. 45 Bl. XIII, 477.

Dr. *Crome*, Neue Ch. von Europa, welche die merkwürdigsten Producte etc. enthält. 1804. XVIII, 67.

Gotthold, Teutschland und der gröfste Theil der umliegenden Staaten, od. Mittel-Europa, in 35 Bl. Berlin. XLVI, 490.

J. M. Hase, Charte von Europa Homann's Erben. 1806. XXIV, 225.

Hérison, Nouv. Carte génér. et détaillée etc. Paris 1811. XXXV, 462. XXXVI, 476.

C. F. Klöden, Gebirgs- u. Gewässer-Charte von Europa, Westasien und Nordafrik. 1814. XLVIII, 327.

Kruse, Tabulae geographicae Europae ad statum quo sub finem anni 400 et 500 post Chr. n. fuit. 1801. IX, 57.

—— Atlas zur Geschichte aller Europ. Staaten von ihrem Ursprunge an bis zum Jahre 1800. (1. Lief.)

XI, 77. vergl. VII, 102. (2te u. 3te Lief.) XXXV, 95. vergl. XXXIV, 317.

J. E. Lange, Neuer Hand- u. Staatsatlas von Europa, in 16 Bl., nebst einem statist. Repertorium etc. Leipz. 1808. XXI, 76.

Lapie, Carte d' Europe etc. in 6 Bl., 1812. Verbess. 1815. L, 86.

—— Carte de la Russie d'Europe avec l'Empire d' Autriche, la Suède, la Danemark et la Norwège, la Prusse, le Grand-Duché de Varsovie, les Provinces Illyriennes et une partie de la confédération du Rhin et de la Turquie d'Europe. 1812. 6 Bl. XL, 72. XLI, 208.

M. A. Lesage, Les Fastes Napoléennes de 1796 — 1806. Mappemonde histor. — L'Europe en Jauvier 1808 etc. Paris 1808. XXVIII, 111.

v. Liechtenstern, Charte von Mittel-Europa, in 64 Bl. etc. vergl. Teutschland.

N. Maire, Carte itinéraire et politique d'Europe. 1813. XLV, 454.

Nordmann, Cartes des Postes des états les plus fréquentes de l'Europe etc. Milan 1812. XXXIX, 103.

J. P. Poirson, Carte polit., physique, hydrogr. et itinéraire d'une grande partie de l'Europe etc. XXXI, 204.

J. Pongnaz, Neueste allg. Postcharte v. Europa. Wien 1808. XXVIII, 111.

Europa.

C. Ritter, Tafel d. Gebirgshöhen von Europa etc. XXI. 325.

Ch. R. — *J. M. F. Schmidt*, Wege-Charte durch den gröfsten und wichtigsten Theil Europa's von Moskau bis London, und von Stockholm bis Neapel. Die Wege und Ortsentfernungen eingetragen v. *Matthias*, die Chausséen von *Klöden*. 20 Bl. Berlin 1814. XLIV, 419.

Fr. Schulz, Gebirgsch. von Europa. 1803. XVI, 289.

F. W. Streit, Charte v. Europa in 4 Bl. — Mit den gangbarsten Poststrafsen versehen. Weimar 1811. XXXV, 105.

V. N. — *de Bouge*, histor. statist. Charte von Europa. XLII, 109.

Hommeyer's reine Geographie. 1810. XXXIII, 84.

Generalmajor *v. Sorriot*, Prospectus einer General-Charte von Europa, welche sowohl in orograph. als hydrograph. Hinsicht, die natürl. Beschaffenheit der Oberfläche unsers Erdtheils darstellt. XLVI, 259.

Etymolog. Erklär. des Worts: Europa. IX, 89.

Bevölk. XXXII, 36. — Volksmenge der gröfsten Europ. Städte. XXXVIII, 105.

Geogr. Ortsbestimmungen. Siehe die einzelnen Staaten Europa's.

Geograph. Veränder. (1805) XIX, 8. (1806) XXII, 11. (1807) XXV, 9. (1808) XXVIII, 12.

Europ. Handel nach Indien. II, 320.
Statist. Tab. d. Europ. Staaten. XVIII, 69. (1808) XXVIII, 151. (1815) XLIX, 290.
Statist. Tab. über die polit. Lage von Europa im Jahre 1813 und 1814. XLVI, 138.
Eutin, Bisth., s. Holstein.
Evango (Afr.), VI, 418.
Evora, IX, 46.
Evreux (Frankr.), XI, 241. XII, 443.
Ewiges Meer, IV, 528.
Exeter (Grafsch. Devon), L. u. Br. VIII, 69. — Bevölker. XI, 413.
Eylau, Preussisch-, L. u. Br. XVII, 342.
Ezel, die Kapelle auf, Höhe. X, 397.
Ezija, s. Ecija.
Ezomeo (auf Ischia), III, 366. 476.

F.

Fagiah, Fl. III, 583.
Fahlun (Schwed.) VIII, 400. XXXV, 251. — L. u. Br. X, 115. XVI, 424. XLIII, 479. — Kupfergrube. XVI, 425.
B. R. *C. Lindenberg*, Kort besckrifnung öfner Staden Falun och stora Kopparbergsgrufwa; met Kasfor och Vuer 1804. XVI, 424.
Fähneren, Kapelle (Schwz.) L. u. Br. III, 472.
Faifo, XI, 547.
Fajura,
A. *Girard*, Nachr. von d. Landschaft Fajum in Aegypten. XII, 653. (mit einer Ch. v. Nied. Aegypten.)
Falehmiss, Berg. Höhe X, 396.
Falcon, Ins. L. u. Br. II, 394.
Faleme - *Fluss* (inn. Afr.) I, 201.
Falkenberg, (Schwed.) L. u. Br. XXXV, 69.
Falkirk, Bevölkerung, XI, 413.
Fall, der Körper.
V. N. *Guglielmini* Versuch über etc. III, 92.
Faller - *Hom*, Höhe. X, 336.
Fallköping (Schw.) XXXVI, 186.
Falster, Ins. (Ostsee)
Ch. R. *Güssefeld*, etc. s. Dänische Ins.
Falsterbo (Schwed.) L. u. Br. XXXV, 69.
Falun, s. Fahlun.
Fanari, (am schw. Meer) Br. II, 32.
Fandango, III, 456.
Fano, Ins. II, 53.
Fantih's die, (Afr.) XLVII, 272.
Fareskur, Prov. (Aegypt.) V, 501.
Farmsum, L. u. Br. XXIX, 455.
Farnsburg, L. u. Br. VI, 267.
Faro (Portug.) IX, 45.
Faröe-Inseln, geogr. Lage. III, 530.
Fata Morgana, vgl. Kimmung.
A. *Büsch*, Ueber etc. VI, 3.
Ueber die Fata Morgana, d. Seegesicht u. die Erhebung. V, 195. VI, 14. XI, 257.

Fatevonda, (inn. Afr.) I, 701.
Fattantenda, am Gambie-Fl. I. 210.
Fayal, Ins. XVI, 202. XLVII, 73. — L. u. Br. d. S. O. Sp VII, 438.
B. R. *J. G. Hebbe*, Några Korta underattelser om Fayal och de oefrige Acorerne. 1804. XVI, 200.
Fayal, Stadt, XVI, 203.
Feddacia, Gebirge (Afr.) XII, 558.
Federal-Island (Marques. Ins.) I. 134.
Feene (Afr.) VI, 450.
Feengrotte, ein Druidenaltar (b. Tours) XV, 264.
Fejer Vár s. Weifsenburg in Ungarn.
Feiringen (Norw.) XXXVIII, 363
Feldberg, Höhe. II, 502.
Feldkirch, L. u. Br. VI, 267. XXXV, 69.
Feldstetten, Bevölk. VIII, 290.
Felizia, Berg. (Afr.) III, 586.
Fellin, Stadt. L. u. Br. II, 454.
— — Kreis.
Ch. R. *Graf Mellin*, etc. siehe Liefland.
Feltré, (Italien) L. und Br. XXXV, 69.
Fennessée, (N. Amer.) XV, 308.
Fenouillet, Berg. XLVIII, 11.
Feodosia, oder Theodosia, Kaffa. II, 26. IX, 147. XXI, 353 XXXI, 142. XL, 121. — Br. II, 32. XII, 481. — Ausfuhr im J. 1794. I, 197. — Handel. XVII, 391. XX, 285.
Ferghana, Landsch. (Ind.) XL, 172.
Fermin-Spitze, (N. Amer.) L. u. Br. IX, 455.
Fernandez-Insel, III, 343.
— — Land. III, 334. 342.
Ferney, (Schweiz) VIII, 421.
Fern - Noronhe, Insel. L. VIII, 155.
Fernröhre, Wichtigkeit ihrer Erfindung. I, 29. — Verbesserung ders. I, 38. — Engl. achromat. mit Blendungen versehen. I, 611. — zum Land- u. Seegebrauch. II, 8.
Ferrara, Bevölk. XL, 426. — Bevölk. der Gegend um, III, 367.
Ferro, Insel. Westsp. Länge. XXI, 68.
Ferrol, L. u. Br. I, 285. II, 398. VII, 423. IX, 519. XVIII, 284.
Fertit, (Afr.) V, 152.
Festenberg, Herrsch. Charte davon, siehe Oels.
Fetugu, oder Hoods-Insel. L. XXXIII, 32.
Feuer-Inseln, III, 562.
Feuerland, Ortsbestimmungen. XI, 227.
Feuersignale, III, 36. — Indianische. III, 37. vergl. Blickfeuer.
Feuerzeichen, (Friesl.) XIII, 159.
Sez, Stadt. XVI, 77. L. u. Br. XLVIII, 437.
Fezzan, (in Afr.) III, 55. 194.
A. (*Langlès*) Nachricht v. Fezzan und insbesondere von d. Handelsverbindung zwischen diesem Lande u. Tripoli. XII, 190.
Fezzan, Karawane. III, 194.
Fjällen- od. Köln-Gebirge. XVIII, 175.
Fibia, Berg. (Schweiz) Höhe. X, 257. 398.

Fichtelberg, II, 378.
Fiennas, III, 41.
Fieudo, Berg. (Schweiz) Höhe. X, 237. 398.
Figeac, Bevölk. VII, 144.
Fighting Insel, VI, 313.
Figueras, L. I, 285. II, 509.
Fiji - Inseln. V, 225.
Filadelfia, (Ital.) III, 505.
Filehne, L. und Br. XXXI, 464.
Fingals - Grotte. I, 428. V, 555. X, 367.
Finisterre, Dept. des. — Geograph.-stat. Beschreibung. XXXII, 185.
Finner, die, XXXIII, 423. 429.
Finnland.
A. *P. Friccius*, Geograph. Beschreibung v. Russisch-Finnland. (m. einem Chärtchen) XXVII, 3.
(Fürst *Gagarin*). Les treize Journées ou la Finnlande. St. Petersb. 1809. XXXIV, 69.
Fr. Rühs, Finnland u. seine Bewohner; mit einer Charte von Finnland. 1809. XXXI. 77. vergl. IX, 562.
Schulten, Geographische Lage einiger Oerter in Finnland durch astronom. Beobachtungen in d. Jahren 1787 u. 1788. X, 97.
J. Tengström, Ueber Finnland's Bevölkerung. XVI, 135.
Ch. R. *Hällström*, Generalcharte vom Großfürstenthum Finnland. 1799. VIII, 531.
V. N. *Fr. Rühs*, Geograph. statistische Nachrichten von Finnland. IX, 562.
Allgemeine Bemerkungen über Finnland von einem Eingebornen an einen Fremden. IX, 565.
Bestimmung der Länge und Breite verschiedner Oerter in Finnland, durch die Brüder *Thesleff*. XVII, 232.
Schwedische und Russische Bemühungen, die Geographie Finnlands immer mehr aufzuklären. XVII, 118.
Statist. Tabelle. XXXIV, 70. — Bevölkerung. (1805) XXXI, 119.
Finnische Völker. I, 306. IX, 266. XVII, 244. XVIII, 172.
Finnischer Meerbusen. — Karta Merskaja Finskago Zamliwa. 1777. I, 261.
Finnmarken. — Bevölker. XVIII, 275. XXXIII, 430. Areal. XXXIII, 430.
B. R. *Hallström*, Samml. der im nördlichsten Finnmark beobachteten Breiten. XX, 445.
Finspange, (Schwed.) VIII, 401.
Finster - *Aarhorn*, Berg. Höhe. VI, 264. X, 399.
Finsternisse, Griech. und Arabische. III, 520.
Fischer - Inseln, oder Pescadores. III, 336.
Fischfluſs, Mündung des. Länge. VIII, 360.
Fischhausen, (Preuſs.) VIII, 438. L. u. Br. XII, 483.
Fish-Kil, (N. Amer.) XII, 639.
Fiume, L. u. Br. III, 325. 411. IV, 105. 116. 273. 279. 364. 400. 501. VIII, 268. XIII, 357. XV, 80. XVII, 496. XL, 223. — Handelsstraſse zwischen Fiume u. Carlstadt. IV, 294. XIX, 14.

Five - Hummocks - Spitze. (N. Amer.) L. u. Br. IX, 455.
Fixstern-Paralaxe u. Durchmesser. III, 373.
Flandern, Französisch. — Geogr. statist. Beschreib. XXXI, 455.
Flensburg, L. u. Br. XXII, 339 XLI, 422. — Handel. VIII, 394.
Florenz, XVII, 118. XL, 193. — LVII, 426. VIII, 261. 374. IX, 520. XIII. 357. XXIII, 109. 110. L. u. Br. XXV, 473. — Bevölk. (1809) XL, 424.
Florentiner, III, 265.
Flores, Insel. XLVII, 73. — Nordsp. L. VII, 438.
Florida, XII, 589. vgl. Louisiana.
V. N. Beitritt von Florida zu der Union der Nordamericanischen Freistaaten (1810) XXXIV, 434.
Florida, West- — Americanische Besitznahme von West - Florida. (1811.) XXXVI, 259.
Fluberig, der, Höhe. X, 397.
Flumendoso, od. Cedro, Fl. III, 150.
Flumini, (Sard.) III, 153.
Fluth, vergl. Ebbe.
C. N. D. Burkhardt, Ueber die aufserordentliche Fluth am 11. Sept. 1798, im Weltmeere an den Küsten Frankreichs. II, 477.
Berechnung der Gröfse der Fluthen nach *Le Place's* Theorie für alle Voll- und Neu-Monde. d. Jahrs. IX, III, 98.
Fogaras, L. u. Br. XLI, 205.
Foggia, Bevölk. III, 369.
Fogliano, (Ital.) III, 366.
Föhr, (Schlesw.) Haven. XXIII. 250.
Fokischany, L. u. Br. VII, 557.
Fondi, (Neapel) XXI, 94.
Fonny, Gebirge. III, 151.
Fondaçias - Inseln. III, 335. 344
Forbisher- Strafse, (b. Grönland) I, 579.
Fordon, L. u. Br. XXXI, 467.
Fordongianos, III, 151.
Forli, L. u. Br. III, 504.
Formoso - Flufs (Afr.). XI, 20.
Fort - Churchill, siehe Fort du Prince de Galles.
— *Dauphin*, (auf Madagascar) III, 308,
— *de Fuentes*, L. u. Br. II, 290. X, 535.
— *el Jolebe*, (Algier) III, 581.
— *el Wed*, (Algier) III, 581.
— *Joseph*, b. Galam (Afr.) X, 42.
— *Masalquivir*, (Algier) III, 582.
— *du Prince de Galles*. L. u. Br. IX, 524. 539.
— *William*, (b. Calcutta) XI, 250.
Forth, Fl. (Schottl.) V, 540. 544.
Fortune, oder Good - Fortune - Island. I, 579.
Forum - Allieni, — Ferrara oder Legnago? XIII, 371.
Fossilien, siehe Geologie.
Fossum, (Norw.) Blaufarbenwerk. XXXVIII, 347.
Fouhla - Neger, I, 701.
— — *- Sousous*, fünf Völkerschaften (Afr.). Heimliches Gericht bei denselben. X, 218.
Frais, die, III, 174.
Franche - Comt
B. R. Vergleiche Jura.

Franecker, Bevölker. VII, 391.
Franken, oder Fränkischer Kreis.
A. Der Rhein und die Donau vielleicht in einer künftigen Verbind. durch einen Canal in Franken.
B. R. (*Bundschuh*). Geographisch - statistisch - topographisches Lexicon von Franken. Wien, 1799. bis 1801. 1—4. Bd. A—R. incl. X, 520.
v. Eggers, Reise durch Franken, Baiern, Oesterreich, Preufsen u. Sachsen. 1810. XXXI, 306.
Statistische Tabellen über d. Preufsisehen Ein- und Umgriffe im Fränkischen Kreise. Germania, 1801. IX, 525.
Ch. R. *C. F. Hammer*, Der Fränkische Kreis. Nürnb. 1804. XIV, 223.
J. L. Späth, Charte vom ehemal. Franken oder dem Main - und Rezat - Kreise des Königr. Baiern, dem Grofsherz. Frankfurt und Würzburg, nebst den angränzend. Staaten. Nürnberg, 1811. XXXIX, 439.
V. N. Anfrage, die Gauen in Franken betreffend. XXI, 367.
Geograph. Veränderungen in dem Jahre 1802. XI, 172. (1803) XIII, 20.
Ortsbestimmungen. XXXIX, 441.
Tauschantrag zwischen dem König von Preufsen und dem Kurfürsten von Pfalzbaiern. (1803) XIII, 122.
Frankfurt, Grofsherzogthum.
B. R. Staatskalender für das Grofsherzogth. Frankfurt. 1812. XXXVIII, 458.
Wincopp's Versuch einer topograph. statist. Beschreibung des Grofsh. Frankfurt. Mit einer grofsen topogr. Charte. 1812. XL, 304.
Ch. R. *v. Schlieben*, Charte der Grofsh. Frankfurt, Hessen u. Würzburg etc. 1815. XLII, 354.
J. L. Späth, Ch. etc. Vergl. Franken.
F. W. Streit, Charte von dem Grofsherzogth. Frankfurt und d. Fürstl. Isenburgischen Ländern. Weimar, 1810. XXXIV, 78. 299. 2. Ausgabe. 1811. XXXV, 455. 464. 3. Ausg. 1812. XL, 320.
Topograph. milit. Atlas von dem Grofsh. Frankfurt und Würzburg, nebst dem Fürstenth. Isenburg. 12 Bl. 1813. XLI, 211.
V. N. Kaiserl. Französische Verfügung (1. März 1810.) XXXI, 366.
Etat der Staatseinnahmen und Ausgaben (1811). XXXIII, 455.
Statistische Uebersicht. XXXVII, 482.
Bevölkerung. 1812. XL, 118. 428.
Frankfurt am Main, (Fr. Stadt). XLIX, 163.
Ch. R. *C. F. Ulrich*, Neuer geometr. Grundrifs von Frankfurt am Main, und seinen nahen Umgebungen. 1811. XXXV, 125. XXXVI, 235.
V. N. Ueber die Entschädigung d. Reichsstadt Frankfurt. 1803. XIII, 396.

Handel u. Bevölkerung. VIII, 415. XVI, 357. — L. u. Br. XIV, 225. — Kirchenlisten. 1814. L, 264.

Frankreich.

A. Beiträge zur genaueren Kenntnifs der Topographie und Specialstatistik der einzelnen Departemente von Frankreich. XIV, 129. 264.

Beitrag zur Kenntnifs der Bevölkerung v. Frankreich. XIII, 287. XIV, 363.

Bevölkerung der Französischen Republik mit Ausschluss des Piemonter Departements. 1802. XI, 393.

Eine Eigenthümlichkeit unserer Zeit an Frankreich erwiesen. XXIX, 44.

Geographische Veränderungen durch den Frieden zu Prefsburg. XX, 8.

Ueber den neuen Canal von St. Quentin, welcher die Seine mit der Schelde verbindet. XXXIV, 225.

B. R. Annuaire par le bureau de longitudes pour l'an 1813. XL, 422.

Ballois, Annales de statistique. 1802. etc. XI, 56. 241.

Blaynay, Narrative of a forced journey through Spain and France etc. 1804. XLVII, 238.

Brede, Reisen durch Teutschland, Frankreich und Holland. Göttingen, 1807. XXIX, 224.

S. D. Broughton, Letters etc. 1815. L, 346.

Bugge's Reise til Paris i starene 1798 og 1799. 1. Heft. Kiöbenh. 1800. V, 319. 2. Heft. XII, 137.

Courtin, Arbeiten des Brücken- und Wegebau-Ingenieurs seit 1800 etc. Aus dem Französischen übersetzt. XLI, 200.

Deferrière, Archives statistiques de la France. 1804. T. I. et II. XVII, 194.

M. E. Descourtilz, Voyage d'un Naturaliste etc. dans plusieurs portes de mer française etc. Paris, 1809. XXVIII, 458.

Dictionnaire geograph. et methodique de la Republique française en CXX Depart., y compris les colonies occidentales et orientales, les Iles de l'Archipel etc. 4eme Edit. Paris, an 7. V, 235.

Frh. v. Hahnenberger, Magazin für die Handlung und Handelsgesetzgebung Frankreichs und d. Bundesstaaten. 1. Bd. Heidelberg, 1810. XXXIX, 297.

Ch. A. Fischer's Reisen in das südliche Frankreich, in den Jahren 1803 u. 1804. 2 Bde. 1806. XIX, 505. XX. 381.

Herbin, Statistique générale et particulière de la France et de ses colonies etc. 1813. XIII, 457. XVI, 48.

Itineraire complet de l'Empire Français. 2me Edit. etc. Paris, 1811. XXXVII, 421.

Lascus, Der Französis. Kaiserstaat unter Napoleon im J. 1812. Ein geographisch historis. Handbuch. 1. u. 2te Abtheil. XLV, 91.

Lecoustierier et *Chaudouet*, Dictionnaire geograph. des postes aux let-

tres de tous les departements de la Republique française etc. 1802. XII, 337.

J. Lemaistre, Travels after the peace of Amiens, through parts of France, Schweizerland, Italy and Germany. London, 1806. XXVI, 326.

Link, Bemerkungen auf einer Reise durch Frankreich, Spanien u. vorzüglich Portugal. Kiel, 1801. VIII, 513. IX, 37. 3. Th. 1814. XIII, 201.

Mahias, Geographie moderne de la France par les cours des fleuves, etc. Paris, an 7. IX, 171.

A. L. Millin, Voyages dans les Departements du midi de la France. T I. et II. Paris, 1807. XXV, 51. 169. T. III, (1808). XXVII, 179. vergl. XV, 494.

Ph. A. Nemnich, Originalbeiträge zur eigentlichen Kenntnifs v. Frankreich. 1. u. 2. Band. 1810. XXXVI, 209.

Neue Geographie von Frankreich. Leipzig, 1803. XII, 352.

J. *Peuchet*, Statistique élémentaire de la France. 1805. XIX, 63.

Peuchet et *Chanlaire*, Description topograph. et statistique de la France. 1—35 Livrais. XXXI, 423. XXXII, 50. 175. (36—39 Livrais) XXXIX, 406. XLIII, 193. (40—44 Livr.) XXXIV, 463 XXXVII, 411. (45 bis 49 Livrais) XXXIX, 406. XLIX, 32. 189. 279. (50 bis 52 Livr.) L, 195.

(*Prud'homme*) Dictionnaire universel geograph. statist. histor. et politique de la France etc. V Tom. 1804. XVIII, 431.

Statistique générale de la France publié etc. — Depart. du *Montblanc* etc. Paris, 1807. XXVI, 424.

Testu, Almanach national de France. 1804. XIII, 455.

Testu, Almanach Imperial pour l'an 1805. XVII, 95. (1806) XXII, 68. (1807) XXIII, 104. 210. (1808) XXVI, 38. (1809) XXIX, 8. (1810) XXXII, 28. (1811) XXXV, 417. (1812) XXXVIII, 298. (1813) XLI, 201.

Testu, Almanach Royal pour les années 1814 et 1815. XLVI, 325. (1806) L, 74.

Andr. v. der Wilhingen, Reize door Frankijk in gemeenzame Brieven. 1tes Stück. Haarlem, 1805. XXI, 56. vergl. XVIII, 501.

v. Wimpfen, Briefe eines Reisenden etc. siehe England.

v. Zimmermann, Allgemeine Uebersicht Frankreichs von Franz I. bis auf Ludwig XVI, und der Freistaaten von Nordamerica etc. nebst einer Gegeneinanderstellung ihrer Revolutionen. 1809. XI, 194.

Ch. R. Atlas national et générale de la France en 20 Cartes, divisée en Departements etc. Paris, 1790. VII, 459.

Brion de la Tour, Carte de l'Empire françois et du

Royaume d'Italie etc. Paris, 1806 XX, 308.
Brulée, Navigation générale de la France, Carte géograph. des Rivières et des canaux projectés etc. 1803. XIV, 347.
L. Capitaine, Carte géometr. des routes de poste de la France et de ses pays conquis. I, 583.
Carte de l'Empire François avec ses établissements politiques, militaires civiles et religieux etc. Paris, 1804. Avec des augmentations. 1807. XXVI, 188.
Carte générale de la France par Departement, servant à l'Assemblage de 182 feuilles de la Carte de France de *Cassini* et de 25 feuilles de celle de la Belgique de *Ferraris*. Paris, 1812. XXXIX, 236. vergl. XLIII, 116. XLVI, 130. vergl. I, 47. 50. 486. 584. XII, 125.
Chanlaire et *Herbin*, Tableau général de la nouvelle division de la France. Avec une table alphabet. des nouveaux Cantons et un Atlas de 102 Cartes. 1802. XII. 235. XIII, 364. vergl. X, 356.
Charte von Frankreich, worauf die alte Eintheilung in Provinzen mit der neuen in Departementen verbunden ist etc. Nürnberg, 1816. L, 491.
Croisey, Atlas de l'Empire François pour servir à l'intelligence de la statistique de la France, divisée en 109 Depts. 27 Divisions militaires etc. 1804. XVII, 116.
Dericquehem, Nouvelle cartes des distances réciproques entre les 154 chefs-lieux de l'Empire François, du Royaume d'Italie et des capitales des autres parties du Monde. 1813. XLI, 247.
H. Gotthold, Frankreichs Vergröſserung durch das bisherige Königr. Holland u. das nordwestl. Teutschland, getheilt in 12 Depts. nebst dem angsänzenden Königr Westphalen. 6 Bl. 1811. XXXVI, 106.
Herisson et *Sarret*, Carte de la France, divisée en Depts. et en Arrondiss. etc. avec les sièges des principales autorités administratives etc. 1804. XIV, 253. nouv. Edit. 1806. XX, 453.
Lapie (et *Picquet*), Carte de l'Empire François et du Royaume d'Italie etc, 1811. XXXVI, 104. nouv. Edit. 1814. XLIV, 430.
Neue polit. milit. und Postcharte vom ganzen Franz. Reiche etc. in 48 Blättern. Leipzig, 1812. XLIII, 233.
J. M. F. Schmidt (*Matthias* und *Klöden*), Histor. polit. Charte von Frankreich, nach seiner Begränzung am 1. Jan. 1792, nach seiner allmälichen Vergröſserung bis zum J. 1812 und der gegenwärtigen Gränzbestimmungen zu Folge des Pariser Friedens vom 30. Mai 1814. Berlin. XLIV, 425.
Seidel, Charte v. Frankreich, nach Cassini, Chanlaire, Herbin, Mantelle etc.

Nürnb. 1810. XXXIII, 320. vergl. XXXIII, 347.

Fr. W. Streit, Charte v. Frankreich in. seiner neuesten Eintheilung etc. Weimar, 1809. XXX, 302. (1815) XLVIII, 333.

The southeastern Part of France, which includes Roussillon, Languedoc, with a great Portion of Rovergne and Auvergne, Provence, Dauphiné and the whole frontien of Italy. London, by *Faden*. 1799. VIII, 148.

V. N. — Annuaire de la Republ. Franç. présenté au corps legistlatif par le bureau de longitudes pour l'année 7. II, 383. pour l'an 9. VI, 285.

. Antiquités nationales de France. II, 386.

La Borde, Vogaye pittoresque de la France. 1780. IX, 271.

A. G. Carnus, Vogage fait dans les Depts. nouvellement réunis et dans le Dept. du Bas - Rhein, du Nord du Pas de Calais et de la Somme. (1802) XII, 242.

Forbes, Letters from France written in the years 1803 and 1804 etc. XXII, 377.

Holcroft's Reisen etc. XI, 100.

Nachricht von dem Atlas von Frankreich nach Cassini, in bequemeren Format herausgegeb. von *v. Reilly* zu Wien. XII, 125.

Ch. Picquet, Atlas des differ. divisions croiles, militaires et eccles. etc. accompagnée de tableaux géograph. etc. 1802. XI, 514.

Thornton's Reise durch Frankreich. XX, 373.

Winkler, Ueber Millin's wissenschaftl. Reise in's südliche Frankreich. XV, 494.

Verzeichnifs älter. Flufs-, Gebirgs- u. Küsten-Charten von Frankreich. I, 20. 102.

Gradmessungen, ältere. III, 23. 31. 34. — neuere, III, 28. 51. 89. 187. 189. vergl. Gradmessung.

Flächeninhalt, I, 587. III, 368. IV 459. VII. 143. VIII, 542. XXIX, 84. XLVI, 328.

Bevölkerung, (1788) III, 368. (1798) I, 587. XI, 61. (1799) IV, 459. VII, 143. (1800) VIII, 542. — Bevölkerung der seit 1792 neuerworbenen Länder (1802) X, 62. Vergleichung der Bevölkerung von Frankreich, in d. J. 1789 und 1802 mit der Volksliste im Almanach Imper. von 1808. XXVI, 88. :— Uebersicht der Bevölk. Frankreichs, zu Folge der drei Jahre 1806—1808. XXVIII, 373. — Neueste Bevölkerungsliste (1807) der Departemente von Frankreich u. ihrer Hauptstädte. XXIII, 240. (1809) XXIX, 84. — Bevölk. der einzelnen Departements 1809 und 1810. XXXII, 24. — Bevölker. des Franz. Reichs nach den Sprachen, die darin gesprochen werden. (1810) XXXI, 367. — Bevölker. (1811) XXXII, 36. XXXIV, 335. XXXVII, 369. (1812)

XXXVIII, 106. — Volksmenge des Franz. Reichs und seiner Föderativstaaten 1812. XL, 117, 425. — Bevölk. der Hauptstadt d. Franz. Reichs 1812. XLI, 424. — Bevölker. der Departements u. Hauptstädte 1815. XLVI, 328. — Bevölkerung der 86 Departemente. 1815. 1816. L, 77.

Handelsbilanz zwischen Frankreich und Portugal. XIII, 395. — Handel im Archipel II, 128. — Handelsverhältnisse gegen Indien. II, 128. — Mémoire sur le commerce de l'Inde Bordeaux. An 9. IX, 275. — Ein- und Eusfuhr im Jahr 8. X, 172. — Baumwollenhandel. IX, 283. — Theehandel. I, 86. — Ausfuhr an Tüchern. XVIII, 105. — Ausfuhr an Mauleseln und Maulthieren. XVIII, 121.

Canäle. XXIX, 45. — Uebersicht der Canäle von Frankreich. XXXIX, 110. — *Dav. Le Roy*, Canaux de la Manche indiqués pour ouvrir à Paris deux débouchés à la mèr. Paris, 9. VIII, 30. — Canal vom Aiguesmortès bis Beaucaire. XIV, 251. — Vollendung des Canals v. Beaucaire. XXXVIII, 109. — Canal von Languedoc. IV, 291. X, 24. siehe Languedoc. — Canal zw. der Orne und Loire. III, 525. — Canal von Paris. II, 481. Canal zwischen der Seine u. Loire, vermittelst der Esoune. II, 481. — Der neue Napoleons-Canal im Departement Niederrhein, XXXV, 228. vergl. XXV, 365.

Uebersicht der neuen Land- u. Wasserstrassen. XXXVIII, 107. — Verzeichniss der über die innere Schifffahrt Frankreichs erschienenen Memoires. II, 481. vgl. IV, 291. X, 24.

Innere Organisation, 1802. IX, 284. — Organisation der neuen Franz. Departements der Rheinmündungen (24. Apr. 1810). XXXII, 97. — Organisches Sct. und K. K. Decret wegen der Regentschaft von Frankreich, XL, 343. — Organisation d. drei neuen Frankreich einverleibten Departaments von Nord-Teutschlaud. XXXIV, 326.

Fr. W. Streit, Uebersicht d. dermaligen (1810) Bestandes u. der Eintheil. des Französischen Kaiserthums nach Einverleibung des Königreichs Holland in dasselbe. XXXII, 346. — Eintheilung der den Departements von Holland einverleibten Länder von Teutschland, so wie der übrigen davon abgeschnittenen Provinzen. XXXIV, 216.

Vergleich und Cassionstractat vom 16. März 1810 zwischen Holland u. Frankreich, über die Abtretung von Holländisch Brabant, ganz Zeeland, mit Einschluss der Insel Schouwen und Geldern auf dem linken Waalufer. XXXII, 93. — Vereinigung des Königreichs Holland mit Frankreich. XXXII, 343. —

Französisches Sct. vom 17. Febr. 1810 im Betreff der Vereinigung des Staats von Rom mit Frankreich und der Existenz des Römischen Papstes. XXXI, 232. — Kaiserl. Franz. Decret wegen Einverleibung der 3 Hansestädte, Hamburg, Lübeck u. Bremen u. Bestimmung der neuen Gränze des Franz. Reichs (1810). XXXIV, 89.

Tabellarische Uebersicht der allmälichen Zunahme der Staatseinkünfte u. den Steuern von Frankreich u. Groſsbritannien seit den Jahren 1595 (bis 1800). XIV, 242. — Staatsausgaben u. Einkünfte (1803) XI, 643. — Uebersicht des gegenwärtigen Zustandes des Finanzwesens in dem Kaiserthum Frankreich (1807). XXIV, 336 — Französische Staats - Finanz - Rechnung v. J. 1808. XXX, 226. (1811) XXXVI, 246. — Uebersicht der Finanzen des Franz. Reichs, mit dem Budget f. d. J. 1813. XLI, 478. — Finanz - Budget (1816). XLIX, 122. — Allgemeine Uebersicht des Ertrags der Bergwerke u. Mineralien in Frankreich. XIII, 392.

Statistische Tabelle vom J. 1800. VII, 24 (1801). IX, 120 (1802). XI, 193 (1803). XIII, 37 (1804). XVI, 31. (1805) XIX, 36. — Statist. Umriſs des Franz. Kaiserthums (1807). XXV, 361. — Statist. Berechnung, den Zustand der Industrie in Frankreich betreff. (1811). XXXVI, 486. — Officielle Darstellung der Lage des Frz. Reichs, 1811. XXXV, 362. — Ministerialbericht über die jetzige Lage des Franz. Reichs (1813). XL, 511. XLI, 99. 226. 342.

Begünstigung des Stockfischsfang's von der Regierung. X, 77. — Vernachlässigung der Steinkohlenbergwerke. I, 423. — *Lefebvre*, Appercu général des mines de houille exploitées en France de leurs produits et des moyens de circulation de ces produits, 1802. XI, 750. — Seidenbau. IX, 91. XVIII, 101. Torfgruben. VIII, 167.

Verzeichniſs der Depts. und Militär - Divisionen (1815) XLVIII, 334. — Alphabet. Verzeichniſs des Depts. des Königreichs Frankreich mit Angabe ihrer Hauptstädte, ihres Areals und ihrer Bevölkerung. XLVI, 328. — Verzeichniſs der Franz. Städte, die über 10,000 Einwohner haben. XLVI, 331. — Anzahl der Städte. VII, 145.

—Militairétat (1789. 1793. 1797). II, 84 (1803). XIV, 55 (1808). XXVI, 41. — Armee 1813. XLI, 202. — Statist. Uebersicht d. Frz. Kriegsmacht und deren Auxiliar - Truppen, sowie auch deren Vertheilung und Stand am 1. Septbr. 1810. XXXIII, 217. — Seemacht. XXVI, 385. — im mittelländ. Meer. XXXI, 235. — Schiffbau - Schulen. III, 396.

Geschichte der Franz. Landesvermessung. I, 148.

— Länge der Küsten. III, 364. — Ausbreitung der mathemat. Wissenschaften. I, 130. 146.

Ortsbestimmungen. VII, 420. XXVI, 216. XXXV, 470. XLVIII, 499. — Ortsbestimmungen im südlichen Frankreich. XLVI, 199.

Kaiserl. Franz. Modification wegen des neuen Maafses und Gewichts im Französischen Reich 1812. XXXVIII, 235.

Erweiterung der Französisch telegraph. Linie. XXXVIII, 116.

Aufhebung des Sequesters zwischen Frankreich und Oesterreich wegen der Güter der gegenseitigen Unterthanen, 1810. XXXIV, 103.

Concordat, Abänderung davon. XXXI, 366. — Neuestes zwischen Sr. Majestät dem Kaiser der Franzosen und König von Italien und Sr. Päpstlichen Heiligkeit Pius VII, zu Fontainebleau abgeschlossenes Concordat. XL, 353.

Dotation des Ordens d. drei Vliefse (1810) XXXII, 341. — Kaiserl. Französis. Réunions - Orden. XLII, 360. — Docoration der Mitglieder der Ehrenlegion. XIV, 515. — Hauptorte der 16 Cohorten der Ehrenlegion. XIV, 515.

Kaiserl. Franz. Decret wegen der neu gestifteten Majorate in Frankreich. XXXII, 220.

Consultations-Kammern für Manufakturen, Fabriken, Künste u. Handwerker (1804). XIV, 380.

Französisch - Afrikan. Compagnie. III, 586.

Brücken. XXIX, 61. — Häven. XXIX, 52. — Strafsen. XXIX, 54. — Staatsgefängnisse. XXXI, 367. — Smaragden in Frankreich. XX, 378. — Kaiserl. Reichs-Siegel (1804). XIV, 514. XV, 503. — Münzstädte. VII, 138.

Französ. Landes- (un-) Kunde. XIII, 117. 502.

Jährliche Consumtionsanzahl an Vieh. XXII, 115.

Geograph. Veränderungen nach den Jahren 1799 und 1810. VII, 1. (1801). IX, 97. (1802.) XI, 176. (1803). XIII, 26. (1804). XVI, 13. (1805.) XIX, 15. — Neue geogr. Veränderungen in d. Italienischen Theile der Franz. Republ. 1804. XVIII, 86.) — 1806. XXII, 43. (1807.) XXV, 31. (1808.) XXVIII, 14. (1809 bis 1815.) XLIX, 266.

Berechnung des Verlustes von Frankreich durch die im zweiten Frieden von Paris (1815) gemachten Cessionen. XLVIII, 486.

Les châsses du Roi, (12 Blätter.) XLV, 469.

Fransche - Hoek, Weinbau des, VII, 361.

Frascati, III, 366.

Frauenberg, Burg (b. Marburg), XXXVII, 446.

—— (Preufs.), L. u. Br. II, 373. III, 406. XXXV, 69. — Die Kopernikus-Sternwarte. XV, 384.

Frauenfeld, VI, 267.
Free-Town (Scérra Leona), I, 657.
Frejus, Wasserleitung. X, 74. — Haven, XVII, 249.
Freudenthal, Minderherrschaft, Charte dav., siehe Troppau.
—— Stadt, L. u. Br. XL, 324.
Freudenstadt (Schwab.), L. u. Br. XII, 486.
Freundschafts - Inseln. II, 273. III, 346. XXXV, 169.
Freyberg (Erzgeb.), VIII, 393.
Freyburg (Schles.), Bevölk. X, 428.
—— Canton (Schweiz), geograph. statistische Beschreib. XXXI, 193.
—— Stadt (Schweiz), L. u. Br. VI, 267.
Freyhan, Minderherrchaft, Charte davon. s. Troppau.
Freysing, Stadt, Höhe. IX, 19. — L. u. Br. XX, 200. XXII, 215. XXV, 69.
—— Stift.
B. R. *v. Seyfried*, Statist. Nachrichten etc. XVI, 426. siehe Stift.
Freystadt (Oesterreich), L. u. Br. XXXV, 69.
Friaul.
Ch. R. *J. E. S.* Neue topograph. Charte v. Friaul und der angränz. Grafschaft Görz u. Gradiska, sammt der Herrschaft Triest. Wien 1805. XXVI, 81.
Friedberg, Gericht (Baiern), XI, 610.
—— Stadt, XI, 610. L. u. Br. XVIII, 463. XX, 199.
Friedens-Fluss (N. Amer.), IX, 160.
Friedensschlüsse u. andere Tractate.
A. Der Friede zu Pressburg in seinen Folgen für Oesterreich, Baiern, Würtemberg, Baden, d. Teutsche Reich, Frankreich, Italien und Europa, geographisch, statistisch u. staatsrechtlich mit historischen Einleitungen erläutert. XIX, 269. 397. XX, 3. vergl. XIX, 242. (Nebst einer Charte von Teutschland.)
Vertrag zw. Oesterreich und dem Erbprinz v. Nassau - Oranien zu Lindau, den 23. Jan. 1804. XVIII, 496. — Convention zw. Oesterreich und Würtemberg zu Wien am 18. Jun. 1804. XVIII, 496.
V. N. Friede zw. Frankreich u. Russland. (1807) XXIV, 71. — Friede zw. Frankr. u. Preussen. (1807) XXIV, 71. — Charte zur Erläuterung des Tilsiter Friedens. XXIV, 116.
Tractat zw. Frankreich u. Oesterreich wegen der neuen ital. Gränze. (1809) (Mit einer Charte.) XXV, 231. — Tractat zwischen Frankreich und Holland, (1807) über die gegenseitigen Länderabtretungen. XXV, 349.
Tractat zw. Würzburg und Sachsen - Meiningen wegen Berichtigung der Landesgränze, d. 20. Jun. 1808. XXVII, 111.
Friedenstractat zwisch. Frankr. u. dessen Aliirten und Oesterrsich, ge-

schlossen zu Wien d. 14. Octob. 1809. (Nebst berichtigter Charte des Oesterr. Kaiserthums.) XXX, 308.

Friede zw. Rufsland u. Schweden, geschlossen zu Friedrichsham d. 17. Sept. 1809. XXX, 393. — Cessionsacte und Demarkationstractat üb. das durch den Wiener Frieden von Oesterreich an Rufsland abgetretene Stück v. Galizien. XXXII, 18.

Vollständiges Friedensinstrument des Russisch-Türkischen Friedens zu Bucharest. (1812) XXXIX, 451.

Russisch - Persischer Friede. (1813) XLIII, 107.

Friede zw. Dänemark und Schweden. (14. Jan. 1814.) XLIII, 92. — Friedensurkunde der alliirten Mächte mit Frankreich. Paris den 30. Mai 1814. XLIII, 489. — Friedenstractat zw. d. König von Preufsen und dem König von Dänemark. (25. Aug. 1814) XLV, 233. — Tractat zwischen England u. Holland (29. Aug.) 1814), die Holländ. Colonien betreffend. XLV, 243.

Friedenstractat zw. d. König von Preufsen und König v. Sachsen. (18. Mai 1815) XLVII, 245. — Endvertrag zw. Frankr. und den alliirten Mächten. (20. Nov. 1815) XLVIII, 350. 455. — Vertrag zw. der Pforte und Servien. (1816) XLIX, 397.

Friedens-Spitze (N. Amer.), IX, 161.

Friedewald (Grafsch. Sayn), Bevölk. XIV, 246.

Friedingen (Schwab.), L. u. Br. XII, 488.

Friedland (Preufs.), L. u. Br. XVII, 342.

Friedrich - Heinrichs - Bai (auf N. Holl.), XII, 432.

Friedrichsburg, L. u. Br. XXII, 340.

Friedrichs - Ehre, neues Sternbild. III, 178. 619.

Friedrichshald (Norwegen), XXXVIII, 365.

Friedrichsham, L. u. Br. XIX, 229.

Friedrichsholm, Insel, Beschreib. derselben, siehe Christians Öe

Friedrichsstadt (Norwegen), Kirchenliste. 1813. XIII, 378.

Fryberg, L. u. Br. XV, 80.

Fuca, Meerenge, — Span. Entdeckungsreise dahin. (1792) XV, 293.

Fugle - Skiör, blinde oder blinde Vogelklippe. III, 528. 561.

Fulda, Dept. (Kgr. Westph.), Areal u. Bevölk. XLI, 435.

—— Stadt, L. u. Br. XIV, 225.

Funchal (auf Madeira) XXI, 35.

Fünen, Insel, VIII, 395.

Ch. R. Siehe Dän. Insel.

—— Stift. — Kirckenlisten. (1803) XIII, 379. (1804) XVI, 357.

Fünfkirchen, L. u. Br. XV, 80.

Fur, siehe Darfur.

Furca, Bg. (Schweiz), Höhe. X, 257. 398.

Furnas, Dorf (Azor. Ins. St. Miguel) heifse Quellen XL, 290. XLVII, 52.

Furnigheh (Aegypt.), V, 519.

Fürstenberg, XLIII, 50. — L. u. Br. XXXII, 202.
Fürstenfeld, Höhe IX, 19.
Fürth, L. u. Br. XXV, 465.
Fylfeti, Canal Aegypten), V, 516.
Fyzabad am Gora. XI, 247.

G

Gaderiol - Horn, Bg. Höhe, X, 396.
Gadow (in der Priegnitz), L. u. Br. XLV, 421.
Gaëta, Bevölk. III, 369.
Galam (West-Afr.) X, 42. 226. — *Rubault's* Landreise von St. Ludwigs-Insel nach Galam. XI, 602
Galama (inn. Afr.) I, 704.
Galenstock, Berg (Schweiz), Höhe. X, 257. 398.
Galga - Inguschen, — *Engelhards* Besuch b. d. Galga-Inguschen. XLVII, 459.
Galizien, XVII, 331.
B. R.. *S. Pedetzrey*, Reisebemerkungen über Ungarn und Galizien. 1809. XXXVI, 347.
Ch. R. *A. M. v. Heldensfeld*, Charte von West-Galizien ect. aufgenommen in den Jahren 1801 bis 1804. Wien, 1808. XXVII, 254. vgl. XXVII, 117.
Mannert, Ch. v. Ost u. West-Galizien. Nürnb. 1804. XVI, 455.
D. G. Reymann, Charte eines Theils von Neu- od. West-Galizien, welcher d. Woywoodschaften Sendomir u. Krakau enthält, nebst einen Theil v. Altgalizien, in 12 Bl. 1797. V, 375.
Schmidburg, Charte v. Ost- und Westgalizien. Weimar 1801. IX, 61.
West- und Ostgalizien, für den grofsen Hand- u. Bürgerschulen-Atlas nach den Wiener Frieden berichtigt. XXX, 388.
C. N. Ueber die Ausmessung von Ost und Westgalizien. I, 236. 706.
V. N. Verzeichnifs der 15 Kreise v. Neu- u. West-Galizien. XV, 84.
Bevölk. v. Ostgalizien. (1804) XVII, 390.
Ortsbestimm. XIX, 224. XXXIV, 437.
Neuer (Kolmearer) Kreis in (Oesterreich.) Galizien. XXXVI, 260.
Vergröfserung Oesterreichs in Galizien. (1816) XLVIII, 251.
Galizien, West-
Ch. R. Charte von West-Galizien. — Vom K. K. Gen. Quartiermeisterstab. Wien 1808. Sect. 1—4. 7. 8. 10—12. XXXIII, 440. (S. 6.) XXXV, 459. (S. 5. 9.) XXXVI, 472.
Generalcharte v. West-Galizien. Nach d. vom K. K. Gen. Quartiermeisterstaab herausgeg. Specialcharte dieses Landes, von demselben entworfen u. gezeichnet. Wien 1809. 6 Bl. XXXI, 202.
V. N. Cessionsacte u. Demarkationstractat üb. das durch den Wiener Frieden von Oesterreich an Rufsl. abgetretene Stück von Galizien. XXXII, 98.
Gallanderberg (b. Chur,) Höhe des, X, 396.
Gallipoli, L. XV, 220.
Gallon (inn. Afr.), I, 662

Gallura, VIII, 151.
Galtelly (Sard.), III, 155.
Gambia, Fl. I, 370. 700. II, 161. III, 54. X, 48.
— — Insel, (bei Afr.) X, 46.
Gamjam, L. u. Br., VII, 180.
Gönnsi-Spiel, Berg, Höhe, X, 327.
Ganary, Insel, L. u. Br. VI, 48.
Gan-el-Charkié, oder Gamel-Kuban. L. u. Br. VII, 160.
Ganges, Fl. XXI, 189.
A. *R. H. Colebrooke*, Ueb. den Lauf d. Ganges durch Bengalen. (Mit 1 Charte) XVIII, 3.
V. N. Ein Paar Worte üb. eine Recension in d. monatlichen Correspondenz des Frh. v. Zach, ein im Nov. Heft 1804 der A. G. E. beigelegtes Chärtchen des Brit. Reichs, am Ganges betreffend. VIII, 342.
Gani-Inseln, XXI, 272.
Ganscha, XLV, 391.
Gantstock, Berg, Höhe. X, 398.
Gapeau, Fl. XLVIII, 6.
Garda-See, XLVIII, 23.
Gardeleben, L. u. Br. XLVIII, 90.
Gardjestan (Pers.) XLIV, 413.
Garduiki, II, 53.
Gargans, Gebirge.
A. *Dr. Nobile*, Schilderung des Gargans in Apulien. (A. d. Franz.) XXXII, 121.
Garian, Gebirge, (Afrika) XII, 193.
Garlies (Schottl.), V, 542.
Garnsee, L. u. Br. XXXII, 76.
Goronne, Dept. der oberen, Geogr. statist. Beschreibung. XXXII, 55.
Garz, (auf Rügen), X, 244.
Gaschna, III, 585.
Gaspee Bay (N. Amer.) L. u. Br. IX, 542.
Güstrikland, XXXV, 267.
Ch. R. *Cronstedt* u. *Olof Insulander*, Charte von Hastrikland und Huringland. 1796. VIII, 531.
Gauderios, die, (S. Amer.) X, 294.
Goudma, VI, 318.
Gauli oder Urbach-Gletscher, Höhe. X, 257.
Gause od. Gohr (Afr.), XII, 306.
Gauzipore am Ganges, XI, 248.
Gavarnin, VIII, 516.
Gaza, V, 304. — Br. IX, 125.
Geba, die, L. u. Br. XXV, 290.
Gebirge, — Allgem. Zusammenhang der Gebirge. I, 100. IV, 166.
Fr. Schulz, Ueber den Zusammenhang d. Höhen. Nebst einer Gebirgscharte von Europa. 1803. XVI, 289.
B. R. *Baron de Zach*, L'Attraction des montagnes et ses effets sur les fils du Plomb, ou sur les niveaux des instruments d'Astronomie etc. suivis de la déscription géometrique de la ville de Marseille et de son Territoire. 1814. XLVI, 189.
Ch. R. *Klöden*, Gebirgs- und Gewässercharte von Europa, Westasien u. N. Afrika. 1814. XLVIII, 327.
Gebirgs-Höhen, s. Höhen, Gebirge.
Gedda, oder Dschidda.

Geer (Afr.) III, 54.
Gefle (Schweden), XXXV, 267. — L. u. Br. XVI, 248. XXXV, 69. XXXIX, 107. XL, 74. 342. XLIII, 479.
Geifsberg (Salzburg), Höhe. II, 168. IV, 418.
Geifsingen (Schwab.), L. u. Br. XII, 487.
Geifslingen (Schwab.), L. u. Br. XII, 485.
Geldern, V, 322. — L. u. Br. XXXV, 69.
Gelnhausen, L. u. Br. XIV, 225.
Geltsch, Basaltberg, bei Libeschitz. — L. u. Br. u. Höhe. II, 471.
Gemmi, Höhe III, 365. VI, 264. X, 396.
Gemünd (Schwab.) L. u. Br. XII, 485.
Genargenio, Gebirge. III, 151.
Genealogie.
B. R. Allgem. Genealog. u. Staats-Handb. 64ster Jahrg. 1811. 1. Bd. Frankfurt a. M. XXXII, 428.
Gothaischer genealog. Kalender a. d. Jahr 1817. L, 479.
Fr. G. Voigtel, Geneal. Tabellen zur Erläuterung der Europäischen Staatengeschichte. 1811. XXXVI, 441.
Genessee, Fl. (N. Amer.) V, 115.
Geneva (N. Amer.), V, 116.
Genf, VI, 267. VII, 420. VIII, 157. IX, 262. 519. XVII, 306. — L. u. Br. I, 285. II, 120. 435. X, 534.
Genfer-See, III, 442. Höhe. I, 285. VI, 264. 270.
Gengenbach, L. u. Br. XL. 324.
Genne, oder Jennie (inn. Afr.), I, 211. 370. II, 160.
Gent, XXXVI, 212. — L. u. Br. VIII, 315. — Bevölk. VII, 144. (1806) XL. 424.
Gentilitäts-Namen. — Ueber vier neue Staaten, die keine Gentilitäts-Namen haben. XIII, 374.
Genua, Republ. — Staatsdecret (28. Dec. 1804) über die Finanzen der Republ. XVI, 363. XVIII, 382. — Vereinigung mit Frankreich und Organisation. XVII, 506. XVIII, 86. — Verhältnifs der Genuesischen Münzen zu den Französisch. XIX, 261. — Genueser. III, 254. 265.
— — Stadt, III, 367. XVII, 310. XX, 470. — L. u. Br. III, 504. IX. 262. XIII, 357. — Höhe. II, 293. — Bevölk. XL, 424. — Haven XVII, 391.
Géodäsie.
B. R. *L. Puissant* Traité de Géodäsie ou Exposition des methodes astronomiqnes et trigonométriques, appliquées, soit à la mesure de la terre, soit à la confaction du Caneväs, des Cartes et des Plans etc. 1805.
— — Traité de Topographie, d'Arpintage et de Nivellemeut. 1807. XXXVII, 44.
C. Seveloh, Gränzrevision und Gränzregulirung in rechtl. und mathemat. Hinscht. Fulda, 1808. XXXV, 194.
V. N. *Crocker*, Lehrbuch der Géodäsie. XVIII, 495.
Geognosie — *A. Sewastianow*, Geognosie etc. 1811. XXXVI, 254.

Geographen-Bay (auf Neuholland), XI, 147. XXIV, 424. — L. u. Br. XI, 147. XXIV, 424.
Geographie, allgem., siehe Erdbeschreibung.
Geographische Veränderungen.
A. Allgemeine Uebersicht der geograph. Veränder. in d. Jahren 1799. u. 1800. VII, 1. (1801) IX, 97. (1802) XI, 163. (1803) XIII, 3. (1804) XVI, 3. XVIII, 86. (1805) XIX, 153. (1806) XXII, 3. (1807) XXV, 3. (1808) XXVIII, 3. (1809 bis 1815) XLIX, 3. 129. 259. 403.
Geographische Uhrtafel, s. Uhrtafel.
Geologie — *K. König*, Ueber ein fossiles menschliches Skelett aus Guadeloupe. XLIV, 332.
Georgenberg (Böhmen), L. u. Br. II, 468. 470. III, 201. — Höhe, II, 468.
Georgestown (bei Washington), Länge, XXIII, 109.
Georges-Town, (S. Afrika), L, 183.
Georg-Fort (Ob. Canada), VI, 308.
Georgien od. Grusinien, od. Grusien. Vergl. Kaukasus.
B. R. *Güldenstädt*, Reisen nach Georgien und Imerethie. — Umgearbeitet u. verbessert v. *Jul. v. Klaproth*. Berlin 1815. XLVII, 366.
V. N. Geographische Lage. XXII, 101.
Marschall von Bieberstein, Beschreibung etc. XVI, 488.
v. Zafs, Description etc. XVI, 488.
Expedition zur Untersuchung der dortigen Bergwerke. (1803) XIV, 248. XV, 386. XVI, 117. 491.
Flächeninhalt und Einkünfte. XLIII, 108.
Kommt unt. Rufsland's Regierung. VII, 305. IX, 115.
Ueber d. Namen Georgien. XLVI, 81.
Georgiefsk (Rufsl.), V, 76.
K. Georgs, III, Haven. L. u Br. XXIV, 424.
Georgs-Flufs (Neu-Süd-Walis), XLV, 20.
Gera, L. u. Br. XXXV, 69. — Höhe, XVIII, 486.
Gerdauen (Preufs.), L. u. Br. XVII, 342.
Gerlachsheim, XIII, 126.
Gernrode (Anhalt.), L. u. Br. II, 190. VI, 350.
Gernsbach (im Murgthal), XII, 457
Gerolfing (Baiern), XI, 611.
Gerona, siehe Gironne.
Gers, Dept. des, — Geogr. statist. Beschreib. XXXII, 52.
Gertruydenburg, L. u. Br. XXXV, 69.
Gesellschafts-Archipel. III, 343.
Gestrickland, s. Gästrickland.
Gewichts-System, s. Maafs-System.
Gewürz-Inseln, vergl. Amboina.
Ghana, s. Ghinny.
Gheybize od. d. alte Libissa. XLVI, 6.
Ghezere (am schwarz. Meer), Länge, II, 33.
Ghinny oder Ghana, oder Kanno (Afr.), III, 55. L, 456. 468.
Ghize, s. Gize.

Ghori, XLV, 396.
Ghuria, XLVI, 84.
Ghydros, s. Gydros.
Gibraltar, L. u. Br. I, 21. VII, 423. — Strafse von, XLVIII, 156.

A. — Auszüge a. *John Galts* Voyage and Travels in the Years 1809—1811. containing statistical, commercial and miscellancons Observations on Gibraltar, Sardinica, Sicily, Malta, Serigo and Turkey. Lond. 1812. XXXIX, 261.

Gibraltar-Spitze. (Ob. Canada). VI, 304.
Gien, Hier. Ins. XLVIII, 5.
Giengen (Schwab.), L. u. Br. XII, 486.
Giefsen.

Ch. R. — *C. A. Sturz*, Situationscharte von Giefsen und den umlieg. Oertern. 1813. XLIII, 90.

Gijon (Spanien), L. u. Br. XXXV, 69.
Gingst, Praepositur (auf Rügen). X, 246.
Giornico (im Livinerthal), Höhe. VI, 270.
Girgehod Djirdje (Ob. Aegypten), X, 246. L. u. Br. VII, 160.
Girgenti, Abnahme der Bevölk. XVII, 117.
Gironne.

Ch. R. — *Bucher*, Plan de la Forteresse de Gironne et de ses Environs. Dresden, 1812. XXXVIII, 381. vgl. XXXVIII, 114.

Giro, Wein. III, 152.
Gifsung, od. Wegschätzung. I, 619.
Giurdschewo, L. u. Br. XLI, 205.
Giusa nuova, Dorf. (Sicil.), XXI, 96.
Gizeh — Pyramiden bei, III, 105.

Br. R. *Grobert*, Descript. des Pyramides de Ghize. VII, 153. vergl. VII, 207.

Glärnisch, Berg, Höhe. VI, 264. X, 398.
Glarus, L. u. Br, VI. 267
Glaserberg, Höhe des, X, 396.
Glasgow, Bevölk. XI, 413.
Glastonburg, Abtei bei, VI, 496.
Glätscher, (Schweiz) — Neueste Reise der Gebr. *Mayr* von Aarau auf die höchsten Schweizer Glätscher. XXXIX, 257.
Glaz, Grafsch. (vgl. Schlesien) XI, 47. — Berge. XI, 48. — Flächeninhalt. VIII, 308. — Anbau. VIII, 406. — Waldungen. XI, 50.
—— Stadt. — Bevölk. VIII, 406.
Glätzer Schneeberg, der, (Schlesien) L. u. Br. XII, 119.
Gleichberg, der, (bei Römhild) XVIII, 339.
Gleichen, die beiden (bei Göttingen), XLVIII, 448.
—— die drei (in Thüringen), XLVIII, 448.
Glencoe, Gebirgsthal (Schottland) V, 559.
Glendalogh, (Irel.) X, 504.
Glenmalur (Irel.), X, 504.
Glocester, Grafschaft.

Ch. R. *Taylor*, The county of Glocester. Lond. by Faden. 1800. VIII, 63.

— — Stadt. II, 137.
Glocken, merkwürdige, III, 632.
Glockner, Berg, Höhe, IV, 419. XVI, 123. 337. XVII,

187. — L. u. Br. XVI, 337. XXII, 216.
Glocknitz, Blaufarbenwerk. XVII, 112.
Glogau, Fürstenthum. — *Wieland*, Charte von dem Fürstenth. Glogau etc. mit dem Fürstenth. Carolath. Umgearbeitet von *Schubart*. Neu bearbeitet u. vermehrt von *Sotzmann*. Nürnb. 1806. XXVIII, 242.
Glommen, Fl. I, 545. — Wasserfall dess. s. Sarp.
Gloucester, s. Glocester.
Gloucester-House (N. Am.), L. u. Br. IX, 549.
Gluchow, L. u. Br. XIX, 230.
Glückstadt, L. u. Br. III, 571. VIII, 255.
Gniewkowo, L. u. Br. XXXI, 468.
Gnomon, Florentinische. III, 435.
Goa, V, 19. — L. u. Br. VII, 180. — Abschaffung der Inquisition. XLIX, 506.
Goands, die, indisch. Volksstamm. XXI. 194.
Godhaab (N. Amer.), L. u. Br. IX, 543.
Goes, L. u. Br. IX, 64.
Göggingen, Br. III, 164.
Gohavaner (Afr.), VI, 395. 406.
Göhl, der hohe, Höhe. IV, 418.
Gojam (inn. Afr.), III. 135.
Goiqua, Stadt (S. Afrika), L, 193.
Goldapp, L. u. Br. XIV, 234.
Goldbeck, Amt (Grafsch. Ruppin), IX, 353.
Goldberg im Rauris, Höhe. IV, 418.
— — (Schles.), Tuchmanufact. XI, 53. XX, 468.
Goldeck, L. u. Br. XXII, 216.
Goldhügel, Dept. der, siehe Côte d'or.
Goldkronach, (in Franken.) B. R. *Dürrschmidt*, Beschreib. des Kön. Preuss. Kirchspiels Goldkronach, in statistisch - topograph. Hinsicht. Mit einem Anhang von Layriep. Baireuth 1800. XII, 217.
Goldküste (Afr.).
A. Nachrichten über die Goldküste in Afrika von Herrn *Meredith*. XLVII, 217.
Goldschik, XI, 138.
Golfstrom, XIII, 303.
Golling, L. u. Br. XXII, 216
Gollup (Preuss.), VIII, 447.
Gömör, L u Br. XIX, 223.
Gonave, Insel. L. VII, 440.
Gongah Persaud, XI, 249.
Goniondz'sche Kreis (Neu-Ostpreussen), XI, 338.
Goodwin-Sand, III, 531.
Goomba (inn. Afr.), II, 66.
Goplo-See (Polen), XL, 264.
Göppingen (Schwab.), L. u. Br. XII, 485.
Gorée, Insel, XVI, 27. — L. u. Br. VIII, 311. X, 44. XI, 598. — Beschreib. X, 44.
Gorgona, Ins. I, 216.
Goritti, Ins. (S. America), L. u. Br. XI, 223.
Görlitz, Br. III, 162.
Görz, Grafschaft
Ch. R. vergl. Krain und Friaul.
— — Stadt. L. u. Br. XV, 83. XXXV, 69.
Gosazwang (Oesterreich), XXXV, 347.
Goschütz, Standesherrsch. Charte davon, vgl. Oels.
Goses (Tyrol), Höhe. V, 167.

Goslar, XII, 112. — L. u. Br. XVI, 445. XVII, 214. Bevölk. XXXIII, 91. vgl. XXXV, 246.
Gospich, IV, 275.
Gotha, Herzogthum, siehe Sachsen - Gotha.
—— Stadt. III, 84. — L. u. Br. I, 286. II, 490. III, 163. 568. IV, 316. 395. XI, 143. XXV, 219. — Kirchenliste 1814. L, 264.
A. Gotha mit seinen neuen Anlagen und Verschönerungen. XXXV, 129.
Das orientalische Museum zu Gotha. XXXV, 137.
Ch. R. Specialcharte der Umgebungen von Gotha und Eisenach. Weimar, 1811. XXXVI, 105.
Götha, Fl. (Finnl.) X, 118. XXXI, 31.
A. Geschichte der Schiffbarmachung der Götha-Elf und vorzüglich der Fälle bei Trollhätta. (1802) XVIII, 146.
Gothaab (Grönl.) L. II, 511.
Gothenburg, L. u. Br. VII, 435. XI, 373. XL, 74. 342. XLI, 422.
Gothland, Hptmsch. XXXV, 29.
Ch. R. *Hallström*, Charte etc. 1807. XXXII, 315.
—— West-, XXXVI, 185.
Gotma, VI, 318.
Gotthard, s. St. Gotthard.
Gotthards-Durchpafs, Höhe des, X, 398.
Gotthard - Spitze, Höhe. X, 398.
Göttingen, District (Königr. Westph.), — Viehzucht, 1811. XLI, 71.
—— Fürstenthum.
A. Ertrag des Licents in d. Fürstenth. Calenberg und Göttingen, in d. Jahren 1796. 97. u. 98. VII, 120.
Göttingen, Stadt. L. I, 286. II, 486. III, 390. 569. IV, 395. VII, 429. VIII, 315. IX, 521. XI, 374. XXII, 467. — L. u Br. XXXIX, 93. — Universität 1811. XLI, 70. 73.
Gottland, Ins. III, 525.
Gouuraunen, die, XXXVIII, 288.
Goublis, die (Aethiopien), X, 551.
Gouda (Holland). L. u. Br. I, 637. IX, 64. XI, 658.
Goughs, oder Gougs, Ins. I, 580.
Gouldings - Haven, Breite. VIII, 200.
Goutum oder Gotma, oder Gaudma. VI, 318.
Gowers - Insel, XXIII, 275.
Gowidlino, L. u. Br. XIX, 373.
Gowr am Mehah - Nudda. XI, 249.
Gozgat, Resid. des Tschapan-Ogla. XLVI, 12.
Gozo, Ins. III, 591. 652. IV, 447. VIII, 321.
Ch. R. *de Palmens*, Map etc. s. Malta.
Graaf - Reynette (S. Afr.), L, 187.
Graciosa, Ins. XLVII, 70. L. u. Br. II, 395.
Grad, Eintheilung u. Verhältnifs des neufranzös. Grads zum gewöhnl. I, 91. — Länge des neufranzösisch. Grads. IV, xxxiv.
Gradisca (Ital.), L. u. Br. XXXV, 69.
—— alt. L. u. Br. XL, 228.
—— Grafschaft.

Ch. R. Vergl. Krain und Friaul.

Gradmessung.

A. Histor. Uebersicht des Problems über die Figur der Erde, nebst den Veranlassungen zu der neuen Gradmessung in Lappland und d. Endresultaten derselben. XXI. 129.

J. F. van Beek Calckoen, Ueber die Messung eines Breitengrades auf d. Erde durch *Willebrord Snellius*, verbessert durch *Peter van Muschenbroek.* Nebst daraus hergeleiteten Bestimmungen d. vorzüglichsten Städte Hollands. I, 625. vergl. I, 363. 470. XI 649.

Erich Prosperin, Ueber die geograph. Länge des in Lappland in den Jahren 1736 und 1737 gemessenenen Breitengrades. IV, 97. vergl. IV, 255 354. 458.

Jöns Swanberg, Bericht von einer auf Kosten der Kön. Schwed. Academie der Wissenschaften unternommenen Reise nach *Pello*, zur Untersuchung des dortigen Locals, u. in wiefern solches zu einem Argwohn gegen die um Torneo im Jahre 1736 angestellten Französ. Gradmessung Anlafs geben kann. IX, 4. vergl. IX, 376

C. N. *Kästner* u. *Klostermann*, Ueber die Fehlerhaftigkeit der Franz. Gradmessung. II, 375. 475. vgl. III, 24. 189.

Gradmessung zwischen den Brocken und Gotha vorgeschlagen. I, 480. — in Holland I, 625. XI, 649. — in Lappland III, 625. IV, xxxviii, 44, 97, IX, 4. 376. XII, 120. 253. — in Ostindien II, 378. XVI, 125. — in Peru, III, 93. — im römischen Gebiete, II, 337. III, 434. — in Sicilien (im Vorhaben) I, 129. 349. 674. — in Spanien von *Méchain* und *Megnié.* I, 113. 127. 347. II, 76. 170. 550. III, 28. 89. XII, 120. 770. — in Ungarn, Nordamerica u. Ostindien. II, 378.

Bisherige Gradmessungen, Untersuchung ihrer Längen. III, 96. 434.

V. N Resultat der grofsen in Spanien u. Frankreich angestellten Versuche zur Ausmessung eines Meridians.

Unbestimmtheit v. den wahren geograph. Längen der unter den Aequator u. unter den Polen gemessenen Meridian-Bögen. III, 93.

Gradmessung in America von Dixon und Masson. I, 246. — in Arabien, I, 630. — in England III, 18. — in Frankreich, ältere, III, 23. 31. neuere von *Delambre*, I, 127. 466. 473. 477. 605. 626. II, 76. 169 174. 251. 375. 384. 550. III, 28. 51. 89. 187. 190. IV, xxxiv. — in Lappl. III, 625. IV, xxxviii. 44. 97. — über die neue nordische Gradmessung XII, 120. 253. — in Spanien, XXXI, 129. — (Brigade-Major *Lambdon*) Kurze Nachr. von der Messung eines Meridiangrades in Ostindien. XVI, 125.

Grado, L. u. Br. XXXV, 69.
Gräfenthal, (Saalfeld.) Br. XXXII, 260.
Grafton, Ins. L. u. Br. VII, 265.
Grahamstown, (S. Afr.) L, 185.
Grajero, Spitze. (N. Amer.) IX, 455.
Gran, L. u. Br. XL, 288.
Granada, (Span.) XXXVII, 301.
Grand, vorgebl. Insel. II, 415.
Grandola, VIII, 523.
Gränizer, oder Oestreich. Gränzsoldaten. XI, 238.
Gran Sasso d'Italia, Höhe. III, 364.
Gransee, (Garfsch. Ruppin) IX, 350.
Graohamm, (Finnland). L. u. Br. XXXV, 69.
Grasholm, Ins. XIII, 154.
Grätz, (Steyerm.) VIII, 409. — L. u. Br. XV, 83.
Gratzen, (Oesterreich.). L. u. Br. XVII, 352. 506.
Grauben, (Kurl.) Br. XXXII, 267.
Graubünden.
B. R. — *W. Coxe*, Travels etc. XI, 350 s. Schweiz.
Der neue Sammler oder gemeinnützige Archiv für Bünden. Herausgegeb. von der ökonom. Gesellschaft daselbst. Jahrgang 1805. Chur, 1806. XXII, 451.
V. N. — *Rösch*, Trigonometrische Aufnahme des Thals von St. Luziensteig bis Chur. XXXI, 327.
Skizze einer allgem. Uebersicht des jetzigen Zustandes von Graubünden, (mit einer Charte) XXIV, 345.
Ortsbestimmungen und Höhenmessungen. XXXI, 329. — Kameralistisch-statistische Bemerkungen. XII, 380. XVIII, 491.
Graudenz, L. u. Br. XXXII, 76.
Ch. R. — *v. Lynker*, Charte d. Gegend, Blokade u. Belagerung d. Festung Graudenz etc. 1807. XXXIII, 185.
Gravesand, siehe St. Gravesand.
Graystock, der, Höhe. X, 398.
Greenock, Bevölk. XI, 413.
Greenwich, (Engl.) — Geschichte von der Entstehung der Sternwarte das. I, 29. — L. u. Br. I, 286. 509. 541. IV, 314 399.
— — (Jamaica) V, 478.
Greifenstein, (Schweiz). L. u. Br. III, 472. X, 255.
— — (b. Wien) XXXVII, 447.
Greifswalde, X, 416. — L. II, 119. III, 86. IV, 313. VII, 430. VIII, 157. 255. — L. u. Br. IV, 501. XXXV, 69. - Bevölk. XII, 462. — Academische Entbindungs-Institut. XII, 720.
Grenadier-Mütze, Klippe b. Island. III, 558.
Grenoble, — Bevölker. VII, 144. (1806.) XL, 424. — L. und Br. IX, 263. — Leinwandfabrik. XI, 751.
...*nd*, vergl. Le-
W...
... — *Ukert*. Ein Blick auf das jetzige Griechenland. XXXII, 227.
B. R. — *S. Bartholdy*, Bruchstücke zur näheren Kennt-

nifs d. heutigen Griechenlandes, auf einer Reise gesammelt. Im Jahre 1803 und 1804. Berlin, 1805. XXI, 307.

F. Beaujour, Tableau de Commerce de la Grèce. Paris, 1800 VI, 214.

A. L. Castellan, Lettres sur la Grèce etc. XXXV, 197.

(*Choiseul - Gouffier*). Voyage pittoresque de la Grèce. T. II. Paris, 1810. XXXIV, 39. vergl. XI, 364.

Dimo et Nicolo Stephanopoli, Voyage en Grèce, pendant les ann. 1797 et 1798. Paris, 1799. VI, 138.

J. Galt, Letters from the Levant etc. 1813. XLIX, 323.

W. M. Leake, Researches in Grece. 1814. XLVI, 455.

Xav. Scrofani, Voyage en Grèce, fait en 1794 et 1795. traduit de l'Italien par *J. F. C. Blanvillain*. Avec une carte générale de la Grèce ancienne et moderne. Paris, an 9. VIII, 121.

Ukert, Gemälde von Griechenl. 1810. XXXIV, 181.

Ch. R. — A. Γαση, πιναξ γεωγραφικος της Ἑλλαδος μετα παλαια ονοματα κ. τ. λ. Βιεννη. 1800. XXV, 323.

Ρηγα, Χαρτ[illegible] γαδος ἐν ἡ περιε[illegible] σοι: αυτης και με[illegible] Ευρωπην και μικραν [illegible] πολυαρ θμων αποικειων αυτης κ. τ. λ. Βιεννη. XXV, 323.

V. N. — *Chandler's* Reise übersetzt u. mit Anmerk. v. *J. P. Servois* u. *Barbié du Borage*. 1806. XX, 490. vergl. XXII, 227.

Tauvel's Reisen (im Auszug). X, 376.

W. Gill, Reise durch Griechenland. XL, 378.

On Pericles and the arts in Grece, previousley to, and during the time he flourished, being a Chapter of a Manuscript essay on the History of Grece, from the easliest account of that country, down to the and of the Peloponesian war. L, 128.

Neueste Fortschritte d. wissenschaftl. Cultur und insbesondere d. geograph. Studiums in Griechenland (1815) XLVIII, 97.

Reise des Prinzen von Mecklenburg - Schwerin etc. XIII, 518.

Nachricht von d. Hrn. *Bronstedt* u. *Koes*. XXXV, 376. — Notiz über d. Reise der beiden Dänen: Hrn. *Koes* und *Bronstedt* nach Griechenland. XLIII, 238.

Stiftung einer neuen Gesellschaft der Musenfreunde zur Wiederherstellung und Beförderung der Wissenschaften in Griechenland. L, 240.

Literarische Nachrichten. XXVII, 116.

Länge der Küsten. III, 364. — Griechen in Rosette. X, 331.

Griechen, Neu -. XIV, 192. XVII, 325. XLIX, 327.

Gries, Berg. Höhe. VI, 270.

Grieshorn, Berg. Höhe. X, 397.

Griet, (Tyrol) Höhe. IV, 167.

Grimsel, Berg. Höhe. III, 365. VI, 270. X, 396.
Grindelwald, L. u. Br. VI, 267.
Griplium, Berg. Hôhe. XLII, 370.
Groden, Dorf. III, 302.
Grodno, Gouvernem.
Ch. R. — *J. Bronner*, Das Russische Gouvernement Grodno mit Theilen des Herzogthums Warschau. Nach dem Entwurfe des Herrn *von Liechtenstern*. Wien, 1812. XXXIX, 447.
— — Stadt. — L. und Br. I, 237. 541. III, 161. V, 161. X, 391. XIII, 109. XXV, 469. XXVI, 353. XLI, 93. — Dr. *Franz de Paula Triesnecker*, Erörterung eines aufgeworfenen Zweifels über d. Länge von Grodno. XI, 122.
Grone, Teutsch-, L. und Br. XXXI, 464.
Gröningen, Amt. (Limburg) XVI, 124.
— — Stadt. Bevölk. VII, 391. XL, 424. — L. u. Br. VII, 397.
Grönland.
A. — *Rühs*, Neueste Nachricht v. Grönland. XXXII, 236.
Ueber den jetzigen Zustand von Grönland, seine Producte und Einwohner. XXXVII, 3.
V. N. — *Gieseke*, Neues Werk über Grönland. L, 264.
Grönländer, die in Colonien leben. XXII, 378.
Grofs - Britannien und *Ireland*, od. Britisches Reich.
A. — Beitrag zur Statistik Grofs - Britanniens und Irelands in d. Jahren 1805. und 1806. XXIII, 375.
Bevölkerung sämmtlicher Grafschaften v. England, Wales u. Scotland im J. 1802. XI, 409.
B. R. — *Baert*, Tableau de la Grande - Bretagne, de l'Irlande et des possessions Angloises dans les 4 parties du Monde. Paris, an 9. VII, 536. XII, 723.
Chalmers, An Estimate of the Comparative Strength of Great - Britain, and of the Losses of her Trade from every War, since Revolution; with an Introduction of previsus history a New - Edition corrected and continued to 1810. Lond. XL, 53.
Dr. *Clarke*, Coup d'oeil sur la force et l'opulence de la Grande - Bretagne. On y a joint une Correspondence medite du Doyen *Tucker* et de *Dav. Hume* avec le Lord *Kaims*, concernant le commerce. Londres, 1801. Traduit de l'Anglois par *J. Marchona*. Paris u. Strafsburg, 1802. X, 325.
P. Colyuhoun, A treatise and the Wealth, Power and Resources of the British Empire, in every part of the World etc. Lond. 1804. XLVII, 319.
C. Crutwell, A tour through the whole Island of Great - Britain etc. Lond. IX, 527.
Faujas - Saint - Fond, Voyage en Angleterre, en Ecosse et aux Iles Hebrides, avec la description mineralog. du pays du New-

castle, des montagnes de Derbyshire; des environ d'Edinburgh, de Glasgow, de Porth, de St. Andreavs, du Duché d'Inverary et de la Grotte de Fingal. I, 420.

Chr. Goede, England, Wales Ireland u. Schottland — Erinnerungen in Natur und Kunst aus einer Reise in den J. 1802 und 1803. Dresden, 1804. XXII, 76.

Ph. A. Nemnich, Neueste Reise durch England, Schottland und Irland, hauptsächlich in Bezug auf Producte und Handlung. Tübing. 1807. XXIV, 287.

Notice descriptive sur l'Angleterre, l'Ecosse et l'Irlande. Extraits pris et traduits de divers auteurs. 1803. XV, 334.

H. Skrine, A general account of all the rivers of note in Great - Britain, with their severales courses etc. London, 1801. IX, 448.

E. Th. Suedenstjörna, Resa igenom en del of England och Skottland åren 1802 och 1803. Stockholm, 1804 XXI, 202.

Ch. R. — *de Beaurain*, Carte des Royaumes d'Angleterre, d'Ecosse et d'Irlande, divisés en Provinces, Comtés et Baronies. 1805. XIII, 366.

Chanlaire, Carte des Iles Britanniques et des côtes, qui les avoisinent, servant à l'intelligence de l'histoire des descentes faites dans ces Isles etc. 1804. XVIII, 214.

Lapie, Carte des Iles Britanniques ou Royaume uni de la Grande - Bretagne et d'Irlande. 1812. XL, 212.

Piquet, Nouvelle Carte géo - hydrographique des Isles Britanniques etc. Paris, 1803. XII, 499. XIII, 366.

V. N. — *Baldoin*, The colonial Policy of Great-Britain, 1816. L. 127.

Capper, Neues geogr. Wörterbuch über die Britischen Inseln. XXI, 318.

Lyson, A new general Survey of Great - Britain. XX, 123.

Smith's neue Charten, etc. XIX, 394.

Kurze Nachricht von einigen neuen Werken, die Topographie und die Alterthümer Grofs - Britanniens betreffend. XX, 480.

Geologische Beschaffenheit von Grofs-Britannien und Ireland. XLIII, 386.

Ob England die Verbindung mit dem Continente von Europa entbehren und durch Benutzung seiner unbenutzten Hülfsquellen sich selbst leben könne? XXI, 423

Bevölker. sämmtlicher Länder unter Britischer Herrschaft (1810). XXXI, 237. — Bevölker. Grofsbritanniens (1800). XIII, 500. (1809) XXXI, 120. (1811) XLII, 117. — Volkszahl der vereinigt. Reiche Grofs - Britannien u. Ireland (1816). XLIX, 500. 502.

Finanzwesen (1804) XV, 251. XX, 469. — Tabellarische Uebersicht der allmähligen Zunahme der Staatseinkünfte und der Steuern von Frankreich und Grofsbritannien, seit d. J. 1595 (bis 1800). XIV, 242. — Vergleichung der Einnahme und Finanzen Grofsbritanniens in d. J. 1801 und 18$\frac{12}{13}$. XLV, 244 — Einkünfte des vereinigten Königreichs Grofsbritanien und Ireland von 1812—1814. XLV, 373. — Papiergeld und Einkünfte von Grofsbritannien und Ireland (1813 u. 18 4) XLV, 244. — Einkünfte, 1816. XLIX, 498. — Ausgaben (1815) XLVIII, 251. — Abgabe-Betrag von England, Schottl. u. Ireland (1816). XLIX, 502. — Vergleichung der Finanzen von 1793 und 1816. XLIX, 501. 503. — Berechnung der fundirten Schuld von Grofsbritannien für d. 1. Febr. 1814. XLV, 240. — Staatsschulden. XLIX, 400. — Betrag der von 1793—1814 gezahlten Subsidien. XLIX, 398. — Eigenthum d. Ausländer in den Engl. Fonds. XXVI, 474.

Landmacht. XVII, 111. XVIII, 122. XXIII, 368. XXVI, 109. — Bestand d. Engl. Armee f. d. J. 1816, für Grofsbritannien und Ireland, sammt Angabe der auswärts stationirt. Truppen, und auch der Militäranstalten in den vereinigten Königreichen und deren Einkünfte. XLIX, 498.

Marine. IX, 85. 87. (1804) XIII, 518. (1805) XVII, 110. XVIII, 122. (1808) XXVI, 110.

Grofsbritannische Handelsbilanz n. d. dem Unterhause zu verschiedenen Zeiten vorgelegten Rechnungen. V, 192. (1804) XX, 118. (1805) XX, 469. — Ein- u. Ausfuhr (1792. 1804—1813.) XLV, 245. — Getraide - Einfuhr (1806). XXVI, 109. — Engl. Ostindische Compagnie, stat. Notizen von dies. XLIX, 399. — Uebersicht des Zustandes der Britischen Manufacturen im Jahr 1806. XXI, 354

Häuserzahl (1811). XLII, 117. — Armenzahl. XLV, 245. — Union von Grofsbritannien u. Ireland. VII, 203. — Zahl der Repräsentanten von Grofsbrit. und Ireland. XLIX, 502.

Statistische Tabelle vom Jahr 1800. VII, 24. (1801). IX, 120. (1802.) XI, 193. (1803.) XIII, 37. (1804.) XVI, 31. (1805.) XIX, 36. — (1808). XXVI, 110. — Stat. Nachricht. (1811). XXXV, 243.

Geographische Veränderungen in d. J. 1799 u. 1800. VII, 18. (1801) IX, 112. (1803) XIII, 30. (1804) XVI, 19. (1805) XIX, 23. (1806.) XXII, 55. (1807) XXV, 41. (1808.) XXVIII, 123. (1809—1815.) XLIX, 259.

Grofsburger Halt, (Schles.) IX, 291.

Grofse, Ins. V, 313.

Grofse-Flufs, der, (Ober-Canada) VI, 311.

Grosse Isle aux Dindes, oder Fighting-Insel. VI, 313.
Grossen, (Neu-Mark) L. u. Br. XVIII, 101.
Grossenhayn, Br. III, 162.
Grosse Rad, Berg. Höhe. X, 421.
Gross-Sodus, (N. Amer.) V, 116.
Grötnäs, (Schwed.) Br. XVI, 248.
Grottkau, Fürstenth. Charte davon, s. Neisse.
— — Stadt, (Ob. Schles.) Bevölk. XVII, 246.
Gruibingen, L, IV, 454.
Grulich, bei Marienberg, (Mähren). L. u. Br. XXI, 72.
Grünberg, (Schles.) L. u. Br. XVII, 101.
Grünenstein, (Schweiz) III, 463. — L. und Br. III, 467. 469. 472. X, 255.
Grüningen, L. u. Br. VIII, 259.
Grusinien, oder Grusien, s. Georgien.
Gryers, oder Gruyere, L. u. Br. VI, 267.
Guadeloupe — Barometerstand auf — II, 258. — Fossiles menschl. Skelett daselbst. XLIV, 332.
Guaira, s. Guayra.
Guaisabon, L. u. Br. II, 394.
Gualgayoc, Berg. (Span. Amer.) Silberreichthum des. III, 73.
Gualior, (Ind.) XVIII, 181.
Guam, od. Guaham, auch St. Johann Insel (Ladron.) XXI, 268. Br. XXI, 375. 380.
Guamanga, (Span. Amer.) III, 69.
Guancavelica, (Span. Amer.) III, 69. 70.
Guantajaya, Bergbau. III, 73.
Guastalla, Herzogthum. — Geograph. Veränd. (1802). XI, 186. (1806) XXII, 51.
— — Stadt, L. u. Br. II, 290.
Guaygueris-Indianer, XLVI, 444.
Guayra, auf der Küste von Caracas. L. u. Br. II, 399. VII, 441.
Guberlinskisches Gebirg des Urals. II, 61.
Guenyeh, (Aegypt.) V, 518.
Guerseh, (am schw. Meer). L. XII, 184.
Guetaria, (Span.) X, 239.
Guguam, Ins. XXI, 273.
Guiana, s. Guyana.
Guiaora, L. u. Br. II 399.
Guilford, L. u. Br. II, 394.
Guillotine, ähnliche Abbildung auf alten Kupferstichen. III, 178.
Guimaraens, (Portug.) XIII, 204.
Guinea, XXV, 123.
B. R. — *Labarthe*, Voyage à la côte de Guinée etc. 1803.
v. Zimmermann, Die Erde und ihre Bewohner. 1. Th. 1810. XXXIV, 417.
Ch. R. — *Reinecke*, Charte etc. s. Senegambia.
Reinecke, Charte von Nieder-Guinea und den angränzenden Ländern Süd-Afrika's. Weimar, 1801. IX, 366.
Guipuscoa, Prov. (Span.) XXVI, 115. XLIX, 346. — Handelscompagnie von — XXI, 153. 159.
Guisando, (Span.) IV, 31. — Die Foros di Guisanda. IV, 31.
Guiscard, Kanal. II. 55.
Guldbrandsdalen, (Norw.) XXXIII, 415.

Gumbinnen, L, u. Br. II, 14. III, 407. IV, 111. XII, 484. XLI, 93.
Gundelfingen, (Schwab.) L. u. Br XII, 486. XL, 324.
Güntherburg, (Böhmen) L. u. Br. XXII, 325. XXXV, 69.
Günzburg, (Baiern) L. u. Br. XXXV, 69. XL, 324.
Gurief, L. u. Br. VII, 175. XIX, 236.
Guriel, XX, 142. s. Colchis.
Gufssthal, — *Clouet's* neue Methode, Gufsstahl zu verfertigen. II, 86.
Gutpurba - Flufs. V, 22.
Guttstadt, (Preufs.) L. u. Br. XVII, 342.
Guyana, IX, 118. — Span. Guyana. XXI, 145.
A. — *P. F. T. J. Girard*, Ueber die politischen und commerciellen Vortheile des Franz. Guiana. (A. d. Franz) XXX, 3.
Quandt, Einige Bemerkungen üb. d. eigenthüml. Sitten und Gebräuche der Wilden im Holl. Guyana, insbesondere der *Arawakken*, *Waranen* u. *Karaïben*. XXXVII, 36.
B. R. — *L. M. B....* Voyage à la Guyane et Cayenne, fait en 1789. etc. II, 232.
M. Leblond, Description abrégée de la Guyana Françoise. Avec une Carte dressée par *Poisson*, 1815. XLVIII, 312.
Dan. Lescalier, Exposé des Moyens de mettre en valeur et d'administrer la Guyane. Nouv. Edit. II, 536.
Capit. *Stedmann*, Voyage à Surinam et dans l'Intérieur de la Guyane etc. Traduit de l'Anglais par *P. F. Henry*. Suivi du Tableau de la Colonie françoise de Cayenne. III, 483.
Tableau de Cayenne, ou de la Guyane françoise. III, 482.
V. N. — *Henry Bolingbroke*, Voyage etc. XXXIV, 106.
Lescalier's Nachr. über den so grofsen Menschenverlust im Frz. Guyana. Im J. 1763. II, 259.
V. P. Malouet, Collection de mémoires et correspondances officielles sur l'administration des colonies et notamment sur la Guyane françoise et hollandoise — 5 Bde., nebst 4 Charten. Paris, 1802. X, 366.
Nachrichten von den Franz. Guyana. XIV, 377. XV, 105.
Bevölkerung vom Span. Guyana, XXI, 157.
Geograph Veränderung (1802). XI, 192.
Guyenne, — *Belleyme's* topographische Charte (52 Bl.) XXXIII, 4.
Gydros, (am schwarz. Meer) II, 33. — L. u. Br. VII, 177. XII, 187.
Gyges, See des, od. Innlighöl. XI, 137.

H.

Haag, (Baiern) L. und Br. XX, 199.
— (Niederlande) L. u. Br. I, 637. IX, 64. 522. XI, 658. — Bevölk. XIII, 29. XVI, 257. XL, 424.

Haarlem, XXIII, 74. — L. u. Br. I, 637. IX, 64. XI, 658. — Bevölk. XIII, 29. XVI, 257.
Habesch, s. Abyssinien.
Habichtsberg, Vorgebirge. L. u. Br. XVI, 103.
Habrock (Demerary), XXI, 99.
Hachedal (Norw.), XXXVIII, 360.
Hadersleben, Amt. (Schleswig). XLIX, 458.
— — Stadt. VIII, 395. — L. u. Br. XXII, 339.
Häfen, *See-*,
A. — *Wiebeking*, Parallele zw. d. Engl. u. Franz. Seehäven am Kanal u. an d. Nordsee. VIII, 379.
Hafenzelt, III, 11. 123.
Haga (Schwed.), L. u. Br. XVI, 247.
Hage, L. u. Br. XXIX, 455.
Hägenschiefs, Wald b. Pforzheim, XLVII, 219.
Haingen (Schwb.), L. u. Br. XXXII, 201.
Halberstadt, (Königl. Westphäl.) District; Zustand des Erwerbfleifses. XLI, 68.
— — Stadt. L. u. Br. II, 189. VII, 429. VIII, 315. XVII, 214. Flachsbau, VIII, 307.
Haleb, Paschalik.
A. — *Rousseau*, Beschreib. d. Paschaliks v. Haleb, od. statist. Schilderung desselben etc. XLVI, 277.
— — Stadt, L. u. Br. XIV, 92. XV, 222. 223.
Halifax (N. Amer.), L. u. Br. IX, 542.
Hall (N. Amer.), XIII, 116.
—— (Schwaben), L. u. Br. XXXVIII, 93.
Ch. R. — siehe Hohenlohe. XXI, 73.
V. N. — Neue Eintheilung (1803), des vorm. Reichsstadt-Schwäbisch-Hallischen Gebiets. XII, 501.
Hallands-Vadero, (Schweden) L. u. Br. XXXV, 69.
Halle (Sachsen), L. u. Br. II, 550. III, 563. IV, 316. 501. VI, 349. VII, 429. VIII, 315. 346. — Universität (1811). XLI, 70. 73.
V. N. — Bestimmung der Polhöhen d. beiden neuen Sternwarten in Leipzig u. Halle, von Prof. *Rüdiger*, Dr. *Burckhardt*, u. Calculator *Goldbach*. I, 123.
Hallein, Salzw. VIII, 413.
Halmstadt (Schweden), VIII, 396.
Halse, Dorf. IV, 206.
Halys, s. Kizil-Irmak.
Hamah, L. u. Br. XIV, 93.
Hamburg, XVII. 242. — L. u. Br. II, 371. III, 300. 573. 577. IV, 116. 108. 396. 454. VII, 430. VIII, 157. 255. XI, 514. 641. — Armenanstalten. XIX, 126. 39.. — Bevölkerung. VIII, 391. XVII, 113. XXXII, 37. XL, 424. XLIX, 164. — Einkünfte. VIII, 391. — Gröfse, XVII, 113. — Kirchenliste (1803). XIII, 378. (1804.) XVI, 357.
A. — *J. Th. Reinke*, Ueber die Bestimmung der geographischen Länge und Breite von Hamburg. III, 570. vergl. III, 86.
Ch. R. — Charte vom Gebiete etc. s. Holstein.
E. F. Bernhard, Neue topogr. Charte von Hamburg, Altona u. Harburg etc. 1814. L. 45.
P. G. Heinrich, Das Gebiet der Stadt Hamburg

mit den angr. Ländern. 1811. XXXVII, 462
Hameln, L. u. Br. IV, 163. XXXV, 69.
Hamerston, Fort, (N. Amer.) L. u. Br. IX, 542.
Hammarshus, (Insel Bornholm). L. u. Br. XXXV, 69.
Hammerfäst, (Ins. Qualöe). XXXIII, 430. — L. u. Br. XL, 75.
Hammerhof, (Böhmen) Br. I, 122.
Hammerstein, (am Rhein.) XLVIII, 452.
Hampshire, vergl. Engl. u. Wight.
Ch. R. — *J. Knight*, Charte of the coast of Hampshire from Portsmouth to Southhampton Water, with part of the Isle of *Wight* etc. London, by Faden. 1799. VIII, 70. vergl. XIV, 495. XXIV, 457.
Hanau, Bevölker. XVI, 357. — Abtretung an Hessen-Darmstadt (1810) XXXIII, 342.
Hanau-Lichtenberg, Grafschaft. XLVII, 219.
Handel.
B. R. — *Xav. Andouin*, Du commerce maritime, de son influence sur la richesse et la force des états, demontrée par l'histoire des nations anciennes et modernes. Paris, 1801. VIII, 432.
Peuchet, Dictionnaire universel de la Géographie commercante etc. Paris, 1799. VI, 231. vgl. II, 386.
Xav. Scrovani, Essai sur le commerce général des nations de l'Europe, avec un apperçu sur le commerce se la *Sicile* en particulier. Traduit de l'Italien. Paris, 1801. IX, 254.
M. F. S. Sinstedten, Communications commerciales de l'ancien continent, des navigations intérieures, présentées en deux mémoires. Gréveld, 1808. XXIX, 206.
V. N. — *Peuchet*, Bibliothèque commerciale. X, 67. 75. XIII, 394.
Dessen Vocabulaire des termes de commerce, banque, navigation, marchande et finance mercantile. Par. 1802. X, 90.
Handol, (Schwed.) Wasserfall. XXXV, 291.
Hanen - Engelberg, Höhe, X, 395.
Hanget - Glätscher - Horn, Höhe. X, 396.
Hangöer Buke, (Finland.) Br. X, 101.
Hanover, Kurfürstenthum, Königreich, siehe Braunschweig-Hanover.
— — Stadt, L. u. Br. I, 355. II, 183. VIII, 157. XVI, 441. XVII, 214. XXXIX, 93.
Han-San-Bay, s. Turon.
Hanse - Städte und *Hanseatische* Departementer, vgl. Frankreich.
B. R. — *A. C Wedekind*, Jahrbuch für die Hanseatischen Departementer, insbes. für das Dept. der Elb - Mündungen. Hamburg, 1812. XXXVIII, 465.
Ch. R. — Charte von den drei Departementern etc. Hamburg, 1811. XXXVI, 359.

V. N. — Kais. Franz. Dekret, wegen Einverleib. der drei Hanse - Städte: Hamburg, Lübeck, Bremen, und Bestimmung d. neuen Gränze des Franz. Reichs. XXXIV, 89.
. Territorial - Eintheilung. (1811) XXXVI, 125. Aufhebung der Feudal-Verfass. (1811.) XXXVII, 123.
Hanstein, L. u. Br. XXII, 467.
Hanteta, Bg. VII, 333.
Hapaniemi, (Sawolak). Br. X, 100.
Hapsal, (Livland). Kreis.
Ch. R. — *Mellin*, Charte vom Hapsal'schen Kreis. Berlin, 1798. IX, 177.
— — L. und Br. IX, 178. XXXIX, 107.
Harasch, Fl. III, 585.
Haraza, (inn. Afr.) III, 102.
Harbeene, Fl. III. 583.
Harburg, (an der Wernitz). L. u. Br. III, 472.
Hardcastle. (S. Afr.) L, 104.
Harlingen, Bevölker. VII, 391.
Harlingerland, siehe Ostfriesland.
Harwig, (Engl.) L, 58.
Harzgebirge.
B. R. — Geogr. naturhist. und vorzüglich mineral. Beschreibung des Harzgebirges etc. 2 Th. Leipzig, 1800. VII, 540.
Fr. Gottschalk, Taschenbuch für Reisende in dem Harz. Magdeburg, 1806. XXIII, 204.
Ch. R. — *Güssefeld*, Charte vom Ober-, Unter- und Vorderharz, nebst d. umliegenden Ländern. Weimar, 1801. VIII, 347. X, 448.
Güssefeld, Charte vom *Ober* - und *Vor* - *Harze*, nach der neuesten polit. Eintheil. des Kgr. Westphalen, die Bezirke Halberstadt, Blankenburg u. Osterode etc. Weimar, 1808. XXVI, 470.
Specialcharte von dem Harzgebirge etc. Als Gegenstück zu der Specialcharte v. Thüring. Walde, Weimar, 1808. XXVI, 471.
V. N. — Vermessung auf Befehl Napoleons. XVIII, 253.
Harzgerode, Br. XXXII, 264.
Hasel, Dorf. (Baden) XLVII, 220.
Häselberg, (Franken.) III, 209.
Hasenberg, (Böhmen.) L. und Br. II, 468. 471. — Höhe. II, 468.
Hassel, (Norw.) XXXVIII, 347.
Hassi, (Afr.) VI, 429.
Hastadt, (Oesterr.) Salzwerk, XLVII, 81.
Hatherlay, (England) XXI, 204.
Hatvan, L. u. Br. XIX, 223.
Haurssa, (Afr.) VI, 448.
Hausen, (Baden) Eisenwerk. XLVII, 220.
Hausstock, der, Höhe. X, 398. XLII, 369.
Havaña, Gouvernem. XII, 583.
— — Stadt. L. u. Br. II, 394. XII, 583.
Ch. R. — *D. José del Rio*, Plan du Port et de la ville de Havanne, levé 1798. X, 258.
Havre de Grace, II, 83 f.
Hawkesbury - Fluss, (Neu-Süd - Wales) XLV, 16.
Hakaham, am Kisil - Irmak, XLVI, 11.

Hayfische, merkwürd., Beobacht. an denselb. II, 347.
Hayme, Ins. III, 336.
Head, Rhede von, VIII, 382.
Hebriden, Insel, I, 430.
B. R. Faujas-St. Fond, Voyage etc. I, 420. siehe Grofsbritannien.
Hedemarken (Norwegen), XXXIII, 414.
Hedemora, L. u. Br. XLIII, 479.
Heerbrugg (Schweiz), L. u. Br. III, 472.
Heermund, Hindmend, Fl. (Afr.) III, 55.
Hegermühle (Kurm.), Messingwerk. XVIII, 106.
Heidelberg, am Neckar. XLVII, 220. — L. u. Br. III, 384.
B. R. *A. Schreiber*, Heidelberg und seine Umgebungen etc. 1811. XLIII, 57.
Heidelberg, b. Reichenstein im Böhmerwalde, Höhe. IV, 418.
Heidenheim (Schwab.) L. u. Br. XII, 486.
Heihen (Aegypt.), V, 518.
Heilbron, Landvogtei.
Eintheil der Neuwürtemberg. Landvoigtei etc. (1802) XI, 376.
Heilbron, (Schwab.) Stadt, L. u. Br. XIV, 225. XL, 324. Bevölk. XVI, 357.
Heilbrunn, Bad (Baiern), XI, 607.
Heiligen-Bai, L.u.Br. XXIV, 424.
Heiligenbeil (Preufsen), Bevölkerung. VIII, 444.
Heiligenblut, L. u. Br. XXII, 216.
Heiligenkreuz (Oesterr.), L. u. Br. XXXII, 265.
Heiligenkreuz-Berg, *Lysa*, (Polen)
A. — Der Berg zum Heiligenkreuz und seine Umgebungen. XLII, 396.
Heiligenstadt, L. u. Br. XXII, 467.
Heilsberg (Preufsen), L. u. Br. XVII, 342.
Heilsbrunn (Franken), mineralog. Quelle. XL, 407.
Heinrichsburg (am Harze), XLVIII, 450.
Heinrichswalde (Preufsen), L. u. Br. XII, 617.
Heiterbach (Schwab.), L. u. Br. XII, 486.
Heitersheim, Br. III, 198.
Hekatonisi, die hundert Inseln. XXXIV, 48.
Hekla, III, 554.
Hektor, Grabhüg. des, VII, 38.
Hela, siehe Hellah.
—— (Westpreufsen), L. u. Br. XVI, 102.
Helgoland, Ins. III, 613. XIII, 135 XXV, 362. XXVI, 477. — L. u. Br. III, 616. VIII, 254. XI, 723. XXXV, 70,
A. *Heinmeyer*, Ueb. Helgoland. XXV, 129.
Ch. R. *J. T. Reinke* et *J. A. Lang*, Zee-Kaart van t Helgoland. 1787. III, 616.
V. N. Von Dänemark an England abgetreten (14ten Jan. 1814). XLV, 24.
Helgoland (Norw.), Landschaft. XXX, 420.
Hellah, Distr. am Euphrat. II, 563. XLV, 77. — Jährliche Einnahme des Gouverneurs. XLV, 78.
Helmstedt, L. u. Br. XVII, 214. XXXIX, 93. XLVIII, 90. — Aufheb. d. Universität. XXXI, 247.
Helsberg (Schweiz), III, 355.
Helsingborg, L. VII, 435.
Helsingland, XXXV, 269.

Ch. R. — *Olof Insulander*, Charte etc. VIII, 531. siehe Gästrikland.
Helsingör, Bevölk. u. Handel. VIII, 396.
Helvetische Republ., siehe Schweiz.
Helvoet-Sluys, Rhede. VIII, 383. — L. u. Br. XXXV, 70.
Hempelsbaude, Br. III, 162.
Henneberg, Grafsch.; Breitenbestimmung in ders. III, 160. Kön. Sächs. Antheil. XXII, 379.
Heppens, L. u. Br. XI, 723.
Heraclea, Kidonia. XXXIV, 48.
—— Bithynica, XLVI, 7.
Herculanum, XL, 194.
Herenthals, L. u. Br. XVIII, 284.
Herjeådalen, XXXV, 293.
Ch. R. — *Cronstedt*, *Swab* und *Robsam*, Charte etc. 1797. VIII, 530.
Herisau, L. u. Br. VI, 267.
Hermanos (an d. Küste von Caracas), Br. II, 400.
Hermanstadt, L. u. Br. XLI, 205.
Hermopolin (Aegypten), V, 399. X, 466.
Hermuntis, s. Erment.
Hernösand (Angermanland), XXXV, 278. — L. u. Br. VI, 530. VII, 435. XI, 374 XIX, 222. XL, 75. XLIII, 479.
Herzberg, am Harze, Bevölkerung. XVIII, 381.
Herzogenbusch, XXXI, 304. Bevölk. XIII, 29.
B. R. *van de Graaf*, Beschryving der Stadt en Meyery etc. XXXI, 298.
Hessen-Cassel, Kurfürstenthum, vergl. Kgr. Westphalen.
A. — Bestand der Hessen-Casselschen Staaten i. J. 1814. XLV, 401.
Ch. R. Special-Charte v. d. Kurfürsthum Hessen, von dem Fürstenth. *Waldeck*, in 13 Sect. Weimar 1816. L, 482.
V. N. Territorial-Ueber-einkunft zu Preufsen und Kurhessen. 1815. XLIX, 126. — Statist. Tab. XII, 520. (1815) XLIX, 147.
Geogrph. Veränd. v. J. 1809—1815. XLIX, 145.
Hessen-Darmstadt, Landgrafschaft, Herzogthum.
A. — Volksmenge d. Landgräfl. Hessen-Darmstädtischen Länder im Jahre 1791 u. 1803. XVI, 129.
Ch. R. *F. W. Streit*, Ch. von dem Grofsherzogth. *Berg* u. *Hessen*, d. Fürstl. *Primat*. Ländern, d. Herzogth. *Nassau* etc. Weimar 1808. XXVIII, 110.
Topogr. milit. Atlas v. dem Grofsherzogth. *Hessen*, dem Herzogth. *Nassau* und dem Fürstenth. *Waldeck*, in 18 Bl. Weimar 1813. XLII, 350.
V. N. Ueber die neue topograph. Charte d. Grofsherzogth. Hessen, vom Maj. *v. Haas*. XXIII, 237. XXXIII, 210.
Allgemeine Uebersicht der Landgräfl. Hessischen Lande, nach ihren Haupt- und Unterabtheilungen, Städte-, Flecken-, Dörfer, und Häuserzahl, und Volksmenge, XXI, 82.
F. B. Wagner, Neue Beiträge zur Statistik u. Topographie der Landgräfl. Hessischen Lande. XXI, 78.

Areal u. Einw. XXXI, 120. (1812) XL, 118. 428.
Geogr. Veränder. 1806. XXII, 31. (1809 — 1815) XLIX, 148. — Verlust im Lüneviller Frieden. IX, 51. — Länderzuwachs. (1810) XXXIII, 342. 453. Abtretungen u. Entschädigungen (1815) XLVIII, 488. — Ländertausch zw. Hessen-Darmstadt u. Baden. XII, 261. — Convention zw. dem Landgr. von Hessen-Darmstadt u. d. Domcapit. Worms. (1805) XVIII, 125.
Organisat. Edict. (12ten Oct. 1803) XII, 775. XIII, 115.
Statistische Tab. 1808. XXVIII, 43.
Hessen, Ober-, Fürstenth. (Landgräfl. Hess. Lande) Statist. Tab. XXI, 83. — Häuser- und Seelenzahl, XXVI, 383.
Hessen-Homburg, XLIX, 150. Zahl der Häuser u. Einw. XXVI, 383.
Hessen-Rheinfels, Verlust im Lünevill. Frieden. IX, 50.
Hetländische Inseln, Geogr. Lage. III, 529. f.
Hetrurien, s. Toscana.
Heubach (Schwab.), L. u. Br. XII, 485.
Heuscheune (Schlesien), XI, 49.
Heuwasser, Spottname des Thee's. I, 181.
Heysan, L. u. Br. VII, 184.
Hhamra-Inseln, L. u. Br. XLVIII, 437.
Hiddensee, Ins. X, 245.
Hie, Stadt (Arabien), VII, 254.
—— Fl., VII, 255.
Hières, L. u. Br. XXXII, 48.
A. — *Bonstetten*, Erinnerungen a. Hièr. XLVIII, 3.
Hierischen-Inseln. XLVIII, 4.
High-Nook, III, 28.
Hilburg, Insel, Mineralquelle, XVIII, 493.
Hildburghausen, Fürstenth. vergl. Sachsen-Hildburghausen.
—— Stadt, Br. XXXII, 260.
Hildesheim, Fürstenthum. Flächeninh. XVII, 215.
Ch. R. *C. Wilkens*, Specialcharte von dem Fürstenth. Hildesheim, nebst den angränzenden Ländern. 1804. XVI, 437.
Ueber die neue (beigefügte) Specialcharte etc. Weimar XVII, 213.
Hildesheim, Stadt, L. u. Br. XVI, 443. XVII, 214.
Hillah, L. u. Br. XV, 222.
Hilla Gibla, El Kabla (Afr.), L, 454.
Hillesheim, Verlust im Lüneviller Frieden, IX, 51.
Himmalayah, Gebirge in Ostindien. XIX, 184.
Himmelskunde.
A. — *Thomas Baily*, Uebersicht der vorzüglichsten Elemente der Astronomie, im Auszuge aus *Laplace's* Exposition du Système d. Monde. XLVII, 385.
B. R. *J. E. Bode*, Astronomisches Jahrb. für das Jahr 1800. II, 430. (1808) XXII, 322. (1811. 1812.) XXXII, 254. (1816) XLV, 420. (1817) XLV, 422. (1818) XLIX, 204.
—— Sammlung astronomischer Abhandlungen, Beobacht. u. Nachr. IIItes Supplem. — Bd. zu dessen Jahrb. III, 159.

Connaissance de tems etc. (1803) VII, 418. (1804) IX, 518. (1806) XVIII, 282. (1808) XXIV, 414. (1809) XXIX. 213. (1810) XXXII, 46. (1811) XXXIII, 164. (1812) XXXV, 66. (1813) XXXVI, 326.

W. Hunter, Nachrichten von den astronomischen Arbeiten *Jayasinha*, Rajah von Ambhere od. Joinagur. V, 528.

José Melitao da Mata, Compendio das Correçoes, que se devem fazer ás alturas dos astros, observadas para poderem ser empregadas nos calculos da latitude, da longitude, da hora e do Azimuth. 4. Ed. Lisboa 1798. IV, 512.

— — Compendio da calculo da latitude no mar pela observaçao meridiana dos astros. Lisboa, 1789. IV, 612.

C. G. S. Memoire explicatif sur la Sphère Caucasienne et specialement sur la Zodiadique etc. Paris 1813. XLIII, 467.

Fr. Th. Schubert, Theoretische Astronomie. 3 Bde. III, 266. 371. 488.

Ch. R. The new twelwe Inch Brittish celestial Globe, containing te exact positions of more than 3800 Fix - Stars, Nebulae, Islanetary - Nebulae ect, Lond. 1800. VIII, 339.

J. E. Bode, Neuer Himmels - Atlas. (1. Heft) I, 332. (2. H.) I, 591. (3. H.) III, 617.

E. F. Goldbach, Neuester Himmels - Atlas. III, 506.

Neuer Himmelsglobus von 1 Engl. Fuss i. Durchmesser, nach *Cary* und *Gilpin's*, new celestial Globe etc. Weimar 1810. XXXII, 296.

J. H. Voigt, Kosmographische Entwickelung der vornehmsten Begriffe und Kenntnisse, welche bei d. zweckmaſsigsten Benutzung der künstl. Himmels- u. Erdkugel erforderlich sind etc. Weimar. 1800. XXXII, 296.

V. N. Nachricht von einer *arabischen Himmelskugel* mit Kufischer Schrift. XXII, 322.

Bessel, Fundamenta Astronomiae pro anno 1755. deducta ex observationibus viri incomparabilis *James Bradley*, in specula astronomica Grenovicensi per annos 1750 et 1762. institutis. 1816. XLIX, 349.

Anzeige und Nachrichten über die längst erwartete und endlich erschienene Originalausgabe der *Bradley*'schen astronomischen Beobachtungen. II, 185.

Chrysologue de Gy's (B. André), Planisphären. XI, 260.

Herschel, Neue Bemerk. über den Bau des Himmels. 1804. XV, 262.

——, neueste Entdekkungen. (1805) XIX, 516.

Hevelius, Machina coelestis; Nachr. über die Schicksale dieses Buchs und vorhandenen Exempl. I, 229. 503. 612. 710. II, 573. IV, 380.

V. N. *Lalande*, Bibliographie astronomique, avec l'Histoire de l'Astronomique depuis 1781, jusqu'à 1802. XII, 377.
—— astronom. Tafeln; Druckfehlerverzeichniſs, III, 212.
v. Lindenau u. *Bohnenberger*, Zeitschrift für Astronomie u. verwandte Wissenschaften. Stuttg. 1816. XLVIII, 245.
—— astronom. Preisaufgabe. L, 497.
Pingre, Annales celeste, du 17me Siècle, I, 233. 582. III, 519.
Tables astonomiques publiée par le bureau des longitudes. Paris 1806. XX, 491.
Nachrichten üb. *Ulugh-Beigh's* astronom. Tafeln. III, 179. 394. 624. IV, 170.
Astronomen - Zusammenkunft auf dem Seeberge. II, 476.
Wichtigkeit der Astronomie für die Geograph. I, 24. — für die Schifffahrt. I, 41. 618.
Scheinbare Längen und Breiten d. bedeckten Sterne zu berechnen. III, 564. Längen und Breiten - Parallaxe. III, 564.
Hindeloopen, Bev. VII, 391.
Hindmend, s. Heermund.
Hindostan, *Hindustan*, vgl. Indien.
Hindus, die,
A. (*Le Goux de Flaix*), Historisches Fragment üb. die Sitten, Gebräuche, religiösen Ceremonien, Heurathen, Erziehung u. Unterricht des Hindus. XV, 125.
A. (*J. Haafner*), Ueber d. Gespensterglauben u. die Teufelsbanner der Hinduer. XXXVII, 137.
(*Jong*), Ueber die Hinduer, ihre Sitten u. Meinungen. XXXI, 3.
(*Chr. Sam. Jones*), Ueb. die Civilisirung der Hindus. XLVII, 29.
Ueber den moral. Charakter der Hindus. XLVII, 16. vergl. XLIX, 70.
V. N. Feste der Hindus. XXXIII, 378. XLV, 178.
Hinter - Rheinwald, die Kirche im, Höhe. X, 396.
Hinzuan, s. Anjuan.
Hirschberg (Schles.), Schleiermanuf. X, 426. — L. u. Br. XII, 119.
Hirschensprung (Schweiz), III, 354.
Hirschlatt, Herrsch.; Verkauf der — an Würtemberg. XLI, 247.
Hirschstein, an der Elbe, XLVIII, 451.
Hirzli ob Bilten, das, Höhe. X, 398.
Hit, am Euphrat. II, 562.
Hitzacker, (N. Sachsen), L. u. Br. XXXIX, 93.
Hoapinsu, Ins. VII, 265.
Höberg, L. u. Br. XXXIX, 107.
Hochbauen, Höhe. X, 395.
Hoch-Gadmen-Stock, Höhe. X, 395.
Hochhorn, Höhe. IV, 418.
Hoch-Hut (Schweiz), Höhe. X, 395.
Höchst (Voralberg), L. u. Br. III, 472. X, 255.
Höchstedt (Schwab.), L. u. Br. XIII, 484.
Hochstollen, Höhe, X, 396.
Hoch - Wallenstock, Höhe. X, 395.

Hof (in Gastein), L. u. Br. XXII, 216.
Höfen, (Baden), Papiermühle. XLVII, 222.
Hog, Ins. VI, 314.
Hohe Kasten, der, (Schweiz) Höhe. III, 355. X, 398. L. u. Br. III, 472.
Höhen, Gebirgs-; vergl. Gebirge.
A. *v. Göthe*, Höhen der alten u. neuen Welt, bildlich verglichen. XLI, 3.
B. R. Dr. *W. A. Miltenberg*, Die Höhen der Erde oder system. Verzeichn. der gemessenen Berghöhen und Beschreib. der bekanntesten Berge der Erde etc. 1815. XLVII, 211.
Ch. R. *Chr. de Michel*, Tableau des hauteurs principales du Globe fondé sur les mésures les plus exactes. Berlin 1806. XXI, 325.
— — Explication du Tableau des hauteurs etc. On y a ajouti quelquies notes instructives ainsi que les noms des Savans qui ont mésuré ces hauteurs. Berlin 1806. XXI, 325. vergl. XXII, 126.
C. Ritter, Tafel der Gebirgshöhen von *Europa*, nebst ihren Vegetationsgränzen und Luftschichten, verglichen mit den Cordilleren unter dem Aequator, gestochen von *Gusfeld*. XXI, 325.
V. N. Höhenliste mehrerer Gebirge. I, 99. 241. 317. 325. 329. II, 502. 397. III, 364. 477. 599. IV, 164. 418. X, 257. 393. 421. — vgl. übrigens die einzelnen Länder, die Schweiz, Salzburg, Tyrol etc.
Höhenmessungen, I. 99. 645. barometrische, L, 28.
A. — Dr. *Benzenberg*, Ueber die Höhenmessung mit dem Barometer und über die beste Einrichtung der Reisebarometer, und den Tafeln zur Berechnung d. Berghöhen. XXXIV, 341.
Oriani, Neue und angemessenere Formeln zu barometr. Höhenmessungen. II, 300.
Wild, Ueber die Einwirkung der Winde auf d. Barometer, und auf d. daraus gefolgerten Höhenmessungen. IV, 385.
B. R. *Benzenberg*, Beschr. eines einfachen Reisebarometers. Nebst einer Anleitung der leichten Berechnung der Berghöhen. 1811. XXXIV, 404.
B. R. — *Bernard* de *Lindenau*, Tables barométriques pour faciliter le calcul des nivellemens et des mésures des Hauteurs par le Barométre 1809. XXXIII, 402.
Oltmann, Abhandl. üb. barometr. Höhenmessung. XXXII, 439.
V. N. Leop. *v. Buch*, Höhenmess. in Italien. IV, 164. — barometr. Nivellement von München nach Trient. IV, 167.
v. Humboldt, barometr. Nivellem. von Cartagena nach Santa Fé. X, 210.
Hoheneiche, Br. XXXII, 260.
Hohenems, L. u. Br. XXXII, 203.

Hohenfurt, Stift, L. u. Br. II, 265. XV, 80.
Hohenkirchen, Höhe. IV, 167.
Hohenlinden, Schlacht bei, XVII. 304.
Hohenlohe, Fürstenthum.
Ch. R. — *C. F. Hammer*, Charte von d. Fürstenth. Hohenlohe, und d. Grafschaft *Limpurg*, auf welcher auch das Fürstenth. *Salm-Krautheim*, und das *Schwäbisch-Hallische* Gebiet mit enthalten sind. 1806. XXI, 73.
Hohenrechberg, XLVIII, 453.
Hohenschwangau, (Baiern) Gericht. XI, 608.
Hohenstaufen, Burg. (bei Göppingen) XXXVII, 445.
— L. u. Br. XL, 324.
Hohenstein, Grfsch., Flachsbau. II, 533. — vergl. Eichsfeld.
— — Schlofs. (bei Nürnberg) L. u. Br. XXV, 464.
Hohentwiel, L. u. Br. VI, 267. XIII, 485. XL, 324.
Hohenwettersbach, (Baden). Schwefelhölzchen - Verfertigung. XLVII, 222.
Hohenzoller'sche Lande, Fürstliche.
Ch. R. — *von Pflummern*, Charte etc. siehe Wirtemberg.
Hohenzollern - Hechingen, XLIX, 161. — Geograph. Veränder. 1806. XXII, 83.
— — — *- Sigmaringen*, XLIX, 162
Geogr. Veränd. (1806) XXII, 33. — Verlust im Lüneviller Frieden. IX, 51.
Hohe-Staufen, im Salzburgischen. Höhe. II, 168.
Hoh-Rizberg-Horn, Höhe. X, 257.
Höjanäs, (Schwed.) Steinkohlenbergwk, u. Dampfmaschinen. XXXVI, 177.
Hoingen, L. u. Br. VI, 267.
Holden, siehe Ulefofs.
Holland, vergl. Batavische Republik und (vereinigte) Niederlande.

A. — J. F. *van Beek Calckoen*, über die Messung eines Breitengrades auf der Erde, durch *Willebrord Snellius*, verbessert durch *Pet. v. Musschenbroek*. Nebst daraus hergeleiteten Bestimmungen der vorzüglichsten Städte Hollands. I, 625. vergl. I, 363. 470.
Triesnecker, Ueber die Holl. Gradmessung von *Snellius*. XI, 649.

B. R. — Koningklijke *Almanak* voor de J. 1808. XXVIII, 465. (1809) XXX. 156.
J. G. Bötticher, A geographical, histor. and polit. Description of the Empire of Germany, Holland etc. Lond. 1800. VIII, 313.
Brede, Reisen durch Teutschland, Frankreich und Holland. Göttingen, 1807. XXIX, 224.
John Carr, Voyage en Hollande et dans le midi de l'Allemagne sur les deux rives du Rhin, dans l'été de 1806; traduit de l'Anglois par Mad. *Keralio-Robert*. Paris, 1809. XXVIII, 314.
Coup d'oeil sur la Hollande, ou Tableau de ce Royaume en 1806. Paris, 1807. XXIII, 71.
F. de Gelder, Aardrijskundige Beschrijving van het Koningrijk Holland,

ten Geleide van eene nieuwe aardrijkskundige Kaart van dit Rijk. 1809. XXXI, 65.

van de Graaf, Histor. statist. Beschrijving van het Koningkrijk Holland. 1. Th., (Brabant - Herzogenbusch). Met Kaarten, Platen etc. 1807. XXXI, 298.

Ch. A. Nemnich, Original Beiträge zur eigentl. Kenntniſs von Holland. I. u. II. Bd. 1809. XXXII, 61.

H. Potter, Reizen door en groot Gedeelte van Zuid-Holland (1807-1808). Met Platen. 1809. XXXII, 435.

Dessen Reize door de oude en nieuwe Oostelijke Departementen van het Koningkrijk Holland, en het Hertogdom *Oldenburg* (1808). Haarlem, 1809. XXIX, 381. XXXII, 69.

Nieuwe *Reiziger* door het Koningrijk Holland etc. Amsterd. XXXI, 65.

Ch. R. — Chorograph. Kaart van Holland, vereenigd met het Fransche Rijk (Depot general van Oorlog) No. I — IV. XXXIX, 98.

Itineraire en algemeene Post-Kaarte van het Koningrijk Holland, 1810 vereenigd met het Frausche Rijk. XXXIII, 234.

Nieuwe Kaart van het Koningrijk Holland etc. gestochen von *v. Barsel*. XXIX, 460.

Chauchard, A map of the Empire of Germany, Holland etc. Lond. 1800. VIII, 250.

J. E. van Gorkum, Kaart van een Gedeelte der Departementen van *Amstelland*, *Maasland* en *Utrecht*. Onder Directie en naar de Geadesische Waarnemingen van den Kolonel Directeur *C. R. T. Krayenhoff*. 1807. (Mit ein. Gärtchen.) XXVII, 467.

R. J. Krayenhoff, Chartje van het Land van tusschen Maas en Waal en van het van Nymegen. etc. XXXVIII, 232.

Chr. R. Stieler u. *Streit*, Charte d. Kgr. Holland etc. Weimar. 1808. XXVI, 180.

V. N. — *Krayenhoff's* groſse chorograph. Charte d. Königr. Holland. Nebst dem Tableau d'assemblage davon. 1810. XXXII, 85.

Perny's trigonometrische Verbind. zw. Antwerpen, Bergen - op - Zoom und Dunkerque. I, 470.

Areal und Bevölk. der Provinzen Hollands. 1815. XLIX, 167.

Militär-Schule zu Hondsholcedyk. XXVI, 351. — Königl. Institut (1811) XXXV, 242. — Ortsbestimmungen. XXVIII, 230. XXXIX, 99.

Reichssiegel. XXVI 253. — Staatsschuld (1806). XXIII, 368.

Statist. Tabellen. (1808) XXVIII, 30. — Theehandel. I, 186.

Geogr. Veränd. (1806) XXII, 46. (1807) XXV, 34. (1808) XXVIII, 30.

Vergleichungs - u. Cessions - Tractat zw. Frankreich und Holland (1810). XXXII, 93. — Thronentsagung des Königs Louis Napoléon. (1. Jul. 1810.) XXXII, 334.

Vereinig. des Kgr. Holland mit Frankr. XXXII, 343. — Neue Eintheil. (1811) XXXIII, 205. XXXVI, 378. — Neue Interims-Organisation und Einsetzung eines General-Gouvernem. (18. Oct. 1810.) XXXIII, 387.
Holländer, auf Java. II, 275. — auf Isle de France. III, 307.
Holländische Colonien.
V. N. — Tractat v. 29. Aug. 1814, zwischen Engl. und Holland, die Holländ. Colonien betreffend. XLV, 243.
Holmens-Haven, auf Island, III. 557.
Holstein, vgl. Dänemark u. Schleswig.
B. R. — *A. Niemann*, Miscellaneen, hist., statist. und öconom. Inhalts, zur Kunde des Teutschen und angränzenden Nordens, besond. d. Hrzgth. Schleswig u. Holstein. 1. u. 2ter Bd. Altona u. Leipz. 1798. VII, 443.
Ch. R. — Charte v. d. Herzogth. Holstein, dem Gebiete d. Reichsstädte Hamburg u. Lübeck u. d. Bisthume Eutin. Nach der Vischerschen Charte. II, 368.
V. N. — Geogr. Veränder. (1809—1815) XLIX, 150. — Kirchenlisten. (1814.) L, 264.
Holywell, II, 140.
Holzkreis, VI, 355. s. Magdeburg
Holzmünden, L. u. Br. VII, 160.
Holzuhrenmacherei auf dem Schwarzwald, XXXIX, 300. XLIII, 50.
Homburg, Herrschaft. XXI, 244.
Hon, (Aegypten) L. und Br. VII, 160.
Hondschooten, L. und Br. XVIII, 284.
Hondshalredyk, Militär-Schule. XXVI, 381.
Honduras.
B. R. — *Henderoon*, Account of the British Jettlemont of Honduras; with sketches of the manners of the Mosquito-Indians etc. 1811. XL, 159.
Hooglede, L. u. Br. XVIII, 284
Hoogstraten, L. u. Br. XVIII, 284.
Horb, (Schwaben) L. u. Br. XII, 486.
Horn, Hornet, ein Riff in die Nordsee. III, 130 f.
Hosweberg, der, (Schweden) XXXV, 291.
Hottentotten, VI, 390. VII, 373. XXXIII, 277. L, 184.
Hottentottenland, Missionsberichte. XV, 382.
Hottentotten-Republik, XXXVIII, 204.
Houg-Fossen, (Norw.) Wasserfall. XXXVIII, 348.
Hounslow-Heath, III, 23. 282.
Houssa, (inn. Afr.) I, 213, 367. II, 68. 160. 559. III, 55. 144.
Hradek, (Ungarn) Normalschule. X, 277.
Hradischko, (Böhmen.) L. u. Br. II, 90. 169.
Hualguayok, (S. America.) Bergwerke. XII, 257. XXII, 91.
Hubertsburg, L. und Br. II 488 III, 162. IV, 106. 110.
Huddicksvall, (Schweden). L. u. Br. XVI, 248. XXXV, 272. XL, 75. XLIII, 479.

Hudsons - Bay, III, 333.
— — *- Fluſs*, XII, 639.
— — *- Haus*, (N. Amer.) L. u. Br. IX, 539.
— — *- Straſse*, VIII, 97.
Hue, (in Cochinchina) XI, 545. 549. XXI, 41.
— *- Fluſs*, XI, 549.
Huen, Insel. III, 635.
Hüfingen, (Schwaben) L. u. Br. XII, 487.
Hugly, Fl. XI, 250.
— — Haven. XI, 250.
Huissen, Grafschaft. XXVI, 109.
Hull, Bevölk. IX, 572. XI, 413. — Vergröſser. XXI, 206.
Hulst, L. u. Br. XXXV, 70.
Hummel, (Schlesien) XLVIII, 449.
Hundholm, Haven. XXXIII, 421.
Hundwa - Ninna, (Livland). L. u. Br. IX, 178.
Hüneren, Berg. (Schweiz). Höhe. X, 257.
Hunneberg, der, (Schwed.) XXXI, 56.
Hunnen, die, XX, 271. siehe Aorsen.
Hunter - Berg, (Neu - Süd-Wales) XI, 31.
Huntersfluſs, (Neu - Süd-Wales) X, 369.
Hurdwar, (Ostind.) XIX, 185.
Husquarn, Wasserfälle am, XXXI, 50.
Husum, L. u. Br. XXII, 339.
Huttweil, L. u. Br. VI, 268.
Huyères, L. u. Br. XXXV, 70.
Hvalöe, oder *Qualöe*, Ins. XXXIII, 430.
Hybla, Bg., III, 592.
Hyder Ally. Stifter des Neu-Mysorischen Reichs. V, 14.
Hydernagur, Bednor. V, 18.
Hydra, *Hydria*, Ins.
A. — Hydra und die Hydriotten. XVIII, 278.
Dr. *Coray*, Ueber die Insel Hydra und die Hydriotten. XXVII, 286.
B. R. — *A. L. Casteller*. Lettres etc. s. Morea.
Hydrographie.
B. R. — *Wilh. Otto*, System einer allgem. Hydrographie des Erdbodens. Berlin, 1800. VI, 506.
Ch. R. — *Bligh*, a Chart for the purpose of exhibiting the track of his Maj. Ship Director in a Voyage to St. Helena and return to England. London Arrowsmith 1810. Nebst einem Blatte. Remarks accompenying Cpt. *Wilh. Bligh's* Map etc. VI, 533.
Hyppepa, *Tappui*, Trümmer von, XI, 139.

I.

Jaffa, Br. XIV, 93.
Jaffna, (auf Ceylon.) XI, 579.
Jaffnapatam, District. XI, 579.
Jaganer, die, (Afr.) VI, 424.
Jägerndorf, Fürstenthum.
V. N. — Charte v. d. Fürstenth. *Jägerndorf*, oder ein Theil des Leobschützer Kreises unter Preuſs. und ein Theil des Jägerndorf'schen Kreises unter Oesterreich. Hoheit, mit der Minderherrschaft *Ol-*

bersdorf, gezeichnet von von *Wieland*, verbessert von *Schubart*, und umgearbeitet von *Sotzmann*. Nüruberg, 1808. XXX, 105.

Jahde, (Oldenburg.) L. u. Br. XXXV, 70.

Jahgow, (Indien.) XVIII, 181,

Jakuten, die, (Rufsl.) X, 131.

Jakutsk, L. u. Br. VII, 175. X, 65. 128. Bevölker. IX, 266.

Jamaica, Insel.

B. R. — *R. C. Dallas*, The history of the Maroons etc. and the state of the Island of Jamaica for the last ten years; with a succiurt history of the Island previous to that period. 2 Bde. 1803. XVI, 60.

Ch. R. — A. general plan of the herbours of Port Royal and Kingstene at Jamaica, with the Channels leading thereto, and the Kays and Shoals adjacent including Wreck-Reef. V, 475.

V. N. — Neuer Binnensee auf Jamaica (1812). XXXVIII, 245.

Ortsbestimmungen auf und um Jamaica. XXXII, 457.

Jamaica, Stadt. L. und Br. und V. N. V, 475

Jamamah. Arab. XVI, 26.

Jamampaus, (Afr.) VI, 395.

Jamatianer, (Afr.) VI. 394. 399.

Jämtland, XXXV, 288.

Ch. R. — *Hermelin*, Charte etc. VIII, 529. siehe Angermanland.

Janbo, (Arab.) XIV, 22.

Jannina. *Joannina*. XXI, 333. XLIX, 325. XLVIII, 287.

Janowa, L. u. Br. XXXII, 77.

Japan, geogr. Lage, VII, 185.

A. — Dr. *Schneegafs*, Ueber die Kunde von Japan. XVII, 3.

Ueber die früheren Reisen der Russen nach Japan, und ihre zu hoffenden Handelsverbindungen mit diesem Reiche. XVII, 162.

B. R. — *von Zimmermann*, Taschenb. d. Reisen. 9ter Jahrg. 2te Abth. XXXV, 80.

V. N. — *Da-i-ko-ku-kow-da's*, Charte von Japan. I, 561.

Geogr. Veränderungen. (1809—1815) XLIX, 411.

Japaner, Charakter. XXXI, 419. XXXIII, 37. XXXIV, 268. XXXVI, 250.

Japanische Inseln, XI, 506. XVII, 8. — Lage. II, 37. — vergl. Karilen.

Järläsa, (Schweden.) L. u. Br. XVI, 248.

Jaroslaw, Gouvernement.

Ch. R. — Charte vom Gouvernement etc. I, 265. siehe Rufsland.

Jaroslaw, L. u. Br. I, 265. XIX, 233. XLI, 236. — Handel. I. 299

Jarra, (inn. Afr.) I, 371. 703. II, 69. f.

Jarvis-Bay, XXI, 315.

Jaslowitz, Herrsch. (Mähren) XII, 643.

Jasmund, (Rügen) X, 244. 246.

Jassy, L. u. Br. VII, 557. XIX, 232. XL, 228. XLI, 207.

Jauchli, (Schweiz) Höhe. X, 394.
— — -Stock, (Höhe) X, 395.
Jauer, Fürstenthum. X, 419. siehe Schlesien.
Jauricocha, (Span. Amer.) Silberberg. III, 73.
Java, Insel. XIII, 521. XXI, 5. 10.
A. — Blick auf den gegenwärtigen Zustand d. Insel Java. XXXIV, 16. Nachrichten über d. Insel Java, von einem Engl. Officier, welcher der Besetzung dieser Insel durch die Engländer unter Lord Minto beiwohnte. XLVIII, 409.
B. R. — *Seb. Corn. Nederburgh*, Journal der Reize longs Java's Noordoost-Kust (1798). XVI, 305.
Jombe, Voyage etc. etc. XXXIV, 395.
V. N. — Nachr. über die Reise des Hrn. *Lechenault de la Tour* nach den Inseln Java, Madura, etc. XXV, 356.
Jazyger, die, in Ungarn. XX, 124.
Iberg, die Kirche. Höhe. X, 397.
Iberien.
A. — *Dominikus*, Iberien oder Tschina Kartueli. XX, 147.
Ibrim, (Ober-Aegypten.) V, 93.
Iburg, *Driburg*, bei Paderborn. XLVIII, 449.
Icolmhill, V, 557.
B. R. — *T. Garnett*, Observat. etc. siehe Schottland.
Icononzo, (Amer.) Fl., natürliche Brücke darüber. XXXVII, 308.
Ida, Bg. VII, 45.
Idra, Ins. XIV, 192.
— Stadt. XLIX, 334.
Idria, Zinnober Ertrag. VIII, 308. — Quecksilberbergwerk. VIII, 410. — Unterird. Brand. XVII, 113.
Jedso, *Jesso*, *Insu*, Inseln. XVII, 50.
A. — *Lindner*, Entdeckungsgeschichte der Insel *Jedso* u. der Halbinsel Sagalien. XXXVIII, 249, 393.
V. N. (*Broughton*) Die Bewohner von Insu oder Jedso. XVI, 104. vergl. XV, 190.
Jei, Fl. (Rufsland.) V, 79.
Jemtland, s. Jämtland.
Jena.
B. R. — *Batsch*, Taschenb. für topograph. Excursionen in der umliegenden Gegend v. Jena. Weimar, 1801. VIII, 234.
Jenataefka, V, 63, 65.
Jenboa el Bahhar. Br. XLVIII, 437.
Jenikale, IX, 148. — L. u. Br. II, 32. XII, 481. XIX, 234.
Jenisei, Fl. II, 65.
Jeniseisk, (Sibir.) L. u. Br. VII, 175. XVI, 493.
Jenne, siehe Genne.
Jepiphann, See. II, 63.
Jerichow'sche Kreis, VII, 355. s. Magdeburg.
Jerusalem, L. u. Br. VII, 177. XIV, 93. XV, 222.
Jeruslau, Ulustau. Fl. II, 64.
Jesso, s. Jedso.
Jetans, die, od. *Camanchen*. XXXVI, 438.
Jever, Herrsch., Vermessung und Charte. IV, 525.

Jever, XXXII, 70. L. u. Br. XIII, 84. XXIX, 455. XXXV, 70.
Jeverland, XIII, 150.
Jeypor, (Hindostan) Sternwarte. V, 528.
Igelsberg, III, 389.
Iglau, L. und Br. XVI, 230. XXI, 72. XXXV, 70.
Iglesias, (Sardin.) III, 151. 155.
Jhansi, (Ind.) V, 17.
Ilanz, L. u. Br. VI, 268.
Ilek, Fl., Salzwerke am, II, 65.
Ilfracomb, (Engl.) XXII, 204.
Ilinissa. Bg. (Amer.) XLII, 441.
Ilkulsk, (Sibir.) XX, 343.
Ille und *Vilaine*, Depart.; geogr. stat. Beschreibung. XXXII, 53.
Illineser - Posten, Französ. Colonie in Nord-America. XIII, 112.
Illyrien.
Ch. R. — *Pinneti*, Carta portale etc. vergl. Königr. Italien.
V. N. — Bevölk. und Gröfse der Illyr. Provinzen, XXXI. 238. XL, 425. — Waaren-Einfuhr aus der Türkei auf d. neuen Wege durch Illyrien. XXXVII, 371. — Eintheil. u. (Franz.) Organisation der Illyr. Provinzen. XXXV, 124. vergl. XXX, 404.
Ilmenau, L. u. Br. XIV, 225.
Ilowla, Fl. II, 64.
Ilsenburg, Br. XXXII, 264.
Imatra, Wasserfall bei, XVII, 244.
Imberg, Höhe. IV, 418.
Imbros, XXXIV, 56.
Imeret, *Imerette*, XX, 142. XXXI, 148. XLVI, 86. — s. Colonis.
Imgenbruch, (Hrzgth. Jülich) XIV, 519.
Imizmizi, VII, 330.
Immenstadt, L. und Br. VI, 268. X, 254. XII, 776.
Imst, (Tyrol) L. und Br. XXXV, 70.
Imsum, L. u. Br. XI, 723.
Inderski'sche See, am Paik. (Rufsl.) V, 66.
Indiana, Gebiet in N. Amer. XIII, 111.
Indien, *Ost-*, Hindostan. — (vergl. Hindus.) II, 323. VI, 344. XXXVIII, 113.
A. — Ueber die Heereszüge zu Lande nach Indien in älteren und neueren Zeiten. Ein geograph. histor. Versuch. XXV, 377.
Abd-Ulrizak's Reise aus Persien nach Indien (1442 bis 1444). Aus d. Pers. von D. *Langlès*. XXVI, 3.
Ueber Hrn. *Felix Renouard de Sainte Croix* Reisen nach Indien, u. Ost-Asien. (Mit Auszügen.) XXXIII, 373.
Elmore, Verzeichnifs von astronom. geograph. Ortsbestimmungen, meist Indischer Gegenden und Ortschaften. XII, 677.
Benj. Heyne, Ueber die Verbreitung des Christenthums in Indien, u. über den moral. Charakter der Hindus. XLVII, 16.
Langlès, Alte und neue Monumente von Hindustan. XXXVII, 149.
B. R. — The Asiatic annual Register, or View of the history of Hindostan etc. 1800. IX, 421. (1801) XI, 65.
Asiatic Researches, (Vol. VI—VIII.) XII, 252. XVIII,

176. XXI, 188. übersetzt von *Langlès*. XII, 240. XXVII, 113.

B. R — *Anquetil du Perron*, L'Inde en rapport avec l'Europe etc. II, 318.

P. de St. Barthélemy, Voyages aux Indes orientales; traduit de l'Italien par M** avec les observations de M. M. *Anquetil du Perron*, *F. R. Forster* et *Silvestre de Sacy*, et une Dissert. de M. *Anquetil*, sur la propriété individ. et foncière dans l'Inde et en Egypte. Paris, 1808. XXVII, 58.

C. C. Best, Briefe über Ostindien, das Vorgebirge der guten Hoffnung und der Insel *St. Helena*; herausgegeben von *Küttner*. Leipzig, 1807. XXVI, 52.

Breschi, Mém. sur le Calendrier de l'Intérieur de l'Inde, revû par *F. Lalande*. XII, 208.

Buchanan etc. XLIX, 68. siehe Asien.

Büsching's Erdbeschreibung, 5. Theil 3. Abtheil. — Von *G. Wahl*. 1805. XVIII, 292. — XXVI, 438.

Colebroke, über die Indischen Casten. V, 525.

G. Dallas, Letter to Sr. Will. Pulteney on the subject of the trade between India and Europe. 1802. X, 307.

Degrandpré, Voyage dans l'Inde et au Bengale fait dans les années 1789 et 1790; suivi d'un Voyage fait dans la mer rouge, contenant la description de *Mocka* et du commerce des Arabes de l'Yemen. Paris, 1801. VIII, 484.

H. M. Elmore, The British Mariner's Directory and guide to the trade and navigation of the *Indian* and *China* seas, containing instructions for navigating from Europe to India and China etc. 1802. X, 507. XII, 600.

W. Franklin, The history of the reign of Shah-Aalum, the present emperar of Hindostaun etc.; interposed with geogr. and topograph. Observations, with en appendix, containing en account of *Delhi*, II, 423.

Derselbe Military Memoirs of Mr. George Thomas. 1805. XIX, 182.

Gloyer, Fragmente über Ostindien. XL, 239.

J. Haafner, Lotgevallen op eene Reize van Madras over Tranquebar naar het Eiland *Ceilon*. Haarlem, 1806. XXIX, 445.

W. Hamilton, The East-India-Gazetteer; containing particular Descriptions of the Empires, Kingdoms, Principalities etc. of Hindostan and the adjacent countries, India beyond the Ganges and the Eastern Archipelago etc. 1815. XLIX, 53.

Fr. Herrmann, Gemälde von Ostindien, in geogr., naturhist., religiöser, sittlicher, merkant. u. polit. Hinsicht, nebst einer Vorrede von *M. C. Sprengel*. 1. Band. Leizig, 1799. VI, 343.

B. Heyne, Tracts historical and statist. on India: with Journals of severel

tours through various parts of the peninsula; also an account of *Sumatra* etc. London, 1804. XLV, 297.

B. R. — *J. Jackson*, Journey from India towards England, in the y. 1797. VII, 239.

Knapp, Nachr. von der evangel. Mission in Ostindien etc. 1814. XLIX, 84.

Langlès, Monumens anciens et modernes de l'Indoustan etc. 1er Livrais. XXXVII, 195.

Le Goux de Flaix, Essai histor., geograph. et politique sur l'Indoustan, avec le tableau de son commerce etc. Paris, 1807. XXV, 277.

Lettere sull' Indie Orientali. Filadelfia 1802. XVIII, 444.

M** Choix des Lettres édifiantes etc. XXXI, 177.

Malte-Brun, Bécis de la Géogr. univers. T. IV. XLVI, 104.

Perrin, Voyage dans l'Indoustan. Paris, 1807. XXVII, 58.

Relation historique du Consulat de M. *Anquetil de Briancourt* à Larate etc. XII, 210.

James Rennel, Descript. histor. et géogr. de l'Indoustan, traduit de l'Anglois par *J. B. Boucheseiche*, à la quelle on a joint des Melanges d'Histoire et de Statistique sur l'Inde, traduits par *J. Castera*. Paris, 1800 VI, 171.

Rochon, Voyage etc. XI, 253. XII, 326. siehe Madagascar.

Felix Renouard de Sainte-Croix, Voyage commercial et polit. aux Indes Orientáles, aux Iles Philippines, à la Chine, avec des notions sur la Cochinchine et le Tonquin. (1803 bis 1807) T. I—III. 1810. XXXV, 205.

Sonnerat, Voyages aux Indes orientales et à la Chine depuis 1774 jusqu'en 1787 etc. Nouv. Edit. augmentée d'un précis histor. sur l'Inde depuis 1778. jusqu'à nos jours, de notes et de plusieurs Mémoires inédits, par *M. Sonnini*. Paris, 1806. XXVII. 78.

Taylor, Letters on India political, commercial and military relative to the subjects important to the Britisch Interests in the East. London, 1800. VII, 503.

Tombe, Voyages aux Indes Orientales, pendant les années 1802—1806, contenant la Description du *Cap de Bonne-Espérance*, des Iles *de France*, *Bonaparte*, *Banca* et de la ville de *Batavia* etc. Revû et augmenté par *Sonnini*. Paris, 1810. T. I. et II. XXXIV, 395.

G. Visc. Valentia, Voyages and Travels to India, Ceylon, the Red-Sea, Abyssinia and Egypt. (1802 bis 1806) 3 V. 1809. XXXIII, 276. XXXV, 75.

Voyages dans l'Inde, en Perse etc. Avec la Déscription de l'île *Poulo Pinang* etc. Traduits de l'Anglois par le C***. Paris, 1801. VIII, 499.

Fr. G. Wahl — etc. siehe Büsching.

von Zimmermann, Taschenbuch d. Reisen etc. 11. Jahrg. XXXVII, 330. 12. Jahrgang. XLII, 231. XLVII, 199.

Ch. R. *H. C. Albers*, Charte von Ostindien, diesseits des Ganges im gegenwärtigen Zustande, nach Arrowsmith's neuester Charte in 6 Bl. verjüngt gezeichnet. 1806. XXV, 336.

Arrowsmith, Asia etc. VII, 179.

C. Mannert, Charte von Hindostan und der Halbinsel etc. Nürnberg, 1797. IV, 434.

Reinecke, Charte v. Ostindien diesseits u. jenseits des Ganges etc. Weimar, 1801. IX, 257.

J. Rennel, The Peninsula of India from the Kistna River to Cap Comorin, exhibiting the Partition of the territories of the late Tippo Sultan etc. VI, 520.

L. S. de la Rochette, Indiae veteris, quatenus Macedonibus note fuit, finitimarumque regionum specimen geograph. etc. Lond. 1797. IV, 347.

V. N. — The asiatic Journal and Monthly Register for British India and its Dependencies, XLIX, 250.

Auszug aus dem Briefe eines Engländers bei der von *Kalkutta* nach *Kabul* (in Afganistan) abgeschickten Britischen Gesandschaft. (A. d. Engl.) XXX, 405.

Baron *v. Dankelmann's* Reise nach Ostindien. XIX, 522.

Auszug aus *Dourdon's* Reise nach Ostindien, II, 560.

G. Forster, Voyage du Bengale à Petersbourg à travers les provinces septentrionales de l'Inde etc. suivi de l'Histoire des Rohillahs et de celle des Seykes; avec des additions considérables et une notice chronol. des Khans de Crimée etc. Par *L. Langlès*. Par. 1802. X, 78.

(*Lambton*) Kurze Nachricht. v. d. Mess. eines Meridiangrades in Ostindien. XVI, 125.

Lettres philosoph. et histor. sur l'état moral et polit. de l'Inde etc. Traduites en très - grande partie des Asiatic Reseaches, des Warks of Will. Jones etc. 1803. XII, 240.

Memoire sur le commerce de l'Inde. Bordeaux 1801. IX, 275.

Taylor, Voyage dans l'Inde au travers du grand desert par Alep, Antioche et Bassora etc. Traduit et enrichi de notes, explications etc. par L. C. de Grandpré. 1803. XII, 245.

W. Tennant, Indian Recreations etc. 12 Bde. 1804. XIV, 383.

Eintheilung. IV, 434. — Verbreitung d. *Christenth.* XXV, 123. — Verfassung. II, 321. — Erziehung eines Indiers. IX, 274. — Indische Menschenopfer. V, 531. — Abschaffung d. Kindermords unter den

Ostind. Fürsten. XXXVII, 238.
Literatur. XLVII, 463.
Zeitungen. XVI, 109.
Diamantgruben. XLV, 308. —— Kupfergruben. XLV, 308.
Neueste Handelsstrafse nach Ostind. XL, 239.
Geogr. Veränder. (1803) XV, 372. XVI, 24. (1805) XIX, 30. (1806) XXII, 62. (1809—1815) XLIX, 407.
Indianer, Aufstand im Span. America. III, 67.
— — *-Colonie*, auf Malta. III, 594 f.
Indigirka, Fl. II, 60. X, 65.
Indre, Dept. Geogr. statist. Beschr. XXXVII, 416.
Industrie, vergl. Cultur.
Ingamachoix, Bay. (Neufundland) L. u. Br. IX, 342.
Ingolstadt, XI, 611. XX, 199. L. u. Br. I, 596. II, 122. III, 164. IX, 18. XI, 373. XIV, 225.
Inhamasibas, (Afr.) VI, 395.
Inhumbaner, (Afr.) VI, 395.
Inhammois, (Afr.) VI, 395.
Inichi, L. u. Br. II, 33. VII, 177.
Inka-Weg, (S. Amer.) XII, 382.
Inkermann, (Krim) Ruinen und Höhlen, XL, 135.
Innkreis, Eintheilung in 14 Landgerichte (1810) XXXI, 238.
Innlighöl, See. XI, 137.
Inowraklaw, L. u. Br. XXXII, 77.
Insbruck, L. u. Br. I, 286. IX, 521. XV, 80. XVI, 337. — Höhe. IV, 167.
Ch. R. — *Viehbach*, Plan der Haupt- und Residenzstadt Insbr. XVIII, 221.
Insel, neu entstandene, bei d. Azoren, XL, 384. XLVII, 51. — bei Island. III, 523. 553.
Inselbay, (Neu-Holland). XXI, 4.
Inseln, vergl. *Isle*.
— — des grünen Vorgeb. II, 420. XI, 218.
— — des grofsen Oceans, die noch aufzusuchen. III, 334. vergl. Ocean.
— — *unfruchtbare*, bei Neuholland. XI, 153. XII, 427.
Inselsberg, L. u. Br. II, 490. XXV, 290. — Höhe. XXII, 396.
Insu, siehe Jedso.
Insterburg, (Ostpreufsen). II, 116. L. u. Br. III, 407. XII, 484.
Inti-Quaicu, (Amer.) Felsen. XXXVII, 323.
Inverary, (Schottland.) V, 545.
Invernefs, Bevölkerung. XI, 413.
Joal, (Afr.) L. u. Br. XI, 498.
Joannina, s. Jannina.
Joch, (Schweiz) Höhe. X, 394.
Johannisburg, L. u. Br. II, 116. III, 406. XX, 207. XXV, 70. 469.
John, Ins. (Ob. Canada) VI, 301.
Johnstown, (Ob. Canada). VI, 297.
Joliba, *Niger*, Fl. (Afr.) I, 211. 351. 370. 702. II, 71. 160. L, 469.
A. — *Heeren*, Kannte Herodot bereits den Joliba-Strom? III, 133.
Jonische Inseln.
B. R. — *H. Holland*, Travels in the Jonian-Isles, Albania, Thessaly, Mace-

donia etc. during the Years 1812 and 1813. Lond. 1815. XLVIII, 155. 283. vergl. XLIX, 220.

Jonische - Insel - Republik, oder *Sieben - Inseln* - Republik.

V. N. — Ueber die Benennung: Sieben - Insel - Republik. XIII, 374.

Constitution. XII, 385. Organisation (1804) XIII, 491.

Uebersicht der verein. Staaten der Jonischen Inseln, anjetzt (1815) von England in Besitz genommen. XLIX, 118.

Geogr. Veränd. (1800) VII, 20. (1801) IX, 214. (1802) XI, 190. (1803.) XIII, 33. (1804) XVI, 23. (1805) XIX, 29. (1800) XXII, 60. (1809 — 1815) XLIX, 273.

Jönköping, (Schwed.) Hauptmannschaft.

Ch. R. — *Hermelin* und *Hällström*, Karta öfver Jönköpings, Kronobergs, och Blekings Höfdingedöme. 1809. XXXIX, 228.

— — Stadt. XXXI, 48. XXXVI, 184.

Jonsknuden, Berg. (Norw.) XXXVIII, 245.

Jootsi - Sima, Ins. L. u. Br. II, 137.

Jorullo, (Neu - Span.) Vulkan von, Höhe. XXIII, 497. L. u. Br. XLII, 444.

Josephs - Canal, (Aegypten) XXXII. 132.

Joudpoor, *Marwar*, Land in Ostind. XIX, 331.

Journalistik.

Alemannia. 1802. (No. I, bis XII.) X, 175.

Allgem. Literar. Anzeiger. III, 431. IX, 89.

Almanac de Liège, III, 631.

Analytical - Review. III, 12. 160.

Annuaire français - cophte et musulman. III, 187.

Annuaire de la Republ. franç. (1799.) II, 383.

Berliner, hist. genealog. Kalender. (1795) III, 87.

Biograph, der, III. Band. XII, 774.

Brennus. XI, 513. XII. 111. 260. 517. XX, 472.

British Critic, the, II, 76.

Bulletin polymathique du Museum d'Instruction publ. de Bordeaux. 1803. XI, 629.

Constantinopel und St. Petersburg, d. Orient und d. Norden. Von H. v. Reimers u. Fr. Murhard. 1. Jahrg. XVI, 503. XVII, 240. XVIII, 96. XIX, 245. 2. Jahrg. XX, 472. XXII, 490.

Decade égyptienne. III, 186.

— philosophique. An IX, an X, IX, 88.

Encyclopédie méthodique. II, 84.

Englische Miscellen. (XIII. Band.) XII, 773. (XVIII. und XIX. Band.) XVIII, 104. (XXI. Band.) XIX, 251. (XXII. Band.) XX, 469. (XXV. Bd.) XXII, 488. XXIV, 359.

Eunomia, herausgeg. von Dr. Fessler. (1801) IX, 371. (1802) XI, 240.

Journalistik.
(1803) XI, 641. XII, 774. XIII, 269. (1804) XVI, 504.
Europäische Annalen, von Posselt. (1803.) XII, 380. (1805) XVIII, 102. (1807) XXIV, 95. 326. XXV, 360. (1808) XXVI, 475. (1810) XXXIII, 450.
Frankreich im Jahr 1801. IX, 482. — im J. 1805. XVIII, 102.
Französis. Merkur, der, herausgeg. von Jul. Gr. v. *Soden*. IX, 482.
Französische Miscellen. (IX. Band.) XVII, 116. (X. Band.) XVIII, 105. (XIII. Band.) XX, 467. (XIV. Band.) XX, 471. (XV. Band.) XXII, 115. (XVIII. Bd.) XXII, 489.
Genius der Literatur und Künste. XI, 239.
— des 19ten Jahrh. 1802. XI, 238.
— der Zeit. (Jahrg. 1801 u. 1802) X, 171.
Gesellschaft, der, naturforschender Freunde zu Berlin, neue Schriften. 3. Bd. 1801. IX, 193.
Gothaischer Kalender. III, 522.
Hamburg u. Altona. 2ter Jahrg. XI, 514. 641. XII, 261. 4ter Jahrg. XVII, 242.
Janus. (1801.) IX, 90.
Journal für Geschichte, Statistik und Staatswissenschaft, herausgegeben von *Keyser*. 1. Bd. XXI, 98.
— für Fabrik, Manufaktur, Handel und Mode, (1805.) XVIII, 98. XIX. 254. XX, 468. (1806.) XXI, 99. 243. XXII, 242.
Journal des mines. (71. u. 72. Heft.) XI, 750.
Isis, (Zürich) 1805. XVIII, 102. 380. XX, 464. (1806) XX, 466. XXI, 241. XXII, 113.
Italienische Miscellen. (1. Band) XVI, 504. (2. Bd.) XVII, 117. XVIII, 105. (3. Bd.) XIX, 112. (4. Bd.) XX, 470. (5. Bd.) XXI, 96. XXII, 489.
Magazin encyclopédique. III, 295. X, 91.
Mailänder Ephemeriden, IV, 40.
Mémoires publiés par la Société libre d'émulation du Dept. du Var. T. 1. Draguignan, An X. X, 73.
Minerva, von Archenholz. (1801) IX, 83. 372. (1803) XII, 641. (1804) XIV, 386. (1805) XVIII, 101. (1809) XXXI, 117. 234. (1810) XXXII, 109. XXXIII, 453.
— Lusitana. XVII, 126.
Miscellen der neuesten Weltkunde (1809) XXXI, 120.
Monatschrift f. Teutsche. Leipz. 1801. IX, 482.
Morgenblatt für gebildete Stände. (1807). XXII, 489. XXIV, 96. 238. 467. XXV, 116. 363. (1812). XXXIX, 250.
Neue Berlinische Monatsschrift. (1801 u. 1802). X, 168. XI, 512. (1803). XII, 110. 380. 630. (1804) XIII, 270. (1805). XVII, 112. 114. 378. XVIII, 379. XIX, 252. (1806). XXI, 91. 240. XXII, 245. (1807) XXIII, 369. XXIV, 467. XXV, 115. (1808) XXVI, 386.

Journalistik.
Neue Irene, herausgegeb. von *G. A. v. Halem.* 1806. XXI, 100.
Neues Magazin f. Naturkunde, herausgegeben v. *Voigt.* (XI. Bd.) XXI, 238.
Neues Teutsches Magazin, (1802) XI, 240.
Neuer Teutscher Mercur, (1802) X, 113.
Neue Zeitung für Kaufleute, Fabrikanten und Manufacturisten, von *Hildt*, (1801) IX, 282.
Neu-Ostpreufs. Intelligenzblatt, (1802 — 1804) XVII, 230.
Nordische Miscellen, (1805) XVII, 242. XVIII, 105. (1807) XXV, 116. XXVI, 385. (1809, 1810) XXXIII, 211.
Le Nouvelliste des isles de France et de la Réunion. 1802. XI, 103.
Oberpfälzisches Wochenblatt. Amberg, 1802. X, 173.
Politisches Journal, (1801) IX, 86. (1803) XII, 641. (1805) XVIII, 100. 374. XX, 462. (1806) XXI, 97. XXII, 14. XXIII, 367. (1807), XXIV, 93. 237. XXV, 115. 362. (1808) XXVI, 108, 380. (1809) XXXI, 119. 235. (1810) XXXI, 235 363. XXXII, 109. XXXIII, 213. 452.
Preufsisch-Brandenburg. Miscellen, (1805) XVII, 114. 380. XVIII, 105. 378.
Rheinische Bund, (1808) XXVI, 383. 474. (1809) XXXI, 118. (1810) XXXI, 364. XXXII, 109.
Russischer Mercur, von *Heidecke.* 1805. XVI, 504. XVII, 243. XVIII, 376. XIX, 249
Russische Miscellen, XII, 516. XIII, 123. 501. XIV, 385.
Rufsland unter Alexander I. Eine histor. Zeitschrift, herausgegeben von Storch. 1805. XXI, 425.
St. Petersburg, Teutsche Zeitschrift, (1805) XVI, 490. 504.
Schedius (L. v.), Zeitschr. von und für Ungarn, (1802) X, 274. XII, 259. XVIII, 49.
Schlesische Provinzialbl. (1805) XVII, 245. XVIII, 106. 380. XIX, 253. (1806) XX, 468. XXI, 94. (1807) XXIV, 95. 361. (1808) XXVI, 380.
Spanische und Portugiesische Miscellen, von F. B. Bucher, (1. Bd.) XX, 463. XXI, 242.
Sydney-Gazette, oder New-South Wales-Advertiser. XII, 770. XVI, 110. XVIII, 251.
Voigts Staatsrelationen, (1804) XVI, 505.
Wiener Zeitung.
Veränderte Gestalt der Wiener Zeitung. 1812. XXXVI, 261.
Joux-See, im Juragebirge, Höhe. VI, 270.
Jouy, bei Paris, Lederfabr. und Kattunfabr. XX, 472.
Ipsera, Ins. (griech. Archip.), L. u. Br. XXXII, 48.
Iquique, Haven (Span. Amer.) III, 73.
Irrawaddy, Fl. VI, 256, 258.
Irkutzk, Gouvernem. II, 69. XX, 347. XLV, 372.

Ch. R. Charte von dem Gouvernem. etc. II, 59. siehe Rufsland.
Irkutzk, II, 59. X, 127. — L. u. Br. X, 64. XVI, 494. XXVI, 353. XLV, 372. — Preis einiger Lebensbedürfnisse etc. XVII, 245.
Irland, vergl. Grofsbritannien.
B. R. *de Jong*, Reizen etc. XI, 217. XII, 344.
Th. Newenham, A statistical and histor. Inquiry into the progrefs and magnitude of the population of Ireland. 1805. XIX, 59.
W. Shaw Mason, statist. account or parochial Survey of Ireland etc. 1814. XLVII, 84.
Edw. Wakefield, an account of Ireland statist. and political etc. Lond. 1812. XLVI, 207.
Ch. R. *D. A. Beaufort*, New Maps of Ireland civil and ecclesiastical etc. 1792. I, 217.
Carte d'Irlande, divisée en Provinces et Contés etc. 1804. XIV, 502. XXIV, 454.
Carte particulière de la côte Sud - Ouest d' Irlande, d'après les Cartes de *Jos. Huddart*. Au Dep. gén. de la marine 1804. 2 Sect. XIV, 500. XXIV, 454.
Carte part. des côtes occidentales etc. d'après la carte de A. *Arnold* etc. Au dep. g. d. l. m. 1804. XIV, 500. XXIV, 454.
Carte part. de la côte nord etc. XIV, 500. XXIV, 454.
Carte part. de la côte Ouest etc. etc. XIV, 500. XXIV, 454.
Neue Werke über Ireland. (1805) XIX, 518.
V. N. Aus und Einfuhr. 1808. XXXI, 117. — Bevölk. u. Flächeninhalt d. Grafschaften. XL, 218. — Geolog Beschaffenheit. XLIII, 387. — Geograph. Veränder. VII, 18. — Kanalverbind. zw. d. Fluſs Liffey und Shannon. I, 220. — Ortsbestimmung. XXIV, 456. XXVIII, 213.
Irokesen, die —
Statist. Nachrichten. (1811) XXXVI, 381.
Iron - Bank, am Missisippi. XIII, 113.
Irtusch, Fl. (Sibir.), XX, 340.
Isannak, s. Schannach.
Isar, Fluſs, Charte davon, siehe Baiern's Stromatlas.
Ischia, III, 366. 476.
Ischim, Fl. (Sibir.) XX, 339.
Isefiord, Fl. III, 128.
Isenburg: Verlust im Lüneviller Frieden. IX, 51.
Ch. R. *Weiland* etc. vgl. Frankfurt, Grofsh.
Isenburg - Birstein, Fürstenthum. Geograph. Veränd. 1806. XXII, 34.
Isère - Depart. Geograph. statist. Beschreib. L, 197.
B. R. *Berriat*: Annuaire statist. du Dép. de l'*Isère* (pour l'an X) X, 60. (pour l'an XI) XI, 750. (pour l'an XII) XIII, 267.
Isjum (Rufsl.), L. u. Br. XXII, 100.
Isla de Leon, III, 443. 450. IV, 37. X, 58. — L. u. Br. XXXV, 71. 225.

Islamabad, L. u. Br. VII, 180.
Island, Ins. XVIII, 375.
A. Auszug aus *Hooker's* Reise nach Island im J. 1810. XXXIX, 34.
v. Löwenörn, Ueber die in der Nähe von Island entstandene vulkan. Insel. III, 553. vgl. III, 523.
B. R. *Mackenzie's*, Travels in the Island of Iceland, (1810) XLII, 198.
(*Olafsen et Povelsen*) Voyage en Islande etc. Traduit du Danois par Gauthier de *Lapeyronie*. 1802. XI, 219. vgl. X, 367.
Magnus Stephensen, Island in den attende Aarhundrede, historisk - politisk skildret etc. 1808. XXXI, 69.
v. Zimmermann, Taschenbuch d. Reisen. 3ter Jahrgang. XIII, 81.
Ch. R. *Reinecke*, Island. Nach Murdoch'scher Projection u. d. besten astronomischen Ortsbestimm. etc. Weimar 1800. IX, 260. vergl. VI, 86.
V. N. Ueber die Ausmessung der isländ. Küste u. Häven. III, 527. — Bevölkerung. XII, 777. XVII, 390. XXXI, 72. — Kirchenliste. (1814) L, 262. — Ortsbestimm. XXXII, 501.
Isle, vergl. Insel.
—— de *Bourbon*, s. Bourbon, Insel.
—— *brulée*, s. Polino.
—— *de Contrariétés* (Arsacid.), XXIII, 273.
—— *du Corail*, III, 338.
—— *de la Delivrance* (Arsacid.), XXIII, 275.
—— *Dieu*, III, 210.
Isle de France. III, 306. f. XVI, 355. L. u. Br. IX, 31.
B. R. *Ch. Grant*, The history of Mauritius or the Isle of France and the neighbouring Islands etc. Lond. 1801. IX, 27.
De Guignes Voyages etc. siehe China.
Bory de St. Vincent, Voyages etc. XV, 446.
Tombe Voyage etc. XXXIV, 395.
V. N. Reglement d. Handelsgesellschaft der Isle de France. X, 76.
Nacheiferungsgesellsch. XXXI, 124. — Indigobau. XI, 643.
Isle Hospitalière, in d. Süd-See.? I, 566.
—— *des Jardins*, III, 338.
—— *de Los* (des Idoles), bei Afr. X, 46.
—— *de Lyon*, s. Isla de Leon.
—— *de Maurice*, s. Isle de France.
—— *de Moulin*, L. u. Br. VI, 47.
—— *des Pins*. L. u. Br. VI, 46.
—— *des Ressifs*. III, 338.
—— *de la Reunion*, siehe Bourbon, Insel.
—— *des trois Soeurs*, (Arsacid.) XXIII, 273.
Islington. III, 651.
Ismail, L. u. Br. II, 465. VII, 557. XIX, 232. XLI, 207.
Ismaillier, die, XLV, 83.
Ismid, L. u. Br. II, 465.
Ismir, s. Smyrna.
Isnik, L. u. Br. II, 465. XV. 221.
Isny, L. u. Br. X, 254. XX, 115. XL, 324.
Isola bella, L. u. Br. II, 289. IX, 262. X, 534.
Ispahan, L. u. Br. VII, 178. XV, 224.

Isselburg, L. u. Br. XXXV, 70.
Isset, Fl. (Rußl.), XX, 335.
Istachar, *Persepolis*, X, 436.
Istrien.
B. R. *Jos. Lavaillée*, Voyage hist. et pittoresque en Istrie et en Dalmatie, redigé d'après l'itinéraire de *L. F. Cassas*. Paris 1802. X, 88. XI, 367. 683.
Italie[illegible]
A. — *Oriani*, geogr. Bestimmungen einiger Orte in Oberitalien. II, 289. vergl. III, 504. VII, 425.
B. R. *P. Beckford*, Jamiliar Letters from Italy, to a Friend in England. Salisbury 1805. XXI, 199.
J. G. Bötticher, A geogr. histor. and polit. description etc. Lond. 1800. VIII, 313.
C. Cambry, Voyage pittoresque en Suisse et en Italie. Paris 1801. VIII, 419.
Fragmente über Italien. Aus dem Tagebuche eines jungen Teutschen. III, 363. 473.
G. *W. Keßler*, Briefe etc. s. Teutschland.
K. G. Küttner, Reise durch Teutschland etc., einen Theil von Italien, in den Jahren 1797 und 1799. Leipzig 1800. VIII, 319.
J. Lemaistre, Travels etc. s. Frankreich.
Creuze de Lesser, Voyage en Italie et en Sicile, fait en 1801 et 1802. Paris 1806. XXVIII, 78.
Gius Micali, L'Italia avanti di dominio dei Romani. T. I—IV. XXXVI, 63.
Nemnich, Reise durch Italien, vom Dec. 1809 bis April 1810. XXXVI, 221.
P. J. Rehfues, Briefe aus Italien während den Jahren 1801 — 1805, mit mancherlei Beilagen. Zürich 1809. XXX, 146 XL, 190.
Italien.
B. R. Reise durch einen Theil von Teutschland, Helvetien u. Oberitalien. 1803. 2 Bde. XVII, 301.
Graf. *v. Sternberg*, Reise durch Tyrol in die Oesterreichischen Prov. Italiens, im Frühjahre 1804. Regensburg 1806. XXIV, 300.
E. F. v. Uklanski, Briefe etc. s. Polen.
Ch. R. Neueste Charte v. Italien. Leipzig b. Schreibers Erben 1805. XIX, 384.
Nova Carta di Posta dell Italia con la maggior parte della Germania e Francia. Wien b. Artaria 1806. XX, 112.
Brion, Nouvelle Carte des postes d'Italie etc. 1805. XX, 311.
Chanlaire, Carte gén. de l'Italie et de la côte orient. de la mer adriatique. III, 502.
Mentelle et Chanlaire, Atlas d'Italie, composé de (14) Cartes phys. anciennes et modern., avec une Carte itinéraire de la marche des armées Franç. II, 440.
Chauchard, A map of the Empire of Germany etc. Italy, Sicily etc. Lond. 1801. VIII, 250.
Guida delle rotte d'Italia per Posta. Nuova Edit.

con 25 Carte geogr. etc. Turin et Paris. IX, 179.

C. Mannert, Charte von Italien u. Dalmatien, nach Bacler Dalbes grofser Charte von Italien in 54 Bl. etc. Nürnberg 1807. XXV, 472.

J. E. S. Nuova Carta dei stati della Casa d'Austria in Italia dopo il trattato di pace di Luneville etc. Vienna 1805. XXIV, 322.

A. Stieler, Charte von Italien etc. 1806. XXVII, 97.

G. A. Rizzi Zannoni, Nuova Carto dell' Italia, 1802. XIII, 355.

V. N. Etwas üb. d. Charte von Italien, wie es vor der Französ. Revolution war, und wie es jetzt (1802) ist. X, 280.

Italien, eine Zeitschr. von zwei reisenden Teutschen. 1804. XX, 469.

Italienische Miscellen, vergl. Journalistik.

Millin, Gelehrte Reisen nach Italien (1811). XXXIII, 497.

Hospitäler, XVII, 318. — Die neue *Strafse* aus Italien über den Simplon nach Genf. XV, 248.

Geographische Literatur (1812). XXXVII, 240.

Geograph. Veränderungen durch den Prefsburger Frieden. XX, 36.

Geograph. Veränderungen (1802) XI, 181. (1803) XIII, 29. (1804) XVI, 17. (1805) XIX, 21. (1806) XXII, 49. 1807. XXV, 37. (1808) XXVIII, 20. (1809—1815) XLIX, 269.

Italienische Republik.

Generalcharte etc. im Kriegsdepot zu Paris, XI, 11. XII, 699.

Ueber die Benennung: Italien. Republ. XIII, 374.

Eintheil. und Bevölker. XIV, 238. 251. XVIII, 121.

Statist. Tab. (1802) XI, 193. (1803) XIII, 37. (1804) XVI, 31. (1805) [illegible], 36.

Italien, Königreich (1805) XVII. 109. 387. XXV, 265. XXXVI, 256.

B. R. Almanaco reale per l'anno 1810. Milano. XXXV, 447.

Almanaco e Guida di Milano per l'anno 1812. XL, 165.

Ch. R. Carta della stasione militari, navigasione e posto del regno d'Italia esequita nel deposito generale della Guerra — nell' anno 1808. etc. XXXI, 198.

Carta amministrativa del Regno d'Italia, co suoi stabilimenti politici, militari, civili e religiosi e con una parte degli Stati limitrofi. 1811. 8 Bl. XLI, 334. vergl. XXXI, 125.

C. F. Delamarche, Carte du Royaume d'Italie constitué par la Consulta d'Etat à Paris le 17. Mars 1805; divisé en 14 Depts. 1805. XX, 204.

Güssefeld, Charte vom westl. Theil des Königr. Italien. Nürnberg. 1805. XXIV, 300. vergl. Dalmatien.

Pinneti, Carta postale e stradale del Regno d'Ita-

lia nelproseguimento sino a Napoli compressa l'Illyria e la Dalmatia. Vienna. XXXIX, 239.
Pinetti, Topogr. Charte des Königreichs Italiens. Wien. XXXIX, 240.
F. W. Streit, Charte v. d. Königr. Italien, dem südlichsten Theil d. Illyrischen Provinzen u. d. sieben Inseln. Weimar 1811. XXXVI, 232.
V. N. *Dericquehem*, Nouvelle Carte des distances etc. 1813. XLI, 247.
Vorläufige Notiz v. d. neuen Küstenatlas d. Kgr. Italiens. XLII, 243.
Raccolta di Economisti classici italieni. 48 Bde. XXXI, 126. — Bevölk. XVIII, 253. 382. — Gröſse und Bevölk. der Depts. XXXI, 201. XXXIX, 348. XL, 168. 425. XLI, 335. — Bevölk. d. vorzüglichsten Städte, XL, 425. —
Neue Einrichtung des Kgr. Italiens (1805). XVIII, 83. — Zuwachs des Depts. des Adriat. Meers. XXV, 351.
Finanzverfassung. XX, 462. — Vergleichungstafel des Zustandes d. Kgr. Ital. vor und nach dem Preſsburger Frieden. XX, 91.
Gränzberichtigung mit Frankreich. (5. Aug. 1811) XXXVI, 129.
Ortsbestimm. XXIV, 332. XXVII, 220. XXXV, 472. XXXIX, 341. XLVIII, 503.
Ueber die innere Schifffahrt auf den Flüssen u. Seen des Kgr. etc. XXXI, 214.
Verbesserung d. Schulwesens. (1811) XXXVI, 495.
Statistische Tab. 1808. XXVI, 476. XXVIII, 22...
Neuer Ritterorden (eis. Krone). XVIII, 85. — Wappen, XVII, 354.
Wohlthätigkeit des Decrets Napoleons vom 27. Dec. 1807. XXV, 372.
Italienischer Theil d. Französischen Republ.
Geograph. Veränderungen. (1805) XVIII, 86.
Ithaka, *Theaki*, II, 55. X, 233. XLIII, 284. XLIX, 119.
B. R. *d'Arbois*, Mémoire sur etc. s. Corfu.
V. N. *W. Gill*, Geographie und Alterthümer v. Ithaka. XL, 378.
Itri (Neapel), XXI, 94.
Itz, Fl. L. 235.
Itzaccihuatl (in Sierra Nevada de Mexico), Höhe. XXIII, 497.
Juan - Fernandez, Ins. Br. XXIV, 423.
Juden, im Algierischen. VI, 117. — in Livorno. XVIII, 136. — in Rosette, X, 332. — in Ruſsland, I, 306. XVII, 390.
V. N. Geograph. Speculation, die Juden zu brandschatzen. XLIV, 438.
Juden, Karaïtische, XL, 130.
— — schwarze.
A. — *Ehrmann*: Wie kamen die schwarzen Juden in Loango in unsere Geographie? XI, 433.
Judenburg (Steiermark), I. u. Br. XXXV, 70.
Judenfestung, s. Dschufutkale.
Jujui (Span. Amer.), III, 63.

Jukagiren, Volk im nördl. Rufsl. X, 130.
Julin, II, 235.
Jumbo, (inn. Afr.), I, 212.
Jumida (Esthl.), L. u. Br. XVIII, 208.
Jungfrau, Berg, Höhe. X, 399.
Jungfrau-Glätscher(Schwz).
A. Reise auf den Jungfrau-Glätscher und Ersteigung seines Gipfels durch die Hrn. *Meyer* v. Aarau im August 1811. XXXVI, 137. vgl. XXXVI, 130. 370. XXXIX, 257.
Jungfrauhorn, Höhe. VI, 264.
Junkseylon, Ins. V, 574.
Jupiter, — Beobachtungen. I, 134. II, 76. 253. — Störungen. II, 555. III, 400. 497. — Tafeln. III, 169. 393. 497.
Jupiters-Trabanten, wichtig für Längenbestimm. I, 39. — Verfinsterungen, unzulänglich zu Längenbestimm. III, 161. 604. — Beobachtungen, I, 131. II, 395. 400. — Rotation und period. Umlauf, III, 379. — Störungen, III, 500. — Tafeln (von Hodierna) I, 34. — Verfinsterung d. Jup. Trab. IV, 61.
Jura - Dept.
Geogr. statist. Beschr. XXXI, 433.
—— Gebirge.
B.R. *C. U. v. Salis Marschlins*, Streifereien durch den Franz. Jura, während der Jahre 1799 und 1800. Winterthur 1805. XXII, 307.
V. N. *Lequinio*, Voyage dans le Jura. 2 Bde. Paris 1801. VII, 467.
Jura - *Geb*: — Uhrmacher im, VIII, 423.
Jurjura, Gebirge. (Afr.)
Jütland.
Ch. R. *F. L. Güssefeld*, Charte von Jütland, nach astronom. Bestimm. etc. Nürnb. 1807. XXV, 475.
V. N. Ueber die Charte von Jütland, von *Angelo*. XL, 119.
Ivrea, Bisth. XII, 333.
Iwan Oserow, d. *Johannis-See* (Rufsl.), XVI, 504. XVII, 243.
Jycottah (Indien), V, 35.
Jypore, Land in Ostindien. XIX, 196. 317.

K.

Kaarta, *Karrta*, (inn. Afr.) I, 702. 712.
Kabansk (Sibir.) XX, 354.
Kabba (inn. Afr.), I, 702.
Kabogao (China), XXXIII, 387.
Kachetien, Provinz, (Grusien) XVIII, 377. XLV, 395. XLVI, 88. 101.
Kadjack, s. Kodjack.
Kadri, die, XLVIII, 209.
Kaffa, s. Feodosia.
Kaffern, die, III, 145 f. VI, 394. VII, 373. XXXV, 381. L, 192.
A. *Vanderkemp*, Bemerk. über die Kaffern. X, 7 f. 191 f.
Kafferküste.
Ch. R. *Reinecke*, Charte von Zanguebar, der Kafferküste, d. Ins. Madagascar. Weim. 1801. IX, 366.
Kafferland. XII. 645.
Kafkon (Schwed.), L. u. Br. XXXV, 70.

Kähme, Kämen, (Meseritzer Kreis) VIII, 21.
Kajnaga (inn. Afr.), I, 702.
Kajee, am Senegal. I, 702.
Kainach, Fl., Regulirung des, XL, 463.
Kairo, III, 105. 187. V, 87. 264. X, 340. L. u. Br. IV, 63. VII, 160. 437. IX, 368. Bevölk. IV, 411. — Französisches Nationalinstitut, III, 186. V, 370. — Klima, XXXIX, 358.
A. — *Ludw. Frank*, Ueber den Negerhandel zu Kairo. XI, 650.
B. R. *F. Grobert*, Description des Pyramides de Ghize, de la ville de Kairo et de ses environs. VII, 153.
Ch. R. *Jacotin's* Charte v. Kahiro und den Umgebungen dieser Hauptstadt. (49 Bl.) XXXIII, 6.
Kaisersheim (Kurbairisch), Stift in Schwab.; Grösse und Bevölk. XI, 516.
— — L. u. Br. XIII, 484.
Kaiserstuhl (Baden), XLVII, 222.
Kaystrischen Felder, die, XI, 141.
Kakoronnioten, die, (Albanien) XVII, 90.
Kalaat el Molloh, Breite. XLVIII, 438.
Kalaly (Rufsl.), V, 78.
Kalender.
V. N. *Rivard*, Traité de la Sphère et du Calendrier. 5te Aufl. von *Lalande*. I, 605.
Kalender- und Maafssystem, neues Französ., Schwierigkeiten gegen die Einführung. II, 81.
Kalhat (Arab.), XXXII, 122.
Kalkas-Mongolen, I, 143. XXI, 223. 225.
Kallerberg (Schweiz), Höhe. X, 257. 396.
Kalmücken, I, 141. V, 63. L, 165.
A. *Geisler*, Bemerk. über die Kalmücken, ihre Sitten u. Gebräuche. V, 123.
B. R. Schicksale des Persers *Wassilij Michailow* unter den Kalmücken etc. XV, 425.
V. N. Russisch-Kaiserl. Verordnungen, wegen der im Astrachanschen Gouvernement nomadisirenden Kalmücken. (1804), XV, 106.
Kälte, künstliche, III, 197. 294.
Kaluga, Handel. I, 298.
Atlas der Kalugischen Statthalterschaft in 43 Bl. I, 167.
Kalupka (Krim), XL, 155.
Kaluschen (auf der Nord-West-Küste von Amer.), XL, 301.
Kalwary (Polen), XI, 336. L. u. Br. XLI, 93.
Kalwary'sche Kreis, XI, 336.
Kama, Fl. (Rufsland), XX, 329.
Kamalia (inn. Afr.), II, 162.
Kameel. —
A. *Heeren*, über die Verpflanzung d. Kameels etc. III, 329. s. Afrika.
Kameel-Tagereise, III, 102.
Kamenitz, Grafsch. (Böhm.), XVIII, 125.
Kamensk, (Rufsl.), Eisenfabrik. XX, 334.
Kaminjetz, L. u. Br. XIX, 227.
Kaminrukis (Afr.), VI, 395.
Kamm ob Meyenfeld, der, Höhe. X, 396.
Kammerstock, Bg., Höhe. X, 398. XLII, 369.

Kamtorianer (Afr.), VI, 394. 402.
Kamtschatka, II, 60. X, 126. 136. XVI, 355. XXXIV, 273.
Kamtschatkoinofs, L. u. Br. VII, 175.
Kamyschenka, Fl. II, 64.
Kamyschin, II, 64. L. u. Br. XIX, 236.
Kan, Fl. II, 65. XX, 346.
Kanal, der, zwischen England und Frankreich. — Ebbe und Fluth, III, 129.
B. R. *C. de Jong*, Reize in en door het Kanal, in den Jahren 1785 u. 1786. Haarlem 1808. XXIX, 216.
Kanäle, s. die einzelnen Länder.
Ch. R. *J. G. Braumüller*, der wichtigste Kanal in Europa, durch die Vereinigung des schwarzen Meers mit der Ost- und Nordsee, vermittelst der Weichsel und d. Dniesters. Nebst einer hydrograph. Charte. 1815. XLVII, 230.
Käugis, s. Keengis.
Kängurus-Bay, L. u. Br. XXIV, 424.
Kängurus-Insel, XII, 434.
Kanno, s. Ghinny.
Kansas, die, XXXVI, 437.
Kantong (China), s. Canton.
Kaplankuk, *Leopardenberg*, (Persien) XLVI, 36.
Kaptschak, I, 151.
Kara Burun, L. u. Br. XII, 183.
Karaïben, s. Caraïben.
Karakasanen, die, XIV, 423.
Kara-Kitai (kl. Bucharei), I, 140.
Karaman, XV. 466.
Karasubasar, IX, 141. XL, 125.
Karawanen-Strafsen in Afrika, III, 55. 137. 140.
Karfenstock, Berg. Höhe. X, 398.
Karlisberg ob Ilanz. Höhe. X, 396.
Karlowitz, L. u. Br. XXVI, 468.
Karlsburg, s. Carlsburg.
Karlsruhe, XLVII, 222. — Kirchenliste. (1814.) L, 264.
Karnatik, (Hindostan). IV, 435. — statist. Fragment über, XLV, 298.
Kärnthen, Bevölk. VIII, 409 XLVI, 270.
B. R. — *Sartori*, etc. s. Oesterreich, Erzherz.
Károly Var. s. Carlsburg.
Karpathen, IV, 236.
B. R. — *Chr. Genersich*, Reise in die Karpathen mit vorzügl. Rücksicht auf die Tatragebirge. Herausgeg. von *S Bredezky*. Wien, 1807. XXV, 219.
Karpfen, L. u. Br. XIX, 223.
Karpowa, Fl. II, 64.
Karrahissar, L. u. Br. XV, 363.
Karruh, die grofse, (Wüste auf d. Vorgeb. der guten Hoffn.) VII, 362. XXXV, 818.
Kartal, XLVI, 6.
Kartalinien, Prov. (Grusien) XIII, 377. XLV, 396.
Karthago.
A. — *John Jackson*, Ueber die Ruinen von Karthago und Udine in der Berberei. XLV, 129.
Karun-See, (Aegypten) XII, 655. 674.
Kasach, XLV, 392.
Kasan, Gouvernement. XX, 234. 320.

A. — J. F. Erdmann, Bemerkungen auf einer Reise v. Kasan nach Tergiewsk. L, 157.
Ch. R. — Charte vom Gouvernement etc. II, 162. siehe Rufsland.
Kasan, Stadt. II, 62. XX, 318. L. u. Br. X, 64. XIX, 236. XXXV, 68. XLI, 210. XLV, 371. Handel. I, 298. Univers. XXXII, 112.
Kasbin, Ebene von, (Persien) XLVI, 30.
Kaschau, L. u. Br. XIX, 223. XL, 228.
Kaschemir.
Ch. R. — Charte von Kaschemir. Aus einer in der National - Bibliothek zu Paris vom Capt. *Gentil* niedergelegten Beschreib. Hindostans. Weimar, 1802. XI, 351. vgl. X, 97.
Kasimiers, s. Kazimirsk.
Kassaba, XI, 134.
Kassan, (Ind.) XL, 175.
Kassigkehmen, (Preussen). L. u. Br. XII, 617.
Kassou, (inn. Afr.) I, 702.
Kassr - Karûn, (Aegypten.) XII, 673. XIII, 503. XXXII, 114.
Kastamoni, L. u. Br. II, 465.
Kataraktes von Aturis, (S. Amer.) IX, 316.
— — von May Pure. (S. Amer.) IX, 316.
Katharinen - Archipelagus, II, 61.
Katif, (Arab.) XIV, 29.
Katschuga Pristan, an der Lena. L. u. Br. X, 65.
Kattegat, III, 125. 131. 525. 531.
Katunja, Pl. II, 65.
Katwik - sur - mer, L. u. Br. XXXV, 70.
Katze, neues Sternbild. III, 620, 623. IV, 43.
Katzenbuckel, der höchste Punkt des Odenwaldes. III, 168.
Katzweiler, III, 286.
Kauen, *Kowno*. L. und Br. XLI, 93. — Handel. I, 299.
Kaufbeuren, (Schwab.) L. u. Br. XX, 115.
Kauga, (inn. Afr.) III, 56.
Kaukasien, II, 365.
Kaukasus, XVIII, 197. vergl. Georgien.
A. — *Dominikus*, Kenntnisse der Alten vom Kaukasus, im Vergl. mit d. Neueren. XX, 129.
Rommel, Ueber d. Kaukasus. XX, 259.
Stewen, Kurzer Bericht von einer Reise nach dem Kaukasus. XLV, 377.
B. R. — *Jul. v. Klaproth*, Reise in d. Kaukasus und nach Georgien in d. Jahren 1807 u. 1808 etc. Halle u. Berlin, 1812. (1. Band) XXXIX, 182. vgl. XXXVII, 361. (2. Bd.) XLVI, 80.
Desselben Kaukasische Sprachen, 1814. XLVI, 80.
Desselben Geogr. statist. Beschr. d. östl. Kaukasus, zwischen d. Flüssen Terek, Aragwi u. d. Kasp. Meer. 1814. XLVI, 80.
Desselben Beschreib. d. Russ. Provinz zwischen d. Kasp. u. Schwarzen Meer. 1814. XLVI, 81.
G. H. Lünemann, Descriptio Caucasi, gentiumque Caucasiarum, ex Strabone comparatis scriptoribus recentt. 1803. XIX 205.
Chph. Rommel, Caucasiarum Regionum et Gentium Strabonica descriptio ex

recent. aevi notitiis commentario perpetuo illustrata etc. XIX, 205.
V. N. — *Reineggs* Beschreibung des Kaukasus, herausgegeben von *Enoch Schröter*. 2te Ausg. XVI, 489.
v. Zass, Description du Caucase avec le précis histor. et statist. de la Géorgie, 1804. XVI, 488.
Neuere Entdeckungsreisen in d. Kaukasus, XXXVI, 258. Höchster Punkt des Kaukasus. XLV, 421.
Kautokeino, (Lappl.) XVIII, 175.
Kazimirsk, (Galizien) X, 274. L. u. Br. XV, 81.
Keelings - Insel, L. VIII, 155.
Keengis, (Schwed.) XXXIII, 434. — Eisenhammer. XVIII, 174.
Keffa, L. u. Br. XIX, 234.
Kefken, am Schwarz. Meer. L. II, 33.
Keft, *Koptos*, X, 559. XXXV, 331.
Kehl, bei Strafsb., verbunden mit Frankr. XXV, 374.
Kelat, L, 45.
Keliubeh, Prov. (Aegypt.) V, 513.
Kelvin, Fl. V, 540.
Kemi - Lappmark.
B. R. — *Wahlenberg*, Geografisk etc. Geogr. und ökonom. Beschr. v. Kemi-Lappmark in der West-Bottnischen Statthalterschaft. 1804. (Mit e. Ch. v. *Hermelin*.) XVI, 66.
Desselben Topographie etc. Im Auszug aus dem Schwed. übers. von *Blumhof*, XLV, 446.
Kemmoo, (inn. Afr.) L, 702.
Kempenfelts - Bay, (Ob. Canada) VI, 306.
Kempten, L. u. Br. X, 254. XX, 115. XL, 324.
Kene, *Chana*, (Aegypt.) VIII, 319. — L. u. Br. VII, 160.
Kengis, s. Keengis.
Kenkrios, Fl. XI, 141.
Kennedys - Eiland, L. u. Br. XII, 121.
Kent.
Ch. R. — *W. Faden*, The county of Kent. London, 1796. I, 457.
Kentuky, (N. Amer.) XIII, 113. XIV, 387. XV, 308.
Kerenskoi Pristan. V, 60.
Kerka, Flufs. (Dalmatien) XI, 697.
Kerman, XLIX, 480. L, 46.
Kermanschah, XLV, 62.
Kerrera, Ins. b. Schottland. V, 551.
Kertsch, Festung. IX, 147.
Kesmark, L. u. Br. XIX, 223.
Keswick, (Schottl.) XXI, 207.
Keszthely, (Ungarn) L. u. Br. VIII, 452. — Landwirthschaftsschule. III, 325. X, 277.
Keutersberg, Br. IV, 163.
Kew, (Engl.) L, 66.
Keway, Fl. (Indien) V, 45.
Kexholm, L. u. Br. XIX, 229.
Khânqâh, VI, 200.
Khartli, od. das eigentl. Georgien. XLVI, 87. 101.
Kherson, s. Cherson.
Kiachta, Entsteh. u. Handel. XXI, 220.
Kiang - Cheu, L. u. Br. VII, 184.
Kibbasar, (Livland) IX, 178.
Kide, (Carelen) L. u. Br. X, 100. XIX, 228.
Kidonia, s. Heraclea.

Kiel, L. u. Br. II, 371. VIII, 265. XXII, 340. — Handel. VIII, 394. — Seebad. XIII, 516.
Kiew, Gouvern. — Eintheil. in Kreise. XIX, 230.
Ch. R. — Charte etc. II, 363.
— — Stadt, I, 151. 197. II, 363. XII, 516. — L. u. Br. XIX, 230. — Grüfte des Petscherskischen Klosters, XIX, 250.
Kihtelisvara, Br. X, 100.
Kilang, Insel. L. u. Br. VI, 49.
Kildin, Ins. XVII, 295.
Kilimani, (Afr.) Goldminen. X, 43.
Killearn, Schottl. V, 542.
Kilutschik, Ins. II, 61.
Kimmung, vergl. Seegesicht, z. Fata Morgana, Uppdracht. III, 186. IV, 531.
A. — *Gaspard Monge*, über ein optisches Phänomen, die Kimmung genannt. IV, 15.
Kin, Njudsche. I, 139.
Kings - Insel, L. und Br. XXIV, 424.
Kingston, (Ob. Canada) VI, 300. — L. u. Br. VI, 317. IX, 542.
— — (Jamaica) V, 478.
Kinne-Kulle, Bg. (Schwed.) XXXI, 54. XXXVI, 186.
Kiow, L. u. Br. XXV, 470.
Kippure, Bg. X, 403.
Kirchenstaat, Römischer. XXIX, 513. — Abgaben. III, 367. neue Eintheil. (1809) XXX, 205.
Geograph. Veränd. 1799. 1800. VII, 12. (1801) IX, 207. (1809—1815) XLIX, 273.
Franz. Senats - Consult (17. Febr. 1810) in Betreff der Vereinig. des Staats von Rom mit Frankreich und der Existenz d. Röm. Papstes. XXXI, 223.
Kirchenstaaten, Teutsche. s. Stifte.
Kirenskoi Ostrog, L. u. Br. VII, 175.
Kirgisen.
B. R. — Schicksale d. Persers *Wassilij Michailow* unter d. Kalmüken, Kirgisen u. Chiwensern. 1804. XV, 425.
V. N. — Dr. *Bolschoi's* Behandlung bei d. Kirgisen. XVIII, 499.
Kirgisenland, XVI, 115.
— Beiträge zur Kenntniss des Kirgisenlandes, u. einig. angränzenden Länder. Aus Russ. Berichten. XVI, 397.
Kirgis - Kaisaken, XV, 115.
Kirgiskaisakische Steppe, die, XIV, 394.
Kirhatsch, (Rufsl.) Seidenfabrik. V, 57.
Kirkuk, Naphthagruben. VII, 260.
Kirkwall, (Orkad.) L. u. Br. XXII, 425.
Kirman, s. Kerman.
Kislär, am Terek. XLV, 378. L. u. Br. XXII, 101.
Kis Marton, Eisenstadt, (Ungarn) L. u. Br. VIII, 451.
Kisser, Insel. L. u. Br. VI. 49.
Kistenberg, Höhe. XLII, 396.
Kistna - Flufs, V, 22.
Kitai, (China) I, 140.
Kittam, Fl. (Afr.) L. 109.
Kittis, Bg. (Lappland) IV, 97. L. und Br. IV, 103. XXXV, 70.
Kittisware, (Lappland) III, 547.

Klutahya, L. u. Br. II, 465.
Kiy, (Sibir.) XX, 345.
Kizil-Husum, Mardus, Fl. XLVI, 37.
— — -*Irmak*, Fl. XLVI, 11. — L. u. Br. (an d. Münd.) II, 33. XII, 184.
Klagenfurth, III, 505. VIII, 410. L. und Br. XV, 83. XXXV, 70.
Entdeckung neuer Quecksilberminen. XXXIV, 335.
Klaridenberg, Höhe. X, 397.
Klattau, L. u. Br. XVI, 230.
Klein-Asien, s. Asien.
Klettenberg, Herrschaft. s. Eichsfeld.
Kletzke, L. u. Br. XL[illegible], 90.
Klin, (Rufsl.) L. und Br. XXXII, 199. 259.
Klingethal, an der Böhm. Gränze. Instrumentenfabrik. IX, 284.
Klippen, blinde. III, 561.
Klodnitz-Canal, (Schlesien) XVIII, 107.
Knecht-Sand, III, 613.
Kniephausen, IV, 526. — Br. VIII, 254.
Knimit, II, 61.
Knisteneaux-Indianer.
A. — Nachr. v. d. Knisteneaux-Indianern. IX, 293.
Knox, Fort. (N. Amer.) XIII, 112.
Kochelsee, (Baiern) XI, 607. XXI, 210.
Kock, L. u. Br. XV, 81.
Koddo, oder d. bunte Bock, XXI, 314.
Kodiak, Ins. II, 347. X, 133. XL, 299. — Haven. L. u. Br. X, 134.
Kodowa, (Schles.) Gesundbrunn. XI, 52.
Kölln, Kurfürstenth., Verlust im Lünev. Frieden. IX, 52.
Kölln, Stadt, L. u. B. XIII, 84. XLIX, 492. — Bevölk. VII, 144.
Kogel, der grofse, od. *Herzog Ernst*. Höhe. IV, 418.
Kogen, Polder. II. 369.
Kohlach, (Vorarlberg) L. u. Br. III, 472.
Kohlenflufs, Mündung. Br. XXI, 317.
Koi, (Persien) XLVI. 28.
Kokenhusen, (Kurland) Br. XXXII, 267.
Koko-Nor, der blaue See. I, 142.
Kok's Kraal, (S. Afr.) L. 194.
Kokscher, Insel b. Esthland. L. u. Br. XVIII, 208.
Kola, L. u. Br. XVII, 293.
B. R. — *Nicolai Oserezkawski*, Beschr. von Kola u. Astrachan. 1804. XVII, 291.
Kollmann, Höhe. IV, 167.
Kolsun, Bg. (Aegypten) X, 460.
Kolyma, s. Kowyma.
Kolywan'sche Statthalterschaft, (Rufsl.) II, 65. — Bergwerke. II, 73.
Komoren, Inseln.
A. — *Capmartin's* und *Epidariste Colin's* Nachr. üb. d. Inselgruppe der Komoren. XLIV, 241.
Komorn, L. u. Br. XL, 229.
Kongelf, (Schwed.) L. u. Br. XXXV, 70.
Kongsberg, XXXVI, 196. XXXVIII, 342. — Einstell. der Bergwerke. XIX, 262.
Kongsvinger, III, 532.
Koniah, Iconium. XVII, 326.
Königingrätz, *Königsgrätz*, Br. I, 221. VIII, 315.

Königsberg, (Preussen) L. u. Br. II, 111. 112. 116. 119. 122. 374. 551. III, 176. 196. 404. 565. IV, 316. 501. VIII, 315. X, 66. 389. XXV, 469. XXVI, 363. XL, 75. — Kirchenliste. (1803) XIII, 379. (1804) XVI, 357. (1814) L, 262.

A. — *Pet. Krüger's* Vorschläg, den Unterschied der Meridiane zwischen Danzig u. Königsberg zu finden. Von *G. A. Kästner*. I, 643.

Ch. R. — Grundriss der Haupt- und Residenzstadt Königsberg etc. 1809. XXXII, 77.

Königgsegg-Aulendorf, Grafschaft. XVIII, 124.

Königsegg-Rothenfels, Grafschaft. XVIII, 123.

Königs-Inseln, die drei, L. u. Br. VI, 49.

Koorwey, (Indien) XVIII, 182.

Kopenhagen, XXIV, 468. L. u. Br. II, 510. III, 121. VII, 435. XL, 76. XLI, 422.

B. R. — *Rasmus Nyerup*, Kiöbenhavns Beskrivelse. 1800. VI, 145.

V. N. — Asiat. Compagnie, XXXI, 364. — See-Charten-Archiv. III, 524—635. Bevölk. XVI, 253. XIX, 262. XX, 462. XXVI, 338. — Einkünfte. XVIII, 490. Bürgerl. Militär. XX, 462, 485.

Köping, (Schweden) X, 116. L. u. Br. XLVIII, 479.

Kopparberg, Hauptmannschaft. XXXV, 251.

Ch. R. — *Hällström*, Charte der Vogteien Kopperberg, Säter, Nasgard, und Wäster Bergslagen, in der Hauptmannschaft Kopparberg. VIII, 532.

Koptos, s. Keft.

Kopy, Fl. XXXI, 143.

Koräken, IX, 269.

Koras, die, XXII, 121.

Kordofan, V, 83. XII, 555.

Korea, I, 143.

Korgommah-Gebiet, (Ind.) XXI, 192.

Korn-Neuburg, (Oesterr.) L. u. Br. XXXV, 70.

Korten-Niemi, (Lappl.) IV, 97.

Kosaken, im südl. europäis. Russl. I, 202. — die Don'schen. XX, 374. XXXVII, 168. die Ural'schen, Organisation, XVI, 251

Kösching, (Baiern) XI, 611.

Kosemützer Berg, (Schlesien) XI, 49.

Kosire, (Afr.) III, 54.

Koslow, Gilsl. Owe, siehe Eupatoria.

Kossimbazar, (Ind.) XXXIII, 279.

Kossinskoistanitz, Russl. V, 65.

Kostroma, Gouvern. I, 265. — Charte etc. siehe Russland.

— — L. u. Br. I, 265. XLI, 210. — Handel. I, 299.

Koszeg, (Ungarn) L. u. B. VIII, 451.

Kotapaxi, Berg. (S. Amer.) XII, 382.

Kotatis, (Mingrelien) XXXI, 146. 151.

Kotigenbiebersbach, Gesundbrunn. XL, 398.

Koum-Ombo, (Aegypten) L. u. Br. VII, 160.

Kowalewo, L. u. Br. XXXI, 467.
Kowno, s. Kauen.
Kowyma, Fl. II, 60. — L. u. Br. (Münd. b. Schalaroff's Winterwohn.) X, 65. 130.
— — *Nischnej*, L. u. Br. VII, 175. X, 65.
— — *Serednoj*, L. u. Br. VII, 175. X, 65.
— — *Werchnej* Kowynskoj Ostrog. X, 65.
Krageroe, (Norw.) L. und Br. XXXV, 70
Krain, Bevölk. VIII, 509. — vergl. Oesterreich, Erzherzogthum.
Ch. R. — *Diewald*, Das Herzogth. Krain, mit der verein. Grafschaft *Görz*, und *Gradiska*, dann dem Teutschen Littorale oder dem Triester Kreise und angränzenden Ländern. Homann's Erben. 1807. XXV, 229.
V. N. — J. *Dismas Floriantschitsch*, Charte von dem Herzogthume Krain, 1774. (12 gr. Royalbl.) IV, 363.
Krainberg, (Eisenach). XLVIII, 450.
Krainburg an d. Saale. (bei Naumburg) XLVIII, 453.
Krakow, X, 274 Länge I, 286. 541. III, 161. IV, 315. IX, 521. L. u. Br. XV, 80. 81. XVII, 496. XXV, 469. XXXII, 264. XL, 64. 228. — als freie Stadt erklärt (1810) XXXII, 342. — als Republik (1815) XLIX, 237.
Ch. R. — *Reymann*, Charte von der Woiwodsch. Krakow. s. Galizien.
Krasnojarsk, (Sibir.) XX, 337. L. und Br. XVI, 497. XXXV, 70. XLV, 372.
Krasnystaw, L. und Br. XV, 81.
Kreis, ganzer, nach Borda'scher Manier. III, 162. 631.
— — leerer. s. Mikrometer.
Kreise, mit doppelten beweglichen Fernröhren, III, 306.
Krementschuk, (Ukräne) I, 198. L. u Br. XIX, 230.
Kremnitz, L. u. Br. XIX, 223.
Krems, (Oesterr.) L. u. Br. XXXV, 70.
Kremsmünster, L. I, 286. II, 435. 511. IV, 314. 454. VII, 430. VIII, 157. XI, 143. L. u. Br. XV, 180. XXII, 325.
Kreolen, im Span. Amer. III, 76.
Kreutz, L. u. Br. XL, 228.
Kreutzberg ob Schäms, der, Höhe. X, 397.
Kreutzburg, (Preussen). L. u. Br. X, 66.
Kriegs-Depot, Französisches.
A. — *Alexander Berthier's* Uebersicht der Arbeiten des Kriegsdepots während des Xten Jahres der Franz. Republik. XI, 3. — (im Jahr XI.) XII, 694.
V. N. — Memorial topographique et militaire du dépôt de la guerre 1802. XI, 108. 366. XII, 99.
Trigonometr. u. topogr. Arbeiten. XXXIII, 3.
Kriegsschauplätze und *Schlachtplane*.
B. R. — Reise durch einen Theil von Teutschland, Helvetien u. Oberitalien, im Sommer 1803, in Briefen an einen Freund. 2 Bände. Berlin, 1804. XVII, 301.

Ch. R. — Une Carte de situations militaires, contenant les positions, marches, affaires, et batailles arrivées en *Saxe* et en *Silesie*, dans le cours des quatre dernières campagnes de *la guerre de sept ans*. Leipz. b i Flenscher. 1796. 1. u. 2. Sect. (*v. Backenberg.*) IV, 246.

E. Mentelle et *Chanlaire*, Carte du Théât e de la Guerre en Orient. Paris, An VII. V, 95.

P. C. Chanlaire, Carte itinéraire indiquant la marche des Armées Françaises en *Allemagne* et en *Italie*, faisant suite à la Carte en 8 feuilles de *L. Capitaine*. II, 153.

Bacler Dalbe, Carte générale du Théâtre de la guerre en *Italie* et dans les *Alpes* depuis le passage du Var le 29. Septbr. 1792. jusqu'à l'entrée des Français à Rome le 22 Pluviose, an VIme Republ. avec les limites et divisions des nouvelles Republ. etc. 30 Bl. IV, 135. V, 106. — 2r Theil. 24 Bl. XII, 248. XVIII, 481.

Kriegstheater, od. Gränzcharte zwischen Frankr. und Italien etc. gestochen von *Fr. Müller*. Wien, V, 578.

J. E. L. Neue Charte v. dem Franz. Kriegsschauplatze in Ober- u. Mittel-Italien, Friaul, Tyrol, Krain, Kärnthen, Steyermark etc. 1797. II, 249.

(*Lapie*) Charte générale des marches, positions, combats et batailles de l'Armée de reserve, depuis le passage du Grand St. Bernhard, le 24. Floreal, an VIII. jusqu'à la victoire complette et décisive remportée à Marengo le 25. Prairial suivant présentée au Général Buonaparté etc. par le Gén. *P. Dupont*. 1800. XIII, 370.

Atlas militaire et recueil des pièces officielles et authentiques pour servir à l'histoire de la dernière guerre entre la France et les puissances coalisées de l'Europe. Paris, 1802. X, 360.

Charte und Uebersicht der ganzen Operation am *Oberrhein* im Jahre 1793. (gest. v. *Jäck.*) II, 438.

B. R. — Lieuten. *Neander* II, Erklärung der Operationscharte in den Feldzügen am Oberrheine 1793 und 1794. II, 540.

Ch. R. — *C. Felsing*, Situations-Charte v. d. Teutschen und Französischen Positionen in der Gegend von *Trier* u. *Sarburg*, in d. J. 1793 u. 1794. I, 464.

v. Grawert, Plan d. Lagers der Franz. Vosgen-Armée bei *Schweyen* oder *Neu-Hornbach*, im Jahre 1793. II, 237.

Desselben Plan von der Schlacht bei *Pirmasens*, d. 14. Sept. 1793. II, 237.

Desselben Generalcharte zur Erläut. d. Stellungen u. Bewegungen, so auf d. beiden im J. 1793 vorgefallenen Schlachten bei *Pirmasens* und *Kaiserslautern* Bezug haben; nebst I Suppl. II, 237.

Kriegsschauplätze.

Ch. R. — *Haas*, Marches des Armées Français de *Rhin* et *Moselle*. 1796. I, 105.

Haas, Retraite de Bavière en France, faite par l'Armée de Rhin et Moselle. 1796 I, 105.

Hardy (Général) Reconnaissance militaire du Hundsrück et dans le pays entre le Rhin et la Moselle, ou Carte topogr. etc. III, 279.

J. *L. C. Rheinwald*, Kriegstheater der Teutschen und Französischen Gränzlande zwischen dem Rhein und der Mosel, im Jahr 1794. 4 Bl. I, 460. III, 381.

Schauplatz des Kriegs, in IX Charten etc. Leipzig, bei Fr. A. Leo, 1805. XIX, 510.

Nouveau Théâtre de la guerre en Allemagne, en Hollande, en Angleterre, en France, en Suisse et en Italie, en 30 feuilles. Leipz. b. Hinrichs, 1806. XIX, 512.

Darstellung d. Schlacht bei *Jena* und des Treffens bei *Auerstädt* auf 1 Charte und 2 Planen, mit Teutscher u. Französischer Erläuterung. Weimar, 1807. XXIII, 216. vgl. XXII, 380.

v. Both, Relation der Schlacht bei *Pultusk*, am 26. Decbr. 1806. Nebst einem Plane. XXXIV, 210.

Desselben Relation der Schlacht bei *Preusisch-Eylau*, den 7. u. 8. Febr. 1807. Mit 1 Plane. XXXIII, 184.

Ch. R. — Nachricht von der Schlacht bei *Preussisch-Eylau*. In Teutscher und Französ. Sprache. Mit einer Charte d. umlieg. Gegend u. 1 Plan d. Schlacht. Weimar, 1807. XXIII, 216.

v. Both, Relation der Schlacht bei *Heilsberg*, d. 10. Jan. 1807. Nebst einem Plane. XXXI, 100.

Desselben Relation der Schlacht bei Friedland, den 14. Jun. 1807. Nebst 1 Plan. XXXI, 100.

v. Lynker, Charte der Gegend, Blokade und Belagerung d. Festung Graudenz. 1806 u. 1807. XXXIII, 185.

Carte du Camp de *Seyst* et des Cantonnemens qui en sont dependans, commandé par le Gén. Marmont. XXII, 105.

Vollständigster Kriegsschauplatz der Türkei u. Rufslands, mit d. grölsten Theile der angränzenden Provinzen, d. Schwarze und Asow'sche Meer, dann Dalmatien, Istrien und Triest. Wien, 1807. XXV, 331.

A. de Coulon, Passage du Danube, executé par la grande Armée Franç. dans la nuit du 4 au 5 Juillet etc. 1809. XXXI, 104.

Bernh. Biller, Schlacht bei d. Städtchen Enzersdorf u. Teutsch-Wagram, am 5. u. 6. Julius 1809. — zwischen der Kais. Franz. und K. K. Oesterr. Armee. XXXI, 104.

Seyffer, Attaque du 5 Juillet 1809. — XXXI, 104.

Kriegsschauplätze.
Nachricht v. d. Schlacht bei Enzersdorf u. Teutsch-Wagram am 5. u. 6. Julius 1809 und den darauf folgenden Gefechten bis zum Abschlufs des Waffenstillstandes zu Znaym den 12. Julius. Mit dem Plane der Schlacht. XXX, 180.
B. R. — *C. Baur:* Der Krieg in Tyrol während d. Feldzugs von 1809 etc. Mit Anmerkungen über die Natur des Kriegs in diesem Gebirgslande, nebst 1 Charte des Kriegs-Schauplatzes. 1812. XL, 201.
Ch. R. — *Mentelle* et *Chanlaire*, Carte de la Pologne de la partie de la Russie d'Europe comprise entre Wilna, Moscou etc. Petersburg, 1812. XLV, 222.
Michel, Carte du Théâtre de la Guerre en Prusse. 1813. XLV, 222.
Vicq, Carte des routes de postes du Royaume de Prusse et de couronnes du Nord etc. 1813. XLV, 222.
Versuch einer militär. histor. Darstellung d. grofsen Befreiungs-Krieges (1813—1814) 2. Th. 1. Abth. XLVII, 86. 2. Abth. XLVIII, 220.
Uebersicht des Feldzugs im Jahr 1813, zwischen d. Alliirten und Kais. Franz. Armeen. 3. Abth. m. 9 Planen u. Charten. Weimar, 1814. XLIII, 72. 1. 2. 4. u. 5. Abth. XLIV, 95.
E. F. Bernhardt, Neue topogr. Charte von *Hamburg*, *Altona* u *Harburg*. Nebst d. zunächst liegenden Umgebungen, in Verbindung d. Forts *Harburg*, d. *Wilhelmsburger* Brücke und der neu angelegten Verschanzungswerke, so wie selbige im Junius 1814 sich befanden. L, 95.
Ch. R. — *Gerlach*, Situationsplan der Stadt *Leipzig* u. d. umlieg. Gegend, nebst den Armeestellungen während der vom 16. bis 19. October 1813, zwischen den verbünd. Mächten u. den Franzosen gelieferten Schlacht. Leipzig, XLVII, 233.
Neuester Grundrifs der Stadt *Leipzig*, veranstaltet von *G. Vofs*. 1814, nebst einer Beilage: Leipzig während der für Europa höchst merkwürd. Tage, den 16—19. October 1813. XLV, 231.
Weiland, Uebersicht d. topogr. milit. Charte des neuen Kriegsschauplatzes v. J. 1815. etc. XLVII, 127.
Kriegsschiffe, vortheilhafte Anordnung ders. III, 486.
Kriesern, (Schweiz) III, 462. L. u. Br. III, 472.
Krim, (vergl. Rufsland) Beschaffenheit, Handel, Bevölkerung. IX, 130.
A. — Bruchstücke e. Reise durch die Halbinsel Krim, mit Rücksicht auf ihren Zustand im Alterthume. XL, 121.
B. R. — *Kosmeli*, Rhapsodische Briefe auf einer Reise in die Krim u. die Türkei. 1. Th. 1813. XLV, 190.
P. Sumarokoff's Reise durch die Krim u. Bessarabien im J. 1799. Aus d. Russis. von *Joh. Richter*. Leipz. 1802. IX, 358.

Voyage en Krimée, suivi de la relation de l'ambassade envoyée de Petersbourg à Constantinople en 1793; publié par un jeune Russe etc. Traduit de l'Allemand par *L. H. Delamarke*. Paris, 1802. X, 518.
Ch. R. — *de Lackner*, Charte von der Krim. XII, 480.
V. N. — *Langlès* Geschichte d. Khans der Krim; im 3. Bande seiner Uebers. v. *G. Forster's* Reise. X, 80.
Köhler's literar. Reise. XVI, 252 490.
Kriwan, Höhe. IV, 237.
Kroatien.
A. — Ueber die Schiffbarmachung der Kulpa in Kroatien zur Beförderung des inländischen Produktenhandels nach d. Adriatischen Meere. IV, 289.
Krokodille in d. Flüssen des inn Afrika. III, 136. 142.
Kronberg, der, Höhe. X, 397.
Kronoberg, Hauptmnschft.
Ch. R. — *Hermelin* u. *Hallström* etc. vergl. Jönköping.
Kronotzkoi Nofs, L. u. Br. VII, 175.
Kronstadt, (Finnland) XIX, 246. L. u. Br. XIX, 229. — Handel. XX, 122.
— — (Siebenbirgen.) L. u. Br. XII, 760. XLI, 205. Gymnasium. XVIII, 54.
Kruhjer, die,
A. — *Th. Ludlam*, Nachr. über den auf der Körnerküste vom Cap Mount bis zum Cap Palmas wohnenden Stamm der Kruhjer. XLIII, 285.
Krulich, (Böhmen) III, 596. 598. L. u. Br. XIII, 84.
Kruschwitz, L. u. Br. XXXII, 77.
Kuar, (inn. Afr.) III, 55.
Kuba, (Daghestan) XLV, 382.
Kuban, Flufs. I, 261.
Kudara, (Sibir.) unterird. Festung. XX, 358. XXIX, 134.
Kugelbaacke, (in d. Nordsee) L. u. Br. XI, 723.
Kuhfirst, die grofse, am Wallenstädter See; Höhe. X, 397.
Kuhdak, s. Kodjak.
Kukies, s. Kussi
Kukrofs, (bei Edinburgh.) I, 425.
Kuku, (inn. Afr.) III, 55.
Kulie-Schanze, XXXI, 144.
Kulpa, Fl., Schiffbarmachung, s. Kroatien.
Kuma, Flufs. (Rufsl.) V, 66. — Ansiedelungen an demselben. V, 73.
Kumanier, die, (Ungarn). XX, 124.
Kumi, Insel. VII, 265.
Kumri, Gebirge. (Afr.) V, 154.
Kunakan, Insel. X, 133.
Kungoha, Cacongo. VI, 420.
Kungur, an d. Tulka. XX, 331. — L. u. Br. X, 64.
Kunnen, Felsencap. XXXIII, 420.
Kuopia, (Stadt im Sawolax) L. u. Br. X, 99.
Kupang, Rhede von, (Neuholland) XI, 156.
Kupfer-Indianer, X, 169.
Kur, Fl. XLVI. 92.
Kurden, die, XLVI, 19.
Kuree, s. Ourga.
Kur-Erzkanzler, s. Erzkanzler.

Kurilische Inseln.
A. — Officieller Bericht des Hrn. Capt. v. *Krusenstern* über des Capt. *Golownin* Reise zur Untersuchung der Kurilischen Inseln. XLIII, 141.
Kurland, vergl. Esthland.
V. N. — v. *Kayserling* und v. *Derschau*, Statist. topograph. Beschr. v. Kurland. Mietau 1805. XVI, 508.
Kurmark, s. Mark.
Kurrheinischer Kreis, siehe Rheinischer Kreis.
Kursk, Gouvernement.
Ch. R. — Charte vom etc. II, 62.
— — L. u. Br. XLI, 210.
Kuruhmana, Fl. (inn. Afr.) XXIII, 38.
Kus (Aegypten), X, 559.
Kussi, *Kukies*, *Lunctas*.
A. — Ueber die Sitten, die Religion und die Gesetze der Kukies oder d. Bergbewohner von *Tipra*. XI, 480.
J. Macrae, Nachricht von den Kukies od. Lunctas. XII, 265.
Kutschukoy (Krim), XL, 152.
Küttingen, Eisenbergwerk. XVIII, 381.
Kützen, der, Berg b. Paban, Höhe. X, 396.
Kwiczziszewo, L. u. Br. XXXII, 77.
Kymmenegård, VIII, 532. vergl. Nyland.
Kynsivaara, XLV, 451.
Kyressoun, *Cerosonte*, L. XII, 183.
Kyz - Devrent, XLVI, 8.

L

Laåland, Ins. (Ostsee), siehe Dänische Insel.
Labiau (Preufs.), L. u. Br. III, 406. X, 66. — Bevölk. VIII, 443.
Labischin, L. u. Br. XXXI, 467.
La Boussole, Strafse. II, 38.
Labyrinth, das, (Aegypt.) XXXII, 129.
La Calle (Afr.), III, 587. 590.
La Carolina (Sierra Morena), IV, 36.
Lacava, Bevölk. III, 369.
Lacky Jungle, Bezirk (Ostindien), XIX, 321.
Laco Maggiore, Höhe. II, 298. s. Como.
Lacus mirabilis, s. Mummelsee.
Lac - tho, vergl. Tunkin.
Ladoga - Kanal, I, 161. IV, 291.
Ladoga, Neu -, L. u. Br. XIX, 229.
Ladronen — Inselgruppe. XXXV, 64.
A. — *F. W. A. Bratring*, Ueber die Ladronen- oder Marien - Inselgruppen in dem nördl. stillen Meer. XXI, 257. 369.
La Fridera, Ins. III, 443.
La Galera, Ins. III, 443.
Lagos (Griechenl.), L. u. Br. VII, 556. XXXIV, 55. XXXV, 70.
Lagos (Portug.), IX, 45. — Länge, XXIV, 422.
Lahor, Festung, (Hindostan) X, 439.
Laibstadt, L. u. Br. IV, 454. 483.
Laichingen, Bevölk. VIII, 290.
Lakonien, XVII, 89.

Lamatelote, Ins. III, 338.
La Mancha (Span.), X, 243.
La Mar-Zarah, Fl. (Afr.), L. 449.
Lamazine, Bevölk. XI, 381.
Lambhuus (auf Island), L. II, 506. 509. 511. VII, 438.
Lamego, IX, 43.
Lampsacus, XIV, 187.
Lanark, Bevölk. XI, 413.
Lancaster, (N.Amer.), IV, 8.
Lancerotte, Canar. Insel. XLVI, 433. — L. u. Br. XXXV, 70.
Landcharten.
V. N. — H. *Henri*, Mémoire sur la perfection des cartes géograph. adoptée au Depart. général de la Guerre etc. 1810. XXXIV, 338.
Entwerfung von Landcharten nach Reisebeschreibungen. XV, 204. 357. 465. 527.
Landcharten mit beweglichen Typen gedr. I, 106. V, 581. — in Holz geschnitten, V, 108. — ohne Namen der Länder und dessen, was in den Ländern ist. IV, 77. — Französische mit fehlerhaften ausländischen Namen. III, 385. 505. IV, 34, 139. 346. etc. — wie sie zu verfertigen. III, 82. — vier verschiedene Arten. III, 289. — Verzeichnifs von Landcharten, welche sich auf astronomische Bestimmungen und trigonometr. Messungen gründen. V, 285. — Avantcoureur d. Charten und Plane. V, 482. 584. — Herausgabe derselben sollte nicht erschwert, unterdr., od. verboten werden. III, 382, IV, XXVIII. — in Türkischer u. Griech. Sprache. XX, 124. — Landchartenhandel in London. V, 101. — Geschichte d. Landchartenwesens. I, 16. — Landchartensamml. d. Kriegsraths Schulz in Berlin. XIX, 523.
Landcharten und Planzeichnung.
B. R. — *Dupain-Triel*, La Géographie perfectionnée par de nouvelles méthodes de nivellemens etc. 2. Edit. 1804. XIV, 245. XVI, 319.
Landeck (Schweiz), L. u. Br. VI, 268.
— — (Neu-Schles.), Bad. XI, 52.
Länderkunde, siehe Erdbeschreibung.
Landes, Dept. des — Ueber die Sanddünen im Dept. des Landes in Frankreich. XI, 384.
Landes-Vermessungen.
Prof. *Niedhart's* Maschine, ganze Länder auf eine leichte Art auszumessen. II, 436.
Erfordernisse zu Landesvermessungen. I, 7. — befste Methode. I, 43.
Landesvermessung in Baiern. XIX. 93. — in Berg. XXIV, 382. — in England, III, 20. — in Flandern u. im südlichen Teutschland, III, 22. 167. 383. — i. d. Fränk. Fürstenthümern, III, 206. — Frankreich, I, 48. — Norwegen, III, 532. — Oldenburg, III, 577. IV, XVI, 356. — Preufsen, III, 406.

— Schottland III, 19. — Schweden, III, 525.
Landguard, VI, 313. — L. u. Br. VI, 317.
Landsberg, Ger. (Baiern), XI, 609.
— — Stadt (am Lech), L. u. Br. XVIII, 463. XX, 199. XXXV, 70.
— — (Preufs.), VIII, 256. XVII, 342.
Landscrona, Br. VII, 435.
Landsend, L. u. Br. XXIV, 422.
Landshut, Rentamt (Baiern), Bevölk. u. Gröfse. IX, 23.
— — Stadt (Baiern), L. u. Br. XX, 200.
— — (Schles.), L. u. Br. XII, 119.
Land-Vertonningen, III, 528.
Lanerk (Schottl.), XXI, 206.
Langeland, Ins. (Ostsee), Ch. R. — Siehe Dänische Inseln.
Langenargen am Bodensee, III, 468
Längenau, L. u. Br. VI, 268. XL, 324. — Mineralwasser. X, 275. XL, 395.
Längen- und Breitenbestimmung.
A. — *Jos. Joach. v. Ferrer*, Geograph. Ortsbestimmungen. II, 303.
Triesnecker, Dr. *Fr. de Paula*, Beiträge zu geograph. Längenbestimmungen, I, 55. 172. 284. 417. 532. II, 505. 574. III, 348. IV, 312. 393. 454. 500.
Wurm, Längenbestimmungen verschied. Art aus Sonnenfinsternissen etc. II, 117. III, 563. IV, 105. 493.
— — Längenbestimmungen a. Mercurs Durchgang durch die Sonne etc. IV, 218.
B. R. — *Christoph Arzberger*, Versuch einer Ortsbestimmung ohne Winkelmesser und genaue Uhren. Coburg, 1801. VIII, 417.
Jos Mel. da Malta, Compend. ao calculo da latitude no mar pala observaças meridiana dos astros. Lisboa, 1789. IV, 512.
C. N. — *Berthoud's* Tractat über Längenbestimmungen. I, 474. II, 81. 171. 179.
Burkhardt: Ueber Längenbestimm. durch Monds-Rectascension. II, 479.
Callet's Methode, die Länge zur See zu finden. II, 258.
Mackey, Abhandl. über die Längenbestimmung. 2 Bde. II, 76.
V. N — *Ludw. Ciccolinis* Längenbestimmungen. XI, 372.
Jerem. De Lalande, Ortsbestimm. aus Finsternissen u. Sternbedeckungen berechnet. XXIII, 108.
Thom. Meyer's Abhandlung über die Bestimmung der Längen und Breiten zur See. XLVI, 136.
Ganz neue Methode zur Bestimmung der Breite durch die Höhe zweier Sterne. XXXII, 261. — Methode der Breitenbestimmung. III, 272.
Schubert, Anleitung zu der astronom. Bestimmung d. Breite u. Länge, zum Gebrauch der Hrn. Officiere. St. Petersburg, 1803. XVI, 491.

Längen- und Breitenbest.
Ortsbestimm. durch Blickfeuer und Pulversignale. XIX, 253. — Verschiedene Arten v. Längenbestimmungen. I, 25. 26. 31. 37. 48. 620. X, 102. — Wie sind geogr. Längen- und Breitenbestimmungen aus Sternbedeckungen zu vervollkommnen? III, 419. — Nothwendig sind verbesserte Tafeln der Längen- und Breitenbestimm. III, 185. 517.
Preisaufgabe des Engl. Parlaments für Längenbestimm. durch Mondsabstände. I, 28. — Bestimmung der Längen durch Mondsabstände von Planeten. III, 574. — Bestimmung der Längen durch Mondsabstände von der Sonne und den Fixsternen. III, 161. 597. — nöthige Vorsicht dabei. III, 574.
Längen- u. Breiten-Parallaxe III, 564.
Längen-Uhren, I, 48. 620. X, 102.
Langeroog, Insel.
A. Steinmeyer, Bemerkungen über Langeroog. XIII, 129.
Langle, Bay de, L. u. Br. VII, 263.
Languedoc, Kanal von, IV, 291.
B. R. — *Andreossy*, Histoire du Canal du Midi ou du Canal de Languedoc. Paris, an 8. X, 24.
Lantrchen, L. u. Br. X, 436.
Laon, 187. — Austrocknen der Moräste von Laon. X, 91.
Laos, vergl. Tunkin.
La Paz (Sp. Amer.), III, 68.
La Perouse, Strafse. II, 38.
Laphao (Ins. Timor), L. u. Br. VI, 49.
La Plata, Kgr. III, 58. 64.
— — Stadt. III. 65.
Lappen, die, XXXIII, 423. 426. 429. 434.
Lappland, XVII, 297. XVIII, 174. — Verzeichnifs der Höhen mehrerer Punkte der Lappl. Alpen. XL, 67.
B. R. — *v. Buch*, Reise etc. XXXIII. 409.
v. Hermelin, Minerographie von Lappland u. Westbothnien, nebst einem Auszuge aus *Wahlenbergs* Topographie von Kemi-Lappmark. Aus d. Schwed. übersetzt u. mit einigen Bemerkungen von *J. H. L. Blumhof*, 1813. XLV, 446.
G. Wahlenberg, Bericht über Messungen und Beobachtungen zur Bestimmung und Temperatur d. Lappl. Alpen unter dem 67. Breitengrade angest. im Jahre 1807. Aus dem Schwed. übersetzt u. mit Anmerk. begleitet von *J. F. L Hausmann*. 1812. XL, 63.
Lappmarken, Schwed. XVI, 64.
Ch. R. — *A. Swab* und *Clas Wallmann*, Westerbothnien und Schwed. Lappmarken etc. 1796. VIII, 526.
Larache, L. u. Br. XLVIII, 437.
Larasch, oder El-Araisch, (Afr.) XVI, 78.
Larissa, s. El Arisch.
Larnica (auf Cypern), L. u. Br. XIV, 91. XXXII, 48. XLVIII, 438.

La Rochelle (Frankreich), L, 68. — L. u. Br. XXXV, 70. — Fabrik. XXXVI, 219.
Lasketi, oder das Land der Lashen. XLVI, 83.
Las Puercas, Klippen. III, 443.
Latakia, L. u. Br. XIV, 92. XXXII, 48.
Lauban, L. VII, 464. — Bevölkerung. VIII, 403.
Laubers-Grath, Höhe. X, 395.
Lauenburg, L. u. Br. IV, 320. VIII, 256. XXXIX, 93.
Lauffenburg, XIII, 518. — L. u. Br. VI, 268.
Lauingen (Schwab), L. u. Br. XIII, 484.
Laurvich, Grafsch. (Norwegen) XVIII, 122. 253. XXXVIII, 349.
— — Städtchen. XXXVIII, 349.
Lausanne, Canton. XXI, 100.
— — Stadt. L. u. Br. VI, 268.
Lausitz, Ober- u. Nieder-
B. R. — *Engelhardt*, Erdbeschreibung des Markgrafthums Ober- und Nieder-Lausitz. 1800. XII, 446.
Ch. R. — *G. Benj. Meissner*, Reisecharte von Dresden über Bischofswerda durch die südl. Hälfte der Oberlausitz. III, 174.
Lautenburg, L. u. Br. XXXI, 345.
Lavello (Ital.), III, 505.
Laybach, L. u. Br. XV, 83. XXXV, 71.
Lazaroni, XXI, 97. XXXII, 112.
Lazi, die. XII, 182. XX, 407. siehe Colchier.
Leben, menschliches —
B. R. — Dr. *W. Butte*, Grundlinien der Arithmetik des menschl. Lebens, nebst Winken für deren Anwendung auf Geographie, Staats- und Naturwissenschaft. 1811. XXXVI, 455. vergl. XXXVI, 122.
Lebrixa (Span.), XXXVII, 291.
Le Camerelle (auf Capri), III, 477.
Lecce, Bevölk. III, 369. XL, 426.
Leeds, Bevölk. IX. 572.
Leer (Ostfriesl.) XX, 260. — L. u. Br. XXIX, 455. XXXV, 70.
Leeuwarden, Bevölk. VII, 391. XVI, 357.
Legnago, L. u. Br. XXXV, 70.
Lehsten (Saalfeld), Breite. XXXII, 260.
Lehvend-Tschiflit (b. Constantinopel), XVII, 240.
Leimenthal (Schweiz), XI, 262.
Leiningen, Fürstenth. und Grafschaft. — Verlust im Lüneviller Frieden. IX, 51. — Vertrag mit Salm-Reiferscheid. (1803) XIII, 126. — Titel des Fürsten. (1805) XVIII, 120. 492. — Landesorganisation. (1804) XVIII, 401. — Statistische Uebersicht. XXVI, 383. — Besitzungen der Grafen von Leiningen. XXVI, 384.
Leipheim, L. u. Br. XL, 325.
Leipzig, I, 106. — L. u. Br. I, 419. 675. II, 416. 550. III, 568. IV, 316. 395. VII, 430. IX, 521. XI, 374. XVII, 496.
Ch. R. — Neuester Grundriss der Stadt Leipzig,

veranstaltet von *G. Voſs.* 1814. Nebst einer Beilage: Leipzig während der für Europa höchst merkwürdigen Tage des 16 — 19. Oct. 1813. XLVI, 231.
Gerlach, Situationsplan der Stadt Leipzig und deren Umgebungen, etc. 1814. XLVII, 233.
V. N. — Handel u. Bevölkerung. VIII, 392. XVI, 357. XVII, 113. — Geburts- u. Sterbelisten. (1806) XXII, 378. (1814) L, 262. — Sternwarte, I, 123.
Leie oder Lys, Dept. der — Geogr. statist. Beschreib. XXXI, 441.
Leiria, IX, 38. XIII, 206.
Leistkamm, Berg, Höhe. X, 397.
Leitmeritz, L. u. Br. II, 468. XV, 80.
— — Dioces. — *Kreibich*, Leitmeritzer Diöcesancharte. II, 467.
Lekeo od. *Lieukieu* - Inseln. A. Nachricht üb. die etc. XXXII, 19.
Lemn, Groſs -, L. u. Br. VII, 181.
Leman, Canton. XXI, 100.
Le Mans (Frankreich), XXXVI, 219.
Lemberg, L. u. Br. XV, 80. XL, 229.
Lemnos, Ins. XXXIII, 56.
A. — *Uckert*, Ueber die Insel Lemnos u. d. Moschylos. (Mit 1 Ch.) XXXIX, 35.
Lenk, L. u. Br. VI. 268.
Lenvigs Praestegield, (Norwegen) XXXIII, 424.
Lenzburg, L. u. Br. VI, 268.
Leobschütz, Kreis, Charte davon, vergl. Troppau.
— — Stadt. L. u. Br. XVII, 246.
Leon, Ins. (Span.) siehe Isla de Leon.
Le Pug, L. u. Br. XXXV, 71.
Lesbe (Aegypt.), L. u. Br. VII, 160.
Lesbos, Insel. VIII, 217. XXXIV, 52.
Lesghier, die, XLV, 380.
Lessen, L. u. Br. XXXII, 76.
Lessoe, Thal. (Norwegen) XXXIII, 416.
Letten, Sclaverei der, IX, 266.
Leupoldsgrim, Gesundbr. zu, XL, 396.
Leutkirchen (Schwab.), L. u. Br. XX, 115.
Leutschau, L. u. Br. XIX, 223.
Levanger (Norw.), XXXIII, 419.
Levant, Hièr. Ins. XLVIII, 5.
Levante —
B. R. — *Sir Sam. Dallaway*, Reise in die Levante. 1804. XVII, 479.
André Grasset Saint Sauveur: Voyage histor. litéraire et pittor. dans les îles et possessions ci-devant Vénétiens du Levant, depuis 1781. jusqu'en l'an 6 de la republ. Paris, an 8. VI, 65.
J. Galt's Letters from the Levant; containing views of the state of Society, Manners, Opinions and Commerce in Greece and several of the principal Islands of the Archipelago. Lond. 1813. XLIX, 322.
M...., Choix de lettres édifiantes etc. XXXI, 177.
C. S. Sonnini, Essai sur un genre de commerce particulier aux îles de

l'Archipel de Levant. Paris an 5. VI, 128.
C.N. – *De Beauchamp's* wissenschaftl. Reise in etc. I, 124. 466. 681. II, 25. 76. 171. 480.
V.N. – Geograph. Veränderungen im Jahre 1799. u. 1800 VII, 58. — Handel. XVII, 58.
Levata, Ins. (gr. Archip.), L. u. Br. XXXII, 48.
Leverpool (Engl.), Handel. XXI, 207. — Bevölk. IX, 572. XI, 413. XIII, 64.
Leyden, L. u. Br. I, 637. IV, 319. 501. IX, 64. 522. XI, 658. — Bevölk. XIII, 29.
Leyen, Fürstenth. von der, — Geograph. Veränder. 1806. XXII, 34.
Ch. R. — *v. Pflummer* etc. s. Wirtemberg.
Liban, od. Libanon. Höhe. II, 502.
Libau, (Rußl.) L. u. Br. XXXV, 71. XXXIX, 107.
Libethen, L. u. Br. XIX, 223.
Libeyot, Br. XLVIII, 438.
Libissa, s. Gheybize.
Lichfield, (Grfsch. Stafford) VIII, 62
Lichtenau, (Westph.) L. u. Br. XXXV, 71.
Lichtenstein, Fürstenthum. XLIX, 162. — zur Statistik des Fürstl. Hauses Lichtenstein. XV, 111. — Geograph. Veränder. 1806. XXII, 34.
Liebenstein, (Meiningen). Br. XXXII, 260.
Liebenzoll, (Schwab.) L. u. Br. XXXIII, 180.
Liefland —
Ch. R. — *Graf Mellin*, Atlas von Liefland oder von d. beiden Gouvernements Lief- und Esthland und der Provinz Oesel. 1798 bis 1810. II, 451. IX, 177. XXXIV, 80.
Reymann etc. vergleiche Esthland.
V. N. — Höchst interessante Anekdote, die Geographie von Lief- und Esthland betreffend. (Mellin und Paul I.) XII, 624. XXII, 491.
Liegnitz, Fürstenth. XI, 50.
— — Stadt, Salzfactorei. XI, 53.
Liestal, L. u. Br. VI, 268.
Lieukieu-Inseln, siehe Lekeo-Inseln.
Liffey, Fl. (Island.) X, 406.
Ligne, Fürstenth. Verlust im Lüneviller Frieden. IX, 52.
Ligurische Republik. — Geographische Veränder. in den J. 1799 u. 1800. VII, 11. (1801) IX, 105. (1802) XI, 184. (1803) XIII, 29. Vereinigung mit Frankreich. (1805) XIX, 263. — Bevölkerung. XVII, 389. XVIII, 121.
Lilienthal, L. I, 287. II, 435. 512. III, 176. 196. 565. IV, 316. 454. VII, 430. IX, 521. XI, 144. 374. XXII, 325.
Lille, Fland. XXXVI, 214. — Bevölk. VII, 144. XL, 424.
Lima, (S. Amer.) II, 40. III, 58. 60. 70. 209. XII, 257. 585.
Lima, Fl. (Portug.) XIII, 204.
Limasol, L. u. Br. XLVIII, 438.
Limbara, III, 151.
Limburg-Speckfeld, XIII, 520.
Limoges, VIII, 515. — Bevölkerung. (1806) XL, 424

Longue, Insel. L. u. Br. VII, 457.
Lora-Berge, (b. Rom) III, 366.
Lorenz-Bay, (im Lande d. Tschuktschen) L. u. Br. X, 134.
— — -Fluſs, (N. Amer.) VI, 298.
Loretto, II, 42.
Los Cochinos, Klippen. III, 443.
Los Munjos, L. u. Br. IV, 158.
Los-Inseln, *de*, VIII, 312. — L. u. Br. XI, 500.
Lot und *Garonne*, Dept. — Geogr. stat. Beschreibung. XXXII, 56.
Lothringen, neuer Salinen-Kanal in, XXXVIII, 107.
Lötzen, L. u. Br. XIV, 234.
Louisburg, X, 57.
Louisiana, XVII, 124. 253.
A. — *F. Baily's* Nachr. von Louisiana, insbesondere von Neu-Orleans. XIII, 437.
Ueber Louisiana, dessen Entdeckung, Lage, Beschaffenheit u. Gränzen. XXIII, 389.
B. R. — *B**** Vue de la Colonie espagnole du Missisipi ou des provinces de Louisiane et Floride occidentale, en l'année 1802. etc. *Duvallon*, Editeur 1803. XII, 589.
Baudry des Lozières, Voyage à la Louisiane et sur le Continent de l'Amérique septentrionale fait dans les années 1794 à 1798. — Paris 1802. XI, 462.
Desselben Second Voyage etc. 1813. 2 Bände. XII, 246. 590.
Perrin du Lac, Voyage dans les deux Louisianes et chez les nations sauvages du Missouri par les états unis, l'Ohio et les provinces qui le bordent, en 1801, 2 et 3. XX, 179.
C. C. Robin, Voyage dans l'Intérieur de Louisiane de la Floride occidentale et dans les îles de Martinique et de St. Domingue, pendant les années 1802—1806. Paris. Dasselbe Teutsch übersetzt von *K. L. Müller*. Berlin, 1808. XXVIII, 59.
V. N. — Capitän *Lewis* u. *Clarke*, Entdeckungsreise in's innere Louisiana. XIII, 393.
M. de Vergennes, Mémoir. hist. et polit. sur la Louisiane. Paris, 1802. X, 359.
Vertrag zwischen der Franz. Republ. und den vereinigten Staaten von America (30. Apr. 1803), Kraft dessen Louisiana letzteren abgetreten wird. XII, 518. vergl. XII, 121. XIII, 114. 521. XIV, 387.
Histor. Notizen. XXXIV, 221.
Ausfuhr, XX, 182. — Baumwollen-Production, XVIII, 489. — Neue Eintheilung. (1805) XVIII, 483.
Loula, (Portug.) IX, 45.
Lousao, Berg. IX, 44.
Louvier's, Bevölk. XI, 242.
Löwen, (Brabant) XXXVI, 211.
Löwenhof, (Schweiz) III, 466. — L. u. Br. III, 472.
Löwen-Rumpf, Berg. Höhe. XX, 125.

Löwensland, S. W. Spitze. L. VIII, 155.
Löwenstein - Werthheim, Verlust im Lünev. Frieden. IX, 51.
Lowinland, (auf Neu-Holland) XI, 147 XII, 425.
Loxa, (Quito) Höhe. XXIII, 497
Lübeck, Fürstenthum. — Skizze einer Topographie des etc. XXX, 407.
— — freie Hansestadt. XVIII, 105. XLIX, 164.
B. R. — Kurze Beschreibung der freien Hansestadt Lübeck etc. 1814. XLVIII, 212.
Ch. R. — Charte vom Gebiet der etc. s. Holstein.
V. N. — Bevölk. VIII, 394. (1809) XXXII, 37. — Handel. (1804) XVIII, 123.
Lublin, L. u. Br. XV, 80. 81. XL, 229.
Lubnii, L. u. Br. XIX, 230.
Lubrong, L. u. Br. VII, 232.
Lucca, Fürstenth. — Notizen vom Staate von Lucca und seiner neuesten Umwandelung. (1805) XVIII, 90. — Geograph. Veränd. (1799 und 1800) VII, 14. (1801) IX, 107. (1802) XI, 187. (1806) XXII, 52. (1809 bis 1815) XLIX, 272. — Bevölk. XVIII, 121. 426.
— — Stadt. — Bevölkerung. XL, 426.
Luccheser, die, III, 255.
Lucendra-Spitze, Höhe. X, 398.
Lucera, III, 369.
Lucern, Stadt. — Handel. XIX, 254.
B. R. — J. *Bensinger*, Die Stadt Lucern u. ihre Umgebungen. In topograph. geschichtl. u. statist. Hinsicht. 1811. XXXVII, 94.
Lucerner-See. Höhe. VI, 270.
Luchofschen Inseln, X, 121.
Lüchow, L. u. Br. XLVIII, 90.
Lucknow, am Ganges. XI, 247.
Lucon, Philipp. Insel. II, 46.
Ludamar, (inn. Afrika.) I, 703.
Ludwigsburg, Bevölk. XVI, 357.
Lueg, Pass. Höhe. IV, 418.
Luftballon, IV, 267. — des Hrn. v. *Humboldt*, Höhe. XXI, 326 — des Herrn *Gay-Lussac*, Höhe. XXI, 326.
Lugano, L. u. Br. II, 290 VI, 265. 268. X, 534.
Lugano See, Höhe. II. 297. s. Como.
Lugnaquilla, Berg. X, 403.
Lugo, (Span.) L. und Br. XXXV, 71. XL, 487.
Luknow, (Indien) Thiergefecht. XXXIII, 282.
Luleå, (Schwed.) L. u. Br. XVI, 248. XIX, 222. XL, 75.
— — *Lappmark*, XLV, 448.
Lunctas, die, s. Kussi.
Lund, (Schwed.) XXXVI, 178. L. u. Br. II, 121. 511. VII, 435. — Universität. XVII, 282.
Lunde, (Norwegen) L. IV, 430.
Lüneburg, L. u. Br. VII, 232. XXXIX, 93.
Luss am See Lomond. V, 543.
Lustenau, (Vorarlb.) L. u. Br. III, 472. X, 255.
Lüttich, Bisth. Verlust im Lünev. Fried. IX, 52.

Lüttich, Stadt. XIII, 126. — Bevölk. VII, 144. XL, 424.
Luxemburg, Groſsherzogth. XLIX, 151.
— — Stadt, L. u. Br. IX, 519.
Luxor, s. Alkussur.
Luxuri, II, 65.
Luzon, oder Luconia, Insel. — Nachricht über einen fürchterlichen Ausbruch des Vulkans in Attay auf der Insel Luzon, einer d. Philippinen, am 1. Febr. 1814. XLIX, 230.
Lybien, — *Baache*, Untersuchungen über das innere Lybien von Ptolomäus. XVIII, 115.
Lycopolis, oder Siouth (Aegypten) X, 470. XXXV, 334.
Lyk, (Reuſs.) XX, 207.
Lyngensfiord, (Norwegen) XXXIII, 425.
Lyon, Bevölk. VII, 144. XL, 424. — Seidenconsumtion der Lyoner Fabriken, im J. 1789 u. 1801. X, 75.
Lys, Dept. siehe Leie.
Lysa, oder Berg zum heiligen Kreuz. s. Kreuzberg.

M.

Maana, (inn. Afr.) I, 702.
Maarsdiep, Rhede von, VIII, 383.
Maastricht, Br. XII, 356.
Macao, II, 45. L. u. Br. VII, 184.
Macclesfield, Insel. L. u. Br. VII, 181.
Macdieff, Flecken. (Schottl.) XIII, 499.
Macedonien, VI, 217.
Macerata, III, 505.
Machtelsheim, VIII, 200.
Machubis, die, (Afr.) VI, 396.
Maciuccoli, III, 505.
Macuto, (auf der Küste von Caracas) L. u. Br. II, 399.
Madagascar, Insel. — L. II, 574. — empfohlen zu Niederlassungen. I, 663.
A. — J. B. *Frésange's* Reise nach Madagascar in den Jahren 1802 u. 1803. (A. d. Franz.) XXVII, 361.
Lescalier, Nachricht v. d. Ins. Madagascar. XVIII, 385.
B. R. — *Alexis Rochon*, Voyages à Madagascar, à Maroc et aux Indes orientales. 1802. XI, 253. XII, 326.
Ch. R. — *Reinecke*, Charte von Zanguebar, der Kafferküste und d. Insel Madagascar. Weimar, 1801. IX, 366.
Madéyin - Szaleh, Ruinen von, XXXII, 117.
Madera, Insel. XIII, 118. XXI, 35.
B. R. — *Steele*, s. Ocean, atlant.
V. N. — *H. W. Landbye*, Nachr. über Madera. XX, 473.
Madera - Fluſs, (S. Amer.) auch Mamone - Chadera. XII. 588.
Madian, (Arab.) XIV, 20.
Madison's Insel. (gr. Ocean) XLIX, 246.
Madonna, Insel. (gr. Archipel.) L. u. Br. XXXII, 48.
Madras, V, 23. 44. — L. u. Br. VII, 180. — Manufact. VIII, 448.
B. R. — *Buchanan*, A Journey from Madras through te countries, of Mysore, Canara and Malabar etc. London, 1813. XLI, 61. vergl. XL, 377.

Madrid, III, 444. 448. 454. VIII, 517. X, 241. XLIX, 348. — L. u. Br. I, 287. 683. IV, 160. 454. VII, 421. IX, 519. XXXII, 44. — Bevölkerung I, 83. XVI, 367. XL, 426. — Industrieschulen für das weibliche Geschlecht. LX, 463. — Auszug aus Kirchenlisten. XXI, 353.

Madshary, Ruine und Dorf. (südl. Rufsl.) V, 74.

Mafumo, Fl. (Afr.) V, 437.

Magadore, (Afr.) L, 459.

Magdeburg, Herzogthum. — Schaafzucht. II, 533. VIII, 307.

Ch. R. — *Sotzmann*, Charte etc. s. Preufsen.

Magdeburg, Stadt. —

B. R. — *Berghauer*, Magdeburg und der umlieg. Gegend. 1. Th. Mit einem Grundrifs und einer Ansicht der Stadt. Magdeb. 1800. VII, 543. 2. Th. 1801. XII, 224.

Ch. R. — *P. A. W. v. Hincke*, Plan der Stadt u. Festung Magdeburg. 1809. XXXI, 208.

V. N. — Bestimmung der Gränze von Magdeburg jenseits der Elbe. 1811. XXXIV, 435.

Gewerbe und Fabriken. (1811) XLI, 73.

Magelhaenische Strafse, II, 40.

Mageröe, Insel. XXXIII, 431.

Magnetische Kugel als Compafs. XI, 99.

Magnetischer Pol.

A. — *Jer. La Lande*, Ueber den nördl. magnet. Pol d. Erde. X, 3. vergl. II, 252.

V. N. — *De la Metherie*, magnet. Declinationscharte. II, 146.

Ueber die magnet. Abweichungs-Charte v. Afrika, nach Maj. *Rennel*, IV, 187.

Abweichung u. Neigung der Magnetnadel. III, 97. 142, 191. 523. 524. IV, 48. 62. 146. 148. 152. 161. IX, 511. XXI, 351.

Mahabalipurum.

B. R. — *J. Goldingham's* Nachricht von den 7 Pagoden zu etc. V, 525. vgl. Maweliewarom.

Mahakah, (auf Angola) VI, 416.

Mahé, (Ind.) V, 28.

Mahlstrom, VI, 310.

Mahon, Insel. L. und Br. XXXV, 71.

Mahra, (Arabien) XXXII, 121.

Mahratten, die, II, 325. V, 20. X, 440. XXI, 193.

B. R. — Broughton's Wanderungen unter die Mahratten in d. J. 1809. Aus d. Engl. Leipz. 1814. XLV, 172. 327.

Mahrattenland, XVI, 365.

Mähren.

Ch. R. — *Güfsefeld*, Charte etc. s. Schlesien.

v. Passy, Mähren und Oesterr. Schlesien. Brünn. 1810. XXXI, 460.

J. E. S. Charte d. Markgrafenth. Mähren, entworfen nach jener von *C. Müller* u. etc. Wien, 1804, XXI, 70.

Topograph. militär. Atlas der Markgrafsch. Mähren in 13 Blätt. Weimar, 1809. XXX, 92. vergleiche XXXII, 333.

V. N. — Häuser- und Einwohnerzahl. VIII, 308. — Statist. Notizen, 1815. XLVIII, 250. — Bevölk. 1813. XLVI, 271.
Majella, (Ital.) III, 366.
Mailand, XXVI, 381. XXXVI, 256.
Ch. R. — *Pinchetti*, Citta di Milano 1801. XIII, 361.
V. N. — Ueber die Militär-Academie zu Mailand. XVII, 310. XVIII, 80. — Sternwarte. I, 489. — L. u. Br. I, 288. II, 120. 289. 509. 511. IV, 320. IX, 262. XI, 143. 145. XIII, 356. 363.
Mailcotta, V, 21.
Main, Fl. XXI, 14. — Gebiet des. XXII, 410.
Ch. R. — Situationscharte etc. vergl. Rhein.
Maina, VI, 140.
Mainburg, (Baiern) XI, 611.
Mainland, Ins. (Orkaden) XXII, 428.
Maineten, oder Maniotenland, s. Lakonien.
Mainz, Kurfürstenthum. — Verlust im Lüneviller Frieden. IX, 52.
— — Stadt. — Bevölker. VII, 144. (1803) XII, 643. (1806) XL, 424. — Verfall. (1801) XI, 240. XVIII, 100.
Ch. R. — *B. Hundeshagen*, Topograph. milit. Plan der Stadt und Festung Mainz mit ihren Umgebungen. 1813. XLVI, 363.
Maiscarda, (Algier.) III, 681.
Maissour, II, 327.
Makarjew, (Russl.) Handel. I, 298. XVIII, 376. XX, 230.
Makowskoi Ostroi, (Sibir.) Br. XVI, 496.
Malabar, V, 19.
B. R. — *Buchanan* etc. siehe Madras.
V. N. — *Duncan*, Geschichte der Küste Malabar. V, 513. — Christen daselbst. XXI, 106.
Malaga, X, 59. XXXVII, 300. — L. u. Br. VII, 423.
Malajen, XLV, 322. XLIX, 74. — Grofse Verbreitung der Malajeschen Sprache. III, 104.
A. — (*Poivre*) Ueber die Malajen. XXXVI, 417.
Malakka, Halbinsel. XXXVI, 417.
Malamokko, II, 51.
Mal du pays, oder Heimweh der Schweizer. XLVIII, 15.
Malemba, (Afr.) VI, 422. VIII, 44.
Malipuram, s. Maweliewarom.
Mallebern, (Oesterr.) Br. XVII, 352.
Mallörn, Insel. (b. Torneå) Br. XII, 255.
Malmedy, Abtey. s. Stablo.
Malmköping, L. u. Br. XVI, 249.
Malouinen. L. VIII, 155. — Ortsbestimmungen. XI, 227.
Malstrand, oder Marstrand. (Schwed.) XXXI, 28.
Malta, Insel. VI, 462. X, 264.
B. R. — *Blacquiere*, Letters etc. s. Meer, mittelländisches.
Louis de Boisgelin, Ancient and modern Malta etc. London. 1805. XXI, 295.
Neuestes Gemälde von Malta. Ronneburg und Leipzig, 1799. VI, 502. VIII, 319.
Recherches histor. et polit. sur Malte, ornées

de Gravures etc. et de la Carte de cette Isle par *li Capitaine.* III, 390.
Ch. R. — *Götze*, Charte von Sicilien und Malta. Weimar, 1801. IX, 68.
A. F. G. de Palmeus, A Topographical Map, describing the sovereigen princi pality of the Islands of Malta and Gozo. London by Faden, 1799. VII, 393.
V. N. — Ueber die Charte der Inseln Malta, Gozo u. Conimo, zum Jan. Heft. 1799. III, 652
Arabische Handschriften auf Malta. III, 624. — Stat. Nachrichten. IV, 446. — astronom. bestimmt. I, 237. III, 594. — Bevölker. XIX, 113. — Wichtigkeit der Insel für den Handel. XVII, 57. — Indianer-Colonie auf Malta. III, 594.
Geograph. Veränder. in den Jahren 1799 u. 1810. VII, 15.
Malta, Stadt. L. u. Br. XIII, 358.
Maltsch, (Schles.) Salzfaktorei und Steinkohlenniederlage. XI, 63.
Malva, oder Mallooiha, Fl. (Afr.) III, 579. 581.
Mamlucken, V, 88. 91.
Manar, Insel. Perlfischerei in dem Meerbusen der — V, 532. XI, 580.
Manchester, Bevölk. IX, 572. XI, 413. XIII, 64. — Handel. XXI, 207.
Mandeure, Dorf (am Donbs) — Notiz über das Dorf Mandeure. XLVI, 378.
Manding, (inn. Afrika.) II, 161.
Mandingo - Neger, I, 701. L, 114.
Mandry, Haven am. (gr. Archipel) L. u. Br. XXXII, 48.
Mandschuh, ein Tungusischer Stamm I, 139. 143.
Manfalut, oder Moubalot. XXXV, 333.
Mangalor, Haven. (Ind.) V, 18. 39.
Mangasea, od. Turuchausk. L. u. Br. VII, 375. XVI, 497.
Mangischlak, a. Casp. Meer. XVII, 300.
Mangs - oder Mangs Inseln, XXI, 274. 375.
Manheim, XLVII, 225 — L. u. Br. I, 210. 287. III, 384. IV, 314. XIV, 225. XL, 325. — Bevölk XVI, 357. XLVII, 225. — Kirchenliste. (1814) L, 262.
Ch. R. — *W. v. Traitteur*, Plan der Stadt Manheim, 1813, XLIII, 231.
Manjih, (am Ganges) XI, 218.
Manila, Bai. vergl. Sandwich-Insel.
Manilla, II, 46. III, 209. — L. u. Br. VII, 269.
B. R. — *de Guignes*, Voyages etc. vergl. China.
Manipa, Insel. L. u. Br. VI, 49.
Maniquarez, Dorf. (S. America) XLVI, 452.
Maniton - Inseln, L. u. Br. VI, 317.
Manomotapa, (S. Afrika.) XXXII, 100.
Mansaleh See, siehe Menzaleh - See.
Mansfeld, VI, 355.
Ch. R. — *Sotzmann*, Charte etc. siehe Preussen.

Mansfield, Insel. (bei N. America) L. und Br. IX, 539.
Mantua, L. u. Br. II, 290. VIII, 260. XIII, 36. — Bevölkerung. XL, 426.
Manytsch, Fluſs. (Ruſsl.) V, 68.
Manzannarez, Fluſs. XLVI, 417
Maouna, Schiffermoel. II, 18.
Mapelets, oder Moplas. V, 19
Marabon, L. u. Br. VII, 160.
Marabuts, die, (Afr.) IV, 47.
Maacaïbo, Gouvernement, (Terra Firma) Bevölk. XXI, 157. — Truppenzahl. XXI, 159. — Brasilienholzhandel. XXI, 145.
Marannor, Fl. (Süd-America) XII, 587.
Marao, Berg, (Portugal) IX, 41.
Maratten, siehe Mahratten.
Marbach, (Schweiz) L. u. Br. III, 472.
Marboré, Höhe. III, 472.
Marburg. L. u. B. XV, 30. - Universität. 1811. XLI, 70. 73.
March-Thal, (Böhmen) III, 600.
Marviana, (auf Elba) X, 503. — Bevolkerung. XI, 381.
Mar di Marmora, s. Meer von Marmora.
Mardus, Fl. s. Kizil-Husum.
Marengo, Dept. Gröſse u. Bevölk. XII, 736.
— — Stadt. — Schlacht bei. XVII. 308.
Märin Horn, Höhe. X, 396,
Margaretha Ins. (bei Süd-America) Bevölker. XXI, 157.
Marghinan, (Ind.) XL, 173. Truppenzahl. XXI, 159.
Mariafred, (Schwed.) L. u. Br. XVI, 247.
Marienberg, der (bei Krulich) L. u. Br. III, 596. Höhe. III, 599.
Marienburg, L. u. Br. VIII, 257. XLI, 94. — Bevölk. VIII, 445. — altes Schloſs des Teutschen Ordens das. XI, 513.
Marienhave, L. u. Br. XXIX, 455.
Marien-Inselgruppe, siehe Ledroneninselgruppe.
Marien-*Louisen*-Straſse in Croatien.
Ch. R. *v. Lichtenstein*, Die Marien-Louisen-Straſse. 3 Bl. XXXIII, 68. vergl. XXXVII, 370.
Marienpolsche, Kreis (N. Ostpr.) XI, 335.
Marienwerder, VIII, 466. — L. u. Br. XXXII, 76. XLI, 94.
Marikan, Ins. L. u. Br. VII, 175.
Marinhagrande, (Portug.) IX, 38. XIII, 206.
Mark, Grafschaft. — Industrie. IX, 283.
— — Kur. — Auszug der Bevölker. Listen des Kurmärkischen Regier. Dept. vom Jahre 1810. XXXVIII, 111. — Bestand der Kur-Mark Brandenburg. 1810. XXXI, 363. — Geburts- und Sterbelisten. IV, 240. Schaafzucht. VIII, 307.
— — Mittel-, Spec. Ch. von der Mittel-Mark, gezeichnet v. *Sotzmann*. XXXVIII, 245.
— — Neu- — Tabacksb. II, 533. — Geburts- und Sterbelisten. IV, 240.
Ch. R. *Sotzmann*, Special-Charte etc. in 2 Sect. etc.

1811. XXXVII, 341. vgl. XXVIII, 241.
Markham, (Ob. Canada) VI, 307.
Markranstädt, L. u. Br. II, 491.
Marmora, Ins. L. XV, 220.
Marne, Dept. der — Geograph. statist. Beschreib. XXXVII, 415.
— — Dept. der Obern. — Geograph. statist. Beschr. XLIV, 189.
— — Stadt. Br. IV, 111.
Maroc, L. u. Br. XLVIII, 437.
Marroggia, Fl. III, 505.
Marokko, Reich. III, 54. — Geograph. Veränder. XV, 26.
A. *J. Grey Jackson*, Nachrichten über Marokko. XXXIV, 234. vgl. XXXIII, 345. XXXIV, 96.
B. R. *Oloff Agrell*, Neue Reise n. Marokos. Nebst Anhang von *W. Lempriéres* Reise in's Innere des Reichs und besonderen Bemerkungen über das Innere des Harems etc. Mit 1 Charte von Fez und Marokos. I, 519.
Inm. Curtis, A journal of Travels in Barbary. (1801) With Observations on the Gum-Trade of Senegal, XVI, 73. — Dasselbe übersetzt von *S. G. Vogel*, 1804. XVI, 73.
H. Haringmann, Beknoopt Dag-Journal van en Verblyf van agt Weeken, in het Keizerryk van Marocco, en Landreize naar Meoquinez, gedaan in den Jaare 1788 etc. Haag 1803. XV, 73.
Rochon, Voyage etc. siehe Madagascar.
Marocco, Stadt. — Entfernung von Benowm. II, 69. — Anzahl der Soudiermda. VII, 331.
Maronen, die.
B. R. *Dallas*, The history of the Marcons etc. 1800. XVI, 60.
Maros, Fl. III, 605.
Marosse, Ins. II, 574.
Marquesaner, die, XVIII, 306.
Marquesas-Inseln. geogr. Lage. I, 138.
— — Inseln, neue oder Washingtons Ins. siehe letztere.
Marrel Plante, III. 613.
Mars-Aphelium. III, 294. — Axe u. Aequator. III, 114. Bedeckung vom Monde. II, 255. 268. — Durchmesser u. Abplattung II, 494. — Südl. glänzende Polarzone. II, 267. III, 646. — Störungen II, 555. III, 159. 402, 496. — Störungsgleichen IV, 259.
Marseille, XV, 269. — L. u. Br. I, 287. II, 510, IV, 153. 403. IV, 155. VII, 421.
B. R. *de Zach*, Description geometriques de Marseille et de son territoire. 1814. XLVI, 189.
V. N. Resultate der im J. 1810 vom Herrn Baron *v. Zach* in der Gegend von Marseille angestellten trigonometrischen Messung. XLVI, 194.
Höhenmessungen in der Gegend von Marseille. XLVI, 191. — Breite von Pytheas bestimmt, XV, 273. — Abweichung und Neigung d. Magnetnadel. III, 191. — Bevölk. VII, 144. XL, 425.

Marsol, (Schweiz) Höhe. X, 257. 396.
Martigny, L. u. Br. VI, 268. Höhe. VI, 270
Martinique.
B. R. *S. R**** (Général de Brigade) Voyage à la Martinique etc. 1804. XIII, 339 XIV 216.
C. C. Robin, Voyages etc. s Louisiana.
Martorel, (Span.) XI, 274.
Marwar, Land (Ostindien) XX, 431.
Maryland. IV, 8.
Masalquivir, (Algier) IV, 119
Muscara, Prov. (Algier) III, 581.
— — Stadt. III, 584.
Mascarenhas- oder Mascaraigne Inseln. III, 308. XVI, 355.
B. R. *Borry de St. Vincent*, Voyage etc. 1804. XV, 446. XVI, 28.
Masquarri-*Island*, (Süd-See) Seehundfang. XL, 242.
Maafs-, *Münz*- und *Gewichts*-System.
B. R. *J. G. Lingemann*, Das neue Maafs-, Münz- und Gewichtssystem, verglichen mit den verschiedenen Maafsen im Harzdepartement des Königr. Westphalen. XXIX, 97.
V N. *Edw. Wright's* Ideen über ein allgem. gültiges Grundmaafs. XVIII, 363.
Einladung zur Einführung eines allg. Maafs, Münz- und Gewichtssysteins. II, 172 — Schwierigkeiten der Einführung eines allgem. etc. III, 187. allgem. in England. III, 44.
Allgemeines in der Cisalpin. Republ. III, 521. ältere Versuche im Frankreich. III, 43. — Neues Französisches, geg. Kästner vertheidigt. II, 264. 375. 475. III, 49. IV, xxxvi, 256. — Dessen Bestimmung unter dem Beistand der Deputirten von 9 Europ. Mächten. II, 252. III, 96. — Modification des neuen Französisch. (1812) XXXVIII, 235. — Ueber Maafse der alten Aegypter. XVIII, 360. — Maafs- und Gewichte in Teutschland nach richtigen Verhältnissen zu bestimmen. II, 473.
Massafuero, Ins. L. XXIV, 423.
Mafsinganeger, s. Mattawarineger.
Matagorda, Port. III, 412.
Mataman, Kgr. (Afr.) VI, 407.
Matanee oder Mantanzas, (auf Cuba) L. u. Br. II, 394 VII, 440.
Matarich, Dorf. (Aegypt.) VI, 196.
— — Inseln im Nil. V, 496.
Mataryeh, s. Matarich.
Matavai, X. 350.
Matchedasch-Flufs. (Ob. Canada) VI, 306.
Matera, Bevölk. III, 369.
Mathematik, *Montucla*, Histoire des Mathematiques. IV, 41.
Mathihaner, (Afr.) VI, 431.
Matinapiner, (Afr.) 396.
Matra, (Hindost.) Sternwarte von. V, 530.
Matrey, Höhe. IV, 167.
Matromania, (auf Capri) III, 477.
Matt, Dorf (Urseren-Thal) Höhe. X, 397.

Mattachery, Judenstadt. XLIX, 81.
Mattawari, oder Mafsmganegger, am Saramakkaflufs. XVI, 361.
Matzumai, Insel. XXI, 238.
Mauer - Quadrant, IV, 40.
Maugrabinen, die, (Afr.) X, 332.
Mauren, die, (Afr.) III, 141. IV, 24. V, 350.
Mauritanien, III, 581.
Mavalipuram, s. Maweliewarom.
Maweliewarom.
A. — Die Ruinen von Maweliewarom oder Maveliepuram. XXX, 381. (mit einer Abbildung) vergl. XXXII, 3.
Mayotte, Ins. XLIV, 276.
Mazaffran, Fl. III, 585.
Meares, Port. Br. VIII, 202.
Medea, (Afr.) III, 585.
Medelpad.
Ch. R. — s. Angermannland.
Medevesi'schen Inseln. II, 60.
Medewi, (Schweden.) Gesundbr. XII, 709.
Medina, (Arab.)
A. — *Rommel*, Mekka u. Medina. XX, 418.
— — Hauptort des Reichs Wulli oder Woolli in Afr. I, 210. 701.
— — *del Campo*, (Span.) X, 56.
— — *del Rio sevo*, (Span.) X, 56.
— — (Aegypt.) XII, 657.
Medinet - Abu, oder d. Ruinen des alten Theben (Aegypten) L. n. Br. VII, 160.
Meer, vergl. Ocean. — Temperatur des *Meeres*. XVII, 116.
— Aegäisches.
B. R. — *D'Arbois*, Mém. etc. s. Corfu.
Meer, Asow'sches.
Ch. R. — siehe Schwarzes Meer.
— Atlantisches, s. Ocean, Atlant. Meer, XXXIV, 436.
— Baltisches.
B. R. — *J. Carr*, Anortkern Summer, or Travels round the Baltic, through Denmark, Sweden, Russia, Prussia and Past of Germany 1804. XVIII, 440.
Catteau - Calleville, Tableau de la Mer Baltique, considerée sous les rapports phys. geograph. histor. et commerciaux; avec une Carte et des notices detaillées sur le mouvement général du commerce, sur les ports les plus importants etc. Paris, 1812. T. I—II. XLI, 418.
— Caspisches, — Zusammenhang des Caspis. und Asow'schen Meeres. V, 66.
B. R. — Kephalides, De historia maris Caspii. Praefatus est Heeren. 1814. XLV, 423.
— *Eis* -
B. R. — *Sarytschew*, Reise etc. siehe Ocean, nordöstlich.
— Ewiges. IV, 525.
— Grofses, Stilles, siehe Ocean, grofser, stiller.
— von Kamtschatka. — Ueber die Charte von d. Meer v. Kamtschatka. XI, 386.
— von Marmora. — Geograph. Lage. II, 33.
Ch. R. — vergleiche Meer, Schwarzes.

Meer, Mittelländisches. I, 20.

B. R. — *Blacquiere*, Letters from the Mediterranean, containing a civil and political account of Sicily, Tripolis, Tunis and Malta etc. 1813. XLIV, 72.

Dureau de la Malle, Géographie phys. etc. vergl. Meer, schwarzes.

John Jackson, Reflections on the Commerce of the Mediterranean. 1804. XVII, 56.

Corn. de Jong, Reize naar de Middellandsche Zee in de Jaren 1777 en 1779 etc. Haarlem, 1806. XXIX, 215. — Desselben Tweede Reize etc. gedaan in de Jaren 1783—1785. etc. Haarlem, 1807. XXIX, 216.

N. A. van Rüneveld, Reize naar de Middellandsche Zee etc. 1803. XIII, 77.

Ch. R. — *Rizzi Zannoni* et *P. Lapie*, Carte réduite de la mer mediterranée et de la mer noire. 1808. XXXI, 93.

V. N. — *Cockburn*, Reise nach Cadiz und Gibraltar, in dem Mittelmeer nach Sicilien und Malta, in d. J. 1810 u. 1811. nebst einer Beschreibung von Sicilien u. den Lipar. Inseln und einer kl. Excursion in Portugal. 1813. XLIX, 229.

Geograph. Lage der Inseln im mittelländ. Meer. XXXI, 96. — Geograph. Lage des mittell. Meers. XXXIV, 41. — Ebbe und Fluth. III, 124. — Vereinigung mit dem rothem Meer. II, 97. 193.

Meer, Nord- siehe Ocean, nordöstl.

— *Polar-*

A. — Auszug aus *M. Adams* Reise zum nördl. Polarmeer. XXV, 257.

— *Rothes.*

B. R. — *Degrandpré*, Voyage fait dans la mer rouge etc. VIII, 485.

Valentia, Voyages and Travels etc. XXXIII, 276.

Will. Vincent, The Periplus of the Erythrean Sea. P. I. 1800. X, 34.

C. N. — *C. Rosili*, Carte générale de la Mer rouge, dressée au Depot générale de la Marine et des Colonies d'apres des observations faites en 1787. sur la Fregatte le Venus. Paris, an 7. VIII, 82.

V. N. — Schiffahrt auf demselben. II, 201. — Verbindung mit dem mittelländ. Meere. II, 97. 193. — Canal zur Verb. des rothen Meers m. d. Mittell. Meer. XXXII, 122.

— *Schwarzes.*

A. — *Beauchamp's* Reise von Constantinopel nach Trapezunt im Jahr 1797. XII, 171. vergl. XLV, 206.

Ueber die geogr. Lage und wahre Gestalt des schwarzen Meers. II, 24. vergl. II, 456. III, 165. XLV, 207.

B. R. — *A. Dureau de la Malle*, Géographie physique de la mer noire, de l'Interieur de l'Afrique et de la Mediterranée. Paris, 1807. XXVI, 308.

Meer, Schwarzes.
Ch. R. — Carte de la mer noire, d'Azof et de Marmora. Composée et gravée au Depôt Imperiale des Cartes en 1804. Petersburg, XVI, 205.
Fr. Götze, Charte des schwarzen Meeres 1798. (Handzeichn.) II, 454.
Rizzi Zannoni et *P. Lapie* etc. vergl. Meer, Mittelländisches.

C. N. — *Beauchamp's* geogr. Ortsbestimmungen auf d. südl. Asiatis. Küste des schw. Meeres. I, 124.
Türkische Charte vom schwarzen Meere. (1724.) I, 126.

V. N. — Essai historique sur la commerce et la navigation de la mer noire, ou voyage et entreprise pour l'établir des rapports commerciaux et maritimes entre les ports de la mer noire et eaux de la mediterranée; enrichi d'une caste. 1805. XVII, 237.
Verzeichnifs der Entfernung mehrerer Orte an der Südküste des schwarzen Meeres. XII, 180 XV, 464.
Verzeichnifs von Längen- und Breitenbestimmungen an der nördl. u. westl. Küste d. schwarzen Meeres. XVI, 209. XLV, 207.
Längen- und Breitenbestimmungen an d. östl. Küste XIX, 235.
Meer, Stilles, siehe Ocean, grofser, stiller.
Meer, Süd- oder Süd-See. s. Ocean, grofser, stiller.
Meer, Weifses, I, 161.
Meerboden, — Erhöhung desselben durch Schaalthiere. XLVI, 383.
Meerbusen, Arabischer.
A. — Ist auf unsern Charten d. nordöstl. Spitze des Arab. Meerbusens richtig gezeichnet? IX, 121.
— — Mexicanischer.
A. — Ueber die Strömungen im Mexican. Meerbusen. XIII, 295.
Ch. R. — Carte générale du Golfe de Merique et de l'Archipel des Antilles. 1807. XXVI, 78.
Meerenge, nordwestliche.
A. — *v. Krusenstern*, Ueber Maldonado's Entdeckung einer nordwestlichen Durchfahrt im Jahr 1588. XLIII, 3.
B. R. — *Maldonado*, Viaggio del mare atlantico al pacifico per la via del Nord-Ouest etc. (1588.) Tradotto da un manuscritto Spagnuolo inedito da Carlo Amoretti. Milano. 1811. XLI, 47.
Meereslänge, — Commission der Meereslänge zu Paris. I, 372.
Meerestiefen,
A. — *v. Ferrer*, Meerestiefen auf den Küsten des nördl. America. II, 395.
Mefferdsdorf, (Oberlausitz.) III, 651.
Megura, Stadt. XLIX, 333.
Mehring, Gericht. (Baiern) XI, 610.
Meilen, — La Lande's Verwandlungstafel Teutscher □ Meilen, Franz. □ Lieus und
C. N. — Engl. □ Meilen etc. II, 333.

Meimound, (Aegypten) X, 344.
Meiningen, Herzogth. siehe Sachsen - Meiningen.
— — Stadt, L. u. Br. XIV, 225. XV, 344. XVIII, 339. XXIII, 149. — Kirchenliste. (1814) L, 262.
Ch. R. — Specialcharte der Umgebungen von Meiningen und Hildburghausen. Weimar, 1811. XXXVI, 105.
Meinthalstock, der, Höhe. X, 307.
Mekka, (Arab.) XIV, 23. — L. u. Br. XLVIII, 437.
A. — *Rommel*, Mekka u. Medina. XX, 418.
Meklenburg. Herzogthum. — Statist. Tabell. XII, 520.
B. R. — *Zöllner's* Reise etc. siehe Pommern.
Ch. R. — *v. Schlieben*, Ch. d. Herzogth. Meklenburg, Holstein, Schweden, Pommern etc. 1813. XLII, 353.
Topograph militär. Atlas von Meklenburg und den darin begriffenen Ländern. 4 Bl. Weimar, 1809. XXIX, 100 Neue Ausgabe in 10 Bl. 1811. XXXVII, 100.
— — -*Schwerin*, Herzogthum.
B. R. — Herzoglich Meklenburg - Schwerin'scher Staats - Kalender. 1812. XXXIX, 321.
V. N. — Bevölker. (1809) XXXII, 119. — Eintheil. (1811) XXXVI, 365. — Geograph. Veränder. (1809 bis 1815) XLIX, 158.
— — -*Strelitz*, Herzogth.
Ch. R. — *Sotzmann*, Specialcharte vom Herzogth. Meklenburg-Strelitz. 1805. XVII, 101.
Melawi, (Aegypt.) X, 467.
Melderstein, (Schwed.) Br. XVI, 248.
Melet, (Rufsl.) Glashütte. XX, 322.
Mellerie, Flecken. XV, 248.
Mellingen, (Schweiz) L. u. Br. VI, 268.
Melnik, (Böhmen) L. u. Br. II. 472
Melun, III, 28. 29.
Memel, L. u. Br. II, 116. III, 406. X, 389. XIII, 372. XXV, 469. XXXV, 71. XXXIX, 107. XLI, 422. — Einw. u. Häuserzahl. VIII, 440
— Flufs. vergl. Niemen.
Memmingen, L. u. Br. XL, 325.
Memnons Palast, (in d. Ruinen von Theben) L. u. Br. VII, 160.
Memphis, — Geoffroy's Bericht über die in der Gegend von Memphis anzustellenden Nachgrabungen. X, 84. — Geograph. Lage u. Höhe der Pyramiden von Memphis. XI, 714
Menam, Fl. X, 510.
Menemen, oder das alte Temnos? XXXIV, 43.
Menschengeschlecht.
A. — *C. Mannert*, Abstammung d. Menschen. XLIX, 291.
V. N. — *C. White's* Essay on the causes of the variety, of complexion and figure in the humain species. 1810. XLII, 249.
K. König, Ueber ein fossiles menschl. Skelett aus Guadaloupe. XLIV, 336.

Mentes, L. u. Br. II, 465.
Mentone, XVI, 333.
Menzaleh, (Aegypten.) V, 498.
Menzaleh-See, (Aegypten.) V, 491. XXXII, 133.
A. — *Andreossy*, Untersuchungen des Menzaleh-See, nebst einer Charte. V, 491.
Menzeroth, (Herzogth. Jülich) XIV, 519.
Menzogni, Fl. II, 52.
Meousuin, Ins. III, 336.
Mequinets, (Kgr. Fez) VII, 341. — L. u. Br. XLVIII, 437.
Meraga, s. Urumieh.
Mercara, (Ind.) V, 43.
Mercur.
A. — *Wurm*, Mercurs Durchgang durch die Sonne am 7. Mai 1799, vornehmlich mit Anwend. auf geogr. Länge der Beobachtungsörter berechnet. IV, 218.
V. N. — Ueber den Vorübergang des Mercurs vor der Sonnenscheibe. III, 425. 536.
Beobachtung des Vorübergangs des Mercur's vor der Sonne den 7. Mai 1799. III, 635. IV, 40. 65. 171. 354. 464.
Beobachtungen d. Mercurs. II, 76. 253. III, 394. 632. — Schwierigkeiten derselben. III. 426. 634. — Durchmesser. III, 428. 640. 645. — Lichtwechsel. III, 634. — Tafeln von La Lande. III, 90. 427 430. 643. IV, 40. — Umwälzung um seine Axe. III, 634.
Merdafs, Fl. III, 585.
Merdin, Bevölk. IV, 411.
Merdwin, Weg in d. Krim. XL, 152.
Mergentheim, Großmeisterthum. XXXI, 121.
Mergui, Br. V, 573.
Meridian-Bogen, IV, xxxv. X, 363. XII, 255. vergl. Gradmessung.
Merlera, Ins. II, 53.
Meroë, Ins. III, 106.
Mertola, Portug. IX, 46.
Meseritzische Kreis.
A. — Historisch geograph.-statistische Beschreibung des zu Südpreußen gehörigen, unter der Posen'schen Kriegs- und Domainen-Kammer stehenden Meseritzischen Kreises. VIII, 3.
Meseritz, Stadt. VIII, 5.
Meßstangen, neue von Borda. III, 396. — Französ. in Frankreich, Peru und Lappland gebrauchte. IV, xxxiv.
Messungen, mikrometr. — Schwierigkeit derselben. III, 623.
Meßtisch, der Prätorianische. IV, xxvi.
Mestizen, (Span. Amer.) III, 75.
Mestre, Stadt, VIII, 412.
Meteor, und Steinregen im Orne-Dept. XII, 499.
Meterra, Felsen u. Klöster von, XLVIII, 293.
Methodisten, in England u. America. XX, 374.
Metitsche, (Afr.) III, 585.
Mètre, Größe dess. II, 169. 173. 175. 377. III, 49. 89. 190. IV, 42.
Metropolis, XI, 141.
Mettenheim, III, 385.
Metternich, Grfsch. Verlust im Lünevill. Frieden. IX, 61.
Metubi's, (Aegypt.) X, 333.
Metz, Bevölk. VII, 144.

Meudon, Schlofs. (Frankr.) XVIII, 380.
Meurthe, Dept. der — Geograph. stat. Beschreibung. XXXII, 179.
Mewar, od. Oudipoor, Land (Ostind.) XIX, 323.
Mewe, L. u. Br. XXXII, 76.
Mewlewi, die, XLVIII, 207.
Mexicanischer Meerbusen, siehe Meerbusen, Mexicanischer.
Mexico, Königr. vergl. Neu-Spanien.
A. — (*v. Humboldt*) Geograph. stat. Uebersicht d. Intendanz von Mexico in Neu-Spanien in America. XXXI, 241.
Ueber die Eintheilung der Zeit bei den Mexicanern XL, 3.
Ch. R. — *Arrowsmith*, A new Map of Mexico and adjacent Provinces etc. 1810. 4 Bl. XL, 76.
V. N. — *Bergbau*, III, 74. Gold u. Silberreichthum. II, 349. — Piasterausfuhr nach Spanien. I, 86. — Ortsbestimmungen. XXVI, 80.
Mexico, Stadt. L. u. Br. VIII, 155. XIII, 503. XVIII, 287. — Höhe. XXIII, 497. — Handel. (1798) XII, 584. — Münze. XVIII, 122. — Bevölk. XXXI, 188.
Meyahown, VI, 254.
Mezingen, (Schwaben) L. u. Br. XXXII, 201.
Mezöhegyes, (Ungarn) Königl. Gestüte. X, 279.
Mezzabeth, Afr. VI, 456.
Mgnier Schoaib, am rothen Meer. XXXII, 118.
Miamma, s. Ava.
Mianeh, (Pers.) XLVI, 36.
Micephoris, (Aegypt.) V, 518.
Michigan-See, (Ob. Canada) XIII, 113. — L. u. B. VI, 317.
Michilimakinac, (N. Amer.) L. u. B. VI, 317. — Strenger Winter. XII, 768.
Micuipampa, (Peru) Höhe. XXIII, 497.
Middelburg, XXXI, 296. — L. u. Br. IV, 312. 502. IX, 64. XXIII, 109. — Bevölkerung. XIII, 29.
Middelton's, oder Sir Carl-Insel.
A. — Dr. *Fr. Sotzmann*, siehe Shank's Island.
Midian, Ruinen von, (am rothen Meere.) XXXII, 117.
Midroe, Fl. III, 583.
Miesseren - Berg, der, Höhe. X. 397.
Mietau, L. u. Br. I, 288. II, 511. VII, 436. XXV, 469. XXXIX, 107.
Mikrometer — Verschiedene Arten. III, 271. — *Köhler*, Ueber den Gebrauch des leeren Kreises als Mikrometer. III, 318.
Milazzo. XXI, 97.
Milfordhaven, II, 129.
Milis, (Sard.) III, 153.
Militsch, Standesherrsch. Charte davon, vgl. Oels.
Milles - Roches, Insel. VI, 295.
Milo, Insel. VIII, 225. — L. u. Br. XXXII, 48.
Mina, Fl. III, 583.
Minas Geraes, Capitania. (Brasil.) XLVIII, 106.
Minden, (Hanövers) an der Werra. Br. II, 184.
— — (Preufs.) L. u. Br. III, 202. IV, 68. 106. 114.
Ming, Völkerstamm. (China) I, 139.

Mingrelien, XX, 142. XLVI, 55. siehe Colchis.
A. — *Felia Lagorio*, Auszug aus dem Tagebuche einer Reise nach Mingrelien. XXXI, 142.
Mingrelier, die, XX, 407. siehe Colchier.
Minho, Fl. (Portug.) XIII, 204.
— — Prov. XIII, 204.
Minich, s. Mynyeh.
Minsen, L. u. Br. XI, 723.
Minsk, Statthalterschaft. II, 66.
Mirage, s. Kimmung und Seegesicht.
Miranda do Doura, (Portug.) XIII, 203.
Mirander, am Ebro. IV, 36.
Mirepoix, L. I, 288. 542. III, 634. IV, 316. 454. 502. VII, 421. — Br. IV, 502.
Mirzapour, Dorf. (Corair) XXI, 192.
Missionen.
B. R. — *M****, Choix des lettres édifiantes, écrites des Missions étrangères, avec des additions, des notes critiques etc. 1808. XXXI, 177.
V. N. — Auszug des in des 4ten allgem. Versamml. der Engl. Gesellschaft der reformirten Missionare abgestatteten Berichts. (1808) XLV, 116.
Missisipi, Fluss. XII, 644. vergl. Louisiana.
A. — Nachtrag einiger Notizen über den Missisippi, den Ohio und die angränzenden Länder. XIII, 450.
V. N. — *de Moisère*, Charte von der Gegend um die Mündung des Missisipi. XX, 874.
V. N. — Ueber d. Charte v. d. Mündungen des Missisipi. XI, 485.
Gebiet von Missisipi, (Ober-Louisiana) eine neue Prov. in America. XXXVIII, 246. — Besitznahme der Länder zwischen dem Missisipi und dem Fluss Perdido für die vereinigten Staaten von N. America. XXXIV, 220.
— L. und Br. der nördl. Quelle des. IX, 458.
Missuri, Fluss. XIII, 393. XXXIII, 399.
A. — *Clarke*, Reise auf d. Missuri bis zum stillen Meer. XXXIII, 355.
Mitau, s. Mietau.
Mittay-Horn, das, X, 306.
Mittbach, L. u. Br. XXII, 215.
Mittelwald, Höhe. IV, 167.
Mitten-Stock, der, Höhe. X, 397.
Mittenwald, (Baiern) L. u. Br. XX, 199.
Mittersil, L. u. Br. XXII, 216.
Miznitzer Höhle. XXIV, 97.
Mizdshegi, die, XLVI, 100.
M'Kenzie's Fluss, Münd. des, L. u. Br. VIII, 372.
Mlawa'sche, Kreis. (N. Ostpreussen) XI, 330.
Mocha, Ins. L. u. Br. II, 415.
— — oder Moka, (Arab.) VIII, 489. XXXII, 116. XXXIII, 226. — L. u. Br. VII, 177. VIII, 155.
Modena, Herzogth. — Geograph. Veränder. (1809 bis 1815) XLIX, 271.
— — Stadt. Bevölk. XL, 426.
Modern, L. u. Br. XXI, 213.
Module, oder Messstange. IV, XXXIV.
Moën, Insel. (Ostsee).
Ch. R. — Siehe Dänische Inseln.

Moeurs, L. und Br. XVIII, 284.
Moez, Dorf. V, 514.
— — Kanal von, (Aegypt.) V, 493. 514.
Mogilno, L. u. Br, XXXII, 76.
Mohawks, die, VI, 312.
Mohawk, Dorf, VI, 312.
— — Fluſs. VI, 312.
Mohilew, am Dniepr. I, 197. II, 62.
— — am Dniester. I, 198.
Mohren, (Afr.) L, 399.
Mohrungen, a. Harz. XLVIII, 448.
Mojos, (Span. Amer.) III, 64.
Moka, s. Mocha. (Arab.)
Mokscha, Fl. (Ruſsl.) V, 61.
Mola - Cima, Höhe. XII, 771.
Moldau. — Ruſsland's Besitzergreifung v. d. Moldau u. Walachei. XXXII. 340.
A. — Bemerkungen über Bessarabien und dem östl. Theile der Moldau. (Mit einer Charte.) XXXIX, 133.
B. R. — (*Bantisch - Kamensky*) Reise nach der Moldau, Walachei u. Servien, i. J. 1808 bis 1810. XLIV, 54.
Thornton, Etat actuel etc. XLII, 333.
A. Wolf, Beiträge zu einer stat histor. Beschreibung des Fürstenth. Moldau. Herrmannstadt, 1805. XXV, 187.
Ch. R. — *Herbitz*, Charte v. d. Moldau, nach Bawr etc. 1811. XLI, 206.
Riedl, Generalcharte v. d. Moldau. 1811. XXXVII, 339.
Mölly, Ins. XLIV, 277.
Molucken Insel, II, 271.
Monaco, Stadt. XVI, 332.
Monardon, (Ital.) III, 505.
Monbalot, s. Manfalut.
Moncalm, Berg. Höhe. XI, 642.
Mönch, Berg. Höhe. VI, 264. X, 399.
Mönchgut, Halbinsel v. Rügen. X, 244.
Monchique, Flecken. IX, 44.
Mond, — Flächeninhalt. II, 601. — Professor *Reiſsig's* Hautrelief des Mondes. XXX, 411. XXXV, 238. — Monds-Abstände von Planeten zu Längenbestimmungen zu gebrauchen. III, 574. — Monds - Abstände von der Sonne und von Fixsternen zu Längenbestimmung. brauchbar. III, 161. 507. nöthige Vorsicht dabei. III, 574 — Apogeum. III, 520. — Beobachtungen. II, 78. — Ungemächlichkeiten dabei. III, 627. — *Monguet's* graphische Methode für Distanzen. II, 389 — Durchmesser. III, 563. — Einfluſs auf den Dunstkreis. II, 253. 381. 552. — Gleichung nach La Place. II, 257. Länge. II, 11. — Parallaxe nach La Place und Triesnecker. II, 254. III, 199. 517. 563 — Tafeln, verbessert von *Bouvard*. II, 459. von La Place. II, 237. 279. — Tafeln der ständlichen Bewegung. III, 198. — Theorie. III, 499. — Vulkane. III, 377. — Schwanken d. Mondes. III, 493 f.
Mondego, Fl. IX, 39.

Monghihr, am Ganges. XI, 248.
Monglaner, (Afr.) VI, 306.
Mongolen, I, 142. II, 322. 325.
Mongolei, I, 139.
Monihr, am Ganges. XI, 248.
Monikaner, die, (Afr.) VI, 306.
Moneemugi, (Afr.) VI, 436.
Monopoli, Bevölk. III, 369. — Pest der heil. Maria. XLVI, 380. — *Follier*, Excursionen in die Umgegend von, XLVI, 376.
Monreale, Sard. III, 151.
Mons, (Hennegau) Einw. VII, 144.
Mons Albanus, III, 366.
Mons Seleucus, Wiederauffind. d. alten Stadt. XVIII, 494.
Monstein, (Schweiz) III, 355.
Mon-Such, Park. (Engl.) III, 78.
Montagnata, (Italien) III, 365.
Montagnola, (Ital.) III, 365.
Montagu, Ins. (an der N. W. Küste von Amer.) II, 347. L. u. Br. VIII, 154.
Montaigu, (Frankr.) L. u. Br. XVIII, 284.
Montanna de Buen Tiempo, Höhe des XXIII, 407.
Montanvert, Höhe. III, 365.
Montauban, L. I, 288. II, 235. III, 91. 568. IV, 316. XI, 144. — Bevölk. VII, 144. VIII, 515. XL, 425.
Mont-Balon, (in d. Vogesen.) Höhe. II, 502. IV, 419.
— — *-Blanc*, der, Höhe. I, 99. 330. IX, 270. X, 212. XVII, 187. XXXVII, 414. — L. u. Br. VI, 265. 269. IX, 263. X, 533. XLIX, 469. A. — Dr. *Benzenberg*, Ueber die wahre Höhe des Mont-Blanc. XXXIV, 370. Ch. R. — *J. B. Reymond*, Carte phisique et mineralog. du Mont-Blanc et des Montagnes et Valées, qui l'avoisinent. Paris, 1815. XLIX, 467.
Mont-Blanc, Dept. des. — Charte des Depart. des Mont-Blanc oder ehemaligen Savoyen im Franz. Kriegsdepot. XII, 697. — Geogr. statist. Beschreib. XXXVII, 413. — Höchste Berge des Dept. XXXVII, 414.
— — *-Cenis*, Höhe. II, 502. III, 365. IV, 168. — Bau einer Caserne auf dem, XXV, 366.
— — *-Cervin*, Höhe. IV, 168.
Monte-Cavo, oder Mons Albanus (bei Rom) III, 366. — Höhe dess. u. der an seinen Fuß liegenden merkwürdigen Orte. IV, 165.
— — *de la Creu*, oder de Eslida. II, 485.
— — *di Fo*, (in d. Apeninnen) brennende Gassäule auf, L, 257.
— — *Figo*, L. u. Br. II, 395.
— — *generoso*, Lage und Höhe. I, 617.
Montemoro novo, VIII, 519.
Montenegriner, XXVI, 385.
Monte-Radicosa, Höhe. III, 365. IV, 164.
— — *Radicosany*, Höhe. III, 365. IV, 164.
— — *-Rey*, II, 43. 338. — L. und Br. VIII, 154. XV, 305.

Monte - Sila, Höhe. II, 365.
— — *Velino*, Höhe. III, 364. IV, 164.
Montevideo, Stadt. (S Amer.) X, 293. — L. u. Br. VII, 441.
B. R. — vergl. Paraguay.
Montjouy, Höhe. IV, 157.
Montjoye, (Herzogth. Jülich) XIV, 519.
Montlignon, (im Thal von Montmorency) mineral. Quelle das. XII, 646.
Montlingen, (Schweiz) III, 355. — L. u. Br. III, 472. X, 255.
Montmorency, L, 67.
Mont d'Or, Höhe. II, 502.
B. R. — Mon voyage au Mont d'Or, par l'Auteur du Voyage à Constantinople etc. Paris, 1802. X, 313.
Montpellier, Bevölker. VII, 144. XL, 425.
B. R. — *J. A. Morgue*, Essai de Statistique etc. Par. 1801. VII, 513.
V. N. — *Chev. de Belleval*, Notize sur Montpellier. 1803. XII, 376.
Mont - Perdu.
B. R. — *L. Ramond*, Voyage au Mont - Perdu etc. VIII, 323. siehe Pyrenäen.
V. N. — *Ramond*, Bemerkungen auf dem Gipfel d. Mont - Perdu. XI, 259.
Montreal, (N. Amer.) Pelzhandel. IV, 13.
Mont - Rose, VI, 265. — L. u. Br. IX, 263. — *Magnards* Besteig. des, 1813. XLII, 370.
A. — *Oriani*, Ueber die geograph. Lage u. Höhe des Mont - Rose und des Schreckhorns. I, 645.
Montrose, (Grofsbrit.) Bevölker. XI, 413.
Montserrat, L. u. Br. IV, 156. 157. XI, 272. XXXII, 42. — Höhe. IV, 156. 157. XI, 312.
A. — *von Humboldt*, Der Montserrat bei Barcelona. XI, 265.
B. R. — *Denina* etc. siehe Sardinien.
Mont - Sia, Höhe. XII, 771.
Mont - Tonnerre, s. Donnersberg.
Montuck, (auf Long - Island) L. u. Br. II, 394. VII, 457.
Monza, L. u. Br. II, 290.
Moohataner, (Afr.) VI, 436.
Moorgegenden, — Findorf's Charte von den zwischen der Elbe und Weser gelegenen Moorgegenden. L, 495.
Moose - Fort, (N. Amer.) L. u. Br. IX, 539.
Mophaner, die, (Afr.) VI, 438.
Mora - Noret, (Schwed.) L. u. Br. X, 115.
Morat, (Schweiz) L. u. Br. VI, 268.
Morduaner, (Rufsl.) V, 59.
Mordwinen, die, L, 61.
Morea, VI, 217. XVII, 81. XLIX, 330.
B. R. — *A. L. Castellan*, Lettres sur la Morée et les îles de Cerigo, Hydria et Zante. Paris, 1808. XXVIII, 186. vergl. XXXV, 197.
Pouqueville, Voyage etc. s. Turkei.
V. N. — Charte von Morea (im Franz. Kriegsdepart.) XI, 14, XII, 703. — Uebersicht d. Exportationsproducte. XVII, 94.
Morella, Berg. Höhe. XII, 771.
Morges, oder Morsee. L. u. Br. VI, 268. — Handel. XIX, 254.

Möringen, (Schwab.) L. u. Br. XII, 487.
Möris-See, oder Birket-el-Kerma. V, 94, 252, X, 416. XII, 655. XXXII, 129.
Morrillo de Camina, L. u. Br. II, 394.
Morristown, II, 138.
Mors, Insel.
B. R. — *Schade*, Beskrivelse etc. 1811. XLVI, 214.
Mörs, L. u. Br. XLIX, 492.
Morter, Ins. XI, 699.
Morviedro, Schloss von, (Span.) L. u. Br. XXXII, 43.
Mos, (Norw.) XXXVI, 195.
Moschaisk, Br. XXXII, 266.
Moschien.
A. — *Dominikus*, Moschien oder Semo Kartweli. XX, 146.
Mosdock, V, 66. XLV, 398. — L. u. Br. VII, 175. XXII, 101. XXIV, 423.
Mosel-Departement, Bevölk. XIII, 126. — Geogr. stat. Beschreib. XXXI, 446.
Moses, die Quelle des, XLI, 192.
Moskau, Stadt. III, 632. V, 67. XVII, 244. XX, 222. XXIII, 200. XXXIX, 256.
Ch. R. — *Götz* und *Dietrich*, Plan von Moskau nach der neuesten Russ. Originalaufnahme, sammt einer Erklärung in Russ. Franz. u. Teutsch. Sprache 1812. XL, 328.
Plan von Moskwa. Weimar, 1817. XXIII, 223.
V. N. — Handel. I, 297. — Klima. I, 302. — das Galitzin'sche Hospital. XIV, 386. — Universität. XVII, 243. XLV, 421. — Zustand der Stadt 1813 und 1814. XLVI, 265. — L. und Br. XIX, 234. XXVI, 353. XL, 75. XL, 210.
Moskau, Statthalterschaft. II, 61.
Ch. R. — II, 61. s. Russland.
Moskito-Indianer, XL, 164.
Moskofskaja, (Russland) V, 78.
Moskua, Fluss. II, 63.
Moson, (Ungarn) L. u. Br. VIII, 450.
Mosquitus, III, 63.
Mösskirchen, (Schwab.) L. u. Br. XII, 488.
Mosychlos.
A. — *Ukert*, über die Insel Lemnos u. d Mosychlos. (m. 1 Ch.) XXXIX, 361.
Mouchie, (Ostind.) XVI, 365.
Mouillée-Spitze, (Ob. Canada) VI, 295.
Mouna Roa, Berg. Höhe. XXXIII, 36.
Moutier, (Schweiz) L. u. Br. VI, 268.
Mozambik, III, 482.
A. — *Epidauriste Colin*, Nachricht üb. Mozambik. XXXI, 381.
Mudanga, Br. XV, 221.
Mugari, (Afr.) VI, 427.
Muhky Atack-bolock, (Sibirien) Br. XVI, 498.
Mühlhäusisches Gebiet.
Ch R. — vergl. Eichsfeld.
Mühlheim, (Breisgau) L. u. Br. III, 178. 198. 569. IV, 304. 502. XII, 488.
Muhotlaner, (Afr.) VI, 394.
Mulatten, (im Span. Amer.) III, 75.
Mulgrave, Port. Br. VIII, 200.
Mull, Insel. Viehzucht. I, 434. — Armuth der Einwohner. V, 551.
Mulldorf, (Baiern) L. u. Br. XX, 199.

Mulloeiha, s. Malva.
Multan, XLIX, 176.
Mumbleshead, II, 138.
Mumien-Gewölbe, von Saccahara. VII, 208.
Mummelsee, od. Lavus mirabilis. (Baden) III, 389. XLVII, 228.
München, Rentamt (Baiern) Bevölkerung und Gröfse. IX, 23.
— — Stadt. XVIII, 463. — L. u. Br VII, 430. IX, 18. XVIII, 285. 463. XX, 199. XXII, 215. — Höhe. IV, 167. IX, 19. XVIII, 463.
Ch. R. — *J. Consoni*, Plan der Haupt- und Residenzstadt München. 1808. XXVIII, 108.
v. Richauer, der Engl. Garten b. München. 1808. XXVIII, 107.
Desselben Umgebungen (eigentl. Plan) von München. 1812. XL, 210.
V. N. — Neue Organisation der Königl. Baierischen Academie d. Wissenschaften zu München. XXIV, 98. — Militäracademie. XVII, 305. — Manufactur. und Fabrik. VIII, 414. — Gröfse u. Bevölk. XXXI, 309. — Auszug aus Kirchenlisten. XXI, 353. Kirchenliste. (1814) L, 262.
Münkaz, L. u. Br. XIX, 223. XL, 229.
Münsingen, (Schwab.) L. u. Br. XXXII, 201.
Münster, Hochstift. — Geograph. Veränder. 1802. XI, 164. — Treckfahrtscanal zwischen Münster und Manhafen. IV, 529.
Ch. R. — *C. Wilkens* geogr. Charte von dem Nieder-Stift Münster. 1796. I, 668.
Münsterberg, Fürstenthum. XI, 52. 54. vergl. Schlesien.
— —, Stadt. Manchester-Manufactur. XI, 52.
Münzenberg, der, Steinkohlenbergwerke das. XVII, 112.
Münz-System, siehe Mafs-, Münz- und Gewichtssystem.
Muravera, (Sardinien) III, 150.
Murgthal, XL, 439.
B. R. — *Jägerschmid*, Das Murgthal, besonders in Hinsicht auf Naturgeschichte u. Statistik. 1800. XII, 456.
Schreiber, Taschenbuch für Reisende etc. XL, 235. — Hierzu der topograph. Nomenclator. XLIII, 69.
Murli-Berg ob Gersau, Höhe. X, 395.
Murnau, (Baiern) XI, 608. — L. u. Br. XX, 199.
Muron, (Rufsl.) XX, 225.
Murrast, (Esthl.) L. u. Br. XVIII, 208.
Murrhina-Gefäfse, XLIII, 465.
Murschudabad am Baugrutti, XI, 249.
Murten, Beinhaus zu, XVII, 306.
Murviedro, oder Sagunt. — L. u. Br. IV, 160.
Muschako, (Afr.) VI, 438.
Muskito-Cove, (N. Amer.) L. u. Br. IX, 543.
Mus-Tag, d. alte Imaus. Gebirge. X, 435.
Mustygannim, (Afr.) III, 583.
Musulmanen, die,
A. — Die Feste der Musulmanen. XLVI, 401.
Mutihdschurnah, XI, 249.

Mutihorn, Berg. (Schweiz) Höhe. X, 257, 398.
Muyden, L. u. Br. XXXV, 71.
Muyscas, die, (S. Amer.) Kalender, der, XLII, 444.
Myconi, Insel. VIII, 221. XLIX, 340.
Mykenä, Agamemnons Grab, bei, XLIX, 332.
Mynyeh, (Aegypt.). X, 466. — L. u. Br. VII, 160.
Mysore.
A. — *Sprengel*, Tippo-Saheb's Staaten oder Untergang des Indischen Reichs Mysore. V, 11.
B. R. — *Buchanan*, Reise von Madras durch d. Provinz Mysore, Canara und Malabar. 2. Aufl. 1812. XL, 377. XLI, 61.
M. Wood, A. Riew of the Origin, Progress and Result of the late decisive usar in Mysore. etc. London, 1800. V, 442.
V. N. — Letzte Schicksale des Reichs Mysore mit einer Charte und Tippo-Saheb's Porträt. VII, 300. — Stat. Fragmente. XLV, 304.
Mytilene, VIII, 217.

N.

Naab, Fluss. X, 173.
Naaf, Fl. (Ostind.) V, 561.
Nabburg, siehe Cham.
Nachtschiwan, Armenische Stadt. (Russl.) V, 81.
Nadseheran, oder Nagran. (Arab.) XIV, 24.
Nagadi, (Aegypt.) X, 564.
Nägelis - Grätli, Höhe, X, 396.
Nagold, (Schwab.) L. u. Br. XXXIII, 180.
Nagpore.
B. R. — *D. R. Leckie*, Journal of a Route, to Nagpore, by the Way of Cültack, Burrosumber etc. in the Y. 1790. Lond. 1800. VII, 148.
Nagyag, (Siebenbürgen) Goldbergw. XX, 125.
Nagy - Szütlös, (Ungarn) Br. XXIX, 388.
Nairen, V, 19.
Nakschbendi, XLVIII, 207.
Nan, der hohe, oder Hochhorn. Höhe. IV, 418.
Nancy, Bevölker. VII, 145. XL, 425.
Nangasacki, XXXIII, 37. — L. und Br. VII, 185. VIII, 155. IX, 184. XXI, 355.
Nanking, L. u. Br. XII, 784.
Nantakon, (Afrika) Goldminen. X, 43.
Nantes, XXXVI, 219. — Bevölk. VII, 145. XL, 425.
Napoléon, Stadt, od. Roche sur Yon (in Poitou) XV, 120.
Napoléonsland, (Süd - See) L, 342.
Nargen, Ins. (Esthl.) XVIII, 208.
Narsinga, (Ind.) X, 440.
Narva, L. u. Br. I, 261. XIX, 229. XXXIX, 107.
Nasamonen, III, 135—144.
Nasgård, Voigtei.
Ch. R. — Vgl. Kopparberg. VIII, 532.
Nassau, Herzogthum.
Ch. R. — *F. W. Streit*, etc. vergl. Hessen, Grossherzogthum.
V. N. — Geograph. Veränderungen (1809 — 1815) XLIX, 156. — Territorial-

bestimmungen zw. Preussen u. Nassau. 31. Mai 1815, XLVII, 496.

Nassau, Stadt. (N. Amer.) L. II, 394.

— — oder Poggy-Inseln. XVIII, 186. siehe Poggy-Inseln.

Nassau-Usingen, } Fürstenthum — Verlust
— — *-Weilburg*, }
im Lüneviller Frieden. IX, 51. — Geograph. Veränderungen. (1806) XXII, 32.

National-Industrie.
B. R. — *Lueder*, Die National-Industrie und ihre Wirkungen. Ein Grundriss zu Vorlesungen. 1808. XXIX, 89.

National-Oeconomie, siehe Staatswirthschaft.

Natra, (Schwed.) XXXV, 277.

Natrum-Seen, (Aegypt.) V, 86. 262.
A. — *Andréossy*, Ueber das Thal der Natron-Seen und den Fluss ohne Wasser. Nebst Charte. V, 406.

Naturwissenschaften.
B. R. — *J. Cl. Delametherie*, Analyse des travaux sur les sciences naturelles, pendant les années 1795. 1796 et 1797. Contenant les principales de couvertes sur l'Astronomie, la Chimie, les arts et les differentes branches de l'Histoire naturelle. II, 145.

Naumburg, an der Saale. L. VII, 464.

Nautile-mann, — Eine Erfindung der Gebr. *Cöslin*. XXXV, 237.

Nauvpantepetl, (Neu-Span.) siehe Cofre de Peroti.

Navarra, Königreich. XXVI, 300. XLIX, 346.
A. — *Hassel*, Die Baskischen Provinzen und das Königr. Navarra, geogr. statist. geschildert nach Marchena. XXVI, 113. 256.

Navaza, (auf St. Domingo) Br. II, 394.

Mawthlugi, am Kur. XLVI, 101.

Naxia, oder Naxos, Insel. II, 129. VIII, 221.

Nazareth, Kirche (Portug.) L. u. Br. XXXII, 49.

Neapel, Königr. III, 368. 473. vergl. Sicilien. Königreich beider.

Ch. R. — *de Bouge*, Carte chorograph. des Etats du Roi de Naples. Berlin, 1801. IX, 66.
Götze, Charte von dem Königr. Neapel. Weimar, 1801. IX 67.

V. N. — Georgischer Aufriss vom Kgr. Neapel. XL, 198. — Neue Eintheilung. (1807) XXV, 39. 360. — Grundsteuer. XXV, 364. — Aufhebung der geistlichen Orden. XXX, 331. — Bevölkerung 1812. XL. 118. 426. — Geogr. Veränder. (1799 und 1800) VII, 15. (1801) IX, 107. (1803) XXVIII, 23. (1809—1815) XLIX, 273.

Neapel, Stadt. III, 369. XVII, 117. XIX, 112. 252. XX, 471. XXI, 92. — L. u. Br. I, 258. III, 504. IV, 256. 396. 502. VII, 426. IX, 520. XI, 144. 146. XIII, 358. XXV, 473. — Bevölk. XL, 426. — Kirchenliste 1814. L, 262. — Handelsmarine (1815). XXXV, 244.

— die Lazaroni. XXI, 97. XXXII, 112. — Pyramiden. XXII, 489.
Neath, (Engl.) XXI, 205.
Nebelflecken, — *Schröter's* Beobachtungen über, I, 133.
Nebelschichte, — (*Banc de Brume*) Merkwürdige Nebelschichte an der N. O. Küste von Asien. II, 48.
Neckar, Fluss.
Ch. R. — Situationscharte etc. vergl. Rhein.
Neckarsteinach, — Die vier Burgen bei, XLVIII, 453.
Neckarthal.
B. R. — *Schreiber*, Taschenbuch etc. XL, 435. Der hierzu gehörige topogr. Nomenclator. XLIII, 69.
Nedsjed, Land. (Arabien) XLIV, 332.
Neger u. Negerhandel. XII, 320. XL, 114.
A. — Bemerkungen über die physische und moral. Beschaffenheit der verschiedenen Stämme der Schwarzen auf der Ostafrikanischen Küste und über die zu treffende Einrichtung am Bord d. Fahrzeuge, welche dem Negerhandel gewidmet werden. XXXI, 397.
B. R — *Clarkson*, Essai sur les desavantages politiques de la traite des Nègres; traduit de l'Anglois. Paris, 1813. XLVI, 339.
H. Gregoire, De la Literature des Nègres ou Recherches sur leurs faculté intellectuelles etc. Paris, 1808 XXIX, 435.
Simonde de Sismondi, De l'interêt de la France à l'égard de la traite des Nègres. IIIeme Edit. 1814. XL, I, 341.
W. Wilberforce, Lettre à son Excell. Monseign. le Prince de Talleyrand — Perigord — au Sujet de la traite des nègres etc. Octobre 1814. XLII, 448.
Versuch ein. Geschichte der Neger und Beschreibung ihrer Länder. 1805. XX, 430
V. N. — Auszüge aus der Correspondenz des Hrn. *Kizell* mit dem Gouverneur von Sierra Leone, *Columbine*, über seine Unterhandlungen mit den Oberhäuptern des Flusses *Scherbro*. XLVII, 105. L, 97.
Nothwend. d. Abschaff. des Sclavenhandels. I, 656. III, 483.
Neger - Karawanen von Cashne nach Damask. I, 119. — Neger im inneren Afrika. V. 351. im Algierischen, III, 118. im Span. America. III, 75.
Neger - Länder, (im inn. Afr.) III, 140. — starke Bevölk. X, 228.
B. R. — Versuch einer Geschichte der Neger und Beschreibung ihrer Länder. 1805. XX, 430.
Negro, Fl. (S. Amer.) XI, 225.
Neidenau, Amtskellerei. (Leiningen) Ertrag. XVIII, 375.
Neidenburg, L. und Br. XXXII, 77.
Neisse, Fürstenthum. — Charte vom Fürstenthum Neysse oder Grotkau etc. Neu bearbeitet von Sotz-

mann. Nürnberg, 1806. XXVIII, 246.
Neisse, (Oberschles.) Bevölkerung. XVII, 246.
Nekrolog, vergl. *Biograph. Notizen.*
Nemet - Ujhely, (Ungarn) Br. VIII, 451.
Nemours, die Brücke von, XVI, 250.
Nen, Fluſs. VI, 303.
Neocäsarea, s. Niksar.
Neouvielle, le grand Pec. Höhe. VIII, 338
Nepaul, Kgr. — Uebersicht des Kgr. Nepaul in Hindustan. Nach der Nachricht des Obrist *Kirkpatrik.* XLV, 319.
Nepean, Fl. (Neu-Süd-Walis) XI, 31. XLV, 18.
Ner, Fl. (Polen) XLI, 251.
Neresheim, (Schwab.) L. u. Br. XII, 486.
Nerike, (Schwed.) XXXV, 29.
Nertschinsk, Bergwerke zu, II, 72. XVIII, 376. — L. u. Br. XVI, 495. XLIX, 205.
Neschin, wichtiger Stapelort. (Ruſsl.) I, 197. — L. u. Br. XIX, 230.
Nesselrodt, Grafsch. Verlust im Lünevill. Frieden. IX, 52.
Neth, (Irland.) X, 404.
Nethen, Dept. der beiden, geogr. stat. Beschreibung. XXXI, 182.
Netz - District, — Flächeninhalt. VIII, 307.
— *- Kanal*, s. Bromberg.
Neu - Albion, II, 338.
— *- Archangel*, L. u. Br. XL, 301.
Neuberg, (Oesterr.) Gewehrfabrik. XVII, 112.
Neuburg, (an der Donau) L. u. Br. III, 164. XX, 115. 199.
Neuburger - See, (Schweiz) Höhe. VI, 270. X, 532.
Neu - Caledonien, Insel. I, 580. XXXV, 172. — L. u. Br. VI, 46.
Neu - Californien, — Auszug eines Briefs des Hrn. Dr. *Langsdorf*, an Hrn. Hofr. *Blumenbach* zu Göttingen. XXV, 477. — Missionen das. XL, 303.
Neuenburg, (Preuſs) L. u. Br. XXXII, 76.
— — (Schwab.) L. u. Br. XXXIII, 180.
Neufchatel u. *Valengin*, Fürstenthum.
Ch. R. — *J. F. d'Osterwald*, Carte de la Principauté de Neuchatel etc. 1811. XXXVII, 203.
V. N. — Statist. Notizen. (1813 u. 1814) XLVII, 122. — Bevölk. XXI, 475. (1803) XVII, 389. (1805) XIX, 125. (1809) XXXIII, 341. — neues Wappen. (1808) XXVI, 480. — Ortsbestimmungen. XXXVII, 205. — Höhenbestimmung. XXXVII, 204.
Neufchatel, Stadt. (Schweiz) L. u. Br VI, 268. X, 532.
Neufels, (Hohenlohe). XLVIII, 451.
Neu - Fundland, Insel.
B. R. — *Steele*, etc. siehe Ocean, atlant.
Neu Georgien, siehe Arsaciden - Insel.
— *- Guinea*, I, 580. XXXV, 165. — L. u. Br. VI, 48.
— *- Hebriden*, I, 580.
— *- Holland*, I, 580. II, 271. 332, 350. III, 364. X, 169. 369. XI, 147. 506. XIX,

164. XXI, 353. XXXV, 177. XXXVIII, 113.
Neu - Holland
A. — Auszug aus d. neuesten officiellen Berichte von Capit. Baudin's Entdeckungsreise. XII, 424. 504.
C. *Bertuch*, Ueber die Resultate d. neuesten französischen Entdeckungsreise. XV, 52.
Coquebert - Montbret, Ueber eine Landchartenzeichnung v. einem Französischen Autor vor d. J. 1542 gefertigt, auf welcher sich schon das Continent von Neu - Holland befindet, das nach der gewöhnlichen Meinung erst ein Jahrhundert später entdeckt wurde. XV, 149. vergl. XI, 506.
Fr. Metz, Ueber den ersten Entdecker von Neu-Holland. XXI, 3.
Riedlé, Bericht üb. Baudin's Eentdeckungsreise. XI, 146. XII, 373.
Ch. R. — *Barbié du Bocage*, Notiz über einen alten handschriftl. See - Atlas, aus der Biblioth. d. Herz. von Benevent. XXIV, 315.
V. N. — Des Mineralogen *Bailly* Brief aus Neuholland. XII, 377.
Rosily, Bericht über d. Erweiterung der geogr. Kenntnifs von Neuholland. XLI, 113.
Ueber die neuentdeckte Bafs'sstrafse in Neuholland. (M. 1 Ch.) VI, 535.
— Neueste Entdeckungen im Innern von Neuholland. 1816. XLIX, 117. 483.
— Urbewohner, von Neuholland. XLV, 47. — Areal. L, 342. — Erweiterung der Kunde von Neu-Holland. XLV, 247. — Ortsbestimmungen auf der Küste. XXI, 315. XLV, 217. — Berichtigung von *Zach's* monatl. Correspondenz. (1807) XXIV, 365. — Verschiedene Stämme d. Bewohner. II, 358.
Neu - Irland, L. u. Br. VI, 47.
Neukirch, Voigtei. (Baden, XLVII, 229.
— — (Schwaben) L. u. Br. XXXII, 202.
— — (Kgl. Sächs. Voigtland.) Instrumenten Handel. IX, 284.
Neu - Mark, siehe Mark, Neu-
Neumarkt, (Tyrol) Höhe. IV, 167.
Neu - Mexico, XXXVI, 439.
— - *Orleans*, (in Luisiana) XII, 644. XVIII, 490. — L. und Br. XIII, 437. XXIII, 501. — Haven. XI, 382. XIII, 114.
A. — *Baily*, Nachricht von Neu - Orleans. XIII, 437.
V. N. — Abtretung an die vereinigten Staaten von N. America. XII, 121. — Neuer Staat von Neu-Orleans. (1810) XL, 118,
Neu - Öttingen, III, 174. IV, 364.
— - *Philadelphia*, (Nord-Amer.) XIII, 116.
— - *Ruppin*, Bevölkerung, Einkünfte u. Häuserzahl. IX, 349.
— - *Savu*, Insel. L. u. Br. VI, 49.
Neuschlofs, Minderherrsch. Charte davon. vgl. Oels.

Neu-Seeland, Insel. XXXV, 174.
B. R. — *Dav. Collin's*, An account etc. siehe Neu-Süd-Walis.
John Savage's, Some of New-Zeeland, particularly of the Bai of Islands and the adjacent country. 1807. XLI, 165.
Neu-Sohl, (Ungarn) weibl. Erziehungsanstalt. X, 277.
— — -*Spanien*, oder Alt-Mexico. Vgl. Span. America. — Ortsbestimmungen. XXI, 155. — Höhenmessungen. XXXI, 162.
B. R. — *A. de Humboldt's* Essai politique sur le Royaume de la Nouvelle-Espagne. XXVIII, 195. 317. 438. XXXI, 154. Dasselbe Teutsch bearbeitet von Alex. v. Humboldt. 1810. XXXIV, 75.
Ch. R. — *A. de Humboldt*, Carte générale du Royaume de la Nouvelle-Espagne, 1804. XXXI, 333.
J. B. Boirson, Carte du Mexique et des pays limitrophes au Nord et a l'Est, dressée d'après le grande Carte de la Nouvelle-Espagne, par A. de Humboldt. 1811. XXXVIII, 474
Neustadt, Amt. (Grafsch. Ruppin) IX, 352.
— — (Baiern) L. u. Br. XX, 199.
— — (an der Dossa) Seigerhütte. XVIII, 106.
— — (N. Ostpr.) L. u. Br. X, 392 XI, 336.
— — (Ober Schles.) Bevölkerung. XVII, 246.
— — (Oesterr.) XV, 80. — L. und Br. VI, 518. XV, 30.
Ch. R. — *Fr. W. Streit*, Plan etc. vergl. Wien.
Neustadt, (Westpr.) L. u. Br. XVI, 102.
— — -*Gödens*, (Oldenb.) L. u. Br. XV, 493. XXIX, 455.
Neu-Süd-Walis, X, 367. 369. XIX, 163. L, 344. — Engl. Colon. II, 350. — Bevölk. d. Colon. XI, 38.
A. — Amtlicher Bericht u. andere weitere Privat-Nachr. über die Entdeckungen im Innern von Neu-Süd-Walis, vergl. XLIX, 117. 483.
Bemerkungen üb. Neu-Süd-Walis, von ein. Engl. Officier. XXXVII, 377. XXXIX, 152. XLV, 3.
B. R. — *Dav. Collin's*, An account of the Engl. colony in New-South-Wales, with some particulars of New-Zeeland. II, 349. XI, 27.
James Grant, The Narrative of a Voyage of Discoverie performed etc. in the Y. 1800 — 1802. to New-South-Wales. London, 1803. XXI, 311.
Mann, The present Picture of etc. 1811. XLIII, 184.
Ch. R. — *Flinders*, Observations etc. siehe Vandiemensland.
Neutra, Dioces (Ungarn) Bevölk. X, 280.
— — L. u Br. XXI, 213.
Neuwerk, an der Nordsee. L. u. Br. XI, 723.
Nevado de Tolucke, (N. Span.) Höhe des. XXIII, 497.
Newa, Fl. I, 303.
Newark, od. Niagara. (Ob. Canada) VI, 308. XXXIII, 23. — L. u. Br. VI, 317.

Newcastle, Baronie (Irland) X, 403.
— — Stadt, an der Tyne. (Engl.) Bevölk. IX, 57. XI, 413. — Steinkohlenbergwerke. I, 424. XXI, 216.
New-Haven, L. u. Br. II, 394.
New-Year's Harbour, (in Staterland) II, 415.
New-York, Staat. XXI, 630. — Statist. Nachr. XXXVI, 378. — neue Strafse. XXIV, 363.
B. R. — *Tiedemann*, Reise etc. siehe Pensylvanien.
V. N. — *St. John de Crevecoeur*, Voyage dans la haute Pensylvanie et dans l'Etat New-York. Paris, 1811. VII, 469.
New-York, Stadt. XIII, 115. — L. u. Br. II, 399. VII, 457. XXIII, 501. — Academie d. schönen Künste. XV, 385. XVI, 125.
Neybe, (auf St. Domingo) IX, 242. 246. 251.
Niagara, Stadt. s. Newark.
— — Strom. IV, 16. 18. VI, 308.
Nicäa, XLVI, 9.
Nicaragua-See, I, 87.
Nice, Bevölk. VII, 145.
Nicobarische Inseln.
A. — *J. G. Hänsel*, Nachr. über die Nicobar. Inseln. XLVIII, 377.
B. R. — *Prahl*, de Nicobariske Oers etc. der gegenwärtige Zustand der Nicobarischen Inseln, und Nutzen für den Dänischen Handel sie zu bevölkern. 1804. XXXVII, 74.
Nicomedia, od. Isnik-mid. XLVI, 7.
Nicopolis, II, 57.
Nicosia, L. u. Br. XLVIII, 438.
Nicotera, (Ital.) III, 505.
Nida, Fluss. (Polen) XL, 278.
Niederbauen, (Schweiz) Höhe. X, 395.
Niederlande.
B. R. — *S. G. Böttiger*, A. geograph. histor. and pol. descript. of etc. VIII, 313.
Ch. R. — *Chauchard*, A general map of etc. Lond. 1800. VIII, 250.
Gilly, Specialcharte von den 7 Prov. der vereinigten Niederlande, nebst den Generalitäts-Landen. Nürnberg, V, 97.
V. N. — *C. Fox*, Reisen nach den Niederlanden u. Frankreich 1810. XLII, 118 — Innere Schifffahrt. IV, 290. — Geographische Veränderungen. (1809 bis 1815) XLIX, 164.
Niederlande, Königreich der vereinigten.
Ch. R. — Interimscharte von dem Königreiche der Niederlande, nebst dem Königl. Preuss. Grofsherzogth. Niederrhein etc. Weimar, 1815. XLVII, 238.
Nieuwe algemeene Kaart der vereenigte Nederlanden etc. verrykst met alle Post en andere groote Wegen en de afstanden der onderscheidne Poststations. Amsterdam, 1814. XLVIII, 80. vgl. XXXVIII, 234.
V. N. — *C. F. Weiland*, Topograph. milit. Charte des Königr. der Niederlande, in 36 Sect. 1815. XLVI, 384.

Statist. Tabelle (1815) XLIX, 167. — Budjet der Staats-Ausgaben. (1815) XLV, 373. — Finanzverhältnisse. (1816) XLIX, 124.
Nieder-Oesterreich, siehe Oesterreich, Erzherzogthum.
Niederrhein, s. Rhein.
Niemirow, Flecken. (Polen) L. u. Br. XIII, 107. XIX, 227. XXI, 329.
Niesenberg, der, Höhe. VI, 264.
Nieuport, L. u. Br. XVIII, 284.
Niger, s. Joliba.
Nigritien.
Ch. R. — vergl. Senegambien.
Niklowitz, (Mähren) L. u. Br. XXII, 72.
Nikolajew, (Krim) IX, 358. — L. u. Br. XIX, 232.
Nikolaiken, (Preufs.) L. u. Br. XX, 207.
Nikolsk, L. u. Br. XVIII. 286. XIX, 228. XX, 353.
Niksar, oder Neocäsarea. XLVI, 13.
Nil, III, 54. 146. IV, 507. V, 89.
A. — *Mälus*, Beschreibung einer Reise auf dem Tanitischen Arme des Nils. V, 513.
V. N. — Quellen des —, von *J. Bruce*, besucht. III, 106. — seine 7 Arme und Mündungen. V, 493. — seine verschiedenen Arme im Lande Senaar. XII, 542. — Wiederauffind. des alten Tanitischen Nilarms. V, 494. Mündung desselben. s. Camm-Faredische.
Nil-Messer, XLIII, 329. — *Girard*, Untersuchung üb. den Nilmesser zu Elephantine und über die Elle der alten Aegypter. X, 362.
Nil-Thal, XLI, 308.
Nimen, *Flufs.*
A. — Kurze Beschreibung des Nimen- oder Memel-Flusses von seinem Ursprunge bis Grodno. Zur Prüfung d. bisher erschienenen Charten von Polen. etc. XII, 311.
Nimmersatt, L. u. Br. XIII, 373.
Nimwegen, Bevölker. XIII, 29.
Ninypo, L. u. Br. VII, 184.
Nio, ehem. Jos, Ins. VIII, 222.
Nion, L. u. Br. VI, 268. — Handel. XIX, 254.
Niphon, L. u. Br. II, 37, VII, 262.
Nischegorod, oder Nischnei-Nowgorod. XX, 228. — L. u. Br. XXXV, 71. XLI, 210. XLV, 371. — Handel. I, 298.
— — Statthalterschaft. V, 58. XX, 226. 234.
Nischmi-Mdinsk, (Sibir.) XX, 348. — L. und Br. XXXV, 71. XLV, 372.
Nisida, Ins. III, 366.
Nismes, Bevölk. VII, 145. XL, 425.
Nitria, Wüste von V, 261.
Njudsche, oder Kin. I, 139.
Niwawaara, XLV, 451.
Nivellement, vergl. Höhenmessung.
A. — *Tralles*, Ueber Nivellement. I, 273.
B. R. — *Dupain Triell*, La géographie perfectionnée par des nouvelles methodes de nivellemens. 2eme Edit. 1804. XIV, 245. XVI, 319.

V. N. — *Busson Desoars*, Essai sur le Nivellem. 1805. XX, 376.
Nizza, XVI, 332. — L. und Br. VII, 42. IX, 263.
Noba, Land. (inn. Afrika) XII, 549.
Nola, Bevölk. III, 369.
Nombre du Dios.
B. R. — Vergl. Paraguay.
Nona, (Dalmat.) XI, 696.
Nooheewa, oder Ingraham, Federal-Island, Adams-Island, eine von d. neuen Marqueras-Insel. I, 134.
Noor, (Schwed.) L. u. Br. XVI, 248. 249.
Noorabad, (Ind.) XVIII, 181.
Noore, d. Haven v. Skielskiör. III, 128.
Noortwyk, L. u. Br. XI, 658.
Nora, (Schwed.) L. u. Br. X, 116.
Norbärke, (Schwed.) L. u. Br. X, 116.
Nordamerica, siehe America, Nord-,
Nordcap, L. u. Br. XL, 74. 342.
B. R. — *A. F. Skjöldebrand*, Voyage pittoresque au Cap Nord. 1801. nouv. edit, 1805. XVIII, 167.
V. N. — Graf *Bodmar's* Reise durch Norwegen bis an das Nordcap. XLIII, 262.
Norden, Depart. des. oder Flandern. Geogr. statist. Beschreib. XXXI, 455.
— — Stadt. (Ostfriesl.) XII, 260.
Nordenburg, (Preufs.) L. u. Br. XVII, 342.
Norderney, Insel. IV, 527. XI, 514. XIII, 166.
A. — *Heinmeyer*, Bemerkungen über d. Insel Norderney. XIII, 129.
Nordhausen, L. u. Br. XXII, 468.
Nordhäusisches Gebiet.
Ch. R. — Vergl. Eichsfeld.
Nordlanden, Bevölk. XVIII, 375.
Nordlingen, (Schwab.) L. u. Br. XIII. 483. XIV, 225. — Bevölkerung. XVI, 357. XXXI, 309.
Nordmoor, (Ostfriesl.) XI, 514.
Nordpol, magnetischer — Bestimmung seiner Abweichung vom arctischen Pol. I, 127.
Nordsee, Ebbe und Fluth. II, 129.
Ch. R. — *Reinke*, Charte von einem Theile d. Nordsee, des Elbstroms, der Mündung der Weser etc. 1798. III, 612. (1802) XI, 721.
Specialcharte der Küstenländer der Nordsee, an den Mündungen der Weser, Jahde und Elbe, nebst Umgebungen der vormaligen Hanseestädte Hamburg, Lübek u. Bremen. etc. Weimar, 1811. 8 Bl. XXXIV, 204.
Nordsee-Wasser, specif. Schwere desselben. XIII, 167.
Nore, Rhede von, (Engl.) VIII, 382.
Norfolk, Grafschaft.
Ch. R. — *Th. Donald*, A topograph. map. of the county of Norfolk, by W. Faden. Lond. 1797. VI, 81.
Norfolk, Insel. XIX, 164. XXXV, 177. — Bevölker. XI, 38. — Sternwarte. II, 351.
B. R. — *Turnbull*, Voyage etc. XIX, 160.

Norfolk-Sund, XL, 302.
Norköping, (Schwed.) VIII, 401. — L. u. Br. XL, 342. XLIII, 479.
Normandie, — Tableau général de commerce continental et maritime des Dept. de la Seine inferieure, de l'Eure, du Calvados, de l'Orne et de la Marche. 1802. X, 68.
Norrtelge, (Schwed.) L. u. Br. XVI. 249. XLIII, 479.
North-Foreland, (Ob. Canada) VI, 312.
Norton-Sund, II, 61.
Norwegen, (vgl. Dänemark, Schweden und Skandinavien.) XII. 777. XXXVI, 194. XXXVIII, 341.
A. — *J. W. Hornemann*, Fragmentarische Bemerkungen auf einer Reise in Norwegen, im Sommer. 1807. XXXIII, 116.
B. R. — *L. v. Bach*, Reise durch Norwegen u. Lappland. 2 Bde. 1810 XXXIII, 409.
de Jong, Reizen nar de Kap de Goede Hoop, Jerland en Norwegen, etc. XI, 217. XII, 344.
Küttner, Reise durch Teutschland etc. VIII, 389.
Ch. R. — Küsten-Charten, aufgenommen unter Leitung des Hrn. v. Löwenörn. (1798) XI, 725. 726. vergl. III, 552. — Franz. Nachstich hiervon. Paris, 1812. XLI, 124.
C. J. Pantoppidan, Det sydliche Norwegeetc. 2 Bl. 1785. IV, 429. — d. nördl. Norw. 1 Bl. 1795. IV, 429.
V. N. — *Swinton*, Voyage en Norwege, en Danemark et en Russie, dans les ann. 1788—1791. Paris, 1801. VIII, 458.
V. N. — Stiftung einer neuen Kögl. Dänischen Universität in Norwegen, deren Dotation und Organisation. 1811. XXXVI, 245. — Landesmessung. III, 532. XXXVIII, 358. — Trigonometrische Vermessung. XI, 728. — Norwegische Bemerkungen der unterschiedenen Bergformen. XXXIII, 416. — Neue Eintheilung. 1815. XLVII, 121. — Statist. Notizen. 1814. XLVIII, 120. — Ortsbestimm. XI, 732. XXXII, 492. XXXV, 477. — Bevölker. (1801) XI, 643. — Erd- und Wasserfälle. I, 546. — Flächeninhalt. IV, 429. — Ebbe u. Fluth. III, 121. 129.
Norwich, L, 58. — Bevölk. IX, 672. XI, 513. XIII, 64.
Notabile, (auf Malta) III, 594.
Notec, Fluſs. (Polen) XL, 264.
Novara, L. u. Br. II, 289. IX, 262
Novi, L. u. Br. XL, 229.
Noviomagus, oder Lisieux. XI, 102.
Nowogorod, XX, 220. — L. und Br. I, 264. XIX, 229. XXXII, 190. 259. — Handel. I, 299.
— — Gouvernement.
Ch. R. — *Widbrecht's* Charte vom Gouvernem. Nowogorod. I 263
Nowogorod-Sewerskoy, L. u. Br. II, 62.
— — — Gouvernement.
Ch. R. — Vergl. Ruſsland. II, 62.

Noya, Flufs. (Span.) XI, 277.
Nubien, XLI, 187.
A. — (*Et. Quatrèmere.*) Nachrichten über Nubien und einigen benachbarten Ländern. XL, 409.
Nuddeah, am Baugrutti. XI, 250.
Nueba Féracruz, L. u. Br. II, 394.
Nukahiva, oder Heinrich Martins - Insel. XVI, 354. XXXIII, 33. — Besitznahme im Namen der verein. N. Americ. Staaten. XLIV, 436.
A. — Die Insel Nukahiwa, die vorzüglichste d. Washingtoninseln im grofsen südl. Ocean etc. XXXIII, 254, XXXIV, 3.
Numidien, III, 581.
Nürnberg, L. und Br. XIV, 224. 225. XXV, 464 XLVIII, 440. — Höhe. IX, 19. — Verlust durch Abtretung. IX, 526. — Gebiet der Stadt. XII, 261.
B R. — *J. F. Roth*, Nürnbergs neueste Beschreibung und Verfassung etc. 1813. XLVIII, 439.
Ch. R. — *J. L. Späth*, Charte von Nürnberg, trigonometrisch aufgenommen. Nürnberg, 1809. XXV, 464.
Nürtingen, L. u. Br. I, 289. 408. II, 435. VII, 431. XL, 325.
Nutation, III, 494.
Nutka, II, 338.
Nutka - Indianer, XV, 296.
Nutka - Sund, L. und Br. VIII, 154. 193. IX, 456.
Nutschik, oder Port Etches. (auf der N. W. Küste auf America) II, 346.
Nya Kopparberg, (Schwed.) L. u. Br. X, 116.
Nyköping, XLVI, 214. — L. u. Br. XXXIX, 107. XL, 342. XLIII, 479.
Nyland, Hauptmannschaft.
Ch. R. — *Hällström*, Charte der Hauptmannschaft Nyland, Tavastehus und Kymmegård. 1798. VIII, 532.
Nymphi, Ebne von, XI, 134.
Nyslott, (im Russ. Sawolax) L. und Br. X, 100. XIX, 228.
Nystad, III, 521.

O.

Oakhamton, (Engl.) XXI, 204.
Oasen, IX, 440. — die kleine. VII, 388.
A. — *Fourier*, Ueber die Oasen. VI, 30.
Ob, Flufs. II, 65. XX, 343.
Oban, (Schottl.) V, 551.
Oberalp, (Schweiz) Höhe. X, 257.
Ober - Alpstock, der, Höhe. X, 397.
Oberammergau, (Baiern.) XI, 608.
Oberdorf, (Schwab.) L. u. Br. XX, 115.
Oberndorf, (Schwab.) L. u. Br. XII. 486.
Obernsees, Heil u. Wunder- oder Ruprechtsbrunnen, bei, XL, 401.
Obersachsen, siehe Sachsen, Ober-
Obra, Flufs. (Polen) XL, 261.

Oceanna, (Span.) L. u. Br. XXXV, 71.

Ocean, Atlantischer.

B. R. — *Deuber*, Geschichte der Schiffahrt auf dem Atlantischen Ocean etc. 1814. XLVII, 193.

Durand, Voyage au Senegal, ou mémoire histor. philosoph. et polit. sur les decouverts, les établissemens, les commerce des Européens dans les mers de l'Ocean atlantique etc. T. I et II. 1802. XI, 593.

Steele, A tour through Part of the atlantio, or Recollections from Madeira (or Western - Isles) and Newfoundland (1809) 1811. XL, 287. vergleiche XXXIV, 436.

Ocean, grosser, stiller oder das Süd - Meer, die Süd-See. XXXV, 48. vergl. Australien.

A. — *Buache*, Ueber die Entdeckungen, welche im grossen Ocean oder Süd-Meere zu machen sind. III, 329.

Buache, Bemerkungen über die Existenz gewisser wenig bekannter Inseln, in dem Theile des grossen Oceans, der zwischen Japan und Californien liegt. Mit Anmerkungen von *Sotzmann*. IX, 485.

B. R. — *W. R. Broughton*, A voyage of Discovery to the pacific Ocean; in which the coast of Asia from the latitude of 35° north to the lat. of 52° North, the Island of *Insu* (commonly known under the name of the land of *Jessó*) the North, South and East Coast of Japan, the *Lechieux* and the adjacent Isles, as will as the coast of *Corea*, have been examimed and surveyed. (1795 bis 1798) 1804. XV, 186.

B. R. — *J. Cotnett*, Voyage to the South - Atlantic and round cape Horne, into the Pacif-Ocean, for the purpose of extending the Spermaceti whale Fisheries etc. (mit 6 Charten v. *Arrowsmith*) II, 413.

A Missionary Voyage to the Southern pacific Ocean, performed in the Y. 1796 bis 1798. the Ship *Daff*, command. by Capt. *Wilson*. Lond. 1794. Mit 13 Kupfern u. Charten. V, 223.

De la Peyrouse, Descouvertes dans la mer du Sud (unächt!) I, 565. vergl. I, 482.

Turnbull, Reisen. XVII, 118. XIX, 103.

von Zimmermann, Australien etc. vergl. Australien.

Ch. R. — *Sam. Gretheat*, A mercators Chart of the Islands within 2000 miles of Otaheite. Publish by *W. Faden* 1797. II, 248.

D. F. Sotzmann, Charte des grossen Oceans, gewöhnlich das Süd - Meer genannt, nebst allen neuesten Entdeckungen in Australien. Hamburg, 1810. XXXV, 212.

V. N. — Verzeichniss astronomisch bestimmt. Inseln

des grofsen Oceans. XVIII, 289. — Plan zur Verbindung der Südsee mit dem Atlant. Meere. I, 87. — Neue Entdeckungen einer Inselgruppe in dem grossen stillen Ocean. XXIV, 232. — American. Ansiedelungen im grofsen Ocean. XLIX. 246.

Ocean, nordöstlicher oder das Nordmeer.

A. — *Blumenbach*, Nachricht von der Russischen Entdeckungs - Reise im nordöstl. Weltmeere. (unter *Billings* u. *Sarytschew*) I, 525. vergl. I, 164. II, 364.

Nachricht von *Sarytschew's* Reise in das Nordmeer zw. Asien u. America. (Ein Auszug aus d. Originalwerke.) XVI, 407. (vergl. XVI, 117.) XVII, 155. 435.

B. R. — *Bernard de Reste*, Histoire des Pêches, des découvertes et des établissements des Hollandois dans les mers du Nord. Paris, 1801. 3 Bde. VIII, 239.

Gawrila Sarytschew's achtjährige Reise im nordöstlichen Sibirien, auf d. Eismeere u. dem nordöstl. Ocean. A. d. Russ. übers., von *H. Busse*. 1. Th. 1805. XVIII, 47. vergl. XXXVII, 373.

Sauer, Account of a geogr. and astron. Expedit to the northern Parts of Russia etc. perfordned by Commod. *Jos. Billings*, in the Y. 1785 to 1794. London, 1802. X, 125. vergl. X, 365.

Ch. R. — *A. Arrowsmith*, Chart of the Straith between Asien and America, with the coasts of the Tschutski, laid down from the astronom. Observations made in Joy Sea during the Years 1789 to 1798.

V. N. — Voyage fait par ordre etc. dans le Nord de la Russie Asiatique, dans la mer glaciale, dans la mer d'Anadyr, et sur les côtes de l'Amerique, depuis 1785 jusqu'en 1794, par le Commodore *Billings*, rédigé par M. *Sauer*, et traduit de l'Anglois avec des notes par *J. Castera*. X, 365.

Ueber die neue Russ. Charte des nördl. stillen Kamtschatkaischen und Ochotskischen Meere. XV, 391.

Ochantsk, (Rufs.) Eisen- u. Kupferhämmer. XX, 329.

Ochotsk, II, 59. — L. u. Br. VII, 175. X, 65. 129. XXVI, 353.

Ochsenhausen, Fürstenth. XII, 383. — Ertrag. XVIII, 375.

— — Stadt. L. u. Br. II, 182. XXXII, 201. — *P. Basil Perger's* Nachrichten über die dortige Sternwarte. II, 180.

Ochsenhoven, Berg. III, 208.

Ochsenkopf, (auf dem Fichtelgebirge) Höhe. XLIX, 39.

Oczakow, s. Otschakow.

Ödenburg, (Ungarn) weibl. Erziehungsanstalt. X, 277. — Steinkohlenbergwerke. XX, 124.

Ch. R. — *F. W. Streit*, Gegend von etc. vergl. Wien.

Odensee, (auf Fünen) L. u. Br. IX, 178.
Odensholm, (Liefl.) L. u. B. IX, 178.
Odenwald, III, 168.
B. R. — *Schreiber*, Taschenbuch etc. XL, 435. vergl. Rhein.
Ch. R. — *H. Haas*, Specialcharte von dem Odenwald, dem Bauland und einem Theil des Spessart's, nebst den angränzend. Ländern am Rhein u. Neckar; reduzirt u. gezeichnet von *Meister*. Darmstadt, 1808. XXIX, 393.
H. Haas, Situations-Charte etc. vergl. Rhein.
Odessa, IX, 360. XII, 384. XIX, 250. XX, 283. — L. u. Br. XIX, 232.
Oelot's, die, oder Kalmükken. I, 142.
Oerholm, bei Kopenhagen. Papierfabrik. XVII, 505.
Ofen, L. I, 289. II, 435. 509. III, 569. IV, 236. 320. 395. XI, 143. XVIII, 285. XL, 229. — Br. XL, 229. — *v. Lipsky*, Plan d. beiden Königl. freien Städte Ungarns: Ofen und Pesth, nebst *v. Schedius* genauer Beschreibung dieser Städte. XI, 120.
Ofen-Fluh, Höhe. X, 398.
Offenbach, Bevölker. XVI, 357. XXIV, 96.
Offenburg, L. und Br. XL, 325.
Offingen, Mark- (Schwab.) L. u. Br. XIII, 483.
Oggulin, L. u. Br. XL, 229.
Oginsky'scher Graben. I, 463. II, 66.
Ohio, Fl. II, 378. XIII, 450 XV, 308.
Ohio, Staat. (N. Americ.) XVIII, 490. — Bevölker. XVII, 505.
Ohiwaoa, ehem. Dominik. Insel. L. XXXIII, 32.
Ohlau, (Oberschl.) Bevölk. XVII, 246.
Ohlstadt, Dorf. (Baiern) Wetzsteine. XI, 607.
Oise, Dept. des — statist. geograph. Beschreibung. XLIII, 194.
Oka, Fluſs. II, 60.
Okaneger, die, am Marrawinafluſs. XVI, 371.
Oker, Dept. der (Kgr. Westphalen) Gröſse u. Bevölk. XLI, 74.
Öl, das.
A. — *Kries*, Einige Bemerkungen über Otto's Aufsatz etc. III, 242.
J. Fr. W. Otto, Das Öl, ein Mittel, die Wogen d. Meeres zu besänftigen. II, 516. 572.
Öland, Insel. III, 525.
Olbersdorf, Minderherrsch. Charte dav. vergl. Troppau u. Jägerndorf.
Oldenburg, Herzogthum.
B. R. — *H. Potter*, Reise etc. vergl. Holland.
Ch. R. — *C. F. Mentz*, Charte von dem Herzogthume Oldenburg. Nach der trigonom. u. topogr. Vermessung desselben etc. nördliches Reich. 1803. XV, 491.
Specialcharte d. Groſsherzogthums Oldenburg, nach seiner neuesten äusseren u. inneren Begränzung abgetheilt. Weimar, 1816. L, 231.
V. N. — Trigonometr. Vermessung. III, 577. IV, xvi.

356. 524. — Areal. XLI, 339. — Geograph. Veränderungen. (1809 — 1815.) XLIX, 159.
Oldenburg, Stadt. L. u. Br. I, 67. IV, xxr, XV, 493.
Oldersum, L. u. Br. XXIX, 455.
Oldisleben, Amt. (Thüring.) Wohnhäuser u. Bevölker. XLI, 81.
Oleron, Insel. L, 69.
Oletzko, (N. Ostpr.) L. u. Br. X, 391. XIV, 234.
Oliastra, (Sard.) III, 151. 153.
Oliena, (Sard.) III, 150.
Olkusk, L. u. Br. XV, 81.
Olmütz, L. u. Br. XXI, 72.
Ololay, (Sard.) III, 151.
Olonek, II, 60.
Olonez, I, 258. — L. u. Br. XIX, 229.
— Statthalterschaft. Ch. R. s. Rufsland. I, 258.
Öls, Fürstenthum. — *J. W. Weiland*, Charte von dem Fürstenth. Öls, nebst d. Fürstenth. Trachenberg, der freien Standesherrsch. Militsch, Wartenberg u. Goschütz, der Herrsch. Festenberg und der freien Minderherrschaften Neuschlofs, Tulan u. Freihan, oder der Öls-Bernstädtische, Öls-Trehnitzische, Militsche u. Wartembergische Kreis. Verbessert von *Schubart* u. umgearbeitet v. *Sotzmann*. Nürnberg, 1803. XXX, 98.
Olyta, (N. Ostpr.) L. u. Br. X, 392.
Om, Flufs. (Sibirien) XX, 312.
Ombas, am Nil. XLI, 301.
Omel - musk, L. und Br. XLVIII, 437.
Omercuntuk, (Ind.) XXI, 192.
Omm - Farediche, Mündung des alten Tanitischen Nilarms. V, 494. — L. u. Br. VII, 160.
Omozah, (Afr.) VI, 456.
Onega, L. u. Br. XVIII, 286.
Onega - See, I, 259.
Onor, Haven. V, 19.
Ontario - See, L. u. Br. VI, 317.
A. — Nachricht über die neue Colonie des Capit. Williamson am See Ontario in N. Amerika. V, 113.
Oporto. IX, 39. XIII, 203.
Oppeln, (Oberschles.) Bevölker. XVII, 246.
Oppeln'sche Kreis. (Schles.) I, 108.
Oppido, (Ital.) III, 505.
Opslo, (Norw.) Alaunwerk. XXXVI, 196.
Oran, (Afr.) III, 582. IV, 119. — L. VII, 437.
Oran, am Rio Vermejo. (S. Amer.) XII, 587.
Orange - Flufs, (Afr.) XXII, 150. 154. 297. L, 193.
Oranienburg, (Grfsch. Ruppin) IX, 353.
Oranisten, Sclaven im Algier'schen. IV, 120.
Orbet, (Aegypten) V, 518.
Orden, siehe Ritterorden.
Örebro, (Schweden.) VIII, 398. XXXV, 27. — L. u. Br. X, 116. XVI, 249. XLIII, 479.
Öregrund, L. u. Br. XXXIX, 107. XLIII, 479.
Orel, Gouvernement. Ch. R. — Vergl. Rufsland. II, 62.
Orel, Stadt. II, 62. — Handel. I, 297.
Orenburg, I, 161. — L. und Br. II, 65. VII, 175. XIX, 237. XXVI, 353. XLI, 210.

Orsa, L. und Br. XIV, 91.
Orient.
A. — Das oriental. Museum zu Gotha. XXXV, 137.
B. R. — Fundgruben des Orients, bearbeitet von einer Gesellschaft v. Liebhabern. Wien, 1809. (1. Heft.) XXXII, 171. (2. u. 3. Heft.) XXXV, 440. (4. Heft.) XXXVI, 450. (vergleiche XXXII, 207.) XLIV, 415. (2. Bd.) XLV, 336. (3. Bd. 1813.) XLV, 57. (4. Bd. 1814.) XLIII, 457.
Paulus, Sammlung der merkwürd. Reisen in den Orient. 5. Th. 1799. 6. Th. 1801. X, 138.
Rinek, Neue Sammlung der Reisen nach dem Orient. 1. Th. 1801. X, 142.
Schiltberger's aus München, Reise in d. Orient und wunderbare Begebenheiten. Herausg. von *A. J. Penzel*. 1814. XLIX, 341.
Orinoco, Fluss. X, 170. XXI, 154. XXXVIII, 287. — Mündung. L. IX, 394. — Nächtl. Scenen am Orinokoflufs, beschrieben u. abgebildet. XXII, 112.
Oristano, (Sard.) III, 150. 158.
Orixa, Küste.
B. R. — *D'Haafner*, Reize etc. vergl. Coromandel.
Orkadische, oder Orkney-Inseln.
B. R. — *H. Barry*, The History of the Orkney-Islands etc. London, 1805. XXII, 424. vergl. XVIII, 218.
Ch. R. — Carte des Iles Orcades et de la côte nord d'Ecosse etc. Reduite des plans de Mackenzie et publiée par Ordre du Contre-Admiral *Decrès* etc. 1804. XIV, 494.
Orleans, Bevölk. VII, 145. XL, 425.
Orne, Dept. der, *J. B. Biot*, Relation d'un Voyage fait dans le Dept. de l'Orne, pour constater la réalité d'un météore observé à l'Aigle, le 20 Florial, an 11. XII, 490. — Geograph. stat. Beschreibung. XLIV, 82.
Ornös, (Schwed.) Zufluchtsort Gustav Wasa's. XXXV, 254.
Oroolong, oder Orulong, Insel. L. u. Br. VII, 265. VIII, 155.
Oros, II, 52.
Orsk, L. u. Br. VII, 175.
Orskaja, L. u. Br. XIX, 237.
Orsowa, alt. L. u. Br. IV, 278. 534. VII, 436. 557. XV, 80. XVI, 94. XXVI, 468.
— neu, L. u. Br. XL, 229. XLI, 205.
Ost, Grafschaft. (Oesterr.) Bevölker. XXXV, 349.
Ortele, Höhe. IV, 418.
Ortelsburg, L. und Br. III, 407. XX, 207.
Ortenau, XII, 519.
Ortenburg, Grafschaft. XIII, 519.
Orthes, (Frankr.) L. VIII, 516.
Ortlerspitze, (im Vintschgau) Höhe. XVI, 123. 337. XVII, 187. XVIII, 494. — L. u. Br. XVI, 337.
Ortsbestimmung, siehe Längen- und Breitenbestimmungen.

Ortsbestimmungen, Sammlung von, siehe die verschiednen Länder und vergleiche XXV, 367. XXXIII, 350.
Orvieto, (Ital.) XX, 470.
Osagen, die, XXXVI, 435.
A. — Dr. *J. L. Mitshill's* Nachrichten üb. die Osages, ein südlich von dem Missuri lebendes Nord-Americanisches Volk. XL, 35.
Osby, (Schwed.) L. u. Br. XVI, 249.
Ösel, Prov. s. Arensburg'schen Kreis.
Osjablikowo, (Rufsl.) XX, 226.
Osmanisches Reich, siehe Türkei.
Osnabrück, Fürstenthum. — *Ruhkopf*. Einige Nachr. von dem Fürstenth. Osnabrück. XIII, 377.
— — Stadt, I, 671. XIII, 378. — Br. VII, 431.
Osseten, die, XLVI, 97.
Ossetien, XLVI, 93.
Ostachkow, od. Ostaschkoff, (Russl.) L. u. Br. XXXII, 199. 259.
Ostcap, II, 61.
Osten, Grafsch. Verlust im Lüneviller Frieden. IX, 52.
Österby, (Schweden) VIII, 400.
Östergötland.
Ch. R. — *Hermelin* u. *Hallström*, Karta öfver Oestergötland. 1810. XXXIX, 228.
Osterhosen, (Baiern) L. u. Br. XX, 199.
Oster-Insel, III, 342. XXXV, 167.
Osterode, L. u. Br. XVII, 214.
Österreich, Erzherzogthum oder Nieder-Oesterreich.
B. R. — *v. Enzenberg*, Beleuchtung von Sartori's Reise etc. XL, 467.
J. F. Kleyle, Rückerinnerungen an eine Reise in Oesterreich u. Steyermark, im J. 1810. Wien, 1814. XLVII, 80.
Kumpf, Kritische Andeutungen etc. zu Sartori's Reise etc. XL, 468.
Sartori, Neueste Reise durch Oesterreich ob- u. unter der Enns, Salzburg, Berchtesgaden, Kärnthen und Steyermark etc. 1811. XL, 448.
J. A. Schultes, Reisen durch Ober-Oesterreich, in den Jahren 1794. 1795. 1803. 1804 und 1808. II. Th. 1809. XXXV, 342.
Ch. R. — Charte des Erzherzogth. Oesterreich ob und unter der Enns, astronomisch und trigonometrisch vermessen etc. vom K.K. Generalquartiermeisterstab in 8 Sect. XLVII, 94.
Ed. v. Greipel, Neueste Generalcharte des Erzherzogth. Oesterreich ob der Enns, nach der verbesserten Bormischen Projection etc. Linz, 1809. XXIX, 93.
F. Jaillot, Neueste Postcharte d. Erzherzogthums Oesterreich ob und unter der Enns mit den angränzenden Ländern.' XXVII, 338.
Freih. v. Liechtenstern, Atlas vom Lande unter d. Enns. 4 Bl. — Enthaltend

das Viertel unter d. Wienerwalde, ob dem Wienerwald, unter d. Manhartsberg u. ob dem Manhartsberg. 1803 und 1804. XVII, 350. 351.

Ch. R. — *Freih. von Liechtenstern*, Erzherzogthum Oesterreich unter d. Enns. 1802. XII, 91. 649.

Mannert, Das Erzherz. Oesterreich, nebst d. Herzogth. Steyermark, Kärnthen u. Krain, mit der gefürsteten Grafsch. Tyrol und Vorarlberg. Landen. Nürnberg, 1815. XLIX, 94.

L. Schmidt, Neueste Charte des Erzherzogth. Oesterreich ob und unter der Enns, eingetheilt in 8 Viertel, sammt dem Innviertel u. der Grafschaft Neuburg, mit angemerkten Poststationen. Wien, 1800. VI, 515.

Desselben Charte von d. Erzherzogth. Oesterreich ob und unter der Enns in 6 Sect. etc. Weimar, 1812. XL, 97. XLIV, 234.

Topograph. milit. Atlas von Nieder - und Inner-Oesterreich, in 27 Blätt. Weimar, 1813. XLI, 211.

G. Winkler, Das Erzherzogth. Nieder-Oesterreich, unter und ob der Enns — nach v. Liechtensterns Angabe u. Entwurf. 12 Bl. 1810. XXXII, 472. XXXIII, 94.

V. N. — Tabelle von Längen und Breiten verschiedener Orte. XII, 96. — Liste von Höhenmessungen. XLVII, 216. — Flächeninhalt u. Volksmenge (1800). XXII, 484. Detaillirte Bevölkerungs-Liste. (1810) XXXIV, 336. Bevölkerung. (1813) XLVI, 267. 268.

Österreich, Kreis. – Geogr. Veränder. (1802) XI, 164. (1803) XIII, 113.

Ch. R. — Der ehemalige Österr. Kreis für d. Bürgerschulen-Atlas nach d. Wiener Frieden berichtigt. XXX, 388.

C. Mannert, Der Österr. Kreis ohne Vorlande, nach astronom. Beobacht. und den vorzügl. Specialcharten. Nürnberg, 1800. VII, 461.

Topograph. militär. Atlas von Nieder- u. Inner-Österreich, in 27 Bl. Weimar, 1813. XLI, 211.

Österreich. Monarchie.

B. R. — *André*, Neueste geogr. stat. Beschreibung des Kaiserthums Österreich. Mit 6 Charten und 2 Grundriss. 1813. XLIII, 348.

J. C. Bisinger, General-Statistik d. Österr. Kaiserthums. Wien, 1807. XXVII, 90.

G. Hassel, Statist. Abriss des Österr. Kaiserth. nach seinen neuest polit. Beziehungen. Nürnberg und Leipzig, 1807. XXIV, 194.

Jos. Rorer, Abriss der westl. Provinzen d. Österr. Staats. 1804. XVII, 182.

Desselben, Versuch über die Teutschen Bewohner d. Österr. Monarchie. 1804. XVI, 167.

Österreich. Monarchie.

B. R. — *C. G. Rumi*, Geograph. statist. Wörterbuch d. Österr. Kaiserstaats etc. Wien, 1809. XXXII, 287.

D. Fr. Sartori, Länder- und Völkermerkwürdigk. des Österr. Kaiserthums. 4 Th. XXXII, 292.

M. de Serres, Voyage en Autriche, ou Essai statistique et géograph. de cet Empire etc. Avec une Carte phys. des coups de nivellement et divers tableaux comparatifs sur l'étendue et la population de l'Autriche. 1814. XLIX, 180.

E. T. v. Uklenski, Briefe etc. vergl, Polen.

Ch. R. — Allg. Charte des Kaiserth. Oesterr. 1816. Wien. XLIX, 466.

Atlas des Oesterr. Kaiserthums. Wien, 1805. XXII, 471.

Charte des Kanals, welcher in drei Hauptabtheil. von Wien bis Raab gebaut wird. XXVII, 33.

Charte d. Oesterreichischen Monarchie für den *Gaspari'schen* grofsen Atlas und für d. verkleinerten Hand- oder Bürgerschulen-Atlas, nach den Wiener Frieden berichtigt. XXX, 386.

Kindermann, Atlas der Oesterr. Monarchie. in 38 Blätt., nebst 16 stat. Tab. XI, 632. XV, 78. XVI, 335. XVII, 344.

Kipferling, Oesterreich. Post- u. Reise-Atlas etc. (1 General- u. 16 Special-Charten) 1804. XVI, 227.

Ch. R. — *v. Liechtenstern*, Die Oesterreich. Erbmonarchie, nach ihrem Zustande unmittelbar nach dem Frieden von Lüneville. Wien, 1802. XI, 229. — Dieselbe nach ihrem gegenwärtig. Zustande mit vorzügl. Rücksicht auf ihre physische Beschaffenheit etc. gezeichnet von *Wüstinger*. Wien, 1806. XXI, 442.

v. Liechtenstern, Der Oesterreich. Kaiserstaat etc. (in 30 Bl. und einem kleinen Uebersichtstableau in Taschenformat). Wien, 1810. XXXII, 470. XXXIII, 94.

Desselben Charte des westl. Oesterreichs, nämlich der Böhmischen Länder und der Nieder- und Inner-Oesterreichischen Provinzen mit Salzburg etc. XXVIII, 476.

C. Mannert, Charte der Oesterr. Monarchie. Nürnberg, 1806. XXV, 226.

C. Maré, Charte von etc. siehe Rufsland.

Postcharte sämmtl. K. K, Teutsch und Ungarischer Erbländer. 1802. XII, 358. — Postcharte sämmtl. K. und K. K. Oesterr. Staaten mit dem gröfsten Theile von Teutschland. Wien, bei Artaria. 1805. XVIII, 217.

L. Späth, Generalcharte von den Kaiserl. Oesterr. Erbstaaten etc. 1804. XXI. 442.

Fr. W. Streit, *M. Hastl*, Charte der Oesterr. Monarchie und der angränz.

Österreich, Monarchie.

Länder, entworfen vom *Freih. von Liechtenstern*. Wien, 1809. XXIX, 232. XXXIV, 313. Neue Aufl. 1815. XLIX, 462.

Versuch einer Uebersicht der neueren vorzüglsten Landcharten der Oesterreichischen Monarchie. XII, 738.

V. N. — Grofse neue topograph. Charte von d. Oesterreich. Monarchie in 360 Blätt.; aufgenommen vom K. K. Generalquartiermeisterstabe. (1810) XXXIII, 346. XXXV, 245.

Ueber den Zustand der Künste und Wissenschaften in dem Oesterreichischen Kaiserstaate. in allgem. Uebersicht. XLIX, 494.

Statist. Tabelle für das Jahr 1800. VII, 24. (1801) IX, 120. (1802) XI, 193. (1803) XIII, 37. (1804) XVI, 31. (1805) XIX, 36. 281. (1808) XXVIII, 121. (1815) XLIX, 26. — Statist. Tab. der westl. Provinzen (nach Rohrer) XVII, 184.

Bevölkerung. XI, 231. (1810) XXXII, 37. — Bevölkerung d. K. K. Oesterreich. Militär. Gränze. (1812) XLVI, 272.

Flächeninhalt. XI, 231. XXII, 482.

K. K. Armee - Bestand. (1804) XIV, 516. — Neue Organisation der Armee, 1805. XVIII, 252. — Armeebestand. 1814. XLVI, 134.

V. N. — Geograph. Veränderungen in d. J. 1799 u. 1800. VII, 16. (1801) IX, 108. (1802) XI, 175. (1803) XIII, 23. (1804) XVI, 11. (1805) XIX, 12. (1806) XXII, 40. (1807) XXV, 30. (1808) XXVIII, 119. (1809 bis 1815) XLIX, 20. — Verlust im Lüneviller Frieden. IX, 50. Veränder. durch den Prefsburger Frieden. (1805) XIX, 281. — Vergleichungstafel des Zustandes von Oesterreich vor und nach dem Prefsburger Frieden. XX, 67. — Verlust durch den Wiener Frieden vom 14. Oct. 1809. XXX, 390. — Oesterreich. Acquisitionen. (1815) XLVIII, 249. 251.

Endliches Schicksal der Wiener Bankozettel. (1810) XXXIV, 429. XXXV, 240. 486. — Aufhebung d. Sequesters zwischen Oesterreich u. Frankreich, wegen der Güter der gegenseitig. Unterthanen. (1810) XXXIV, 103. — Zeitungen in den Oesterr. Staaten. XXXVIII, 116. — Erste eiserne Brücke (Louisenbrücke) im Oesterr. Kaiserstaate. XLIII, 266. — Rang der Hauptstädte in der Oesterr. Monarchie nach der Volksmenge derselben. XVIII, 249. — Erklärung des Kais. Oesterr. Wappens, nebst Abbild. XXVI, 104. — Innere Schffahrt. IV, 292. 306. — Theehandel. I, 187.

Ortsbestimmungen. XXXVIII, 486.

Oestersund, (Schweden.) XXXV, 288.
Ostfriesen, Patriotismus der, IV, 528.
Ostfriesland, XIII, 150.
Ch. R. — *W. Camp*, *Bünnik* und *van der Linden*. Neue geogr. Specialcharte von dem Fürstenth Ostfriesland und Harlingerland, nach geometr. und trigonometr. Vermessungen etc. (gestochen von *Jättnig*). Berlin, 1804. XXI, 447. — Dieselbe Charte gestoch. von *Baarsel*. Amsterdam, 1801. XXI, 448.
G. E. F. Seidel, Charte vom Depart. Ostfriesland nach Le Coq, W. Camp; Bünnik und van der Linden. Nürnb. 1808. XXIX, 453.
V. N. — Landesvermessung. IV, 358. 536. — Ortsbestimmungen. XXI, 452. — Treckfahrts - Canal zwischen Emden u. Wittmund. IV, 527. XIII, 121. XXI, 455. — Bevölker. XVIII, 381. XX, 485. XXI, 454. — Vorzüglichste Producte u. Nahrungsquellen. XI, 513. XII, 111. 260. — Innere Schiffahrt. XIII, 121.
Östhammar, L. u. Br. XLIII, 479.
Ost - Hampton, (auf Long-Island) L. u. Br. II, 394.
Ostia, Neu-, (Ital.) XXI, 240.
Ost - Indien, siehe Indien.
Ostsee, Ebbe und Fluth. III, 124. — Seecharten von der, III, 535. — Specifische Schwere d. Ostseewassers. XIII, 167.
Oswego, L. u. Br. VI, 317.
Osweigatchie, VI, 247.
Otaheiti, II, 333. V, 225. 230. X, 350. 367. XIX, 165.
A. — Neueste Nachrichten aus Otaheiti. (1803) XII, 525. XV, 115.
V. N. — Neueste Nachrichten vom Zustand d. Engl. Mission auf Otaheite. (1798) VI, 365.
Missionsberichte. XV, 382. XXXI, 234. XLV, 116. — Neuigkeiten aus — XXXVIII, 117.
Ottenstein, Berg. Höhe. X, 422. XI, 49.
Otterstein, Berg. (Schles.) XI, 49.
Otter- oder Schlangenköpfchen, oder Cauris, als Scheidemünze gebraucht. II, 158.
Otterndorf, L. und Br. XI, 723.
Ötting, (Baiern) XI, 611.
— — Neuen, (Baiern) L. u. Br. XX, 109.
Öttingen, (Schwab.) L. u. Br. XIII, 483.
Öttingen - Baldern, Grafsch. — Verlust im Lüneviller Frieden. IX, 51.
Ottochaz, L. u. Br. XL, 229.
Otschakow, od. Oczakow. L. u. Br. XIX, 232. — Ausfuhr. (1794) I, 197. — Steppe von — XIX, 249.
Ouardan, am Nil. V, 263.
Ouchy, (Schweiz) Handel. XIX, 254.
Oudewater, L. und Br. XI, 658.
Oudipoor, oder Mewar. Landschaft. (Ostind.) XIX, 323.
Oujein, oder Awinti (Ind.) L. u. Br. XVIII, 183.
Ourcq, Kanal. (bei Paris) XIII, 119. XIV, 348.

Ourga, Kuree. (Chin. Tatarei) L. u. Br. XLIX, 205.
Ouschda, L. u. Br. XLVIII, 437.
Oustrellotchnoi, L. und Br. XLIX, 205.
Oveca, Fluſs. (Island) X, 406.
Owachi, Insel. XXXV, 63. XXXIX, 71.
Owhere, oder Warri. Kgr. (Afr.) XI, 20.
Owighée, od. Owhygee, tritt unter Groſsbrit. Schutz. II, 340. 345.
Oxford, III, 624, IV, 318. — L. u Br. II, 510, IX, 523.
Oxhöft, L. u, Br. XVI, 102.
Oxoi, II, 55.
Oxyrimchus, (Aegypten) X, 465.
Ozail, Wasserfall bei, IV, 299. 302.

P

Pacoscz, L. u. Br. XXXII, 77.
Paderborn, L. u. Br. IV, 163. XXXV, 71.
Padua, L. I, 289. II, 506. 512. 515. IV, 315. 454. — L. u. Br. XI, 142. XIII, 356. XV, 80. XVI, 336. — Bevölk. XL, 426. — *H. Antonius*, VIII, 425.
Pagode von *Schalambron*, XXXIII, 382. — von *Tirkangy*, XXXIII, 380. — von *Trivikaret*, XXXIII, 375.
Pagoden, die *sieben*, XXX, 46.
A. — *Fr. v. Dalberg*, die sieben Pogoden, XXXII, 3.
Pagon, Ins. XXI, 274.
Pahtawara, (Lappland) Br. XII, 253.
Paisley, Bevölk. XI, 413. — Manufact. XXII, 488.
Paläopolis, II, 57. X, 232.
Palästina.
A. — *Bruns*, Erläuterung der Geogr. von Palästina, aus dem Berichte d. Franz. Generals *Alex. Berthier*. V, 295.
V. N. — Palestine - Association in London. XX, 484. — XXXV, 369.
Palechi, *Palis*, *Paläa*. II, 55.
Palermo, XX, 471. — L. u. Br. I, 280. IV, 256. VIII, 315. IX, 60. XIII. 358.
Palicaudsherry, (Ind.) V, 36.
Palloonshah, (Ind.) XXI, 194.
Palmas, See. III, 151.
Palmyra.
A. — *Rommel*, Ueber den Namen der Stadt Palmyra. XX, 427.
— — neu entdeckte Insel, (1802) L. u. Br. XVIII, 487.
Pampas-Indianer, (S. America) X, 298.
Pamperos, Wind in S. Amer. X, 298.
Pamplona, *L.* u. Br. XL, 487.
Pan de Mantanzas, auf Cuba. L. u. Br. II, 394.
Panama, Durchgraben der Erdenge. II, 97.
Panis, die. XXXVI, 437.
Pannipat, (Ostind.) XIX, 186.
Pantalaria, s. Ventotena.
Panticapäum, IX, 149.
Papenburg.
A. — *Seetzen* u. *Heinmeyer*, Bemerk. über Papenburg. IV, 193.
Paphos, L. u. Br. XLVIII, 438.

Pappenheim, Grafsch. vergl. Eichstädt.
Papyrus - Rolle des Herrn Cadet zu Paris. XXI, 253.
Paradies.
A. — *Rommel*, Ueber den Sitz des Mosaischen Paradieses u. d. Sündfluth. XX, 257.
V. N. — *v. Hammer*, Ueber das Paradies des Alten des Berges. XLV, 82.
Paraguantan, neues Färbeholz aus Guyana. II, 484.
Paraguay, II, 378. XXII, 94.
B. R. *J. C. Davie*, Letters from Paraguay, describiny the settlements of *Montevideo* and *Buenos - Ayrer*, the presidencies of Riojo Minor, Nombre de Dios, St. Marie and St. John etc. Lond. 1805. XXII, 326.
V. N. — Tabellar. Uebersicht der Volksmenge, XXIX, 184.
Ortsbestimm. XXIX, 184.
Parallaxen - Berechnung. I, 69.
Parallel - Kreise, elliptische, I, 480. III, 96.
Paramaribo, Mission daselbst. XVI, 360.
Paramatta, (Neu - Süd - Wales) II, 357. X, 368. XLV, 11.
Paramo di Chinguasa, Höhe. X, 211.
Parcos, (Span. Amer.) III, 69.
Parga, (Albanien) II, 54. 58. VI, 76. VII, 21. X, 232.
Parias, (Hindostan) I, 511.
Paris, XX, 471. — L. u. Br. II, 550. III, 99. 521. IV, 41. XXXII, 41.
B. R. — *Bugge's* Reise, s. Frankreich.
Cuvier et Alex. Brogniard, Essai sur la Géographie mineralogique des environs de Paris, avec une Carte geognostique et des coups de terrain. 1811. XXXVIII, 71.
Maire, La Topographie de Paris, ou Plan detaillé de la ville de Paris et de ses fauxbourgs, composé de vingt feuilles, d'un Tableau d'assemplaye etc. 1808. XXXI, 57. vgl. XIV, 380.
W. Shepherd, Paris in 1802 and in 1814. London. XLVII, 189.
De la Tynna, Dictionn. topograph. étymolog. et histor. des rues de Paris. 1813. Mit einem Grundrisse von Paris. XLI, 285.
Van der Willigen, Parys in den Aanvang van de negentiende Eeuw etc. 1806. XXXI, 57.
Ch. R. Carte topographique des environs de Paris en 4 feuilles. Paris 1813. XLIII, 373.
Joh. Lantz, Plan der Stadt Paris mit ihren umliegenden Gegenden. 1805. XIX, 381.
Ch. Picquet, Plan routier de la ville de Paris et de ses fouxbourgs etc. 1804. XIX, 378.
— — Plan géometrique de la ville de Paris 1815. Mit einer Tabelle: Table alphabet. des Rues, Ruelles etc. XLIX, 384.
Nouveau Plan routier de Paris et de ses fauxbourgs etc. Paris 1808. XXVII, 211.
V. N. — *J. Scott*, Paris revisited in 1815, by Way of Brussels. XLIX, 482. — Bevölk. und Gröfse, VII,

Paris.
145. XVII, 113. XVIII, 125. XL, 425. XLII, 116. — Kirchenliste (1812) XL, 42. XLII, 116. — Consumtion, XVII, 391. XVIII, 125. XX, 471. — Fabriken. XXXVI, 72. — Feuerspritzenanstalten, XX, 467. — Gemälde-Ausstellung, II, 387. — Genovevenkirche, XXIX, 133. — Hospitäler, IX, 88. — Wohlthätigkeitsanstalten, XX, 467. — Taubstummen-Institut, XXII, 113.
d. Julian. Bäder. XVIII, 380. — Verschönerung v. Paris. (1804) XIV, 514.
Abweichung und Neigung d. Magnetnadel, III, 97. 191.
Dépôt de la marine, III, 294.
Versuche über das Sinken des *Panthéon*, II, 386.
Sternwarte, Geschichte ihrer Entstehung. I, 31. — Instrumente, I, 611. II, 76. 174. 252.
Parma, Herzogthum.
V. N. — Bevölkerung und Flächeninhalt. XVIII, 122. XXVI, 387.
Organisation d. Parmesanischen Staaten 1804. XIV, 251.
Geogr. Veränder. (1799 1800) VII, 14. (1801) IX, 206. (1802) XI, 186. (1806) XXII, 51. (1809-1815) XLIX, 271.
Parma, Stadt. L. u. Br. II, 290. XIII, 357. — Bevölk. XL, 425.
Paros, Ins. VIII, 223.
Parow, Berg. XLV, 67.
Parret, Fl. (Engl.) VI, 501.
Partine, Dorf am schwarzen Meere. XII, 189.
Partine, Fluss. XII. 188.
Pasco (Span. Amer.) III, 73.
Pas de Calais, s. Kanal.
— — Departement.
Geogr. statist. Beschr. XXXVII, 411.
Pasigraphie.
V. N. *De Memieu*, Erfinder; dessen Vorlesungen. I, 486.
Pasagen - Instrument, III, 271. 421.
Passau, Stift, Fürstenth. vergl. *Salzburg*, Kurfürstenthum
B. R. *v. Seyfried*, Statist. Nachrichten etc. XVI, 446. s. Stift.
— — Stadt. XI, 643. — L. u. Br. XV, 80. XX, 200.
Pass Lueg, (Salzb.) Höhe. II, 168.
Pasto, (S. Amer.) XII, 381.
Patagonien, II, 415.
Patanen, s. Afghanen.
Patia - Thal, (Süd-America) XII, 381.
Patmos, Insel. XV, 72.
Patna, am Ganges. XI, 248.
Patras, *Patrasso*, L. I, 125. III, 165. VII, 556.
Patrixfiord, (Atlant. Ocean) L. XXIV, 423.
Patti della Marina, (Sicil.) XXI, 96.
Patti della Montagna, (Sicilien) XXI. 96.
Pau, (in den Franz. Pyrenäen) VIII, 516. XII, 775.
Paulograd, (Russl.) L. u. Br. XXII. 100.
Pavia, L. u. Br. II, 290. IX, 262. XIII, 356.
Paxo und Anti - Paxo, II. 53 VI, 76. XLIX, 119. — s. Levante.

Payerne. L. u. Br. VI, 268.
Peach, Insel. VI, 314.
Peer, L. u. Br. XVIII, 284.
Pegu, VI, 156. — L. u. Br. VII, 181. IX, 259.
B. R. — *Symes*, über die Stadt Pegu und den Tempel Schoemadu Praw. V, 526.
Peine, L. und Br. XVI, 444. XVII, 214.
Peissenberg, der, L. u. Br. IX, 18. — Höhe. IX, 19. XI, 609,
Peitz, Herrschaft. — siehe Cottbus.
Peking, I, 570. L. u. Br. VII, 184.
Pe - La, weisses Chinesisches. Wachs. II, 135.
Pelasger, III, 191.
Pelew - Inseln, III, 103. 340. XXXV, 161. — L. u. Br. VII, 265.
B. R. — *J. P. Hockin*, A supplem. to the account of Pelew-Islands etc. 1803. XVI, 126. XVII, 374.
V. N. — *Wilson*, Beschr. d. Pelew-Inseln. Neue Aufl. XII, 770.
Pella, (S. Afr.) L, 194.
Pello, (Lappl.) III, 547. IV, 98. XXXIII. 435. — L. u. Br. XXXV, 71. XLV, 452.
— — Gradmessung bei, siehe Lappland.
Peloponnes, s. Morea.
Pelusium, Aegypten. V, 508.
Pembo, (inn. Afr.) II, 559.
Penasco, auf der Insel Sombrero) L. u. Br. II, 400.
Pendel, Anziehung desselb. vom Meere. III, 191.
Pendel - Uhr, nach Decimalzeit v. Seyffert. II, 191.
Peneus, Fl. XXXIV, 55.
Pénipé, (Amer.) Strickbrücke bei, XLII, 440.
Penna de Orduña, (Span.) III, 232.
Penobscot, (N. Amer.) Bay, Leuchtthurm. XII, 768.
Pensa, V, 60. — L. u. Br. II, 62.
Pensi'sche Statthalterschaft, V, 58.
Ch. R. — Charte von etc. II, 62.
Pensylvanien.
B. R. — Reise im Ober-Pensylvanien u. im Staate Neu-York. Aus d. Franz. übersetzt u. mit Anmerk. begleitet von D. *Tiedemann*. Berlin, 1802. X, 326.
V. N. — *John de Crevecoeur*, Voyage dans la haute Pensylvanie et dans l'état de New-York. Paris, 1801. VII, 469
Plan, die Chesapeak-Bay mit dem Delaware durch einen Kanal zu verbinden. XII, 768.
Perecop, (Taurien) L. u. Br. II, 32. XII. 481. XIX, 232.
Pergamo, XXXIV. 45 L. u. Br. II, 463. XXXIV, 46.
Perigueux, (Frankr.) L. u. Br. XXXV, 71.
Perinaldo, L. u. Br. II, 512. IV, 318. 502. IX, 263. 519. XIII, 358.
Perlfischerei am Tay, I, 426.
Perlmuscheln, Künstl. Behandlung bei den Chinesen. I, 427.
Perm, Gouvernement.
Ch. R. — Charte etc. I, 266.
Perm, Stadt. XX, 330. — L. u. Br. I, 266. XXXV, 71. XLI, 210. XLV, 371.
Pernau, (Liefl.) L. u. B. IX, 540. XXXIX, 107.

Perpignan, III, 28. 282. — L. IV, 153.

Perro, (Kl. Antille) L. u. Br. II, 400.

Persepolis, Istachar. X, 436.

Persien, XIII, 517. XVI, 23. XIX, 30. vergl. Sheeraz, Beludschistan u. Cabul.

Cl. v. Hablitzl, Beschreibung des Persischen Wardischspiels; einer öffentlichen Gymnastik dieses Volks. V, 46.

Ueber die neue Kunde von Persien. XXVIII, 276.

Kurze Nachricht v. d. neuesten Zustande von Persien. (1804) XIV, 291. XVII, 126.

Nachrichten über Persien und Kl. Asien. Aus dem Franz. v. *M. Müller*. Leipz. 1808. XXV, 211.

Auszug eines Schreibens des Dr. *Salvatori*, Arztes bei der Franz. Gesandtschaft nach Persien, an den Dr. *Careno* in Wien. XLVI, 3.

B. R. — Voyage du Clieval *Chardin*, en Perse et autres lieux de l'Orientale etc. Nouv. Edit. par L. Langlès. 1811. XL, 307. vergl. XXXV, 370.

Fr. v. Dalberg, Scheik Mohammud Fani's Dabistan, oder von der Religion der ältesten Parsen. Aus der Persischen Urschrift von Sir *Francis Gladwin* in's Engl., und aus diesem in's Teutsche übersetzt. Aschaffenburg, 1809. XXVII, 433.

Persien.

B. R. — *Frank*, (Othmar) Persien und Chili, als Pole der phys. Erdbreite u. Leitpunkte zur Kenntniss d. Erde. 1813. XLIII, 361.

Journal d'un Voyage dans la Turquie d'Asie, et la Perse, fait en 1807 et 1808. Paris, 1809. XXVIII, 182.

Morier, Voyage en Perse en Araménie, en Asie mineure et à Constantinople (1808 et 1809). Enrichi de 24 planches — et d'une Carte des pays situés entre Chyraz et Constantinople. Traduit de l'Anglois. Suivi: 1) d'un mémoire sur *Trebizonde* par Beauchamp; 2) d'un Voyage de l'Inde à Chyraz, par le Golfe Persique etc. traduit de l'Anglois de *Scott - Wareng* et 3) de l'Itinéraire inedit d'un Voyage en Perse par Constantinople et l'Asie mineure. 1813. III T. XLV, 197.

G. A. Olivier, Reise durch Persien und Klein Asien. Aus d. Franz. von *M. Müller*. Leipzig, 1808. XXV, 211.

E. F. Warings, Esq. Reise nach *Sheeraz*, auf dem Wege von *Kazroon* nach *Feerozabat* etc. Nebst der Geschichte Persiens vom Tode des Khureem-Khan bis zum Umsturz der Zund-Dynastie. (A. d. Engl.) Rudolstadt, 1808. XXVII, 162.

Persien.

Ch. R. — *Aarowsmith*, Asia. VII, 177.

V. N. — Auszug aus einem Brief aus *Tehrau*, vom 1. Januar 1808. XXVII, 239.

Malcolm's neues Werk über Persien. XL, 240.

Sir *Pusely's* neueste Notiz über Persien. XLVIII, 493.

Desselben literar. Notizen über etc. XL, 240.

Desselben Reise in Persien. XLIII, 261.

Auszug aus *Rousseau's* Tagebuch einer Reise nach Persien über Bagdad. XLV, 62.

Wirkungen der Engl. Bibelgesellschaft in Persien. XLV, 480.

Persische Gebräuche u. Sitten. XLIX, 477.

Etwas von der Gesch. Persiens. XLVI, 38.

Polit. Zustand (1806). XXII, 61. (1808) XXVIII, 131. (1810) XL, 314.

Geogr. Veränd. (1809 bis 1815) XLIX, 406.

Perth, Bevölk. XI, 413.

Peru, XXII, 91. 93.

B. R. — *A. Z. Helm's*, (Span. Hüttendirector). Tagebuch einer Reise durch Peru. 1788. III, 57.

E. A. Schmidt, Peru nach seinem gegenwärtigen Zustand dargestellt, aus dem Mercurio Peruano. 2 Th. Aus der Span. Urschrift übersetzt. Herausgegeben von *F. J. Ber-*

Peru.

tuch. Weimar, 1808. XXVI, 431. vergl. XXX, 330.

B. R. — *Joh. Skinner*, The present state of Peru, comprising its Geography, Topography etc. The whole drawn from original and authentic documents etc. 1805. XX, 163. vergl. XXII, 108.

Ch. Weyland, Peru nach seinem gegenwärtigen Zustande dargestellt aus dem Mercurio Peruano. 1. Th. Bearbeitet nach *Skinner's* Egl. Auszug. Weimar 1807. (Nebst einer Charte vom Laufe des *Huallaga* und des *Ucayali* und von der *Parupa del Sacramento*). XXIII, 213.

V. N. — Voyages au Perou, faits dans les années 1791 à 1794 par les P. P. Manuel Sabreviela et *Narcisso y Barcelo* etc. publiée à Landres en 1805. par *Skinner* etc. Paris, XXX, 330.

Officieller Bericht über den Zustand des *Bergwesens* im Jahr 1793. XLIX, 505.

Piaster - Ausfuhr nach Spanien. I, 86. — Bewohner. XXII, 93.

Peshawer, XLIX, 171.

Pesth, siehe Ofen.

Petau, L. u. Br. XV, 80.

Petersberg, bei Mastricht. II, 378.

Petersburg, siehe St. Petersburg.

Peterwardein, L. u. Br. XV, 83. XVII, 94. XL, 229.
Petroisk, (Rufsl.) V, 61.
Petrosawodsk, (Rufsl.) L. u. Br. I, 259. XIX, 228.
Peutingers Tafel, XXIX, 510.
V. N. — *Buache*, Bemerk. über die alte Röm. Reisecharte, gewöhnl. Peutingers-Tafel genannt, und über die Geogr. des Anonymus von Ravenna. IX, 373.
Peso de Ragna, (Portug.) IX, 41.
Pfaffenhofen, (Baiern) L. u. Br. XX, 200.
Pfalz, Ober-, VIII, 127.
B. R. — *Joh. von Destouches*, Statist. Beschreib. der Oberpfalz, nebst einem chronolog. Ueberblick der Oberpfälz. Geschichte und der statist. Beschreibung der Stadt Amberg. XXXV, 186.
Pfalzbaiern, s. Baiern.
Pfalzdorf, Colonie von Pfalzdorf im Roer-Dept. XXXVI, 494.
Pfandstock, der, Höhe. X, 398.
Pfullingen, (Schwaben) L. u. Br. XXXII, 201.
Phanogorüskaja, bei Tinutarakan. L. u. Br. XIX, 234.
Pharaûn. Ruinen von — auf der Dschibbel Scharah. XXXII, 117.
Phasis, Fluſs. XXXI, 146.
— — Stadt. XX 144.
Philae, Insel im Nil. X, 549, 652. XLI, 445. — L. u. Br. VII, 160.
Philadelphia, IV, 6. — L. und Br. I, 418. III, 161. XXI, 21. XXIII, 501. — schneller Anwachs. XXIII, 115.
A. — Kurze Geschichte u. Schilderung von Philadelphia. XXI, 20.
Philippinen, Insel. II, 45. XXXIII, 383. XXXV, 209.
B. R. — *M. Felix Renouard de Sainte-Croix*. Voyage etc. XXXV, 205.
Philippsthal, L. u. Br. II, 486.
Phokäa, XXXIV, 47.
Phokäer, die, XV, 269.
Piacenza, Land. (vergl. Parma.) — Bevölkerung. XVIII, 122. — Geogr. Veränderungen. (1802) XI, 186.
— — Stadt. L. u. Br. II, 290. IX, 262.
Pialopore, XI, 249.
Piasnicz, Bach. L. u. Br. (an der Mündung) XVI, 103.
Pic, *Pico*.
— de *Bergsons*, Höhe. VIII, 338.
— der *Fer*. (auf St. Miguel) XLVII, 56.
— de *Foco*, (auf der Azor. Insel St. Miguel) XLVII, 50.
— de *Lamanon*. XXI, 239.
— *Langlé*, L. u. Br. VII, 264.
— long. Höhe. VIII, 338.
— de *Midi*. (unweit dem Badcorte Bagnères an den Pyrenäen) X, 172. Höhe. XXXI, 441.
— de *Orizaba*, L. u. Br. II, 394. Höhe. II, 397. XXIII, 497.
— *Sargtscheff*, Höhe. XLIII 149.
— *Tarquins*, (auf Cuba) L. u. Br. II, 394.

Pic de Teyde, (auf Teneriffa) XXXIX, 65. Höhe. X, 169. 212. L, 72. 132. vulkan. Ausbruch. II, 558.
V. N. — *L. Cordier*, Reise auf den Pic von Teneriffa, (im Auszuge) XII, 494.
Pico, (Azorische Insel) XVI, 202. L. und Br. II, 395. VII, 438. — Höhe. II, 395.
Pichincha, (S. Amer.) Vulkan. XII, 256. 382.
Pickering, (Ob. Canada) VI, 303.
Pielisjärvi, (Carelen) L. u. Br. X, 99.
Piemont, III, 367. — vergl. Frankreich und Sardinien.
B. R. — *Breton* et *L. Brion*, Voyage en Piemont etc. 1803. XII, 733.
Denina, Géograph. etc. XII, 88. s. Sardinien.
Ch. R. — *Chanlaire et Herbin*, Tableau de la division des six nouveaux Departemens en Arrondiss. etc. avec 7 Cartes. 1803. XIII, 364.
V. N. — Charte von Piemont (im Franz. Kriegsdepot). XI, 12.
Aufnahme der Schlachtfelder in der 27. Militärdivision oder d. ehemal. Piemont. (im Französ. Kriegsdepot) XII, 700.
Bevölkerungsliste der 6 Depart. XIII, 365.
Eintheilung. (1805) XVIII, 87.
Statist. Uebersicht der 6 Piemont. Departs. XIII, 37.
Geogr. Veränd. (1799 u. 1800). VII, 13. (1801). IX, 105. (1802). XI, 185.
Pieterboth, Berg. III, 307.
Pilatus - Berg, (Schweiz). Höhe. VI, 264. X 395.
Pilica, *Pilca*, Fl. (Polen). XL, 273.
Pillau, (Preussen) Festung. VIII, 438. L. und Br. XII, 483.
— — *Alt-*, Störfang. VIII, 438.
Pillkallen, (Litthauen) L. u. Br. XII. 184.
Pillnitz, L. II. 511. 574.
Pilsen, (Böhmen) Br. I, 122.
Pimeloden, die, XXII 188.
Pinneberg, Probstei. Kirchenlist. (1814) L., 262.
Pines Spitze, (N Amer.) L. u. Br. IX, 455.
Pinsker Canal, in Litthauen, I, 463.
Piombino, Fürstenthum. Geogr. Veränder. (1802) XI. 187. (1805) XVII, 108. 388.
Pisa, L. u. Br. IV, 310. 502.
Pisania, (Afr.) I, 700. 706. II, 162.
Pisco, (Süd - Amer.) III, 344.
Pissevache, Wasserfall. XIII, 270.
Pistau, (Böhmen) Br. I, 122.
Pisuerca, Fl. IV, 36.
Piteå, (Schweden) L. u Br. XVI, 248. XIX, 22.
Piteå - Lappmark, XLV, 449.
Pitest, XX, 145.
Pittcairn, Insel, im grofsen Ocean.
A. — Eine neue Colonie auf Pittcairn-Insel. XLIX, 34.
V. N. — Nachrichten von einem Etablissement auf der bisher unbewohnten Insel Pittcairn. XXXIX, 350.

Pityus, XX, 145.
Pityusische Inseln, XXVI, 46. vergl. Balearische Inseln.
Piz Rufein, Berg. Höhe. XLII, 370.
Pizzo, (Ital.) III, 505.
Platzy - Kogel, IV, 418.
Plan - Blatten, Höhe. X, 396.
Planeten.
A. — Dr. *Burkhardt*, Ueber die Berechnung der Conjunctionen und Oppositionen der Planeten. I, 639. vergl. I, 678. IV, 438.
V. N. — Planetarium (neu erfundenes von *Espie*). XIII, 124. siehe Weltgebäude.
Pl. Attractionen (nach *La Place*). II, 177. — Pl. Bahnen. III, 270. 646.
Pl. Störungen. II, 553. — Unveränd. Ebene bei allen Störungen der Planeten. II, 257. — Störungs - Rechnungen. II, 256. 553.
Pl. Tafeln, untere, III, 575.
Planeten - Trabanten, Rotation und period. Umlauf. II, 565.
Planzeichnen, vergl. Situationszeichn., Aufnahme. (militärische).
B. R. — *J. G. Kämmerer*, Vorlegeblätter zu einem Unterricht im Planzeichnen, mit einer erklärenden Vorrede. 1809. XXXII, 293.
Plassey, am Baugrutti, XI, 250.
Platamona, See, III, 151.
Platte - Fluſs, der, (N. America) XXXIII, 357.
Pleskow, Gouvern. Bevölk. IV, 93.
Ch. R. — Charte etc. I, 264.
Pleskow, I, 264.
Pleſs, (Oberschlesien) Bevölk. XVII, 246.
Plettenberg, Grafsch. Verlust im Lüneviller Frieden. IX, 52.
Plock, XI, 339. L. u. Br. X, 392. XIII, 106.
Plymouth, XXI, 204. — L. u. Br. VIII, 69. — Bevölk. IX, 572. XI, 413. Rhede. VIII, 382.
Po, Fluſs. III, 363.
Französ. K. K. Decret. (1811) die Schiffahrt auf dem Po betreffend. XXXV, 241.
Po, Dept., Gröſse und Bevölk. XII, 736.
Podolien, vergl. Volhynien.
V. N. — *J. Potocki*, hist. ancienne du Gouvern. de Podolie 1805. XVI, 469.
Reischel, Apperçu général etc. und Tableau moderne etc. XVII, 120.
Eintheilung in Kreise. XIX, 230.
Poggy - Inseln, XVIII, 186.
A. — *J. Crisp*, Nachr. von den Einwohnern d. Poggy-Inseln b. Sumatra. XVIII, 411.
Pointe à Gravois. L. VII, 440.
— — *Jérémie*, L. VII, 440.
— — *aux Pins*, VI, 297. 313.
Poitiers, Bevölker. (1806) XL, 425.
Pol, *Nord* -, vergl. Nordpol.
Pola, (Istrien) XI, 686.
Polarland, nördliches.
A. — *Malte - Brun*, Ueber die Existenz eines nördl. Polarlandes. XXXVII, 129.

Polar-Meer, s. Meer.
Polar-Menschen, Asiatische, Kunstfertigkeit derselben. I, 530.
Polar-Stern, Beobacht. III, 177.
Polau, (Mähren) L. u. Br. XXI, 72.
Polder, II, 369.
Polen, vgl. *Preufsen*-Warschau. (Herzogthum).
A. — Kurze Beschr. des Niemen, von seinem Ursprung bis Grodno. Zur Prüfung der bisher erschienenen Charten von Polen etc. XII, 311.
B. R. — *v. Holsche*, Abrifs der Gesch. von Polen und Litthauen. XI, 315. — siehe Preufsen.
Polen, zur Zeit der zwei letzten Theilungen dieses Reichs, histor. statist. geograph. beschrieben etc. 1807. XXIII, 336.
E. T. v. Uklansky, Briefe über Polen, Oesterreich, Sachsen, Baiern, Italien, Etrurien, den Kirchenstaat u. Neapel, geschrieben auf einer Reise vom Monat Mai 1807 bis zum Mon. Febr. 1808. Nürnb. XXX, 70.
Ch. R. — Charte vom westl. Rufsland, ganz Polen und Preufsen, nebst dem angränzenden Schweden, Teutschland und den Oesterreich. Staaten. Nach der grofsen Charte von *Reymann* verkleinert. XXXIX, 448.
Theilung des Königr. *Polen*, in 4 Blätt. Berlin bei Schropp. I, 462.
Polen, in die dermaligen Besitzungen eingetheilt. Nach der vortreffl. Charte von Rizzi Zanoni. Wien, 1805. XXIV, 452.
Ch. R. — *Polens* Umwandlungen von 1772 bis 1802; und d. Herzogthum *Warschau*, errichtet und mit dem Königr. Sachsen verbunden, im Jahr 1807, so wie auch das Gebiet der Hansestadt *Danzig* etc. Leipzig. XXV, 467.
Güfsefeld, Charte v. Polen nach d. Friedenschlüssen zu Tilsit, am 9. Jul. 1807, und Schönbrunn am 14. Oct. 1809, abgetheilt, vermehrt u. berichtigt im J. 1812. Weimar, XXXIX, 335.
Haas, Carte des Partages de la Pologne en 1772, 1793 et 1795. I, 107.
Knittel's neue militär. Situations- u. Postcharte von Polen und Preufsen. Nürnberg, 1812. XXXIX, 348.
Mars, Charte etc. XL, 337. s. Rufsland.
Mentelle et *Chanlaire*, Carte de la Pologne et de la Partie de Russie d'Europe, comprise entre Wilna, Moscou et St. Petersbourg. 1812. XLV, 223.
A. P. H. Nordmann, Charte des vormal. ganzen Königr. Polen, nach seiner dermal. Eintheil. etc. Wien, 1813. XLI, 91.
Sotzmann, Charte von den Königr. Polen, Galizien und dem Grofsherz. Posen etc. Berlin, (1815). XLVIII, 85. (in 16 Bl.)
Desselben, Polen nach dem Frieden zu Tilsit 1807 begränzt. XXVI, 354.

Streit und *Weiland*, Topogr. milit. Charte, in 54 Blätt. 1816. L, 239.

V. N. — Nachr. von einer neuen hydrograph. Charte von Polen. XXX, 328.

Münzwesen (1815) XLIX, 116. — Viehhandel. XXIV, 365.

Regeneration. (1812) XXXIX, 125.

Polen, in Rufsland. I, 202. 305.

Polhöhenbestimmung, siehe Längen - und Breitenbestimmungen.

Polino, Insel. VIII, 223.

Pollingen, L. u. Br. IV, 319. 502. VII, 431. — Kloster. XI, 607.

Polota, Flufs. II, 62.

Polotsk, Gouvernement.

Ch. R. — Charte von etc. II, 62.

Polotsk, L. II, 62. — Handel. I, 299.

Polynesien, s. Australien.

Ueber die Benennung Polynesien XXXV, 48.

Pommern, III, 86.

B. R. — *S. W. Brüggemann*, Beiträge zur ausführlichen Beschreibung des Königl. Preufs. Herzogth. Vor- u. Hinter-Pommern. Stettin, 1800. XXIII, 323.

H. C. F. von Pachebel, Beiträge z. näheren Kenntnifs der Schwed. Pommer'schen Staats-Verfassung, als Supplementband zur Gadebuscheschen Staatskunde von Schwedisch-Pommern. Berlin, 1802. X, 414.

Fr. Rühs, Pommersche Denkwürdigkeiten. 1. Bd. 1802. XII, 461. 720.

J. F. Zöllner's Reise durch Pommern nach der Insel Rügen, und einen Theil des Herzogth. Meklenburg, im J. 1795. Mit Kupf. und Tab. II, 234.

Ch. R. — *F. B. Engelhardt*, Charte von dem Königl. Preufs. Herzogth. Vor- u. Hinter - Pommern, in 2 Sect. 1811. XLIII, 225.

Güssefeld, Charte etc. XLVIII, 338. s. Brandenburg.

Sotzmann, Charte etc. 1800. VIII, 343. siehe *Sachsen*.

V. N. — Topograph. milit. Atlas von dem Herzogth. Pommern, Schwed. und Preufs. Antheils, in 20 Bl. Weimar, 1809. XXIX, 99.

Bevölk. (1802) XII, 402. — Bernsteinfang u. Bernsteingräberei. XII, 720. — Getraide - Ausfuhr. II, 532.

Pomo, Fels an Dalmatiens Küste. X, 232.

Pompeji, (Neapel) Ausgrabungen. XXVI, 387. XL, 194.

Pompejus, Säule des —

A. — *Norby*, über d. Säule des Pomp. VI, 209.

Pondichery, VIII, 486. — L. u. Br. VII, 180.

Ponta de Gada, (auf d. Azor. Inseln St. Miguel). XLVII, 47.

Pont - à - Mousson, L. u. Br. IV, 318. 502. VII, 420.

Pontarlier, L. u. Br. VI, 268.

Pont - Audemer, XII, 444. — Bevölk. XI, 242.

Pontchartrain, Fort. L. und Br. VI, 317.

Ponte - Corvo, Fürstenthum. Bevölk. XL, 426.

Pontlong, Heide im Depart. der Nieder - Pyrenäen,

Urbarmachung derselben. XI, 748.
Popayan, Berg. Höhe. XXIII, 497.
— — Stadt. (Neu-Granada) XL, 51.
Popo, Insel. L. und Br. VI, 48.
Popocatebec, Berg. Höhe. XXIII, 497.
Porentrui, L. u. Br. VI, 268.
Poritsch, Insel in der Donau. XLIV, 56.
Porquerolles, Citadelle. (in Frankr.) L. u. Br. XXXII, 49.
Porsgrund, (Norw.) XXXVIII, 354.
Port-Cavello, (Terra firma) XXI, 165.
— *Discovery*, (N. W. Küste von Amer.) II, 337.
— *à l'Ecu*, L. VII, 440.
— *des François*, (N. W. Küste v. Amer.) L. u. Br. II, 36. 394. IX, 456.
— *de Gavarnie*, Höhe. VIII, 338.
— *Glasgow*, Bevölk. XI, 413.
— *Guimar*, (im Meerbusen von Californien) XVII, 377.
Port-Jackson, II, 350. 369. III, 337. XII, 379. 607. XIX, 173. XLV, 8. — L. u. Br. XLV, 422.
Port-Louis, oder Port de la Montagne (auf Isle de France) III, 307.
— *Montevideo*, (S. Amer.) L. u. Br. XI, 223.
— *de Pailly*, L. u. Br. VI, 268.
— *Paix*, L. VII, 440.
Port-Philipp, (an der Süd-Küste v. Neuholland) — B. R. — *J. H. Tuckey*, An account of a Voyage to establish a Colony at Port-Philipp in Bass's Strait, on the South-Coast of New-South-Wales. (1802 bis 1804) XVII, 209.
V. N. — Neue Brittische Niederlassung. XI, 382. 626.
Port à Piment, L. VII, 440.
Port au Prince, L. VII, 440.
Port-Royal, Stadt auf Jamaica. V, 477.
Portae Ibericae, VI, 513.
Portcros, Schloss. (Frankr.) XXXII, 49.
Portendic, Insel. (Afr.) X, 41. — L. u. Br. XI, 548.
Portland, L. u. Br. XXIV, 422.
Portland-Inseln, L. u. Br. VI, 47.
Portlocks-Haven, Br. VIII, 200.
Porto, (Span.) L. u. Br. VII, 423 XL, 437.
Porto-Conte, (Sardinien) III, 152.
Porto-Delphino, II, 57.
Porto-Fermoza, (auf den Azor. Ins. St. Miguel). XLVII, 56.
Porto-Ferrajo, (auf Elba). X, 499. XXI, 291. 292. — L. und Br. X, 499. XLV, 364.
Bevölkerung. XI, 381. — Umtaufung in Kosmopoli durch Napoleon. XLVI, 267.
Porto-Longone, (auf Elba). X, 500. Bevölk. XI, 381.
Porto-Palmas, (Sardin.) III, 152.
Porto-Praya, (auf St. Jago) XI, 679.
Porto-Rico, Insel. I, 10. 290. II, 394. — Ortsbestimmungen auf — XXXII, 457.
B. R. — *Ledru*, Voyage etc. s. Teneriffa.

Porto-Torre, (Sardin.) III, 152.

Portsmouth. L. u. Br. VII, 434. 457. VIII, 71. II, 435. — Bevölk. XI, 413.

Portudal, (Afr.) L. u. Br. XI. 598.

Portugal, (vergl. Spanien) XIII, 208. XLIV, 167.

A. — *Link*, Reise durch Portugal. VI, 97.

B. R. — *J. J. da Cunha de Azevedo Coutinho*, A political Essay on the commerce of Portugal and her Colonies, particularly of Brasil in South-America; translated from the Portuguese. 1801. London, X, 311.

Dasselbe, aus dem Portugiesischen übersetzt von *C. Murhard*, 1808, XXVII, 326.

Lettres sur le Portugal écrites à l'occasion de la guerre actuelle par un Français établi à Lisbonne, publiées par *H. Ranqué*. Paris, 1802. X, 410.

C. J. Ruders, Portugiesisk Resa. 1. Th. 1805. XIX, 74.

Desselben Reise durch Portugal. — Nach dem Schwed. Original bearbeitet von *H. S. A. Gerken*. Berlin, 1808. XXVII, 316.

Desselben Bemerkungen über Portugal in Briefen. 1803. XII, 438. — Aus dem Schwed. mit Anmerk. von Link. 1805. XVIII, 64.

V. N. — *H. Ranquer*, Ueber das Reisen in Portugal. XI, 474.

V. N. Grosse Charte v. Port. XVI, 503. XVIII, 119. — Geogr. Gesellsch. (1798) XV, 378.

Geogr. Veränd. (1799 u. 1800) VII, 19. (1801) IX, 113. (1802) XI, 189. (1803) XIII, 30. (1804) XVI, 18. (1805) XIX, 36. (1806) XXII, 55. (1808) XXVIII, 27. (1809 bis 1815) XLIX, 264.

Handelsbilanz zwischen Frankr. u. Portug. XIII, 305. — Justizverfassung, XIII, 206.

Marine. XIII, 207. Militär. VI, 97. X, 412. XIII, 206.

Literar. u. polit. Nichtigkeit. I, 499.

Ortsbestimmungen. VII, 421. XXVI, 74. 93. XXXV, 469. XXXIX, 460.

Statist. Tab. (1800) VII, 24. (1801) IX, 120. (1802) XI, 193. (1803) XIII, 37. (1804) XVI, 31. (1808) XXVIII, 28. (1815) XLIX, 265. 290.

Theehandel. I, 180.

Portugiesen, auf Ceylon. XI, 582.

Portus magnus, III, 582.

— — *symbolorum*, (Krim) XL, 141.

Posada, (Sardin.) III, 150. 152.

Posen, (Kgl. Preuss.) Kammerdepartement.

Ch. R. — von *Hopfgarten* und *Satzmann*, Atlas von dem zu Süd-Preussen gehörigen Posner Kammerdepartement in 18 Blätt. Berlin, 1799. V, 176.

V. N. — Bevölker. IX, 87. Kirchenlisten. XX, 488.

Posen, Grofsherzogthum.
Ch. R. — *Sotzmann* etc. XLVIII. 85. s. Polen.
Streit u. *Weiland*, Topograph. milit. Charte v. Grofsherzogth. Posen in 17 Bl. 1816. L, 239.
Posen, Stadt. L. u. Br. VIII, 315.
Poserits, Präpositur auf Rügen. X, 246.
Post-Route. —
A. — Nachr. von der veränderten Postroute von Prag nach Dresden, I, 281. III, 85. — durch die Lausitz auf Niesky. III, 85.
Potoe, Insel. XXXIV, 275.
Potosi, III, 58. 64 f. 74 f.
Potsdam, Br. XXXII, 266.
Ch. R. — *v. Puttlitz*, Plan von der Gegend um Potsdam, in 6 Sectionen. 1810. XXXVII, 450.
V. N. — Einquartierungs- und Serviswesen. XVII, 116.
Potty, (Mingrelien) XXXI, 146.
Powenets, L. u. Br. XVIII, 286.
Prashiner Kreis, (Böhmen).
B. R. — *A. David*, Geogr. Orts- (und Höhen-) Bestimmungen etc. 1815. L, 213.
Prag, L. I, 290. II, 435. 599. 612. IV, 396. VIII, 315. XXII, 325. — Br. III, 173. IV, 316. XXXII, 264. — L. u. Br. XL, 75. — Bevölkerung. (1811) XXXV, 379. — Bibliothek. VIII, 406.
B. R. — *Schiefsler*, Prag u. seine Umgebungen. Mit Kupfern u. d. Grundrifs d. Stadt. 2 Bändchen. 1813. XLVIII, 62.
Pratas, Insel. L. u. Br. VII, 181.
Prenn, L. u. Br. III, 406. IV, 106. X, 392. XIII, 105.
Preobashenskoy, Kloster. (Sibir.) XX, 354.
Prefsburg, L. u. Br. VIII, 450. XVII, 352. XXI, 213. XXXI, 313. XL, 229.
Ch. R. — *Streit* etc. vergl. Wien.
Preufsen, Königreich. —
A. — von *Textor*, Nachr. v. d. Ost- u. Westpreufs. Landesvermessung. II, 3. 109. 372. III, 404.
Ueber die Ost-, West- u. Südpreufs. Landesvermessungen, u. über eine sich darauf gründende Charte von Alt-Ostpreussen, Litthauen und Westpreufsen, nebst einer geograph. und topograph. Beschreibung, wie auch üb. eine dergl. Charte von Südpreufsen. (Mit 1 Ch.) X, 385.
Ueber die durch den Tilsiter Frieden vom 9ten Julius 1807 veranlafste *Theilung v. Westpreufsen*, deren Flächeninhalt und die jetzige neue Gränze von der *Drage* bis zur *Weichsel*; nebst einer geograph. statist. Beschreib. derjenig. Güter etc. welche in d. getheilten *Cronschen* u. *Camin'schen* Kreisen des Netz-Districtes Preufsen geblieben und derjen., welche zum Herzogthum *Warschau* gezogen worden sind; auch einer Nachweisung der Güter des *Dirschauer* Kreises, welche Preufsen der

Preussen, Königreich.

Stadt Danzig abgetreten hat. (Mit 1 Ch.) XXIX, 3. 137. 289.

B.R. – Geogr. statist. Beschreibung der im J. 1802 dem Preufsis. Staate zugefallen. Entschädigungs-Provinzen. 1802. XII, 458. XIII, 25. vergl. XII, 112.

Topograph. stat. geogr. Wörterbuch der sämmtl. Preufs. Staaten 2. Aufl. Halle, 1805. XXI, 179.

A. C. v. Holsche, Geographie u. Statistik v. West-, Süd u. Neu Ostpreufsen. Nebst einer kurzen Geschichte d. Königr. Polen bis zu dessen Zertheilung. Mit 1 Ch. 1. Bd. 1810. XI, 314.

J. E. K. . . . Umrifs der Preufs. Monarchie nach statist. staats- u. völkerrechtl. Beziehungen. 1800. VI, 132.

L. Krug, Abrifs der neuesten Statistik d. Preufsischen Staats. 1804. XVI, 141. 2. Auflage. 1805. XXI, 179.

Desselben, topograph. statist. geogr. Wörterbuch d. Preufs. Staaten. Neue Aufl. 1805. XVI, 510.

W. H. Müller, Tabellarische Nachricht über die Population der gesammten Kön. Preufs. Staaten. 1. Th. (Kur- u. Neumark) IV, 239.

Nanke's Wanderungen durch Preufsen. Herausgegeben von *Ludw. von Baczko*. Hamburg, 1800. VIII, 437.

B. R. — *J. A. Ortloff*, Handbuch einer allgemeinen Statistik der Kön. Preufs. Staaten. 1798. 1. Th. II, 528.

J. D. Rumpf und *Sinnhold*, Neueste geograph. statist. Darstellung des K. Preufs. Staats nach seinem Ländererwerb u. Verwaltungssystem, von 1814 bis 1815. Berlin, 1816. XLIX, 201.

D. Fr. Sotzmann, Handbuch zum Gebrauch der neuen Generalcharte von Ost, West-, Süd- und Neu-Ostpreufsen, nebst angehängt. speciell. Verzeichnifs der Post-Course etc. 1799. V, 155.

P. A. Winkopp, Darstellung der Preufs. Monarchie in ihrem Entstehen, Wachsthum u. Verlust, nach Gröfse und Volksmenge. Frankfurt a. M. 1807. XXVII, 458.

Ch. R. — Charte vom westl. Rufsland, ganz Polen u. Preufsen etc. s. Polen.

Generalcharte von Ost-, West-, Süd- u. Neu-Ost-Preufsen, nach d. Gränztractate vom J. 1797, entworfen 1798. II, 151. 2te Aufl. 1800. V, 156.

Darstellung der neuen, im J. 1802 von der Krone Preufsen in Teutschland als Entschädigung erworbenen Besitzungen. 1 Bogen gr. Fol. X, 536. vergl. XII, 112.

Preufsen, Königreich.

Ch. R. — Charte vom Preussischen Staate vor u. nach dem Tilsiter Frieden 1807. Nebst d. Königr. Westphalen u. d. Herzogth. Warschau, mit statist. Notizen versehen (gest. von *Mare*). Berlin, XXIV, 450.

Neueste Charte von ganz Preufsen u. d. Herzogth. Warschau, mit d. gröfsten Theile v. Sachsen etc. Wien, bei Artaria. 1808. (12 Bl.) XXXI, 207.

Der Preufs. Staat im Jahr 1815. Berlin, XLVI, 487.

Chauchard, A general Map etc. VIII, 256.

Gilly, Specialcharte von *Südpreufsen*. — Die Postcourse und Hauptstrafsen von *Matthias*, 1801 etc. (Sect. A I, A II, A III, B I.) X, 83. (Sect. B II, B III, C I, C IV.) XIII, 87. (Sct. B IV, C II, C III, D III.) XVI, 225.

H. H. Gotthold, Charte von Ost- u. Westpreufsen, Pommern, d. Mark Brandenburg und d. gröfsten Theile d. Herzogth. Warschau etc. 1807. XXV, 222.

J. E. Knittel, Neueste Situations- u. Postcharte von Polen und Preufsen. Nürnberg, 1812. XXXIX, 348.

v. Liechtenstern, Charte vom Mittel-Europa etc. s. Teutschland.

Desselben, der Preufs. Staat etc. (16 Sect.) 1800. XXXV, 84.

Ch. R. — *Mare*, Charte von etc. XL, 337.

Michel, Carte du Théâtre de la guerre en Prusse. 1813. XLV, 222.

J. B. Peirson, Carte générale de la Prusse de l'Est, de l'Ouest, de la nouvelle Prusse orientale et de la Prusse méridionale, conformément au traité des limites de 1797 etc. (par *D. F. Sotzmann*) VIII, 73.

L. Schmidt, Charte von sämmtl. K. Preufs. Staaten. 1815. XLVI, 487.

Charte von Ostpreufsen nebst Preufs. Litthauen u. Westpreufsen, nebst dem Netzdistricte. Aufgenommen unter Leitung des K. Pr. Staatsmin. *v. Schrötter*, in d. J. 1796 bis 1802. (Sct. 1.) XIII, 372. (Sct. 2.) X, 537. (Sct. 3.) XII, 616. (Sct. 4.) XVI, 100. (Sct. 5 u. 7.) XII, 483. (Sct. 6.) X, 65. (Sct. 8.) XIX, 372. (Sct. 9.) XXX, 96. (Sct. 11 u. 24.) XVII, 341. (Sct. 12.) XIV, 231. (Sct. 13 u. 14.) XXIX, 462. (Sct. 15. 23 u. 25.) XXXII, 75. (Sct. 16) XXVIII, 353. (Sct. 17 u. 18.) XX, 206. (Sct. 19 u. 21.) XXXI, 464. (Sct. 20.) XXX, 175 (Sct. 22.) XXXI, 341. — vergl. IX, 568. X, 385.

J. B. Engelhardt, Charte d. Landesgränze zwischen dem Kgr. Preufsen und d. Herzogth. Warschau etc. als Supplement der *von Schrötterschen* Charte entworfen. 1811. XXXIV, 308.

Preufsen, Königreich.

Ch R. — *Sotzmann*, Special-Charte vom Herzogthum Magdeburg, der Grafschaft Mansfeld, den Fürstenthüm. Anhalt und Blankenburg, und Abtei Quedlinburg, nebst dem gröfsten Theile der Altmark, d. Fürstenth. Halberstadt, der Grafschaft Wernigerode, in II Sect. 1800. VI, 348. 378. — vermehrt u. verbessert. 1813. XLVIII, 87. — berichtigt 1816 durch *Klöden*. L, 366.

Desselben Charte vom Kgr. Preufsen, dem Herzogth. Warschau, u. dem neuen Danziger Gebiete, nach dem Tilsiter Frieden 1807. Weimar. XXIV, 234.

Desselben Generalcharte vom Kgr. Preufsen u. d. Herzogth. Warschau etc. Nürnb. 1808. XXVI, 354.

Desselben Ch. v. d. Kgr. Preufsen u. Polen, dem Grofsherzogthum Posen, nebst den Gebieten der freien Städte Krakau und Thorn. Nach d. am 3. Mai 1815 zu Wien zw. Rufsland, Preufsen u. Oesterreich abgeschloss. Tractat neu berichtigt im Junius 1815 XLVII, 242.

F. W. Streit, Generalcharte d. Preufs. Monarchie, in 2 Blätt. Weimar, 1812. XXXVII, 459. — in 3 Blätt. 1815. XLIX, 388.

Desselben Topogr. Charte von Preufsen, Warschau, Galizien, Ungarn, Croatien, Slavonien und Siebenbürgen, in 217 Blätt. (1—3. Lief.) 1811. XXXV, 355. vergl. XXXIII, 61. (4—10. Lief.) XL, 575. (11—16. Lief.) XLIV, 231. (17 u. 18. Lief.) XLV, 361. (21. Lief.) L, 238.

Ch. R. — *v. Textor* u. *Sotzmann*, Specialcharte von Neu-Ost-Preufsen in 15 Blätt. Nach trigonometrischen und geodät. Messungen entworfen. (Sct. I, IIa. IIIa. III.) XXVI, 186. (Sct. II, IV, VIII, X, XII und XIII.) XXI, 327. (Sct. V. VI, VII.) XIII, 101. (Sct. IX, XI, Va, IXa.) XXV, 334. — vergl. II, 3. 109. 372. III, 404. XII, 522. XIII, 95.

Ergänzung des fehlenden Stücks in der VI. Sct. der *v. Textor* u. *Sotzmannischen* Charte von Neu-Ostpreufsen. (Nebst einem Chärtchen.) XXXVIII, 509.

Vicq, Cartes des routes des postes du Royaume de Prusse et des Cours du Nord etc. 1813. XLV, 223.

Specialcharten der Kgl. Preufs. Regierungsbezirke. Weimar, 1816.

a) — zu Frankfurt a. d. Oder. (18 Kreise) in 13 Sect. L, 358. vergl. L, 371.

b) — in Niedersachsen zu Magdeburg. (15 Kreise) L, 361.

c) — in Thüringen. (10 Kreise) L. 364.

V. N. — *J. A. Eytelwein*, Vergleichungen der in d. Kgl. Preufs. Staaten eingeführten Maafse u. Gewichte. II, 473.

Preussen, Königreich.

V. N. — *Sotzmann*, Generalcharte der sämmtl. K. Preuss. Staaten, welche als Postcharte durch die Länder der Preuss. Monarchie und durch ganz *Teutschland* dient, in 16 Blätt. V, 386.

Topogr. militär. Atlas vom Königr. Preussen u. dem Gebiete von Danzig, in 30 Bl. XL, 515.

General-Jahresliste der Getrauten, Gebornen und Gestorbenen in sämmtl. Preuss. Staaten v. 1. Jan. bis letzten Dec. 1801. X, 187.

Bevölkerung beim Tode Friedr. Wilh. II. XVIII, 106.

Zunahme d. unehlichen Geburten. XVIII, 106.

Geogr. Veränder. (1799 u. 1800.) VII, 16. (1801) IX, 109. (1802) XI, 175. (1803) XII, 25. (1804) XVI, 12. (1805) XIX, 15. (1806) XXII, 39. (1807) XXV, 26. (1808) XXVIII, 124. (1809 bis 1815) XLIX, 29.

Verlust im Lüneviller Frieden. IX, 50. — Verlust und Gewinn 1793 u. 1802. XVII, 114. — Verlust durch den Tilsiter Fried. XXIV, 236. 237. Verlust durch d. Baseler und Tilsiter Frieden in Teutschland und in der Schweiz. XLII, 364. — Zustand d. Preuss. Monarchie 1806. XXI, 93.

Tauschvertrag zwischen d. König von Preussen u. d. Kurfürst v. Pfalzbaiern. XIII, 121.

V. N. — Territorialbestimmung zw. Preussen und Nassau. (31. Mai 1815) XLVII, 496.

Territorialübereinkunft zw. Preussen u. Kurhessen. (1815) XLIX, 126.

Königl. Preuss. Besitznahme des Grosshzgths. *Niederrhein*, so wie auch der Herzogth. Cleve, Geldern, des Fürstenth. Mörs und der Grafsch. Essen u. Werden. (1815) XLVI, 497.

Notiz über d. neue geographische Eintheilung d. Preuss. Monarchie, und die dazu gehörigen topographischen Specialcharten. L, 369.

Statist. Tab. (1800) VII, 24. XXXI, 466. (1801) IX, 120. (1802) XI, 193. (1803) XIII, 37. (1804) XVI, 31. (1805) XIX, 36. (1815) XLIX, 32.

Uebersicht des Flächeninhalts, der Bevölk. und des Viehstandes d. Preuss. Staats am Schlusse des Jahres 1809. XXXVII, 231.

Stat. Uebersichten (1800, 1804 u. 1809) XXXI, 360. XXXIII, 83.

Bernsteinfischerei, VIII, 439.

Uebersicht der Königl. *Forsten*. XVII, 116. XVIII, 379.

Edict über die Einzieh. sämmtlicher geistl. Güter (1810) XXXIV, 99.

Preussen, Königreich.

V. N. — Aufhebung der Klöster. XIII, 516. — Urkunde über d. Errichtung des K. Preuss. Johanniter-Ordens. XLI, 109.

Handel mit Grossbrit. XXI, 419. — Zunahme d. Kartoffelbaus. XVII, 114.

Ortsbestimmungen XXX, 412. XXXV, 476. XXXIX, 469. XLIX, 32.

Münzregulativ. (1811) XXXVII, 124. — Schuldenwesen vor d. Kriege 1806 und 1807. XXXVIII, 511.

Verfassung der obersten Staatsverwaltung. XXXIII, 457.

Südpreussen. III, 87. VI, 136. — Flächeninhalt. VIII, 307. — Hohes Menschenalter. XVII, 381.

Westpreussen. III, 87. Flächeninhalt. VIII, 307. Bevölker. (1800 und 1804) XXXI, 361.

Ostpreussen, statist. Angaben. (1802) XIV, 354.

Neu - Ostpreussen, Kirchenlisten (1803) XIII, 619. — Intelligenz - Blatt. (1802—1804) XVII, 230. — Ortsbestimmungen. XXIII, 102. XXV, 335. XXVI, 186.

Prevesa, (Epirus) II, 57. VI, 77. VII, 21. X, 233.

Priegnitz, die, Anzahl der Städte etc. XVII, 115.

Primas, Lande des Fürst-, vergl. Erzkanzler, Frankfurt, Grossherzog. Geogr. Veränder. (1806) XXII, 26. 375. (1808) XXVIII, 32. — Statist. Tabl. (1808) XXVIII, 32.

Prince - Williams - Sound, an d. N.W. Küste v. Amer. II, 347. X, 134.

Principato, citer. et ulter. III, 370.

Prinzen - Inseln, die, VIII, 136.

A. — *Murhard*: Die Prinzen - Inseln in den Umliegenheiten von Constantinopel. XII, 3.

Prinz - von - Wallis - Insel, oder *Pinang*, XLIX, 74.

A. — Dr. J. *Howison's* Beschreibung etc. XVIII, 129.

B. R. — *Home Popham*, A description of Prince of Wales - Island in the streights of Malaca, with its real and probable advantage and sources, to recommend it as a marine establishment. 1805. XX, 428

Prisen, (Schweiz) Höhe. X, 395.

Procida, Ins. III, 478.

Pröckuls, L. und Br. XIII, 373.

Projection. —

A. — Versuch einer deutlichen Darstellung der vorzügl. Entwerfungsarten einiger geogr. Körper und der Landcharten, für Chartenliebhaber, welche die pract. Geometrie nicht kennen. XLVI, 409.

Kästner, Etwas zur Empfehlung der Centralprojection. II, 401. vergleiche XII, 136.

B. R. — *C. A. Fischer*, Anleitung zur pract. Entwerf. und Projection der vorzügl. geogr. Netze etc. 1809. XXXVI, 81.

B. R. — *M. Henry*, Mémoire sur la projection des cartes géographiq. adoptée au Depot gén. de la guerre 1810. XXXVII, 419.
V. N. — *Jameson*, Ueber die Natur der Erdkugel und der Charten, und d. Grundsätze der Projection u. Construction der letztern, mit 18 Kupfertafeln. XLVI, 136.
Projection, Kindermann'sche. XII, 123. — stereographische. I, 21. — Mercators. XII, 512.
Promontorium magnum, III, 581.
Propontis.
B. R. — *Chevaljer*, Resa til Propontiden of svarta hafvet. Oversaat med anmärkn. och tillagnigar af *E. Bergstedt*. 1. u. 2. Th. 1802. XIV, 186. 3. Th. 1805. XX, 300.
Prosa, Bg. (Schweiz) Höhe. X, 257
Prosna, Fluſs. (Polen) XL, 259.
Prospect-Hill, (Neu-Süd-Wales) XLV, 16.
Providencia, L. und Br. II, 394.
Przasnis, XI, 339.
Pskow, (Ruſsl.) L. u. Br. I, 264. XIX, 229. — Handel. I, 299.
Psyllen, die, (Aegypt.) X, 342.
Puerto de España, (auf Trinidad) XXI, 408.
Puerto-Rico, siehe Porto-Rico.
Puerto de Sta Maria, III, 445. 450.
Puglia, III, 368. 473. XLVI, 382.
Puhna, V, 21.
Pula Campanella, Ins. XI, 546.
Puliats, die, an der Küste von Malabarien. I, 511.
Pulichis, die, (Indien) I, 514.
Pullingi, (Lappl.) III, 95. XLV, 451. — Br. IV, 105. 457.
Pulo-Canton, Ins. XI, 545.
Pulo-Cond. L. u. Br. VII, 181.
Pulo-Pinang, siehe Prinz von Wallis-Insel.
Pulo-Ubi, Ins. XI, 526.
Pulta, am Hugly. XI, 250.
Pultawa, I, 198.
Pultkus, L. u. Br. XIII, 107.
Pultusk, XI, 339.
Pulversignale, zu Ortsbestimmungen XIX, 253.
Punjal, (Ostind.) XIX, 187.
Puno, (Span. Amer.). III, 68.
Punta, vergl. Pointe.
— — *Gorda*, L. u. Br. II, 394.
— — *de Guanos*, L. u. Br. II, 394.
— — *Maisy*, (auf Cuba) L. u. Br. II, 394.
— — *Mariandrea*, L. u. Br. II, 394.
— — *Sabanilla*, L. u. Br. II, 394.
Puntalen-Bai, III, 442.
Purace, Vulkan. (S. Amer.) XII, 381.
Puramen, (Lappl.) IV, 98.
Putalbon, (auf Ceylon) Salzwerke. XI, 580
Putzig, L. u. Br. XVI, 102.
Puy de Dôme, Höhe. II, 502.
Pylae Albanicae, VI, 515.
Pyrenäen, VII, 214. XII, 774. vergl. Frankreich u. Spanien.

Pyrenäen.
A. — *Millin*, Eine Ausflucht in die Pyrenäen. XXXV, 379.
B. R. — *Drulet*, Descriptions des Pyrénées, considérées principalement sous les rapports de la géologie, de l'économie politique etc. 1813. XLII, 221.
Fischer's Bergreisen. 1. Theil. XVI, 431.
Fr. Pasumot, Voyages physiq. dans les Pyrénées en 1785 et 1789. I, 317.
L. Ramond, Voyage au Mont. Perdu et dans la partie adjacente des hautes Pyrénées. Paris, 1801. VIII, 323.
V. N. — Gränzlinie zwischen Frankreich u. Spanien. VIII. 328.
Höhe d. Pyrenäen. I, 99. 325. II, 256. — Wasserfälle. I, 324.
Zugänge über die Pyrenäen, wie viel? I, 51. 73.
Pyrenäen, Nieder-, Departement der —
B. R. — *Serviez*, Statistique du Dept. des Basses-Pyrénées. Pau, An 10. X, 49.
Pyrenäen, Ober-, Dept. — Geogr. statist. Beschr. XXXI, 441.
Pyrenäen, Ost-, Dept. XI, 378. — vergl. Roussillon.
Pyrmont, XII, 122. 643. XIII, 14. — Br. IV, 163.
Pytheas von Marseille. —
A. — *M. Azuni*, über die Seereisen des Pytheas von Marseille. XV, 269.

Q.

Qorayn, VI, 203.
Quadalquivir, Fluss. Schiffbarmachung. XXXIII, 193.
Quadelette, Fl. IV, 37.
Quadra, Ins. VIII, 209.
Quadrant, Dolland's vierfüssiger. III, 421.
Quadranten, Engl. u. Franz. III. 270.
Quadt, Grafschaft. Verlust im Lüneviller Frieden. IX, 52.
Qualöe oder *Hvalöe*, Insel. XXXIII, 430.
Quäner, *Finnen*, XXXIII, 425. 429.
Quänland, XXXIII, 429.
Quebec, Provinz. VI, 292. — — IV, 15. — L. u. Br. IX, 542. Höhe. XXIII, 497.
Quedlinburg, VI, 350. L. u. Br. XXXII, 464. XXXV, 71.
Queens-Town, (Ob. Canada) IX, 372.
Quelpaert, Insel, L. und Br. VII, 264.
Questenberg, Burg. (Grfsch. Stollberg) XXXVII, 446.
Quiloa, Königr. (S. Afr.) L, 192.
Quindiu, Berg. (America) Höhe. XXXIV, 170. — Strasse darüber. XXXVII, 309.
Quinion, s. Chinchen-Bay.
Quinte, Bay. VI, 301. 302.
Quisan, Insel, L. u. Br. VII, 184.
Quito, Provinz. XII, 256. 382.
— XII, 381. — Höhe. II, 502. XXIII, 497. — L. III, 93. XXXIV, 171. XLV, 428.

R.

Rabat, L. und Br. XLVIII, 437.
Radeau, Fl. VI, 299. 300.
Radicofani, Höhe. III, 365. IV, 164.
Radolfzell, L. u. Br. XIII, 485.
Radolin, L. und Br. XXXI, 465.
Radschamahl, am Ganges. XI, 249.
Radstadt, L. und Br. XXII, 216.
Radzyn, L. u. Br. XV, 81.
Ragnit, Preufsen. L. u. Br. XII, 617.
Ragunda, (Schwed.) XXXV, 290.
— — *-Flufs*, XXXV, 289.
— — *-See*, XXXV, 290.
Ragusa, Republ. XIX, 29. Ch. R. — *M. de Traux*, etc. s. Dalmatien.
V. N. — Geogr. Veränder. (1801) IX, 115. (1806) XXII, 60.
Ragusa, Stadt. L. und Br. IV, 63. XIII, 357. XV, 86. XXXIV, 453.
Rain, (Baiern) Gericht. XI, 610.
— — XI, 610. L. u. Br. XX, 115. 199.
Rainanghong, Petroleum-Quelle. XVIII, 187.
Rainier, Berg. (N. Amer.) L. u. Br. IX, 456.
Raipoots, die, (Ostindien) XIX, 197.
Rambouillet, (Frankr.) Span. Schaafzucht. XX, 467.
Ramithorn, (Schweiz) Höhe. X, 257. 396.
Rampampan, (S. Afrika) L. 191.
Ramsgate, Haven. VIII, 382.
Randasalmi, (Schwed. Sawolax) L. und Br. X. 99. XIX, 228.
Rangoon, VI, 164.
Rankweil, (Vararlberg) III, 355. L. u. Br. III, 472.
Ranzau, Grfsch. Kirchenlisten. (1804) XVI, 357.
Rappersweil, L. u. Br. VI. 268.
Ras-Abiad, Cap. L XLVIII, 437.
Ras - Abumohammed, Br. XLVIII, 438.
Raspberry-Island, (N. W. Küste von Amer.) II, 341.
Rastatt, Oberamt. XII, 457.
— — (im Murgthale) Stadt. L. u. Br. XL, 325.
Rastenburg, (Preufsen) L. u. Br. XVII, 342.
Rathdown, Baronie. (Irl.) X, 403.
Rathhausberg, Höhe. IV, 418.
Ratibor, (Oberschlesien). Bevölk. XVII, 246.
Raticosa, Höhe. IV, 164.
Rauchen, Berg. Höhe. X, 397.
Rauchenlechsberg, (Baiern) Gericht. XI, 609.
Ravenna, Br. XIII, 357.
Ravil, Berg. Höhe. VI, 270.
Raygrod, (Preufsen) L. u. Br. XX, 207.
Reading, (Engl.) L, 66.
Rebstein, (Schweiz) L. und Br. III, 472.
Rebvög, (Lappl.) XXXIII, 432.
Recklinghausen, Grafschaft. Einverleibung in das Grofsherzogth. Berg. 1811. XXXIV, 329.
Reculet, Höhe. II, 502.
Rednitz, Fl. XXI, 14.
Reflector, parabolischer. —

V. N. — Anwend. der parabol. Reflectoren zu Nachtsignalen an den Teutschen Seeküsten. XI. 382.

Regensburg, Fürstenth. XII, 621.

B. R. — *v. Seyfried*, Stat. Nachricht. etc. XVI, 426. s. Stift.

Regensburg, Stadt. L. u. Br. IV, 106. 109. VII, 431. IX, 18. 621. XI, 373. XIV, 225. XX, 129. XXII, 325.

Ch. R. — *Mannhardt* und *Schmidt*, Grundrifs der Fürstl. Primat. Residenzstadt Regensburg, nebst deren neuen Gartenanlagen aufser den Thoren. 1808. XXXI, 211.

Regenzeiten, bei den Nachtgleichen. I, 677.

Reggio, XXI, 96. — Bevölk. III, 369.

Regla, (Amer.) Basaltfelsen u. Cascade von. XXXVII, 325.

Regya, Flufs. III, 585.

Rehburg, IV, 268.

Reichenbach, (Schlesien) XVII, 380. L. u. Br. XII, 119.

Reichenbach'scher Kreis. s. Schweidnitz. (Fürstenth.)

Reichenhall, (Baiern) L. u. Br. I, 686. II, 167. XX, 200.

Reichs-Ritterschaft, unmittelbare.

Statist. Nachr. XIII, 385.

Vergleichungstafel des Zustandes der unmittelb. Reichs-Ritterschaft vor und nach dem Prefsburger Frieden. XX, 86.

Reifträger, Berg. Höhe. X, 421.

Reinsberg, Amt. (Grafsch. Ruppin) IX, 353.

Reinstein, Regenstein, am Harze. XLVIII, 451.

Reiseck, (Schweiz) L. u. Br. III 472.

Reisebeschreibungen, vergl. (Geschichte der) *Erdbeschreibung*.

A. — *M. Azuni*, Ueber die Seereisen des Pytheas von Marseille. XV, 269.

B. R. — *Baucarel*, Collect. abregée des Voyages anciens et modernes autour du Monde etc. Paris 1808. XXXIV, 278.

J. Beckmann, Literatur der älteren Reisebeschreibungen etc. 2 Bände. 1809. XXXII, 283.

Journal für die neuesten Land- und Seereisen und des Interessantesten aus der Völker- und Länderkunde etc. Jahrg. 1800. XXX, 160.

L. Langlès, Collection portative de Voyages, traduits de différentes langues orientales et européennes. Orné de Gravures. Paris, 1797 — 1805. XXIV, 296. vergl. II, 386. XXXI, 334.

G. W. Lorsbach, Bibliothek der vorzügl. Reisebeschreibungen aus früheren Zeiten etc. 1. Band. (*Leo's* Beschr. von Afr.) 1805. XX, 303.

M. Malte-Brun, Annales des Voyages, de la Géogr. et de l'Histoire. Paris, 1808. XXVI, 321.

Dr. *W. Mavors*, Histor. Bericht von den berühmtesten Land- u. Seereisen,

Reisebeschreibungen.

und Entdeckungen von Columbus Zeiten an bis zu unseren Tagen. Nach dem Engl. frei bearbeitet von C. A. W. 1. Bd. 1800. X, 246.

B. R. — *John Pinkerton*, A general Collection of Voyages and Travels forming a complete history of the Origin and Progress of Discovery by Sea and Land etc. To which is added a critical catalogue of books of Voyages and Travels. Lond. 1815. (XVII Vol., with 197 Plates) XLVII, 431.

G. Boucher de la Richarderie, Bibliothèque univers. des Voyages ou Notice complète et raisonnée de tous les voyages anciens et modern. dans les différentes parties du monde. Paris 1808. XXVII, 403.

M. C. Sprengel, Bibliothek der neuesten und wichtigsten Reisen zur Erweiterung d. Erdkunde etc. Weimar 1800. VII, 427. — Fortgesetzt von *Ehrmann*. XXVII, 156. vergl. V, 387. XI, 517. XV, 508.

Chr. Weyland, Kleine Abentheuer zu Wasser u. zu Lande. 1. u. 2. Th. XI, 213. XVI, 372. (3—12. Th.) XXXIX, 219.

E. A. W. v. Zimmermann, Taschenbuch der Reisen etc. (1. Jahrg. 1802.) IX, 54. (2. Jahrgang) X, 525. (3. Jahrg.) XIII, 81 (4. Jahrg.) XV, 443. (5. Jahrg.) XIX, 85. (6. Jahrg.) XXII, 90. (7. Jahrg.) XXV, 166. (8. Jahrg.) XXVII, 145. XXX, 85. (9. Jahrg.) XXXI, 3.1. XXXV, 78. (10. Jahrg.) XXXVI, 222. (11. Jahrg.) XXXVII, 330. XXXIX, 329. (12. Jahrg.) XLII, 231. XLVII, 199.

V. N. — *Q. G. Camus*, Mémoire sur la Collection des grands et petits Voyages et sur la Collection des Voyages de *Melchisedech*. 1803. XII, 241.

Hakluyt, A selection of various rare and early Voyages and histories of interesting discoveries etc. 1812. XL, 378 XLI, 117.

Journal of contemporary Voyages and Travels. 1 Bd. XX, 123.

Rob. Karr, A general History and Collection of Voyages and Travels, arranged in a systemat. Order etc 1814. XLVII, 487.

Reisen, Anleitung und Art zu,

B. R. — *Duchesse de Giovanne*, née Baronne *Mundersbach*, Plan pour faire servir les voyages à la culture des jeunes gens, qui se vouent au service de l'état etc. II, 535.

Reichard, Guide des Voyageurs en Europe. Nouv. Edit. T. I. et II. 1802. Mit 6 Reisecharten. X, 441. Vme Edit. 3 Vols. avec un Atlas itinéraire. Weimar, 1807. XXIII, 338. vgl. XIV, 389. VIme Edit. 1812. XXXVI, 326.

Reisen.
B.R. — *Reichard:* Der Passagier auf der Reise in Teutschl., in d. Schweiz, zu Paris und Petersburg. 4. Aufl. 1. u. 2. Abth. Berlin, 1811. XXXVII, 476.
v. Wimpfen, Briefe eines Reisenden etc. aus d. Franz. Handschrift übers. und herausgeg. von *P. J. Rehfues*. I—III. Bd. 1815. L, 49.
V.N. — *J. M. Degerando*, Betrachtungen über die verschiedenen Methoden, welche bei Beobachtung wilder Völker zu befolgen sind. VI, 540.
Reisestock auf Silberen, der, Höhe. X, 398.
Reiti, L. u. Br. VI, 268.
Rekenitz, Fl. X, 415.
Remanso, (Span. Amer.) III, 61.
Remedios, Puerto de los. Br. VIII, 104.
Remou, *Grofs-*, L. u. Br. VI, 317.
Rendsburg, L. u. Br. XXII, 340.
Renegaten, in Algier. IV, 123.
Rennelssund, (N. Amer.) L. u. Br. VIII, 154. IX, 455.
Renner, Bevölker. VII, 145. XL, 425.
Resa, Fluſs. II, 62.
Resolutions-Insel, (N. America) L. u. Br. IX, 455.
Reus, (Catalonien) Fabriken- und Handelszustand 1805. XX, 463.
— (Schweiz) östl. Quelle der, Höhe. X, 257.
— Hospital an der, Höhe. VI, 270.
Reus, am Steeg an der, Höhe. VI, 270.
Reuſs, (ältere und jüngere Linie). XLIX, 162.
V. N. — Lieutenant *Aster's* Höhenmessungen im Reuſsischen. XVIII, 486.
Reuſs-Plauen, Vertheilung des Contingents unter d. Fürsten von, XXVI, 384-389.
Reutlingen, L. u. Br. XXXII, 201. XL, 325.
Reval, Gouvernement. Charte von dem etc. I, 261.
— — Stadt. L. u. Br. XVIII, 208 XXXIX, 107. — Klima. I, 303.
Reyes, *de los*, Spitze. (N. Amer.) L. u. Br. IX, 455.
Reynards, die, XXXVI, 432.
Rhain, s. Rain.
Rhair, Fluſs. (Ind.) XXI, 191.
Rhätien.
V. N. — Ueber die Rhäto-Hetruskische Sprache, XVIII, 102.
Rheden, (Preuſsen) VIII, 447. — L. u. Br. XXXII, 76.
Rheims, Bevölk. VII, 245.
Rhein, (Preuſsen) L. u. Br. XVII, 342
— — Fluſs, verschiedene Breite. II, 439.
A. — *J. Feer:* Ueber die trigonometr. u. astronom. Vermessungen des Rheinthals in der Schweiz. III, 350. 462. vergl. I, 356.
B.R. — *A. Schreiber*, Taschenbuch für Reisende am Rhein, im Murgthal, Neckarthal und Odenwalde. (Mit 1 Charte.) 1812. XL, 435 — Hierzu ein topogr. Nomenclator, 1813. XLIII, 69.

Rhein, Fluſs.

B. R. — *A. Schreiber*, Handbuch für Reisende am Rhein von Schaffhausen bis Holland, in die schönsten anliegenden Gegenden und in die dortigen Heilquellen. Mit einer guten Charte von *Hoffmeister* und *Götzenberger* etc. 1816. L, 216.

Ch. R. — *Dewarat*, Specialcharte des Rheinlaufs von Schaffhausen etc, 1797. III, 339.

Haas, Situationscharte der Gegenden zwischen dem Rhein, Neckar und Main, mit dem ganzen Odenwalde, zwischen dem Rhein und der Selz etc. und einen Theil zwischen der Lahn u. d. Main betreffend, in 24 Bl. (Bl. 1 u. 2) III, 167. (Bl. 3 bis 15). XXIII, 99. (Bl. 16 u. 17). XXIII, 355. (Blatt 18). XXXVI, 237. (Bl. 19—21). XL, 477. (Bl. 22 und 23). XLIII, 229. (Bl. 24) XLVII, 102. vergl. XVII, 128.

Rheinwald, Specialcharte der Gegenden zwischen d. Rhein und der Saar, von Speyer bis Hagenau, in Rücksicht der Teutschen und Franz. Gränze vom Jahr 1789. III, 386.

V. N. — Ueber den Rheinschiffahrts - Octroi und die dadurch bewirkte Administration dieses Flusses. XXI, 457. — Ertrag der Rheinzölle im Jahre 180⅞. XVIII, 496. — Flächeninhalt d. Rheinthals, in der Schweiz, XX, 466.

Rhein - Bund.

B. R. — *K. H. L. Pölitz*, Der Rheinbund, histor. u. statist. dargestellt. 1811. XXXV, 450.

D. Schorch, Staats - u. Addreſs - Handbuch des Rheinbundes für d. Jahr 1812. Weimar, XXXIX, 76.

Ch. R. — *J. F. Ahrens*, Neue Post - und Reisecharte durch die Staaten des Rheinbundes u. d. angränzend. Länder. Nürnberg, 1812. XL, 81.

Duswald, Post - u. Reisecharte der Rhein-Bundesstaaten. Nürnb. 1812. XL, 220.

V. N. — Entstehung des Rheinbundes. XXII, 13.

Gröſse und Volksmenge (1807). XXV, 24. (1812) XL, 118. 419.

Beitrag zur Statistik des, XXV, 490.

Geogr. Veränd. (1807) XXV, 10. (1808) XXVIII, 31.

Der Rheinische Bund, s. Journalistik.

Rheindepartements.

A. — *Tranchot's* Charte d. vier verein. Departements auf dem linken Rheinufer — wird von den Geschwornen der 10jährige Preis zuerkannt. 1810. XXXIII, 3. — vergl. XI, 9. XII, 697.

B. R. — *J. Eichhoff*, Mémoire sur les 4 Departs. reunis de la rive gauche du Rhin, sur le Commerce et les douanes de ce fleuve etc. Par. an 10. IX, 363.

B. R. — Oeconomisch - belletristischer Taschenkalender des Nieder - und Ober - Rheins für d. Jahr 1801. Strafsb. VII, 451.
Oudiette, Dictionnaire etc. XIX, 69. s. Belgien.
V. N. — *Rebmann*, Coup d'oeil sur les quatre D pts. de la rivé gauche du Rhin etc. Trèves 1802. X, 67.
Vues pittoresques prises dans les Depts. du haut et du bas Rhin. Paris, X, 359.
Trigonometr. Aufnahme. XLIX, 488.
Rheinisches, Nieder-, Dept. Bevölk. XVI, 124. — Geograph. statist. Beschreib. XXXI, 435
B. R. — *Bottin*, Annuaire polit. et économique du Dept. du Bas-Rhin. Strafsburg, 1801. VII, 452.
Targes-Mericourt, Annuaire histor. et statist. du Dept. du Bas - Rhin, pour l'an 1813. XLIII, 215.
Rheinisches, Ober-, Dept. Geogr. statist. Beschr. XXXVII, 417.
Rheinische Kreise.
B. R. — *Bundschuh*, Geogr. stat. topogr. Lexicon vom Kur - u. Oberrhein. Kreis etc. 1805. XVII, 199. XXV, 93.
Rheinischer, Nieder - oder Kur -, Kreis.
Ch. R. — *Eversmann*, etc. XVIII, 209. s. Westphalen.
V. N. — Geogr. Veränder. (1802) XI, 167. (1803) XIII, 15.
Rheinischer, Ober-, Kreis. Geogr. Veränd. (1802) XI, 167. (1803) XIII, 5.
Rhein- und Mosel- Dept. Geogr. statist. Beschr. XXXI, 442.
Rheineck, (Schweiz) III, 466. L. u. Br. III, 469. 472. X, 255. XXXII, 203.
Rheinfelden, L. u. Br. VI, 268.
Rheinländischer Fuſs, im Verhältniſs zum Pariser Fuſs. III, 410.
Rheinmündungen, Depart. Organisation (1810) XXXII, 97.
Rheinwald, (Schweiz). Höhe. X, 257.
Rhodus, Insel. XIV, 190.
— — Stadt, L. u. Br. XIV, 91. XV, 221.
Rhonemündungen, Dept. der,
A. — *J. E. Michel:* Das Depart. der Rhonemündungen etc. XIV, 132 bis 170. — vergl. XXXI, 431 f.
Rhone-Thal, das, XLVIII, 12.
Rhöngebirg.
B. R. — *Fr. A. Jäger:* Briefe über die hohe Rhöne Frankens etc. Mit einer speciellen Charte d. Rhöngebirges. 3 Th. 1803. XII, 577.
Riäsan, Gouvern.
Ch. R. — Charte von dem, etc. II, 63.
Riäsan, Stadt. L. u. Br. II, 63. XXXII, 199. XLI, 210.
Ribeira Grande, (auf der Azor. Insel. St. Miguel). XLVII, 57.
Rich, Spitze. (Neufundl.) L. u. Br. IX, 543.
Richmond, (Virginien) XIII, 116.
Richmond-Hill, (Neu-Süd-Wales) XLV, 19.
Riesengebirg.
Ch. R. — *Hoser*, Charte d. Riesengebirgs etc. 1806. XX, 454.
Nathe, Schlesische Ansichten aus d. Riesengebirge in XIV Aquatinta-

Blättern 1806. Hierzu als Text: *Nathe* Mahlerische Wanderungen durch das Riesengebirge in Schlesien — herausgegeb. von *Fr. J. Bertuch*. Mit 5 Horizontkupfern. 1806. XX, 458.
V. N. — Verzeichniſs der vorzüglichsten Höhen des Riesengeb. XX, 456.
Riga, L. und Br. II, 510. VII, 436. XXII, 323. 324. XXXIX, 107. XLI, 422. Handel. I, 295. 309. Ausfuhr. (1804) XVII, 391.
Rigtberg Culm, Höhe. X, 395.
Rihmä, See. (Afr.) VI, 443.
Ringel, der, oder *Glaserberg*, Höhe. X, 396.
Rinteln, Aufhebung der Universität. XXXI, 237.
Rio, oder St. Sebastian. (Brasilien) XX, 36.
Rio, Flecken. (auf Elba). X, 504. XXI, 290.
Rio Colorado, L. u. Br. II, 32.
Rio Fresco, s. Rufisco.
Rio Grande, (Afr.) II, 161. III, 54.
Rio - Janeiro, XLVIII, 112. — L. und Br. VII, 441. XVIII, 287.
Rio Pongas, (Afr.) XXXIII, 15.
Rio Vinagre, Pusambio. Fl. XL, 51.
Rioja Minor, — vergl. Paraguay.
Ripatransone, L. u. Br. XIII, 357.
Ripen, Stift. Kirchenlisten. (1804) XVI, 357.
— — Stadt, L. u. Br. XXII, 339.
Ritterorden.
B. R. — *Et. Dambreville*, Abrégé chronol. de l'histoire des ordres de chevalerie depuis l'ordre du St. Juan de Jérusalem en 1113, jusqu'à l'ordre de Hollande en 1807. Paris, 1807. XXV, 321.
Ritterorden, Königl. *Baier. Max. Joseph* - Orden. (Mit Abbild.) XXVII, 347.
Königl. *Dänische*, Urkunde einer neuen Einrichtung des *Danebrog*-Ordens. (28. Junius 1808) Mit Abbild. XXVIII, 361.
Kaiserl. *Französ*. XXV, 366. der 3 goldnen Vlieſse, XXX, 331. XXXII, 341. — Reunions - Orden. XLII, 360.
Königl. *Hanöver. Guelphen*-Orden. L, 267.
Johanniter - Orden, Besitzungen. (in Baiern). VIII, 126. Vergleichungstafel des Zustandes des Johanniter - Ordens vor u. nach d. Preſsburger Frieden. XX, 82.
Königl. *Preuſsischer Johanniter Orden*, XLI, 109.
Ital. d. *Eisernen Krone*. XVIII, 85.
Königl. *Sächs*. Orden des *Rautenkranzes* (nebst Abbild.) XXVI, 107.
Groſsherz. S. *Weimar*. Orden vom *weiſsen Falken*. XLVIII, 344.
Königl. *Schwed*. *Orden*. *König Karl* XIII. XXXV, 235. XXXVII, 348.
Königl. *Spanischer* Orden. XXX, 333.
Teutscher Orden.
Vergleichungstafel des Zustandes der Teutschen

Orden vor und nach dem Preſsburger Frieden. XX, 80.

Aufhebung desselben in den Staaten des Rheinbundes. 1809 XXXI, 121.

Orden der Westphälisch. Krone. (25. Decbr. 1809) XXXI, 237. 350.

Groſsherzgl. Würzburg. Orden des Heil Joseph. (Mit Abbildung.) XXVII, 248.

Ritzebüttel, L. u. Br. III, 617. XI, 723.

Ritzli-Horn, Höhe X, 396.

Roblegordo, (Span.) X, 241.

Rocca Partida, Insel. III, 338.

Roche-sur-Yon, Napoléon, (in Poitou) XV, 120.

Redondo, Felseninsel. Br. XXI, 316.

Rodosto, (am Meer v. Marmora) L. u. Br. II, 32.

Rohrschach, (am Bodensee) III, 468. — L. u. Br. X, 254.

Rolle, L. u. Br. VI, 268.

Rom, L. u. Br. I, 290. II, 121. 512. IV, 320. XXIII, 109. 110. XXV, 473. Gröfse u. Bevölk. XVII, 113. XL, 425. — Petersfest. XL, 192. — Verbrechen u. Strafen. XXII, 489.

B. R. — *C. V. v. Bonstetten's* Reise in die Klass. Gegenden Roms zur Schilderung ihres ehemal. und gegenwärtigen Zustandes, bearbeitet von *K. G. Schelle*. Leipz. 1805 XXI, 303.

F. Sickler und *C. Reinhard*, Almanach aus Rom für Künstler und Freunde der bildenden Kunst. 1810. XXXI, 326.

F. Sickler, Plan topogr. de la Campagne de Rome, considérée sous le rapport de la Géologie et des Antiquités etc. 1811. XXXVI, 354. vergl. XXXV, 233.

Desselben, Pantogramme etc. de la campagne de Rome. 1811. XXXVI, 354.

Sitten- und Culturgemälde von Rom. Mit 10 Kupf. 1802. XII, 87.

Römische Bisthümer. Einschränkung derselben 1810. XXXIII, 88.

Römische Republik, s. Kirchenstaat.

Römisch-Teutscher Kaiser, groſser Titel des etc. (1804) XV, 119.

Römhild, Br. XXXII, 260.

Ronda, (Span.) XXXVII, 303.

Rondegut, (N. Amer.) V, 122.

Rosa, Bg. L. u. Br. VI, 265. Höhe. VI, 270.

Rosehill, Engl. Colonie. II, 352.

Rosenau, L. u. Br. XIX, 223.

Rosenberg, L. u. Br. XIX, 222.

Rosenburg, (Schweiz) L. u. Br. III, 472

— (an d. Saale) Br. XXXII, 264.

Rosenfeld, (Schwab.) L. u. Br. XII, 486.

Rosengarten, (Schwaben) Stabsamt. XII, 502.

Rosenheim, (Baiern) IX, 21.

Roseno, (Ital.) III, 505.

Rosette, (Aegypten) III, 187. V, 253. — L. u. Br. VII, 161. X, 317.

Roskilde, (Dänem.) Königl. Begräbn. zu, VIII, 396.

Roslagen, XVI, 309. siehe Stockholms-Län.

Rössel, (Preussen) L. u. Br. XVII, 342.
Rossochi, (Rufsl.) V, 62.
Rofsstock, der, Höhe. X, 397.
Rota, Insel. s. Serpana.
— (Spanien) III, 442. 457.
Rotas, am Soane. XI, 248.
Rotenburg, ob der Tauber, Wildbad. XL, 405.
Roth, Abtei. (Baiern) L. u. Br. I, 54. VII, 431.
Rothenburg. (Wirtemberg) L. u. Br. XXXV, 71.
Rothenfelde, bei Dissen, Salzwerk. XIII, 378.
Rothesay, Bevölk. XI, 413.
Rothe Tonne, vor der Elbe, L. u. Br. XI, 723.
Rothstock, im Engelberg. Höhe. X, 395.
Rothshorberg, Höhe. X, 398.
Rothweil, Landvoigtei.
Eintheil. d. (Neu-Wirtemberg.) Landvoigtei. 1802. XI, 377.
Rothweil, Stadt. L. und Br. XII, 487.
Rotschensalm, (Finland) L. u. Br. XVII, 236.
Rott, Kloster. L. und Br. XXII, 215. Höhe. IX, 19.
Rottenbuch, (Baiern) Kloster, XI, 610.
Rottenegg, (Baiern) XI, 611.
Rottennest, Insel. XII, 428. — L. u. Br. XXIV, 424.
Rotterdam, L. u. Br. I, 637. 639. IX, 64. 522. XI, 658. — Bevölk. XIII, 29. XVI, 357.
Rouen, II, 82. — L. II, 512. — Bevölk. VII, 145. XL, 425. — Verschönerung d. Stadt. XVIII, 252.
Rougemont, L. und Br. VI, 268.
Roussillon.
V. N. — Von den Zigeunern in Rousillon, jetzt Depart. der Ostpyrenäen. XI, 378.
Roveredo, Handel. VIII, 403.
Rovigno, X, 231.
Ruagpore, VII, 225.
Rucu-Pichincha, Bg. Höhe. XXIII, 497.
Rückshofen, Berg. (Westpreufsen) L. u. Br. XVI, 102.
Rügen, Insel.
B. R. — *K. Nernst's* Wanderungen durch Rügen, herausgegeb. von *L. Th. Kosegarten*. Düsseldorf, 1800. X, 244.
Streifzüge durch d. Rügenland in Briefen von Indigena. 1805. XVIII, 202.
Zöllner's Reise, siehe Pommern.
Rufaai, die, XLVIII, 209.
Ruffiberg, der,
V. N. — *Th. de Saussure*, Bemerk. über d. Absturz des Ruffiberges im Canton Schweiz. (Mit einer Ansicht und einem Plan der Gegend) XXII, 347.
Rufisco, Rio fresco. (Afr.) L. u. Br. XI, 598.
Ruhr- (oder Roer) Depart. Statist. geogr. Beschr. XXXI, 424.
Ruhrstrom, der, in Westphalen. Schleusenwerke. XVIII, 199.
Rumeli.
B. R. — *Hadschi Chalfa*. (Mustapha Ben Abdalla.) Rumeli u. Bosna, geogr. beschrieben. A. d. Türk. übersetzt von *Jos. v. Hammer*. Wien, 1812. XXXVIII, 213. vergl. XLI, 120.

Ch. R. — *J. Riedl*, General-Charte von Rumeli (nebst Morea) und Bosna, nach allen vorhandenen Ortsbestimmungen — u. d. geogr. Werke v. Hadschi Chalfa. Wien 1812. XXXVIII, 227. vergl. XLI, 120.

Ruppin, Grafschaft.

B. R. — *Brading:* Die Grafsch Ruppin in histor. statist. u. geogr. Hinsicht. Berlin, 1799. IX, 342.

Ruremonde, L. u. Br. XVIII, 284.

Rusa, Br. XXXII, 265.

Rufsland. XIII, 123. 126. XIV, 386.

A. — *A. Bethmann Bernhardi*, Ueber den Hang d. Russen zum Trunke. IV, 81.

Kurze Uebersicht der Fortschritte Rufsland's in der Geographie seines eignen Reichs, nebst einer Anzeige der seit den letzten Jahren bei dem dortigen Bergcadetten-Corps ausgegebenen:

Russischen Atlasser. I, 157. 253. II, 59 363.

Nachricht von den südl. Provinzen Rufslands, am Schwarzen u. Asow'schen Meere. XX, 281.

Statistik sämmtl. Berg- und Hüttenwerke d. Russ. Reichs, im Auszug und von *Herrmann.* XXXVIII, 12. vergl. XXXVI, 135.

B. R. — *C. H. Bencken*, Geogr. stat. Uebersicht d. Russ. Reichs, im 8. Jahrgange der Regier. Alexander's I. Riga, 1808. XXXII, 4.

Breton: La Russie, ou Moeurs, Usages et Costumes des Habitans de toutes les provinces etc. Orné de III Planches. 1813. XLII, 448.

Frhr. *v. Campenhausen*, Bemerk. über Rufsland, besonders einige Provinzen dieses Reichs u. ihre Naturgeschichte betreffend, nebst einer kurzgefafsten Geschichte der Zaporager Kosaken, Bessarabiens, der Moldau und der Krim. Leipzig, 1807. XXIV, 58.

E. D. Clarke, Travels. s. Europa. XXXVII, 161.

W. Chr. Friebe: Ueber Rufslands Handel, landwirthschaftl. Cultur etc. 2 Bde. I, 192. 293.

Hassel, Statist. Abrifs des Russis. Kaiserthums, nach seinen neuesten polit. Beziehungen. Nürnberg und Leipzig, 1807. XXIV, 51.

B. F. J. Herrmann: Die Wichtigkeit d. Russ. Bergbau's etc. 1810. XXXVIII, 61. vergl. XXXVI, 135. XXXVIII, 12.

Pallas, Bemerk. auf einer Reise in d. südlichen Statthalterschaften des Russ. Reichs, in d. Jahren 1793 und 1794. 1. Bd. 1797. V, 55. 82. 2. Bd. 1801. IX, 128.

Graf v. Rechberg, Les peuples de la Russie, ou Description des moeurs, usages et costumes des diverses nations de l'Europe de Russie; accompagnée

Rufsland.

de figg. color. T. I—III. Paris, 1812. XL, 380. XLIII, 433.

B. R. — *G. Reinbeck*, Flüchtige Bemerk. auf einer Reise von St. Petersburg über Moskwa, Grodno, Warschau, Breslau nach Teutschland, im J. 1805. I. u. II. Th. Leipz. 1806. XXIII, 197.

Fr. Roupach, Reise von St. Petersburg nach dem Gesundbrunnen von *Lipezk* am Don. Nebst einem Beitrag zur Charakteristik der Russen. 1810. XXXIII, 177.

D. W. Soltau, Briefe üb. Rufsland. Mit Kupfern, Holzschnitten und einem Grundrifs von St. Petersb. 1811. XL, 185.

Rufsland beschouwd met betrekking tot 1 Zijne Aardrijkskundige en Natuurlike Ligging, Grond etc. etc. Met Platen en Vignetten. Haarlem, XVIII, 199.

Gawrila Sarytschew's Reise etc. s. (Nordöstl.) Ocean.

H. Storch, Histor. stat. Gemälde d. Russ. Reichs etc. VIII Th. 1797—1803. XIV, 456. XV, 41. 162. — vergl. IX, 264.

Desselben, Rufsland unter Alexander I. (1—4. Bd.) 1803. XVII, 447. (5. Bd.) 1804. XVIII, 302. (6. u. 7. B.) XXI, 425.

St. Petersburgischer Kalender auf das J. 1808, gerichtet auf die vornehmsten Oerter d. Russ. Reichs, XXVI, 170.

B. R. — *E v. Wichmann's* Darstellung d. Russ. Monarchie nach ihren wichtigsten statist. polit. Beziehungen. 1. u. 2. Abth. 1813. Mit einem Anhang von 25 Tab. XLVI, 342. 465.

von Zimmermann, Taschenbuch d. Reisen. 8ter Jahrg. 2. Abtheil. (Asiat. Rufsl.) XXX, 85.

Ch. R. — Etwas über die geogr. Charten von Rufsland, zu Anfange des vorigen Jahrhunderts, nebst einem bisher noch ungedruckten Briefe des grossen *Leonh. Euler*. XV, 96.

Podrobnaja Karta Rossiyskoij Impérii etc. oder ausführliche Charte des Russ. Reichs u. der nahe angränzenden Länder, verfertigt, gestochen und gedruckt bei Sr. Kais. Maj. Charten-Depot. (Sect. 1. 4. 7. 9. 10. 11. 12. 13. 15. 16. 17. 21. 22. 23.) XIX, 218. (Sect. 14. 20. 24. 25. nebst 3 nicht numerirten Blättern). XXII, 99. — 2te neue erweiterte Ausgabe. 1811. XXXVIII, 86. vergl. XXXVI, 382.

Carte de la partie Européenne de l'Empire de Russie, avec l'indication des chemins de poste, ainsi que des Douanes frontières etc. au Dépôt Imp. des Cartes à St. Petersbourg, 1809. (12 Bl.) XXXII, 197. vergl. XXXVI, 382.

Rufsland.

Ch. R. — Carte de la Russie d'Europe, donnant l'Indication des Routes et Chemins des Postes, des Douanes, avec la division actuelle en Gouvernemens. Fidélement copiée sur celle rédigée au Dépôt Impér. des Cartes à St. Petersb. en 1809. Paris, 1812. (12 Bl.) XL, 71.

Neueste Charte d. Russ. Reichs mit der Eintheil. in die neu eingerichteten Statthalterschaften und Kreise. Wien, 1807. XXVI, 86.

Rufsland, in 2 Bl., für den grofsen Handatlas, nach dem Frieden von Friedrichsham berichtigt. Weimar, 1809. XXX, 388.

— — für den Bürgerschulen-Atlas etc. XXX, 388.

Erweiterung des Russ. Reichs durch den zu Bucharest am 14. Jun. 1812. geschlossenen Frieden. Weimar, XXXIX, 248.

Charte vom westl. Rufsland etc. vgl. Polen.

Arrowsmith, Asia. 1801. VII, 173.

Braumüller: Der wichtigste Kanal in Europa, etc. XLVII, 230. — siehe *Kanäle.*

Iwan Danielow, Charte des Europ u. einem Theil d. Asiat. Russ. Reichs etc. Wien, 1812. XXXIX, 346.

Debouge, Nouvelle Carte de l'Empire de Russie, partie occidentale, jusqu'au delà des Monts Ourals en Asie. Berlin, 1812. (No. 16—20, 26—31.) XL, 230.

Ch. R. — *Knittel's* neue militärische Situations- und Postcharte von West-Rufsland. Nürnb. 1812. XXXIX, 348.

Lapie, Carte de la Russie d'Europe avec l'Empire d'Autriche etc. 1812. (Sect. 1—3.) XL, 72. (Sct. 4 6.) XLI, 208.

C. Mannert, Imperium Russicum cum regionibus adjacentibus duabus tabellis etc. Norimb. 1808 et 1812. XXXIX, 499.

Mare, Charte von dem gröfsten Theile des Europ. Rufslands, von ganz Polen, Preufsen und Oesterreich. 1813. XL, 337.

J. Potocki, Atlas archéologique de la Russie Européenne. 1805. XIX, 264. XX, 313. vergl. XVI, 489.

J. L. Späth, Charte von dem ganzen Russ. Reich, nach den von diesem und den angränzenden Staaten vorhandenen astronom. u. chronometr. Bestimmungen, der Reise von Krusenstern etc. entworfen. Nürnberg, 1807. XXVI, 351.

F. W. Streit, Generalcharte des Russ. Reichs, Europäischen Antheils, nebst den angränzenden Asiatischen Provinzen. (2 Blätt.). Weimar, 1810. XXXII, 82.

Rufsland.

V. N. — Verzeichnifs d. v. Kais. Russ. Charten-Depot zu St. Petersburg herausgegebenen *Charten*. XVI, 118. vergl. XXXI, 114.

Geograph. Wörterbuch des Russ. Reichs. 3. Th. XVII, 125.

Mentelle und *Poirson*, Generalcharte des Russ. Reichs (gest. v. *Tardieu*) zu der Histoire de l'Empire de Russie sous le règne de Cathérine II. Paris. X, 356.

Dr. *Pansner*, Sammlung kurzer Reisebeschreibungen in Europa u. d. Asiat. Rufsland. Aus Russ. gedruckten Werken u. Handschriften in's Teutsche übersetzt. 1814. XLIII, 123.

Patrin's Bericht über die Franz. Uebersetzung von *Storch's* Gemälde d. Russ. Reichs. IX, 264.

A. Fortia de Pilles, Examen de trois ouvrages sur la Russie. Voyage de Mr. *Chantreau*; — Révolution de 1762, par *Rhulières*; et les Mémoires secrets de *M. Masson*. Paris, 1802. X, 366.

Graf *J. Potocki*, Histoire primitive des peuples de la Russie. XVI, 117. 489.

Reymann, (in Potsdam) Anzeige einer Charte vom Russ. Reich in Europa. 1803. XI, 644.

Ueber die in d. monatl. Correspondenz des Frhrn. v. *Zach* erschienene Recension der von *Reymann* Teutsch herausgegebenen *Russischen Wege - Charte*. XV. 386.

V N. — *Swinton*, Voyage en Norwège, en Danemark, et en Russie dans les années 1788—1791. Paris, 1801. VIII, 458.

Ausführl. Etat der ganzen regulären u. irregulären Russ. Kais. *Armee*, den 31. Dec 1803. XV, 120. (1805) XVIII, 492. (1810) XXXIV, 320. (1812) XLIV, 303. — *Seemacht*. (1806) XXII, 114. (1807) XXV, 367.

Bevölk. XIV, 517. (1810) XXXII, 37. (1811) XXXVIII, 110. — Bevölk. und grofse Longävität etc. XLV, 244. — Geburts - und Sterbelisten, (1801) XII, 642. (1802) XIII, 519. (1803) XVI, 509. (1805) XX, 486. (1806) XXVI, 387. (1808) XXXIV, 107.

Charakter der Russen. I, 304. IV, 415. XIV, 385.

Ueber d Russ. Kaiserl. *Charten - Depot* zu St. Petersburg. XXXI, 114.

Geogr. Veränd. (1799. 1800) VII, 17. (1801) IX, 110. (1802) XI, 189. (1803) XIII, 32. (1804) XVI, 20. (1805) XIX, 26. (1806) XXII, 58. (1807) XXV. 43. (1808) XXVIII, 115. (1809—1815) XLIX, 279. — Vergröfser. im 18. Jahrh. IX, 84.

Veränd. d. Benen. und Abtheil. einiger *Gouvernements* von Russland. (1802) XI, 381.

Uebersicht der neuesten Eintheil. d. Europ. Russl. in *Gouvernements* und

Rufsland.

Kreise. XXIV, 102. — Tabelle der Gouvernements-Eintheilung des Europ. Russ. Reichs in *Districte*, nebst einigen Departements d. Asiat. Rufslands. XXXII, 319.

V. N. — Geschichte der Bekanntwerdung Rufslands mit China etc. XLVI, 96.

Neue Reichsgränze zw. Schweden und Rufsland nach d. Frieden von Friedrichsham (17. Sept 1809); (nebst dazu gehör. Charte) XXX, 326.

Russisch - Persischer Friede. (1813) XLIII, 107.

Handel nach Persien. V, 71. — mit Grofsbritann. XXI, 418. — Juchtenhandel. IX, 282. — Ausfuhr. (1799) IX, 83.

(*Nicol. Romanzoff*) Uebersichten d. Russ. Handels (1802). XIV, 375.

Uebersicht des *Handels* in den Russ. Häven am Balt. Meer (1807). XXXI, 236.

Ortsbestimmung XXXIII, 459. XXXV, 477. XXXIX, 470. XLI, 488. XLVIII, 509.

Statist. Tabelle (1800). VII, 24. (1801) IX, 120. (1802) XI, 103. (1803) XIII, 37. (1804) XVI, 31. (1805) XIX, 46. (1808) XXVIII, 116. (1809—1815) XLIX, 281.

Herrmann, Verzeichnifs des urbaren Landes, der Waldungen etc. für das Europ. Rufsland. XLV, 371.

V. N. — Statist. Notizen (s. *Herrmann*) XLIX, 109. — Neuere statist. Notizen. XLIX, 281.

Neuester *Titel* des Kaisers. (1809) XXVIII, 251.

Universitäts - Bezirke. XII, 261.

Innere Wasserverbindung. XIII, 501. XV, 164. XVII, 243. XLVII, 230.

Verwandtschaft d. Russ. Sprache mit der Sanscrit-Sprache. XLI, 246.

Ruttunpour, (Indien) XXI, 192.

Rüty, (Schweiz) III, 251. 355.

Rye, (Grafschaft Sussex.) L. u. Br. VIII, 67.

Ryipour, (Indien) XXI, 192.

Ryssel, siehe Lille.

S.

Saalau, (Preufsen) L. u. Br. X, 66.

Saalfeld, L. u. Br. XIV, 225. XXXII, 260.

Saalfeldische Landesportion. Trennung der Saalfeldischen Landesportion vom Fürstenthume Altenburg. XIX, 262.

Saalkreis, VI, 355.

Ch. R. — Special - Charte von den zum Herzogth. Magdeburg gehör. Saalkreis, nach einer genauen Vermessung des Terrains. Halle, 1801. VIII, 346. vergl. VI, 378.

Saar - Departement; Geogr. statist. Beschreib. XXXI, 441.
B. R. — *Delamorre*, Annuaire topogr. et polit. du Depart. de la Sarre pour l'an 1810. XXXIII, 286.
V. N. — *Zegowitz*, Annuaire hist. et statist. etc. 1803. XII, 376.
Saba, Insel. L. und Br. II, 400.
Sabioneta, L. u. Br. II, 90.
Sabrina, neue vulcan. Insel b. d. Azoren. XXXVI, 380. XL, 384.
Saccara, Aegypten. X, 342.
Sachsen, *Nieder*-,
Ch. R. — *Hogreve* u. *Heiliger*, Geograph. Charte der Länder, zwischen der Elbe und Weser, auch Trave und Hunte, besonders d. vormal. Kurfürstl. u. Herzogl. Braunschweig. Lande etc. 1812. XXXIX, 84.
Sotzmann, Charte von Nieder-Sachsen etc. Nürnberg, 1816. L, 489.
V. N. — Geogr. Veränder. 1802. XI, 173.
Sachsen, *Ober*-,
Ch. R. — *Güssefeld*, Charte v. d. nördl. Theil d. Ober-Sächs. Kreises. 1798. III, 82.
Güssefeld, Charte v. d. südl. Theil d. Obersächs. Kreises. 1798. III, 82.
Sotzmann, Charte v. d. nördl. Theil d. Obersächs. Kreises, welcher die Mark Brandenburg und d. Herzogthum Pommern enthält etc. 1800. VIII, 343.
Ch. R. — *Sotzmann*, General-Charte v Obersachsen etc. Nürnb. 1816. L, 487.
V. N. — Geogr. Veränd. 1802. XI, 173.
Sachsen, Kurfürstenthum, Königreich. VIII, 392.
B. R. — *Aristides*, od. über die Aufhebung d. Steuer-Freiheit, und eine gleiche Vertheilung d. Reallasten im Königreich Sachsen, so wie über die Mittel, dieselben zu erleichtern etc. 1811. XXXV, 338.
Engelhardt's Lehrbuch der Erdbeschreibung des Königreich Sachsen für Schulen, 4. Aufl. Nebst einer vom Lieuten. *v. Schlieben* entworfenen Schulcharte. 1813. XLII, 346.
D. J. Merkel, Erdbeschr. von Kursachsen etc. herausgegeben *v. Engelhardt*, I. Bd. 3. verb. Aufl. 1805. XIX, 82. — 5. u. 6. Band. 1800. XII, 446.
E. v. Uklanski, Briefe. vergl. Polen.
Königl. Sächs. Hof- u. Staats-Kalender auf das Jahr 1812. XXXVIII, 454.
Reise durch einen Theil von Sachsen und Dänemark etc. Altona, 1813. XLVIII, 314.
Ch. R. — (*Backenberg*) Une Carte de situations militaires, contenant les positions etc. arrivées en Saxe etc. IV, 246. siehe Kriegsschauplatz.
F. L. Güssefeld, Postcharte des Königr. Sachsen, und d. angränzenden

Sachsen, Kurfürstenthum, Königreich.

Länder. Weimar, 1809. XXX, 177. 2. bericht. Ausgabe 1812. XXXIX, 337. — 3. Ausgabe 1815. XLVII, 240.

Güssefeld, Charte des Königr. Sachsen nach seiner neuesten, durch den am 21. Mai zu Wien abgeschlossenen Friedenstractat definitiv bestimmten Theilung zwischen Preussen und Sachsen, nebst den Herzogl. Sächs. Ländern. 1815. XLVII, 241. XLVIII, 232.

Interims - Charte des Königr. Sachsen, nach d. auf dem Congrefs zu Wien bestimmten Theilung. (11. Februar 1815.) Weimar, XLVI, 487.

J. E. Lange, Generalcharte des Königr. Sachsen, u. d. Herzogl. Länder etc. 12 Blätter. 1811. XXXVI, 478.

R. v. L.. Oro-Hydrographische Charte vom Königreich Sachsen nach den angränzenden Ländern, zum Gebrauch als Post - und Reise - Charte sowohl, als auch für Civilbeamte und insbesondere für das Studium der Kriegsgeschichte. Dresd. 1813. XLIV, 118. vergl. XXVIII, 248.

v. Schlieben, Charte d. Königr Sachsen, d. Herzogth. S. Weimar, S. Gotha etc. Anhalt etc. etc. XLII, 353.

Desselben, Schulcharte des Königreichs Sachsen. Dresden, 1810. XXXVII, 461.

Streit, Topogr. militär. Atlas vom Königr. Sachsen und den Besitzungen des Fürsten von *Anhalt*, in 27 Bl. Weimar, 1812. XXXVIII, 90. 2te bericht. Ausg. 1813. XL, 483.

V. N. — Notiz über den sogenannten *Schenkischen* oder *Zürnerschen Atlas* von Sachsen. XXXVIII, 490.

Bestand der Armee, XXVI, 389 (1810). XXXIII, 213.

Bevölk. (1812) XL, 118. 428. — Bevölk. d. gröfseren Städte. XL, 428.

Einnahme, Ausgabe, Schulden, XI, 255.

Geogr. Veränd. (1807) XXV, 18. (1808) XXVIII, 34. (1809—1815) XLIX, 134.

Statist. Tab. (1800) VII, 24. (1801) IX, 120. (1802) XI, 193. (1893) XIII. 37. (1804) XVI, 31. (1805) XIX, 36. (1808) XXVIII, 35. (1815) XLIX, 135.

Das neue Interims-Reichswappen. (Mit Abbildung.) XXV, 499.

Königl. Dotation der Königl. Sächs. Universitäten und Landschulen. 1811. XXXVI, 243.

Sächsische Länder, *Herzogliche*. vergl. *Sachsen*, Königreich.

B. R. — *Arnold*, Lexicon etc. XII, 77. s. Anhalt.

Ch. R — *Güssefeld* und *Reichard*: Die Herzogl. Sächs. Fürstenth. Weimar,

Gotha, Meiningen, die Fürstenth. Schwarzburg u. Reuſs etc. Nürnberg 1811. XXXVII, 200.
Ch.R. — *Güssefeld*, Charte über die Länder des Herzoglich Sachsen-Ernestinischen Hauses — berichtigt 1815. XLVIII, 231.
Topograph. milit. Atlas v. d. Herzogl. Sächs. Ländern, den Ländern der Fürsten von Schwarzburg und Reuſs, und der Gebiete von Erfurt. (11 Bl.) XLI, 85.
V.N. — Milit. Contingent. XXVI, 389.
Geogr. Veränder, 1809 bis 1815. XLIX, 151.
Sachsen - Coburg - Saalfeld; vergl. Saalfeld.
B. R. — Herzogl. S. Cob. Saalf. Staats - Kalender. 1813. XLI, 79.
V. N. — Kirchenlisten. (1801) X, 175.
Statist. Tab. XLI, 82.
Sachsen - Gotha.
B. R. — *Mosch* und *Ziller*, Versuch einer Beschr. d. S. Goth. Lande. 1. Abth. 1. Bd. 1813. XLV, 434.
Ch. R. — *H. v. Rhein* und *F. W. Streit*, Charte v. d. Herzogthum Gotha und d. Fürstenthum Eisenach. Weimar, 1812. XXXIX, 103.
Sachsen - Hildburghausen, XLIX, 152.
Kirchenliste. X, 175.
Sachsen - Meiningen, XLIX, 152.
B. R. — *E. J. Walch*, Histor. statist. und topogr. Beschr. der Königl. und Herzogl. Sächs. Häuser u. Lande überh., und des S. Cob. Meining. Hauses und dessen Lande insonderheit, neu erweitert u. herausgeg. 1811. XXXVI, 95.
V.N. — Kirchenlisten (1801). X, 175.
Orts - u. Höhenbestimmungen. XXV, 352. L, 34.
Sachsen - Weimar, Fürstenthum.
Ch. R. — *Fr. Baldauf*, Charte von d. Herzogth. Weimar u. d. Gebiete von *Erfurt*, nebst d. Grafsch. *Blankenhain*. Weimar 1811. XXXV, 214. Mit Berichtig. der neuen Gränzen von *Weiland*, 1815. XLVIII, 230.
Sachsen - Weimar - Eisenach, Groſsherzogthum. vergl. Eisenach.
B. R. — Herzogl. S. Weim. und Eis. Hof - u. Addreſs-Kalender, auf d. J. 1813. XLI, 77.
V. N. — Besitznahme der an d. Groſsherzogth. Weimar abgetretenen Länder. (15. Novbr. 1815) XLVIII, 234.
Darstellung u. Erklär. d. Groſsh. S. Weim. Eis. neuen Wappens. XLVIII, 349.
Statuten des Groſsh. S. Weim. erneuerten Ritterordens der Wachsamkeit, oder vom weiſsen Falken. (18. Octob. 1815) XLVIII, 344.
Geogr. Veränder. (1809 bis 1815) XLIX, 151.

Sächsische Schweiz, siehe Schandau.
Sacrificios, L. u. Br. II, 394.
Saddleback, Ins. (N. Amer.) L. u. Br. IX, 540.
Saes, *Sauken*, die, XXXVI, 432.
Sagalien, Halbins. XXXVIII, 252.
Sagan, Fürstenthum.
V. N. — Das Fürstenthum Sagan, oder der Sagansche Kreis, gezeichn. von *Wieland*, verbess. von *Schubart*, und umgearb. von *Sotzmann*. XXX, 106.
Sagan, L. u. Br. IV, 319. 502. XVII, 101.
Sagard, (auf Rügen) X, 245.
Sagres, kl. Festung. (Portug.) IX, 45.
Sagunt, L. u. Br. XXXII, 43.
Sahkurah, (Aegypten) V, 399.
Sahra, die Wüste. (Afr.) III, 130. 580. 588.
Sajan'sche Gebirg. II, 65.
Sajanskoj Ostrog, Br. XVI, 499.
Said, (Syrien) L. und Br. XIV, 93.
Sakara, (Aegypten) XXXII, 163.
Sal, Spitze. (N. Amer.) L. u. Br. IX, 455.
Sala, (Schweden) VIII, 401. L. u. Br. X, 115.
Salahieh, (Aegypten) V, 520. — L. und Br. VII, 160. XXXV, 71.
Salamis, Ins. XLIX, 333.
Salasses, Bg. III, 308.
Salerno, Bevölk. III, 369.
Salib - Mertwoy, der östl. Busen des Casp. Meeres, L. u. Br. XXII, 102.
Salisbury, Engl. XXII, 88. Bischöfl. Kirche daselbst. III, 79.
Salisbury, Insel. (N. Amer.) L. u. Br. IX, 540.
Salisbury - Sund, Br. VIII, 200.
Sali-Stock, (Schweiz) Höhe. X. 395.
Saliian, (Persien) Fischereien daselbst. V, 69.
Salmansweiler, L. u. Br. X, 256.
Salmieh, (Aegypt.) X, 336.
Salmis, (Finland) L. u. Br. XVII, 236.
Salm - Krautheim, XXI, 73.
Ch. R. — siehe Hohenlohe.
Salm - Kyrburg, XXXI, 118.
Verlust im Lüneviller Frieden. IX, 51.
Geogr. Veränd. (1806) XXII, 33.
Salm - Reiferscheid, Verlust im Lüneviller Frieden. IX, 52.
Salm - Reiferscheid - Bedbur, Erhebung zu einem Fürstenthum. XIII, 515.
Salm - Salm, XXXI, 118. — Verlust im Lünev. Fried. IX, 51.
Geogr. Veränd. (1806) XXII, 33.
Salomons - Inseln, I, 580.
Salona, (Dalmatien) XI, 702
Salonichi, *Salonika*, *Thessalonike*, VI, 217. XLVIII, 301. — L. XXXIV, 55.
Salpeter - Gas, mit Stickgas vermischt. II, 176.
Salta, (Span. Amer.) III, 62.
Salta del Tucuman, XII, 584.
Saltown, am Fl. Formoso. XI, 23.
Salumbo, Ins. XII, 121.
Saluzzo, Bisth. XII, 383.
Salzach - Kreis, der,
B. H. — *A. Winkelthaler*, Der Salzach-Kreis, geogr.

hist. u. statist. beschrieben. 1813. XLVIII, 55. L, 259.

Salzburg, Erzbisthum, Herzogthum, Kurfürstenthum; vergl. Oesterreich und Baiern.

B. R. — *von Koch - Sternfeld*, Salzburg u. Berchdesgaden, in hist. statist. u. staatsökonom. Beiträgen; mit vielen Tabellen. 1810. XXXIII, 54. XXXIV, 410.

D. F. E. Mäder, Reise von Böhmisch - Krumau, durch das Oberennsische Salzkammergut nach Salzburg und Berchtesgaden. 1809. XXXIII, 54.

v. Seyfried, Stat. Nachr. etc. XVI, 426. s. Stift.

Fr. M. Vierthaler, Reisen durch Salzburg. 1799. IV, 417.

B. R. — Charte d. Hrzgth. Salzburg, von dem K. K. Oesterr. Gener. Quartiermeisterstabe im J. 1806 u. 1807 in Verbind. mit dem Oesterreich. Kaiserreiche, astronom. trigonometr. vermessen, topogr. aufgenommen, und im J. 1810 reducirt und gezeichnet. Wien 1811. (Sect. 1--6, 8.) XXXVI, 361. XXXVIII, 369. (Sect. 7, 9—15) XLV, 98. — vergl. XXXV, 483

A. Winkelhofer, d. Kurfürstenth. Salzburg m. d. Fürstenth. Passau, Eichstädt u. Berchtesgaden, einem Th. von Baiern, u. d. angränzend. Ländern etc. Nürnb. 1805. XXII, 213.

V. N. — Ist d. Erzstift Salzburg ein Herzogthum oder Kurfürstenthum? XVII, 381. XVIII, 244.

V. N. — Beiträge zur Statistik und Topographie der Kursalzburgischen Länder. XVIII, 238. — Einwohner, Einkünfte und Gröfse. IX, 86. XLV, 107. Statist. Tab. XII. 520

Verzeichn. v. Höhenbestimmungen. II, 168. IV, 418. XLV, 104. XLVIII, 56. Ortsbestimm. XLV, 105. Organisation des Kurfürstenthums XV, 92.

Salzburg, Stadt, L. u. Br. I, 357. 496. II, 165. IV, 159. 454. VI, 518. VII, 431. XV, 80. XX, 199. XXII, 215. XLV, 422. — Höhe. II, 168. Magnetabweichung. II, 167.

B. R. — *Weilmeyer*: Die Hauptstadt Salzburg etc. 1813. XLVIII, 57.

Salzflufs, III, 582.

Salzgitter, Salzliebenhall. L. u. Br. XVI, 444. XVII, 214.

Salzungen, (Meiningen) Br. XXXII, 260.

Salzkammergut, das, (Oesterreich) XXXV, 343. XLVII, 81.

Höhen einiger der wichtigsten Alpen im Salzkammergut, XXXV, 345.

Statist. Beschreib. XLVII, 81.

Samarang, (Java) II, 278.

Samaritaner, XLIV, 417.

A. — *Corancez*, Notizen über die Samaritaner in Naplus, in Palästina, XXXV, 412.

Samarkand, s. Ssamarkand.

Sambos, (Span. Amer.) III, 75.

Sambre - u. *Maas* - Depart. Geogr. statist. Beschr. XXXI, 440.

Samchetien, XLV, 394.
Sami, (inn. Afr.) II, 66.
Samnah, (Aegypten) V, 507.
Samojeden, IX, 268. XVII, 297.
A. — *Rommel*, Ueber den Ursprung der Samojeden. XX, 406.
Samorowskoi, (Sibir.) L. u. Br. XVI, 495.
Samos, Ins. II, 54. XLIX, 340.
Samothrake, XXXIV, 55.
Sampaka, (inn. Afr.) II, 66.
San, Tamis. (Aegypten) V, 520.
Sana, (Arab.) XXXIII, 249.
Sanct, Saint, Sant, Santo, Sancta etc.
S. *Agnes*, L. u. Br. XXIV, 423.
S. *Alouran*, Insel. L. u. Br. XXIV, 424.
S. *Ambrosia*, Ins. III, 342.
S. *Ange*, auf Malta. III, 591.
S. *Anna*, bei Eger. L. u. Br. XIV, 225.
S. *Anna*, Ins s. Serpana.
S. *Antioco*, Ins. III, 158.
S. *Antonio*, Ins. L. XV, 254.
S. *Aubin*, III, 229.
S. *Austle*, (Engl.) XXI, 204.
S. *Barbara*, Canal auf der N.W.Küste von Amer. II, 341.
S. *Barbara*, (N. Amer.) L. u. Br. IX, 455.
S. *Bernhard*, XIII, 269. — Höhe. II, 502. III. 365. IV, 168. VI, 270.
Bonaparte's Uebergang. XVII, 311.
S. *Bertrand*, (Frankr.) L. u. Br. XXXII, 49.
S. *Catalina*, Fort. III, 442.
S. *Catharina*, Ins. (mittel. Meer) L. und Br. XXXII, 49.
S. *Catharine*, Ins. (b. Brasilien) L. u. Br. XXXI, 419.
Saint Charles, Insel. s. Sarigan.
S. *Clara*, (Neu-Albion) II, 338.
S. *Claude*, (Frankr.) L. u. Br. XXXII, 49.
S. *Constanzo*, (auf Capri.) III, 479.
S. *Croix*, (b. Oran in Afr.) L. u. Br. III, 582.
S. *Croix*, Ins. (Amer.)
B. R. — *Ledru*, Voyage etc. s. Teneriffa, Insel.
Ch. R. — *P. L. Oxholm*, Karte over the danske Öe St. Croix i Amerika, farfärdiget i Aanet 1794. Kiöbenh. 1799. VII. 392.
V N. — Negerpopulation, XXI, 353. — Zustand der Neger auf Zuckerplantagen. XXII, 114.
S. *Cruz*, L. u. Br. II, 395. 400. XXXII, 188.
S. *Demetrius*, Ins. II, 53.
S. *Denis*, (auf Isle de Bourbon) III, 309. XV. 453.
S. *Diego*, (N. W. Küste von America). II, 343. — Haven. L. und Br. VIII, 154. IX, 455.
S. *Diez*, (Frankr.) L. u. Br. XXXII, 49.
S. *Dimitrija*, (Rufsl.) XXII, 100.
S. *Domingo*, Insel. IX, 118. XXV, 364. — Ein- u. Ausfuhr. X, 76 f.
B. R. — *M. E. Descourtilz*, Voyage d'un Naturaliste etc. à St. Domingue. Paris 1809. XXVIII, 458.
Dorvo-Soulastre, Voyage par terre de St. Domingo, Capitale de la partie Espagnole de St. Domingo au Cap François etc. suivi d'un rapport sur l'état actuel des mines de la Colonie Espagnole, tra-

Sanct Domingo.

duit de *Don Juan Nieto*, Paris, 1809. XXX, 260.

B. R. — *C. Lyonnet*, Statistique de la partie Espagnole de St. Domingue. Paris 1801. IX, 238.

L. E. Moreau de St. Mery, Topograph. and polit. Description of the Spanish part of St. Dom., translated by *W. Corbett*. I, 570.

C. Rubin, Voyages etc. vergl. Louisiana.

M. Walton, Present state of the spanish Colonies, especially of Sancto-Domingo etc. 1810. XLVII, 179.

Ch. R. — *Leyritz*, *Levassor* et *Bourjolly*, Carte polit. ou etc. 1803. XIV, 94.

Sorrel, Carte particulière de l'Isle de St Dom., au dépôt. gen. de la mar. 1803. XIII, 192.

V. N. — *v. Ferrer*, Längenbestimmungen. II, 394. — Ortsbestimmungen auf u. um St. Dom. XXXII, 455.

Gilbert, Histoire medicale de l'armée franç. à St. Dom. etc. Par. 1803. XI, 372.

Gilb. Guillermin, Précis histor. des derniers événemens de la partie de l'Est de St. Dom. etc. 1811. XXXV, 372.

Hufnagel, Neueste Nachrichten über St. Dom. XL, 97.

Rainsfort, Werk über St. Dom. m. Kupfern, XIX, 394.

S. *Eliasberg*, II, 42.

S. *Elmo*, III, 366.

S. *Etienne*, Bevölk. VII, 145.

S. *Fé de Bogota*, Höhe. XXIII, 497.

S. *Felix*, Ins. III, 342.

S. *Florent*, (Corsica) Br. IX, 520

S. *Flour*, (Frankr.) L. u. Br. XXXII, 49.

S. *Francisco*, (Neu-Albion) II, 42, 338. — Haven. L. u. Br. IX, 455. XL, 303.

S. *François Xavier*, Insel. s. Agrigan.

S. *Gallen*, III, 351. L. u. Br. VI, 267. VIII, 259. XLV, 421. — Zain- u. Stahlhämmer. XVII, 113.

S. *Georg*, Insel. (nordöstl. Ocean) XL, 296.

S. *Georg*, Azor. Insel. XVI, 202. XLVII, 71. L. VII, 438.

S. *Georg*, Bermud. Insel. s. Bermudische Inseln.

S. *George*, Insel. (Archip.) L. u. Br. XXXII, 49.

S. *Georg-Spitze*, (N. Amer.) L. u. Br. IX, 455.

S. *Giusta*, See. III, 151.

S. *Gotthard*, Höhe. II, 502. IV, 168. VI, 270. X, 398. vergl. Gotthard.

V. N. — *Zschokke*, Wanderungen durch einige minder bekannte Hochländer um den Gebirgsstock des St. Gotthard. XX, 465.

S. *Gravesand*, L. und Br. XXXV, 69.

S. *Helena*, Insel.

A. — *Chev. H(enry) G(uillot)* Bemerk., topogr. histor., statist., u. militär. Inhalts üb. d. Ins. St. Helena. L, 273.

B. R. — A Description of the Island of St. Helena etc. 1805. XIX, 496.

C. C. Best, Briefe über Ostindien, d. Vorgeb. d. g. Hoffn. u. d. Insel St. He-

lena. Leipz. 1807. XXVI, 62.
Ch. R. — *A. Perrot*, Carte de l'Isle St. Hélène. 1815. L, 235.
V. N. — *Alex. Beatson*, Travels relative to the Island of St. Hel., written during a residence of 5 years etc. 1816 XLIX, 481.
Nachrichten aus Helena 1815. XLIX, 120.
S. *Helens*, Ruede von, VIII, 382.
S. *Jacob*, Ruinen des Schlosses. (S. Amer.) XLVI, 453.
S. *Jago*, Capverd. Insel.
A. — Kurze Nachr. v. d. Capverd. Insel S. Jago. XI, 675 vergl. XII, 345.
S. *Jago*, (Chili) II, 40. 348.
S. *Jago*, Puerto de, Br. VIII, 109.
S. *Jago*, (S. Domingo) Bevölkerung. IX, 242. 246.
S. *Jago de Coragoita*, III, 64. 74.
S. *Jago de Cuba*, XII, 583.
B. R. — *M. E. Descourtilz*, Voyage d'un Naturaliste etc. 1809. XXVIII, 458.
S. *Jago de Estero*, (Span. Amer.) III, 62.
S. *Jean*, Insel, Haven. L. u. Br. XVIII, 287.
S. *Ignace*, Insel. s. Pagon.
S. *Ignatio de Agana*, siehe Agana.
S. *Joachim*, Ins. s. Anatajan.
S. *Johann*, L. u. Br. XXII, 216.
S. *Johannis - Insel*, siehe Guam, Insel.
S. *John*, B. R. vergl. Paraguay.
S. *Johns*, Port (Neufundl.) L. u. Br. IX, 543.
S. *Johns*, Stadt. XL, 288.
S. *Jonas - Insel*, (Ochotzch. M.) I, 528.
Sanct Jorge, s. St. Georg.
S. *Joseph*, (Afr.) I, 702.
S. *Joseph*, Halbinsel. (Süd-Amer.) XI, 225.
S. *Joseph*, Ladron. Insel. s. Saypan.
S. *Jost*, L u. Br. XI, 723.
S. *Istrate*, (Archipel) L. u. Br. XXXII, 49.
S. *Juan*, Fl. I, 87.
S. *Juan de Capistrano*, L. u. Br. IX, 455.
S. *Julian*, Bay, L. VII, 441.
S. *Laurent*, Isles de, siehe Maugs - Inseln.
S. *Laurent de Cerda*, IV, 31.
S. *Lawrence*, Fl. (N. Amer.) IV, 13.
S. *Lazari - Archipelagus*, I, 579. II, 331.
S. *Lorenzo*, Port. III, 442.
S. *Louis*, Ins. (b. Afr.) XI, 41.
S. *Louis*, Alt Fort, (Antillen) L. VII, 440.
S. *Lucia*.
A. — *Cassan*, Beschr. des Vulkans auf der Insel St. Lucia. V, 312.
Pugnet, Nachr. von der Franz. Westind. Insel St. Lucia. XIV, 257.
S. *Lunaire*, Bg. (Neufundl.) L. u. Br. IX, 543.
S. *Lussurgin*, (Sardin.) III, 152.
S. *Malo*, Haven. VIII, 385; L. u. Br. XXXII, 49.
S. *Margaretha - Kirche*, (Schweiz) L. u. Br. III, 472.
S. *Maria*, Ins. L. VII, 438.
S. *Marino*, Bevölker. XL, 426. — Geogr. Veränder. (1809—1815) XLIX, 273.
B. R. — *Gillies*, Reise etc. I, 477.
S. *Martin*, L. u. Br. II, 400.
S. *Martin de Rhe*, (Frankr.) L. u. Br. XXXII, 49.

Santo Martinho, (Portug.) IX, 37.
S. *Mary*, vgl. Paraguay.
S. *Maura*, Leucadia. Neritis, Insel. II, 54. VI, 78. VII, 20. XLVIII, 286. XLIX, 119.
S. *Maurice*, an dem Rhone, XIII, 270.
S. *Michel*, Azor. Ins. XVI, 201. XL, 289. XLVII, 46. — L. VII, 438.
S *Michel*, Berg. (Frankr.) L. u. Br. XXXII, 49.
S. *Michel*, (Schwed. Sawolax) XIX, 228. — L. u. B. X, 99.
S. *Michele*, (auf Capri) III, 477.
S. *Miguel* - *Fluſs*, I, 87.
S. *Miguel das Caldas*, (Portugal). XIII, 204.
S. *Morice*, (Schweiz) L. u. Br. VI, 268.
S. *Nicolas*, (auf Zante) II, 54.
S. *Nicolo*, (Ins. Tine) XXXI, 63.
S. *Omer*, (Frankr.) L. u. Br. XXXII, 49.
S. *Oreste*, (Ital.) III, 366.
S. *Papoul*, (Frankr.) L. u. Br. XXXII, 49.
S. *Paul*, Ins. III, 344. XL, 294.
S. *Paul*, auf Isle de Bourbon. III, 309.
S. *Paul de Leon*, (Frankr.) L. u. Br. XXXII, 49.
S. *Paul* - *trois* - *châteaux*, (Frankr.) L. u. Br. XXXII, 49.
S. *Petersburg*, Gouvernem. Bevölk. IV, 93.
Ch. R. — Charte vom etc. I, 260
S. *Petersburg*, Stadt. XVI, 116. XIX, 246. XL, 189. — L. u. Br. I, 290. 541. II, 435. 510. VII, 436. XIX, 228. XL, 75. XLI, 422.
B. R. — Dr. *Chr. Müller*, St. Petersburg, ein Beitrag zur Geschichte unserer Zeit. Mit 1 illumin. Plan von St. Petersburg. Mainz 1813. XLIV, 297.
v. Reimers, St. Petersburg am Ende seines ersten Jahrh. etc. 2 Bände. 1805. XVI, 251. XVIII, 453. XX, 104.
Ch. R. — Nouveau Plan de St. Petersburg, 1791. I, 261.
Plan de la ville de S. Petersburg. Weimar, 1807. XXIII, 222.
V. N. — *v. Reimers* u. *Fr. Murhard*, Constantinopel und St. Petersburg etc. s. Journalistik.
Neuer Plan von St. Petersburg etc. von *Alexand. Sawinkow*, 1805. XVI, 492.
Bevölker., Gröſse. XV, 265. XVI, 500. XVII, 113. XVIII, 123. — Handel. I, 294. (1809) XXXII, 110. Aus- und Einfuhr. XVII, 390. XX, 486. XL, 378.
Von der neuen *Finnischen* Kirche u. d. Zustand der Finn. Gemeinde. XVI, 501.
Central - Militärschule. XIII, 126. — Institut f. d. Ingenieur- u. Artillerie-Cadettencorps. XVII, 241. — Adel. Land - Cadettencorps. XVIII, 97.
Polizei - Etat. XVII, 390. — Stadtordnung. XIV, 247. — Wechselbank u. Münze. XVIII, 97.
S. *Peters - Insel*, (Neufundl.) L. u. Br. IX, 542.
S. *Philipp*, (Terra firma) Vanille. XXI, 144.

Sanct Philipp, Insel; siehe Guguan.
S. *Pierre*, (auf d. Insel Oleron) L, 69.
S. *Pietro*, Insel. (b. Sardin.) III, 158.
S. *Pölten*, (Oesterr.) L. u. Br. XXXV, 71.
S. *Pons*, (Frankr.) L. u. Br. XXXII, 49.
S. *Quaranta*, XXI, 332.
S. *Quentin*, L. u. Br. IX, 519. XXXII, 49. — Kanal. XXXIV, 225.
S. *Regis*, L. u. Br. VI, 317.
S. *Rosa*, (Königr. Plata) III, 68.
S. *Sebastian*, Fort. III, 442. 446.
S. *Stephan*, II, 52.
S. *Thomas*, Insel. III, 338. — L. II, 400.
B. R. — *Ledru*, Voyage etc. s. Teneriffa.
V. N. — *Hesse's* Reise etc. I, 366.
S. *Thomas*, Stadt. (Westind.) Zerstörung durch Brand. XVI, 362.
S. *Tropez*, (Frankr.) L. u. Br. XXXII, 49.
S. *Valery - sur - Somme*, (Frankr.) L. u. Br. XXXII, 49.
S. *Vincent*, Fort. oder *Vincennes*, Stadt. (N. Amer.) XIII, 111.
Sanddünen.
V. N. — Ueber die Sanddünen im Dept. *des Landes* in Frankr. XI, 384.
Sandelbos, Insel. L. u. Br. VI, 49.
Sandomir, L. u. Br. XV, 81.
Sandwich, Stadt. (Ober-Canada) VI, 314.
Sandwich - Insel, L. u. Br. VI, 47.
Sandwich - Inseln, II, 335. 340. III, 338. 346. XXXV, 62.
A. — Auszug aus d. Tagebuch des Königl. Span. Fregattenlieuten. Dom *Manuel Quimper* auf seiner Fahrt aus Peru nach den Sandwich-Inseln und der Bai von Manila. XXVI, 129.
Sandy - Hook, Leuchtthurm. L. u. Br. VII, 457.
Sangar, Meerenge. L. u. Br. XXXIV, 270.
Sankari, an d. Quellen des Nigers. II, 161.
Sannach, *Isannak*, Ins. XL, 298.
Sansanding, (inn. Afr.) II, 159.
Sanscrit-Sprache, Verwandtschaft mit d. Russischen. XLI, 246.
Santander, L. u. Br. VII, 423.
Santarem, IX, 44.
Santipore, am Hugly. XI, 250.
Säntis, Canton. III, 351.
Santona, L. u. Br. VII, 423.
Santorin, Ins. VIII, 225.
Sapata, L. u. Br. VII, 181.
Saramakkaneger, XVI, 361.
Sarapana, XX, 144.
Saratof, Gouvernem., Anzahl d. Katholiken. XVIII, 376.
— — V, 61. L. u. Br. XLI, 210.
Sarawan, Prov. L, 45.
Sardara, (Sardin.) III, 151.
Sardinien, Insel. III, 150. VIII, 260. XLVIII, 156.
A. — (*Arsenne Thiebaut de Berneaud*), Kurze Notiz v. der Insel Sardinien, und deren Naturbeschaffenheit insbes. XXVII, 249.

Sardinien.
A. — Auszüge aus *John Galt's* Voyages etc. XXXIX, 261.
B. R. — *J. G. Bötticher*, A geogr., histor. and polit. Description etc. VIII, 250. 313.
Ch. R. — *Chauchard*, A general map etc. VIII, 250. 313.
Stieler, Ch. v. Corsica u. Sardinien. Nürnb. 1805. XXVII, 97.
Sardinien, Königr. XI, 106.
B. R. — *Azuni*, Essai sur l'histoire geogr., histor. et naturelle du Royaume de Sardaigne. III, 149.
Denina, Geogr. u. Statistik der sämmtl. Staaten des Königreichs von Sardinien nach ihrem Umfange vor der Franz. Revolution etc. zur Erläut. der vom Abt *Denina* herausgegeb. Charte dieser Staaten. Berlin, 1802. XII, 88.
Ch. R. — *de Bouge*, Nouv. Charte chorograph. des Etats du Roi de Sardaigne. Berlin, 1800. IX, 261.
V. N. — *Azuni*, Histoire geogr., polit. et naturelle de la Sardaigne. 2 Bände. 1802. XI, 105.
Geogr. Veränd. (1801) IX, 108. (1809 — 1815) XLIX, 270.
Statist. Tab. (1800) VII, 24. (1801) IX, 120. (1803) XIII, 37. (1804) XVI, 31. (1805) XIX, 36.
Sarepta, (Rufsl.) V, 62. Fabriken. V, 123. XX, 473.
Sargatsch, (Sibir.) XX, 340.
Sarigan, Ins. XXI, 273.
Sarmaten, die, XLII, 413.
Sarnen, L. u. Br. VI, 268.
Saros, L. XV, 220.
Sarp, (Norwegen).
A. — *I. N. Wilse*, Nachr. von d. Wasserfall Sarp in Norwegen, u. dem dabei befindl. grofsen Erdfalle. (Nebst einer Abbild. dieser Gegend). I, 545. — vergl. XXXVIII. 364.
Sarpa, Fl. V, 62. 66.
Sarpedonischer Felsen, L. u. Br. XXXIV, 54.
Sart, *Sardes*.
A. — Auszug aus Hrn. von *Heidenstam's* Tagebuche seiner Reise von Smyrna nach Sart. XI, 133.
Sarthe, Depart.
V. N. — *Maulny*, Annuaire du Depart. de la Sarthe, pour l'année 10. IX, 471.
Geogr. statist. Beschr. XXXII, 184.
Saskatchiwin - *Nipawi*, Flufs. L. u. Br. (an der Quelle) IX, 458.
Sassari, III, 150. 157. L. u. Br. III, 157.
Sasso, See. III, 151.
Satalia, L. u Br, II, 465.
Sater, Voigtei.
Ch. R. — siehe Kopparberg, VIII, 532.
Saterland.
B. R. — *G. Hoche*, Reise durch Osnabrück u. Niedermünster in das *Saterland*, Ostfriesland u. Gröningen. Bremen, 1800. VII, 447.
Sattel, die Kirche am, (Schweiz) Höhe, X, 397.
Sattelberg, Höhe. XXIII, 497.
Sattli - *Stock*, (Schweiz). Höhe. X, 395.
Saturn.
Abplattung, III, 494. — Durchmesser. III, 623. — verbesserte *Elemente* seiner Bahn. III, 100. 184.

393. 499. — *Herschel* über die eigenthüml. *Form* des Saturns. XIX, 516. — Gegenschein III, 393. Gröfse. III, 623. — Störungen. II, 553. III, 100. 184. 400. 407. Stör. durch Uranus. III, 100. 184. — Tafeln, berichtigt. I, 348. III, 160. 183.
V. N. — *Ibn Junis*, Beobacht. der Zusammenkunft des Jupiters und Saturns (im J. 1007) in der Jungfrau III, 98.
Saturns - Trabanten.
Abstände. II, 254. — Rotation u. period. Umlauf. III, 379.
V. N. — *Schröter's* Beobachtungen. I, 131.
Sauerleith, Steinkohlenwerk, XVII. 112.
Sauken, die, s. Saes.
Sauren, Bg. bei Martisloch. Höhe. X, 398.
Sau Strom, IV, 304.
Savoyen.
B. R. — *Denina* etc. XII, 88. s Sardinien.
V. N — Charte d. Depart. Mont - Blanc, od. d. ehemal. Savoyen, im Franz. Kriegsdepot. XI, 9. XII, 697.
Savu, Insel. L. u. Br. VI, 49.
Say, Land in Afr. XII, 558.
Sayd, Landsch. in Afr. XII, 557.
Sayn - Altenkirchen, Grafschaft. XIV, 246.
V. N. — Nachr. v. d. Grafschaft Sayn-Altenkirchen. (nebst Charte) XXI, 302.
Sayn - Witgenstein, Verlust im Lüneviller Frieden. IX, 51.
Sax, Herrschaft. III, 351. 355.
Saypan, Insel. XXI, 272.
Sazena, (Böhmen) L. u. Br. III, 201.
Sazeno, Insel. X, 232.
Scabanova, Stadt. XLIX, 339.
Scamander, Quellen des, VII, 48. 52. 54.
Scanderun, s. Alexandrette.
Scardona, *Skardin*, (Dalmatien) XI, 697.
Schaarhörn - Baacke, L. u. Br. XI, 723.
Schadeck, b. Neckarsteinach. XLVIII, 453.
Schaffhausen, Cant. Geogr. stat. Beschr. XXXIV, 288.
— — (Schweiz) L. u. Br. VI, 265. 268. VIII, 259. X, 253. XXXII, 202.
Schakunen, b. Tilsit. L. u. Br. III, 406. XIII, 105.
Schalambron, Pagode von, XXXIII, 382.
Schalkau, (S. Meining.) Br. XXXII, 260 Höhe. L, 34.
Schall, Fortpflanz. des, L, 499.
Schamschadil, XLV, 392.
Schandau.
B. R. — *Götzinger*, Schandau u. seine Umgebungen od. Beschreib. der Sächs. Schweiz. 2. Auflage. 1812. XLVIII, 73.
Schärding, (Baiern) L. u. Br. XX, 199.
Scharfenberg, an der Elbe. XXXVII, 447.
Schargiah, Scherdsche. XIV, 25.
Schärhorn, Höhe. X, 397.
Scharkieh, (Aegypten) V, 501.
Scharn, Arab. XIV, 22.
Schäsberg, Grafschaft. Verlust im Lünev. Frieden. IX, 52.
Schat - el - Amaar, Fl. VII, 256.

Schatz - Inseln, (Arsaciden) XXIII, 270. — L. u. Br. VI, 47.
Schauflenberg, Grofs - oder Hoch - Hut, (Schweiz). Höhe. X, 395.
Scheeraz.
B. R. — *Edw. Scott - Warings* Reise nach Scheeraz auf d. Wege von Kasroon und Feeroзabad etc. Aus dem Engl. 2 Theile. 1809. XXXIII, 170.
Scheerhorn, (Schweiz) L. u. Br. X, 536. Höhe. XLII, 369.
Scheiben, die, b. Elm. Höhe. X, 398.
Scheidegger-Stock, (Schwz.) Höhe. X, 395.
Scheinberg, der, bei Langeren, (Schweiz). Höhe. X, 395.
Scheki, XLV, 390.
Schekomeko, am Hudsons-Flufs.
C. N. — *Blumenbach*, über die Lage von etc. I, 353.
Scheldemündungen, Depart. der —
V. N. — Kais. Franz. Decret in Betreff d. Eintheil. der Scheldemünd. in Cantone und Meiereien (1810) XXXIV, 93.
Schellpyrmont, XLVIII, 451.
Schemberg, (Schwab.) L. u. Br. XII, 487.
Schemnitz, (Ungarn) L. III, 546.
Schendy, (inn. Afr.) XII, 547. 564.
Scherbro, Fl. (Afr.) Gegend u. Bewohner am, XLVII, 105. L, 56.
Scherse - Plana, (Brettigau) Höhe X, 396.
Scheykh's, die, XLV, 154.
Schiedam. L. u. Br. XXXV, 71. — Bevölk. XVI, 357.
Schien, die, Höhe. X, 398.
Schiermonnikoog, Ins. XIII, 138.
Schiffbruchsbank, die, (bei Neuholland).
A. — Cap. *Flinders*, Notiz von d. Schiffbruchsbank. XXXII, 251.
Schiffe, Einricht. ders. mit Schiebe - Kielen. (Sliding-Keels) XXI, 312.
Schiffer - Inseln, III, 346. XXXV, 169.
Schiffahrtskunde.
B. R. — *E. B. Missiessy*, Installation des Vaisseaux. III, 486.
Jos. Mar. Dant. Pereira, Ephemerides nauticas, para oanno 1798. etc. I, 449.
V. N. — *Mendoza*, nautische Tafeln. III, 305.
Rochon, Mem. über die nautische Astronomie. I, 618.
Schiffs - Compafs, *See - Compafs*, III, 524. vgl. Compafs.
V. N. — *v. Löwenörn*, über den Seecompafs etc. III, 523. 615.
Schildberg, am Harz. XLVIII, 453.
Schildkröte, von 5 Centnern. II, 414.
Schiller - Höhe, Höhe. IV, 418.
Schiltberg, der, Höhe. X, 398.
Schippenbeil, (Preufsen) L. u. Br. XVII 442.
Schipunskoi Nofs, Vorgeb. auf Kamtschatka. L. u. Br. XXXIII. 36.
Schirwan, XLV, 388.
Schirwindt, (Litthauen) L. u. Br. XII, 484. XLI, 93.
Schlan, (Böhmen) L. u. Br. III, 200.

Schleiz, Höhe. XVIII, 486.
Schlesien, XVIII. 106. — Eintheilung. XXXI, 84.
B. R. — *Schlesien*, wie es ist. Von einem Oesterreicher. Berlin. 1806. XXII, 185. vgl. XXII, 494.
Weigel, Geogr. naturhistor. u. technolog. Beschreibung des Herzogth. Schlesien. 1. u. 2. Theil. Berlin. 1800. X, 418. 3–5. Th. XI, 46.

Ch. R. — Charte v. Schlesien etc. 1804. XVIII, 98.
Güssefeld, Charte von Schlesien u. Mähren, nach Murdochscher Projection etc. Weim. 1799. VII, 462. — bericht. 1815. XLVIII, 340.
Topograph. milit. Atlas von dem souveränen Herzogthum Schlesien mit Oesterreichisch-Schlesien u. dem dermalen z. Herzogth. Warschau gehörigen Neu-Schlesien, in 26 Blättern. Weimar, 1809. XXXI, 82. XXXII, 338.
Wieland, Atlas v. Schlesien, verbess. von *Schubart* und vermehrt und berichtigt v. *Sotzmann*. XXVIII, 241. XXX, 98. XXXVII, 212. 464.

V. N. — Bevölkerung. (1801) IX, 467. (1740 u. 1802) XI, 516. XII, 122. 776. (1804) XVII, 247. (1805) XIX, 253. XXI, 94. — Protestant. Kirchenlisten. XXVI, 386. — Uneheliche Geburten. XVIII, 380.
Buchhandel. XXI, 243. — Handelsverkehr, Einkünfte u. Victualienpreise. (1770. 1780. 1790 u. 1800) XXI, 95.

V. N. — Leinwandmanufacturen u. Handel. IX, 282. X, 425. XI, 52.
Fabriken. (Oberschles.) XVII, 246. — Hüttenwesen. (Oberschles.) 1780. XXI, 95. — Weinbau. XXIV, 95.
v. Lindener, Ortsbest. XII, 119.
Consumtion d. Zuckers u. Kaffee's. XX, 468.
Schlesische Provincialblätter. s. Journalistik.

Schleswig, Herzogth., vgl. Dänemark u. Holstein.
B. R. — *Niemann*, Handb. der Schleswig-Holstein. Landeskunde etc. Topogr. Theil. 1. Bd. Herzogthum Schleswig. 1799. VII, 445.

Ch. R. — *F. v. Golowin*, Charte v. d. Herzogthum Schleswig, nach d. v. d. Gesellschaft der Wissenschaften zu Kopenhagen bekannt gewordenen Ortsbestimmungen etc. entworfen. Schleswig, 1806. XXII, 337. Hierzu gehört: Topographie v. Schleswig, in alphabet. Ordnung. Schleswig, 1815. XXII, 337.
Schleswig, Herzogthum.
V. N. — Königl. Dän. Patent (d. 29. Januar 1800); betreffend die einzuführende Aufsicht über die *Deiche* d. sämmtl. Marschcommunen, adl. Marschgüter u. octroyirten Koege in d. Herzogth. Schleswig u. Holstein. V, 292.
Königl. Dän. Verordn. wegen Aufhebung d. Leibeigenschaft für d. Herzogthum Schleswig und Holstein. (19. Decemb. 1804)

XVI, 254. Kirchenlisten. (1804) XVI, 357. (1814) L, 262.
Schleswig, Stadt. L. und Br. XXII, 340. — Handel. VIII, 394.
Schlicht, (Schwab.) Amt. XII, 501.
Schliengen, (Baden) Oberamt. XVIII, 252.
Schlier-See, (Baiern) XXI, 211.
Schlögel, (Oesterreich.) L. u. Br. VI, 519.
Schloppe, L. und Br. XXXI, 464.
Schlofsberg, (Schweiz) Höhe. X, 394.
— — bei Töplitz. XLVIII, 452.
Schluckenau, (Böhm. Gränze) L. I, 291. III, 86. 161.
Schlüsselburg, L. u. Br. XIX, 229.
Schmalkalden, Herrschaft.
Ch. R. — *C. Gelbke*, Die Herrschaft Schmalkalden etc. Gotha, 1808. XXVIII, 481.
Schmalkalden, Stadt. L. u. Br. XIV, 225.
Schmiedeberg, (Schlesien) X, 427. L. u. Br. XII, 119.
Schnabelburg, im Harz. XLVIII, 450.
Schneeberg, Höhe. III, 599. XIX, 253.
Schneekopf, L. u. Br. XXV, 290. — Höhe. L, 39. vergl. Thüringer Wald.
Schneekoppe, XXXIII, 165. L. u. Br. I, 121. III, 173. — Höhe. X, 421.
Schnee-Region, in d. Alpen, in Peru, u. in d. Pyrenäen. I, 326.
Vorzüglichste Resultate aus *v. Buch*'s Untersuchungen über die Gränzen des ewigen Schnee's im Norden. XXXVIII, 507.
Schnittken, (Preufsen) L. u. Br. III, 407. IV, 395 502.
Schönberg, (Tyrol) Höhe. IV, 167.
Schönbrunn, Teutsches Dörfchen im südl. Rufsl. V, 124.
Schönebeck, Salzwerk. II, 534.
Schönlanke, L. u. Br. XXXI, 464.
Schönsee, (Preufsen) VIII, 447.
Schönwald, Sauerbrunnen, bei, XL, 397.
Schogot, Rufsl. V, 66.
Schonen, Prov. (Schweden) XXXVI, 178.
Schongau, (Baiern) Gericht. XI, 609.
— — L. u. Br. XX, 199.
Schottland, XXIV, 360. vgl. Grofsbritann. und England.
B. R. — *B. Faujas-St-Fond*, Voyage en Anglet., en Ecosse etc. I, 420.
T. Garnett, Observations on a tour through the *Highlands* and part of the *Western Isles* of Scotland, particularly *Staffa* and *Icolmhill;* to which are added a Description of the falls of the *Clyde*, of the country round *Moffat*, and en analysis of its mineral waters. II Vol. Mit 1 Charte u. 52 Kupf. von *Watts*. Lond. 1800. V, 539. VI, 55.
Reise durch Schottland, seine Inseln, Danemark, u. einen Theil v. Teutschland. Aus d. Engl. Handschrift übersetzt von D. *W. Soltau*. Leipzig, 1808. XXX, 268.

Schottland.

Ch. R. — Carte particulière de la côte orientale d'Ecosse etc. Au dépôt génér. de la mar. 1804. XIV, 494. XXIV, 457.

Carte des Isles *Orcades* et de la côte Nord d'Ecosse etc. etc. XIV, 494. XXIV, 457.

Carte particul. de la côte occident. d'Ecosse etc. etc. (2 Blätt.) XIV, 495. XXIV, 457.

V. N. — Bevölker. sämmtl. Grafschaften (1801). XI, 411. (1812). XL, 217.

Flächeninhalt sämmtl. Grafschaften, XL, 217. — Statist. Tab. (1804). XXX, 291.

Branntweinbrennerei, XII, 774.

Landesvermessung. III, 619.

Innere Wasserverbindung: der grofse Kanal, welcher das Forth und Clyde verbindet. V, 540. — Vereinigung d. Loch Grinan mit Loch Gilp. V, 548.

Schrapplauer District. VI, 355. s. Preufsen.

Schreckhorn, L. XXIV, 422. — Höhe. I, 331. 648. X, 399. VI, 264.

A. Oriani, über, etc. siehe Mont Rosa.

Schrobenhausen, (Baiern) Gericht. XI, 610.

Schüttenitz, L. u. Br. II, 470. IV, 106.

Schulitz, L. u. Br. XXXI. 467.

Schumagin's Inseln. X, 133. XL, 298.

Schuylkill, Flufs. (N. Amer.) XIII, 116.

Schwaben.

A. — *Wurm*, Astronomisch bestimmte Punkte im Schwaben, zur Berichtigung der Geographie dieses Kreises. I, 404. — vergl. XIX, 239.

Ch. R. — *Amman* und *Bohnenberger*, Charte von Schwaben, trigonometr. aufgenommen etc. Tübingen 1799 etc. (1. Blatt) V, 278. vergl. IV, 422. 423. (15. 16. 21. 26. 30. 31.) XII, 485. (8. 17. 40.) XIII, 483. (7. 32. 41.) XIX, 238. (18. 43. 44.) XX, 114. (4. 9. 24. 34. 35. 42.) XXVII, 203. (23. 33. 39. 51.) XXXII, 200. (12.) XXXIII, 179. (5. 27. 45. 50. 53. 60.) XXXV, 216. vergl. XXXIV, 427. (6. 36. 49. 52. 59.) XXXVIII, 92.

Amman, Trigonometr. Charte v. Schwaben, zur Uebersicht der Berechnungen, auf welche sich die neuen Charten gründen. 1802. XI, 80.

Jos. Dirwald, Charte von Schwaben, nach Bohnenberger u. Amman etc. 1809. XXXVI, 474.

V. N. — *Amman's* geogr. Arbeiten im Schwäbisch. Kreise. III, 164. 282. 467.

Nachricht von d. Bohnenberger und Ammanschen trigonometr. Charte v. Schwaben. VI, 89.

Amman, Ankündigung einer vollständigen Generalcharte von Schwaben auf einem grofsen Blatte, nebst 9 specialen Blättern

Schwaben.

von eben diesem Lande im näml. Format, mit d. Herausgabe d. zusammenhängenden Triangulirung und trigonometr. Berechnungen (1802) X, 373.

Cotta, Ankündigung u. Fortsetzung der grofsen Amman - Bohnenbergerschen Charte von Schwaben, einer General- und einer Special-Charte von Schwaben. (1802) X, 491. XII, 385. — Probeblättchen. XI, 646.

Charte von Schwaben, im Franz. Kriegsdepot. XI, 13. XII, 702.

Joh. Michael, Charte von Schwaben. XVIII, 501.

Röder, Berichtigungen zu dem geogr. stat. Lexicon von Schwaben. Neue Aufl. 1800. XVIII, 223.

Geogr. Veränd. (1802). XI, 169. (1803) XIII, 15.

Schwaben, Baiersche Provinz.

Bevölkerung. XXVI, 384.

Organisation der Kur-Baier'schen Länder in Schwaben. XIII, 511. — Neue Eintheilung ders. XIV, 355 f.

Schwäbisch - Hall, siehe Hall.

Schwanenflufs, auf Neuholland. XII, 428.

Schwan - Insel, L. und Br. VII, 554.

Schwarzburg - Rudolstadt, Fürstenthum. XLIX, 161.

Schwarzburg-Sondershausen, Fürstenth. XLIX, 161.

Schwarze - Flufs, (Ober-Canada) VI, 306.

Schwarze - Meer, s. Meer.

Schwarzenberg, Hochfürstl. Stift. Verlust durch Abtretung. IX, 526.

— — Fürstenthum.

Ch. R. — *Hammer*, Charte etc. XVIII, 337. s. Würzburg.

Schwarzort, (Preufsen). VIII, 439.

Schwarzwald, Holzuhrmacherei auf dems. XXXIX, 307.

Schwarzwasser, in d. Grafschaft Glaz. XI, 48.

Schwaz, am Inn. L. und Br. XXXV, 71. — Höhe. IV, 167.

Schweden, I, 159. XXXIII, 434. — vergl. Skandinavien.

A. — Einige Nachrichten, die polit. Geographie des Schwedischen Reichs betreffend. XVII, 253.

Thomas Harrington's Briefe aus Schweden in den Jahren 1808 — 1809. XXXI, 27. XXXV, 11. 249.

Schulten, Bestimmung der Breiten und Längen einiger Städte in Schweden, durch astronom. u. chronometr. Beobachtungen. X, 102.

B. R. — *E. M Arndt's* Reisen durch Schweden, im Jahr 1804. 1. Th. Berlin, 1806. XXIV, 198. XXVII, 295.

J. P. Catteau, Voyage contenant le tableau de la dernière Revolution de Suède 1810. XXXII, 427.

Schweden.

B. R. — *Dan. Djurberg*, Beskrifning om Svearike. 1. Bd. 1806. XXXII, 50.

S Hedin: Utkast til etc. oder Entwurf eines Handbuchs für Brunnengäste, nebst einer Beschreibung über die geprüftesten Mineralbrunnen und Bäder in Schweden. 1803. XII, 708.

K. G. Küttner, Reise durch Teutschland, Dänemark, Schweden etc. VIII, 389.

v. Platen, Afhandling etc. über die Kanäle durch Schweden, mit besonderer Rücksicht auf d. Verbindung des Weners mit der Ostsee. 1806. XXXII, 268.

Dr. *Fr. Rühs*, Schweden, nach *Büsching's* Erdbeschreibung auf's neue bearbeitet u. herausgegeben. Hamburg, 1807. XXIV, 432.

W. Schmidt, Reise durch einige Schwed. Provinzen bis zu den südlicheren Wohnplätzen der nomad. Lappen. Hamburg, 1801. IX, 355.

Th. Thomson, Travels in Sweden during the autumn of 1812. XLIX, 48.

Ch. R. — *S. G. Hermelin*, (u. *C. P. Hällström*) Geografiske Chartor öfver Swerige etc. 1797 etc. VIII, 524. XXI, 65. XXXII, 315. XXXIII, 207. XXXIX, 228. XLIII, 477. vergl. II, 87. X, 284.

Schweden.

Ch. R. — *Reinecke*, Charte von Schweden und Norwegen etc. Weimar 1800. VI, 259.

(*Sotzmann?*) Charte v. dem Königr. Schweden u. Norwegen. Wien, 1812. 2 Bl. XL, 339.

Wäge - Charte öfwer Swea och Götha Riken. XII, 358.

Charte von Schweden und Norwegen für den geograph. Handatlas und für den Bürgerschulen-Atlas nach dem Frieden von Friedrichsham berichtigt. XXX, 388.

V. N. — Schreiben d. Hrn. *Acerbi* an den Herausgeb. des Pariser Moniteur, seine Reisebeschreibung nach Schweden betreffend. XXXIII, 447. vergl. X, 582.

Akrell, Statist. Uebersicht von Schweden, XLII, 365.

Rühs, statist. Nachricht. XXXVIII, 500 f. — Statist. Notizen (1814). XLVII, 120.

Bevölker. (1801) XXII, 123. (1805). XXXI, 119. (1810) XXXII, 37. — Land- und Seemacht (1808). XXVI, 108. — Statist. Tab. (1800). VII, 24. (1801). IX, 120. (1802) XI, 193. (1803). XIII, 37. (1804) XVI, 31. (1805) XIX, 36. (1815) XLIX, 278.

Schwedens Handel mit einigen Preufsischen Städten an der Ostsee. XVII, 381.

Schweden.

V. N. — Seehandel. XXI, 420. — Theehandel. I, 186. — Handel nach Westindien. XVIII, 123. — Handelsschiffe. XVIII, 490. (1804) XIX, 392. (1805) X, 488.

Innere Wasserverbindung: Trollhätta-Kanal, siehe Trollhätta: Kanal bei Södertelge, zur Verbindung zwischen d. Mälar und der Ostsee. XX, 488.

Staatsschuld. XVII, 391. XIX, 393. (1806) XXIII, 368. (1808) XXXI, 120. (1811) XXXV, 243. — Betrag des Schwed. Papiergeldes am Schluſs d. Jahres 1814. XLIX, 125.

Landesvermessung. II, 87. III, 525. IV, XXV. — Länge d. Küsten. III, 364. Königl. Schwed. geometr. Corps. XIX, 522.

C. P. Hällström, Bestimmungen der geograph. Lage von verschied. Oertern in Schweden. XVI, 247. — Ortsbestimmungen. XXXII, 475. XXXV, 476. XXXIX, 230. 231.

Nachr. über d. Hrn. Baron *v. Hermelin* Atlas von Schweden und sein neu eingerichtetes Geograph. Institut. XXXIII, 207.

Gemälde der Religion in Schweden. XXXV, 294.

Statuten des neuen Kgl. Schwd. Ordens: Karls XIII. (1811). XXXVII, 348. vgl. XXXV, 235.

V. N. — *Hofdingedöme* Schwedens mit ihren Unterabtheilung. XLIII, 478.

Geogr. Veränd (1799 u. 1800) VII, 18 (1801) IX, 112. (1803) XIII, 32. (1804) XVI, 20 (1805) XIX, 25. (1806) XXII, 57. (1807) XXV, 43. (1808) XXVIII, 125. (1809 — 1815) XLIX, 277.

Neue Reichsgränze zw. Schweden und Ruſsland, nach d. Frieden von Friedrichsham, vom 17. Sept. 1809. (Nebst Charte) XXX, 326.

Frieden zw. Dänemark und Schweden. (14. Jan. 1814) XLIII, 93.

Grundgesetz für die vereinten Königreiche Norwegen u. Schweden. XLIX, 256.

Schwefel - Inseln, L. u. Br. VIII, 154.

Schweidnitz, Fürstenthum. X, 419. s. Schlesien.

V. N. — Fürstenth. Schweidnitz, oder d. Strigauische, Bolkenhayn - Landshutsche, Schweidnitz'sche u. Reichenbach'sche Kreis. Gezeichnet von *Wieland*, verbessert von *Schubart*, und ausgearbeitet v. *Sotzmann*. Nürnberg, 1808. XXX, 109.

Schweidnitz, Stadt. L. u. Br. III, 648. XII. 119.

Schweinfurt, Bevölker. und Gröſse. XXI, 255. XXVI, 388.

B. R. — *Bundschuh*, Beschreibung der Reichsstadt Schweinfurt, 1802. XII, 220.

Schweiz, — *Helvetische Republik*. III, 351. 367.

A. — *Feer*, trigonometr. u. astronom. Vermessung des Rheinthals in der Schweiz III, 350. 462. vergl. I, 356.

Müllers von Engelberg, Höhenmessungen in der Schweiz. X, 393.

Tralles, Ueber die Landesvermess. der Schweiz. I, 267. vergl. I, 241. 247.

B. R. — *J. G. Bötticher*, a geogr. hist and polit. description etc, VIII, 313.

C. Cambry, Voyage pittoresque en Suisse et en Italie. Paris, 1801. VIII, 419.

W. Coxe, Travels in Schwitzerland, and in the Country of Grisons; to which are added the Notes and Observations of Mr. *Ramond*, translated from the french. Basel u. Strasburg, 1802. XI, 350.

v. Eggers, Bemerk. auf einer Reise durch d. südl. Teutschland, d. Elsafs u. d. Schweiz, in d. Jahren 1798 u. 1799. Kopenhagen. 1. Bd. VIII, 416. 2. u. 3ter Band. XII, 348.

Helvetischer Almanach für d. Jahr 1807. XXV, 87. (1808) XXV, 417. (1809) XXIX, 370. (1810) XXXI, 193. (1811) XXXIV, 288. (1813) XLIII, 51. (1815) XLVIII, 418. — vergl. XX, 375.

G. W. Kefsler, Briefe etc. siehe Teutschland.

H. Körner, Kurze Erdbeschreibung d. Schweiz, zum Gebrauch d. Jugend. Winterthur, 1805. XXII, 318.

Lemaistre, Travels etc. siehe Frankreich.

Reise durch etc. XVII, 301. — s. Teutschland.

G. Wahlenberg, De vegetatione et climate in Helvetia septentrionali inter flumina Rhenum et Arolam observatis et cum summi septentrionis comparatis tentamen. Cum tabula altitudinem montium terminosque vegetationis monstrante et tabula temperaturae, nec non tab. botanica. 1813. XLIII, 31.

Ch. R. — *Chauchard*, A general Map etc. 1800. VIII, 250. 313. s. Teutschland.

Keller's Reisecharte der Schweiz. 1814. XLIII, 480.

C. H. Mallet, Carte de la Suisse suivant sa nouv. Division en XVIII Cantons formant la Republ. Helvet. 1798. 2 Bl. V, 168.

Chr. de Mechel, Carte génér. de la Suisse. 1799. VI, 262.

J. H. Weifs, Atlas Suisse. Arau et Strafsburg. 1800. (No. 7. 8. 9. 10. 14.) VI, 262. (2. 3. 4. 11.) X, 251. (1. 5. 12. 13. 15. 16.) X, 531.

Desselben, Carte d'une partie très - intéressante de la Suisse à l'usage des Voyageurs. Arau 1796. VI, 262.

Desselben, Nouv. Carte hydrographique et routière de la Suisse. Strafsb. 1800. VI, 262.

Schweiz.
V.N. — *H. v. Schütz*, Reise durch d. Schweizer Glätscher. 1811. XLII, 369.
Ueber die Charte d. Helvetischen Republik nach ihrer Verfass. v. 1802. X, 370.
Charte v. Helvetien, im Kriegsdepôt zu Paris. XI, 10. XII, 698.
Weiland, milit. topogr. Charte der Schweiz, in 24 Sectionen. Weimar, 1816. L. 495.
Vorstellung der Schweiz en Relief. XI, 364.
General *Pfyffer's* Relief von einem Theile der Schweiz. XIX, 520.
Höhenbestimmungen. VI, 270. X, 257. XLIII, 37. XLVIII, 420.
Ortsbestimmungen. III, 468. XXVII, 213. XXXV, 472 XXXVIII, 485. XLVIII, 503.
Geogr. Veränd. (1799 u. 1800) VII, 9. (1801) IX, 102. (1802) XI, 179. (1803) XIII, 29. (1804) XVI, 17. (1805) XIX, 20. XX, 03. (1806) XXII, 48. (1807) XXV, 36. (1807) XXV, 36. (1808) XXVIII, 29. (1809—1815) XLIX, 109.
Organisation Helvetiens nach Bonaparte's Vermittelungs-Vorschlag, (1803) XI, 490.
Statist. Tab. (1801) IX, 120. (1802) XI, 193. (1803) XIII, 37. (1804) XVI, 31. (1805) XIX, 36. — Uebersicht der Gröfse u. Volksmenge der 19 Cantone, XXII, 124. — Bevölk. (1812) XL, 118. 426. (1813) XLII, 368. XLIII, 482. — Neueste statist. Nachrichten über den Schweizerbund (1815) XLVIII, 490. XLIX, 172.
Einnahme und Ausgabe (1804) XVIII, 382. — Liquidations - Commission (1805) XVI, 254. — Zustand der Finanzen (1806 u. 1807.) XXV, 364.
Maafse und Gewichte. XXXV, 376.
Militär-Contingent. XIV, 518.
Schwerin, an der Warthe. VIII, 9.
Schwetzingen, L. u. Br. II, 119. III, 384. VII, 431. XL, 325.
Schwez, L. u. Br. XXXII, 76.
Scia-Sewen, Nomad. Hirten in Persien. XLVI, 43.
Seiai, Insel im Urumieh-See. XLVI, 30.
Scio, Insel. VIII, 217. XIV, 189. XLIX, 336.
— Stadt, XLIX, 336.
Scivotta, II, 53.
Sclavenhandel, siehe Negerhandel.
Sebastopol, L. u. Br. II, 32. XII, 481. XIX, 232. vergl. Achtiar.
Sebenico, (Dalmatien) XI, 697.
Sechelles - Inseln, VIII, 486.
Secular - Gleichungen, III, 495. 499.
Secunden - Pendel, Pariser. III, 396. IV, 48.
Sedikoi, Ebene von. XI, 142.
Sedilo, (Sardinien) III, 150.
Seeberg, bei Gotha. Sternwarte. I, 476. 681. — Einrichtung. III, 631. 636. 643. L. u. Br. I, 286. III, 163. VII, 429. VIII, 315. IX, 52. XI, 374. XIV, 225. XXV, 290.

Seeburg, (Preufsen) L. u. Br. XVII, 342.
Seecharten, Dänische. III, 5.. Englis.. III, 552. Schwedische. III, 535. Spanische. I, 113. XVI, 233.
See-Compafs, s. Schiffer-Compafs
Seedi Abdelmoumen, (Algier) III, 581.
Seegesicht, I, 498. II, 48. III, 186. V, 195. vergl. Fata Morgana, und Kimmung.
Seehundsbai, (Neuholland) XI, 153. II, 426. — L. u. Br. XXIV, 424.
Seeland, Dän. Insel. III, 124. 128. V, 321. — s. Dänische Inseln. Torfmoore auf —, XXXVI, 174.
Seeräuber, im Mittelmeer. XLVIII, 9
Seereisen, s. Reisebeschreibung u. Erdumschiffung.
Seetzen, L. u. Br. XVI, 445. XVII, 214.
See Uhren, I, 48. III, 276.
Seewah-Oasis, (Afr.) III, 102. 106.
Segwesen.
C. A. — *Labarthe's*, Annales maritimes et coloniales, II, 559. III, 96.
Sego, (inn. Afr.) I, 212. II, 71.
Seiks, die, in Ostindien. X, 437. XIX, 190.
A. — *Malcolm*, Schilderung der Seikhs in Hinsicht ihrer Geschichte, Religion und Sitten. L, 301. 406.
Seine, Flufsgebiet der —
Bevölkerung der Departemente im Flufsgebiet d. Seine. XI, 62.
Seine-Departement, Bevölk. 1804. XVIII, 251.
Geogr. stat. Beschreib. XXXI, 434.
Seifsen, Bevölk. VIII, 290.
Selenga, Flufs. (Sibir.) XX, 351.
Selinginsk, XX, 355. — L. u. Br. VII, 175. VIII, 155. XVI, 491.
Seliora, am Meere von Marmora. L. u. Br. II, 32.
Sella, im Königr. Fes. VII, 340.
Selowitz, Mähren. L. u. Br. XXI, 72.
Selters, Gesundbrunn. L, 217.
Semendria, XLIV, 60.
Semgalien.
Ch. R. — *Reymann*, etc. vergl. Esthland.
Semjatitsch, (Polen) Cabinet der Fürstin Anna Gablanowskaja. XIV, 249.
Semoen, Fluſs. (Norwegen) XXXVIII, 348.
Semlin, L. u Br. IV, 277. 534. XV, 80. XVI, 94. XXVI, 468. XL, 229.
Semo-Kartweli, XX, 146. vergl. Moschien.
Sendomir.
Ch. R. — *Reymann*, Ch. v. der Woywodschaft Sendomir. s. Galizien.
Seneca, See, (N. Amer.) V, 116.
Senegal, Flufs. I, 702. die Quelle. II, 161 III, 54.
B. R. — *Durand*, Voyage au Senegal etc. 1802. XI, 593.
La Barthe, Voyage au Senegal pendant les années 1784 et 1785; d'après les mémoires de *Lajaille* etc. 1802. X, 394
Senegal-Colonie, X, 217. Gummihandel X, 220.
B. R. — *Polleton*, Mém. sur la Colonie Franç. du Senegal. Paris, 1801. VIII, 309.

Senegambien.
Ch. R. — *Reinecke*, Charte von Senegambien, Nigritien u. Guinea. Weimar, 1801. IX, 566.
Senghian, (Persien) XLVI, 37.
Senglea, (auf Malta) III, 591.
Seniah, (Afr.) XLVII, 314.
Sennar, (Afr.) Land.
A. — *P. Lapanouse*, Nachr. von d. Lande Sennar und v. d. nach Aegypten ziehenden Karawanen von Sennar. XII, 540.
Sennar, Stadt. III, 54. 106. 135. XII, 542
Sennori, (Sardin.) III, 152.
Sens, Bevölker. XI, 642. — Wasseruhren. XXI, 57.
Sentis, der, Höhe. X, 397.
Serampore, am Hugly. XI, 250.
Serdobal, (Finland) L. u. Br. XVII, 236. XIX, 229.
Seren, die,
A. — Dr. *Hager*, Ueber d. Zug einer Griech. Karawane in d. Land der Seren. XVII, 283.
Sergiewsk.
A. — *J. Fr. Erdmann*, Einige Bemerk. auf einer Reise von Kasan nach den Schwefelquellen bei Sergiewsk. L, 157.
Seri, Insel. III, 336.
Serigan, Insel. s. Sarigan.
Serigo.
A. — Auszüge aus *John Galts* Voyage etc. vergl. Gibraltar.
Seringapatam, V, 21. 40.
Seroglasofskoi, (Rufsl.) V, 66.
Sarpana, Rota, Insel. XXI, 271.
Serpe, II, 53.
Serpeix, Fl. II, 62.
Serra de Estrella, VII, 217. XIII, 205.
Serra de Foja, VII, 220.
Serra de Gerez, IX, 41.
Serrain, (Arab.) XIV, 23.
Serrateix, (Catalon.) L. I, 291.
Serrei, Herrsch. X, 336.
Serro, am Sele Sund. L. u. Br. IX, 178.
Servien.
B. R. — *Bantisch-Kamensky*, Reise etc. XLIV, 54.
Ch. R. — *J. Riedl*, Charte v. Servien, Bosnien, und dem gröfsten Theile von Illyrien — als Fortsetzung d. Charte des Hrn. *Lipsky*, in 4 Sectionen. Wien 1810. XXXIV, 419. XXXVII, 101. vergl. XXXIII, 346. XLI, 119.
Servier, die, XLIV, 70.
Vertrag zwischen der Pforte u. Servien. XLIX, 397.
Sesia, Dept. Gröfse u. Bev. XII, 736.
Setubal, VIII, 522.
Seulo, (Sardin.) III, 151.
Sevenaer, District. XXVI, 109.
Severn, Dept. der beiden — Geograph. statist. Beschr. XLIII, 202.
Sevilla, IV, 37. X, 242. XXXVII, 295. — Bevölk. I, 83. IV, 343.
Sewastopol, s. Achtiar.
Sewernoi, (südl. Rufsl.) V, 78.
Seyst, Franz. Lager bei, XXII, 105.
Sezena Verä, (Ungarn) Br. XXIX, 388.
Shah - Aulum, II, 424.
Shanks - Island.
A. — *Sotzmann*, Shanks-Island und Sir Charles

Middletons - Island. XI, 129.
Shapour, (Ind.) XXI, 101.
Sheffield, XXI, 205. Bevölk. IX, 572 XI, 413.
Shehallien - Berg
A. — Nachricht über die litholog. Vermessung etc. XLVII, 3.
Shellif, Fl. (Afr.) III, 583.
Shershel, (Afr.) III, 583.
Shiffa, Fl. III, 585.
Shilielagh, Baronie in Ireland. X, 403.
Shilluh, L, 392. 467.
Shujawulpoor, (Ind.) XVIII, 183
Siam, Königr. I, 10. X, 509.
B. R. — *De la Loubère*, Beschreib. d. Königreichs Siam; aus dem Franz. — Nürnb. 1800 VIII, 434.
Siam, Stadt. L. u. Br. VII, 1, 1.
Siaux-Indianer, die, XXXIII, 399.
Sibirien, II, 378. III, 364. XX, 326.
B. R. — vergl. (Nordöstl.) Ocean.
V. N. — Einige astronom. Beobachtungen des Dr. *Messerschmidt*. XVI, 493.
Bemerkungen auf einer Reise aus Sibirien nach St. Petersburg. XXVIII, 483. XXIX, 119. 265.
Kaiserl. Ukas (v. 18. Dec. 1799). Anlegung neuer Colonien im südl. Sibirien betreffend, nebst Bemerk. darüber. V, 163 f.
Eintheil. in 4 Gouvern. XII, 385. — in 5 Gouvern. XX, 326.
Kupferbergwerke. II, 230.
Sicasica, (Span. Amer.) III, 68.
Sichersreuther Wasser, oder *Alexandersbad*, XL, 403.
Sicilien, Insel. XIX, 1. 113. vergl. (Mittelländ.) Meer.
A. — Auszug aus *John Galts* Voyages etc. vergl. Gibraltar.
B. R. — *J. G. Bötticher*, A geogr. histor. and polit. Description etc. VIII, 313. s. Teutschland.
Ch. R. — *Chauchard*, A map etc VIII, 250. — s. Teutschland.
Götze, Charte von Sicilien u. Malta. Weimar, 1801. IX, 68.
V. N. — *Piazzi's* Gradmessung. I, 129. 349. 674.
de Riedesel, Voyages en Sicile, dans la Grande Grèce et au Levant; suivis de l'hist. de la Sicile par le *Novairi*. Paris 1802. X, 69.
Handel. IX, 254. — Thermometerst. b. d. Sirocco. I, 658.
Sicilien, Königr. beider,
B. R. — *Creuze de Lesser*, Voyage etc. XXIII, 78.
Ch. R — *A. Stieler*, Charte von d. Königr. Neapel und Sicilien. XXVII, 97.
V. N. — Eintheil. in Provinzen. III, 477. 592. — Nationalfarben (1811). XXXV, 242.
Geogr. Veränd. (1806). XXII, 52. (1809 — 1815). XLIX, 273.
Statist. Tabelle (1800). VII, 24. (1801). IX, 120. (1802) XI, 193. (1803). XIII, 37. (1804). XVI, 31. (1805). XIX, 36.
Sickh's, die, s. Seiks.
Sidney, s. Sydney.
Sidra, Meerbusen, III, 138. 142.

Siebenbürgen, III, 602. vgl. Ungarn.
B. R. — *Marienburg*, Geographie des Grofsfürstenthums Siebenbürgen. 1. u. 2. Band 1813. XLVII, 471 bis 486.
Ch. R. — *de Bouge* Carte chorograph. de la Grande Princip. etc. IX, 180.
A. v. Wenzely, Generalcharte v. Siebenbürgen etc. Wien, 1806. XXII, 346.
V. N. — Bergbau, Gold- u. Seifenwerke. XVIII, 98.
(*Benigni*) Versuch einer möglichst wahrscheinl. Angabe der Bevölk. XLI, 246. — Bestand der höheren Unterrichtsanstalten. (1814) XLIII, 266.
Ortsbestimmung. XXXI, 502.
Sieben - Insel - Republik, s. Jonische Insel - Republik.
Siedelhorn, (Schweiz) Höhe. X, 257. 396
Siedlce, L. u. Br. XV, 81.
Sieglitz - Berg, im Reufsischen. Höhe. XVIII, 486.
Sieks, die, s. Seiks.
Siemiatyce, (Polen) XI, 337.
Sierps, (Polen) XI. 339.
Sierra de Gata, VII, 218.
— — *di Guadarrama*, III, 232.
— — *Leona*, (Afr.) Colonie. XLII, 241. L, 113.
A. — Ueber die Britische Colonie auf d. Küste von Sierra Leona in Afrika, und die Länder u. Völker auf dieser Küste. XV, 426.
(*Winterbottom*) Beiträge zur Schilderung der Sierra - Leonaküste u. ihrer Bewohner. XVI, 32.
Neueste Nachr. von der Britisch. Niederlassung in Sierra-Leona. XXXIII, 11.
B. R. — *Winterbottom*, An account of the native Africans in the neighbourhood of Sierra Leona etc. II Vol. 1803. XVII, 176.
V. N. — Afrikanische Zeitung. XVI, 110.
Gründung der Colonie. I, 654 Zerstörung. I, 660. Produkte I, 661.
Zustand. IX, 85. — Neue Einrichtung zur Verbesserung des Zustandes der Schwarzen in der Sierra-Leona Colonie. L, 118.
Aufgedeckte Betrügereien des Afrik. Instituts. L, 125.
Sierra - Morena, III, 232. VII, 219.
Sierra - Nevada de St. Martha, (S. Amer.) Br. IX, 319.
— — — *de Merida*, (S. Amer.) Br. IX, 319.
Sierra de Ronda, (Span.) Asbest-Leinwand, XXXVII, 303.
Sigtuna, (Schweden). L. u. Br. XVI, 247.
Sikinos, Ins. VIII, 223.
Siliansee, der, (Schweden). XXXV. 255.
Silla, (inn. Afr.) II, 159. III, 55. VI, 452.
Silla de Caracas, s. Sattelberg.
Silla - Torellas, (auf Majorca) Höhe. XII, 771.
Sillahmew, VI, 257.
Silling, VII, 236.
Simbernas, Vorgeb. (Liefland) L. u. Br. IX, 178.
Simbing, (inn. Afr.) I, 703.
Simbirsk, Gouvernement.
Ch. R. — Charte vom — II, 62.

Simbu, Insel. (Arsacid.) XXIII, 271.
Simferopol, s. Akmetschet.
Simno, (Polen). L. u. Br. III, 406. X, 392.
Simogorja, Waldai, (Rufsl.) XX, 220.
Simois, Fl. VII, 36. 57.
Simplon, Bg. Höhe. IV, 168. VI, 270.
Simplon - Strafse, XV, 218.
V. N. — *G. Lory*, Voyage pittoresque de Genève à Milan, par le Simplon. 1811. XXXVI, 497.
Simplon - Depart. XXXIII, 458. Organisation desselb. (1810) XXXIV, 218. vergl. Walliser - Land.
Simpsons - Insel, XXIII, 276.
Sin, I, 140.
Sina, Dorf in Persien. Br. XV, 225.
Sinan, Fl. III, 582.
Sind, s. Beludschistan.
Sindner, die,
A. — *St. Quatremère*, Nachr. v. d. Völkerschaft d. Sindner, zusammen getragen aus Arab. Schriftstellern. XXXV, 3.
Singars, Asiat. Volk. VII, 152.
Singhanfou, L. u. Br. VII, 184.
Singiah, am Gonduck. XI, 248.
Sinigaglia, L. u. Br. XIII, 357.
Sinning, VII, 237.
Sinope, XII, 184. — L. u. Br. I, 126. II, 33. VII, 177. XII, 184.
Sinzendorf, Grafsch. Verlust im Lünevill. Frieden. IX, 52.
Sion, L. u. Br. VI, 269.
Sioux, die, XXXVI, 433.
Sirinagur, XVIII, 192.
Sirocco, der, XLVIII, 283.
Sitcha, s. Neu-Archangel.
Sitlaltepetl, (N. Span.) siehe Pic de Oribaza.
Situations - Zeichnung, vgl. Aufnahme, Chartenzeichnen, Planzeichnen, Zeichnenkunst.
B. R. — *J. A. E*... Anweisung, wie ökonom. und militär. Situationscharten nach bestimmten Grundsätzen zu zeichnen. Berlin, 1799. IV, 424.
Ferd. Landerer, Gründl. Anleitung, Situationsplane zu zeichnen. Mit 18 Planen, in 4. Wien, 1797. (eigentl. 1783) IV, 419.
J. G. Lehmann, Anweisung zum richtigen Erkennen u. genauen Abbilden der Erdoberfläche in topogr. Charten u. Situationsplanen etc. Dresden, 1812 XXXVIII, 326.
L. Lynker, Anleit. zum Situationszeichnen. 1811. XXXIV, 293.
F. Schienert, Situationszeichnung für Soldaten. Berlin, 1805. XXV, 427.
Ch. R. — *Berggold*: Der vollkommene Situationszeichner etc. Leipz. 1811. XXXV, 225.
Siuth, *Lykopolis*, (Aegypt.) X, 470. XXXV, 334. — L. u. Br. VII, 160.
Siwah, (Afr.) L. u. Br. und VN. V, 86. — Ammonstempel. III, 106.
Siwas, L. u. Br. II, 465. V, 385.
Sixmadum, (Schweiz) Höhe. X. 257. 398.
Skage, L. u. Br. XLI, 422.
Skalitz, (Ungarn) XXI, 213.
Skalpet, (Schweden) Wasserfall. XXXI, 50.
Skanderün, s. Alexandrette

Skandinavien.
B. R. — *J. Fr. L. Hausmann*, Reise durch Skandinavien in d. J. 1806 u. 1807. 1 Th. 1811. XXXVI, 169. 2. Th. XXXVIII, 340. 3. Th. XLVI, 217.
Skanor, (Schwed.) L. u. Br. XXXV, 72.
Skara, (Schweden) XXXVI, 186. L. u. Br. XI, 142.
Skaraburg, Hauptmannschaft.
Ch. R. - *Hermelin* etc. 1807. XXXII, 317.
Skeen, (Norw.) XXXVIII, 355.
Skenesborough, IV, 13.
Skielskiör, Haven auf Seeland, Plan desselben. III, 131.
Skutlerud, (Norw.) Kobaltgruben. XXXVIII, 348.
Slaney, Fl. (Ireland) X 406.
Slavonien, — Ortsbestimmungen. XXXI, 501.
Slawatyce, L. u. Br. XV, 81.
Slosella, (Dalmatien) XI, 698.
Småland, XXXI, 49. XXXVI, 180.
Smoinagarsk, L. u. Br. VII, 175.
Smolensk, I, 197. Br. II, 62.
Smyrna, IV, 20. XIV, 191. XLIX. 339. — L. u. Br. VII, 177. XV, 221.
Snares-Inseln, XLI, 248.
Sneek, Bevölk. VII, 391.
Sneeuberg, (am Vorgeb. d. g. Hoffn.) VII, 378 L, 189.
Snowdon, d. Britische Atlas. II, 140. Höhe. III, 365.
Sobieschitz, (Mähren) L. u. Br. XXI, 72.
Societäts-Inseln, XXXV, 168.
Socoro, Insel. L. u. Br. II, 417.
Socotora, Insel.
A. — Reise nach der Insel Soçotora. XXXIII, 139.
Söderfors, (Schwed.) Ankerschmiede. XXXV, 250.
Söderacm, (Schwed.) XXXV. 272. — L. u. Br. XLIII, 470
Södertelge, (Schweden) L. und Br. XVI, 247. 249. XXXVIII. 367. XXXIX, 107. XLIII, 479. — Kanal. XX, 488.
Sohl, *Neu-*, L. u. Br. XIX, 223.
Soho, (Engl.) XXI, 205.
Sokolow, L u. Br. XV, 81.
Solano-Wind, III, 444. 453.
Soldau, (Ostpreußen) L. u. Br. XXXI, 345.
Solec, L. u. Br. XV, 81.
Soligny.
V. N. — Das Trappistenkloster bei Soligny, im Depart. der Orne, u. dessen dermal. Zustand. 1809. XLIII. 388.
Solikamsk, (Sibir.) Br. XVI, 496.
Solms-Assenheim, Verlust im Lünev. Fr IX, 51.
Solothurn, Canton.
Topogr. statist. Beschr. XLIII, 51.
Solothurn, L. u. Br. VI, 269.
Solwytschegod, (Rußl.) Handel. I, 299.
Sombrero, Kl. Antille. L. u. Br. II, 400.
Sommin, L u. Br. XIX, 373.
Somorrostro, IV, 34.
Somosierra, (Span.) X, 240.
Sonderburg, L. u. Br. XXII, 339.
Sondershausen, L. und Br. XXII, 468.
Sonehut, Dorf, (Corair) XXI, 192.
Song, (China) I, 139.

Sonne.
Sonnen-Comet. II, 492. vergl. I, 371. 602. — Durchmesser. III, 643. 648.
Finsternisse. I, II, III u. IV, an versch. Orten. — deren erste Anwendung zu Längenbestimmungen. I, 26. — Flecken. I, 307. 603. II, 78. 145. 261.
Lichtsphäre, Ab- und Zunahme. I. 132. — Tafeln. III, 180. 272. 398. 424. 427. 495. 561. 642.
V. N. — *Herschel*, Ueber die Richtung d. Bewegung der Sonne und des Sonnensystems XIX, 516.
Renaud, Tables de Declinaison du Soleil, calculées au Méridien de Paris, pour les années 1802 à 1813 incl. X. 359.
Sonnenberg, (S. Meiningen) Br. XXXII, 260. — Industriefleifs. XXXVII, 194.
Sonnen-Uhr, merkwürdige, zu Besançon. IV, 145. — zu Nürnberg. IV, 380.
Sontheim, Bevölk. VIII, 290.
Sontheim-Gaildorf, XIII, 520.
Sonthofen, L. u. Br. I, 414. X, 254.
Sooloo, (à Fulyau) L. u. Br. VII, 265.
Soongaar, Hauptzweig der Kalmüken. I, 142.
Soongarei, II, 142.
Soracte, *St. Oreste*, Berg. (Ital.) III, 366. XXIV, 96.
Sorrento, Bevölk. III, 369.
Sorso, (Sardin.) III, 151.
Souffrière, (auf St. Lucia) V, 318.
Spalatro, XI, 700.
Spanien.
A. — Ueber d. gegenwärtigen Zustand Spaniens. (1798) I, 377.

Spanien.
A. — Kurze Geschichte der neuesten Gradmessung in Spanien. XXXI, 129.
Don Isidoro de Antillon, Erdbeschreibung von Spanien u. Portugal. Nach d. Span. Original bearbeitet von *Rehfues*. XLI, 251. 375. XLII, 153. 271. XLIV, 140.
Ch. A. Fischer, Ueber das Reisen in Spanien. III, 217.
Link, Ueber die Bergzüge in Spanien und Portugal. VII, 213.
Rehfues, Spaniens Handel im J. 1808. XXXVII, 245.
B. R. — Ansichten v. Spanien etc. Von einem Officier des ehemalig. Rheinbundes. Wisbaden, 1814. XLVI, 236.
Blaynay, Narrative of a forced Journey through Spain and France, as a Prisoner of War, in the Y. 1810 to 1814. II Vol. 1814. XLVII, 438.
F. Fr. Bourgoing, Tableau de l'Espagne moderne. 2de Edit. III Tom. I, 70. 4me Edit. XXVII, 320.
Bourgoing's Neue Reise durch Spanien in d. Jahren 1782 — 1793. 3. Band. Aus d. Franz. von *C. A. Fischer*. Jena, 1800. X, 53. vgl. X, 91. — 4. Bd. 1808. XXVII, 320.
S. *D. Broughton*, Letters from Portugal, Spain and France, writen during the Campaigns of 1812, 13 et 14. Lond. L, 346.

Spanien.

B.R. — *M. E. Descourtitz*, Voyages d'un Naturaliste etc. Paris, 1809. XXXVIII, 458.

C. D. Ebeling, Portugal u. Spanien — Erste Abth. nach Büschings Erdbeschr. neu bearb. Hamburg 1808. XXVI, 171.

C. A. Fischer, Reise v. Amsterdam über Madrid und Cadiz nach Genua, in den Jahren 1797 und 1798. Berlin, IV, 342. X, 238.

Desselben Spanische Miscellen. 1. Bd. 1803. XII, 464.

W. Jacob, Travels in the South of Spain etc. 1811. XXXVII, 291.

Itinéraire de l'Espagne et du Portugal, ou description géogr., histor. de ce pays etc. Paris 1809. XXIX, 86.

Karsten, Des Marokaners Abdulvaheb *Temimi* Fragmente über Spanien. Aus dem Arab. übersetzt. Rostock, 1801. IX, 530.

A. de Laborde, Voyage pittoresq. et histor. de l'Espagne. Paris 1806. XXIV, 39. XXV, 69. vergl. X, 89. 355. XXIII, 362.

Dieselbe, in's Teutsche übersetzt. Leipzig, 1809. XXVII, 449. XXXI, 184. XXXIII, 303.

Desselben, Itinéraire descriptif de l'Espagne et tableau élémentaire de différentes branches de l'administration de ce Royaume. Par. 1808. XXVIII, 50.

Link, Bemerk. auf einer Reise durch Frankreich, Spanien und vorzüglich Portugal. Kiel, 1801. VIII, 513. IX, 37. 3. Th. 1804. XIII, 201.

Spanien.

B. R. — *Chr. Picquet*, Livre des postes d'Espagne et du Portugal, en Espagnol et en Français etc. 1810. XXXVII, 187.

J. P. Rehfues, L'Espagne en 1808 etc. suivi d'un fragment historique intitulé les Espagnols du XIV. siècle. T. I et II. Paris, 1811. XXXVIII, 74.

Desselben, Spanien. Nach eigner Ansicht im J. 1808 etc. 4 Bände. 1813. XLIX, 344.

Jos. Townsend, Voyage en Espagne, fait dans les années 1786 — 87. traduit de l'Anglais par *J. P. Pictet - Mallet*. Paris, 1809. XXVIII, 458. XXX, 171.

Ch. R. — *W. Faden*, Spain and Portugal, divided in their respective Kingdoms etc. 1796. I, 111.

Hammer, Carte d'Espagne et de Portugal d'après *Mentelle et Chanlaire*, *De Laborde* etc. 1812. XL, 484.

E. Mentelle et *Chanlaire*, Carte de l'Espagne et de Portugal en 9 feuilles. 1799 — 1807. IV, 28. XXVI, 71.

F. W. Streit, Charte v. d. Kgr. Spanien u. Portugal etc. Weimar, 1809. XXX, 299.

Don *Vinc. Tofiño*, de San Miguel, Atlas maritimo de España. Madrid 1789. XLV, 458. — vergl. I, 113.

Spanien.
Ch. R. — Nouvelle Carte politique et itinéraire de l'Espagne et de Portugal, d'après *Tofiño* et *Lopez*. Paris 1804. XXIX, 97.
Neue politisch-militär. Charte von Spanien und Portugal. Herausgegeben von *Hinrichs*. Leipz. 1812. XXXVII, 344.
V. N. — *Bourdeville*, malerische Reise. XX, 377.
Swinburne's malerische Reise. XVIII, 105.
Don Dom. *Garcia Fernandez*, Berichte über einige natürl. Producte, die kürzlich in d. Spanischen Besitzungen gefund. worden (1798). II, 483
E. B. Bacher, Spanische u. Portug. Miscellen, siehe Journalistik.
Verzeichnifs der in Spanien erscheinenden *Zeitschriften*. III. 209. 414.
Astronom. Literatur. IV, 50.
Gradmessung durch *Mechain*; s. Gradmessung.
Bericht von d. Arbeiten des K. Span. See-Charten-Dépôt, oder Expedition zu Madrid 1803. XVI, 233. vergl. XII, 777. XIII, 268. vergl. I, 113.
Ortsbestimm. XXVI, 74. 95. XXXV, 468. XXXIX, 460. XLVIII, 497.
Innere Lage (1804). XVIII, 101. — Universitäten. XLIX, 351.
Untersagung der Stiergefechte (26. Febr. 1805). XVII, 124.
Verzeichnifs der 38 Präfecturen (mit Angabe der Unterpräfecturen) im J. 1810. XL, 485.
V. N. — Innere Schifffahrt, Kanal von Campos. X, 56. — Kanal Scti Petri, auch Ria Scti Petri. IV, 37.
Geogr. Veränd. (1799 u. 1800). VII, 10. (1801) IX, 112. (1803) XIII, 30. (1805) XIX, 23. (1806) XXII, 55. (1807) XXV, 80. (1808) XXVIII, 25. (1809—1815) XLIX, 263.
Statist. Tab. (1800) VII, 24. (1801) IX, 120. (1802) XI, 103. (1803) XIII, 37. (1804) XVI, 31. (1805) XIX, 36.
Bevölker. (1788 u. 1802) XXXI, 184. (1810) XL, 118. 426. XLIX, 353.
Militäretat. II, 84. XXIII, 367. XXIV, 470. (1808) XXXVIII, 512. — Landmacht. XLIX, 359. — Cavalerie. XXV, 115. — Seemacht. XXIII, 367. XXIV, 470. XXVI, 110. XLIX, 359.
Spanier, Wissenschaftl. Bildung der — II, 568.
Spanische Besitzungen auf der N. W. Küste v. Amer. II, 338. 358.
Spanische Colonien.
B. R. — *Walton*, Present state of the Spanish Colonies etc. 1810. XLVII, 179.
Spannort, Grofs. u. Klein-, (Schweiz) Höhe. X, 394.
Spartaner, oder Mainotten auf Corsica. III, 258. 261.
Spätzenwalder-Wasser, (Grafschaft Glaz) XI, 47.
Specia, L. u. Br. XXXV, 72.
Sperr, der, Höhe. X, 397.
Spessart, der, vergl. Odenwald.
Speyer, Bisthum. Verlust im Lünev. Frieden. IX, 52.
— Stadt. L. u. Br. III, 384. VII, 432.

Sphinx, bei Kairo. VII, 153.
Spiegel-Kreise, III, 396.
Spiegel-Sextant, I, 48. II, 12. — *Hadley*'scher. III, 8?. 86. 160. 172. 284. 324.
Spielberg, Schwab. L. u. Br. XIII, 483.
Spikeroog, Insel.
A. — *Heinmeyer*, Bemerkungen über etc. XIII, 129.
Spinnenfäden, zu Fadennetzen und zum Aufhängen sehr leichter Körper brauchbar. III, 296.
Spiral-Bai. L. u. Br. X, 65.
Spithead, Rhede von, VIII, 382.
Spitzheberein, bei Tusis. Höhe. X, 396.
Spitzmeilen, Höhe. X, 398.
Spitzliberg, Höhe. X, 257. 398.
Sprachkunde.
B. R. — *von Krusenstern*, Wörtersammlungen aus den Sprachen einiger Völker des östl. Asiens, und d. N.W. Küste v. America. 1813. XLIII, 173.
V. N. — *F. Adelung*, Nachricht von den Werken des Span. Exjesuiten Don *Lorenzo Hervas* üb. d. Sprachen. VIII. 543.
Ssalehhieh, Selahie. VI, 204.
Ssamarkand, (Ind.) XL, 174. L. u. Br, III, 179.
Ssihhun, Fluſs, (Ind.) XL, 172.
Stablo und *Malmedy*, Abtei. Verlust im Lünev. Fried. IX, 58.
Stade, L, u. Br. III, 545.
Stadium.
A. — *Uckert*, Ueber das Stadium. XLII, 3. 121. 253.
Städte.
V. N. — *Dupain-Triel*, Essai d'une table poléométrique etc. XVII, 379.
Langhans, Verhältniſs verschied. Städte in Hinsicht d. Gröſse etc. XVII, 123.
Groſse Sammlung von Städte-Grundrissen auf der National-Bibliothek in Paris. I, 687.
Stadt-Land, (Norwegen). III, 534.
Stafelegg, (Schweiz) Alabasterbruch. XVIII, 381.
Staffa, Insel.
A. — *J. Mac Culloch's* geolog. Beschreib. d. Ins. Staffa. L. 145.
B. R. — *Faujas St. Fond*, Voyage, siehe Groſsbritannien.
Garnett, Observations etc. s. Schottland.
Stafford, Grafschaft.
Ch. R. — *W. Faden*, The County of Stafford, from the improved Map in six sheets by *W. Yates*. 1798. VIII, 62.
Stafford, Stadt. L. und Br. VIII, 62.
Stallupöhnen, (Ostpreuſsen) L. u. Br. II, 116. III, 407. XII, 484. XLI, 93.
Stamham, (Baiern) XI, 611.
Stanchis, Cos, Insel. XIV, 191.
Stanzer-Horn, (Schweiz) Höhe. X, 395
Stara-Crim, XL, 124.
Stargard, L. u. Br. VIII, 256.
Starkenburg, Fürstenthum. Statist. Tab. XXI, 82.
Starkenburg, (an der Bergstraſse) XXXVII, 447.
Starobjelsk, (Ruſsl.) L. u. Br. XXII, 100.

tung
ern-
8.
— hied.

neue-

Verlust
en. IX,

haft. Kgl.
nahme.

Europa. I,
stan. V,

Höhe. IV,
en. VIII,

r. VIII, 256.
el. XVIII,

, Briefe über
u. umliegende
auf einer Reise
r 1797 geschrie-
lin, 1801. VIII,

Grafsch. (N. Amer.)

- *Inseln*, XXIII,

ark, XL, 451. 460.
— *F. M. v. Liechten-*
, Allgem. Uebersicht
Herzogth. Steyermark,
Rücksicht seiner geogr.
und phys. Beschaffenheit.
1799. IV, 241.
Sartori, etc. vergl. Oesterreich. Erzherz.
Ch. R. — Das Herzogthum Steyermark, nach *Kindermann*. XXV, 229.
(*v. Liechtenstern?*) Das Herzogthum Steyermark. XII, 91. 649.
V. N. — *Liesganigg*, Tabelle astronomisch - bestimmter Punkte. XII, 92.

V. N. — Bevölk. VIII, 409. XVIII, 121. XXII, 485. XLVI, 269.
Flächeninhalt und Einkünfte. XXII, 485.
Stickhausen, L. u. Br. VIII, 254. XV, 493. XXIX, 455.
Stifte, geistl., in Teutschland.
B. R. — *Jos. Edl. v. Seyfried*, Statist. Nachricht über die ehemal. geistl. Stifte: Augsburg, Bamberg, Constanz, Eichstädt, Freisingen, Passau, Regensburg, Salzburg und Würzburg, nebst einer histor. polit. Uebersicht der gesammten secularisirten Teutschen Kirchenstaaten. Herausgeg. von *Aretin*. 1804. XVI. 426.
Stigrip, Amt, (Herzogth. Magdeburg). IX. 191.
Stirling, Bevölk. XI, 413.
Stirup - Key, L. u. Br. II, 394.
Stivoli, St-ivoli, Strophad. Insel. II, 56.
Stockach, L. u. Br. XIII, 485.
Stockholm, L. u. Br. II, 511. IV, 103. 313. 502. X, 112. XI, 374. XL, 75. 342. XLI, 422. XLIII, 470. Bevölk. u. Gröfse. VIII, 309. XVII, 113. 127. Eisen Ausfuhr (1804). XVI, 66.
B. R. — *J. Elers*, Topographie von Stockholm. 4ter Theil. 1800. XI, 39.
Dieselbe, aus d. Schwedischen übers. v. *Gerken*. 1. Bd. 1803. XIII, 475.
Hausmann, Aphorismen über Stockholm im Winter 1806 u. 1807. Mit einem Plane v. Stockholm, 2 Kupfern und 1 Titelvignette. XLVI, 217.

Start Point, L. u. Br. XXIV, 422.

Statistik, *Staatengeschichte* und *Staatswirthschaft*.

A. — Geographie u. Statistik. Eine Parallele. XI, 566.

v. Schlözer's Theorie d. Statistik. XVII, 133.

B. R. — *W. Butte*, Die Statistik als Wissenschaft bearbeitet. Landshut 1808. XXVI, 59. 145.

G Fr. Goes, De statistices aetate et utilitate commentatio. Erlangen, 1806. XXIII, 64.

A. W. v. Leipziger, Geist der Nationalökonomie u. Staatswirthschaft. 1813. XLVII, 75.

Meusel, Lehrbuch der Statistik. 3. Ausg. 1804. XVII, 201.

Desselben, Literatur der Statistik. 1 Band. Leipz. 1806. XXI, 59. 2. Bd. 1807. XXIV, 441.

A. Niemann, Abrifs der Statistik u. Staatenkunde, nebst Fragmenten zur Geschichte derselben. Altona. 1807. XXVI, 58. 145.

Playfair, Elemens de Statistique etc. Traduits de l'Anglais par *Donnant*. 1802. XIII, 209

G. Schöpf, Leitfaden zu einer allgem. Statistik mit Hinweisung auf wahre u. gründliche Staatskunde. Nürnb. 1806. XXII, 93.

J G. Schummel, Kleine Weltstatistik. 1805. XIX, 212.

C. D. Vofs, Die Zeiten oder Archiv etc. 1805. XIX, 491.

V. N. — *Gråberg*, Allgem. statist. Tabelle der vornehmsten Staaten d. Erde. XLII, 103.

Statist. Gesellschaft zu Paris. XI, 504. 631.

Staucnitz, L. u. Br. II, 488.

Staufen, (bei Freiburg im Breisgau). XLVIII, 448.

Staunton, Insel. L. und Br. VII, 184.

Stavanger, (Norw.) III, 130. 534.

Stavoren, Bevölk. L. u. Br. VII, 391.

Stawropol, (südl. Rufsland). V, 78. L. u. Br. XLV, 421.

Stebener - Bad, das, XL, 392.

Stegen, Insel. XXXIII, 421.

Steierlingsthal, das, (Oesterreich). XLVII, 82.

Stein, (Schweiz) L. u. Br. VI, 269. XIII, 485.

Steinach, (Tyrol) Höhe. IV, 167.

Steinberg, (Schweiz) Höhe. X, 257. 395. 396.

Steineck, L. u. Br. VI, 269.

Steinenberg, (Schweiz) X, 257.

Steinkohlen, in England und Frankreich. I, 421.

Stella, Höhe. IV, 236.

Stendal, Br. XLV, 423.

Stepney, Vorstadt von London; das gröfste Kirchspiel auf der Erde. XLII, 372.

Sterne, ihre Lage gegen den Aequator zur See zu finden. III, 272.

Sternbedeckungen, I, II, III, an vielen Orten. — Für die Geographie sehr nützlich. III, 547. — Für Längenbestimm. wichtig. II, 479.

A. — Sternbedeckungen berechnet v. *Lalande*. XI, 142.

V. N. — Ueber Beobachtung und Berechnung v. Sternbedeckungen. III, 418.
Stern-Charten, verschied. Arten. III, 508.
Stern-Verzeichnifs, neuestes, III, 515
Sternberg, Grafsch. Verlust im Lüneville. Frieden. IX, 52.
Sternstein, Grafschaft. Kgl. Baiersche Besitznahme. XIX, 524.
Sternwarten, in Europa. I, 29. — in Hindostan. V, 529.
Sterzing, (Tyrol) Höhe. IV, 167. — Fabriken. VIII, 413.
Stettin, L. u. Br. VIII, 256. — Weinhandel. XVIII, 106.
B. R. — *Sell*, Briefe über Stettin u. d. umliegende Gegend; auf einer Reise im Sommer 1797 geschrieben. Berlin, 1801. VIII, 491.
Steuben, Grafsch. (N. Amer.) V, 121.
Stewarts-Inseln, XXIII, 276.
Steyermark, XL, 451. 460.
B. R. — *F. M. v. Liechtenstern*, Allgem. Uebersicht des Herzogth. Steyermark, in Rücksicht seiner geogr. und phys. Beschaffenheit. 1799. IV, 241.
Sartori, etc. vergl. Oesterreich. Erzherz.
Ch. R. — Das Herzogthum Steyermark, nach *Kindermann*. XXV, 229.
(*v. Liechtenstern?*) Das Herzogthum Steyermark. XII, 91. 649.
V. N. — *Liesganigg*, Tabelle astronomisch-bestimmter Punkte. XII, 92.
V. N. — Bevölk. VIII, 409. XVIII, 121. XXII, 485. XLVI, 269.
Flächeninhalt und Einkünfte. XXII, 485.
Stickhausen, L. u. Br. VIII, 251. XV, 493. XXIX, 455.
Stifte, geistl., in Teutschland.
B. R. — *Jos. Edl. v. Seyfried*, Statist. Nachricht über die ehemal. geistl. Stifte: Augsburg, Bamberg, Constanz, Eichstädt, Freisingen, Passau, Regensburg, Salzburg und Würzburg, nebst einer histor. polit. Uebersicht der gesammten secularisirten Teutschen Kirchenstaaten. Herausgeg. von *Aretin*. 1804. XVI, 426.
Stigrip, Amt. (Herzogth. Magdeburg). IX. 191.
Stirling, Bevölk. XI, 413.
Stirup-Key, L. u. Br. II, 304
Stivoli, Strivoli, Strophad. Insel. II, 55.
Stockach, L. u. Br. XIII, 485.
Stockholm, L. u. Br. II, 511. IV, 113. 313. 502. X, 112. XI, 374. XL, 75. 312. XLI, 422. XLIII, 470. Bevölk. u. Gröfse. VIII, 309. XVII, 113. 127. Eisen Ausfuhr (1804). XVI, 66.
B. R. — *J. Elers*, Topographie von Stockholm. 4ter Theil. 1800. XI, 39.
Dieselbe, aus d. Schwedischen übers. v. *Gerken*. 1. Bd. 1803. XIII, 475
Hausmann, Aphorismen über Stockholm im Winter 1806 u. 1807. Mit einem Plane v. Stockholm, 2 Kupfern und 1 Titelvignette. XLVI, 217.

Ch. R. — *Martin*, Vue de Stockholm prise de Mose-Backe au Fauxbourg du Sud. 1803. XIX, 383.
Stockholms-Län, Roslagen.
B. R. — *IV. Radloff*, Beschreibung d. nördl. Theils v. Stockholms-Län. 1804. XVI, 309. XXXII, 432.
Stockhorn, Höhe. VI, 264. X, 399.
Stockmannshof, (Kurland). L. u. Br. XXXII, 267.
Stockoehill, (N. Amer.) XIII, 116.
Stollberg-Gederische Besitzungen, in d. Wetterau. XIV, 250.
Stonehenge, bei Salisbury. III, 79.
Stor-See, (Schweden). XXXV, 288.
Stör-Bay, (Ob. Canada). VI, 306.
Stora-Kopparberg.
Ch. R. — *Hällström*, Ch. d. Hauptmannschaft Stora-Kopparberg und Dalarne. VIII, 532.
Store-Aasen, Gebirg. (Norwegen). XXXVIII, 343.
Stofs, Kapelle in d. Schweiz. Höhe. X, 395.
Stotzig-Berg, der, (Schweiz) Höhe. X, 397.
Strählen, (Oberschlesien). Bevölk. XVII, 246.
Strahlenbrechung, Einflufs auf astronom. Beobacht. III, 172. 278.
V. N. — *v. Humboldt*, Ueber Strahlenbr. I, 496. IV, 155.
Strahlenburg, L. u. Br. III, 381.
Stralsund, X, 415.
Strandordnungen, XIII, 150 f.
Strängnäs, L. u. Br. XVI, 247. 249. XLIII, 479.
Strafsburg, am Rhein. Bev. VII, 145. XL, 425.
B. R. — *Meiners* Beschr. einer Reise nach Stuttgart u. Strafsburg im Herbste 1801; nebst einer kurzen Geschichte d. Stadt Strafsburg, während d. Schrekkenszeit. 1803. XII, 711.
V. N. — *Coze*, Recherches sur la population de Strafsbourg. 1803. XII, 519 f.
Strafsburg, (Ostpreufsen). L. u. Br. XXX, 315.
Strafse, la Boussole. II, 38.
— — la Perouse. II, 38.
Strafsenbau.
V. N. — Statist. Berechn. der Vortheile kunstmäfsig angelegter Strafsen für d. Staaten. XXXIX, 353.
Strategie.
B. R. — Grundsätze d. Strategie, erläutert durch die Darstellung des Feldzugs von 1796 in Teutschland, mit Ch. u. Pl. Wien 1814. XLVI, 238.
Stratford, Städtchen an d. Avon, Shakespeare's Geburtsort. II, 139.
— — Marktfl. am Slaney in Ireland. X, 407.
Straubingen, (Baiern) Rentamt. Bevölk. und Gröfse. IX, 23.
— — Stadt. L. u. Br. XX, 199.
Strigauische Kreis; Ch. Rec. s. Fürstenthum Schweidnitz.
Strömstadt, (Schweden) VIII, 446.
Streng's-Insel, (neu entdeckte 1804). XIX, 522.
Strophadische Inseln. II, 56.
Struth, L. u. Br. XXII, 467.
Strzellno, L. u. Br. XXXII, 77.

Stufenberg, (in Gernrode) Br. I, 190.
Stuhm, (Preufsen) VIII, 446. — L. u. Br. XXXII, 76.
Stura, Depart., Gröfse und Bevölkerung. XII, 736.
Sturmhaube, Grofse und Kleine-, Höhe. IV, 419.
Stuttgard, L. u. Br. IV, 543. XL, 325. — Bevölk. XVI, 357.
B. R. — *Meiners*, Beschr. einer Reise nach Stuttgard etc. 1803. XII, 711.
Suah, VI, 203.
Suakem, (Afr.) XII, 550.
Sudack, (Krim) XL, 157.
Sudenny, (Afr.) L, 448.
Süd-America, s. America.
Südsee, s. (grofser) Ocean.
Suez, III, 54. V, 94. — L. u. Br. VII, 160. X, 317.
A. — Ueber die Erdenge von Suez u. Vereinigung des Mittell. Meers mit dem Rothen. II, 97. 193.
V. N. — Verbindungscanal zwischen dem Rothen u. Mittell. Meere. XXXII, 127.
Suffrein, Bay. L. u. Br. VII, 184.
Suiofluſs, (Neuholland). XI, 153.
Suke-Shue, VII, 251.
Suk-Sagur, am Hugly. XI, 250.
Sulan, Minderherrschaft; Ch. Rec. s. Oels.
Sulci, (Sard.) III, 155.
Sultangunge, am Ganges. XI, 249.
Sultanieh, Ebene, (Persien). XLVI, 30.
— — Stadt. Geschichte u. Gründung derselb. XLVI, 38.
Sulz, (Schwaben). L. u. Br. XII, 486.
Sulzthal, das, im Canton Aargau, Salzbergwerk. XVIII, 381
Sumatra, XXI, 11.
B. R. — *Heyne*, Tracts etc. XLV, 317.
Sumbulbore, (Berar) Demantgruben VII, 148.
Sami, See. II, 65.
Sunda, (Indien) V, 18.
Sunda-Straſse.
Ch. R. — *de Krusenstern*, Mémoire sur une Carte du détroit de la Sonde et de la rade de Batavia etc. 1813. XLIII, 210.
Sundschifffahrt, (1805) XIX, 392.
Sundswall, (Schweden). XXXIII, 456. L. u. Br. IX, 222. XVI, 248.
Suppingen, Bevölker. VIII, 290.
Sura, Fl. (Rufsl.) V, 60.
Suraczsche Kreis, (Neu-Ostpreufsen). XI, 347.
Surate, L. u. Br. VII, 180.
Surbay, Sourabaya, (auf Java) II, 275. — L. u. Br. VI, 49.
Surenegg, (Schweiz). Höhe. X, 395.
Surinam.
B. R. — *J. D. Kunitz*, Surinam und seine Bewohner. 1805. XIX, 361.
Stedman, Voyage etc. s. Guyana.
C. Quandt, Nachr. von Surinam u. seinen Bewohnern, sonderlich den Arawacken, Warauen, u. Karaiben etc. Görlitz und Leipzig. XXVII, 323.
V. N. — Jährl. Ertrag. II, 537. — Freinegern daselbst. XVI, 361.
Surinamfluſs.
V. N. — Auszug aus dem Briefe eines neuern Mis-

sionärs am Surinamfluss. XVI, 360.
Sursee, (Schweiz). L. u. Br. VI, 269.
Sussex, Grafschaft.
Ch. R. — *Th. Gream*, A topograph. Map of etc. London by Faden. 1799. VIII, 66.
Susten - Durchpass, der, Höhe. X, 398.
Sustenhorn, Höhe. X, 257. 398.
Susu - Nation, Städte, Handel, Sitten und Religion derselb. XXI. 91.
Swansea, II, 138. X, 404.
Swedenborgianism, XXXV, 299.
Sweini, (Afr.) V, 148.
Swjätschk, (Russland). XX, 317.
Swinesund, Schweden. III, 575. XXXVI, 193.
Swistun, *Blaser*, (Kaukasischer Berg). I, 561.
Sydney - Town, II, 351. XI, 38. XLV, 10. — L. u. Br. XLV, 422. — Bevölkerung. XVII, 127. — Polit. Zeitung daselbst. XII, 770. XVI, 110. XVIII, 251.
V. N. — Topograph. Skizze von Sydney - Town, der Hauptstadt von Neu-Süd-Walis in Neuholland. (Mit einem Plan u. einer Ansicht dieser Stadt). XXVI, 373.
Syene, (Aegypten). X, 545. 548. 558. — L. u. Br. VII, 160.
Jomard, Description de Syène et des Cataractes etc. XLI, 288.
Sylt, Insel. XIII, 159.
Syrien.
A. — (*Paultre*). Kurze Beschreibung von Syrien. XIII, 175.
Syrien.
B. R. — *Browne*, Travels. s. Afrika.
Volney, Voyage en Syrie et en Egypte pendant les années 1783 — 1785. Paris, 1799. VI, 332.
Wittmann, Travels etc. XV, 69. s. Türkei.
Ch. R. — *Paultre*, Carte phys. et polit. de la Syrie, faite au Caire en l'an 8. XIII, 240. XIV, 80.
V. N. — *Cassas*, Voyage pittoresq. de la Syrie. X, 182. XI, 366. XII, 249. XVI, 249.
Engl. Gesellschaft zur Untersuchung von Syrien und Palästina. (1807) XXXV, 369. — vergl. XX, 484.
Syrische Christen, in Indien. XLIX, 175.
Syrten - Land, III. 138.
Szarvas, (Ungarn) ökonom. Institut. X, 277.
Szasváros, L. und Br. XLI, 205.
Szathmar, Br. IV, 534.
Szathmar - Nemethi, L. u. Br. XIX, 224.
Szczuczin, (Neuostpreussen) XI, 338.
Szebister, (Persien) XLVI, 30.
Szegedin, L. u. Br. IV, 534. XL, 229.
Szent - Miklos, (Ungarn). L. u. Br. XIX, 22; ökonom. Institut. X, 277.
Szetschen, L. und Br. XIX, 223.
Szigeth, L. u. Br. IV, 534. XIX, 224.
Szisszeg, IV, 304.
Szombathely, L. u. Br. VIII, 451.

T.

Tabago, Südsp. L. VII, 441.
Tabar, am Euphrat. II, 563.
Taburca, Insel, (bei Afr.) III. 587.
Taberg, der, (Schweden). XXXI. 50. XXXVI, 185.
Tadmor, L. u. Br. XIV, 92.
Taekumbreit, (Algier). III, 581.
Tännengebirgs Höhe, IV, 418.
Tafelberg, XXII, 298. — Höhe. XX, 125.
Tafelfelsen, (Ob. Canad.). VI, 309.
Tafelet, Provinz, (Afr.). XXXIV, 97.
Tafna, Fl. III, 581.
Taganroc, (am Asowschen Meere). I, 196. — L. u. Br. II. 32. XXII, 100. — Ausfuhr. V, 81. — Handel. XVIII, 377. XX, 287. XXI, 353.
Tagavost, Hauptst. von Sus. VII, 330.
Tagheli, Land, (innr Afr.) XII, 549.
Tagua, (im Afr.). III, 55.
Talba. Fl. II, 60.
Talbotstown, Baronie, (Ireland). X, 403.
Talvig, (Lappl.). XXXIII, 432.
Taman, Insel. I, 201. — Feuerspeiender Bg. XVII, 392.
Taman, Stadt. L. u. Br. II, 32. XII, 481.
Tamarida, (auf d. Ins. Socotora). XXXIII, 155.
*Tambouki*s, (Afr.). VI, 395.
Tambow, Stadt. II, 63. — L. u. Br. XIX, 234.
— — Statthalterschaft. Ch. R. — s. Rufsland.
Tanaro, Depart. Gröfse u. Bevölk. XII, 736.
Tangajour, II, 327.
Tanger, XVI, 75. — L. u. Br. XXIII, 11. XLVIII, 437.
Tangermünde, L. u. Br. XLV, 423. XLVIII, 90.
Tanjore, oder Tanchaur, XLIX, 71.
Tanis, oder San, (Aegypt.) V, 520. L. u. Br. VII, 160.
Tanna, Vulcan daselbst. II, 274.
Tapiau, (Preufs.) L. u. Br. X, 66.
Tapoly, Fl. X, 275.
Tapoltza, (Ungarn) L. u. Br. VIII, 452.
Tappui, oder das ehemal. Hyppepa. XI, 140.
Tarabolos, Br. XIV, 93.
Taranto, Bevölk. III, 369.
Tarbes, (Frankr.) VIII, 516.
Tarki, (Rufsl.) XLV, 381. — L. u. Br. XXII, 101.
Tarma, (Sp. Amer.) III, 69.
Tarn und *Garonne*, Dept. des. — Geogr. statist. Beschreibung. XXXII, 50.
Tarnowitz, Bergbau. XIX, 253.
Tarra, (innr. Afr.) II, 69.
Tarragona, L. u. B. VII, 423.
Tarseram, XI, 248.
Tartarei, siehe Tatarei.
Taschkent, Land.
A. — Nachricht üb. Taschkent XIV, 393.
Taschkent, Stadt. XIV, 406.
Taschla, Fl. (Rufsl.) V, 79.
Tasman's Land, XII, 431.
Tassisudon, VII, 227.
Tata, oder Ta-dse, oder Tataren. I, 151.
Tatarei, I, 141. 153.
A. — Beiträge zur Länder- und Staatenkunde d. Tartarei. Aus Russ. Berichten. XIV, 393.
Tatarei, freie.
Ch. R. — vergl. Asia. VII, 78.
Tatarei, Chines. XXI, 224.

Tataren, die, — Tataren, oder Tartaren? XVI, 108. — Hauptwohnsitze. I, 141. 202. — *Abel - Remusat*, Untersuchung über die Tatarischen Sprachen etc. 1816. L, 251. — Nogaische Pockenimpfung bei denselben. XVII, 244. — Sitten und Gebräuche. XL, 146. L, 158. — Tataren am unteren Terek. XLVI, 100.

Tatowiren, das —
A. — *Blumenbach*, Ueber die Gewohnheit des Tatowirens. XXXIV, 3.

Tatra, Gebirge.
B. R. — vergl. Carpathen.

Tatzmannsdorf, (Ungarn) Gesundbrunnen. X, 278.

Taubenpost, (Aegypt.) VI, 339.

Tauber, Fluss.
Ch. R. — *C. F. Hammer*, Lauf der Tauber in Franken, von ihrem Ursprung bis zu ihrem Einfluss in den Mayn. (gestochen von *Lochner*) Nürnberg, 1805. XXI, 73.

Taudenny, (Afr.) L, 452.

Taungäbbih, (N. S. Walis) XLV, 16.

Taurien, I, 201. II, 366. V, 71.
Ch. R. — vergl. Russland.
Graf *Joh. Potocki*, Karta Poluóstrowa etc. Charte von der Taurischen Halbinsel nach Griech. Schriftstellern. — Dieselbe nach Genuesischen Schriftstellern. — Dieselbe mit Angabe der Tatarischen Namen. XIX, 373.

Tauris, Hauptst. Mediens. XLVI, 32.

Tausend und eine Nacht. XXXII, 135.

Tavanne, L. u. Br. VI, 269.

Tavastehus, Hauptmannschaft.
Ch. R. — siehe Nyland.

Tavolara, Insel. III, 158.

Tay, See u. Fluss. — Perlfischerei. I, 426.

Tchelgabinsk, II, 65.

Teck, (Schwaben) XLVIII, 452.

Teemboo, (inn. Afr.) I, 658.

Tegernsee, XXI, 210. — Höhe. IV, 167.

Tehran, od. Teyran, (Westpersien) XIV, 295.

Teklenburg, L. u. Br. XXXV, 72.

Tekrid, L. u. Br. XV, 366.

Telegraphen, — *Fontaine's* Idee eines Telegraphen. I, 232. — *Betancourt's* und *Breguet's* neue Telegr. I, 608. 693 — Einfacher Telegraph für die Marine. II, 557.

Teleskop, grosser, in London. XI, 101.

Teletzkoi, See. II, 65.

Tellicherri, (Ind.) V, 33.

Temendsuse, (Algier) III, 585.

Temeswar, L. u. Br. XV, 80. XVI, 94. XL, 229.

Temnos, XXXIV, 43.

Tempe, Thal von, XLVIII, 298.

Tempio, (Sard.) III, 156.

Tenda, (Ital.) III, 365.

Tenedos, Insel. (Gr. Archipel) L. u. Br. XXXII, 49.

Teneriffa, II, 68. 420. X, 217. XLVI, 435.
A. — *H. Gray - Bennet*, Einige Nachrichten über die Insel Teneriffa. L, 231.
Liechtenstein, Nachr. v. Teneriffa. XIX, 37.

Teneriffa.
B. R. — *André - Pierre-Ledru*, Voyage aux Iles de Tenériffa, la Trinité, Saint-, Thomas, Sainte-Croix et Porto-Rico, executé par ordre du Gouv. Français (1796 — 1798.) sous la direction du Capit. *Baudin* etc. Ouvrage accompagné de notes et d'additions par M. Sonnini. Avec une Carte par *Tardieu* 1810. XXXIII, 201. XXXIV, 69. — Dasselbe in's Teutsche übersetzt u. mit Bemerkungen begleitet, nebst einer allgem. Uebersicht d. ganzen Westindischen Archipels, vorzüglich in Rücksicht der Colonialwaaren; von *E. A. W. von Zimmermann*. Leipzig, 1812. XXXVIII, 210. — Dasselbe in's Teutsche übersetzt, und mit 1 Ch. v. Porto-Rico. Weimar, 1812. XXXVIII, 211.

Teneriffa, Pic de- siehe Pic de Teyde.

Tennenberg, (bei Salzburg) Höhe. II, 68.

Tennys, (Aegypt.) V, 498.

Tensita, Gebirge. VII, 338.

Tenton, Fluss. (N. Amer.) XXXIII, 399.

Tentyris, s. Dendara.

Tepel, Fl. (Böhmen) Fall desselben. III, 600.
— Stift. (Böhmen) Höhe. III, 600.

Tequentania, Fall des Rio de Bogota bei, XXXVII, 310.

Terapia, Bai an der Strasse von Konstantinopel. L. u. Br. II, 32.

Tercera. (Azor. Insel) oder Terceira. XVI, 201. XLVII, 69. — L. VII, 438.

Terek, Fl. XLV, 397. XLVI, 89.

Terespol, L. u. Br. XV, 81.

Terglau, Höhe. IV, 419.

Terin, Fluss. (Sibir.) Münd. in d. Onon. Br. XVI, 498.

Ternay - Ray, L. u. Br. VII, 184.

Terracina, L. u. Br. IX, 66. XIII, 357.

Terra di Bari, III, 370.

Terra - Firma. —
A. — Auszüge aus *Depon's* Voyage à la partie orientale de la Terre - firme. XXI, 142.

Terra del Fuego, II, 415.

Terra di Lavoro, III, 367.

Terra di Otranto, III, 370.

Terrane, V, 87. 412.

Terranova, (Sard.) III, 152.

Terre des Arsacides, L. u. Br. VI, 47.

Tersacte, III, 324. 411.

Tersat, Felsen. (bei Fiume) IV, 278.

Teschoo - Lomboo, L. und Br. VII, 184.

Teswitsche, (Persien) Augenkrankheit das. XLVI, 31.

Teutscher - Bund, — Statist. Tabelle (1815) XLIX, 17.

Teutscher - Orden, VIII, 126. — Verlust im Lüneviller Frieden. IX, 53. — Verlust durch Preussische Besitzergreifung. IX, 526. — Aufgehoben in den Staaten des Rheinbundes durch ein Decret von Napoléon, d. 24. April 1809. XXXI, 121.

Teutschland.
A. — Folgen des Lüneviller und Pressburger Friedens

Teutschland.

Für die Teutsche Reichsverfassung. XIX, 461.

A. — *Rommel*, Ueber Tacitus Beschreibung d. Teutschen. XXIII, 290.

Rommel, Von der Römer German. Länder- und Völkerkunde zu den Zeiten des Tacitus. XXI, 398.

Totalansichten der Ebnen Nord - Teutschlands. XXVI, 393.

B. R. — Bemerkungen auf einer Reise durch einen Theil von Teutschland, die Schweiz, Italien und Frankreich im Jahr 1806. XXXIV, 286.

A. J. Bongard, Reize door Deutschland's nordelijke Helft en de nieuwe franche Departementen, in den Zomer 1806. Haarlem, 1807. XXIX, 377.

J. G. Böttiger, A geogr. historic. and political Description of the Empire of Germany, Holland, the Netherlands, Schwizerland, Prussia, Italy, Sicily, Corsica and Sardinia etc. Lond. 1800. VIII, 313. vergl. VIII, 250.

Brede, Reisen durch Frankreich, Teutschland und Holland. Göttingen, 1807. XXIX, 224.

Brieven, geschreven op eene Wandeling door en gedeelte van Duitschland en Holland in den Zomer van 1809. 1. Deel. XXXII, 273.

Brunn, Grundriſs der Staatenkunde des Teutschen Reichs. 2. Abtheil. 1804. XVII, 190. vergl. XVII, 495.

B. R. — *J. V. Cämmerer*, Hauptschluſs der auſserordentlichen Reichsdeputation vom 25. Febr. 1803. Nebst dem Reichsgutachten vom 24. März u. dem Kaiserl. Ratificationsdecrete vom 28. April 1803. etc. XVIII, 301.

John Carr, Voyage en Hollande et dans le midi de l'Allemagne sur les deux rives du Rhin, dans l'été de 1806; traduit de l'Anglais par Mdme *Keraglio-Robert*. Paris, 1809. XXVIII, 314.

J. P. Catteau, Voyage en Allemagne et en Suède etc. 1810. XXXII, 427.

von Eggers, Bemerkungen auf einer Reise durch das südliche Teutschland, den Elsas und die Schweis, in d. J. 1798 u. 99. Kopenhagen. 1. Band. VIII, 416. 2. u. 3. Band. XII, 348. — VII. u. VIII. Theil oder Briefe über die Auflösung des Rastädter Congresses, den Gesandtenmord etc. 1. u. 2. Th. XXXI, 73.

Desselben, Reise durch Franken, Baiern, Oesterreich, Preuſsen u. Sachsen. 4 Theile. 1810. XXXI, 306.

J. B. Engelmann, Teutschland's Geographie (für Frauenzimmer) 1. Theil. 1804. XIV, 337.

J. Chr. Fick, Meine neuesten Reisen zu Wasser u. zu Lande, oder ein Bruchstück aus der Geschichte

Teutschland.
meines Lebens. Erlang. XXVI, 76.

B. R. — (*Franz*), Geogr. statist. Handbuch von Teutschland. 1804. XIV, 312. XIX, 503.

Der Französisch-Russische Entschädigungsplan mit histor. statist. und geograph. Erläuterungen und einer Vergleichungstafel. Regensburg im Sept. 1802. XI, 209.

Gottschalk, Die Ritterburgen und Bergschlösser Teutschland's. 1. Bd. 1810. XXXIV, 71. 2. Bd. 1811. XXXVII, 445. 3. Bd. 1813. XLVIII, 447.

M. H. Grellmann, Histor. statist. Handbuch von Teutschland und den vorzüglichsten seiner besondern Staaten. 1. Th. 1801. XI, 340.

Guibert, Journal d'un voyage en Allemagne, fait en 1773. Ouvrage posthume etc. précedé d'une notice historique sur la vie de l'auteur, par *Toulongeon*, 2 Bände. 1803. XII, 203.

J. A. Stöck, Statist. Uebersicht der Teutschen Staaten in Ansehung ihrer Gröfse, Bevölkerung, Producte, Industrie und Finanzverfassung. Basel. VIII, 305. vergl. VIII, 81.

v. Hoff, Das Teutsche Reich vor der Revolution und nach dem Frieden zu Lüneville. Eine geograph. statist. Parallele. 1. Theil. Gotha, 1802. IX, 48. 2. Th. 1805. XIX, 209.

B. R. — *G. W. Keſsler*: Briefe auf einer Reise durch Süd-Teutschland, die Schweiz und Ober-Italien, im Sommer 1808. XXXIII, 299.

W. G. Küttner, Reise durch Teutschland, Dänemark, Schweden, Norwegen und einen Theil von Italien, in den J. 1797 u. 1799. Leipzig, 1810. VIII, 389.

Lemaistre, Travels etc. vergl. Frankreich.

C. Mannert, Statistik d. Teutschen Reichs. Bamberg, 1806. XXI, 54.

A. Niemann, Miscellaneen, histor. statist. und ökonomischen Inhalts, zur Kunde des Teutschen und angränzenden Nordens, besonders des Herzogth. Schleswig und Holstein. 1. Bd. Leipz. 1798. 2. Bd. 1799. VII, 443.

Neue Reisen in Teutschland. 3 Th. Leipzig, 1800. VIII, 128.

Reise durch Schottland etc. s. Schottland.

Reise durch einen Theil von Teutschland, Helvetien u. Oberitalien. 1813. 2 Bde. XVII, 301.

Die Teutsche Reichsstandschaft. — Ein Beitrag zur richtigen Würdigung des vergangenen u. gegenwärtig. öffentl. Zustandes von Teutschland. Leipzig. XXV, 423.

Teutschland, in geogr. statist. Beziehung seit den letzten tausend Jahren. 1814. XLV, 443.

Teutschland.

Ch. R. — *Brion*, Carte des postes d'Allemagne etc. 1805. XX, 310.

Brion et *Maire*, Carte élémentaire et statistique, de l'Allemagne conformément au traité de paix de Luneville de l'an 9 et au recez de la diète de l'Empire de l'an 11. Carte comprenant de plus les états Autrichiens et Prussiens hors de l'Allemagne. XV, 89. XXII, 216.

Champion u. *Baumann*, Politisch - statist. Charte von Teutschland, nebst dem gröfsten Theile von Polen, einem grofsen Theile von Frankreich u. Nord - Italien. Mit Bezeihnung der Strafsen etc. 1810. XXXIII, 182.

Chauchard, A general map of the Empire of Germany, Holland, the Netherlands, Schwizerland, the Grisons, Italy, Sicily, Corsica and Sardinia. London, 1800. VIII, 250. vergl. VIII, 313.

A. v. Coulon, Militär. Charte von Süd - Teutschland in 20 Sect. etc.; auf Befehl Ludwig August's, Kronprinz von Baiern entworfen. L, 219.

Courtalon, Atlas élémentaire de l'Empire de l'Allemagne, composé de cartes et tableaux. 1774. 2de Edit. 1798. par *Menselle* et *Chanlaire*. IV, 345.

J. Dirwald, Topograph. Postcharte von Teutschland u. Italien etc. Wien, 1810. XL, 488.

Ch. R. — Einige Gedanken über Teutsche Postcharten, nebst vorläufiger Notiz von einem neuen Postatlas von Teutschland in 50 kl. Bl. XLI, 217.

H. Gotthold, Charte v. Teutschland in 35 Blätt. Berlin, 1807. XXXV, 93. XXXVI, 106. XLVI, 490.

F. L. Güfsefeld, Postcharte von Teutschland. Weimar, 1802. X, 448.

Desselben, Charte von Teutschland und den angränsenden Theilen der benachbarten Länder. XXIV, 228.

Herdegen, Südwestliches Teutschland nach den neuesten Entschäd. 1802. XVI, 340.

Ign. Heymann, Teutschland's Postcharte etc. 1800. XII, 358. 3. verbess. Aufl. in 4 Blättern. Wien, 1812. XLI, 120.

Interims - Charte der ehemaligen Teutschen Reichskreise. XXIV, 222.

Klöden, Das nordwestl. Teutschland. Berlin, 1815. XLIX, 269.

J. E. L . . . Neue Postcharte von Teutschland, welche eine Uebersicht von der neuen Besitznahme der Teutschen Entschädigungsländer, Aemter, Stifter u. s. w. enthält. 1802. 1 Foliobogen. X, 450.

Lapie, Empire d'Autriche, Confédération du Rhin et Royaume de Prusse. 1810. XXXVIII, 377.

Teutschland.

Ch. R. — *M. A. Lesage*, Les Fastes Napoléennes de 1796—1806. — Mappemonde historique. — L'Europe en Janvier, 1808. Des contrées transrhénanes ou *l'Allemagne* politique en 1808. Paris, XXVII, 102.

J. M. v. Liechtenstern, Charte von Mitteleuropa, oder von den. Erbmonarchien Oesterreich, Preussen und d. sämmtl. Teutschen Ländern etc.; bearbeitet und gezeichnet von *F. W. Streit* u. *Edm. Zuccheri*, XXVI, 452. XXVIII, 99. XXXII, 462.

Neueste Postcharte von Teutschland u. dessen angränzenden Ländern; gestochen von Jäck. Berlin, V. 458. vergl. VI, 189. 272. 374.

Neueste Postcharte von Teutschland und Frankreich etc. gestoch. von *Jäck*, die Postcurse eingetragen von *Klöden*. 1813. XLII, 453. XLIII, 243.

Neueste u. vollständigste Postcharte etc. Wien, 1802. XII, 358.

Neueste Charte von Teutschland. Leipz. 1805. XIX, 384.

L. Bar. v. Pflummern, Postcharte von Teutschland. Nürnb. 1812. XL, 89. 1816. L, 493.

Reichard, Teutschland in *Alber*'scher Projection. Nürnb. 1811. XXXVII, 98.

Desselben kleiner Teutscher Städte-Atlas — enthaltend d. Grundrisse von 30 Städten etc. Hamburg, 1806. XXII, 96.

Ch. R. — *Reymann's* Specialatlas von Teutschland. (Anzeige d. Fortsetzung.) XLVIII, 342.

Desselben neueste Charte von Teutschland und einen Theil der umlieg. Staaten. 1816. L, 354.

Schmidt, Charte des Teutschen Reichs, in seine Bundesstaaten eingetheilt. Berlin, 1816. XLIX, 212 400.

D. F. Sotzmann, Das Teutsche Reich nach seinen einzelnen Staaten, zu *Brunn's* Grundrisse etc. 1794. verbess. 1804. XVII, 495.

Desselben Generalcharte von Teutschland der Batavischen und Helvetischen Republik, Ober- u. Mittel-Italien und den östl. Theilen der Frz. Republik in 2 Sect. 1803. XIII, 83.

Desselben Charte von Teutschland, in 4 Blätt., entworfen im J. 1805 und nach den, durch die Bundesacte der Rhein. Conföderation, ingl. nach den, durch die verschiednen Tausch- u. Pacificationsverträge, besonders aber nach den durch den Frieden zu Tilsit am 9. Jul. 1807. bestimmten Besitzungen berichtigt, zu Anfang des J. 1808. Nürnb. XXX, 182.

Desselben Charte von Teutschland. Nürnb. 1815. XLIX, 206.

Streit und *Güssefeld*, Neueste Ch. v. Teutsch-

Teutschland.

land nach d. Wiener Frieden. XXX, 385.

F. W. Streit, Charte von Teutschland, in 4 Bl. etc. Weimar, 1810. XXXII, 194. XXXV, 100.

Das Teutsche Reich etc. 1803. XII, 489.

Teutschland, als Postcharte nach den Wiener Frieden. XXX, 386.

Teutschland, nach dem Wiener Frieden für den verkleinerten Handatlas. XXX, 386.

Topograph. militärische Charte von Teutschland, in 204 Sect. unternommen von dem geograph. Institut zu Weimar, 1807. XXIV, 444. XXVII, 108. 470. XXX, 304. XXXI, 346. XXXIII, 187. XXXIX, 245. 445. vgl. XXII, 116. XXIV, 472. XXVIII, 523. XXXII, 503. XXXVII, 357. — Supplement zu dieser Charte oder die vorläufige Erweiterung derselben im Westen, jenseits des Rhein's. Weimar, 1814. XLIII, 136. 483. XLV, 358. XLVI, 481.

C. F. Weiland, Generalcharte von Teutschland etc. Weimar, 1816. XLIX, 215.

Desselben Charte von Teutschland etc. Weimar, 1816. L, 93.

J. Xylander, Charte vom südwestl. Teutschland. Nürnberg, 1816. L, 492.

V. N. — *Sotzmann*, Entschuldigung eines, in seiner Charte von Teutschland. durch Hrn. v. *Ende* gerügten Fehlers.

V. N. — Ueber die (beigefügte) Charte v. Teutschland, nach dem definitiven Indemnisationsplane vom 8. Oct. 1802. X, 577; nebst einer Tabelle des Verlusts und der Entschädigung, welche die vornehmsten Reichsfürsten etc. von d. Teutschen Reiche erhalten sollen. X, 580.

Höck, Apperçu statistique des états de l'Allemagne etc. Publié en Français par *Duquesnoy*. Paris, an 9. VIII, 81.

Ankündigung von der Ausgabe des *Diezischen* Postbuchs, und der Postcharte von Teutschland. XI, 114.

Notiz von der grofsen topograph. Charte von Teutschland, welche von dem Depôt de la guerre zu Paris bearbeitet wird. XXXVI, 481. (Mit einem Probestich.) vgl. XXVII, 343.

Teutschland's Länderverlust durch die neue, im Kais. Franz. Decrete vom 10. Decbr. 1810 bestimmte Reichs-Gränze. XXXIV, 101. — Teutsche Reichs-Gränzen gegen d. Elsas. III, 387.

Statistische Tabelle über die Kurfürsten- u. andere Reichsfürstenthümer in Teutschland (1803). XIII, 122. — Statist. Tableau, der unter Napoleons Einflufs stehenden Staaten (1808). XXVIII, 46.

Teutschland:
V. N. — Geograph. Veränd. in d. J. 1799 u. 1800. VII, 16. (1801) IX, 109. (1802) XI, 163. (1803) XIII, 12. (1804) XVI, 8. (1805) XVIII, 9. XIX, 461. (1806) XXII, 12. 37. (1807) XXV, 10. (1809—1815) XLIX, 13.
Ortsbestimmungen. VII, 427. mit Ausschlufs der Preufs. Teutschen Länder. XXIX, 464. XXXV, 472. XXXIX, 469. XLVIII, 504.
Trigonometr. Vermessung. III, 571. 577. 615. — Landesvermessungen. III, 22. 167. 383.
Teutsche Sprache. III, 90. 298. — Teutsche im inneren Afrika. III, 146. in Nord-America u. Handel mit ihnen. IV, 10. — Handel. XXI, 421.
Teutsch-Lipisch, L. u. Br. XIX, 222.
Tever, L. u. Br. XV, 493.
Teza, L. u. Br. XLVIII, 437.
Thal, (Schweiz) L. u. Br. III, 472.
Thames, Fl. (Ob. Canad.) VI, 314.
Theachi, s. Ithaka.
Theben, (Ob. Aegypt.) siehe Al-Kufsur.
Theehandel, der Europäischen Nationen in Canton. I, 179.
Theodosia, siehe Teodosia.
Theran, (Persien) XXVII, 239 XLVI, 44.
Therma, Berg (auf Lemnos). XXXIV, 57.
Thermometer-Beobachtungen, III, 197. 200.
Thessalonich, Paschalik, VI, 217.
— — Stadt. s. Salonika.
Thiaki, s. Ithaka.
Thianethi, XLVI, 91.
Thiels, L. u. Br. XVIII, 284.
Thogara-Sotschen, L. u. Br. X, 436.
Thomar, (Portug.) IX, 44.
Therington, (Engl.) XXI, 204.
Thorn, Abtei. — Verlust im Lünev. Frieden. IX, 53.
— Stadt. (Preufs.) VIII, 447.
— L. u. Br. XXXI, 468.
Thracien, XXXIV, 52.
Thüringen. — Berichtigung Adelung's in Hinsicht der Erich'schen Charte von Thüringen. XXI, 466.
Ch. R. — *Güfsefeld*, Charte von Thüringen etc. Nürnberg, 1806. XXIV, 229.
Thüringer-Wald. — Breitenbestimm. in demselb. III, 160. — Höhenbestimm. auf und an demselb. XLV, 442.
A. — *Arzberger*, Zusammenstellung einiger Gebirgshöhen am Thüringer Walde, nach barometr. Beobachtungen. XLIX, 30.
v. Hoff, Hydrographie des Thüringer Waldes. XXII, 385.
B. R. — *A. v. Hoff* und *W. Jacobs*, Der Thüringer Wald, besonders für Reisende geschildert. Gotha, 1807. XXV, 288.
Ch. R. — Special-Charte vom Thüringer Walde etc. Weimar, 1811. 4 Bl. XXXV, 456.
Thule; XV, 275.
Thun, L. u. Br. VI, 269.
Thunu, jetzt Sheik-Abdallah. (Aegypt.) V, 498.
Thuner-See, Höhe. VI, 264. 270. X, 399.
Thurgau, Canton. Geogr. Darstell. XXXIV, 291.

Thurn und *Taxische*, (Fürstlich) Länder in Schwaben. XIII, 17. — Titulatur der Fürsten von Thurn - und Taxis. XVI, 123

Thuschi, die, XLVI, 91.

Thymbra, Thal. (Kl. Asien) VII, 30.

Thyra, XI, 140.

Tiarrabu, Halbinsel. V, 228.

Tiayousu, Insel. L. u. Br. VII, 265.

Tibet, I, 143. XXXVI, 225.

B. R. — *Sam. Turner*, An account of an Embassy to the Court of the Theshoo-Lama in Tibet; containing a narrative of a Journey through Bootan and Tibet. London 1800. VII, 222.

von Zimmermann, Taschenbuch d. Reisen. 10ter Jahrg. XXXVI, 222.

V. N. — *A. von Humboldt's* neue projectirte Tatarisch-Tibetanische Entdeckungsreise. XXXVI, 376.

Sam. Turner, Ambassade au Thibet et au Boutan etc. traduit de l'Anglais avec des notes par *J. Castera*. Avec une collection de 15 planches dessinées sur les lieux et gravées par *Tardieu*. Paris, 1801. VII, 468.

Tiflis, (Georgien) XVII, 241. XVIII, 377. XXXI, 143. XLIII, 108. XLV, 394. — L. u. Br. XXII, 101.

Tigris, VII, 250.

Tilsit, Häuser u. Einwohner - Zahl. VIII, 442. — L. u. Br. XII, 617.

Timis, Fluss. III, 505.

Timor, Insel. XI, 156. XII, 378. — L. u. Br. VI, 49.

Tindaro, XXI, 97.

Tine, Insel. (griech. Archipel.)

B. R. — *Markaky Zalloni*, Voyage à Tine etc. suivi d'un traité de l'asthme; avec la carte générale de l'île de Tine, par *Barbié du Bocage*. Vol. I. 1809. XXXI, 62.

Tinian, Ins. XXI, 271. 386. 387. — L. u. Br. VIII, 154. XXI, 386.

Tintagal, s. Trevena.

Tintyra, (Aegypten) X, 540.

Tippo, Sultan, II, 327. V, 11. siehe Mysore.

Tipra, vergl. Kussi.

A. — Ueber die Bewohner von Tipra. XI, 480.

Tirano, L. u. Br. VI, 269. — Bergsturz bei. XXV, 365.

Tirgangy, Pagode von — XXXIII, 380.

Tirso, Fl.; dessen verschiedene Namen. III, 150.

Tishiet, od. Tegazze, Salzgruben. I, 705. VII, 323.

Tisshulumbu, L. u. Br. VII, 232.

Titeri, Prov. (Algier) III, 581. 585.

— See. (Algier) III, 581.

Titicaca, Landsee. (Span. Amer.) III, 67.

Tittis, der, im Engelberg. (Schweiz) Höhe. X, 394.

Tiupani, (Span. Amer.) III, 68.

Tivoli, XL, 197.

Tmolus, Berg. XI, 138.

Tmutarakan, s. Taman.

Tobol, Fl. (Russl.) XX, 337.

Tobolsk, Stadt. — L. u. Br. I, 258. VII, 175. X, 64. XIX, 237. XXVI, 353. XLV, 372. — Häuser- und Einwohnerzahl. X, 128. — Vulkan in der Nähe von. I, 561.

Tobolsk, Statthalterschaft. XX, 236.
Ch. R. — siehe Rufsland.
Tobycocke, Fl. VI, 307.
Tocat, XLVI, 13. — L. u. Br. II, 465. XV, 357.
Tocrur, am Joliba. III, 144.
Tocugo, (Terra - Firma). XXI, 145.
Todda, oder Silberflufs. III, 583.
Todde, Insel, im Senegal. XI, 601.
Tödi-Berg, der, Höhe. X, 398.
Todten-See, der, auf Grimsel, Höhe. X, 396.
Tölz, Gericht. (Baiern) XI, 606.
Tönningen, L. u. Br. XXII, 340.
Tönsberg, (Norw.) XXXVIII, 357.
Törning-Lehn, (Schleswig).
B. R. — *Knut - Aagaard*, Beskrivelse over Törning-Lehn. 1815. XLIX, 457.
Törring - Jettenbach, Grafschaft. — Verlust im Lüneviller Frieden. IX, 51.
Tokay, L. u. Br. IV, 533. 534. XIX, 223.
Tolosa. (Span.) X, 55.
Tom, Fl. II, 65. XX, 344.
Tombenhorn, am Splügenberg, Höhe. X, 396.
Tombuctu, (inn. Afr.) I, 211. 367. 370. 482. II, 68. 160. 559. III, 55. 144. XXXIV, 97. L, 449.
Tombut, (inn. Afr.) I, 665. X, 474.
Tomsk, Stadt. (Sibir.) XX, 344. — L. u. Br. VII, 175. X, 64. XLV, 372.
— — Statthalterschaft. XX, 341.
Tondern, L. und Br. XXII, 339.
Tongatabu, Ins. V, 229. — L. u. Br. VI, 49.
B. R. — An authentic narrative of residence of four years at Tongataboo, on of the Islands of de Friends in the Southsee by * * *, who came to this Island with Ship Duff, Captain *Wilson* in the Year 1796. Lond. 1810. XLIII, 336.
Tonquin, siehe Tunquin.
Topasses, die, (auf Ceylon) XI, 585.
Topographie.
A. — *Dr. Ph. Holzmann*, Neuer Versuch über Topographien. XXXVI, 265. 385.
Tor, L. XLVIII, 438.
Torbay.
Ch. R. — Plan de Torbay, Babacon - Bay et de l'entrée de Darmouth. Paris, an 12. XXIV, 462.
Torcello, Vulkan. (S. Amer.) XIII, 503.
Torgau, Br. III, 162.
Torgot, ein Hauptzweig der Kalmücken. I, 142.
Torjok, od. Torschok, L. u. Br. XXXII, 199.
Tornau, L. u. Br. XIX, 223.
Torneå, XVIII, 173. XXXIII, 435. — L. u. Br. III, 93. IV, 102. III, 536. 547. IV, 103. 255. 457. VII, 435. XI, 374. XVI, 248. XIX, 222.
— — *Lappmark*, XLV, 448.
Toronto-Fort, (Ob. Canad.) VI, 307.
Torre del Greco, Bevölker. III, 369.
Torres vedras, (Portug.) IX, 37.
Torshälla, (Schwed.) XVI, 247. — L. und Br. XLIII, 479.
Torshok, (Rufsl.) XXIII, 199.

Tortoli, (Sardinien) III, 152.
Tortona, L. und Br. II, 290. 292.
la Tortue, Ins. L. VII, 440.
Toscana, Herzogthum.
Ch. R. — *Bordiga*, Carta militare del Regno d'Etruria e del Principato di Lucca etc. Pubblicata l'anno 1806. dal Deposito generale della guerra del Regno d'Italia. XLI, 330.
Mannert, Charte von Toscana und d. Kirchenstaate etc. Nürnberg 1815. XLIX, 99.
V. N. — *Statist.* Tabelle v. d. J. 1801. IX, 120. (1802) XI, 193. (1803) XIII, 37. (1804) XVI, 31. (1805) XIX, 36. (1809—1815) XLIX, 272. — Flächeninhalt u. Seelenzahl. XLVI, 386. — Staatseinkünfte u. Militär. XXIV, 95. — Handel. XXIV, 95. — Theehandel. I, 588. — Geograph. Veränder. in d. J. 1799 u. 1800. VII, 14. (1801) IX, 106. (1802) XI, 286.
Totness, Lachsfang zu, III, 81.
Toulon, Bevölk. VII, 145. — Bestand der Flotte zu — XXXI, 120. 235.
Toulouse, L. I, 291. II, 435. — Bevölk. (1809) XL, 425.
Tourkinnsk, L. u. Br. XLIX, 205.
Tournay, siehe Doornik.
Tours, Bevölk. (1806) XL, 425.
Trachenberg, Fürstenthum. — Charte davon. vergl. Oels.
Tragara, (auf Capri) III, 477.
Trani, Bevölk. III, 369.
Trapezunt, L. u. Br. I, 126. 128. II, 29. 459. VII, 177. 439. XII, 179. — Abweichung der Magnetnadel. XII, 179.
A. — *Beauchamp's* Reise von Constantinopel nach Trapezunt. XII, 171.
B. R. — *Beauchamp*, Mém. géograph. et histor. du voyage de Constantinople à Trébizonde. XLV, 206.
Trappistenkloster bei Soligny, XLIII, 386.
Trara - Gebirge, III, 579. 581.
Traunstein, L. u. Br. XX, 199.
Travancore, (Ind.) V, 34.
Travers, VI, 269.
Traz os Montes, (Port.) Prov. XIII, 203.
Treasury - Island's, siehe Schatz - Inseln.
Trebisonte, s. Trapezunt.
Treckfahrts - Kanal, zwischen Emden u. Aurich. IV, 527. XIII, 121. — zwischen Münster u. Maxhausen. IV, 529. — zwischen Aurich u. Wittmund. XXI, 455.
Treffurt, Ganerbschaft. Bevölkerung. XIII, 497.
Ch. R. — Vergl. Eichsfeld.
Tremesan, oder Tremsan. (Afrika) III, 583.
Trentschin, (Ungarn) L. u. Br. XXI, 213.
Trepied - Inseln, III, 335. 344.
Tresorerie - Inseln, siehe Schatz - Inseln.
Trevena, (Cornwallis) XXII, 184.
Triana, Vorstadt von Sevilla. IV, 37.
Trichinapoli, V, 27.
Trident, Br. VIII, 260.

Trient, Höhe. IV, 167. — L. u. Br. XVI, 337. XXXV, 72.
Trier, Kurfürstenth. Verlust im Lünev. Frieden. IX, 52.
Triest, Kreis — Volkszählung. (1809) XXXII, 342.
B. R. — *J. Rollmann*, Triest mit seinen Umgebungen. XXXVI, 349.
Ch. R. — Vergl. Krain u. Friaul.
Triest, Stadt. XI, 691. — L. u. Br. VIII, 259. XV, 83. XVI. 338. XXXV, 72. — Handel. VIII, 411.
Trigonometrie.
B. R. — *S. F. Lacroix*, Traité élémentaire de la Trigonométrie rectiligne et sphèrique et d'Application de l'Algèbre à la Géométrie. IV, 339.
Trinconomale, oder Trincomali (auf Ceylan). VIII, 487. XI, 579.
Tringan, L. u. Br. VII, 181. — Haven. XI, 524.
Trinidad, Insel. II, 331. IX, 118. X, 58. — Bevölk. XI, 382.
A. — (*Dauxion-Lavaissé*) Neueste Nachrichten über die Insel Trinidad, den Meerbusen von Paria, die Küsten der Mündungen des Orinoko und einige andere Caraïbische Inseln. XXXVIII, 285.
B. R. — *M. Callum*, Travels in Trinidad during the months of Febr. March and April 1803. Leverpool 1805. XXI, 407.
Ledru, Voyage etc. vgl. Teneriffa, Insel.
Trinidad, Puerto de la, L. u. Br. VIII, 103.
Tripoli, Königr. III, 138. — Handelsverbind. mit Fezzan. XII, 190. s. Fezzan.
— Stadt. (Syrien) L. u. Br. XXXII, 49. — Bibliothek. XXXV, 337.
Tripolizzo, Ebne von, XLIX, 331.
Tristan d'Acunha, Ins. XXI, 40. XXXVII, 121. — Besitznahme d. Ins. Tristam-d'Acunha im südl. Atlant. Meere. XXXVI, 132.
Trithorn, (Schweiz) Höhe. X, 267.
Tritschinopoly, XLIX, 72.
Trivicaret, Pagode von. XXXIII, 375.
Troas, s. Troja.
Trochtelfingen, (Schwaben). L. u. Br. XXXII, 201.
Troja, Ebne von. VIII, 215.
A. — *Will. Franklins* Bemerkungen über die Ebne von Troja. A. d. Engl. VII, 25. vergl. VI, 484.
B. R. — *Lechevalier*, Voyage dans la Troade ou tableau de la plaine de Troie dans son état actuel. Paris, an 7. av. fig. — Dasselbe frei bearbeitet von *C. G. Lenz*. Gotha, 1800. mit Kupf. u. Chart. VI, 483. — IIIème Edit. Paris, 1802. nebst Recueil des Cartes, Plans et Médailles etc. 29 Kupfertaf. in Fol. X, 230.
C. G. Lenz, Die Ebne von Troja nach dem Grafen *Choiseul-Gouffier* u. anderen neuen Reisenden, nebst einer Abhandl. des Hrn. Major *Müller* in Göttingen etc. mit Kupf. IV, 124.
W. Franklin, Remarks and Observations on the

Plain of Troy, made during an Excursion in June 1799. Lond. 1800. VI, 484.

B. R. — *F. A. G. Spohn*, De agro Trojano in carminib. Homer, descripto. Lips. 1814. L, 41.

C. N. — Nachrichten darüber von reisenden Engländern. I, 126.

Lechevalier's Charte, I, 126.

Troja, Stadt. VII, 37.

Troiza, Sergiew Lawra, Kloster in Rufsland. XII, 516,

Troizkosawsk, (Sibir.) XX, 355. — L. u. Br. XLIX, 205.

Trollhätta, Kanal bei, (Finnland) VIII, 397. X, 118. — Einkünfte u. Kosten. XX, 489. — Wasserfälle bei. XXXI, 3. XXXVI, 189.

A. — Geschichte d. Schiffbarmachung der Götha-Elf und vorzüglich der Fälle bei Trollhätta, bis 1802. XVIII, 106.

B. R. — *C. J. Göthberg*, Första Flocken etc. 1s Heft der Urkunden, betreffend die Schleufsenwerksarbeit bei Trollhätta und d. zur Vollendung derselben gestiftete Societät 1805. XXXII, 271.

Granberg, Trollhätta Canalfartens Historia 1801. XVIII, 159.

A. F. Skiöldebrand, Descriptions des Cataractes et du Canal de Trollhätta en Suède; avec un précis historique. 1802. XVIII, 163. vergl. XVI, 368.

Tromsöe, Insel. (Norw.) XXXIII, 424.

Trooperstown-Hill. (Irland) X, 403.

Tropenländer, American. siehe America.

Troppau, Fürstenthum. — *J. W. Wieland*, Charte von d. Fürstenth. Troppau und Jägerndorf oder Leobschützer und Jägerndorfer Kreis, letzterer mit der Minderherrsch. Freudenthal und Olbersdorf unter Oesterr. Hoheit. Verbessert von *Schubert* und umgearbeitet von *Sotzmann*. Nürnb. 1808. XXX, 103.

Trosa, L. u. Br. XXXIX, 107.

Truchmenen, oder Turkmanen am Casp. Meere. V, 75.

Truxillo, (Span. Amer.) III, 73. — Br. XII, 586. — Vanille in d. Wäldern von — XXI, 144. — Cochenillenbau. XXI, 145.

Tryberg, Herrsch. (Baden) XLVII, 229.

Tsang, See. II, 65.

Tschai, Name des Thee's bei d. Mongolen. I, 180.

Tschamur, warme mineral. Schwefelbäder daselbst. XI, 138.

Tschaptschatschi, (Rufsl.) V, 66.

Tschaunsk, (Sibir.) XX, 343.

Tscheboksary, (Rufsl.) XX, 234.

Tscheremissen, die, (Rufsl.) XX, 234. L, 160.

Tscherkask, V, 79. — L. u. Br. II, 32. XXII, 100. — Weinbau. V, 80.

— —, Neu- XVII, 119.

Tscherkessen, od. d. ehem. Amazonen- u. Gargareneer? V, 77. — Dr. *Kimmel*, Ueber die Tscherkessen. XLIII, 375.

Tschernigow, II, 62.

Tschernojarsk, V, 63.
Tschindomtourouyefs, L. u. Br. XLIX, 205.
Tschingler, der. Höhe. X, 398.
Tschitinsk, (Sibir.) Br. XVI, 498.
Tschong-hoa, I, 138.
Tschong-Kue, I, 139.
Tschorwlenoi, II, 64.
Tschuktschen, IX, 269. X, 134.
Tschurilo, (Rufsl.) XX, 320.
Tschussowaja, Fl.. (Rufsl.) XX, 333.
Tschuwaschen, die, L, 160.
Tsiompa, Königr. XXI, 41.
B. R. — Vergl. Tunkin.
Tsochoui, oder Korea. L. u. Br. VII, 185.
Tsong-ming, Ins. L. u. Br. VII, 184.
Tsus, L. u. Br. XXXIV, 260.
Tual, L. u. Br. XLVIII, 437.
Tübingen, L. u. Br. I, 240. 291. 405. II, 435. 510. 615. VII, 432. IX, 521. XL, 325.
Türkei-Insel, VI, 313.
Türkei-Spitze, VI, 312.
Türken, Charakter der, IV, 414. — Im Algier'schen. IV, 19. — Vergleichung d. Türken, Mahomedaner u. Chinesen. XLVII, 465.
Türkisches od. Osmanisches Reich.
A. — Auszüge aus *John Galt's* Voyages etc. vergl. Gibraltar.
B. R. — *A. L. Castellan*, Moeurs, usages, costumes des Othomans et abrégé de leur histoire, avec des éclaircissements tirés d'ouvrages orientaux et communiqués par *Mr. Langles*. VI Vols. 1812. XXXVIII, 310.
Türkisches od. Osmanisches Reich.
B. R. — *W. Eton*, Tableau historique, polit. et moderne de l'Empire Ottoman. Traduit de l'Anglais par Lefebvre. VI Vols. IV, 328. 420.
J. v. Hammer, Des Osmanischen Reichs Staatsverwaltung 1815. XLVIII, 181.
Journal d'un Voyage dans la Turquie d'Asie et la Perse, fait en 1807 et 1808. Paris, 1809. XXVIII, 182.
Kosmeli, Rhapsod. Briefe etc. 1803. XLV, 190.
Dr. Fr. L. Lindner, Gemälde der Europ. Türkei. 1813. XLII, 65.
A. Olivier, Voyage dans l'Empire Othoman, l'Egypte et la Perse pendant les six premières années de la Republ. T. I et II. Paris, 1801. VIII, 131. 169. 213. (Tom. III et IV.) XV, 196. (T. V.) XXV, 203.
Pouqueville, Voyage en Morée, à Constantinople, en Albanie et dans plusieurs autres parties de l'Empire Ottoman. (1798 bis 1801) 1805. XVI, 347. XVII, 73.
Th. Thornton, Etat actuel de la Turquie etc. auquel on a ajouté l'Etat géograph., civil et politique des Principautés de la Moldavie et de la Valachie etc. Traduit de l'Anglais. 1812. XLII, 333.
W. Wittmann, Travels in Turkey, Asia minor, Syria and acrofs the de-

Türkisches od. Osmanisches Reich.
sert into Egypt, during the y. 1799—1801. in company with the Turkish Army and the Brittish military Mission. 1804. XV, 69.

Ch. R. — *Arrowsmith*, A map of Turkey in Europe etc. London 1801. VII, 564.
Charte des nördl. Theils der Europ. Türkei, nach dem Frieden v. Bucharest vom 14. Julius 1812 begränzt. Weimar, 1812. XXXIX, 248.
Faden's Charte von der Europ. Türkei. II, 30. 457.
C. Mannert, Charte v. der Europ. Türkei, Klein-Asien, einem Theil Syriens etc. 1804. XVIII, 313.
Gaetan Palma, Carte de la plus grande partie de la Turquie d'Europe etc. 1811. 2 Bl. XXXVII, 207.
Ueber die Charte des Osmanischen Reichs in Asien etc. von *C. G. Reichard*. Weimar, 1814. Vom Verf. der Charte selbst. Zugleich als ein Wort für diejenigen bildenden Geographen, welche aus Reisebeschreibungen zu arbeiten Lust haben. XV, 204. 357. 465. 527.

V. N. — *Reichard*, Tabelle verschiedner, aus d. Entfernungs - Angaben der Reisebeschreiber hergeleiteten, Längen - u. Breitenbestimmungen in d. Asiat. Türkei. XV, 483.
v. Reimers, Reise der Kais. Russ. Gesandtschaft an die Ottoman. Pforte, in d. J. 1793 — 1804. XIV, 517.

V. N. — Reise der Kaiserl. Russ. Gesandtschaft an d. Ottoman. Pforte im Jahr 1803. Drei Theile vertrauter Briefe eines Esthländers 1805. XVI, 505.
Statist. Tabelle f. d. J. 1800. VII, 24. (1801) IX, 120. (1802) XI, 193. (1803) XIII, 37. (1804) XVI, 31. (1805) XIX, 36.
Tafel der Bevölk. und Häuserzahl von 83 der wichtigsten Orte. XXXVII, 208. — Kriegswesen. XXIV, 93. 94.
Schenkungen d. Türken an milde Stiftungen und Moscheen. XXI, 63. — Unruhen in der Asiat. Türkei. XXIX, 133. — Türkische Benennungen auf Landcharten erklärt. II, 34. 466. — Vergröfserung um 800 □ Meil. III, 291. — Ortsbestimm. XXXIV, 442. XXXV, 477. XXXIX, 470. XLVIII, 510. vgl. XV, 483. — Geogr. Veränd. in den Jahren 1799 u. 1800. VII, 19. (1801) IX, 113. (1802) XI, 193. (1804) XVI, 22. (1805) XIX, 28. (1806) XXII, 59. (1807) XXV, 44. (1808) XXVIII, 126. (1809—1815) XLIX, 287. — Vertrag zw. der Pforte und Servien (1816) XLIX, 397.

Tütz, L. u. Br. XXXI, 464.

Tukuman, (Sp. Amer.) III, 61. 66. X, 298. XII, 584.

Tula, II, 62. — L. u. Br. XXXII, 199. XLI, 210. — Handel. I, 297. — Eisen- und Stahlfabrik. XXXII, 167.

Tumbudra, Fl. V, 22.
Tumiriqui, (N. Andal.) Höhe des, XXIII, 497.
Tungaragua, Vulkan. (Süd-Amer.) XII, 257. — Höhe. XXIII, 497.
Tungusen, II, 73. IX, 268. — Land der, oder Amurland. I, 143.
Tunis, Land. III, 478.
B. R. — *Maggill*, Nouveau voyage à Tunis. Publié, 1811. traduit de l'Anglais avec des notes. 1815. XLVIII, 308.
Tunis, Stadt. III, 587. — L. u. Br. XXXV, 72. — Handel. XVII, 57. 69.
Tunkin, Königr. (Amer.)
Tunquin, Reich. (Asien). XXI, 41.
B. R. — The present State of Tonquin, Cochin-China, Cambodia, Tsiompa, Laos and Lac-Tho; composed from the report of *M. de la Bissachère*. London, 1811. — Dasselbe Franz. übersetzt. Paris, 1812. XXXVIII, 191.
Tura, L. u. Br. XLV, 372.
Turano, Fluſs. III, 504.
Turbaco, (S. Amer.) Luftvulkane bei. XLII, 443.
Turbali, Ebene von. XI, 141.
Turin, Erzbisth. XII, 383. — Stadt. L. u. Br. IX, 262. — Bevölk. XII, 736. XL, 425.
Turkestan, XV, 400.
Turon-Bay, XI, 546. XXI, 41.
Turon, Dorf. XI, 546.
— — Haven. L. u. Br. VII, 181.
Tuttlingen, (Schwab.) L. u. Br. XII, 488. — Wiederaufbauung. XIII, 516. — Magazin f. Tuttlingen.
Twer, L. und Br. I, 265. XXXII, 199. 259. — Handel. I, 299.
Twofold-Bay, L. u. Br. VII, 554.
Twunt, (Algier) III, 587.
Tycoczin, (N. Ostpr.) XI, 338. L. u. Br. II, 116. XIII, 107.
Typographie, neues Sternbild. III, 619.
Tyrnau, L. u. Br. II, 509. 515. IV, 314. 503. XXI, 213. XL, 229.
Tyrol, XXII, 253. — Statist. Angabe. XX, 487. — Kais. Frz. Decret (28. Mai 1810) wegen Abtretung des südl. Tyrols an das Königr. Italien. XXXII, 326.
B. R. — *C. Baur*, Der Krieg in Tyrol, während d. Feldzugs v. 1809, mit besond. Rücksicht auf das Corps des Obrist *von Arco*. Mit Anmerk. über die Natur des Kriegs in diesem Gebirgslande, nebst einer Charte des Kriegsschauplatzes. 1812. XL, 201.
Graf v. Sternberg, Reise durch Tyrol in d. Oesterr. Prov. Italiens im Frühjahr 1804. Regensburg, 1806. XXIV, 300.
P. Ph. Wolf, Kurz gefaſste Geschichte, Statistik u. Geographie v. Tyrol. München 1807. XXIV, 218.
Ch. R. — *A. Stieler*, Tyrol u. Vorarlberg mit besonderer Rücksicht auf den Zusammenhang der Gebirge etc. Nürnb. XXXI, 86.
Streit, Charte v. Tyrol u. Vorarlberg etc. Weimar, 1810. XXXII, 312.
Tzerkask, siehe Tscherkask.

U.

Uaber, Gebirg. (Afr.) XII, 558.
Ubinsk, (Sibir.) XX, 342.
Uddevalla, (Schweden). XXXVI, 192. — L. u. Br. XXXV, 72.
Udine, (Ital.) VIII, 411. — L. u. Br. XXXV, 72.
— — (Berberei).
A. — Ueber d. Ruinen von Karthago u. Udine. XLV, 129.
Ueberlingen, L. u. Br. XIII, 485.
Ulzen, (N. Sachsen) L. u. Br. XXXIX, 93.
Utakazen, die.
A. — Nachricht von den Utakazen, einer Brasil. Völkerschaft. XXXVI, 424.
Ufa, L. u. Br. II, 65. VII, 175. XIX, 236.
Ufinskisches Gouvernement, (Rufsl.) II, 65.
Ugein, (Hindostan) Sternwarte. V, 529.
Uhda - Nullah, am Ganges. XI, 249.
Uhren, öffentliche, nach mittlerer Zeit. III, 639.
Uhrtafel, geographische; siehe Erdbeschreibung, mathematische.
Ukowsk, (Sibir.) XX, 337.
Ukraine.
V. N. — *Reischel*, Apperçu etc. und Tableau etc. XVII. 120. s. Volhynien.
Uleåburg, (Schwed.) Hauptmannschaft.
Ch. R. — *Hällström*, Charte d. Hauptmannschaft Uleåborg. 1798. VIII, 531.
Uleåborg, L. u. Br. XVIII, 173.
Ulefoss, Holden. (Norwegen) Eisenwk. XXXVIII, 355.
Ulm, L. u. Br. III, 164. VII, 432. XL, 325. Bevölker. XIII, 520. XVI, 357.
Umanack, Colonie auf Grönland, Steinkohlenbergbau. IV, 167.
Umeå, (Schweden) XLV. 450. — L. u. Br. XVI, 248. XIX, 222. XXXV, 72. XL, 75. 342.
Umeå - Elf, XLV, 450.
Ummerapoora, VI, 259. 322. 325.
Unalaschka, Insel. X, 132. 135. XL, 296.
Unfruchtbare Inseln, bei Neuholland. XI, 153. XII, 427.
Ungarn, III, 111, 602. geographische Lage. IV, 235.
B. R. — *Vincent Batthyani*, Ueber das Ungarische Küstenland 1805. XVIII, 58.
S. Bredetzky, Reisebemerkungen über Ungarn nach Gallizien. I u. II. Th. 1809 XXXVI, 347.
Desselben Beiträge zur Topographie des Königr. Ungarn. 1805. XXIII, 341.
Novotny, Sciagraphia, s. compend. Hungariae vet. et recent. notitia histor. polit. etc. IV, 252. vergl. III, 112.
M. v. Schwartner, Statistik des Königr. Ungarn. II, 227. 2te Ausg. XXXIX, 46. 210.
Teleki v. Szek, Reisen durch Ungarn, und einige angränzende Länder. Aus d. Ung. übers. durch Ladisl. v. Nemeth. 1805. XVIII, 58.

Ungarn.

Ch. R. — Charte d. Königr. Ungarn für den grofsen Handatlas u. f. d. Bürgerschulen - Atlas berichtigt nach d. Wiener Frieden. 1808. XXX, 387.

Mappa novissima specialis et postarum Regnorum Hungariae, Slavoniae et Magni - Princip. *Transsylvaniae* etc. Viennae, 1806. XXIV, 330.

Uebersicht der Hauptabtheilungen des Königr. Ungarn und d. Grofsfürstenthums Siebenbürgen, nebst der Zahl ihrer Festungen, Königl. Städte etc. XXI, 214.

J. A. a Doetsch, Regnum Hungariae cum unitis Provinciis, nom. Galliciae etc. 1802. XIII, 245.

v. Görögs, Specialcharten der Comitate von Ungarn; 1793—1800. 22 Bl. VIII, 448. vergl. III, 111. XIII, 249.

J. v. Lipsky, Generalcharte von Ungarn etc. in 9 Bl. u. 3 Suppl. 1804. XIII, 379. XVI, 93. 369. XVIII, 478. XXI, 211. XXII, 210. XXIII, 224. XXVII, 329. XXIX, 386. XLIII, 267. — vergl. III, 107. 324. IV, 272. 532.

Mannert, Charte von Ungarn, Siebenbürgen, Slavonien, einem Theil von Croatien u. Ostgalizien etc. 2 Bl. 1797. Nürnberg, 1812. XL, 225.

J. Wassin u. *A. Wentzely*, Mappa geograph. noviss. Regni Hungariae, divisa in suos Comitatus, nec non Regnorum Croatiae etc. 1806. Wien. XXII, 345.

Ch. R. — *Edm. v. Zuccheri*, Generalcharte des Königr. Ungarn, mit Einschlufs von Siebenbürgen, Slavonien u. Croatien etc. nach *Lipsky's* grofser Charte, in 4 Blätt. Wien, 1812. XLI, 120.

V. N. — *Karack's* Reduction der grofsen *Lipsky'*schen Charte v. Ungarn, in 4 Blätt. 1814. XLIII, 267.

Paintner, Verzeichnifs der im Königr. Ungarn und den damit verbundenen Ländern bestehenden *geistl. Würden*, deren Titel und Beneficien die apostol. Könige dieses Reichs zu ertheilen pflegen. X, 276.

L. von Schedius, Zeitschrift von u. für Ungarn. 1802 etc. X, 274. XII, 259. XVIII, 49.

Literarische Nachrichten. XVI, 509.

Mannichfaltigkeit der Ortsbenennungen in Ungarn. III, 108. 177.

Ortsbestimmung., XXII, 212. XXXI, 469.

Distanzen mehrerer Orte in Ungarn von einander, und Angaben verschiedener Längen und Breiten, nach trigonometrischen Messungen etc. XLII, 244.

Uebersicht d. Comitate und Königl. Freistädte, nach Flächeninhalt, Bevölkerung und Contributions - Quantum. XL, 236.

Ungarn.
V. N. — Flächeninhalt und Volksmenge. XXII, 485. XXXIV, 336.
Aus - und Einfuhr vom 1. Nov. 1801 bis 31. Oct. 1802. XXXVIII, 241.
Beschreib. eines Schafhirten. XXIII, 343.
Schifffahrt auf d. Francisci - Schifffahrts - Canal. (1804) XVI. 366.
Nachricht von d. dermaligen (1814) Bestande der höheren Unterrichtsanstalten in Ungarn und Siebenbürgen. XLIII, 265.
Ungern, Hungarn oder Ungarn — welches ist richtig? XL, 379.
Ungvar, L. u. Br. XIX, 223.
Unieh, am Schwarz. Meer. L. II, 33. XII, 184.
Unstrut, Gebiet der. XXII, 419.
Unterammergau, (Baiern) XI, 608.
Untersberg, (Salzburg) Höhe. II. 168. IV, 418.
Upland, Schweden. XXXV, 251.
Uppdracht, IV, 531. siehe Kimmung.
Upper Sauvage, Insel. (N. Amer.) L. u. Br. IX, 540.
Upsala, Hauptmannschaft. Ch. R. — *Hällström*, Ch. d. Hauptmannschaft Upsala. VIII, 532.
Upsala, Stadt. VIII, 400. XXXV, 34. — L. u. Br. IV, 103. XI, 373 374. XXXIX, 107. XL, 342. — Univers. XVII, 280.
Uracas, Ins. XXI, 275.
Urach, (Schwab.) L. u. Br. XXXII, 201. XL, 325.
Ural, II, 64. XX, 328. 332. — Strafse über den Ural. XX, 332.
Uralsk, L. u. Br. VII, 175. 439.
Uranienburg, III, 655. L. u. Br. XXXII, 489.
Uranus, ohne Ring. II, 94. — Abplattung gegen d. Pole. II, 94. — Beobachtungen. III, 618. 621. — Störungen. II, 553. — Tafeln. III, 160 621.
Uranus - Trabanten, II, 78. 93. 268. 566.
V. N. — *Bode*, über etc. I, 707. — *Fischer's* Beobacht. I, 598.
Herschel's Beobacht. I, 224. 598 II, 93.
Urbach - Gletscher, Höhe. X, 257.
Urga, (Chines. Tatarei). XXI, 223.
Urseren an der Matt, (Schweiz) Höhe. X, 257.
Ursula, (auf St. Jorge). XLVII, 71.
Urumieh, *Meraga*. Salzsee. XLVI, 30.
Ustiano, *Bedriacum*, VIII, 370.
Ustjug - Weliki, (Rufsl.) Handel. I, 298.
Ust - Kamengorsk, L. u. Br. VII, 175.
Ust - Ylga - derewna, an d. Münd. d. Fl. Ylga in die *Lena*, Br. XVI, 497.
Utavas, Fl. IV, 13.
Utrecht, L. u. Br. I, 637. II, 121. III, 176. 196. 665. IV, 316. 393. 503. IX, 64. 474. 522. XI, 374. 658. — Bevölkerung. XVI, 357.
Utrera, L. u. Br. XL, 487.
Utting, (Baiern) XI, 610.
Uyandina, Fl. (Einfall in die Indigirka) L. u. Br. X, 65.
Uyatanon, Frz. Colonie in N. Amer. XIII, 112.
Uzmie, XLV, 381.

V.

Vaage, (Norw.) XXXIII, 423.
Valdivia, II, 55.
Valencia, X, 58. 245. — L. und Br. IV, 159. XXXII, 43. — Bevölk. IV, 343.
B. R. — *Fischer*, Gemälde von Valencia. 2 Th. 1803. XII, 464.
Valencia di Alcantara, II, 484.
Valenciennes, XXXVI, 215.
Valengin, Fürstenth. siehe Neufchâtel.
Valentinsberg, (Schweiz) III, 355. L. u. Br. III, 472.
la Valetta, (auf Malta) III, 591. 654. VII, 15.
V. N. — Einige Nachr. über la Valetta, zur Erläuter. des beigefügten Plans dieser Stadt. VI, 462.
Valladolid, (Span.) X, 55.
Vallöe, (Norw.) Salzwk. XXXVIII, 357.
Valona, Haven. XLIX, 324.
— — Provinz. XLIX, 326.
Valparaiso, II, 348.
Vancouver's Insel, VIII, 209.
Van-Diemensland, XII, 378. 505. XXXV, 184.
B. R. — *La Perouse* et *Labillardière*, Relation du Voyage à la recherche, 1791 et 92. VI, 44.
Ch. R. — *Matth. Flinders*, Observations on the Coasts of Vandiemensland, on Baſs's Strait and its Islands and on part of the Coasts of New-South-Wales, intended to accompany the Carts of the Discoveries in those Countries. Lond. 1801. Mit 3 Ch. VII, 550.
V. N. — Areal, L. 341. — Entdeckungen auf etc. XV, 35.
Colonie für transportirte Verbrecher. XVII, 127.
Van-Diemens-Straſse, Inseln in der, XXXIII, 37.
Vang, (Norw.) XXXIII, 414.
Var, Depart. Geogr. stat. Beschr. XXXI, 432.
V. N. — *Ricaud*, Tableau raisonné et comparatif de la fabrication de la soie dans le Dept. du Var, depuis l'an 1789 etc. X, 73.
Varborg, (Schweden) L. u. Br. XXXV, 72.
Varel, Herrschaft. (Herzogthum Oldenburg). XXXI, 119.
— — XXXII, 71. — L. u. Br. XV, 493.
Vasa, (Schweden) XVIII, 172.
Vathi, (Ithaca) II, 55. X, 235.
Vaucluse, Depart. Geogr. statist. Beschreib. XXXI, 451.
Vayhingen, L. u. Br. XL, 325.
Vayjuas-Spitze, L. u. Br. VII, 185.
Vegesack, L. u. Br. XV, 493.
Veglia, *Veggia*, Insel. XI, 693.
Vehn-Canäle, IV, 196.
Vehn-Colonien, IV, 194. vergl. Papenburg.
Velan, Höhe. IV, 236.
Velino, Fl. III, 505.
Vellberg, (Schwaben) Stabsamt. XII, 501. — L. u. Br. XXXVIII, 93.
Vendée.
V. N. — *Berthre de Bourniseaux, de Thouars*: Précis histor. de la guerre civile de la Vendée etc.

Avec un tableau polit. de cette contrée. 1802. XI, 369.
Vendée, Dept. — Geograph. statist. Beschreib. XLIII, 199.
V. N. — *P. C. Labrétonnière*, statistique du Dept. de la Vendée. Paris, 1802. X, 358.
Vendrell, bei Barcelona. I, 114.
Venedig, Herzogthum.
B. R. — Kurzgefasste geograph. stat. Beschreibung d. K. K Herzogth. Venedig, und des damit verbundenen Dalmatiens u. Albaniens. Wien, 1801. VIII, 246.
Ch. R. — *Das Herzogthum Venedig*, auf K. K. Befehl in d. J. 1801—1805 astron. trigonometr. aufgenommen durch d. K. K. General - Quartiermeisterstab, unter Leitung des Generals *A. v. Zach*. Herausgegeben vom Freiherrn *von Liechtenstern*. 1807. XX, 126. 201. XXIII, 345.
V. N. — Der Oesterr. Theil d. Venet. Staats in 7 Kreisämter abgetheilt. 1802. XI, 516. — Ortsbestimmungen. XXIII, 348.
Bevölk. d. Venet. Terra firme. III, 367. — Bevölkerungs - Tabelle des Venetianischen Staats (1795) XXVI, 475.
Venedig, Stadt. VIII, 412. — L. u. Br. VIII, 260. XIII, 357. XVI, 338.
Bevölk. XL, 426. — Kirchenlisten (1800—1804). XXI, 98.
Arsenal. II, 51. XL. 167. Marine. II, 57. XIV, 250.
Verbesserungen u. neue Anstalten. XXV, 365.
Venetianische Inseln der Levante, ehemal. II, 50.
Venezuela, (Terra firma). Bevölk. XXI, 157. Vanillenbau. XXI, 144.
Neuer Staatenbund. 1811. XXXVI, 378.
Uebersicht d. neuen Republik Venez. XXXVIII, 112.
Vanloo, L. u. Br. XVIII, 284. XLIX. 492.
Venta della Sientta, L. u. Br. IV, 158. XXXII, 43.
Ventotena, Insel.
A. — Einige Bemerkungen über die Insel Ventotena. XLIII. 25.
Venus.
A. — *Wurm*, Ueber den gröfsten Glanz d. Venus, sammt Tafeln für diese periodische Erscheinung. II, 305. 567.
V. N. — Ueber die Bedeckung d. Planeten Venus vom Monde, beobachtet auf d. Sternwarte Seeberg b. Gotha, d. 24. Nov. 1799. IV, 467.
Venus, der Sonne gegenüber sichtbar? I, 373. 650 f. — untere Zusammenkunft mit d. Sonne. I, 504. 607. 608. — Durchgang im Jahre 1769. I, 163. 560. — Störungen. III, 159. 496. — Tafeln, verbessert. I, 607. 608. 678. 688. III, 575.
Venus - Trabant, I, 602 f.
Veracruz, L. II, 394. — Ausfuhr. XVIII, 122. XXI, 166.
Vercelli, Bisth. XII, 383.
Verde, Insel. L. u. Br. II, 394.
Verden, L. u. Br. XXXV, 72.
Vernaccia - Wein, III, 152.

Vernon - Fluſs, (Frankr.) X, 74
Verona, L. I, 291. 542. VII, 427. VIII, 260. XI, 144. — L. u. Br. XIII, 356. XVI, 338. — Bevölk. XL, 426.
Versailles, XII, 248. Bevölk. VII, 145. XL, 425. Statue Ludw. XIV. VII, 141.
Vesuv, III, 366. XL, 192.
Veszprim, (Ungarn) L. u. Br. VIII, 452.
Vevay, L. u. Br. VI, 269.
Via Caspia, VI, 513.
Vianna, L. u. Br. XL, 487.
Viborg, Stift. Kircheuliste. (1814) L. 262.
Vicenza, L. u. Br. XXXV, 72. Bevölk. XL, 426.
Victoria, (Afr.) III, 584.
Vido, II, 53.
Vienne, Departement. Geogr statist. Beschreibung. XXXI, 431. L, 207.
Vienne, (Frankr.) Bleibergwerke. XIII, 267.
Vierzon, Frankr. VIII, 514.
Vigevano, L. u. Br. II, 289. IX, 262.
Villach, (Illyrien) L. u. Br. XXXV, 72.
Villa franca, (Italien) L. u. Br. IX, 263. Bevölker. XVI, 333.
— — (auf d. Azor. Insel St. Miguel) XLVII, 50.
— *Jovis*, (auf Capri) III, 477.
Villanova, Gebirg. (Sardin.) III, 151.
— — de Pertimao, (Portugal) IX, 45.
Villapando, (Span.) L. u. Br. XXXV, 72.
Villareal, (Portug.) IX, 46.
Villa Thorold, (Capri) III, 476. 479.
Villeneuve, L. u. Br. VI, 269.
Villingen, (Schwab.) L. u. Br. XII, 487.
Vilshofen, (Baiern) L. u. Br. XX, 199.
Vinaigre des quatre voleurs, II, 561.
Vincennes, (N. Amer.) XIII, 112.
Vingåker, (Schweden) L. u. Br. XVI, 249.
Vingvadsöe, (Norw.) XXXIII, 426.
Virginien, IV, 11.
Viridis, See am Fuſs des Berges. VII, 334.
Visapur, Indisches Reich. V, 13.
Visen, IX, 143.
Vittoria, (Spanien) VIII, 517. X, 55. XLIX, 345.
Viviers, L. I, 291. II, 435. 512. 552. III, 91. 162. 565. 568. IV, 320. L. u. Br. VII, 421.
V. N. — *Honore Flaugergues*, Breite d. Sternwarte zu Viviers. XIX, 263.
Vizcaya, s. Biscaya.
Viznauer - Stock, Höhe. X, 395.
Vled Dulein, siehe Woled D'lein.
Vlissingen. XXXI, 293. — L. u. Br. IX, 64. — Rhede. VIII, 383. — verb. m. Frankr. XXV, 374. — Dörfer und Einwohnerzahl. XXVI, 388.
Völkerwanderung.
A. — *C. Kruse*, Probe der Gatterer'schen Charten zur Geschichte d. Völkerwanderung etc. XVI, 377. vergl. *Europa*.
Völkerkunde, vergl. Erdbeschreibung, Reisebeschr.
A. — *Rommel*, Ueber Völkernamen. XXIV, 32.
B. R. — *A. M. Sané*, Tableau histor., topogr. et moral des peuples des quatre

parties du monde. Paris, 1801. VIII, 231.
Vördal, (Norw.) XXXIII, 419
Vogelbay, III, 416.
Vogelberg, (Schweiz) Höhe. X, 257. 396.
Vogelklippen, siehe Fugle-Skiör.
Vogelsandbank, III, 613.
Voghera, L. u. Br. II, 290. IX, 263.
Vohburg, (Baiern) L. u. Br. XX, 199.
Voigtländischer Kreis, Industrie. IX, 282
Voiron, (Frankr.) Manufact. XIII, 267. — Sterbelisten. XI, 751.
Volhynien.
V. N. — *Reischel*, Apperçu général statist. et psychol. de la Volhynie et de l'Ukraine. 1804. XVII, 120.
Desselben Tableau moderne de la Volhynie, de l'Ukraine et de la Podolie. 1804. XVII, 120.
Eintheilung in Kreise. XIX, 230.
Volksvermehrung, vergl. Bevölkerung.
B. R. — *Malthus*, Versuch über die Bedingung und die Folgen der Volksvermehrung. Aus dem Engl. von *Fr. Hegewisch*. Altona 1807. XXX, 377.
Volsk, an d. Wolga. XXXVI, 258.
Volture, (Ital.) III, 366.
Vona, (am schwar. Meere) L. u. Br. II, 33. VII, 177. 439. XII, 183.
Vonizza, (Epirus) II, 57. VI, 78. VII, 21.
Vorarlberg, XXIII, 253. vgl. Tyrol.
Vordernberg, (Oesterreich.) Schmelzhütten. XVII, 112.
Vorgebirge, vergl. Cap.
— — Dagerort, L. u. Br. IX, 178. XXXIX, 107.
Vorgebirge der guten Hoffnung, III, 239. L. u. Br. VI, 48.
A. — Topogr. statist. Nachr. von d. Vgb. d. g. H XV, 3.
B. R. — *John Barrow*, An account of Travels etc. 1801. VII, 345. XIV, 486.
C. C Best, Briefe über Ostind., d. Vgb. d. g H., und der Insel St. Helena. Leipzig 1807. XXVI, 52.
L. de Grandpré, Voyage etc. 1801. VIII, 48.
Cornel de Jong, Reizen naar de Kaap de goede Hoop etc. (1791 — 1799). 2 Th. 1802. XI, 217. XII, 344.
Rob. Percival, An account of the Cape of Good Hope etc. 1804. XIV, 475.
Rob. Semple, Walks and Sketches at the Cape of good Hope; to which is subjoined a Journey from Cape - Town to Plettenbergs - Bay. 1804. XV, 438.
Ch. R — *Reinecke*, Charte der Südspitze Afrika's u. der Colonie vom Vgeb. d. gut. Hoffn. Weimar 1802. IX, 366.
V. N. — Etwas über *Barrow's* Charte v. d. Vgeb. d. g. Hoffn. VIII, 358.
Pastor *Hesse*, Nachr. v. Cap. (1810) XXXIII, 197.
Hogendorp's Verhandelingen over den Oostind. Handel. 1802. XVII, 393.
Missionsberichte. XLV, 119.
Erdbeben. 1809. XXXII, 110. XXXIII, 198

V. N. — Geogr. Veränd. (1801) IX, 116.
Höhen verschied. Berge am Vorgeb. d. gut. Hoffn. XX, 125.
Salzseen. VII, 372. — Statist. Angaben. XIV, 516.
Vorgebirge, weifses, II, 51.
Voromboite, auf Madagascar. L. u. Br.
Vrana, (Dalmatien) XI, 696.
Vrenelis Grathlö, oder der hohe Glärnisch, Höhe. X, 398.
Vulcane, L, 258.
Vulcane und deren Ueberreste, in Italien. III, 366. in S. Amer. XXII, 108.
Vulcanischer Erdglobus, s. Erdgloben.

W.

Waadt, Canton. XLVIII, 418—434.
Wabasch, Flufs. (N. Amer.) XIII, 112.
Währkatten, Lufterschein. IV, 532.
Wästerås, Hauptmannschaft. Ch. R. — *Hällström*, Charte der Hauptmannschaft Wästerås. VIII, 532.
Wästerås, XXXV, 32. L. u. Br. X, 116. XLIII, 479.
Wästerbergslagen, Voigtei. Ch. R. — siehe Kopparberg. VIII, 532.
Wästerbottn, s. Bothnien.
Wätschiau, Ins. II, 275.
Wafeln der Schiffe u. angebl. versunkener Städte. Lufterscheinung. X, 245.
Wagram, L. u. Br. XXII, 216.
Wahabis, die, (Arabien). XII, 646. XIX, 30. XXXV, 445.
A. — Ueber die Whaabis. XVI, 257—288.
B. R. — *L. A. Corancez*, Histoire des Wahabis, depuis leur origine jusqu'à la fin 1809. XXXIII, 343. XXXVI, 331.
*M**** Description etc. vergl. Bagdad.
Sylvestre de Sacy, Nouveaux renseignemens sur les opérations militaires des Wahabis depuis l'année 1807. jusqu'au milieu de 1810. XXXVI, 332.
V. N. — Notiz über die dem Emir Séhud, dermaligen Oberhaupte der Wahabiten unterworfenen Länder und Stämme etc. XLIV, 332.
Wajagtam, (inn. Afr.) VI, 443.
Walachei, XI, 238. vergl. Moldau.
B. R. — *Bantisch-Kamiensky*, Reise etc. 1810. XLIV, 54.
Thornton, Etat actuel etc. XLII, 333.
Ch. R. — *Jos. Dirwaldt*, Mappa special. Walachiae. 1810. XLI, 204.
Walachen, in Siebenbürgen. XI, 238.
Walchen, der, (od. *Waller-*) See, (Baiern). XI, 607. XXI, 210.
Walcheren, Insel.
B. R. — *T. Speeleveldt*, Brieven over het Eiland Walcheren. 1808. XXXI, 292.
Waldai, (Rufsl.) XX, 220.
— — Gebirge. I, 300.
Waldbott-Bassenheim, Grafschaft, Verlust im Lüneviller Frieden. IX, 52.
Waldeck, Fürstenth. XLIX, 163.
— — L. u. Br. XXXV, 72.

Waldhut, L. u. Br. VI, 269.
Waldige Spitze, *Woody-Point*, (N. Amer.) L. u. Br. IX, 455.
Waldsassen, (Oberpfalz).
V. N. — Gebiet d. vormal. Cisterzienser Mannsabtei. XI, 261.
Waldsee, (Schwaben) L. u. Br. XXXII, 201.
Wales, vergl. England und Grofsbritannien.
A. — Bevölkerung sämmtlicher Grafschaften (1802) etc. XI, 411.
B. R. — *H. Skrine*, Tho successive tours throughout the whole of Wales, with several of the adjacent Engl. counties. II, 137.
V. N. — *Amelia Choiseul de Souffren*, Voyage pittoresque dans le midi et dans le nord du pays de Galles. XI, 365.
Mavor's Reise durch Wales. XVIII, 495.
Eisenwerke. V, 386.
Walet, (inn. Afr.) II, 68.
Walk, (Liefland) L. u. Br. II, 453.
Walk'sche Kreis.
Ch. R. — siehe Liefland.
Wallenstadt, L. u. Br. VI, 269.
Wallerstein, L. u. Br. XIII, 483.
Wallfischfang, an d. Küsten von S. Amer. II, 413. — im Nordmeer VIII, 241. vergl Nordmeer.
Wallfisch-Insel, (b. N. America) Br. IX, 160.
Walliser-Land u. Republ. — vergl. *Simplon*-Departement.
B. R. — *Echasseriaux*, Lettre sur le Valais, sur les moeurs de ses habitans, avec des tableaux pittoresques. Paris 1806. XXII, 447.
V. N. — Cretinismus. XX, 466.
Geogr. Veränd. (1802) XI, 180. (1803) XIII, 29. (1806) XXII, 48. — 1810 dem Franz. Kaiserthume einverleibt als Depart. d. Simplon. XXXIII, 457.
Walzenhausen, (Schweiz) III, 468. L. u. Br. III, 472. X, 256.
Wän-See, der, XV, 469.
Wang, (Norw.) L. u. Br. I, 509. III, 106. VII, 435.
Wangara, (Afr.) III, 56. 143.
Wangara-See, (Afr.) L, 472.
Wangen, (Schwab.) L. u. Br. X, 254.
Wangerog, Ins. III, 303. 613. L. u. Br. VIII, 254. XI, 723. XIII, 84. XV, 493. XXXV, 72.
A. — *Heinmeyer*, Bemerk. über die Insel Wangeroog, Spikeroog, Lankeroog, Baltrum u. Norderaey. XIII, 129
Warasdin, L. u. Br. XIII, 84. XV, 80. XXXV, 72. XL, 229.
Warberg, Fort. (Schweden) L. u. Br. XXXV, 72.
Wardhuus, (Lappl.) L. u. Br. IX, 521. XXXV, 72.
Wardisch-Spiel, V, 46. s. Persien.
Warissa, Fl. III, 583.
Warmeland, *Wermeland*, (Schweden) s. Carlstadt.
Warmensteinach, Heil und Wunderbrunnen. XL, 379.
Warna, L. u. Br. XIX, 232.
Warschau, Herzogthum. — vergl. *Polen* u. *Preufsen*.
A. — Statist. Uebersicht d. Herzogth. Warschau und

Warschau, Herzogthum.
der neu hinzugekommenen Landstriche. XXXIII, 97.
A. — Statistisch-topographische Uebersicht des Herzogthums Warschau, bearbeitet nach den Zusätzen zur Polnisch. polit. Geographie des Hrn. *von Wybicki*. XXXIX, 3.
L. Surowiecki, Ueber die Flüsse u. Schifffahrt der Prov. des Hrzgth. Warschau. I. Th. Warschau. 1811. XL, 245.
B. R. — Topographie des Herzogthums Warschau, nebst einem kurzen Abrifs der Polnischen des Hrn. *Hult*. Leipzig, 1810, XXXIII, 167.
Ch. R. — *F. B. Engelhardt*, Landesgränze zwischen d. Königr. Preufsen und dem Hrzgth. Warschau (1808) etc. 1811. XXXIV, 308.
Desselben Charte vom Herzogth. Warschau in 4 Sectionen 1812. XXXVIII, 478.
V. N. — Eintheilung in Departements (17. Apr. 1810) XXXII, 221.
Statist. Notizen über d. durch d. Wiener Tractat mit d. Herzogthum Warschau verein. Provinzen. XXXIII, 213.
Statist. Tabelle. (1808) XXVIII, 35. — Flächeninhalt d. Warschauer Dept. XXXVIII, 479. Bevölker. (1812) XL, 118. 429.
Neue Warschauer Münze. (1810) XXXIII, 93.
Ortsbestimm. XXXIV, 438.
V. N. — Convention zw. d. Höfen zu Wien, St. Petersburg u. Berlin, in Folge der mit dem Hrzgth. Warschau vorgegangenen Veränderung, geschlossen zu Wien am 3ten, ratificirt am 8ten Mai 1815. XLVII, 369.
Warschau, (Königl. Preufs.) Kammerdepartement. Bevölkerung IX, 87.
— — Stadt, L. u. Br. II, 119. 512. IV, 318. 503. VII, 432. IX. 521. X, 392. XV, 80. XXV, 469. XL, 75.
A. — Warschau am Ende des Jahrs 1801. X, 299 f.
Ch. R. — Plan v. d. Stadt Warschau, gestochen von *Bach*, in Dresden, 1808. XXXIV, 424.
V. N. — Verfall, statist. Angaben. (1790 — 1800) XI, 241.
Warta, Fl. (Polen) XL, 253.
Wartburg, die, (bei Eisenach) L. u. Br. XXV, 290.
Wartegg, (Schweiz) L. u. Br. III, 472.
Wartenberg, Grafschaft, Verlust im Lünev. Fried. IX, 52.
— — Standesherrschaft. vergl. Oels.
Wartenburg, (Preufsen) L. u. Br. XX, 207.
Wartensee, (Schweiz) III, 468. L. u. Br. III, 472. X, 256.
Wartha, (Schlesien) XI, 54.
Wasa, Hauptmannschaft.
Ch. R. — *Hällström*, Ch. d. Hauptmnsch. Wasa. 1798. VIII, 531.
Wasemskoi, Wjäsemkoi. I, 167.
Washington, (N. Amer.) IV, 8.

Washington - Inseln, I, 133. 470. 577. II, 249. XXXI, 421. XXXV, 162. Anzahl u. Lage derselb. XXXIII, 32.
Wasser, destillirtes, Gewicht dessełb. II. 474.
Wasserberg, der, Höhe. X, 397.
Wasserfälle in d. Pyrenäen. I, 324. — in Norwegen. I, 545
Wassertrüdingen, (Schwab.) L. u. Br. XIII, 483.
Wassilsursk, (Rufsl.) XX, 233.
Watchet, (Engl.) III, 81.
Watländer, (am Finn. Meerbusen)
A. — *L. A. Zeträus*, Einiges über die Sitten der Watländer. XII, 688.
Waydhofen, an d. Yps, Eisen - und Stahlfabrik. XLVII, 83.
Wazen, Br. XLVIII, 437.
Wazilja - Legette, oder die Höhle des Proph. Elias. XLVI, 92.
Wazmann, Höhe. IV, 418.
Wednûn, (Afr.) L, 453. 455.
Weenar, (Ostfriesland). XII, 111. L. u. Br. XXIX, 455.
Wegschätzung, *Gissung*. I, 619.
Wehlau, (Preufsen) L. u. Br. X, 66.
Weidi - Horn, Höhe. X, 395.
Weigis, der, Höhe. X, 398.
Weihnachts - Insel, III, 336.
Weiler Horn, auf Brünig. Höhe. X, 395.
Weilheim, (Baiern) Gericht. XI, 607.
— — L. u. Br. XX, 199.
Weimar, Fürstenthum, siehe Sachsen - Weimar.
— — Stadt. Br. III, 305.
Ch. R. — Specialcharte d. Umgebungen von Weimar, Erfurt u. Jena. Weimar, 1811. XXXVI, 104.
Güfsefeld, Plan d. Herzogl. Parks bei Weimar. 1808. XXVII, 307.
Weifs - Berg, der, Höhe. X, 395.
Weifsenburg, Reichsstadt. (Nordgau) Verlust durch Abtretung. IX, 526.
— — Alba Julae, Fejér-Kar. III, 177. IV, 274.
Weifsenstein, (Esthland) L. u Br. XVIII, 208.
Weifs - Stock, der, Höhe. X, 395.
Weistritz, Flufs in d. Grafschaft Glaz. XI, 48.
Welland, Fl. (Ob. Canada) VI, 309.
— — Fort. (Ob. Canada) VI, 309.
Welt - u. Weltcharten, siehe Erdbeschreibung.
Weltgebäude, *Weltsystem*. vergl. Himmelskunde.
B. R. — *P. S. La Place*, Exposition du Système de Monde. I, 89. vgl. I, 603.
Ch. R. — C. W. E. *Putsche*, Planetarium oder Versuch einer sinnl. Darstellung und fafsl. Beschreib. des Copernicanischen Weltgebäudes. Weimar, 1805. XIX, 100.
V. N. — *Codrika*, Griech. Uebersetzung von *Fontelle's* Pluralité des Mondes. III, 632.
Espie's Planetarium. XIII, 124.
Weltkörper.
A. — *P. S. de La Place*, Beweis des Satzes, dafs die anziehende Kraft bei einem Weltkörper so grofs

seyn könne, dafs d. Licht davon nicht ausströmen kann. IV, 1. vergl. IV, 269.

B. R. — *Gelpke*, Allgem. Darstellung d. Oberfläche der Weltkörper unseres Sonnengebiets etc. 1811. XLII, 82.

Weltumschiffung, siehe Erdumschiffung.

Wemding, (Schwaben) Baier. Gericht. XI, 611.

— — L. u. Br. XIII, 483.

Wendekreise, s. Tropen.

Wenden, (Liefl.) L. u. Br. II, 453.

Wendensche Kreis, siehe Liefland.

Wendistock, Berg. Höhe. X, 257. 396.

Wenersborg, XXXVI, 191. vergl. Elfsborg.

Wenersee, (Schwed.) XXXVI, 191.

Werden, Stift. Bevölk. und Gröfse. XXII, 243. — Handel. XXII, 243.

— — (Kurland) L. u. Br. XXXII, 267.

Werfen, L. u. Br. XXII, 216.

Wergoturia, (Sibir.) Br. XVI, 496.

Werknéoudinsk, L. u. Br. XLIX, 205.

Wermeland, s. Warmeland.

Wermsdorf, L. u. Br. II, 489. IV, 403. 503. VII, 432.

Wernigerode, L. u. Br. XVII, 214.

Werra, Fl. L, 36.

Werro, (Liefl.) L. u. Br. II, 453.

Werro'sche Kreis, s. Liefland.

Wertheim, Br. IV, 335.

Wertingen, (Schwab.) L. u. Br. XIII, 484.

Wesel, Festung. L. u. Br. XVII, 496. XXXV, 72. Bevölkerung. XVI, 357. Verbindung mit Frankreich. XXV, 374.

Weser, Flufs.

Havenanlegung an der Weser. L, 495.

Weser-Departement, (Westphäl.) Bevölkerungsliste. (1808) XXVII, 340.

— — *Gebiet*, XXII, 397.

Ch. R. — *Reinke* etc. siehe Nordsee.

Weser-Gebirge.

A. — Die Wesergebirge. (Mit 1 Charte) XXIV, 369. vgl. XXVI 393.

Weser-Mündungen, Departement der, vergl. Frankreich.

Ch. R. *de Halem* et *Lasius*, Carte du Départ. des Bouches de Weser. 4 Blätter. 1813. XLI, 336.

V. N — Bevölker. XXXV, 110. XLI, 338. — Strafsenbau. (1811) XXXV, 244.

West-Cappel, (auf der Insel Walcheren). L. u. Br. XXXV, 72.

Westerås, siehe Wästerås.

Westermannland, XXXV, 30.

Western-Port, L. und Br. XXI, 316.

Westgothen, die, XXXI, 42.

Westgothland, XXXI, 41.

West-Indien, s. America.

Westolawskoi, Kalaly, (Rufsland) V, 78.

Westphalen, Kreis.

B. R. — Historisch-geogr. statist. Beiträge zur näheren Kenntnifs Westphalens. 1. Th. Elberfeld, 1806. XXIV, 62.

Ch. R. — *Eversmann*, Darstellung derjenigen Niederrheinisch-Westphäli-

Westphalen, Kreis.
schen Gegenden, welche zwischen d. Lahn, d. Astenberg, d. Istenberg, d. Lippe und d. Rheine liegen, besonders in Hinsicht auf Metall-Fabrikation. Hierzu gehört:
Nachricht von den in den Ländern, zwischen d. Lahn und d. Lippe gelegenen metall. u. unmetall. Werken. 1804. XVIII, 209.
Ch. R. — *C. F. Klöden:* Das nordwestl. Teutschland od. Generalblatt zu der von W. v. *Lecoq* herausgegeb. grofsen Charte von Westphalen. Berl. 1815. XLIX, 369.
v. Lecoq, Topogr. Charte in 22 Blätt., den gröfsten Theil von Westphalen, so wie auch das Herzogthum Westphalen enthaltend etc. 1805. (Sect. V, VIII, XII.) XVII, 488. (Sect. I, III, XI.) XVIII, 340. (Sect. II, IV, VI, XIII.) XXI, 319. (Sect. VII, IX, X, XVII.) XXXIII, 311. (Sect. XVI, XX.) XXXVIII, 374. (Sect. XV, XVII, XVIII,) XLII, 94. (Sect. XIX.) XLV, 108. — vergl. III, 201. 317. IV, 68. 161. 272. XIII, 514. XIV, 388. XIX, 257. XXXVI, 496. XXXVII, 367.
Reymann, Charte vom Westphäl. Kreise. Weimar 1804. XVI, 97.
V. N. — Aeltere Charten v. Westphalen. I, 669. 672.
Geogr. Veränd. (1802) XI, 164. (1803) XIII, 14.
Westphalen, Herzogthum.
Statist. Tabelle (1806) XXI, 84.
Westphalen, Königr. XXV, 365.
A. — Statistischer Bestand des Königr. Westphalen, nach dem Pariser Tractat vom 13. Mai 1811. XXXVI, 3. 62. vergl. XXXVIII, 386.
B. R. — Almanac Royal de Westphalie pour l'an 1810. XXXIII, 89. pour l'an 1811. XXXVI, 227. pour l'an 1812. XL, 182.
R. Bosse, Esquisse de la statistique générale et particulière du Royaume de Westphalie. 1808. XXVI, 163.
Handbuch über das Königreich Westphalen, zur Belehrung üb. Land, Einwohner, Verfassung, Verwaltung und äufsere Verhältnisse des Staats. Halle, XXVI, 430.
G. Hassel, Statist. Darstellung des Königr. Westphalen vor seiner Organisation. Braunschw. 1807. XXVI, 167.
Desselben Statist. Repertorium über d. Königr. Westphalen. 1813. XLI, 433.
Hassel und *Murhard*, Westphalen unter Hieronymus Napoleon. 1. Jahrgang. 1. u. 2. Band. 1812. XLI, 64.
E. Kaulitz, Alphabet. Verzeichnifs der Städte, Flecken etc., welche das Königr. Westphalen bilden. Cassel, 1808. XXVI, 169.
Ch. R. — Charte d. Königr. Westphalen, nebst d. mit

Westphalen, Königreich.

Frankreich vereinigten Hanseat. Depart. etc.; aus *Sotzmanns* Ch. v. Teutschland, Nürnb. 1812. XLII, 359.

Ch. R. — Charte von dem Preufs. Staate etc.; nebst d. Königr. Westphalen etc. XXIV, 450.

v. Schlieben, Charte des Königr. Westphalen, dem Grofsherzogth. Berg, und der Länder der Fürsten von Waldeck u. Lippe etc. 1813. XLII, 353.

Special-Atlas d. Königr. Westphalen etc; auf Kön. Befehl nach offic. Quellen entworfen, und herausg. vom Geogr. Institut zu Weimar. XXX, 88. vergl. XXXIX, 243. — 2te Aufl. XL, 93.

Streit, Charte des Kgr. Westphalen etc. Weimar, 1808. XXVI, 180.

Desselben Generalcharte v. Kgr. Westphalen, entw. 1807, verm. 1810. Weimar, XXXII, 79.

Weiland, Generalcharte vom Königr. Westphalen. Weimar, 1812. XL, 94.

Topogr. militär. Atlas v. Kgr. Westphalen und den beiden Grafschaften Lippe und Pyrmont, in 27 Blätt. XLI, 84. vergl. XL, 514.

V. N. — Entstehung. XXV, 21. — Bestand des Königr. (Oct. 1807.) XXV, 361. — Constitution. XXV, 233. — Eintheil. des Königr. nach der Organisation vom 24. Dec. 1807. Mit Hinzufügung d. neuen Erwerbungen. XXV, 407. — Eintheilung des Königr. in Departemente und Districte. XXV, 346. — Territorial-Eintheilung der, mit dem Königr. vereinigten, Hannöverschen Lande (1810). XXXII, 217. XXXIII, 79. 204. — Reichswappen, nebst Abbild. XXV, 371.

Volksmenge XXV, 116. spec. Liste der Bevölker. (1807) XXVI, 366. 390. (1812) XL, 118. XLI, 415. Bevölk. d. gröfser. Städte. XXXIII, 91. XL, 427. — Areal. XXV, 116. XL, 118. 427. XLI, 435. — Staatseinkünfte und Staatsschuld 1808. XXVIII, 37. Finanzen (1810). XXXII, 111. — Contingent. XXVI, 389. Armeebestand (1810), XXXII, 339. — Salinen. XXXII, 222. — Stat. Notizen von den drei neuen Hannöv. Depart. XXXII, 338. Statist. Uebersicht (1813). XLI, 110. — Neuer Ritterorden der Westphäl. Krone. XXXI, 350.

Wetterau. — *J. J. Müller*: Neue Specialcharte der Wetterau und d. angränz. Länder, nach der neuen Ländereintheilung 1805. XV, 265.

Wetterhorn, Berg. Höhe. VI, 264. X, 399.

Wettersee, (Schwed.) XXXI, 49. XXXVI, 184.

Wettin, L. u. Br. III, 650. IV, 455. VI, 349.

Wetzlar, Grafschaft. XII, 521.

— — Stadt. — Statist. Nachr. XIX, 265. — Preufs. Besitznahme 1815. XLIX, 126.

Wjäsunskoi, I, 167.
Wjatka, Fluss. XX, 322.
Wjätka, Stadt. L. u. Br. I, 265.
— — Statthalterschaft. XX. 321. 326.
Ch. R. — siehe Russland.
Wiburg, Stadt. (Finnland). L. u. Br. I, 260. XVII, 234. XIX, 229.
— — Statthalterschaft. — Charte davon. I, 260.
Wicklow, Grafschaft. (Ireland).
B. R. — *Rob. Fraser*, General-Review of the Agriculture and Mineralogy, present State and Circumstances of the county of Wicklow etc. Dublin 1801, mit einer topogr. Charte. X, 401.
Wicklow, Stadt, Bevölker. X, 408.
Wied-Runkel, Verlust im Lünev. Frieden. IX, 57.
Wielizka, Steinsalzbrüche. X, 274. — Besuch des Königs v. Sachsen in den unterirdischen Salzwerken. (1810) XXXII, 327.
Wien, Höhe. IX, 19. — L. u. Br. I, 292. II, 435. 506. 511. III, 565. 569. IV, 315. 394. VI, 518. VII, 432. XXII, 325.
Ch. R. — *H. Jakubiska*, Topograph. Plan der Stadt und der Gegend um Wien 1809. XXXI, 102.
M. Freihr. v. Liechtenstern, Wiens Umgebungen, nach dem Entwurfe seines Vaters *J. M. Frh. von Liechtenstern*. Wien, 1809. XXVIII, 355.
L. Schmidt, Topograph. Charte der Gegend um Wien 1809. XXIV, 67.
Ch. R. — Plan von Wien im Jahre 1797; nebst Angabe der Einwohnerzahl. II, 156. XXXIII, 452. (1810) XXXIV, 428.
Fr. W. *Streit*, Wien's Umgebungen und die Umgebungen von Linz, nach des Freih. J. M. v. Liechtenstern Entwurfe u. Angabe. Wien, 1807. XXII, 104.
Desselben Plan von der Gegend zu Wien, Pressburg und Oedenburg, aus Lipsky's, Schmidt's und Liechtensterns Materialien zusammengetragen. Weimar, 1809. XXX, 95.
V. N. — Consumtionstabelle 1803. XIII, 520. (1804) XVI, 366. (18$1\frac{2}{3}$) XLIII, 263. — Handel und Bevölkerung. VIII, 407. XVI, 357. XVII, 113. — Kirchenliste (1814). L, 262.
Wiesbaden, Quellen. IX, 193.
Wieselburg, (Ungarn). L. u. Br. VIII, 450.
Wiesensteig, (Schwab.) L. u. Br. XII, 485.
Wiesenstein, (Schwab.) L. u. Br. XII, 485.
Wight, Insel. III, 81. L, 51.
B. R. — *Gilpin*, Observations etc. siehe England.
Ch. R. — Charte de l'Isle de Wight et de la côte adjacente de Hampshire, d'après la carte de *Wme Price*. Publié par ordre du Contre-Admiral *Decrès* etc. 1804. XIV, 495. XXIV, 461.
John Knight etc. siehe Hampshire.
Wigry, Kreis. (N. Ostpr.) XI, 336.

Wigry, Kloster. XI, 336.
Wildbad, das, bei Rotenburg ob der Tauber. XL, 405.
— — Stadt. (Schwaben) L. u. Br. XXXIII, 180. XL, 325.
Wildberg, (Schwab.) L. u. Br. XXXIII, 180.
Wildenfels, (Frkn.) XLVIII, 449.
Wildeshausen, L. u. Br. I, 670. XV, 493.
Wild - Geifsberg, Höhe. X, 395.
Wild - u. *Rheingrafen*, Verlust im Lünev. Frieden. IX, 51.
Wilkowiszken, Amt. (N. Ostpreufsen) XI, 336.
Wilhelmshöhe, (bei Cassel). B. R. — vergl. Cassel.
Beschreibung des Kurfürstl. Hess. Lustschlosses Wilhelmshöh und seiner Anlagen, von erster Entstehung bis auf gegenwärtige Zeiten. 1805. XXV, 218.
Willemstadt, (Holland) L. u. Br. XI, 658.
Willenberg, (Preufs.) L. u. Br. XX, 207.
Willering, Stift. Br. II, 166.
Williamsburg, (N. Amer.) V, 116. VI, 295.
Wilmanstrand, L. u. Br. XIX, 229.
Wilmington, (N. Amer.) IV, 8.
Wilmsdorf, (Schles.) Gesundbrunnen. XI, 52.
Wilna, Stadt. L. u. Br. I, 541. III, 161. IX, 521. XXV, 470. — Handel. L. 299. — Universität. XIII, 501. XIV, 386.
Wilna, Statthalterschaft. Ch. K. — *K. v. Jungwirth*: Das Russische Gouvernement Wilna mit seinen Angränzungen. Nach d. Entwurfe und der Angabe des Freihrn. *v. Liechtenstern*. Wien, 1812. XXXIX, 447.
Wilse, (Norw.) I, 545.
Wilton, Sammlung von Gemälden u. Bildsäulen daselbst. III, 79.
Winchelsea, Insel; siehe Anson.
Windau, L. u. Br. XXXIX, 107. — Jährl. Ausfuhr. I, 296.
Windgellen, die, Höhe. X, 397.
Windisch - Grätz, Fürstenthum. XIV, 618.
Windmühlenberg, (Schles.) XI, 49.
Wind - Sägemühlen, IV, 207.
Windsfeld, Höhe. IV, 418.
Windsheim, Gesundbrunn. XL, 404.
Windsor, L, 52.
Wineta, II, 235.
Winkel, — Gröfsenbestimmung der, mit einem ganzen Kreis beobachteten, III, 162. — Reduction der Schiefenwinkel auf d. Horizont. III, 356.
Winkelmessung durch Vervielfältigung. III, 396.
Winkelmefsinstrument, — J. G. *Steinhäuser*, Ankündigung eines, XIV, 253.
Winnebach, (Afr.) XLVII, 312.
Winnipeg, See. IV, 14.
Winschooten, Bevölk. VII, 391.
Winterthur, L. u. Br. VI, 269. X, 253.

Wirballen, (N. Ostpr.) L. u. Br. X, 392. XII, 484.

Wirtemberg, Königr. (und ehemal. Herzogthum)

A. — Volksmenge von Neu-Wirtemberg (mit einer Bevölkerungstabelle. XIV, 31. XVII, 128.

Bevölkerung des Königreichs Wirtemberg. XXVII, 131.

B. R. — Alphabetisches Verzeichniſs aller zum Herzogth. Wirtemberg gehörigen Ortschaften, Städte, Marktflecken etc. II, 144.

Königl. Wirtemberg. Hof- und Staatshandbuch auf das Jahr 1812. XL, 176.

D. J. Fr. Miller, Historisch statist. Nachrichten von den, dem Hause Wirtemberg zugetheilten Entschädigungsländern 1802. XII, 706.

(*Röder*) Geographie u. Statistik Wirtemberg's. 2. Th. oder Neu-Wirtemberg 1804. XIII, 308.

Ch. R. — Die Baiersche Monarchie, nebst Wirtemberg etc. etc.; aus *D. F. Sotzmann's* neuer Charte von Teutschland, besonders herausgegeb. Nürnberg, 1808. XXVIII, 479.

J. G. Bohnenberger, Ch. von Wirtemberg. 1s Blatt. I, 341. vergl. I, 250. 2s Bl. IV, 519. (Sect. XIV. u. XXII.) XIX, 238.

C. v. Gelpke, Charte v. dem Königreich Wirtemberg in 4 Blätt. 1812. XL, 176.

Ch. R. — *C. v. Gelpke*, Charte von der Landvoigtei Rothenberg etc. nach Amman und Bohnenberger's Charte v. Schwaben. 1813. XLI, 89.

Desselben Charte von der Landvoigtei an der Donau etc.; nach Amman u. Bohnenberger's Charte von Schwaben 1813. XLI, 89.

Generalcharte des Königreichs Wirtemberg nach den 12 Landvoigteien abgetheilt. Tübingen, 1812. XXXIX, 241.

v. Pflummern, Das Königr. Wirtemberg, nebst dem Groſsherzogth. Baden, dem Fürstenth. Hohenzollern und Leyen. Nürnb. 1811. XL, 323.

v. Schlieben, Charte des Königr. Wirtemberg, des Groſsherzogth. Baden etc. 1813. XLII, 352.

F. W. Streit, Charte von dem Königr. Wirtemberg und dem Groſsherzogth. Baden. Weimar, 1808. XXVIII, 350.

Topograph. milit. Atlas von dem Königr. Wirtemberg, dem Groſsherzogth. Baden, nebst den Fürstenth. Hohenzollern und Leyen, in 19 Blätt. 1813. XLI, 84.

v. Zuccheri, Charte des Kgr. Wirtemberg und des Groſshzgth. Baden, nebst den angränzend. Ländern. Wien, 1808. XXXI, 343.

Wirtemberg, Königreich.

C. N. — *Bohnenberger*, Nachrichten über seine Messung u. Charte. I, 239. 360. vergl. IV, 519.

Eintheilung der Neu-Wirtemberg. Länder 1802. XI, 376. — Eintheil. des Königreichs 1810. XXXIII, 343. — Eintheilung des Königr. in Landvoigteien. 1811. XXXIV, 329.

Bevölkerung der Kur-Wirtemberger Lande (1802 u. 1803) XVI, 243. — Bevölker. des Kgr. Wirtemberg 1812. XL, 118. 426. — Bevölk. d. grösseren Städte. XL, 426. Statist. Tab. XII, 520. (1808) XXVIII, 40.

Annahme der Königswürde. XIX, 259. — Grosser Titel des Königs von Wirtemberg. 1810. XXXIII, 343. — Wappen und Abbildung desselben. XXVI, 390.

Geograph. Veränd. 1803. XIII, 116. (1805) XIX, 426. XX, 76. (1806) XXII, 21. 375. (1807) XXV, 18. (1809 bis 1815) XLIX, 140. — Verlust im Lünev. Fried. IX, 50. — Länderaustauschung und Gränzenberichtigung des Kgr. Wirtemberg mit Baiern u. Baden. 1810. XXXIII, 333.

Wirtembergische Alp, siehe Alp, Wirtemberg.

Wirby, L. u. Br. XXXIX, 107.

Wisingso, Ins. (im Wettersee) XXXI, 48.

Wisloch, L. u. Br. XL, 325.

Wismar, Stadt und Gebiet. XII, 384.

Wittenberg, a. d. Elbe. L. u. Br. I, 292. III, 86. 162. VI, 350. VII, 432. XI, 373.

Witten - Wasser - Gletscher, Höhe. X, 257.

Wittgenstein - Wittgenstein, Grafschaft. — Geograph. statist. Nachrichten. XXXI, 365.

Wittingen, L. u. Br. XLVIII, 90

Wittmund, L. u. Br. XXIX, 455.

Wittow, auf Rügen. X, 246.

Wizna, (N. Ostpr.) XI, 338.

Wladifkawkas, XLV, 397.

Wladimir, XX 223. — L. u. Br. II, 62.

Wölfelsbach, (Grafschaft Glatz) Wasserfall bei, XI, 47.

Wörden, L. und Br. XXXV, 72.

Wohlau, Fürstenth. XI, 51.

Woled-Abousebáh, (Afr.) L, 455.

Woled - D'lein, (Afr.) L, 453.

Wolfenbüttel, Fürstenth.

A. — Statist. Notizen über die Fürstenth. Wolfenbüttel und Blankenburg, vom Jahr 1803. XVI, 399.

Wolfenbüttel, Stadt, L. u. Br. XVI, 444 XVII, 214.

Wolferhampton, (Grafsch. Stafford) L. u. Br. VIII, 63.

Wolfhalden, (Schweiz) L. u. Br. III, 472.

Wolga, Fluss. I, 303. II, 63. V, 68. — Teutsche Colonie an der Wolga. V, 61. — Unternehmen der Vereinigung der Wolga und des Don's. II, 64.

Wolmar, Stadt. L. u. Br. II, 453.

Wolmarsche Kreis.
Ch. R. — siehe Liefland.
Wolodimer, (Rufsl.) V, 57.
Wologda, Stadt. — Handel. I, 299.
— — Statthalterschaft.
A. — Beiträge zur physikal. und statist. Beschreibung des Gouvernem. Wologda. (nebst Charte) XII, 15.
Wonda, (Afr.) I, 161.
Woojeda, (Algier) III, 581.
Woolli, oder Wulli. (innr. Afr.) I, 700.
Workum, Bevölk. VII, 391.
Worlik, Herrsch. (Böhmen).
B. R. — *A. David*, Geogr. Orts- (und Höhen-) Bestimmungen von *Worlik* und *Dhrowl*, sammt mehreren Orten im Prachiner Kreise. 1815. L, 213.
Worms, Bisthum. Verlust im Lüneviil. Frieden. IX, 52.
Worona, Fl. (Rufsl.) V, 61.
Woronesch, I, 198.
Wosnesenie, L. u. Br. XVIII, 286. XIX, 228.
Wotjaken, die, (Rufsl.) XX, 325.
Wrbitz, (Böhmen) Br. I, 121.
Wurm - See, (Baiern) XXI, 200.
Würzburg, Grofsherzogth. (ehemal. Bisthum, Hochstift und Fürstenthum).
B. R. — *Gr. Schöpf*, Histor. statist. Beschreibung des Hochstifts Würzb. Hildburghausen, 1802. X, 514.
von Seyfried, Statist. Nachr. XVI.
Ch. R. — *v. Fackenhofen*, Specialcharte vom ganzen Fürstenth. Würzburg 1804. XV, 507. XVI, 343.
C. F. Hammer, Charte von dem Fürstenth. Würzburg, nebst dem Fürstenthum Schwarzenberg, der Grafsch. *Castell* u. *Limburg - Speckfeld*, der Herrschaft *Wiesenheid* etc. Nürnberg, 1805. XVIII, 337. XIX, 255.
Ch. R. — *A. F. Klebe*, Ch. zur geograph. Darstellung der Eintheilung der Kur-Pfalzbaier. Fürstenthümer Würzburg und Bamberg, in Landgerichts- u. Rentamtsbezirke. (Steindruck) 1805. XIX, 514.
F. W. Streit, Charte v. d. Grofsherz. Würzburg. Weimar, 1811. XXXV, 352. 464.
Späth, etc. vgl. Franken.
V. N. — Comte rendu des Fürstbischofs von Würzb. (1801) XI, 239.
Nähere Bestimmung der Würzburg - Bambergisch. Gränze. 1805. XVI, 367. — Gränzberichtigung mit Baiern. 1810. XXXIII, 216.
Bevölk. XL, 428. — Contingent. XXVI, 389.
Geogr. Veränd. (1806). XXII, 35. (1808) XXVIII, 43.
Würzburg, Stadt. XXXI, 309. L. u. Br. XIV, 225. XVI, 344.
Wüste, grofse, (Afr.) VII, 321.
Wurzen, L. u. Br. II, 489. 492. III, 568. IV, 316. 503. VII, 432.
Wusterhausen, (Grafschaft Ruppin). Einwohner- u. Häuserzahl. IX, 350.
Wyborg, (Finnl.) s. Wiburg.
Wychneywalotschock, oder Wuschney Wototschok. (Rufsl.) L. u. Br. XXXII, 199. 259.

Wydnau, (Schweiz) III, 354. 462. 465. — L. u. Br. III, 472. X, 255.
Wyszogrod'sche oder Plock'sche Kreis. XI, 339.
Wytegra, L. u. Br. XVIII, 286. XIX, 228.

X.

Xalapa, L. u. Br. II, 394. — Höhe. II, 397.
Xalon, Fluss. Angabe seines Laufs. I, 112. IV, 36.
Xanten, L. u. Br. XXXV, 74.
Xeres, (Span.) Wein. XXXVII, 294.
Xiloca, Fluss. Angabe seines Laufs. I, 111. IV, 36.
Xochicalko, (Amer.) XXXVII, 313.

Y.

Yanam, VIII, 487.
Yarmouth, (Engl.) L, 58.
Yarra, s. Jarra.
Yagnanghsum, VI, 254.
Ybeyzabel, Fluss. (Span.) X, 239.
Yemen, od. Jemen. (Arab.) XXXIII, 241.
Yenichi, (am schw. Meere) L. u. Br. XII. 187.
Yenne, Depart. der. Einw. XI, 642.
Yisser, Fluss. III, 585.
Ylo, L. u. Br. VII, 441.
Yonge-Strasse, (Ob. Canad.) VI, 305.
York, (Ob. Canad.) VI, 304. XXXIII, 23. — L. u. Br. VI, 317.
— — (Brit.) Br. IX, 522. — Bevölker. XI, 413.
— — Fort. (N. Amer.) L. u. Br. IX, 545.
Yorktown, Colonie in Port Dalrymple in der Bass's-Strasse. XVIII, 251.
Ysser, (Algier) III, 585.
Ystadt, (Schwed.) VIII, 402. L. u. Br. XXXV, 72.
Yverdon, L. u. Br. VI, 269. X, 532.

Z.

Zaab, (Afr.) III, 588.
Zabau, od. Sebau. (Algier) III, 585.
Zabbar, (auf Malta) III, 591.
Zachäus, Insel. (bei Amer.) L. u. Br. XVIII, 287.
Zähringen, (Breisgau). XLVIII, 449.
Zagawa, (Afr.) III, 55.
Zaguwann, (Afr.) XIII, 387.
Zahara, (Span.) XXXVII, 304.
Zaina, (ehemal. Tusca), Fluss. III, 579. 586.
Zainingen, Einw. VIII, 290.
Zambre, Hauptstadt d. Mathihaner. VI, 433.
— — See. VI, 434.
Zam-Kaluch, (Ägypt.) V, 516.
Zanguebar.
Ch. R. — siehe Kafferküste.
Zante, ehem. Zazynthus, Insel. II, 55. VI, 79. XLVIII, 157. XLIX, 119. 328.
B. R. — A. L. Castellan, Lettre etc. vergl. Morea.
Zante, Stadt. XLIX, 329.
Zaporoger Kosacken.
B. R. — vergl. Russland.
Zara, (Dalmat.) XI, 694.
Zarewy-Pody, an der Achtaba. (Russl.) V, 74.
Zarizyn, II. 64. — L. u. Br. XIX, 234.
Zarizke, (Russl.) V, 63.
Zarnowiec, L. u. Br. XV, 81.
Zaschiwersk, (Russl.) L. u. Br. X, 65.

Volney's Charte von den Winden und Strömungen in *Nord - America*. 1804. XIII, 3.
Versuch einer Berichtigung von *Süd - America*, nach den neuesten und sichersten astronom. Bestimmungen und nach d. Ch. Olmedilla's, von *C. G. Reichard*. 1803. XI, 2.
Gezimmer der Erde in *Süd-America*, nach *von Humboldt*. IX, 4.
Charte von Fr. Picignano u. Andr. Bianco über die Insel *Antillia*. XXIV, 2.
Entwurf zu einer Charte v. *Klein - Asien*. III, 3.
C. G. Reichard's Charte v. *Klein-Asien*. 1805. XVIII, 3.

B.

Charte von der Basis der trigonometr. Vermessung v. *Baiern*, zwischen München u. Aufkirchen. 1806. XIX, 1.
— von *Bambuk*, nach Compagnon's Zeichnung, und mit dessen Reiseroute etc. 1803. XI. 6.
— der *Basses - Straſse* zwischen Neu - Süd - Wallis und van Diemensland. VI, 6. XXI, 3.
Das Netz von Dreiecken zu *Perny's* trigonometr. Vermessung der *Batavischen* Republik. IV, 1.
Dr. *Lichtenstein*, Entwurf zu einer Charte von dem Lande d. *Beetjuanas*. 1807. XXIII, 1.
Fr. W. *Streit*, Skizze des Groſsherzogthums *Berg*, nach seiner neuesten Eintheilung in Departements etc. 1809. XXIX, 2.
Umriſs d. Gegend der Standlinie bei den drei Seen, im Canton *Bern*, zur Landesvermessung d. *Schweiz*, vom Hrn. Prof. *Tralles*. I, 2.
Charte von den *Bissagos-Inseln*, und d. Engl. Niederlassungen *Bulama* und *Rio - Grande*. Nach Capt. *Beaver*. 1806. XX, 4.
Uebersichts - Tableau des topogr. militär. Atlasses von der Mark *Brandenburg*. 1809. XXIX, 1.
Charte eines Theils von *Paraguay* und der Provinz *Buenos - Ayres*, nach d'Azara. 1809. XXIX, 3.
— von der Insel *Bulama*. XX, 4.

C.

Charte der neuen Niederlassungen in *Ober - Canada*; nach Smyth. 1800. VI, 4.
— der *Canarien - Inseln*, nach der Zeichnung von Bory de St. Vincent. 1803. XII, 4.
Süd - Carolina, nach J. Drayton. XX, 3.
Barometrische Nivellirung zwischen *Carthagena* und *Santa - Fé*. X, 3.
Die Buchten von *Cattaro* und die Republik *Ragusa*. 1806. XX, 2.
Charte von *Ceylon*, nach *Arrowsmith's* Reduction einer, in den Händen der Commissarien für die Ostindischen Angelegenheiten befindl. Zeichnung. 1803. XI, 5.

Charte von dem südl. *Chili* und den *Chiloë - Inseln*. XLIII, 4.
— von *China*; nach Macartney. 1798. I, 1.
— von d. Tataren - Staate *China*. 1808. XXV, 1.
— d. Dänischen Erdholmen oder d. Inseln Christians-Oe. 1808. XXVI, 2.
Plan de *Constantinople*, levé par *F. Kauffer* et *J. B. Lechevalier*. 1803. XII, 3.

D.

Charte vom Königr. *Darfur*, im innr. Afrika; nach Browne. V, 2.
Uebersicht der Charte von *Darmstadt* und der umliegenden Länder; vom Artillerie - Major *Haas*. XXIII, 1.
Charte von der Lage von *Cherson*, *Odessa* u. *Bender*, und der Ausflüsse des Dnestr's u. Dnjepr's. 1806. XIX, 4.
Plan der sogenannten *Napoleons - Insel* und einiger anderen kleineren *Donau-Inseln*, bei Wien. 1809. XXXI, 1.

E.

J. B. Poirson, Charte v. d. Ins. *Elba*. 1809. XXVIII, 1.
Verkleinerte Probe - Charte vom *C. G. Reichard's* Atlas des ganzen *Erdkreises*. In der Central - Projection entworfen. 1803. XII, 2.
Erläuterungs - Tafel zu *Reichard's* Abhandlung über den Erd-*Atlas*. XII, 2.
Südliche u. nördliche Halbkugel der Erde, nach den neuesten Entdeckungen der vulcanischen Linien, nach *Sickler's* Theorie. XXXVIII, 2.
Neueste *Erd- und Himmelsgloben*, welche im Verlage des Geogr. Instituts zu Weimar zu haben sind. XXXII, 3.
Weltcharte v. *Edrisi*. IX, 3.
Charte zur Uebersicht von *P. G. Chanlaire's* Atlas von *Süd - Europa*. VII, 6.

F.

Charte von dem Russ. Gouvernement *Finnland*. 1808. XXVII, 1.
Abriss oer grossen *Cassinischen* Generalcharte von *Frankreich*, in 181 Blättern. 1798.
Uebersichts - Tableau der *Cassinischen* und *Ferrarischen* Charten von Frankreich u. den Oesterreich. Niederlanden. XLIII, 1.
Tableau figurè de la France. An VI. IV, 5.
H. von Rhein, Charte von *Frankreich*. 1810. XXXII, 3.

G.

Streit, Charte des von Oesterreich an Russl. (1809) abgetretenen Theils von *Galizien*. 1810. XXXII, 1.
R. H. Colebrooke, Ch. vom Laufe des *Ganges*, von Colgony bis Hurrisenker. 1805. XVIII, 1.
Gotha, vor Abtragung der Festungswerke. XXXV, 2.

Gotha, mit seinen neuen Anlagen im Jahre 1811. XXXV, 2.

Die *Götha - Elf*. Nach Fr. Akrel. 1805. XVIII, 3.

Der Canton *Graubünden*, nach dem Meyer'schen Schweizer - Atlas, verbessert und in 9 Bezirke eingetheilt. 1807. XXIV, 3.

Charte von der Insel *Guadeloupe*. 1804. XIV, 4.

— von dem Holländ. und dem Französ. *Guiana*. Nach einer handschriftl. Charte von dem Capt. *Simon Mentelle* u. nach der Charte von *Buache*, gezeichnet von *J. B. Poirson* 1804. XIV, 3.

H.

Charte von der Insel *Helgoland*, vor d. Elbmündung in der Nordsee gelegen. Nach Reinke und Lang. 1808. XXV, 2.

Die *Helvetische Republik* im Jahr 1802. X, 4.

Specialcharte vom Fürstenthum *Hildesheim*. 1805. XVII, 2.

Bildliche Darstellung der *Höhen* der alten u. neuen Welt, vom Geh. Rath *v. Göthe*. XXI, 1.

Tableau d'assemblage der von Krayenhof'schen grossen chorograph. Charte vom Königreich *Holland*. XXXII, 1.

Allgemeine Uebersicht der Charte von einigen Theilen der Departements von *Amstelland*, *Maasland* u. *Utrecht*; vom Obersten v. Krayenhof. 1807. XXVII, 4.

I.

Charte v. *Jamaica*, in Kirchspiele eingetheilt, u. mit den Poststrassen. 1805. XVI, 1.

Broughton's Charte von seiner Fahrt längs den *Japanischen* Küsten. 1805. XVII, 1.

Charte von *Jesso* u. *Sagalien* mit den Entdeckungsreisen von *Vries*, *Shoep*, *La Perouse*, *Broughton* und *Krusenstern*, und einer Skizze d. Holländ. Charte von Jesso. XXXVIII, 3.

— von dem Britt. Reiche am *Ganges* und den Marattenstaaten in *Indien*. 1804. XV, 3.

— der Heereszüge zu Lande nach *Indien*. 1808. XXV, 4.

— von *Ireland*, nach D. A. Beaufort. 1798. II, 3.

J. C. M. Reinecke, Doppelcharte von *Island*. VI, 1.

Charte von *Isle de Bourbon* oder *Réunion*. Nach Bory de St. Vincent. 1805. XVI, 3.

— von *Isle de France*. Nach Bory de St. Vincent. 1805. XVI, 3.

— von *Isle de France*. Nach Charles Grant, Viscount de Vaux. IX, 2.

Neue Gränze zwischen *Italien* und *Oesterreich*. 1807. XXV, 2.

Italien, wie es vor der Frz. Revolution war. X, 3.

K.

Charte von *Kaschemir*, nach *Gentil's* Entwurf. X, 1.

Charte von dem Lande der *Kirgisen*, von der grofsen Horde und der südlich angränz. Völker. XV, 4.
Uebersichts - Tableau der Charte des Kriegsschau-platzes im Jahre 1815, oder des 1. 2. u. 3. Supplements d. topogr. milit. Charte von *Teutschland*; von *Weiland*. XLVII, 1.

L.

Charte der Niederung der *Lahn* u. ihrer Gegenthäler. 1807. XXIII, 4.
— de l'Isle de *Lemnos*, d'après la Carte de Mr. le Comte de *Choiseul Gouffier*. XXXIX, 4.
Plan des von der Westind. Compagnie auf der *Isle of Dogs* neu angelegten Stapels u. Canals; so wie des projectirten *Londner* Waarenstapels. VII, 2.

M.

Uebersichts - Tableau des topogr. milit. Atlasses von *Mähren*. XXXII. 3.
Charte von der Westind. Insel Martinique. 1804. XIV, 2.
Uebersichts - Tableau des topogr. militär. Atlasses von *Mecklenburg*. 1809. XXIX, 1.
Skizze der Länder zwischen den Flüssen *Terek* u. *Kur* am *Caspischen Meere*; von F. A. Marschall v. Bieberstein. 1800. VI, 6.
Charte von dem *Meere von Kamtschatka*. mit Capit. *Jos. Billings* und *Martin Sauers* Reiserouten. Gez. von *F. Götze*. 1803. XI, 3.
Charte des *Mittell. Meeres*. 1798. II. 4.
— vom *Rothen Meer*, oder dem Arab. Meerbusen. 1798. II, 5.
— vom *Schwarzen Meer*, nach den neuesten astron. Bestimmungen von Beauchamp 1798. II, 1.
— des *Schwarzen*, *Asow'*schen u. *Marmora* - *Meeres*, entworfen von dem Kais. Charten - Depôt zu St. Petersburg. Reducirt von *C. G. Reichard*. 1803. XVI, 2.
— von M'Kenzies Reisen von *Montreal* zu d. *Nördl. Eis* und d. *Stillen Meer*. IX, 5.
— von dem *Nördl. Stillen Meer*, zwischen Japan und Californien. IX, 6.
— pour servir au Voyage du Capitain Lewis et Clarke à l'Océan pacifique. XXXIII, 4.
Andreossy, Charte vom See *Menzaleh* in Ägypten. V, 6.
Der *Meseritzische* Kreis. VIII, 1.
Charte des Thals v. *Mexico*, nach Humboldt. 1810. XXXI, 3.
— von der Mündung des *Missisipi*. XI, 4.

N.

Andreossy, Charte vom Thal der *Natron - Seen*, u. dem Flufs ohne Wasser in Aegypten. V, 5.
F. W. A. Bratring, Charte von *Neu - Georgien*, und den Arsaciden - Inseln. 1807. XXIII, 3.

Bruchstücke älterer u. neuerer Charten von *Neuholland.* XV, 2.
Darstellung der drei Humboldt'schen Profil - Aufrisse vom *Neu-Spanischen* Boden. XXVIII, 4.
Charte von den Engl. Niederlassungen in *Neu-Süd-Wallis.* 1802. XI, 1.
Specialcharte von demjenigen Theile des *Netzdistrictes*, wodurch die im Tilsiter Fried. bestimmte neue Gränze zwischen d. Königr. Preußen u. dem Herzogth. Warschau läuft etc. 1808. XXIX, 1.
Uebersicht der von *P. G. Chanlaire* veranstalteten Herausgabe der Ferrarischen Charte der *Niederlande.* VIII, 2. vergleiche XLIII, 1.
Uebersichts - Tableau der topogr. milit. Charte des Königr. der *Niederlande*, in 36 Sect., v. *C. F. Weiland.* XLVI, 4.
Uebersicht d. *Norwegischen* Küsten - Atlasses. 1803. XI, 6.

O.

Die *Orkadischen* Inseln. XXII, 4.
F. Götze, Generalcharte der *Oesterreichischen* Monarchie. 1809. XXX, 2.
Charte von dem *Ourcq-Canale*, zwischen Paris u. Lisy. XIII, 1.

P.

Ungefährer Plan der Vehncolonie *Papenburg.* IV, 3.
P. Fr. *Manuel Sobreviela*: Charte von dem Laufe des *Huallaga* u. des *Ucayali*, und von der *Pampa del Sacramento* im Innern von *Peru.* 1807. XXIII, 2.
Charte von *Piemont*, nach der Specialcharte v. Chanlaire. 1804. XIII, 4.
Uebersichts - Tableau des topogr. milit. Atlasses von *Pommern.* 1809. XXIX, 1.
Uebersicht d. milit. topogr. Charte von *Preußen*, *Warschau*, *Galizien*, *Ungarn*, *Croatien*, *Slavonien* und *Siebenbürgen*, in 217 Bl., von Streit. XXXIII, 1.
Uebersichts - Tableau des topogr. milit. Atlasses vom Königr. *Preußen.* XL, 4.
Plan einer trigonometr. Ausmessung von *Ostpreußen* und *Litthauen.* X, 5.
Tableau der Zusammensetzung der neuen Specialcharte von *Neu-Ostpreußen*; nebst Probe der Triangulirung. XIII, 1.
Probestich der neuen Specialcharte von *Neu-Ostpreußen.* XIV, 2.
Fehlendes Stück in der VI. Section der von Textor- u. Sotzmannschen topogr. militär. Charte von *Neu-Ostpreußen.* XXXVIII, 4.

R.

Joh. Feer's Specialcharte des *Rheinthals.* III, 4.
Ansicht und Charte der Gegend des Absturzes des *Ruffibergs.* XXII, 3.
Uebersicht d. ausführlichen Charte des *Russ. Reichs* in 100 Blätt., vom Russ.

Kaiserl. Charten - Depôt. XIX, 2. XXXVIII, 1.
Charte von d. *Europäischen Rufsland*. 1806. XIX, 3.
Erweiterung d. Russ. Reichs durch den zu Bucharest am 14. Jul. 1812 geschlossenen Frieden. XXXIX, 2.

S.

Die Grafschaften *Sayn - Altenkirchen*, Brandenburg. Antheils u. *Neuwied*. 1805. XXI, 1.
Charte von St. *Domingo*, entworfen von Leyritz, Levassof und Bourjolly. 1804. XIV, 1.
Plan des berühmten Wasserfalls *Sarp* im Glommenstrom in Norwegen, mit dem grofsen Erdfalle daneben. Gezeichn. von *J. N. Wilse*. I, 5.
Uebersichts - Tableau des topogr. milit. Atlasses von *Schlesien*. XXXII, 3.
Uebersicht d. Amman - Bohnenberger'schen Charte von Schwaben. XX, 1. XXXII, 2.
Probeblättchen der Specialcharte von *Schwaben*. XI, 5.
Modèle pour la gravure de la Carte de *Souabe* à [illegible]. Au Dépôt gén. de la guerre, en 1806. XXXVI, 4.
Schweden, nach seiner Eintheilung in Hof- u. Landgerichte, und mit den 104, auf dem Reichstage Sitz u. Stimme habenden, Städten. 1805. XVII, 3.
Charte von *Schweden*, *Norwegen* u. *Finland*, nach d. neuest. Frieden v. Friedrichsham. 1809. XXX, 3.
Uebersicht des Weifsisch-Meyer'schen Atlas *Suisse*. X, 6.
Uebersichts - Tableau des topogr. milit. Atlasses von der *Schweiz*; von Weiland. L, 4.
Plane der beiden Seehäven *Skielskiör* u. *Corsöer* auf d. Insel *Seeland*, zu v. Löwen-Örn's Aufsatz über Ebbe u. Fluth. III, 2.
Antillons Charte v. *Spanien* u. *Portugal*, zu seiner Beschreibung. XLII, 2.
Ad. Stieler, Ch. v. *Spanien* u. *Portugal*. 1799. IV, 6.
Sterncharten: Perseus, Medusenhaupt u. Algol. II, 3.
— das neue Lalandische Sternbild: die Katze. IV, 1.
Plan v. *Sydney*; aufgenommen von *Lesueur*, berichtigt von *Boullanger* im J. 1802. XXVI, 3.
Charte von *Syrien*, nach Paultre. 1804. XIII, 2.

T.

Charte von der Insel *Teneriffa*, nach der Zeichnung von Bory de St. Vincent. 1803. XII, 4.
Teutschland. Nach d. definitiven Indemnisations-Plan von 1802. X, 6.
— — Nach d. Prefsburger Frieden. 1805. XIX, 2.
— — Nach dem Tilsiter Frieden. 1807. XXIV, 1.
Netz der top. milit. Charte von Teutschland. XXII, 1.
Uebersichts - Tableau des Supplements der grofsen topogr. milit. Charte von Teutschland. XLIII, 1. XLVII, 1.

Uebersichts - Tableau der Postcharte v. Teutschland, in 50 Bl. (1813) XLI, 2.

Charte von *Tippo - Saheb's* Ländern um d. Jahr 1792. V, 1.

Charte d. ehemal. Besitzungen des *Tippo - Saheb* und ihrer Vertheilung etc. den 22. Jun. 1799. Von C. Mackenzie. VII, 3.

Die Insel *Trinidad*. Nach Mac - Kullum's Skizze. 1806. XXI, 4.

Plan der Ebene von *Tripoliza* in Morea; nebst Specialplan v. Tripoliza. 1805. XVII, 4.

Charte von der Ebene von *Troja*. 1800. VII, 1.

Die Götha - Elf in der Gegend der Fälle von *Trollhätta*. XVIII, 2.

U.

Charte zur Uebersicht von v. Lipsky's Mappa *Hungariae*. XXI, 2.

V.

Plan von *La Valetta* und den mit ihr verbundenen Städten. 1800. VI, 5.

Probe der Gatterer'schen Charten zur Geschichte d. *Völkerwanderung*. XVI, 4.

Charte vom *Vorgebirge der guten Hoffnung*. Nach Barrow. 1801. VIII, 4.

— von der Halbinsel des *Vorgebirgs d. guten Hoffnung*. Mitgetheilt von J. Barrow. 1804. XIV, 1.

W.

Charte von dem westl. Flufsgebiet der *Weichsel* im Herzogthum Warschau. XL, 3.

— vom Wesergebirge. 1807. XXIV, 4.

Netz der topogr. milit. Ch. von *Westphalen*; nebst Probestich. XIV, 3.

Uebersichts - Tableau des top. milit. Atlasses vom Königr. *Westphalen* und der Grafschaften Lippe u. Pyrmont. XL, 4.

Charte von d. Gouvernem. *Wologda*. 1803. XII, 1.

Verzeichnifs

der

den Allgem. Geogr. Ephemeriden

beigefügten

Portraits und anderer Kupfer.

(Die Röm. Ziffern bezeichnen den Band, die Arab. Ziffern das Stück).

A.

Joh. Acerbi, XVI, 4.
Michel Adanson. XIX, 3.
Jean Baptist Adanson. IX, 4.
Alfonso de Albuquerque, VI, 5.
François Andreossy. XI, 3.
Franz Andreossy. XII, 6.
Peter Anich. XVI, 2.
George Anson. XVII, 3.
Don *Felix de Azara.* XXIX, 2.

B.

Domingo *Badia* y Leblich. XV, 4.
Wappen des Königr. *Baiern.* XXVIII, 4.
Joseph Banks, II, 1.
Graf *Vincenz Batthyany.* XXVII, 2.
N. Baudin. VII, 2.
Jos. v. Beauchamp (in Arab. Tracht). I, 3.

Wappen des Fürsten von *Benevent.* XXVII, 4.
Staatssiegel des Grofsherzogthums *Berg.* XXII, 2.
Friedrich Justin Bertuch. XXVIII, 1.
M. Jac. Jon. Biërnstähl, XXI, 1.
Dr. *Joh. Friedr. Blumenbach.* XXXII, 2.
Jean Denys Barbié du Bocage. XII, 5.
Joh. Elert Bode. XXIII, 4.
N. Buonaparte. VII, 1.
Roger Joseph Boscovich. III, 4.
Louis Antoine Bougainville. IX, 1.
Jean François de Bourgoing. XXXIV, 2.
Hans Moritz Graf *v. Brühl.* IV, 2.
Paul Jacob Bruns. XXXI, 4.
Thomas Bugge. III, 6.
Aug. Gisel. de Busbecq. XXV, 3.
Ant. Friedr. Büsching. XV, 1.

C.

Jean Domin. Cassini. VIII, 1.
Cesar François Cassini de Thury. VIII, 3.
Jean Domin. Cassini. (IV) VIII, 4.
Thom. Cavendish. XXIV, 2.
P. G. Chanlaire. VII, 6.
Philipp Cluver. XIII, 2.
D. Christoval Colon. V, 6.
Charles Marie de la Condamine. XVII, 4.
N. J. Conté. XXII, 2.
James Cook. VI, 4.
Nicol. Copernicus. XIII, 1.
Vincent Coronelli. XXVI, 4.

D.

Albert Louis Bacler Dalbe. XVIII, 1.
Alexandre Dalrymple. VII, 5.
J. B. N. D'Après de Mannevillette. XVI, 1.
Nicol. Defer. XII, 3.
Jean Bapt. Jos. Delambre. I, 6.
Vivant Denon. XI, 4.
J. G. Doppelmair. XX, 1.
Sr. *Francis Drake.* XXIV, 3.
J. Bte. Leonard Durand. XXVI, 3.

E.

Chph. Dan. Ebeling. V, 5.
Samuel Engel. XXXIII, 1.
Ernst II, Herzog zu S. Gotha-Altenburg. XIX, 1.
Leonhard Euler. XXII, 3.

F.

Ansicht d. sogenannten *Fata Morgana*, bei Reggio, nebst Kupfer zur Erklärung dieser Erscheinung. V, 3.

Placidus Fixlmillner. IV, 5.

Joh. Reinhold Forster, und *Georg Forster.* XII, 1.

Neues *Französisches* Reichssiegel (1804). XV, 4.

G.

Don *Vasco de Gama.* VI, 6.

Ad. Chr. Gaspari. XIV, 1.

P. F. J. Gosselin. X, 3.

L. de Grandpré. XII, 2.

Franz Ludw. Güssefeld. XXVI, 1.

H.

Arn. Herrm. Ludw. Heeren. XXXII, 4.

Sam. Gustav, Freih. *v. Hermelin.* XVIII. 2.

B. F. J. Herrmann. XVIII, 3.

Dr. *Friedr. Wilh. Herschel.* I, 1.

Wappen des Königreichs *Holland.* XXVI, 2.

Joh. Bapt. Homann. VIII, 5.

Al. v. Humboldt. XXII, 1.

John Hunter. XVI, 3.

— — — Capt. XXIII, 3.

Aug. W. Hupel. XXXIII, 2.

I.

Alex. Hub. Jaillot. X, 5.

Bewohner von *Insu*, oder *Jedso.* XVI, 1.

Wappen des Königr. *Italien.* XVII, 3.

K.

Herrn Pallas Besuch bei einem *Kalmückenfürsten.* V, 2.

Karl Theodor, Großherzog von Frankfurt. XXXVI, 2.

Abrah. Gotth. Kästner. IV, 4.

Joh. Keppler. XXV, 1.

J. M. Korabinszky. XXI, 4.

Ad. Joh. von Krusenstern. XXXIV, 3.

Karl Gottl. Küttner. XXXI, 2.

L.

Jerome de La Lande. I, 4.

G. H. v. Langsdorf. XXXIV, 4.

Jean François Galup de La-Perouse. VI, 2.

Pet. Sim. de La-Place. IV, 1.

François Levaillant. VIII, 2.

Dr. *Heinrich Lichtenstein.* XXXV, 3.

Jos. Mark, Freih. *v. Liechtenstern.* XIX, 2.

J. Hugo von Linschoten. XXII, 4.

Claude de L'Isle. X, 1.

Jos. Nic. de L'Isle. XI, 2.

Guill. de L'Isle. X, 2.
Louis de L'Isle de la Croyère. XI, 6.
Simon de L'Isle de l'Herissel. XIV, 2.
Georg Moriz Lowiz. VI, 3.

M.

Alex. Mac - Kenzie. IX, 5.
Hernando Magelhaens. XV, 3.
Inschriften der sieben Pagoden v. *Mahabalipuxam*, XXXII, 1.
Die fünf Tempel von *Mahabalipuram*, oder Mavelievarom. XXX, 1.
Etienne Marchand. XVII, 2.
Dr. *Nevil Maskelyne.* XIX, 3.
Pierre Louis de Maupertuis. XIII, 4.
Tob. Mayer, III, 1.
Joh. Tob. Mayer. XX, 4.
Don *Jos. de Mendoza y Rios.* II, 6.
Edme Mentelle. VIII, 6.
Gerh. Mercator. XII, 4.
Charles Messier. X, 6.
Kalender der alten *Mexicaner*, auf einem antiken Basalt-Relief. XL. 1.
Antin Louis Millin. XXXVI, 1.
Const. John Philipps Mulgrave. XXIII, 2.
Mungo Park, V, 1.

N.

Wappen des Herzogs von *Neufchatel.* XXVI, 4.
Christian Friedr. Nicolai. XXXXI. 3.
Karsten Niebuhr. XXXI, 1.
M. Math. Norberg. XXI, 2.
Fr. Ludw. Norden. XIV, 4.
Gerh. Phil. Heinr. Normann. XXXV, 4.
Tatowirter vornehm. Mann aus *Nukahiwa.* XXXIV, 1.
Brustbild eines Mannes aus *Nukahiwa.* XXXIV. 1.
Linke Hand der Königin Katanuaeh auf *Nukahiwa.* XXXIV, 1.

O.

Carl Ludw. v. Oesfeld. XV, 1.
Neues *Oesterreichisch*-Kaiserliches Reichs-Siegel. 1808. XXVI, 1.
Dr. *Wilh. Olbers.* IV, 3.
Nächtliche Scene am *Orinoko-Fluss*, XXI, 1.

P.

Dr. *Peter Simon Pallas.* VI, 1.
P. Paulin de St. *Barthelemy.* XXVIII, 2.
Franc. Aug. Péron. XX, 2.
Conrad Peutinger. XXIX, 4.
Franz Ludw. Pfyffer. XIX, 4.
Sr. Arthur Philipp. XXIV, 4.

Alexandre - Gui Pingré. IV, 6.
Einwohner der *Poggy* - oder *Nassau - Insulaner*. XVIII, 4.

R.

Walter Raleigh. XX, 3.
H. A. O. Reichard, XXXVII, 1.
James *Rennel*. VII, 4.
Joh. *Herrmann* Freihr. *von Riedesel*. XXXV, 1.
Adrian v. Riedl. XXIX, 3.
Ritterorden: Königl. Baier. Militär - Max - Joseph-Orden. XXVII, 3.
— — Königl. Dän. Danebrog - Orden (1808). XXVIII, 3.
— — Kais. Franz. Reunions - Orden. XLII, 3.
— — Königl. Hannöverischer Guelphen - Orden. L, 3.
— — Königl. Sächs. Orden des Rautenkranzes. XXVI, 1.
— — Grofsherzgl. Sachs. Weimar-Eisenach'scher erneuerter weifser Falken - Orden. XLVIII, 3.
— — Neuer Kgl. Schwed. Ritterorden Karls XIII; XXXVII, 3.
— — Orden d Westphäl. Krone XXXI, 3.
Ritterorden: Grofsherzogl. Würzburg. Orden des Heil. Josephs. XXVII, 2.
C. C. Robin. XXVII, 1.
A. Rochon. XIV, 3.
Fr. Christian Rühs. XXXIII, 3.

S

Neues Königl. *Sächsisches* Interims - Reichs - Wappen. 1808. XXV, 4.
Grofsherzogl. *Sachsen - Weimar - Eisenach* neues Wappen. XLVIII, 3.
Nic. Sanson. IX, 2.
Ludw. v. Schedius. XXI, 3.
Aug. Ludw. von Schlözer. XXX, 4.
Sam. Graf von Schmettau. XI, 1.
Joh. Heinr. Schröter. III, 5.
Martin von Schwartner. XXIV, 1.
C. S. Sonnini. X, 4.
D. F. Sotzmann. V, 4.
Matth. Chr. Sprengel. XI, 5.

T.

Joh. Bapt. Tavernier.
Domin. Graf *von Teleki*. XXVII, 3.
Carl Peter Thunberg. XVII, 1.
Tippo - Saheb. VII, 3.
Tycho - Brahe. XIII, 3.

V.

Amerigo Vespucci. XXIII, 1.

W.

C. B. *Wadström.* XXVIII, 2.

Johann *Ulrich Wallich.* XXX, 2.

Figuren d. *Wardisch-Spiels.* V, 1.

Reichs-Wappen d. Königr. *Westphalen.* XXV, 3.

Wappen des Königr. *Würtemberg* (1808). XXVI, 3.

Z.

Anton Freiherr *von Zach.* XVIII, 4.

Nachricht

an

die geehrten Leser der Allgem. Geographischen Ephemeriden.

Der LI. Band der A. G. Ephemeriden ist bekanntlich der Supplementband der ersten halben Centurie, und enthält, außer einem sehr reichen Nachtrage der gesammelten Geographischen Ortsbestimmungen, noch das so nöthige General=Register über alle 50 Bände der A. G. Ephem. Es war erst unser Wille, diesen LI. Band, welcher die 4 letzten Monatshefte September bis December des Jahrgangs 1816 enthält, zusammen zu liefern, indem unablässig an dem Register gedruckt wird; die Ungeduld und das beständige Nachfragen der geehrten Leser aber, welche vielleicht unsere Anzeigen deßhalb vergessen hatten, oder außer Acht ließen, hat uns nun bestimmt, den LI. Band, als den Schluß des Jahrganges von 1816, in 4 einzelnen Heften zu liefern, und wir hoffen dadurch Ihre Wünsche erfüllt zu haben.

Die Neuen Allg. Geograph. Ephemeriden, welche, als Fortsetzung dieser Zeitschrift, nunmehr in freien Heften, jeder zu 8—10 Bogen stark, davon immer 4 Hefte einen Band mit seinem Register machen, und nach Bänden verrechnet werden, erscheinen, haben bekanntlich wieder mit diesem Jahre angefangen, und es sind bereits 4 Hefte, oder der I. Band davon geliefert. Jeder Band kostet 3 Rthlr. Sächs. oder 5 Fl. 24 Kr. Reichsgeld, und die Liebhaber können von nun an mit jedem Bande antreten und abgehen, müssen sich aber immer auf einen ganzen Band abonniren.

Mehrere Liebhaber, welche die ersten 50 Bände der A. G. Ephem. nicht ganz besitzen, aber doch gern bei mehreren Fällen ihrer Arbeiten den Inhalt derselben zum Nachschlagen wissen möchten, haben gewünscht den LI. Supplement=Band einzeln kaufen zu können. Auch diesen wollen wir gern gefällig seyn, und ihnen den LI. Band für 3 Rthlr. Sächs. oder 5 Fl. 24 Kr. Reichsgeld auf ihre Bestellung ablassen.

Weimar, den 24. Junius 1817.

Gr. Herzogl. privil. Landes=Industrie=Comptoir.

www.ingramcontent.com/pod-product-compliance
Lightning Source LLC
Chambersburg PA
CBHW021348210326
41599CB00011B/795
* 9 7 8 3 7 4 4 7 2 1 1 8 9 *